注册消防工程师考试点石成金一本通

专题精讲及高频考点分析详解

主 编　李思成

编 委　刘同强　王慧　魏飞　陈学森　刘建磊　刘强　郭城　李东

知识产权出版社
—北京—

图书在版编目（CIP）数据

2021年注册消防工程师考试点石成金一本通：专题精讲及高频考点分析详解/李思成主编. —北京：知识产权出版社，2021.1

（注册消防工程师考试帮小主备考系列丛书）

ISBN 978-7-5130-7395-0

Ⅰ.①2… Ⅱ.①李… Ⅲ.①消防—安全技术—资格考试—自学参考资料 Ⅳ.①TU998.1

中国版本图书馆CIP数据核字（2020）第270844号

内容提要

本书依据国家新版消防标准规范编写，旨在帮助奋斗在"注册消防工程师资格考试"路上的考生顺利通过考试，成为一名真正的消防从业人员。

本书共分七篇，以模块化的方式将《消防安全技术实务》《消防安全技术综合能力》《消防安全案例分析》三本教材内容融合在一起，第一篇消防基础知识，第二篇建筑防火，第三篇建筑消防设施，第四篇其他建筑、场所防火，第五篇消防安全评估，第六篇消防安全管理，第七篇法律法规与职业道德。每一篇由"知识点架构图、考情分析、典型知识点、高频真题、考题预测"五个部分组成，对教材中的重点和难点进行解析。其中考题预测来源于消防培训机构多年的消防设施维护保养、检测、评估之实践经验，结合对近三年真题的细致分析，在对已考、连续考、未考知识点大数据总结的基础上，找出命题的规律和方向，大大提高考生的学习精准度。

责任编辑：尹　娟　　　　　　　　　责任印制：刘译文

2021年注册消防工程师考试点石成金一本通
专题精讲及高频考点分析详解

2021 NIAN ZHUCE XIAOFANG GONGCHENGSHI KAOSHI DIANSHICHENGJIN YI BEN TONG
ZHUANTI JINGJIANG JI GAOPIN KAODIAN FENXI XIANGJIE

李思成　主编

出版发行：知识产权出版社有限责任公司		网　　址：http://www.ipph.cn	
电　　话：010-82004826		http://www.laichushu.com	
社　　址：北京市海淀区气象路50号院		邮　　编：100081	
责编电话：010-82000860转8702		责编邮箱：yinjuan@cnipr.com	
发行电话：010-82000860转8101		发行传真：010-82000893	
印　　刷：三河市国英印务有限公司		经　　销：各大网上书店、新华书店及相关专业书店	
开　　本：889mm×1194mm　1/16		印　　张：34	
版　　次：2021年1月第1版		印　　次：2021年1月第1次印刷	
字　　数：856千字		定　　价：98.00元	

ISBN 978-7-5130-7395-0

出版权专有　　侵权必究

如有印装质量问题，本社负责调换。

2021 年版前言

2020 年是消防改革后各项政策落地实施的一年。为进一步加强各省消防技术服务监管，规范消防技术服务活动，维护消防技术服务市场秩序，促进提高消防技术服务质量，根据国家相关法律法规、部门规章，各省纷纷出台《消防技术服务机构从业管理规定》《建设工程消防设计审查验收管理暂行规定》等地方性规范。10 月 26 日，应急管理部消防救援局发布《消防救援局关于积极推进二级注册消防工程师资格考试工作的通知》（应急消〔2020〕326 号），将二级注册消防工程师资格考试开考提上日程。一系列国家及地方政策的出台、落地，彰显了"注册消防工程师"工作的重要性以及"注册消防工程师"职业资格的含金量。

《注册消防工程师考试点石成金一本通》自 2018 年出版以来，受到了广大消防工作者的欢迎，读者认为本书不仅对参加国家一级注册消防工程师考试的考生，而且对从事消防设施维护保养和检测、消防安全评估和消防安全管理等工作的专业技术人员均起到了指导作用。业界广大读者的认可和推崇是对本书再次修订出版最大的鼓励。

编者依据《大型商业综合体消防安全管理规则（试行）》（应急消〔2019〕314 号）及《社会单位灭火和应急疏散预案编制及实施导则》（GB/T 38315—2019）等新的消防标准技术规范对本书进行了系统梳理和修订。

本次再版修订得到了消防行业从业专家的大力支持，他们提出了许多宝贵的修改意见，在此表示衷心的感谢！

科技改变世界，帮考网为考证而生。从 2005 年成立至今，一直致力于人工智能教学体系的研发。十五年来，积累了数亿条考生学习数据，通过大数据、人工智能、自适应等技术，分析考生的学习行为，为每个考生提供有针对性的个性化学习方案，实现了人工智能与"学、练、管、测、评"闭环的融合。个性化学习方案的背后，有着先进的科技保驾护航。自 2015 年注册消防工程师资格考试开考以来，帮考网为考生所提供的个性化学习方案产生的学习效果得到广大考生的认可。我们始终与大家的信任携手，攻坚克难，砥砺前行。

本书旨在帮助奋斗在"注册消防工程师资格考试"路上的考生顺利通过考试，成为一名真正的消防从业人员。对于书中的疏漏之处，恳请读者指正。

2020 年版前言

《注册消防工程师考试点石成金一本通》（简称《考点一本通》）自 2018 年出版以来，受到了广大消防工作者的欢迎，读者认为本书不仅对参加国家一级注册消防工程师考试的考生，而且对从事消防设施维护保养和检测、消防安全评估和消防安全管理等工作的专业技术人员均起到了指导作用。业界广大读者的认可和推崇是对本书的再次修订出版最大的鼓励。

2019 年是"消防年"。4 月 23 日，《中华人民共和国消防法》由第十三届全国人民代表大会常务委员会第十次会议修订通过，并颁布实施。8 月 1 日，江西、河北、吉林等 6 省先后制定出台组建"建设工程消防技术专家库"的文件，特别提出"具有一级注册消防工程师资格"是专家库入选条件之一。11 月 11 日，据中国消防协会统计，2019 年一级注册消防工程师资格考试报考人数达 90 余万人，再创历史新高。12 月 3 日，应急管理部消防救援局印发《大型商业综合体消防安全管理规则（试行）》的通知，其中第十二条明确指出，消防安全管理人对消防安全责任人负责，应当具备与其职责相适应的消防安全知识和管理能力，取得注册消防工程师执业资格或者工程类中级以上专业技术职称。一系列国家及地方政策的出台，彰显了国家对于"注册消防工程师"的重视。

本书的姊妹篇《注册消防工程师考试真题精讲一本通》（简称《真题一本通》）以及《注册消防工程师考试速记手册》（简称《速记手册》）同步出版发行，是配合《考点一本通》编写的两本高质量辅导用书。《真题一本通》除了给出近三年（2017—2019 年）考试全部真题的参考答案外，还结合考试特点，就三个考试科目的解题思路和方法进行了深入分析，每一道题都有专家的视频讲解。《速记手册》通过梳理五年考试的出题思路，整理出高频考点，针对高频考点的内容进行提炼总结，合并归纳与对比分析，并运用各种记忆方法，让记忆繁冗复杂的规范、标准变得轻松简单。本套丛书相辅相成，互为补充。

本套丛书的编写以及审稿工作得到了消防行业从业专家的大力支持，提出了许多宝贵的修改意见，在此表示衷心的感谢！

科技改变世界，帮考网为考证而生。从 2005 年成立至今，一直致力于人工智能教学体系的研发。十五年来，积累了数亿条考生学习数据，通过大数据、人工智能、自适应等技术，分析考生的学习行为，为每个考生提供有针对性的个性化学习方案，实现了人工智能与"学、练、管、测、评"闭环的融合。由于各项技术的不断突破，帮考网 2019 年 12 月荣膺第十二届新浪教育盛典"2019 年度 AI 智能教育品牌"奖项，再一次得到社会的认可。个性化学习方案的背后，有着先进的科技保驾护航。自 2015 年注册消防工程师资格考试开考以来，帮考网为考生所提供的个性化学习方案产生的学习效果得到广大考生的认可。

本书旨在帮助奋斗在"注册消防工程师资格考试"路上的考生顺利通过考试，成为一名真正的消防从业人员。对于书中的疏漏之处，恳请读者指正。

备考指南

一、题型、题量及分值

1. 考试时间

一级注册消防工程师资格实行全国统一大纲、统一命题、统一组织的考试制度。考试原则上每年举行一次。2021年一级注册消防工程师资格考试的时间预计为11月6日、11月7日。

2. 考试题型、题量及分值分布

科目	题型	题量及分值	题型分值（分）	总分值（分）
消防安全技术实务	单项选择题	80题×1分/题	80	120
	多项选择题	20题×2分/题	40	
消防安全技术综合能力	单项选择题	80题×1分/题	80	120
	多项选择题	20题×2分/题	40	
消防安全案例分析	客观多选题	2道大题	36	120
	主观题	4道大题	84	

二、近三年考点、分值比例、知识点的重要程度

本书对《消防安全技术实务》《消防安全技术综合能力》《消防安全案例分析》三个考试科目近三年常考、必考内容进行梳理、归纳、总结，建立知识体系框架（知识点的重要程度在每章的知识点架构图中标注）；对重点部分内容，借助消防国家规范、标准以及对应的图集进行详细解析，使各知识点通俗易懂，指导考生准确理解、全面掌握相关规定的内涵和实质（已经考过的知识点以真题索引的形式标注）；考情分析中体现了每章涉及的知识点所占分值以及比例，为考生精准定位考试重点，指明复习方向。

重要知识点以"红底色""红色字""黑色加粗字"或"下划线"的形式突出显示。"红底色"内容表示非常重要的知识点，"红色字"内容表示较重要的知识点，"黑色加粗字"内容表示需要特别记忆的知识点，使用"波浪线"之处表示需要综合相关规范深入理解的内容。

三、命题特点及趋势

近年来，考试科目的命题特点总结如下：

《消防安全技术实务》和《消防安全技术综合能力》均为单选题和多选题。客观题考查范围广，重点与非重点都有可能涉及，要求考生对知识点有全面认知和掌握。

《消防安全案例分析》既有客观题又有主观题（2015年全部为主观题）。考题大多与实际案例结合，要求考生针对案例中出现的问题进行分析，考查考生解决问题的综合能力。

从消防考试的趋势来看，消防三个科目考试内容虽然覆盖面广，但是重点知识章节所占比重明显占优势。例如，《消防安全技术实务》考试中"建筑防火和消防设施"、《消防安全技术综合能力》考试中"建筑防火的检查和消防设施的安装、检测与维护管理"各占80%以上的分值，是每年必考的知识点。

四、学习方法及建议

1. 制订完整的考试复习计划

虽然"计划赶不上变化"，但是，制订一个适合自己的计划可以事半功倍。首先确定学习重点，梳理薄弱环节，然后根据自身实际的空余时间，制订详细的学习计划。

第一阶段：基础学习。

首先，梳理框架、提纲挈领。结合本书学习教材，要从了解、熟悉、掌握三个层次逐渐记忆知识点，最终建立整套知识框架。

其次，实战演练、人书互动。对于已经理解的知识点，通过不断做习题进行巩固。如果已经掌握了本书的知识点，可以根据知识点中的索引尝试做真题，检验掌握程度。该书所有的考点均配有视频课程，由注册消防工程师培训业界的权威教师进行讲解，微信扫码可免费获得视频课程。对于错题、难题可以通过老师的讲解深入理解，并加深记忆。

最后，掌控进度、差异安排。根据考试的准备时间对每一篇章的知识点进行排序，掌控自己的学习进度。由于本书适用于不同专业基础、不同学习程度、不同复习周期的考生，可以根据知识掌握的具体情况安排差异化的学习时间。

第二阶段：重难点复习。

通过建立的知识框架、学习笔记，逐步回忆哪些知识点还没有掌握，有针对性地复习，逐步把自己的笔记变薄。对于重要知识点，务必投入更多精力，进行专题训练，融会贯通。

第三阶段：考前冲刺。

首先，做整套的模拟试题，合理分配各类型题目的用时，培养考感。

其次，在做模拟题的基础上，务必利用自己的笔记，对知识点进行查漏补缺。

2. 学习方法建议

在学习一些比较难的章节的时候，可能会丧失信心，选择放弃，或者怀疑自己。其实这是完全不必要的，一遍看不懂可以再学一遍。重点章节内容多并且系统，最好是利用大块的时间去复习。

"消防安全管理"主要在《消防安全案例分析》中考查，大部分内容需要记忆，可以放在最后复习。其余一些章节，如"其他建筑、场所防火""法律法规与职业道德""消防安全评估"，分值不高但是难度相对较大，对于这些内容学习时要做到先主后次。

目 录

第一篇 消防基础知识 ... 1
- 第一章　燃烧基础知识 ... 1
- 第二章　火灾基础知识 ... 6
- 第三章　爆炸基础知识 ... 10
- 第四章　易燃易爆危险品消防安全知识 ... 13

第二篇 建筑防火 ... 16
- 第一章　概述 ... 16
- 第二章　生产和储存物品的火灾危险性分类 ... 20
- 第三章　建筑分类与耐火等级 ... 28
- 第四章　总平面布局和平面布置 ... 43
- 第五章　防火防烟分区与防火分隔 ... 62
- 第六章　安全疏散 ... 79
- 第七章　灭火救援设施 ... 100
- 第八章　建筑电气防火 ... 109
- 第九章　建筑防爆和设备防爆 ... 122
- 第十章　建筑装修和保温材料防火 ... 132

第三篇 建筑消防设施 ... 146
- 第一章　消防给水及消火栓系统 ... 146
- 第二章　自动喷水灭火系统 ... 168
- 第三章　水喷雾灭火系统 ... 190
- 第四章　细水雾灭火系统 ... 200
- 第五章　气体灭火系统 ... 212
- 第六章　泡沫灭火系统 ... 227
- 第七章　干粉灭火系统 ... 242
- 第八章　火灾自动报警系统 ... 251
- 第九章　防排烟系统 ... 298
- 第十章　消防应急照明和疏散指示系统 ... 319
- 第十一章　城市消防远程监控系统 ... 333
- 第十二章　建筑灭火器的配置 ... 338
- 第十三章　消防供配电 ... 356

第四篇 其他建筑、场所防火 ... 365
- 第一章　石油化工防火 ... 365

第二章　地铁防火 ·· 372
　　第三章　城市交通隧道防火 ··· 377
　　第四章　加油加气站防火 ··· 382
　　第五章　发电厂与变电站防火 ·· 389
　　第六章　飞机库防火 ·· 395
　　第七章　汽车库、修车库防火 ·· 398
　　第八章　洁净厂房防火 ·· 405
　　第九章　信息机房防火 ·· 409
　　第十章　古建筑防火 ·· 412
　　第十一章　人民防空工程防火 ·· 415

第五篇　消防安全评估 ·· 422
　　第一章　火灾风险评估概述 ··· 422
　　第二章　火灾风险识别 ·· 425
　　第三章　火灾风险评估方法概述 ·· 429
　　第四章　消防安全评估方法与技术 ··· 435
　　第五章　建筑性能化防火设计 ·· 440

第六篇　消防安全管理 ·· 448
　　第一章　社会单位消防安全管理 ·· 448
　　第二章　灭火和应急疏散预案编制与实施 ·· 471
　　第三章　施工消防安全管理 ··· 479
　　第四章　大型群众性活动消防安全管理 ··· 492
　　第五章　大型商业综合体消防安全管理 ··· 498

第七篇　法律法规与职业道德 ··· 512
　　第一章　消防法及相关法律法规 ·· 512
　　第二章　注册消防工程师职业道德 ··· 530

相关规范 ·· 534

参考文献 ·· 536

第一篇　消防基础知识

第一章　燃烧基础知识

一、知识点架构图

本章的知识点架构见图1-1-1。

图1-1-1　第一篇第一章知识点架构图

二、考情分析

本章的考情分析见表1-1-1。

表1-1-1　第一篇第一章考情分析表

年份	技术实务 分值（分）	技术实务 占比（%）	综合能力 分值（分）	综合能力 占比（%）	案例分析 分值（分）	案例分析 占比（%）
2015年	1	0.8	0	0	0	0
2016年	2	1.6	0	0	0	0
2017年	1	0.8	0	0	0	0
2018年	3	2.5	0	0	0	0
2019年	3	2.5	0	0	0	0
2020年	0	0	0	0	0	0

三、典型知识点

知识点1：燃烧的本质与条件

1）燃烧的定义：可燃物与氧化剂作用发生的放热反应，一般伴随火焰、发光和（或）发烟现象。可分为有焰燃烧（发生在蒸气或气体状态下的燃烧）和无焰燃烧（只发生在固体表面的燃烧）。

2）起火燃烧三要素：可燃物、助燃物、引火源。

3）**燃烧持续发展要素（发生和发展需要的四个条件）：可燃物、助燃剂（氧化剂）、引火源（温度）和链式反应自由基。**

知识点2：燃烧的类型及其特点

根据燃烧形成的条件和发生瞬间的特点，可分为着火、爆炸。按照燃烧物的形态分为气体燃烧、液体燃烧、固体燃烧，见表1-1-2。（2018年技术实务第1题、2019年技术实务第94题）

表1-1-2 燃烧按照燃烧物形态分类

类型		燃烧方式	特点/举例
气体燃烧	扩散燃烧	可燃性气体和蒸气分子与气体氧化剂互相扩散，边混合边燃烧	燃烧稳定，扩散火焰不运动，可燃气体与氧化剂气体的混合在可燃气体喷口进行，不会回火
	预混燃烧	可燃气体、蒸气或粉尘先同空气（或氧）混合，遇火源产生带有冲击力的燃烧	燃烧反应快，温度高、火焰传播速度快，反应混合气体不扩散
液体燃烧	闪燃	指易燃或可燃液体（包括可熔化的少量固体，如石蜡、樟脑、萘等）挥发出来的蒸气分子与空气混合后，达到一定的浓度时，遇引火源产生一闪即灭的现象	—
	沸溢	沸溢形成必须具备三个条件（以原油为例）： ①原油具有形成热波的特性，即沸程宽，密度相对较大； ②原油中含有乳化水，水遇热波变成蒸汽； ③原油黏度大，水蒸气不容易从下向上穿过油层	—
	喷溅	在重质油品燃烧过程中，随着热波温度的逐渐升高，热波向下传播的距离也加大，当热波达到水垫时，水垫的水大量蒸发，蒸气体积迅速膨胀，以至把水垫上面的液体层抛向空中，向外喷射，这种现象叫喷溅	—
固体燃烧	蒸发燃烧	可燃固体在受到火源加热时，先熔融蒸发，随后蒸气与氧气发生燃烧反应	硫、磷、钾、钠、蜡烛、松香、沥青
	分解燃烧	可燃固体在受到火源加热时，先发生热分解，随后分解出的可燃挥发分与氧发生燃烧反应	木材、煤、合成塑料、钙塑材料

续表

类型		燃烧方式	特点/举例
固体燃烧	表面燃烧	燃烧反应是在可燃固体表面由氧和物质直接作用而发生的，称为表面燃烧	木炭、焦炭、铁、铜
	阴燃	可燃固体在空气不流通、加热温度较低、含水分较多等条件下，通常发生的只冒烟而无火焰的燃烧现象	—

分析：在以后的考题当中，扩散燃烧与预混燃烧的区别，应是重点；不同固体燃烧的分类应重点掌握，这将是以后出题的重点。

知识点3：闪点、燃点、自燃点的定义

1）闪点：在规定的试验条件下，可燃性液体或固体表面产生的蒸气在试验火焰作用下发生闪燃的最低温度，称为闪点。闪点越低，火灾危险性越大，反之则越小。少数可燃固体也会存在闪燃现象，例如，一些熔点较低的固体发生蒸发燃烧的过程，但可燃固体的闪点不易测定。

2）燃点：在规定的试验条件下，物质在外部引火源作用下表面起火并持续燃烧一定时间所需的最低温度，称为燃点。物质的燃点越低，越易着火。燃点是评定固体火灾危险性大小的主要依据之一。

3）自燃点：在规定的条件下，可燃物产生自燃的最低温度，称为自燃点。在这一温度时，物质与空气（氧）接触，不需要明火的作用，就能发生燃烧。可燃物的自燃点越低，发生自燃的危险性就越大。

分析：本知识点还没有重点考查。需要考生留意。

知识点4：燃烧产物

1）燃烧产物是指由于燃烧和热解作用产生的全部物质，它可以分为两种类型：一种是完全燃烧产物，可燃物中氢被氧化生成的H_2O（液）、C被氧化生成的CO_2（气）、S被氧化生产的SO_2（气）等；另一种是不完全燃烧产物，如生成NH_3、CO、醚类、醇类、醛类等。

2）高聚物的燃烧产物，在燃烧过程中，会产生CO、NO_x、HF、HCl、SO_2、$COCl_2$（光气）等有害气体。

3）木材的燃烧产物，木材的主要成分是纤维素、半纤维素及木质素，主要组成元素是碳、氢、氧和氮。各主要成分在不同温度下分解并释放挥发分，一般是纤维素240~350℃；半纤维素200~260℃；木质素280~500℃分解。

4）有机高分子化合物，主要是以煤、石油、天然气为原料制得的如塑料、橡胶、合成纤维、薄膜、胶粘剂和涂料等；高聚物在燃烧或分解过程中，会产生一氧化碳、氯化氢、氮氧化物、二氧化硫、氟化氢、光气（$COCl_2$）等有害气体。（近年对这几种气体的考核增多）（2018年技术实务第84题）

分析：本知识点是需要掌握的内容，要求较高。几种典型物质的燃烧产物应重点掌握。

四、高频真题

1. （2018年技术实务第1题）（知识点2）木质桌椅燃烧时，不会出现的燃烧方式是（ ）。
A. 分解燃烧　　　　B. 表面燃烧　　　　C. 熏烟燃烧　　　　D. 蒸发燃烧

【答案】D

【解析】木材、棉、麻、纸张等燃烧会明显地存在分解燃烧、阴燃、表面燃烧等形式。熏烟燃烧又称阴燃,因此选项 A、B、C 均符合题意。

蒸发燃烧:硫、磷、钾、钠、蜡烛、松香等可燃固体,在受到火源加热时,先熔融蒸发,随后蒸气与氧气发生燃烧反应,这种形式的燃烧一般称为蒸发燃烧。樟脑、萘等易升华物质,在燃烧时不经过熔融过程,但其燃烧现象也可看作是一种蒸发燃烧。显然木质桌椅不会出现蒸发燃烧方式。

2. (2018 年技术实务第 84 题)(知识点 4) 聚氯乙烯电缆燃烧时,燃烧产物有（　　）。

  A. 炭瘤   B. 氮氧化物
  C. 腐蚀性气体   D. 熔滴
  E. 水蒸气

【答案】AC

【解析】聚氯乙烯电缆燃烧时,可燃物为聚氯乙烯。不同类型的高聚物在燃烧(或分解)过程中会产生不同类别的产物。含有氯的高聚物,如聚氯乙烯等,燃烧时无熔滴,有炭瘤,会产生 HCl 气体,有毒且溶于水后有腐蚀性。氮氧化物为含氮高聚物的燃烧产物,水蒸气主要为木材和煤的燃烧产物。

3. (2019 年技术实务第 94 题)(知识点 2) 下列物质中,燃烧时燃烧类型既存在表面燃烧也存在分解燃烧的有（　　）。

  A. 纯棉织物   B. PVC 电缆
  C. 金属铝条   D. 木制人造板
  E. 电视机外壳

【答案】AD

【解析】本题考查的知识点是燃烧形式。各种燃烧形式的划分不是绝对的,有些可燃固体的燃烧往往包含两种或两种以上的形式。例如,在适当的外界条件下,木材、棉、麻、纸张等的燃烧会明显地存在表面燃烧、分解燃烧、阴燃等形式。

五、考题预测

(一) 习题

1. 闪点是衡量可燃性液体火灾危险性大小的重要参数。下列关于闪点的说法中,错误的是（　　）。

  A. 闪点越低,火灾危险性越大,反之则越小
  B. 闪点与可燃性液体的饱和蒸气压有关,饱和蒸气压越高,闪点越低
  C. 汽油的闪点高于柴油的闪点
  D. 在一定条件下,可燃性液体的温度低于闪点,则液体是不会发生闪燃的,更不会着火

2. 木材的燃烧形式属于（　　）。

  A. 分解燃烧   B. 表面燃烧   C. 蒸发燃烧   D. 熏烟燃烧

3. 闪点是可燃性液体性质的主要标志之一,是衡量液体火灾危险性大小的重要参数。下列选项中,火灾危险性最小的是（　　）。

  A. 酒精,闪点为 12℃   B. 甲醇,闪点为 11℃
  C. 乙醛,闪点为 -38℃   D. 汽油,闪点为 -50℃

(二) 答案详解

1. 【答案】C

【解析】汽油的闪点要低于柴油的闪点,火灾危险性要大。

2. 【答案】A

【解析】可燃固体，如木材、煤、合成塑料、钙塑料等，在受到火源加热时，先发生热分解，随后分解出的可燃挥发分与氧发生燃烧反应，这种形式的燃烧一般称为分解燃烧。

3. 【答案】A

【解析】闪点越低，火灾危险性越大；反之则越小。选项中酒精的闪点最高，其火灾危险性最小。

第二章 火灾基础知识

一、知识点架构图

本章的知识点架构见图1-2-1。

图1-2-1 第一篇第二章知识点架构图

二、考情分析

本章的考情分析见表1-2-1。

表1-2-1 第一篇第二章考情分析表

年份	技术实务 分值（分）	技术实务 占比（%）	综合能力 分值（分）	综合能力 占比（%）	案例分析 分值（分）	案例分析 占比（%）
2015年	2	1.7	0	0	0	0
2016年	3	2.5	0	0	0	0
2017年	2	1.7	0	0	0	0
2018年	0	0	0	0	0	0
2019年	1	0.8	0	0	0	0
2020年	2	1.7	0	0	0	0

三、典型知识点

知识点1：火灾的分类

1）根据燃烧对象的性质分类，见表1-2-2。（2020年技术实务第1题）

表1-2-2 根据燃烧对象的性质对火灾分类

分类	示例
A类火灾	固体物质火灾，如木材、棉、毛、麻、纸张火灾等
B类火灾	液体或可熔化固体物质火灾，如汽油、煤油、原油、甲醇、乙醇、沥青、石蜡火灾等
C类火灾	气体火灾，如煤气、天然气、甲烷、乙烷、氢气、乙炔等
D类火灾	金属火灾，如钾、钠、镁、钛、锆、锂等
E类火灾	带电火灾，物体带电燃烧的火灾。如变压器等设备的电气火灾等
F类火灾	烹饪器具内的烹饪物（如动植物油脂）火灾

※需要重点掌握火灾分类中所列举的示例。

2）按照火灾事故所造成的灾害损失程度分类，见表1-2-3。

表1-2-3 根据伤害程度火灾事故分类

分类	说明		
	死亡人数（D）（人）	重伤（N）（人）	直接经济损失（W）
特别重大火灾	$D \geq 30$	$N \geq 100$	$W \geq 1$ 亿元
重大火灾	$30 > D \geq 10$	$100 > N \geq 50$	1亿元 $> W \geq 5000$ 万元
较大火灾	$10 > D \geq 3$	$50 > N \geq 10$	5000万元 $> W \geq 1000$ 万元
一般火灾	$D < 3$	$N < 10$	$W < 1000$ 万元

※当火灾事故中同时有死亡人数、重伤人数和经济损失时，应取最严重值。

分析：按照燃烧对象的性质进行火灾分类，已经考过2题。此知识点重要，还需继续重视。按照火灾事故所造成的损失程度分类，还没出过题，要格外留意。

知识点2：火灾蔓延的途径与机理

1）火灾发生的常见原因：电气、吸烟、生活用火不慎、生产作业不慎、玩火、放火、雷击。点燃的香烟及未熄灭的柴杆温度可达800℃，能引燃许多可燃物质，在起火原因中占有相当的比重。（2020年技术实务第2题）

2）建筑火灾中热量传递的三种方式：热传导、热对流、热辐射（非接触传递能量方式）。

3）建筑火灾烟气的扩散线路：第一条，着火房间→走廊→楼梯间→上部各楼层→室外；第二条，着火房间→室外；第三条，着火房间→相邻上层房间→室外。其中第一条是最主要的线路。

4）烟气流动的驱动力：烟囱效应（造成烟气向上蔓延的主要因素）、火风压、外界风的作用（针对教材，对该部分内容原理熟悉了解）。

5）烟气蔓延的主要途径：孔洞开口蔓延；穿越墙壁的管线和缝隙蔓延；闷顶内蔓延；外墙面蔓延。

6）建筑室内火灾发展的几个阶段见表1-2-4。

表1-2-4 建筑火灾发展的三个阶段及特征

阶段分类	特 征
初期增长阶段	着火点处局部温度较高，燃烧的面积不大，室内各点的温度不平衡，可能形成火灾，也可能自行熄灭。火灾持续时间长短不定
充分发展阶段	轰燃通常发生在该阶段，轰燃的发生标志着室内火灾进入全面发展阶段。轰燃发生后，室内可燃物出现全面燃烧，可燃物热释放速率很大，室温急剧上升，并出现持续高温，温度可达800~1000℃
衰减阶段	随着室内可燃物数量的减少，火灾燃烧速度减慢，燃烧强度减弱，温度逐渐下降，当降到其最大值的80%时，火灾则进入衰减阶段

分析：不同传热方式的判定是重点。已经考过热传导，热对流和热辐射的判定方法应熟悉。2018年6月1日，四川省达州市一商贸城发生火灾。火灾烟气通过变形缝、电梯井、管道孔等从地下一层蔓延到顶层，通过热对流方式造成火灾的扩大。所以，烟气的蔓延途径应重点记忆。

知识点3：灭火基本原理和方法

1）冷却灭火：将可燃物的温度降到着火点以下，燃烧即可停止。用水扑灭一般固体物质引起的火灾，主要是通过冷却作用来实现的。

2）隔离灭火：将可燃物与氧气、火焰隔离，即可中止燃烧。如泡沫灭火、关闭输送可燃液体和可燃气体的管道上的阀门。

3）窒息灭火：通过灌注非助燃气体，降低空间氧浓度，达到窒息灭火。在着火场所内，可以通过灌注非助燃气体，如二氧化碳、氮气、蒸汽等，来降低空间的氧浓度，从而达到窒息灭火。

4）化学抑制灭火：有效地抑制自由基的产生或降低火焰中的自由基浓度，即可中止燃烧。化学抑制灭火的常见灭火剂有干粉灭火剂和七氟丙烷灭火剂。

分析：需要熟悉的重要知识点。比较重要的可能考的内容包括：泡沫属于隔离灭火；二氧化碳、氮气、蒸汽属于窒息灭火；干粉和七氟丙烷属于化学抑制灭火。

四、高频真题

（2020年技术实务第1题）（知识点1）下列物质发生的火灾中，不属于A类火灾的是（　　）。

A. 橡胶　　　　　B. 焦炭　　　　　C. 沥青　　　　　D. 松香

【答案】C

【解析】沥青属于可熔化固体物质火灾，属于B类火灾。

五、考题预测

（一）习题

1. 下列不属于A类火灾的是（　　）。
  A. 木材　　　　　B. 棉　　　　　C. 纸张　　　　　D. 石蜡

2. 某大型超市由于电气线路短路，引燃冷库中保温材料，发生火灾，造成10人死亡，50人重伤，1.5亿直接财产损失，此次火灾属于（　　）。
  A. 特别重大火灾　　B. 重大火灾　　C. 较大火灾　　D. 一般火灾

3. 一般认为，火灾的衰减阶段是从室内平均温度降低至其峰值的（　　）时算起。

A. 80%　　　　　　B. 60%　　　　　　C. 50%　　　　　　D. 25%

4. 轰燃的发生标志着室内火灾进入全面发展阶段，温度可达800~1000℃，轰燃通常发生在（　　）阶段。

　A. 初期增长阶段　　B. 充分发展阶段　　C. 衰减阶段　　D. 平稳发展阶段

5. 下列不是灭火的基本原理的是（　　）。

　A. 冷却　　　　　B. 窒息　　　　　C. 对水溶性液体的稀释　　D. 化学抑制

6. 某大型化工企业，占地面积5000m²，由于甲醇储罐发生火灾，造成10人死亡，40人重伤，直接财产损失1.2亿元，关于该事件，下列说法正确的有（　　）。

　A. 该火灾属于特别重大事故　　　　　B. 该火灾属于重大事故
　C. 该火灾属于A类火灾　　　　　　　D. 该火灾属于B类火灾
　E. 甲醇的燃烧会产生沸溢

7. 某小区高层办公楼突发火灾，造成重大人员伤亡。据调查，为4层一房间起火，该高层建筑火灾中烟气的扩散路线有（　　）。

　A. 着火房间→楼梯间→走廊→上部各楼层→室外
　B. 着火房间→室外
　C. 着火房间→相邻上层房间→室外
　D. 着火房间→上部各楼层→室外
　E. 着火房间→走廊→楼梯间→上部各楼层→室外

（二）答案详解

1. 【答案】D

【解析】石蜡属于B类火灾。

2. 【答案】A

【解析】特别重大火灾是指造成30人以上死亡，或者100人以上重伤，或者1亿元以上直接财产损失的火灾，当火灾事故中同时有死亡人数、重伤人数和经济损失时，应取最严重值。所以为特别重大火灾。

3. 【答案】A

【解析】一般认为达到80%算起。

4. 【答案】B

【解析】轰燃通常发生在充分发展阶段。记忆型题目，注意教材细节性描述。

5. 【答案】C

【解析】灭火基本原理分为四种：冷却、隔离、窒息、化学抑制。

6. 【答案】AD

【解析】甲醇火灾属于B类火灾；甲醇不属于沸溢性油品，因此燃烧时不会产生沸溢。

7. 【答案】BCE

【解析】当高层建筑发生火灾时，烟气在其内的流动扩散一般有三条路线：①着火房间→走廊→楼梯间→上部各楼层→室外；②着火房间→室外；③着火房间→相邻上层房间→室外。其中①是最主要的线路。

第三章 爆炸基础知识

一、知识点架构图

本章的知识点架构见图1-3-1。

图1-3-1 第一篇第三章知识点架构图

二、考情分析

本章的考情分析见表1-3-1。

表1-3-1 第一篇第三章考情分析表

年份	技术实务 分值（分）	技术实务 占比（%）	综合能力 分值（分）	综合能力 占比（%）	案例分析 分值（分）	案例分析 占比（%）
2015年	0	0	0	0	0	0
2016年	0	0	0	0	0	0
2017年	1	0.8	0	0	0	0
2018年	0	0	0	0	0	0
2019年	2	1.6	0	0	0	0
2020年	0	0	0	0	0	0

三、典型知识点

知识点1：爆炸的分类

1）按爆炸的原因和性质不同，分为物理爆炸、化学爆炸和核爆炸，见表1-3-2。

表1-3-2 爆炸的分类及特性

分类	性质
物理爆炸	物质因状态或压力发生突变而形成的爆炸叫物理爆炸。其特点是爆炸前后物质的化学成分均不改变。如蒸汽锅炉因水快速汽化发生的爆炸；压缩气体或液化气钢瓶、油桶受热爆炸等
化学爆炸	物质急剧氧化（分解）产生温度（压力）增加或两者同时增加而形成的爆炸。其特点是爆炸前后，物质的化学成分性质均发生了改变，如炸药、可燃气体、可燃粉尘爆炸
核爆炸	由原子核裂变或聚变反应，释放出核能所形成的爆炸，如原子弹、氢弹、中子弹的爆炸

2）粉尘爆炸的特点：

粉尘爆炸所需要的最小点火能量较大，引爆时间长、过程复杂。与可燃气体爆炸相比，粉尘爆炸压力上升和下降都比较缓慢，较高压力持续时间长，释放的能量大，破坏力强。粉尘爆炸通常有连续性，具有离起爆点越远破坏性越强的特点。二次爆炸比初次威力更大。

3）影响粉尘爆炸的因素：颗粒的尺寸（颗粒越小越危险）、空气的含水量（含水量越小越危险）、粉尘浓度、含氧量、可燃气体含量，后三项量越多，越危险。

> **分析：** 爆炸类别的判定应掌握。粉尘爆炸的条件应重点掌握。

> **知识点 2：爆炸极限**

1）气体和液体的爆炸极限通常用体积百分比表示。由于不同的物质其物理化学性质不同，爆炸极限也不同，即使是同一种物质，由于受外界条件的影响，爆炸极限也不同。

2）同种可燃气体，爆炸极限受影响的因素：

（1）受火源能量影响。引燃混合气体的火源能量越大，可燃混合气体的爆炸极限范围越宽，爆炸危险性越大。

（2）受初始压力的影响。混合气体初始压力增加，爆炸范围增大，爆炸危险性增加。特例：干燥的 CO 和空气的混合气体，压力上升，其爆炸极限范围反而缩小。

（3）受初温对爆炸极限的影响。混合气体初温越高，混合气体的爆炸极限范围越宽，爆炸危险性越大。

（4）受惰性气体的影响。可燃混合气体中加入惰性气体，会使爆炸极限范围变窄。当加入的惰性气体达到一定量后，任何比例的混合气体均不能产生爆炸。

3）可燃粉尘的爆炸极限用单位体积中粉尘的质量（g/m^3）来表示，爆炸极限范围越大，爆炸危险性就越大。

4）爆炸极限在消防中的应用：生产、储存爆炸下限<10%的可燃气体的工业场所，应选用隔爆型防爆电气设备；生产、储存爆炸下限≥10%的可燃气体的工业场所，可选用任一防爆型电气设备。可燃气体的爆炸范围越大，下限越低，火灾危险性就越大。

> **分析：** 应掌握气体和液体的爆炸极限的表示方法；可燃粉尘爆炸极限的表示方法。应熟悉爆炸极限在消防上的具体应用。

> **知识点 3：爆炸危险源**

1）引起爆炸的直接原因：物料的原因、作业行为原因、生产设备原因、生产工艺原因。

2）常见的引火源见表 1-3-3。

表 1-3-3 常见的引火源举例

火源种类	举例
机械火源	撞击、摩擦
热火源	高温热表面、日光照射并聚焦
电火源	电火花、静电火花、雷电
化学火源	明火、化学反应热、发热自燃

> **分析：** 要记住发生爆炸必须具备两个基本要素。给出一种火源，应该知道其所属的火源种类。

3）最小点火能。物料的最小点火能量越小，火灾危险性越大。

四、高频真题

（2017 年技术实务第 65 题）（知识点 2）下列初始条件中，可使甲烷爆炸极限范围变窄的是

( )。
　　A. 注入氮气　　　　　　B. 提高温度　　　　　　C. 增大压力　　　　　　D. 增大点火能量
　　【答案】A
　　【解析】加入惰性气体，会使爆炸极限范围变窄，要注意CO特殊情况。

五、考题预测

（一）习题

1. 下列关于粉尘爆炸的特点中，说法错误的是（　　）。
　　A. 与可燃气体爆炸相比，粉尘爆炸压力上升和下降的速度都较缓慢，较高压力持续时间长，释放的能量大，爆炸的破坏性和对周围可燃物的烧毁程度较严重
　　B. 二次爆炸往往比初次爆炸压力小，破坏小
　　C. 粉尘爆炸比气体爆炸所需的点火能大，引爆时间长，过程复杂
　　D. 粉尘初始爆炸产生的气浪会使沉积粉尘扬起，在新的空间内形成爆炸性混合物，从而可能会发生二次爆炸

2. 生产和储存火灾危险性为甲类的气体场所，其气体爆炸下限为（　　）时，应选用隔爆型电气设备。
　　A. ≤10%　　　　　　B. ≥12%　　　　　　C. <10%　　　　　　D. >12%

3. 氧气瓶受热爆炸属于（　　）。
　　A. 气体爆炸　　　　　　B. 化学爆炸　　　　　　C. 物理爆炸　　　　　　D. 固体爆炸

4. 通常情况下，影响气体爆炸极限的因素有（　　）。
　　A. 初始温度　　　　　　B. 初始压力　　　　　　C. 惰性气体　　　　　　D. 蒸气浓度
　　E. 温度

5. 影响粉尘爆炸的因素有（　　）。
　　A. 颗粒的尺寸　　　　　B. 空气的含水量　　　　C. 粉尘浓度　　　　　　D. 粉尘范围
　　E. 含氧量

（二）答案详解

1.【答案】B
　　【解析】二次爆炸往往比初次爆炸压力更大，破坏更严重。

2.【答案】C
　　【解析】本题考查的是爆炸极限在消防上的应用。生产、储存爆炸下限<10%的可燃气体的工业场所，应选用隔爆型防爆电气设备；生产、储存爆炸下限≥10%的可燃气体的工业场所，可选用任一防爆型电气设备。

3.【答案】C
　　【解析】根据物质产生爆炸的原因和性质不同，分为物理爆炸、化学爆炸、核爆炸，物理爆炸前后，物质的性质不发生变化。液化气瓶受热爆炸属于物理爆炸。

4.【答案】ABC
　　【解析】详见知识点2。

5.【答案】ABCE
　　【解析】影响粉尘爆炸的因素：颗粒的尺寸（颗粒越小越危险）、粉尘浓度、空气的含水量、含氧量、可燃气体含量。

第四章　易燃易爆危险品消防安全知识

一、知识点架构图

本章的知识点架构见图 1-4-1。

图 1-4-1　第一篇第四章知识点架构图

二、考情分析

本章的考情分析见表 1-4-1。

表 1-4-1　第一篇第四章考情分析表

年份	技术实务 分值（分）	技术实务 占比（%）	综合能力 分值（分）	综合能力 占比（%）	案例分析 分值（分）	案例分析 占比（%）
2015 年	0	0	0	0	0	0
2016 年	0	0	0	0	0	0
2017 年	0	0	0	0	0	0
2018 年	0	0	0	0	0	0
2019 年	0	0	0	0	0	0
2020 年	1	0.83	0	0	0	0

三、典型知识点

知识点 1：爆炸品分类及特性

1) 爆炸品的分类见表 1-4-2。

表 1-4-2　爆炸品按照危险性大小分类

分类	举例
具有整体爆炸危险的物质和物品	爆破用的电雷管、非电雷管、弹药用雷管等起爆药，梯恩梯（TNT）、硝铵炸药等

续表

分类	举例
具有迸射危险，但无整体爆炸危险的物质和物品	带有炸药或抛射药的火箭、火箭弹头、装有炸药的炸弹、不带雷管的民用炸药装药、民用火箭等
有燃烧及局部爆炸危险或局部迸射危险或两种危险都有，但无整体爆炸危险的物质和物品	速燃导火索、点火管、点火引信、含乙醇≥25%或增塑剂≥18%的硝化纤维素等
不呈现重大危险的物质和物品	导火索、手持信号弹、火炬信号、烟花爆竹、鞭炮等
有整体爆炸危险的非常不敏感物质	铵油炸药、铵沥蜡炸药
无整体爆炸危险的极端不敏感物品	—

2）爆炸物品的主要危险特性：爆炸性、敏感性（影响炸药敏感度的内在因素：爆炸品的化学组成和结构；外来因素：温度、杂质、结晶、密度）。

知识点2：易燃品的分类及特性

各类易燃品的分类及特性见表1-4-3。

表1-4-3 各类易燃品的分类及特性

类 别	特 性
易燃气体	1）分为二级。 Ⅰ级：爆炸下限<10%；或不论爆炸下限如何，爆炸极限范围≥12%； Ⅱ级：10%≤爆炸下限≤13%，且爆炸极限范围<12%。 2）易燃气体的火灾危险性。 易燃易爆、扩散性、可缩性和膨胀性、带电性、腐蚀性和毒害性
易燃液体	1）分为三级。 Ⅰ级，初沸点≤35℃； Ⅱ级，闪点<23℃，初沸点>35℃； Ⅲ级，23℃≤闪点≤60℃，初沸点>35℃。 《建筑设计防火规范》（2018年版）中规定，一般闪点<28℃的液体为甲类火灾危险性物质，28℃≤闪点<60℃为乙类火灾危险性物质，闪点≥60℃的为丙类火灾危险性物质。 2）火灾危险性。 易燃性、爆炸性、受热膨胀性、流动性、带电性、毒害性
易燃固体、易于自燃的物质、遇水放出易燃气体的物质（2020年技术实务第3题）	1）燃点高于300℃的固体为可燃固体，燃点低于300℃的固体称为易燃固体。 2）易燃固体的分级。 ①一级易燃固体包括非晶形磷（红磷）、三硫化二磷（不含黄磷和白磷）、亚磷酸二氢铅、氢化钛、铁铈合金等； ②二级易燃固体包括熔融硫黄、硝基萘、樟脑（合成的）、赛璐珞板等。 3）易于自燃物质的火灾危险性： ①遇空气自燃性：如白磷； ②遇湿易燃性：如硼、锌、锑、铝的烷基类化合物易自燃物品，除在空气中能自燃外，遇水或受潮还能分解自燃或爆炸。该类物品在起火时不可用泡沫或水扑救； ③积热自燃性：如硝化纤维胶片、废影片、X光片等。 4）遇水放出易燃气体的性质：遇水或遇酸的燃烧性、自燃性、爆炸性。 ①遇水发生剧烈的化学反应，释放出的热量能把反应产生的可燃气体加热到自燃点，不经点火也会着火燃烧，如金属钠、碳化钙等； ②遇水能发生化学反应，但释放出的热量较少，不足以把反应产生的可燃气体加热至自燃点，但当可燃气体一旦接触火源也会立即着火燃烧，如氢化钙、保险粉等
氧化性物质和有机过氧化物	氧化性物质的火灾危险性：受热、被撞分解，可燃性，与可燃液体作用自燃性，与酸作用分解性，与水作用分解性，强氧化性物质与弱氧化性物质作用分解性，腐蚀毒害性

分析：要记住易燃液体的火灾危险性，易燃固体的分类分级，发火物质与自热物质的类别区别，遇水放出易燃气体的物质的不同分类及举例。

四、高频真题

(2020年技术实务第3题)（知识点2）下列物质中，常温储存下不易自燃的是（　　）。
A. 赛璐珞板　　　　B. 硝化纤维胶片　　　　C. X光片　　　　D. 潮湿的棉花
【答案】A
【解析】熔融硫黄、硝基萘、樟脑（合成的）、赛璐珞板等属于二级易燃固体。常温储存下不易自燃。

五、考题预测

（一）习题

1. 易燃气体根据爆炸下限和爆炸极限范围分为Ⅰ级和Ⅱ级。其中Ⅱ级是指10%≤爆炸下限<13%，并且爆炸极限范围小于（　　）。
A. 10%　　　　　B. 12%　　　　　C. 14%　　　　　D. 16%
2. 根据燃点的高低，燃烧物质可分为易燃固体和可燃固体。通常燃点低于（　　）℃的固体称为易燃固体。
A. 150　　　　　B. 200　　　　　C. 250　　　　　D. 300
3. 易燃液体的火灾危险性分为六类，其中属于其通性的是（　　）。
A. 带电性　　　　B. 受热膨胀性　　　　C. 流动性　　　　D. 爆炸性
4. 关于易燃气体火灾危险性的说法错误的是（　　）。
A. 比液体、固体易燃，且燃速快
B. 价健不饱和的易燃气体比相对应价健饱和的易燃气体的火灾危险性大
C. 当温度不变时，气体的体积与压力成正比，即压力越大，体积越大
D. 一般来说，简单成分的气体比复杂成分的易燃，燃烧速度快

（二）答案详解

1. 【答案】B
【解析】详见知识点2。
2. 【答案】D
【解析】易燃固体，燃点高于300℃的固体称为可燃固体，燃点低于300℃的固体称为易燃固体。
3. 【答案】C
【解析】流动性是通性，易燃液体的流动性增加了火灾的危险性。
4. 【答案】C
【解析】当温度不变时，气体的体积与压力成反比，即压力越大，体积越小。

第二篇　建筑防火

第一章　概　述

一、知识点架构图

本章的知识点架构见图2-1-1。

图2-1-1　第二篇第一章知识点架构图

二、考情分析

本章的考情分析见表2-1-1。

表2-1-1　第二篇第一章考情分析表

年份	技术实务		综合能力		案例分析	
	分值（分）	占比（%）	分值（分）	占比（%）	分值（分）	占比（%）
2015年	0	0	0	0	0	0
2016年	0	0	0	0	0	0
2017年	0	0	0	0	0	0
2018年	0	0	0	0	0	0
2019年	0	0	0	0	0	0
2020年	0	0	0	0	0	0

三、典型知识点

知识点1：建筑防火措施分类

建筑防火措施分类
- 被动防火：建筑防火间距、建筑耐火等级、建筑防火构造、建筑防火分区分隔、建筑安全疏散设施（可理解为静态，不能主动出击）
- 主动防火：火灾自动报警系统、自动灭火系统、防烟排烟系统（有动作能力，能主动出击）

知识点2：建筑火灾常见的原因

建筑起火的原因归纳起来主要有电气火灾，生产作业类火灾，生活用火不慎，吸烟，玩火，放火和自燃、雷击、静电等其他原因引起火灾等。

知识点3：建筑火灾的主要危害

建筑火灾的主要危害包括：危害人员生命；造成经济损失；破坏文明成果；影响社会稳定。

知识点4：建筑防火技术方法

建筑防火技术方法见表2-1-2。

表2-1-2 建筑防火技术方法

	建筑防火技术方法	备注
总平面布局和平面布置	（1）总平面布局： ①考虑周围环境、地势条件、主导风向等因素，合理选择位置； ②合理分区：生产区、储存区、办公区、生活区； ③防火间距； ④消防水源、车道和消防车登高操作场地（灭火救援窗）。 （2）平面布置： ①设备用房（锅炉房、变压器室、柴油发电机房、消防控制室、消防泵房、风机房、配电室）； ②人员密集场所（歌舞娱乐游艺放映、剧场电影院礼堂、会议厅多功能厅、商店和展览建筑）； ③特殊场所（老、弱、病活动场所，学校食堂，菜市场）； ④住宅及设置商业服务网点的住宅； ⑤工业建筑的附属用房	消防车道属于总平面布局的范畴，在案例分析的答题中，要特别注意
建筑结构防火	（1）建筑物耐火等级的确定； （2）提高建筑构件的耐火性能（燃烧性能+耐火极限）	掌握提高耐火极限的方法
建筑材料防火	（1）有效控制建筑材料的燃烧性能是确保人员生命安全的基础。 （2）建筑材料防火遵循的原则： 控制建筑材料中可燃物数量，对材料进行阻燃处理；与电气线路或发热物体接触的材料应采用不燃材料或进行阻燃处理	楼梯间、管道井等竖向通道和供人员疏散的走道内应当采用不燃材料
防火分区分隔	（1）水平防火分区：利用防火墙、防火卷帘、防火门及防火水幕等分隔物在同一平面划分； （2）竖向防火分区：建筑内部上、下层采用耐火楼板分隔；自动扶梯、中庭周边采用防火卷帘等分隔；管道井采用防火门分隔；穿楼板处防火封堵；建筑外部采用防火挑檐、设置窗槛（间）墙等技术手段	
安全疏散	建筑安全疏散技术的重点是安全出口、疏散出口以及安全疏散通道的数量、宽度、位置和疏散距离	要掌握可以设一个安全出口、一个疏散门的条件

建筑防火技术方法	备注
防烟排烟 (1) 排烟系统：划分防烟分区是为了在火灾初期阶段将烟气控制在一定范围内，提高排烟效率； (2) 防烟系统：是指采用机械加压送风方式或自然通风方式，防止烟气进入疏散通道、防烟楼梯间及其前室或消防电梯前室的系统	分清一个概念：建筑中防烟的地方不设排烟，排烟的地方不设防烟
建筑防爆和电气防火 (1) 建筑防爆：应根据爆炸规律与爆炸效应，对有爆炸可能的建筑划出相应的防止爆炸危险区域、合理设计防爆结构和泄压面积、准确选用防爆设备； (2) 电气防火：对建筑的用电负荷、供配电源、电气设备、电气线路及其安装敷设等应当采取安全可靠、经济合理的防火技术措施	掌握泄压面积的计算方法；掌握防爆的主动和被动技术措施的区别与联系

四、高频真题

（2019年案例分析第三题）（知识点4）

某家具生产厂房，每层建筑面积13000m²，现浇钢筋混凝土框架结构（截面最小尺寸400mm×500mm，保护层厚度20mm），黏土砖墙围护，不燃性楼板耐火极限不低于1.50h，屋顶承重构件采用耐火极限不低于1.00h的钢网架，不上人屋面采用芯材为岩棉的彩钢夹心板（质量为58kg/m²）。建筑相关信息及总平面布局见图2-1-2。

家具生产厂房内设置建筑面积为300m²半地下中间仓库，储存不超过一昼夜用量的油漆和稀释剂，主要成分为甲苯和二甲苯。在家具生产厂房二层东南角贴邻外墙布置550m²喷漆工段，采用封闭喷漆工艺，并用防火隔墙与其他部位隔开，防火隔墙上设置一樘在火灾时能自动关闭的甲级防火门。中间仓库和喷漆工段采用防静电不发火花地面，外墙上设置通风口，全部电气设备按规定选用防爆设备。在一层室内西北角布置500m²变配器室（每台设备装油量65kg），并用防火隔墙与其他部位隔开。

该家具生产厂房的安全疏散和建筑消防设施的设置符合消防标准要求。

图2-1-2 家具生产厂房总平面示意图

问题：计算喷漆工段泄压面积。

（喷漆工段长径比 <3，$C = 0.110 m^2/m^3$，$550^{2/3} = 67$，$2750^{2/3} = 196$，$12000^{2/3} = 524$，$13000^{2/3} = 553$）

【解析】泄压面积为 $A = 10CV^{2/3} = 10 \times 0.110 \times (550 \times 5)^{2/3} = 215.6 （m^2）$。

五、考题预测

（一）习题

1. 电气火灾在整个建筑火灾中大约占有（　　）的比重。
   A. 1/2　　　　　　　B. 1/3　　　　　　　C. 1/4　　　　　　　D. 1/5

2. 人身安全是消防安全的重中之重，以人为本的消防工作理念必须始终贯穿于整个消防工作，从特定的角度上说，（　　）是建筑防火最根本、最关键的技术，也是建筑消防安全的核心内容。
   A. 安全疏散　　　　B. 防火间距　　　　C. 建筑耐火等级　　　D. 消防设施设置

3. 当遇到某些建筑构件的耐火极限和燃烧性能达不到规范的要求时，可采取适当的方法加以解决。常用的方法主要有（　　）。
   A. 适当增加构件的截面积
   B. 对钢筋混凝土构件增加保护层厚度
   C. 在构件表面涂覆防火涂料做耐火保护层
   D. 对钢梁、钢屋架及木结构做耐火吊顶和防火保护层包敷等
   E. 将建筑构件更换为符合要求的材料

4. 建筑火灾的危害性主要表现在（　　）。
   A. 危害人员生命　　　　　　　　　　B. 影响单位声誉
   C. 造成经济损失　　　　　　　　　　D. 破坏文明成果
   E. 影响社会稳定

（二）答案详解

1.【答案】B

【解析】据2016年全国重大火灾事故统计资料显示，电气火灾占比为30.4%，2017年1—10月全国火灾事故数据统计资料显示，电气火灾占比为33.6%。

2.【答案】A

【解析】从特定的角度上说，安全疏散是建筑防火最根本、最关键的技术，也是建筑消防安全的核心内容。

3.【答案】ABCD

4.【答案】ACDE

第二章 生产和储存物品的火灾危险性分类

一、知识点架构图

本章的知识点架构见图 2-2-1。

图 2-2-1 第二篇第二章知识点架构图

生产和储存物品的火灾危险性分类 ★★
- 评定物质火灾危险性的主要指标
- 储存物品的火灾危险性分类举例
- 生产场所的火灾危险性分类举例
- 根据实际情况判定场所的火灾危险性的方法
- 石油化工、石油库火灾危险性分类

二、考情分析

本章的考情分析见表 2-2-1。

表 2-2-1 第二篇第二章考情分析表

年份	技术实务 分值（分）	技术实务 占比（%）	综合能力 分值（分）	综合能力 占比（%）	案例分析 分值（分）	案例分析 占比（%）
2015 年	3	2.50	1	0.83	0	0
2016 年	2	1.67	1	0.83	1	0.83
2017 年	4	3.33	1	0.83	6	5.00
2018 年	3	2.50	0	0	5	4.17
2019 年	1	0.83	0	0	2	1.60
2020 年	1	0.83	1	0.83	0	0

三、典型知识点

知识点 1：评定物质火灾危险性的主要指标

1）气体：爆炸极限、自燃点。
2）液体：闪点。
3）固体：熔点、燃点。

知识点2：储存物品的火灾危险性分类

储存物品的火灾危险性分类举例见表2-2-2。（2018年案例分析第六题）

表2-2-2　储存物品的火灾危险性分类举例

火灾危险性类别	火灾危险性特征	举例
甲	(1) 闪点<28℃的液体； (2) 爆炸下限<10%的气体，受到水或空气中水蒸气的作用能产生爆炸下限<10%气体的固体物质； (3) 常温下能自行分解或在空气中氧化能导致迅速自燃或爆炸的物质； (4) 常温下受到水或空气中水蒸气的作用能产生可燃气体并引起燃烧或爆炸的物质； (5) 遇酸、受热、撞击、摩擦以及遇有机物或硫黄等易燃的无机物，极易引起燃烧或爆炸的强氧化剂； (6) 受撞击、摩擦或与氧化剂、有机物接触时能引起燃烧或爆炸的物质	(1) 己烷，戊烷，环戊烷，石脑油，二硫化碳，苯、甲苯，甲醇、乙醇、乙醚、蚁酸甲酯、醋酸甲酯、硝酸乙酯，汽油，丙酮，丙烯，酒精度为38度及以上的白酒； (2) 乙炔，氢，甲烷，环氧乙烷，水煤气（主要成分H_2、CO，H_2是甲类，CO是乙类，总体算甲类），液化石油气，乙烯、丙烯、丁二烯、硫化氢，氯乙烯，电石，碳化铝； (1和2的记忆窍门：甲乙丙、烷苯烯) (3) 硝化棉，硝化纤维胶片，喷漆棉，火胶棉，赛璐珞棉，黄磷； (4) 金属钾、钠、锂、钙、锶，氢化锂、氢化钠，四氢化锂铝； (5) 氯酸钾、氯酸钠、过氧化钾、过氧化钠，硝酸铵（做火药原料）； (4和5的记忆窍门：活泼金属及其氢化物、氯酸化合物、过氧化物) (6) 赤磷，五硫化二磷，三硫化二磷
乙	(1) 28℃≤闪点<60℃的液体； (2) 爆炸下限≥10%的气体； (3) 不属于甲类的氧化剂； (4) 不属于甲类的易燃固体； (5) 助燃气体； (6) 常温下与空气接触能缓慢氧化，积热不散引起自燃的物品	(1) 煤油，松节油，丁烯醇、异戊醇，丁醚，醋酸丁酯，硝酸戊酯，乙酰丙酮，环己胺，溶剂油，冰醋酸（又名无水乙酸、冰乙酸），樟脑油，蚁酸（又名甲酸）； (2) 氨气、一氧化碳； (3) 硝酸铜，铬酸，亚硝酸钾，重铬酸钠，铬酸钾，硝酸，硝酸汞、硝酸钴，发烟硫酸，漂白粉； (4) 硫黄，镁粉，铝粉，赛璐珞板（片）（乒乓球原料），樟脑，萘，生松香，硝化纤维漆布，硝化纤维色片； (5) 氧气，氟气，液氯； (6) 漆布及其制品，油布及其制品，油纸及其制品，油绸及其制品（丙类油品如果沾于纸张布料上会大大增加与空气的接触面，长时间堆放在一起更会积热不散，使此类物品的仓储场所的火灾危险性增大，定为乙类；此物品如果是在生产场所，因不会长时间堆放，则不存在积热问题，所以生产场所不含此条）
丙	(1) 闪点≥60℃的液体； (2) 可燃固体	(1) 动物油、植物油，沥青，蜡，润滑油，机油，重油，闪点大于等于60℃的柴油，糖醛（又名糠醛），白兰地成品库（蒸馏过的葡萄酒，不论酒精含量多少都是丙类）； (2) 化学、人造纤维及其织物，纸张，棉、毛、丝、麻及其织物，谷物，面粉，粒径不小于2mm的工业成型硫黄，天然橡胶及其制品，竹、木及其制品，中药材，电视机、收录机等电子产品，计算机房已录数据的磁盘储存间，冷库中的鱼、肉间

续表

火灾危险性类别	火灾危险性特征	举例
丁	难燃烧物品	自熄性塑料及其制品，酚醛泡沫塑料及其制品，水泥刨花板（用一般胶粘合的刨花板即胶合板为丙类，用不燃的水泥黏合则为丁类）
戊	不燃烧物品	钢材、铝材、玻璃及其制品、搪瓷制品、陶瓷制品，不燃气体，玻璃棉、岩棉、陶瓷棉、硅酸铝纤维、矿棉、石膏及其无纸制品，水泥、石、膨胀珍珠岩

分析：

（1）历年考试，直接让判断物质的火灾危险性的题虽然只有1~2分，但这个知识点必须掌握。物质的火灾危险性分类，是基础中的基础。

（2）日常生活中最常见的三种油"汽油甲、煤油乙、柴油丙（-35号柴油的闪点为50℃，为乙类，除外）"。

（3）甲、乙类中记住一个辨识原则：分子结构越简单越危险，例如 H_2 比 CH_4 危险，CO 比其他复杂的物质危险。

（4）凡含有"甲乙丙、烷苯烯"字眼的属于甲类，这是仅针对表中的举例而言。实际工作中会遇到很多未列进上表之中的物质，可以用这个规律做初步辨识，但不能完全套用，必须根据具体的理化性质做具体的判断，比如溴苯，虽然含有"苯"字，但因为其闪点为51℃，所以为乙类；又例如苯甲酸、苯乙酮，都是丙类。

（5）用以上规律排除记忆简单的物质以后，剩余10种特殊的（表中被涂了色）物质需要死记硬背。

知识点3：生产场所的火灾危险性分类

生产场所的火灾危险性分类举例见表2-2-3。（2018年案例分析第六题、2019年案例分析第三题）

表2-2-3　生产场所的火灾危险性分类举例★

火灾危险性类别	火灾危险性特征	火灾危险性分类举例
甲	生产时使用或产生的物质特征： （1）闪点<28℃的液体； （2）爆炸下限<10%的气体； （3）常温下能自行分解或在空气中氧化即能导致迅速自燃或爆炸的物质； （4）常温下受到水或空气中水蒸气的作用，能产生可燃气体并引起燃烧或爆炸的物质；	（1）闪点<28℃的油品和有机溶剂的提炼、回收或洗涤部位及其泵房，橡胶制品的涂胶和胶浆部位，二硫化碳的粗馏、精馏工段及其应用部位，青霉素提炼部位，原料药厂的非纳西汀车间的烃化、回收及电感精馏部位，皂素车间的抽提、结晶及过滤部位，冰片精制部位，农药厂乐果厂房，敌敌畏的合成厂房，磺化法糖精厂房，氯乙醇厂房，环氧乙烷、环氧丙烷工段，苯酚厂房的磺化、蒸馏部位，焦化厂吡啶工段，胶片厂片基厂房，汽油加铅室，甲醇、乙醇、丙酮、丁酮异丙醇、醋酸乙酯、苯等的合成或精制厂房，集成电路工厂的化学清洗间（使用闪点<28℃的液体），植物油加工厂的浸出车间；白酒液态法酿酒车间、酒精蒸馏塔，酒精度为38度及以上的勾兑车间、灌装车间、酒泵房；白兰地蒸馏车间、勾兑车间、灌装车间、酒泵房；

续表

火灾危险性类别	火灾危险性特征	火灾危险性分类举例
甲	(5) 遇酸、受热、撞击、摩擦、催化以及遇有机物或硫黄等易燃的无机物，极易引起燃烧或爆炸的强氧化剂； (6) 受撞击、摩擦或与氧化剂、有机物接触时能引起燃烧或爆炸的物质； (7) 在密闭设备内操作温度不小于物质本身自燃点的生产	(2) 乙炔站，氢气站，石油气体分馏（或分离）厂房，氯乙烯厂房，乙烯聚合厂房，天然气、石油伴生气、矿井气、水煤气或焦炉煤气的净化（如脱硫）厂房压缩机室及鼓风机室，液化石油气罐瓶间，丁二烯及其聚合厂房，醋酸乙烯厂房，电解水或电解食盐厂房，环己酮厂房，乙基苯和苯乙烯厂房，化肥厂的氢氮气压缩厂房，半导体材料厂使用氢气的拉晶间，硅烷热分解室； (3) 硝化棉厂房及其应用部位，赛璐珞厂房，黄磷制备厂房及其应用部位，三乙基铝厂房，染化厂某些能自行分解的重氮化合物生产，甲胺厂房，丙烯腈厂房； (4) 金属钠、钾加工房及其应用部位，聚乙烯厂房的一氧二乙基铝部位、三氯化磷厂房，多晶硅车间三氯氢硅部位，五氧化二磷厂房； (5) 氯酸钠、氯酸钾厂房及其应用部位，过氧化氢厂房，过氧化钠、过氧化钾厂房，次氯酸钙厂房； (6) 赤磷制备厂房及其应用部位，五硫化二磷厂房及其应用部位； (7) 洗涤剂厂房石蜡裂解部位，冰醋酸裂解厂房
乙	生产时使用或产生的物质特征： (1) 28℃≤闪点<60℃的液体； (2) 爆炸下限≥10%的气体； (3) 不属于甲类的氧化剂； (4) 不属于甲类的易燃固体； (5) 助燃气体； (6) 能与空气形成爆炸性混合物的浮游状态的粉尘、纤维、闪点≥60℃的液体雾滴	(1) 28℃≤闪点<60℃的油品和有机溶剂的提炼、回收、洗涤部位及其泵房，松节油或松香蒸馏厂房及其应用部位，醋酸酐精馏厂房，己内酰胺厂房，甲酚厂房，氯丙醇厂房，樟脑油提取部位，环氧氯丙烷厂房，松针油精制部位，煤油灌桶间； (2) 一氧化碳压缩机室及净化部位，发生炉煤气或鼓风炉煤气净化部位，氨压缩机房； (3) 发烟硫酸或发烟硝酸浓缩部位，高锰酸钾厂房，重铬酸钠（红矾钠）厂房； (4) 樟脑或松香提炼厂房，硫黄回收厂房，焦化厂精萘厂房； (5) 氧气站，空分厂房； (6) 铝粉或镁粉厂房，金属制品抛光部位，煤粉厂房、面粉厂的碾磨部位、活性炭制造及再生厂房，谷物筒仓的工作塔，亚麻厂的除尘器和过滤器室
丙	生产时使用或产生的物质特征： (1) 闪点≥60℃的液体； (2) 可燃固体	(1) 闪点≥60℃的油品和有机液体的提炼、回收工段及其抽送泵房，香料厂的松油醇部位和乙酸松油脂部位，苯甲酸厂房，苯乙酮厂房，焦化厂焦油厂房，甘油、桐油的制备厂房，油浸变压器室，机器油或变压油灌桶间，润滑油再生部位，配电室（每台装油量＞60kg的设备），沥青加工厂房，植物油加工厂的精炼部位； (2) 煤、焦炭、油母页岩的筛分、转运工段和栈桥或储仓，木工厂房，竹、藤加工厂房，橡胶制品的压延、成型和硫化厂房，针织品厂房，纺织、印染、化纤生产的干燥部位，服装加工厂房，棉花加工和打包厂房，造纸厂备料、干燥车间，印染厂成品厂房，麻纺厂粗加工车间，谷物加工房，卷烟厂的切丝、卷制、包装车间，印刷厂的印刷厂房，毛涤厂选毛厂房，电视机、收音机装配厂房，显像管厂装配工段烧枪间，磁带装配厂房，集成电路工厂的氧化扩散间、光刻间，泡沫塑料厂的发泡、成型、印片压花部位，饲料加工厂房，畜（禽）屠宰、分割及加工车间、鱼加工车间

续表

火灾危险性类别	火灾危险性特征	火灾危险性分类举例
丁	生产特征： （1）对不燃烧物质进行加工，并在高温或熔化状态下经常产生强辐射热、火花或火焰的生产； （2）利用气体、液体、固体作为燃料或将气体、液体进行燃烧作其他用的各种生产； （3）常温下使用或加工难燃烧物质的生产	（1）金属冶炼、锻造、铆焊、热扎、铸造、热处理厂房； （2）锅炉房，玻璃原料熔化厂房，灯丝烧拉部位，保温瓶胆厂房，陶瓷制品的烘干、烧成厂房，蒸汽机车库，石灰焙烧厂房，电石炉部位，耐火材料烧成部位，转炉厂房，硫酸车间焙烧部位，电极煅烧工段，配电室（每台装油量≤60kg的设备）； （3）难燃铝塑料材料的加工厂房，酚醛泡沫塑料的加工厂房，印染厂的漂炼部位，化纤厂后加工润湿部位
戊	生产特征： 常温下使用或加工不燃烧物质的生产	制砖车间，石棉加工车间，卷扬机室，不燃液体的泵房和阀门室，不燃液体的净化处理工段，镁合金除外的金属冷加工车间，电动车库，钙镁磷肥车间（焙烧炉除外），造纸厂或化学纤维厂的浆粕蒸煮工段，仪表、器械或车辆装配车间，氟利昂厂房，水泥厂的轮窑厂房，加气混凝土厂的材料准备、构件制作厂房

分析：此表很重要，尤其是"分类举例"需要特别记忆。同一座厂房或厂房的任一防火分区内有不同火灾危险性生产时，厂房或防火分区内的生产火灾危险性类别应按火灾危险性较大的部分确定，这是火灾危险性判定的"从严"原则。需要先判断火灾危险性高的生产部位所在楼层或防火分区的火灾危险性，再据此判断该建筑的火灾危险性。

知识点4：根据实际情况判定场所的火灾危险性的方法

1. 生产场所★。

同一座厂房或厂房的任一防火分区内有不同火灾危险性生产时，厂房或防火分区内的生产火灾危险性类别应**按火灾危险性较大的部分确定**。当生产过程中使用或产生易燃、可燃物的量较少，不足以构成爆炸或火灾危险时，可按实际情况确定；当符合下述条件之一时，**可按火灾危险性较小的部分确定**：

1）火灾危险性较大的生产部分占本层或本防火分区面积的比例**小于5%**（2020年技术实务第4题）或丁、戊类厂房内的油漆工段小于10%，且发生火灾事故时不足以蔓延到其他部位或火灾危险性较大的生产部分采取了有效的防火措施。

2）丁、戊类厂房内的油漆工段，当采用**封闭喷漆**工艺，封闭喷漆空间内保持负压、油漆工段设置**可燃气体探测报警系统或自动抑爆系统**，且油漆工段占其所在防火分区面积的比例**不大于20%**。

3）厂房内可不按物质危险特性确定生产火灾危险类别的最大允许量，常见的有：汽油、丙酮、乙醚总量100L，乙炔、氢、甲烷、乙烯、硫化氢总量25m³；煤油、松节油总量200L，氨50m³。

2. 储存场所★。

1）同一座仓库或仓库的任一防火分区内储存不同火灾危险性物品时，仓库或防火分区的火灾危险性应**按火灾危险性最大的物品确定**。（2020年综合能力第36题）

2）丁、戊类储存物品仓库的火灾危险性，当**可燃包装重量大于物品本身重量的1/4**或**可燃包装体积大于物品本身体积的1/2**时，应按丙类确定。

> 记忆对比，只记"就低"：
> 生产　＜5%　＜10%　≤20%
> 储存　≤1/4　≤1/2

常见生产和储存火灾危险性不同的物品举例见表2-2-4。

表2-2-4　常见生产和储存火灾危险性不同的物品举例

生产		储存	
植物油加工厂的浸出车间	甲类	植物油	丙类
洗涤剂厂房石蜡裂解部位	甲类	石蜡	丙类
白兰地蒸馏车间	甲类	白兰地成品库	丙类
赛璐珞厂房	甲类	赛璐珞板	乙类
桐油制备厂房	丙类	桐油制品	乙类
面粉厂的碾磨部位	乙类	面粉	丙类
金属冶炼、锻造、铆焊、热轧、铸造、热处理厂房	丁类	钢材	戊类

※难点点拨

火灾危险类别的划分，只有生产场所存在降低（可按火灾危险性较小的部分确定）的条件，仓库则没有。

知识点5：石油化工、石油库火灾危险性分类

石油化工、石油库火灾危险性分类见表2-2-5、表2-2-6。

表2-2-5　可燃气体的火灾危险性分类

类别	可燃气体与空气混合物的爆炸下限
甲	＜10%（体积）
乙	≥10%（体积）

表2-2-6　液化烃、可燃液体的火灾危险性分类

名称	类别		特征
液化烃	甲	A	15℃时的蒸气压力＞0.1MPa的烃类液体及其他类似的液体
		B	甲$_A$类以外，闪点＜28℃
可燃液体	乙	A	28℃≤闪点≤45℃
		B	45℃＜闪点＜60℃
	丙	A	60℃≤闪点≤120℃
		B	闪点＞120℃

注释：凡是液化烃，都是甲$_A$类；汽油、原油属于甲$_B$类。

分析：生产和储存物品的火灾危险性分类是判定厂房或仓库火灾危险性类别的基础。对于一些常见的举例物质，应该着重记忆。这是判定防火间距、耐火极限、疏散距离和喷淋强度等参数的基础。

四、高频真题

1.（2018年技术实务第5题）（知识点4）下列储存物品仓库中，火灾危险性为戊类的是（　　）。
   A. 陶瓷制品仓库（制品可燃包装与制品本身重量比为1:3）
   B. 玻璃制品仓库（制品可燃包装与制品本身重量比为3:5）
   C. 水泥刨花板制品仓库（制品无可燃包装）
   D. 硅酸铝纤维制品仓库（制品无可燃包装）
   【答案】D
   【解析】根据表2-2-2，D项符合题意。

2.（2020年技术实务第4题）（知识点4）某单层木器加工厂房，建筑面积为2000m²，该厂房内油漆工段建筑面积为180m²，与厂房其他区域进行了防火分隔，油漆工段使用的有机溶剂的闪点为23℃。该厂房的火灾危险性分类为（　　）。
   A. 乙类　　　　B. 甲类　　　　C. 丙类　　　　D. 丁类
   【答案】B
   【解析】木器加工厂房的火灾危险性为丙类，油漆工段使用的有机溶剂的闪点为23℃，火灾危险性为甲类。同一座厂房或厂房的任一防火分区内有不同火灾危险性生产时，厂房或防火分区内的生产火灾危险性类别应按火灾危险性较大的部分确定；当火灾危险性较大的生产部分占本层或本防火分区建筑面积的比例小于5%，可按火灾危险性较小的部分确定。180m² ÷ 2000m² = 9% > 5%，该厂房的火灾危险性分类为甲类。

3.（2020年综合能力第36题）（知识点4）某仓库内存放有煤油1m³，闪点65℃的柴油5m³。某消防技术服务机构对该仓库进行消防安全评估。根据现行国家标准，该仓库的火灾危险性应判定为（　　）。
   A. 甲类　　　　B. 乙类　　　　C. 丁类　　　　D. 丙类
   【答案】B
   【解析】同一座仓库或仓库的任一防火分区内储存不同火灾危险性物品时，仓库或防火分区的火灾危险性应按火灾危险性最大的物品确定。煤油火灾危险性为乙类，柴油为丙类，因此该仓库的火灾危险性为乙类。

五、考题预测

（一）习题

1. 某仓库储存轻质陶制品，外包装为木箱，储存量共计20t，木箱约为5t。该仓库火灾危险性类别为（　　）类。
   A. 甲　　　　B. 乙　　　　C. 丙　　　　D. 丁
   E. 戊

2. 某仓库储存轻质陶制品和包装木箱。其中陶制品储存量共计10t，它的外包装木箱约为2t，其他木箱3t。该仓库火灾危险性类别为（　　）类。
   A. 甲　　　　B. 乙　　　　C. 丙　　　　D. 丁
   E. 戊

3. 某生产企业的一座镁粉厂房内存有乙炔和煤油，且乙炔气体在标准状态下的存量为30m³，煤油所占本层面积达到7%，则该厂房的火灾危险性为（　　）类。

A. 甲　　　　　　　B. 乙　　　　　　　C. 丙　　　　　　　D. 丁

E. 戊

（二）答案详解

1.【答案】C

【解析】5t÷（20t−5t）=1/3，包装木箱总量大于物品本身重量的1/4，所以为丙类。

2.【答案】C

【解析】储存了两种货物，其中一种包装木箱是丙类，另一种陶制品不用计算包装比例，直接可以按照火灾危险性最大的确定，所以为丙类。

3.【答案】A

【解析】镁粉为乙类。乙炔为甲类，超过了不按其确定的最大允许量。煤油为乙类，所占面积超过了按照较小危险类别确定的比例。在三者中选择火灾危险性较大者——乙炔，所以该厂房为甲类。

第三章 建筑分类与耐火等级

一、知识点架构图

本章的知识点架构见图 2-3-1。

图 2-3-1 第二篇第三章知识点架构图

二、考情分析

本章的考情分析见表 2-3-1。

表 2-3-1 第二篇第三章考情分析表

年份	技术实务 分值（分）	技术实务 占比（%）	综合能力 分值（分）	综合能力 占比（%）	案例分析 分值（分）	案例分析 占比（%）
2015 年	4	3.33	3	2.50	1	0.83
2016 年	4	3.33	2	1.67	4	3.33
2017 年	4	3.33	2	1.67	3	2.50
2018 年	4	3.33	4	3.33	3	2.50
2019 年	4	3.33	0	0	8	6.67
2020 年	4	3.33	6	5.00	2	1.67

三、典型知识点

知识点1：建筑分类

按使用性质分类：民用建筑、工业建筑、农业建筑。

按结构形式分类：木结构、砖木结构、砖混结构、钢筋混凝土结构、钢结构、钢混结构等。

按高度分类：单层、多层、高层建筑。**单层、多层建筑**是指27m及以下的住宅建筑、建筑高度不超过24m（或已超过24m，但为单层）的公共建筑和工业建筑。**高层建筑**是指建筑高度大于27m的住宅建筑和其他建筑高度大于24m的非单层建筑。我国对建筑高度超过100m的高层建筑，称超高层建筑。

1. 民用建筑分类。

按照国家标准《民用建筑设计通则》（GB 50352）民用建筑的分类为：

民用建筑 ｛ 居住建筑 ｛ 住宅建筑
非住宅类居住建筑：宿舍、公寓
公共建筑：文教、医疗、商业、行政办公、交通、通信广播、体育、旅馆、观演等

在防火方面，非住宅类的居住建筑（宿舍、公寓）的火灾危险性与公共建筑接近，其防火要求需按公共建筑的有关规定执行。因此《建筑设计防火规范》将民用建筑分为住宅建筑和公共建筑两大类，具体见表 2-3-2。（2018 年技术实务第 98 题、2018 年案例分析第四题、2019 年技术实务第 1 题、2020 年技术实务第 5 题、2020 年案例分析第六题）

表 2-3-2 民用建筑的分类

名称	高层民用建筑		单、多层民用建筑
	一类	二类	
住宅建筑	建筑高度大于 54m 的住宅建筑（包括设置商业服务网点的住宅建筑）	建筑高度大于 27m，但不大于 54m 的住宅建筑（包括设置商业服务网点的住宅建筑）	建筑高度不大于 27m 的住宅建筑（包括设置商业服务网点的住宅建筑）
公共建筑	（1）建筑高度大于 50m 的公共建筑； （2）**建筑高度 24m 以上部分**任一楼层建筑面积大于 1000m² 的商店、展览、电信、邮政、财贸金融建筑和其他多种功能组合的建筑； （3）医疗建筑、重要公共建筑、独立建造的老年人照料设施； （4）省级及以上的广播电视和防灾指挥调度建筑、网局级和省级电力调度建筑； （5）藏书超过 100 万册的图书馆、书库	除住宅建筑和一类高层公共建筑外的其他高层民用建筑	（1）建筑高度大于 24m 的单层公共建筑； （2）建筑高度不大于 24m 的其他公共建筑

注：①裙房是指在高层建筑主体投影范围外，与建筑主体相连且建筑高度不大于 24m 的附属建筑，如图 2-3-2 所示。裙房的防火要求应符合高层民用建筑的规定。

②商业服务网点，是指设置在住宅建筑的首层或首层及二层，每个分隔单元建筑面积不大于 300m² 的商店、邮政所、储蓄所、理发店等小型营业性用房，如图 2-3-3 所示。

③重要公共建筑，是指发生火灾可能造成重大人员伤亡、财产损失和严重社会影响的公共建筑。一般包括党政机关办公楼，人员密集的大型公共建筑或集会场所，较大规模的中小学校教学楼、宿舍楼，重要的通信、调度和指挥建筑，广播电视建筑，医院等以及城市集中供水设施、主要的电力设施等涉及城市或区域生命线的支持性建筑或工程。

④医疗建筑、重要公共建筑、独立建造的老年人照料设施，藏书超过 100 万册的图书馆、书库，这几种建筑只要是超过 24m 且不是单层，就属于一类高层。

⑤老年人照料设施，是指现行行业标准《老年人照料设施建筑设计标准》（JGJ 450—2018）中床位总数（可容纳老年人总数）大于或等于 20 床（人），为老年人提供集中照料服务的公共建筑，包括老年人全日照料设施和老年人日间照料设施。其他专供老年人使用的、非集中照料的设施或场所，如老年大学、老年活动中心等不属于老年人照料设施。"老年人照料设施"包括 3 种形式，即独立建造的、与其他建筑组合建造的和设置在其他建筑内的老年人照料设施。

表 2-3-2 中的"独立建造的老年人照料设施"，包括与其他建筑贴邻建造的老年人照料设施；对于与其他建筑上下组合建造或设置在其他建筑内的老年人照料设施，其防火设计要求应根据该建筑的主要用途确定其建筑分类。其他专供老年人使用的、非集中照料的设施或场所，其防火设计要求按有

关公共建筑的规定确定；对于非住宅类老年人居住建筑，按有关老年人照料设施的规定确定。

图2-3-4为一类高层公共建筑的剖面图，图2-3-5为建筑高度大于24m的单层公共建筑剖面图。

图2-3-2 裙房

图2-3-3 商业服务网点

图2-3-4 一类高层公共建筑剖面图

图2-3-5 建筑高度大于24m的单层公共建筑剖面图

2. 建筑高度和建筑层数的计算方法：

1) 建筑屋面为坡屋面时，建筑高度应为建筑室外设计地面至其檐口与屋脊的平均高度（见图2-3-6）；

[注释] 建筑高度 $H=(1/2)H_1+(1/2)H_2$

图2-3-6　坡屋面建筑剖面示意图

2) 建筑屋面为平屋面（包括有女儿墙的平屋面）时，建筑高度应为建筑室外设计地面至其屋面面层的高度（见图2-3-7）；(2018年案例分析第四题、2020年综合能力第23题)

图2-3-7　平屋面建筑剖面示意图

3) 同一座建筑有多种形式的屋面时，建筑高度应按上述方法计算后，取其中最大值（见图2-3-8）；

[注释] 建筑高度取 H_1 和 H_2 的大值

图2-3-8　多种形式屋面建筑剖面示意图

4）对于台阶式地坪，当位于不同高程地坪上的同一建筑之间有防火墙分隔，各自有符合规范规定的安全出口，且可沿建筑的两个长边设置贯通式或尽头式消防车道时，可分别计算各自的建筑高度。否则，应按其中建筑高度最大者确定该建筑的建筑高度（见图2-3-9），图中同时具备（1）、（2）、（3）三个条件时可按 H_1、H_2 分别计算建筑高度，否则应按 H_3 计算建筑高度。

图 2-3-9 剖面示意图

5）局部突出屋顶的瞭望塔、冷却塔、水箱间、微波天线间或设施、电梯机房、排风和排烟机房以及楼梯出口小间等辅助用房占屋面面积不大于1/4者，可不计入建筑高度（见图2-3-10）。(2018年综合能力第6题、2019年案例分析第四题、2020年综合能力第23题、2020年技术实务第5题)

图 2-3-10 建筑剖面示意图

6）对于住宅建筑，设置在底部且室内高度不大于2.2m的自行车库、储藏室、敞开空间、室内外高差或建筑的地下或半地下室的顶板面高出室外设计地面的高度不大于1.5m的部分，可不计入建筑高度。（2020年综合能力第23题）

7）下列空间可不计入建筑层数（见图2-3-11）：

（1）室内顶板面高出室外设计地面的高度不大于1.5m的地下或半地下室；

（2）设置在建筑底部且室内高度不大于2.2m的自行车库、储藏室、敞开空间；

（3）建筑屋顶上突出的局部设备用房、出屋面的楼梯间等。

图2-3-11 建筑剖面示意图

※难点点拨

（1）只有工业建筑有甲、乙、丙、丁、戊之分，民用建筑和农业建筑没有。

（2）医疗建筑，重要公共建筑，独立建造的老年人照料设施，藏书超过100万册的图书馆、书库，这几种建筑只要是超过24m且不是单层，就属于一类高层公共建筑。并不存在50m这个条件，多数学员对这点常有混淆，应该注意。

（3）一类高层公共建筑的分类中：建筑高度24m以上部分任一楼层建筑面积大于1000m²的商店、展览、电信、邮政、财贸金融建筑和其他多种功能组合的建筑。注意：此类不包括住宅与公共建筑组合建造的情况。

分析：建筑分类是需要了解的内容，但从重要性和出题的频率来看，本知识点绝对重要。如给出不同高度的民用建筑，应该清楚其类别。特别是《建筑设计防火规范》（GB 50016—2014）（2018年版）增加的独立建造的老年人照料设施，应注意这方面出题。

知识点2：建筑材料的燃烧性能及分级

按照《建筑材料及制品燃烧性能分级》（GB 8624—2012），建筑材料分为平板状建筑材料、铺地材料、管状绝热材料，我国建筑材料及制品燃烧性能的基本分级为A、B_1、B_2、B_3，国外（欧盟）的建筑材料燃烧性能分为A1、A2、B、C、D、E、F七个等级，各级别的名称及对应关系见表2-3-3。

表 2-3-3 建筑材料及制品的燃烧性能等级

燃烧性能等级		名称
A	A1	不燃材料（制品）
	A2	
B₁	B	难燃材料（制品）
	C	
B₂	D	可燃材料（制品）
	E	
B₃	F	易燃材料（制品）

建筑材料及制品燃烧性能等级附加信息包括产烟特性 S（smoke）、燃烧滴落物/微粒等级 d（drops）和烟气毒性等级 t（toxic），标识如下。（2019 年技术实务第 86 题、2020 年技术实务第 6 题）

GB 8624 □（□-□，□，□）
　　　　　　　　　　　　　　烟气毒性等级（t0、t1、t2）
　　　　　　　　　　　　燃烧滴落物/微粒等级（d0、d1、d2）
　　　　　　　　　　产烟特性等级（s1、s2、s3）
　　　　　　　燃烧性能等级细化分级（A2、B、C、D）
　　　　燃烧性能等级（A、B₁、B₂、B₃）

示例：GB 8624 B₁（B-s1，d0，t1），表示属于难燃 B₁ 级建筑材料及制品，燃烧性能细化分级为 B 级，产烟特性等级为 s1 级，燃烧滴落物/微粒等级为 d0 级，烟气毒性等级为 t1 级。

分析：建筑材料的燃烧性能是需要熟悉的内容。2019 年考了附加信息的内容，下一步出题可能是建筑材料燃烧性能、产烟特性等级以及燃烧滴落物/微粒等级。

知识点 3：建筑构件的燃烧性能和耐火极限

建筑构件包括：**墙、柱、梁、楼板、门、窗**。在火灾中起着阻止火势蔓延、延长支撑时间的作用。

建筑构件的耐火性能包括：一是构件的燃烧性能，二是构件的耐火极限。

1. 建筑构件的燃烧性能。

建筑构件按其燃烧性能分为三类：不燃（A）、难燃（B₁）、可燃（B₂）。

2. 建筑构件的耐火极限。

耐火极限，是指在标准耐火试验条件下，建筑构件、配件或结构从受到火的作用时起，至失去**承载能力、完整性**或**隔热性**时止所用时间，用小时表示。其中，承载能力是指在标准耐火试验条件下，承重或非承重建筑构件在一定时间内**抵抗垮塌的能力**；耐火完整性是指在标准耐火试验条件下，建筑分隔构件当某一面受火时，能在一定时间内**防止火焰和热气穿透或在背火面出现火焰的能力**；耐火隔热性是指在标准耐火试验条件下，建筑分隔构件当某一面受火时，在一定时间内**其背火面温度不超过规定值的能力**。

承重构件：主要考查在试验条件下的承载力和稳定性能，如梁、柱、屋架等；

分隔构件：主要考查在试验条件下的完整性能或隔热性能，如隔墙、隔断、门、窗、吊顶等；

承重分隔构件：主要考查在试验条件下的承载力和稳定性、完整性、隔热性能，如承重墙、屋面板、楼板等。

分析：建筑构件的燃烧性能和耐火极限是需要掌握的内容。从出题情况来看，近三年每年都有考题，主要考了对基本概念的深刻掌握。以后出题可能更细，如材料的燃烧性能分级、分级判定的主要参数和等级判据等比较学术的内容。

※难点点拨

(1) 建筑材料的燃烧性能分为不燃、难燃、可燃、易燃（简称不、难、可、易）。

(2) 建筑构件的燃烧性能分为不、难、可，建筑构件不能采用易燃材料。

知识点 4：建筑耐火等级

建筑的耐火等级，也就是指建筑物整体的耐火性能，由组成建筑物的**墙、柱、梁、楼板、屋顶承重构件、吊顶**等主要构件的**燃烧性能**和**耐火极限**决定的，分为一、二、三、四级。

具体分级中，建筑构件的耐火性能是以**楼板**的耐火极限为基准，再根据其他构件在建筑物中的重要性和耐火性能可能的目标值调整后确定的。从火灾统计的数据来看，88%的火灾可在1.5h之内扑灭，80%的火灾可在1h之内扑灭，因此将一级耐火等级的建筑物的楼板的耐火极限定为1.5h，二级建筑物楼板定为1h，其他级别相应降低。对于建筑中起主要支撑作用的**柱子**，耐火极限要求相对较高，一级建筑要求3h，二级建筑要求2.5h。

1) 厂房、仓库建筑构件的燃烧性能和耐火极限及解释见表2-3-4、表2-3-5。（2018年技术实务第63题、2018年案例分析第六题、2019年案例分析第三题）

表2-3-4　厂房、仓库建筑构件的燃烧性能和耐火极限 ★　　　　　（单位：h）

构件名称		耐火等级			
		一级	二级	三级	四级
墙	防火墙	不燃3.00	不燃3.00	不燃3.00	不燃3.00
	承重墙	不燃3.00	不燃2.50	不燃2.00	难燃0.50
	楼梯间和前室的墙，电梯井的墙	不燃2.00	不燃2.00	不燃1.50	难燃0.50
	疏散走道两侧的隔墙	不燃1.00	不燃1.00	不燃0.50	难燃0.25
	非承重外墙房间隔墙	不燃0.75	不燃0.50	难燃0.50	难燃0.25
柱		不燃3.00	不燃2.50	不燃2.00	难燃0.50
梁		不燃2.00	不燃1.50	不燃1.00	难燃0.50
楼板		不燃1.50	不燃1.00	不燃0.75	难燃0.50
屋顶承重构件		不燃1.50	不燃1.00	难燃0.50	可燃
疏散楼梯		不燃1.50	不燃1.00	不燃0.75	可燃
吊顶（包括吊顶搁栅）		不燃0.25	难燃0.25（不燃时不限）	难燃0.15	可燃

注：二级耐火等级建筑的吊顶采用不燃烧体时，其耐火极限不限。

表2-3-5　厂房、仓库建筑构件的燃烧性能和耐火极限解释

要点	耐火等级	解释
燃烧性能	一级	不论哪个耐火等级的建筑，只要是防火墙，都是不燃材料；一级耐火等级的建筑，所有的建筑构件都是不燃材料
	二级	二级耐火等级的建筑中，只有吊顶为难燃，其余全部不燃
	三级	三级耐火等级的建筑中，非承重外墙、房间隔墙、屋顶承重构件、吊顶这四处为难燃，其余全部不燃

续表

要点	耐火等级	解　释
燃烧性能	四级	四级耐火等级的建筑中，疏散楼梯、屋顶承重构件、吊顶这三处为可燃，其余难燃（防火墙不燃）（2018年综合能力第33题）
耐火极限（h）	一级	防火墙、承重墙、柱3h，楼梯间、前室、电梯井的墙和梁2h 楼板、屋顶承重构件、疏散楼梯1.5h
	二级	在一级的基础上减去0.5h：承重墙、柱、梁、楼板、屋顶承重构件、疏散楼梯 特殊记忆：疏散走道两侧的墙从一级到四级分别是1h、1h、0.5h、0.25h 特殊记忆：楼梯间、前室、电梯井的墙从一级到四级分别是2h、2h、1.5h、0.5h

2）民用建筑的建筑构件的燃烧性能和耐火极限见表2-3-6。（2019年案例分析第四题、2020年技术实务第7题、2020年综合能力第90题、2020年案例分析第六题）

表2-3-6　民用建筑的建筑构件的燃烧性能和耐火极限★　　　　　　　　（单位：h）

构件名称		耐火等级			
		一级	二级	三级	四级
墙	防火墙	不燃3.00	不燃3.00	不燃3.00	不燃3.00
	承重墙	不燃3.00	不燃2.50	不燃2.00	难燃0.50
	楼梯间和前室的墙，电梯井的墙，住宅建筑单元之间的墙和分户墙	不燃2.00	不燃2.00	不燃1.50	难燃0.50
	疏散走道两侧的隔墙	不燃1.00	不燃1.00	不燃0.50	难燃0.25
	非承重外墙	不燃1.00	不燃1.00	不燃0.50	可燃
	房间隔墙	不燃0.75	不燃0.50	难燃0.50	难燃0.25
柱		不燃3.00	不燃2.50	不燃2.00	难燃0.50
梁		不燃2.00	不燃1.50	不燃1.00	难燃0.50
楼板		不燃1.50	不燃1.00	不燃0.50	可燃
屋顶承重构件		不燃1.50	不燃1.00	可燃0.50	可燃
疏散楼梯		不燃1.50	不燃1.00	不燃0.50	可燃
吊顶（包括吊顶搁栅）		不燃0.25	难燃0.25	难燃0.15	可燃

注：①除另有规定外，以木柱承重且墙体采用不燃材料的建筑，其耐火等级应按四级确定。
　　②住宅建筑构件的耐火极限和燃烧性能可按现行国家标准《住宅建筑规范》（GB 50368）的规定执行。

3）重点建筑的耐火等级要求★。

厂房、仓库：

（1）高层厂房，甲、乙类厂房的耐火等级不应低于二级，建筑面积不大于300m²的独立甲、乙类单层厂房可采用三级耐火等级建筑（见图2-3-12）。（2020年综合能力第27题）

（2）单、多层丙类厂房和多层丁、戊类厂房的耐火等级不应低于三级。使用或产生丙类液体的厂房和有火花、赤热表面、明火的丁类厂房，其耐火等级均不应低于二级；当为建筑面积不大于500m²的单层丙类厂房（2020年技术实务第64题、2020年综合能力第27题）或建筑面积不大于1000m²的单层丁类厂房时，可采用三级耐火等级的建筑。（解析：对于厂房，所有的单、多层丙类及多层丁、戊

图 2-3-12 平面示意图及断面图

类都是三级即可，因为考虑到丙类液体和有火花等的丁类场所比如钢件淬火油池温度升高容易发生火灾，所以对面积较大或者多层的此类场所要提高到二级，但是对于面积较小的单层的丙类液体和有火花等的丁类场所，仍可为三级。）（2020 年综合能力第 27 题、2020 年技术实务第 64 题）

（3）使用或储存特殊贵重的机器、仪表、仪器等设备或物品的建筑，其耐火等级不应低于二级。

（4）锅炉房的耐火等级不应低于二级，当为燃煤锅炉房且锅炉的总蒸发量不大于 4t/h 时，可采用三级耐火等级的建筑。（2020 年综合能力第 27 题）

（5）高架仓库、高层仓库、甲类仓库、多层乙类仓库和储存可燃液体的多层丙类仓库，其耐火等级不应低于二级。（**记忆口诀：高仓、甲仓、多乙仓、多丙液**）

（6）单层乙类仓库，单层丙类仓库，储存可燃固体的多层丙类仓库和多层丁、戊类仓库，其耐火等级不应低于三级。（**记忆口诀：单乙、单丙、多丙固**）（2020 年综合能力第 27 题）

（7）甲、乙类厂房和甲、乙、丙类仓库内的防火墙，其耐火极限不应低于 4.00h（见图 2-3-13）。（2020 年技术实务第 52 题）

图 2-3-13 厂房、仓库平面示意图

（8）一、二级耐火等级单层厂房（仓库）的柱，其耐火极限分别不应低于 2.50h 和 2.00h。

（9）采用自动喷水灭火系统全保护的一级耐火等级单、多层厂房（仓库）的屋顶承重构件，其耐火极限不应低于 1.00h（见图 2-3-14）。

（10）除甲、乙类仓库和高层仓库外，一、二级耐火等级建筑的非承重外墙，当采用不燃性墙体时，其耐火极限不应低于 0.25h；当采用难燃性墙体时，不应低于 0.50h。4 层及 4 层以下的一、二级耐火等级丁、戊类地上厂房（仓库）的非承重外墙，当采用不燃性墙体时，其耐火极限不限。

（11）二级耐火等级厂房（仓库）内的房间隔墙，当采用难燃性墙体时，其耐火极限应提高 0.25h。

（12）二级耐火等级多层厂房和多层仓库内采用预应力钢筋混凝土的楼板，其耐火极限不应低于 0.75h。

（13）一、二级耐火等级厂房（仓库）的上人平屋顶，其屋面板的耐火极限分别不应低于 1.50h

第二篇 建筑防火

和 1.00h（见图 2-3-15）。

（14）建筑中的非承重外墙、房间隔墙和屋面板，当确需采用金属夹芯板材时，其芯材应为不燃材料，且耐火极限应符合本规范有关规定。（2018 年技术实务第 6 题）

图 2-3-14 设置自动喷水灭火系统全保护的一级耐火等级单、多层厂房（仓库）示意图

图 2-3-15 一、二级耐火等级的厂房（仓库）示意图

民用建筑：
（1）民用建筑的耐火等级应根据其建筑高度、使用功能、重要性和火灾扑救难度等确定。比如，地下或半地下建筑（室）和一类高层建筑的耐火等级不应低于一级（2020 年案例分析第六题）；单、多层重要公共建筑和二类高层建筑的耐火等级不应低于二级。
（2）除木结构建筑外，老年人照料设施的耐火等级不应低于三级。
（3）建筑高度大于 100m 的民用建筑，其楼板的耐火极限不应低于 2.00h。一、二级耐火等级建筑的上人平屋顶，其屋面板的耐火极限分别不应低于 1.50h 和 1.00h。（2018 年技术实务第 7 题）
（4）民用建筑的其他耐火等级要求，详见《建筑设计防火规范》（2018 年版）第 5.1.5~5.1.9 条。

分析：建筑的耐火等级要求是需要掌握的内容。在《建筑设计防火规范》（2018 年版）第 3.2 条中，厂房、库房耐火等级要求都需要认真记忆。从出题情况来看，技术实务、综合能力和案例分析都有这个知识点的考核。这个知识点出题比较活，考生容易答错。应会判定实际不同用途建筑的建筑类别，灵活掌握不同类型建筑的耐火等级要求，掌握不同耐火等级要求的建筑的不同部位构件的耐火时间。

四、高频真题

1.（2018 年技术实务第 63 题）（知识点 4）根据现行国家标准《建筑钢结构防火规范》（GB 51249），下列民用建筑钢结构的防火设计方案中，错误的是（　　）。
　　A. 一级耐火等级建筑，钢结构楼盖支撑设计耐火极限取 2.00h
　　B. 二级耐火等级建筑，钢结构楼面梁设计耐火极限取 1.50h
　　C. 一级耐火等级建筑，钢结构柱间支撑设计耐火极限取 2.50h
　　D. 二级耐火等级建筑，钢结构屋盖支撑设计耐火极限取 1.00h
【答案】C
【解析】根据《建筑设计防火规范》（GB 50016—2014）的规定确定，柱间支撑的设计耐火极限应与柱相同。根据表 2-3-4，一级耐火等级的柱子，耐火极限不应低于 3.0h。

2.（2018 年技术实务第 98 题）（知识点 1）下列建筑中，属于一类高层民用建筑的有（　　）。
　　A. 建筑高度为 26m 的病房楼
　　B. 建筑高度为 32m 的员工宿舍楼
　　C. 建筑高度为 54m 的办公楼
　　D. 建筑高度为 26m、藏书量为 120 万册的图书馆建筑

E. 建筑高度为 33m 的住宅楼

【答案】ACD

【解析】民用建筑根据其建筑高度和层数可分为单、多层民用建筑和高层民用建筑。高层民用建筑根据其建筑高度、使用功能和楼层的建筑面积可分为一类和二类。民用建筑的分类应符合表 2-3-2 的规定。

3. (2018 年综合能力第 6 题)(知识点 1) 某单位新建员工集体宿舍，室内地面标高 ±0.000m，室外地面标高 -0.450m，地上 7 层，局部 8 层，一至七层为标准层，每层建筑面积 1200m²，七层屋面面层标高 +21.000m，八层为设备用房，建筑面积 290m²，八层屋面面层标高 +25.000m。根据现行国家标准《建筑设计防火规范》(GB 50016)，该建筑类别为 (　　)。

A. 二类高层住宅建筑　B. 二类高层公共建筑　C. 多层住宅建筑　D. 多层公共建筑

【答案】D

【解析】该建筑为公共建筑，八层为局部突出设备用房，占屋面积小于 1/4，不计入建筑高度，故该建筑高度：21-(-0.45)=21.45(m)，小于 24m，所以该建筑是多层公共建筑。

4. (2019 年技术实务第 1 题)(知识点 1) 某建筑高度为 50m 的民用建筑，地下 1 层，地上 15 层。地下室、首层和第二层的建筑面积均为 1500m²，其他楼层均为 1000m²。地下室为车库，首层和第二层为商场，第三层至第七层为老年人照料设施，第八层至第十五层为宿舍。该建筑的防火设计应符合 (　　) 的规定。

A. 一类公共建筑
B. 二类住宅
C. 二类公共建筑
D. 一类老年人照料设施

【答案】C

【解析】本题考查的知识点是建筑高度分类。根据表 2-3-2 及注解可知，与其他建筑上下组合建造或设置在其他建筑内的老年人照料设施，不属于独立建造的老年人照料设施，其防火设计要求应根据该建筑的主要用途确定其建筑分类，所以该建筑属于多功能组合建筑，24m 以上部分任一楼层建筑面积不大于 1000m²，属于二类高层公共建筑。C 选项符合题意。

5. (2019 年案例分析第四题)(知识点 4)

某综合楼，地下 1 层，地上 5 层，局部 6 层，一层室内地坪标高为 ±0.000m，室外地坪标高为 -0.600m，屋顶为平屋面。该楼为钢筋混凝土现浇框架结构，柱的耐火极限为 5.00h，梁、楼板、疏散楼梯的耐火极限为 2.50h；防火墙、楼梯间的墙和电梯井的墙均采用加气混凝土砌块墙，耐火极限均为 5.00h；疏散走道两侧的隔墙和房间隔墙均采用钢龙骨两面钉耐火纸面石膏板（中间填 100mm 厚隔音玻璃丝棉），耐火极限均为 1.50h；以上构件燃烧性能均为不燃性。吊顶采用木吊顶搁栅钉 10mm 厚纸面石膏板，耐火极限为 0.25h。

该综合楼除地上一层层高 4.2m 外，其余各层层高均为 3.9m，建筑面积均为 960m²，顶层建筑面积 100m²。各层用途及人数为：地下一层为设备用房和自行车库，人数 30 人；一层为门厅、厨房、餐厅，人数 100 人；二层为餐厅，人数 240 人；三层为歌舞厅（人数需计算）；四层为健身房，人数 100 人；五层为儿童舞蹈培训中心，人数 120 人。地上各层安全出口均为 2 个，地下一层 3 个，其中一个为自行车出口。

楼梯 1 和楼梯 2 在各层位置相同，采用敞开楼梯间。在地下一层楼梯间入口处设有净宽 1.50m 的甲级防火门（编号为 FM1），开启方向顺着人员进入地下一层的方向。

该综合楼三层平面图如图 2-3-16 所示。图中 M1、M2 为木质隔音门，净宽分别为 1.30m 和 0.90m；M4 为普通木门，净宽 0.90m；JXM1、JXM2 为丙级防火门，门宽 0.60m。

该建筑全楼设置中央空调系统和湿式自动喷水灭火系统等消防设施，各消防系统按照国家消防技术标准要求设置且完整好用。

图 2-3-16 三层歌舞厅平面图

（图为示意图，图中尺寸单位为 mm）

问题：判断该综合楼的耐火等级是否满足规范要求，并说明理由。

【解析】地上部分的水平疏散走道和安全出口的门厅的吊顶不满足规范要求，地下部分满足规范要求。

理由：该建筑地上部分的耐火等级不应低于二级，地下部分不应低于一级。题干中构件柱、梁、楼板、疏散楼梯、楼梯间的墙、疏散走道两侧的墙、房间隔墙均达到了一级的要求，木吊顶搁栅钉10mm 厚纸面石膏板为难燃，耐火极限0.25h，满足二级耐火等级的要求。但是，地上水平疏散走道和安全出口的门厅的吊顶应采用不燃材料，所以地上不满足要求。地下一层为设备间和自行车库，一般没有吊顶，不存在吊顶的问题，所以地下一层满足规范要求。（解释：根据《建筑内部装修设计防火规范》（GB 50222—2017）第 4.0.4 条，地上建筑的水平疏散走道和安全出口的门厅，其顶棚应采用 A 级装修材料；地下民用建筑的疏散走道和安全出口的门厅，其顶棚、墙面和地面均应采用 A 级装修材料。）

6.（2020年综合能力第23题）（知识点1）某住宅建筑，屋面建筑面积为1100m²。屋顶设有局部突出屋面的水箱间、风机房、楼梯间等辅助用房，建筑面积共计140m²。建筑室外地坪面标高为 −0.450m，建筑屋面面层标高为 +26.650m，女儿墙顶部标高为 +27.850m，辅助用房顶部标高为 +29.000m。住宅底部设有室内净高为2m 的自行车车库和储藏室。对该建筑进行防火检查时应按（　　）的标准要求进行。

A. 一类高层建筑　　B. 多层住宅　　C. 二类高层住宅　　D. 三类高层住宅

【答案】B

【解析】局部突出屋顶的瞭望塔、冷却塔、水箱间、微波天线间或设施、电梯机房、排风和排烟机房以及楼梯出口小间等辅助用房占屋面面积不大于1/4者，可不计入建筑高度。对于住宅建筑，设置在底部且室内高度不大于2.2m 的自行车库、储藏室、敞开空间，室内外高差或建筑的地下或半地下室的顶板面高出室外设计地面的高度不大于1.5m 的部分，可不计入建筑高度。住宅建筑高度为：26.650m−2m=24.650m<27m，属于多层住宅建筑。

7.（2020年技术实务第64题）（知识点4）某单层印刷厂房，建筑面积为600m²，该厂房使用的印刷油料闪点为68℃，该厂房的耐火等级至少应为（　　）。

A. 一级　　B. 二级　　C. 三级　　D. 四级

【答案】B

【解析】单、多层丙类厂房和多层丁、戊类厂房的耐火等级不应低于三级。使用或产生丙类液体的厂房和有火花、赤热表面、明火的丁类厂房，其耐火等级均不应低于二级；当为建筑面积不大于500m² 的单层丙类厂房或建筑面积不大于1000m² 的单层丁类厂房时，可采用三级耐火等级的建筑。油料闪点为68℃，该厂房属于单层丙类厂房，建筑面积为600m²，大于500m²，故耐火等级不应低于二级。

8. （2020案例分析第六题）节选（知识点1、4）

某商业建筑，总建筑面积为48960m²，地上5层，地下2层，建筑高度为25m。各建筑构件的燃烧性能均为不燃性，耐火极限见下表。

构件名称	防火墙、承重墙、柱	梁、楼梯间和前室及电梯井的墙	楼板、屋顶承重构件、疏散楼梯	非承重外墙、疏散走道两侧隔墙	房间隔墙	吊顶
耐火极限（h）	3.00	2.00	1.50	1.00	0.75	0.25

指出该商业建筑的建筑类别和耐火等级。

【解析】该商业建筑的建筑类别是一类高层公共建筑，耐火等级为一级。总建筑面积超过20000m²的商业建筑属于重要公共建筑，建筑高度大于24m的重要公共建筑属于一类高层公共建筑；一类高层建筑的耐火等级不应低于一级。

五、考题预测

（一）习题

1. 某食用油生产企业计划新建一个二层的成品包装车间，车间占地面积200m²，该车间的耐火等级不应低于（　　）。

   A. 一级　　　　B. 二级　　　　C. 三级　　　　D. 四级

2. 建筑高度超过100m的高层民用建筑，其电缆井、管道井应在每层楼板处用（　　）作防火分隔，耐火极限达到（　　）。

   A. 不燃材料，2.5h

   B. 难燃材料，1h

   C. 相当于楼板耐火极限的不燃材料，2h

   D. 相当于楼板耐火极限的不燃材料，1.5h

3. 一个耐火等级为二级的甲类厂房，房间隔墙应至少采用（　　）的材料，且耐火极限不应少于（　　）h。

   A. 不燃，0.25　　B. 不燃，0.50　　C. 难燃，0.50　　D. 难燃，0.75

4. 建筑物的耐火等级是由组成建筑物的建筑构件的（　　）决定的。

   A. 燃烧性能　　　　B. 耐火完整性　　　　C. 地基及支座的承载能力

   D. 耐火极限　　　　E. 耐火隔热性

5. 下列建筑物必须采用一级耐火等级的有（　　）。

   A. 地下或半地下建筑（室）

   B. 一类高层民用建筑

   C. 某建筑高度为33m的县级医院住院楼

   D. 某制衣厂的地下成品仓库

   E. 某大型商场的地下丙类仓库

（二）答案详解

1.【答案】B

【解析】先确定该食用油包装车间属于丙类液体厂房，符合"使用或产生丙类液体的厂房不应低于二级"的条件，初步判定二级。

再看面积和层数是否符合降低要求的条件：虽然总面积未超过500m²，但是因为是二层，不符合"建筑面积不大于500 m²的单层丙类厂房可采用三级"的规定，所以不应低于二级。

2.【答案】C

【解析】建筑内的电缆井、管道井应在每层楼板处采用不低于楼板耐火极限的不燃材料或防火封堵材料封堵。建筑高度大于100m的民用建筑，其楼板的耐火极限不应低于2.00h。

3.【答案】D

【解析】二级耐火等级厂房（仓库）内的房间隔墙，当采用难燃性墙体时，其耐火极限应提高0.25h。采用不燃烧材料时不低于0.5h，在此基础上增加0.25h，结果是0.75h。

4.【答案】AD

【解析】建筑的耐火等级，也就是指建筑物整体的耐火性能，由组成建筑物的墙、柱、梁、楼板、屋顶承重构件、吊顶等主要构件的燃烧性能和耐火极限决定的，分为一、二、三、四级。

5.【答案】BCE

【解析】在民用建筑中，地下或半地下建筑（室）和一类高层建筑的耐火等级不应低于一级。所以，首先选B；33m的县级医院住院楼是高层医疗建筑，属于一类高层民用建筑，所以选C；A并没有说明是民用建筑中的地下或半地下建筑（室），当然也包含工业地下或半地下的丙、丁、戊类厂房或仓库，工业地下或半地下的丙、丁、戊类厂房或仓库可以是一、二级，所以不选A；D属于地下丙类仓库，防火分区不超过300m²，一二级都可以，所以不选D；E大型商场的地下仓库，应该和商场一起视为公共建筑，所以选E。

第四章 总平面布局和平面布置

一、知识点架构图

本章的知识点架构见图 2-4-1。

图 2-4-1 第二篇第四章知识点架构图

二、考情分析

本章的考情分析见表 2-4-1。

表 2-4-1 第二篇第四章考情分析表

年份	技术实务 分值（分）	技术实务 占比（%）	综合能力 分值（分）	综合能力 占比（%）	案例分析 分值（分）	案例分析 占比（%）
2015 年	7	5.83	10	8.33	17	14.20
2016 年	7	5.83	4	3.33	18	15.00
2017 年	8	6.67	4	3.33	9	7.50
2018 年	8	6.67	0	0	9	7.50
2019 年	2	1.67	8	6.67	8	6.67
2020 年	3	2.50	2	1.67	4	3.33

三、典型知识点

知识点 1：建筑消防安全布局

1. 建筑选址及城市总体布局。

1）易燃、易爆物品的工厂、仓库，甲、乙、丙类液体储罐区，液化石油气储罐区，可燃、助燃气体储罐区，可燃材料堆场等，以及散发可燃气体、可燃蒸气和可燃粉尘的工厂和大型液化石油气储存基地，布置在城市（区域）的边缘或相对独立的安全地带，并位于城市（区域）全年最小频率风向的上风侧；与影剧院、会堂、体育馆、大型商场、游乐场等人员密集的公共建筑或场所，以及居住区、商业区或其他人员集中地区保持足够的防火安全距离；（2018 年技术实务第 48 题）

2）甲、乙、丙类液体的仓库，宜布置在地势较低的地方（但须避免布置在窝风地带），以免火灾对周围环境造成威胁；若布置在地势较高处，则应采取防止液体流散的措施。乙炔站等遇水产生可燃气体容易发生火灾爆炸的企业，严禁布置在可能被水淹没的地方。生产、储存爆炸物品的企业，宜利

43

用地形，选择**多面环山、附近没有建筑**的地方；

3) 大中型石油化工企业、石油库、液化石油气储罐站等，沿城市河流布置时，布置在**城市河流的下游**，并采取防止液体流入河流的可靠措施；

4) 一级加油站、一级加气站、一级加油加气合建站和 CNG 加气母站设置在**城市建成区和中心区域以外的区域**。输油、输送可燃气体干管上不得违法修建建筑物、构筑物或堆放物质；

5) 装运液化石油气和其他易燃易爆化学物品的专用码头、车站布置在城市或港区的独立安全地段。装运液化石油气和其他易燃易爆化学物品的专用码头，与**其他物品码头之间的距离不小于最大装运船舶长度的两倍，距主航道的距离不小于最大装运船舶长度的一倍**；

6) 城市消防站的布置结合城市交通状况和各区域的火灾危险性进行合理布局；街区道路布置和市政消火栓的布局应能满足灭火救援需要，**街区道路中心线间距离一般在 160m 以内**，市政消火栓沿可通行消防车的街区道路布置，间距不得大于 120m；

7) 对于旧城区中严重影响城市消防安全的企业，要及时纳入改造计划，采取限期迁移或改变生产使用性质等措施。对于耐火等级低的建筑密集区和棚户区，要结合改造工程，拆除一些破旧房屋，建造一、二级耐火等级的建筑；**对一时不能拆除重建的，可划分占地面积不大于 2500m² 的防火分区，各分区之间留出不小于 6m 的防火通道或设置高出建筑屋面不小于 50cm 的防火墙**。对于无市政消火栓或消防给水不足、无消防车通道的区域，要结合本区域内给水管道的改建，增设给水管道管径和消火栓，或根据具体条件修建容量为 100~200 m³ 的消防蓄水池。

2. 常见企业的总平面布局。

1) 石油化工企业。

在山区或丘陵地区时，石油化工企业的生产区应避免布置在窝风地带。沿江河岸布置时，宜位于邻近江河的城镇、重要桥梁、大型锚地、船厂等重要建筑物或构筑物的下游。公路和地区架空电力线路严禁穿越生产区。地区输油（输气）管道不应穿越厂区。（2018 年技术实务第 52 题）

工厂主要出入口不应少于两个，并宜位于不同方位。装置或联合装置、液化烃罐组、总容积大于或等于 120000m³ 的可燃液体罐组、总容积大于或等于 120000m³ 的两个或两个以上可燃液体罐组应设环形消防车道。可燃液体的储罐区、可燃气体储罐区、装卸区及化学危险品仓库区应设**环形消防车道**，当受地形条件限制时，也可设**有回车场的尽头式消防车道**。消防车道的路面宽度不应小于 6m，路面内缘转弯半径不宜小于 12m，路面上净空高度不应低于 5m。

消防站的位置应符合下列规定：

①消防站的服务范围应按行车路程计，行车路程不宜大于 2.5km，并且接火警后消防车到达火场的时间不宜超过 5min。对丁、戊类的局部场所，消防站的服务范围可加大到 4km；

②应便于消防车迅速通往工艺装置区和罐区；

③宜避开工厂主要人流道路；

④宜远离噪声场所；

⑤宜位于生产区全年最小频率风向的下风侧。

2) 火力发电厂。

厂区的出入口不应少于 2 个，其位置应便于消防车出入。主厂房区、点火油罐区及贮煤场区周围应设置环形消防车道，其他重点防火区域周围宜设置消防车道。

点火油罐区宜单独布置，四周应设置 1.8m 高的围栅；当利用厂区围墙作为点火油罐区的围墙时，该段厂区围墙应为 2.5m 高的实体围墙。

3) 钢铁冶金企业。

煤气柜区四周均设置围墙，当煤气柜总容积不超过 200000m³ 时，柜体外壁与围墙的间距不宜小于

15.0m；当总容积大于200000m³时，不宜小于18.0m。

氧气固定容积储罐之间、不可燃气体固定储罐之间、露天布置的液氧储罐与不可燃的液化气体储罐之间、不可燃的液化气体储罐之间，净距均不得小于2.0m。

知识点2：各类建筑的防火间距

防火间距的确定原则：防止火灾蔓延、保障灭火救援场地需要、节约土地资源、防火间距的计算。

1. 防火间距的计算方法。

1）建筑物之间的防火间距应按相邻建筑外墙的最近水平距离计算，当外墙有**凸出的可燃或难燃构件时，应从其凸出部分外缘算起**。（见图2-4-2）

图2-4-2 防火间距示意图

建筑物与储罐、堆场的防火间距，应为建筑外墙至**储罐外壁**或堆场中相邻**堆垛外缘**的最近水平距离。

2）储罐之间的防火间距应为相邻两储罐外壁的最近水平距离。储罐与堆场的防火间距应为储罐外壁至堆场中相邻堆垛外缘的最近水平距离。

3）堆场之间的防火间距应为两堆场中相邻堆垛外缘的最近水平距离。

4）变压器之间的防火间距应为相邻**变压器外壁**的最近水平距离。变压器与建筑物、储罐或堆场的防火间距，应为变压器外壁至建筑外墙、储罐外壁或相邻堆垛外缘的最近水平距离。

5）建筑物、储罐或堆场与道路、铁路的防火间距，应为建筑外墙、储罐外壁或相邻堆垛外缘距道路最近一侧路边或**铁路中心线**的最小水平距离。

2. 厂房的防火间距。

厂房之间及与乙、丙、丁、戊类仓库、民用建筑等的防火间距见表2-4-2。（2019年综合能力第94题、2019年案例分析第三题、2020年技术实务第91题、2020年技术实务第47题）

表2-4-2 厂房之间及与乙、丙、丁、戊类仓库、民用建筑等的防火间距★ （单位：m）

名称			甲类厂房	乙类厂房（仓库）			丙、丁、戊类厂房（仓库）				民用建筑			
			单、多层	单、多层		高层	单、多层			高层	裙房，单、多层			高层
			一、二级	一、二级	三级	一、二级	一、二级	三级	四级	一、二级	一、二级	三级	四级	一类	二类
甲类厂房	单、多层	一、二级	12	12	14	13	12	14	16	13					
乙类厂房	单、多层	一、二级	12	10	12	13	10	12	14	13	25			50	
		三级	14	12	14	15	12	14	16	15					
	高层	一、二级	13	13	15	13	13	15	17	13					

45

续表

名称			甲类厂房 单、多层	乙类厂房（仓库）		丙、丁、戊类厂房（仓库）			民用建筑				
				单、多层	高层	单、多层		高层	裙房，单、多层			高层	
			一、二级	一、二级	三级	一、二级	一、二级	三级	四级	一、二级	一、二级	三级	四级	一类	二类
丙类厂房	单、多层	一、二级	12	10	12	13	10	12	14	13	10	12	14	20	15
		三级	14	12	14	15	12	14	16	15	12	14	16	25	20
		四级	16	14	16	17	14	16	18	17	14	16	18		
	高层	一、二级	13	13	15	13	13	15	17	13	13	15	17	20	15
丁、戊类厂房	单、多层	一、二级	12	10	12	13	10	12	14	13	10	12	14	15	13
		三级	14	12	14	15	12	14	16	15	12	14	16	18	15
		四级	16	14	16	17	14	16	18	17	14	16	18		
	高层	一、二级	13	13	13	13	13	13	15	17	13	15	17	15	13
室外变、配电站	变压器总油量	≥5t，≤10t	25	25	25	25	12	15	20	12	15	20	25	20	
		>10t，≤50t					15	20	25	15	20	25	30	25	
		>50t					20	25	30	20	25	30	35	30	

1）记忆技巧：

A + B = C，C是防火间距；

A 取值：高层建筑取 13m，甲类厂房取 12m，其他类别取 10m；

B 取值：一、二级建筑取 0，三级建筑取 2m，四级建筑取 4m。

2）防火间距可以不限或降低的情形★：

（1）单、多层戊类厂房之间及与戊类仓库的防火间距可按表 2-4-2 的规定减少 2m，与民用建筑的防火间距可按《建筑设计防火规范》相应条款的规定执行**（单多戊类厂房，等同民用建筑）**。为丙、丁、戊类厂房服务而单独设置的生活用房应按民用建筑确定，与所属厂房的防火间距不应小于 6m。

（2）两座厂房相邻较高一面外墙为防火墙，或相邻两座高度相同的一、二级耐火等级建筑中相邻任一侧外墙为防火墙且屋顶的耐火极限不低于 1.00h 时，其防火间距不限，但甲类厂房之间不应小于 4m**（高防等防时不限，甲类厂房特殊）**。两座丙、丁、戊类厂房相邻两面外墙均为不燃性墙体，当无外露的可燃性屋檐，每面外墙上的门、窗、洞口面积之和各不大于外墙面积的 5%，且门、窗、洞口不正对开设时，其防火间距可按表 2-4-2 的规定减少 25%（见图 2-4-3）**（甲乙类厂房不可）**。

图 2-4-3 防火间距示意图

（3）两座一、二级耐火等级的厂房，当相邻较低一面外墙为防火墙且较低一座厂房的屋顶无天窗，屋顶的耐火极限不低于1.00h，或相邻较高一面外墙的门、窗等开口部位设置甲级防火门、窗或防火分隔水幕或符合《建筑设计防火规范》第6.5.3条的规定设置防火卷帘时，甲、乙类厂房之间的防火间距不应小于6m；丙、丁、戊类厂房之间的防火间距不应小于4m。**（低防高窗降低，甲乙6m，丙丁戊4m）**

（4）**丙、丁、戊类厂房与民用建筑**的耐火等级均为一、二级时，丙、丁、戊类厂房与民用建筑的防火间距可适当减小，但应符合下列规定：**（甲乙类厂房不可）**

①当较高一面外墙为无门、窗、洞口的防火墙，或比相邻较低一座建筑屋面高15m及以下范围内的外墙为无门、窗、洞口的防火墙时，其防火间距不限。见图2-4-4。

图 2-4-4 防火间距示意图

②相邻较低一面外墙为防火墙，且屋顶无天窗或洞口、屋顶的耐火极限不低于1.00h，或相邻较高一面外墙为防火墙，且墙上开口部位采取了防火措施，其防火间距可适当减小，但不应小于4m，见图2-4-5。

（5）发电厂内的主变压器，其油量可按单台确定。

（6）耐火等级低于四级的既有厂房，其耐火等级可按四级确定。

3）特殊规定：

（1）甲类厂房与重要公共建筑的防火间距不应小于50m，与明火或散发火花地点的防火间距不应小于30m；乙类厂房与重要公共建筑的防火间距不宜小于50m，与明火或散发火花地点的防火间距不宜小于30m。

图 2-4-5 防火间距示意图

(2) 散发可燃气体、可燃蒸气的甲类厂房与铁路、道路的防火间距见表 2-4-3。

表 2-4-3 散发可燃气体、可燃蒸气的甲类厂房与铁路、道路的防火间距 （单位：m）

名称	厂外铁路线中心线	厂内铁路线中心线	厂外道路路边	厂内道路路边 主要	厂内道路路边 次要
甲类厂房	30	20	15	10	5

(3) 同一座"U"形或"山"形厂房中相邻两翼之间的防火间距，不宜小于图 2-4-6 的规定，但当厂房的占地面积小于《建筑设计防火规范》第 3.3.1 条规定的每个防火分区最大允许建筑面积时，其防火间距可为 6m。

同一座"U"形或"山"形厂房中相邻两翼之间的防火间距

耐火等级	生产火灾危险性	a（m）
一、二级	甲类厂房	12
一、二级	单、多层乙类厂房	10
一、二级	单、多层丙、丁类厂房	10
一、二级	高层厂房	13
三级	单、多层乙、丙、丁、戊类厂房	14
四级	单、多层丙、丁类厂房	18

图 2-4-6 防火间距示意图

(4) 厂区围墙与厂区内建筑的间距不宜小于 5m。

3. 仓库的防火间距。

各类仓库之间及与其他建筑的防火间距见表 2-4-4、表 2-4-5。

表 2-4-4 甲类仓库之间及与其他建筑、明火或散发火花地点、铁路、道路等的防火间距 （单位：m）

名 称	甲类储存物品第 3、4 项 ≤5t	甲类储存物品第 3、4 项 >5t	甲类储存物品第 1、2、5、6 项 ≤10t	甲类储存物品第 1、2、5、6 项 >10t
高层民用建筑、重要公共建筑	50	50	50	50
裙房、其他民用建筑、明火或散发火花地点	30	40	25	30
甲类仓库	20	20	20	20

续表

名　称		甲类仓库（储量）			
		甲类储存物品第3、4项		甲类储存物品第1、2、5、6项	
		≤5t	>5t	≤10t	>10t
厂房和乙、丙、丁、戊类仓库	一、二级	15	20	12	15
	三级	20	25	15	20
	四级	25	30	20	25
电力系统电压为35~500kV且每台变压器容量不小于10MV·A的室外变、配电站，工业企业的变压器总油量大于5t的室外降压变电站		30	40	25	30
厂外铁路线中心线		40			
厂内铁路线中心线		30			
厂外道路路边		20			
厂内道路路边	主要	10			
	次要	5			

表2-4-5　乙、丙、丁、戊类仓库之间及与民用建筑的防火间距　　　　（单位：m）

名　称			乙类仓库			丙类仓库			丁、戊类仓库			
			单、多层		高层	单、多层			高层	单、多层			高层
			一、二级	三级	一、二级	一、二级	三级	四级	一、二级	一、二级	三级	四级	一、二级
乙、丙、丁、戊类仓库	单、多层	一、二级	10	12	13	10	12	14	13	10	12	14	13
		三级	12	14	15	12	14	16	15	12	14	16	15
		四级	14	16	17	14	16	18	17	14	16	18	17
	高层	一、二级	13	15	13	13	15	17	13	13	15	17	13
民用建筑	裙房，单、多层	一、二级	25			10	12	14	13	10	12	14	13
		三级	25			12	14	16	15	12	14	16	15
		四级	25			14	16	18	17	14	16	18	17
	高层	一类	50			20	25	25	20	15	18	18	15
		二类	50			15	20	20	15	13	15	15	13

重点记忆：

①甲类仓库之间一般不小于20m；当第3、4项物品储量不大于2t，第1、2、5、6项物品储量不大于5t时，不应小于12m；甲类仓库与高层仓库的防火间距不应小于13m。

②单、多层戊类仓库之间的防火间距，可按表2-4-5的规定减少2m。

③两座仓库的相邻外墙均为防火墙时，防火间距可以减小，但丙类仓库，不应小于6m；丁、戊类仓库，不应小于4m。两座仓库相邻较高一面外墙为防火墙，或相邻两座高度相同的一、二级耐火等级建筑中相邻任一侧外墙为防火墙且屋顶的耐火极限不低于1.00h，且总占地面积不大于《建筑设计防火规范》规定的一座仓库的最大允许占地面积时，其防火间距不限。

④除乙类第6项物品外的乙类仓库，与民用建筑的防火间距不宜小于25m，与重要公共建筑的防火间距不应小于50m，与铁路、道路等的防火间距不宜小于表2-4-4中甲类仓库与铁路、道路等的防火间距。

4. 民用建筑的防火间距见表2-4-6。

表2-4-6 民用建筑之间的防火间距 ★ （单位：m）

建筑类别		高层民用建筑	裙房和其他民用建筑		
		一、二级	一、二级	三级	四级
高层民用建筑	一、二级	13	9	11	14
裙房和其他民用建筑	一、二级	9	6	7	9
	三级	11	7	8	10
	四级	14	9	10	12

注：①相邻两座单、多层建筑，当相邻外墙为不燃性墙体且无外露的可燃性屋檐，每面外墙上无防火保护的门、窗、洞口不正对开设且该门、窗、洞口的面积之和不大于外墙面积的5%时，其防火间距可按本表的规定减少25%。

②两座建筑相邻较高一面外墙为防火墙，或高出相邻较低一座一、二级耐火等级建筑的屋面15m及以下范围内的外墙为防火墙时，其防火间距不限。

③相邻两座高度相同的一、二级耐火等级建筑中相邻任一侧外墙为防火墙，屋顶的耐火极限不低于1.00h时，其防火间距不限。

④相邻两座建筑中较低一座建筑的耐火等级不低于二级，相邻较低一面外墙为防火墙且屋顶无天窗，屋顶的耐火极限不低于1.00h时，其防火间距不应小于3.5m；对于高层建筑，不应小于4m。

⑤相邻两座建筑中较低一座建筑的耐火等级不低于二级且屋顶无天窗，相邻较高一面外墙高出较低一座建筑的屋面15m及以下范围内的开口部位设置甲级防火门、窗，或设置符合现行国家标准《自动喷水灭火系统设计规范》（GB 50084）规定的防火分隔水幕或《建筑设计防火规范》第6.5.3条规定的防火卷帘时，其防火间距不应小于3.5m；对于高层建筑，不应小于4m。

⑥相邻建筑通过连廊、天桥或底部的建筑物等连接时，其间距不应小于本表的规定。

⑦耐火等级低于四级的既有建筑，其耐火等级可按四级确定。

⑧民用建筑与10kV及以下的预装式变电站的防火间距不应小于3m。

分析：
（1）记忆窍门：背诵一组数字139 6812 1114。
（2）不限和减小的条件基本上与厂房类似：高防等防不限，低防高窗减小（高层4m、多层3.5m）；建筑高度大于100m的民用建筑与相邻建筑的防火间距，当符合《建筑设计防火规范》第3.4.5条、第3.5.3条、第4.2.1条和第5.2.2条允许减小的条件时，仍不应减小。

5. 防火间距不足的改进措施。

1）**改**变建筑物的生产和使用性质；改变房屋的部分结构来提高建筑物的耐火等级。

2）**调**整厂房的部分工艺流程和库房物品的储存数量；调整部分构件的耐火极限和燃烧性能。

3）将建筑物的普通外墙改造成防火墙或**减**少相邻建筑的开口面积。

4）**拆**除部分耐火等级低、占地面积小、使用价值低的影响新建建筑物安全的相邻原有建筑物。

5）**设**置独立的室外防火墙。该防火墙不能影响通风排烟以及灭火救援窗口的使用。

知识点3：建筑平面布置

1. 工业建筑。

工业建筑内不同功能的区域平面布置要求见表2-4-7。

表2-4-7 工业建筑内不同功能的区域平面布置要求表

员工宿舍	设置位置	严禁设置在厂房、仓库内	
办公室休息室	设置位置	不应设置在甲、乙类厂房内，可以贴邻； 严禁设置在甲、乙类仓库内，不可以贴邻； 可以设置在丙、丁、戊类厂房、仓库内	
	分隔措施	与甲、乙类厂房贴邻：≥3h的防爆墙； 在丙类厂房内：≥2.5h防火隔墙+1h楼板+乙级防火门； 在丙、丁类仓库内：≥2.5h防火隔墙+1h楼板+乙级防火门	丁戊类厂房、戊类仓库，可不分隔

续表

员工宿舍	设置位置	严禁设置在厂房、仓库内
办公室 休息室	疏散要求	与甲、乙类厂房贴邻：应设置独立的安全出口； 在丙类厂房内：至少设置1个独立的安全出口 + 连通门使用乙级防火门； 在丙、丁类仓库内：独立的安全出口 + 连通门使用乙级防火门
液体中间储罐	分隔措施	丙类：≤5m³ + 3h 防火隔墙 + 1.5h 楼板 + 甲级防火门
中间仓库 （附属仓库）	分隔措施	甲、乙类：不超过一昼夜的量 + 靠外墙 + 防火墙 + 1.5h 楼板； 丙类：防火墙 + 1.5h 楼板； 丁、戊类：2h 防火隔墙 + 1h 楼板

其他重点：
①甲、乙类生产场所（仓库）不应设置在地下或半地下。
②变、配电站不应设置在甲、乙类厂房内或贴邻，且不应设置在爆炸性气体、粉尘环境的危险区域内。供甲、乙类厂房专用的10kV及以下的变、配电站，当采用无门、窗、洞口的防火墙分隔时，可一面贴邻，并应符合现行国家标准《爆炸危险环境电力装置设计规范》等标准的规定。乙类厂房的配电站确需在防火墙上开窗时，应采用甲级防火窗。
③甲、乙类厂房（仓库）内不应设置铁路线。需要出入蒸汽机车和内燃机车的丙、丁、戊类厂房（仓库），其屋顶应采用不燃材料或采取其他防火措施。

2. 民用建筑。

民用建筑内不同功能的区域平面布置要求见表2-4-8。（2019年案例分析第四题、2019年综合能力第8题）

表2-4-8 民用建筑内不同功能的区域平面布置要求表

建筑类型		地上				地下、半地下（耐火等级必须为一级）
		耐火等级	独立	附设		
人员密集场所	歌舞娱乐游艺放映场所	一、二级	无特殊要求	2h 防火隔墙、1h 不燃性楼板、乙级防火门	宜≤3层，宜靠外墙，不宜布置在袋形走道两侧或尽端	可-1层，不应≤-2层，且-1层地面距室外地坪高度应≤10m
					地下或≥4层：一个厅应≤200m²	
	会议厅、多功能厅（2018年技术实务第97题）	一、二级	无特殊要求	宜≤3层		宜-1层，不应≤-3层
				地下或≥4层：一个厅应≤400m²，疏散门≥2个		
		三级		应≤2层		—
	电影院、剧场、礼堂	一、二级	宜独立设置	宜≤3层 ≥4层：一个厅应≤400m²，疏散门≥2个	至少1个独立的安全出口和疏散楼梯。2h 防火隔墙、甲级防火门	宜-1层，不应≤-3层
		三级		应≤2层		
	商店、展览建筑	一、二级		无特殊要求		不应≤-3层，地下或半地下不应经营、储存和展示甲乙类物品
		三级	应≤2层	应≤2层		
		四级	应单层	应首层		

续表

建筑类型		地上			地下、半地下（耐火等级必须为一级）
		耐火等级	独立	附设	
特殊场所	教学建筑、食堂、菜市场	一、二级	无特殊要求		—
		三级	应≤2层	应≤2层	
		四级	应单层	应首层	
	老年人照料设施	一、二级	宜独立设置	不宜>32m 不应>54m	安全出口独立设置 与其他场所、部位分隔：2.00h 防火隔墙+1.00h 楼板 乙级防火门、窗	当每间老年人公共活动用房、康复与医疗用房≤200m²且≤30人时，可以设在-1层或≥4层；否则只能设在1、2、3层
		三级	独立	应≤2层	
	儿童活动场所	一、二级	宜独立设置	应≤3层	与其他场所、部位分隔：2.00h 防火隔墙+1.00h 楼板 乙级防火门、窗 高层应（单多层宜）设置独立的安全出口和疏散楼梯	不应设置在地下或半地下
		三级		应≤2层	
		四级		应首层	
	医院和疗养院的住院部分	一、二级	无特殊要求		相邻护理单元之间，2h 防火隔墙、乙级防火门，走道上的防火门为常开式	《人民防空工程设计防火规范》：医院病房可-1层，不应≤-2层，且-1层地面距室外地坪高度应≤10m
		三级	应≤2层	应≤2层	
		四级	应单层	应首层	
住宅与商业	设置商业服务网点的住宅建筑	—	—	居住部分与商业服务网点之间：2h、无门窗洞口的防火隔墙+1.5h 的楼板+独立的安全出口和疏散楼梯	—
				商业服务网点中每个分隔单元之间：2h、无门窗洞口的防火隔墙	—
	除商业服务网点外的住宅与非住宅合建的建筑	—	—	多层的住宅与非住宅之间：2h、无门窗洞口的防火隔墙+1.5h 的楼板+独立的安全出口和疏散楼梯	—
				高层的住宅与非住宅之间：无门窗洞口的防火墙+2h 的楼板+独立的安全出口和疏散楼梯	—

注：老年人照料设施包括：①老年人公共活动用房；②康复与医疗用房；③老年人生活用房。

老年人公共活动用房指用于老年人集中休闲、娱乐、健身等用途的房间，如公共休息室、阅览或网络室、棋牌室、书画室、健身房、教室、公共餐厅等；康复与医疗用房指用于老年人诊疗与护理、康复治疗等用途的房间或场所；老年人生活用房指用于老年人起居、住宿、洗漱等用途的房间。

3. 民用建筑内的设备用房。

民用建筑内的设备用房平面布置要求见表 2-4-9。（2018 年案例分析第四题）

表 2-4-9　民用建筑内的设备用房平面布置要求表 ★

序号	部位	分隔墙	楼板	门窗	其他要求	备注
1	燃油或燃气锅炉、油浸变压器、充有可燃油的高压电容器和多油开关	锅炉房、变压器室等与其他部位之间	2h 防火隔墙	1.5h	甲级防火门、窗（2019 年综合能力第 97 题）	燃油或燃气锅炉、油浸变压器、充有可燃油的高压电容器和多油开关布置在民用建筑内时： （1）不应布置在人员密集场所的上一层、下一层或贴邻； （2）应设置在首层或地下一层的靠外墙部位，但常（负）压燃油或燃气锅炉可设置在地下二层或屋顶上。设置在屋顶上的常（负）压燃气锅炉，距离通向屋面的安全出口不应小于 6m； （3）采用相对密度（与空气密度的比值）不小于 0.75 的可燃气体（比如液化石油气）为燃料的锅炉，不得设置在地下或半地下	设置在建筑内的锅炉、柴油发电机，其**燃料供给管道**应符合下列规定： （1）在进入建筑物前和设备间内的管道上均应设置**自动和手动切断阀**； （2）储油间的油箱应密闭且应设置通向室外的**通气管**，通气管应设置带阻火器的呼吸阀，油箱的下部应设置**防止油品流散的设施**
		锅炉房内设置储油间时	3h 防火隔墙	—	甲级防火门	总储油量不应大于 1m³	
		变压器室之间、变压器室与配电室之间	2h 防火隔墙	—	—	（1）油浸变压器、多油开关室、高压电容器室，应设置防止油品流散的设施。油浸变压器下面应设置能储存变压器全部油量的事故储油设施； （2）油浸变压器的总容量不应大于 1260kV·A，单台容量不应大于 630kV·A	
2	民用建筑内的柴油发电机房（2018 年技术实务第 86 题、2019 年技术实务第 93 题）	柴油发电机房与其他部位之间	2h 防火隔墙（2020 年技术实务第 56 题）	1.5h	甲级防火门	（1）宜布置在首层或地下一、二层； （2）不应布置在人员密集场所的上一层、下一层或贴邻	
		设置储油间时	3h 防火隔墙	—	甲级防火门	总储油量不应大于 1m³	
3	供建筑内使用的丙类液体燃料储罐	中间罐	一、二级耐火等级的单独房间		甲级防火门	容量不应大于 1m³	
		当总容量不大于 15m³，且直埋于建筑附近、面向油罐一面 4.0m 范围内的建筑外墙为防火墙时，储罐与建筑的防火间距不限；当总容量大于 15m³ 时，储罐的布置应符合《建筑设计防火规范》第 4.2 条的规定				

续表

序号	部位	分隔墙	楼板	门窗	其他要求	备注
4	液化石油气瓶组				（1）应设置独立的瓶组间； （2）瓶组间不应与住宅建筑、重要公共建筑和其他高层公共建筑贴邻，液化石油气气瓶的总容积不大于1m³的瓶组间与所服务的其他建筑贴邻时，应采用自然气化方式供气； （3）液化石油气气瓶的总容积大于1m³、不大于4m³的独立瓶组间，与所服务建筑的防火间距要符合《建筑设计防火规范》第5.4.17条的要求； （4）在瓶组间的总出气管道上应设置紧急事故自动切断阀； （5）瓶组间应设置可燃气体浓度报警装置	
5	消防控制室 (2018年综合能力第90题、2019年综合能力第97题)	2h 防火隔墙	1.5h	乙级防火门	地下一层或首层，靠外墙；远离电磁干扰；单独建造时不低于二级	（1）疏散门应直通室外或安全出口； （2）应采取防水淹的技术措施
6	消防水泵房	2h 防火隔墙	1.5h	甲级防火门	不应设置在地下三层及以下或室内地面与室外出入口地坪高差大于10m的地下楼层	

4. 建筑构件和管道井。

1）剧场等建筑的舞台与观众厅之间的隔墙应采用耐火极限不低于3.00h的防火隔墙。

舞台上部与观众厅闷顶之间的隔墙可采用耐火极限不低于1.50h的防火隔墙，隔墙上的门应采用乙级防火门。

舞台下部的灯光操作室和可燃物储藏室应采用耐火极限不低于2.00h的防火隔墙与其他部位分隔。

电影放映室、卷片室应采用耐火极限不低于1.50h的防火隔墙与其他部位分隔，观察孔和放映孔应采取防火分隔措施。

2）建筑内的下列部位应采用耐火极限不低于2.00h的防火隔墙与其他部位分隔，墙上的门、窗应采用乙级防火门、窗，确有困难时，可采用防火卷帘，但应符合规范长度的规定：

（1）甲、乙类生产部位和建筑内使用丙类液体的部位；

（2）厂房内有明火和高温的部位；

（3）甲、乙、丙类厂房（仓库）内布置有不同火灾危险性类别的房间；

（4）民用建筑内的附属库房，剧场后台的辅助用房；

（5）除居住建筑中套内的厨房外，宿舍、公寓建筑中的公共厨房和其他建筑内的厨房；

（6）附设在住宅建筑内的机动车库。

3）建筑外墙上、下层开口之间应设置高度不小于1.2m的实体墙或挑出宽度不小于1.0m、长度不小于开口宽度的防火挑檐；当室内设置自动喷水灭火系统时，上、下层开口之间的实体墙高度不应小于0.8m。当上、下层开口之间设置实体墙确有困难时，可设置防火玻璃墙，但高层建筑的防火玻璃墙的耐火完整性不应低于1.00h，多层建筑的防火玻璃墙的耐火完整性不应低于0.50h。外窗的耐火完整性不应低于防火玻璃墙的耐火完整性要求。（2019年综合能力第28题）

住宅建筑外墙上相邻户开口之间的墙体宽度不应小于1.0m；小于1.0m时，应在开口之间设置突出外墙不小于0.6m的隔板。

实体墙、防火挑檐和隔板的耐火极限和燃烧性能，均不应低于相应耐火等级建筑外墙的要求。

4）附设在建筑内的消防控制室、灭火设备室、消防水泵房和通风空气调节机房、变配电室等，应采用耐火极限不低于2.00h的防火隔墙和1.50h的楼板与其他部位分隔。

设置在丁、戊类厂房内的通风机房，应采用耐火极限不低于1.00h的防火隔墙和0.50h的楼板与其他部位分隔。

通风、空气调节机房和变配电室开向建筑内的门应采用甲级防火门，消防控制室和其他设备房开向建筑内的门应采用乙级防火门。

5）冷库、低温环境生产场所采用泡沫塑料等可燃材料作墙体内的绝热层时，宜采用不燃绝热材料在每层楼板处做水平防火分隔。防火分隔部位的耐火极限不应低于楼板的耐火极限。冷库阁楼层和墙体的可燃绝热层宜采用不燃性墙体分隔。

冷库、低温环境生产场所采用泡沫塑料作内绝热层时，绝热层的燃烧性能不应低于 B_1 级，且绝热层的表面应采用不燃材料做防护层。

冷库的库房与加工车间贴邻建造时，应采用防火墙分隔，当确需开设相互连通的开口时，应采取防火隔间等措施进行分隔，隔间两侧的门应为甲级防火门。当冷库的氨压缩机房与加工车间贴邻时，应采用不开门窗洞口的防火墙分隔。

6）建筑内的电梯井等竖井应符合下列规定：

（1）电梯井应独立设置，井内严禁敷设可燃气体和甲、乙、丙类液体管道，不应敷设与电梯无关的电缆、电线等。电梯井的井壁除设置电梯门、安全逃生门和通气孔洞外，不应设置其他开口。

（2）电缆井、管道井、排烟道、排气道、垃圾道等竖向井道，应分别独立设置。井壁的耐火极限不应低于 1.00h，井壁上的检查门应采用丙级防火门。

（3）建筑内的电缆井、管道井应在每层楼板处采用不低于楼板耐火极限的不燃材料或防火封堵材料封堵。

建筑内的电缆井、管道井与房间、走道等相连通的孔隙应采用防火封堵材料封堵。

（4）建筑内的垃圾道宜靠外墙设置，垃圾道的排气口应直接开向室外，垃圾斗应采用不燃材料制作，并应能自行关闭。

（5）电梯层门的耐火极限不应低于 1.00h，并应符合现行国家标准《电梯层门耐火试验完整性、隔热性和热通量测定法》（GB/T 27903）规定的完整性和隔热性要求。

分析： 建筑总体布局是需要了解的内容，防火间距的设置要求及建筑平面布置中重点部位、场所的设置要求是需要掌握的内容。从出题情况来看，每年技术实务这个知识点是 4 分，综合能力出题比重较大，8 分左右。知识点 2 和知识点 3 需要重点掌握。

四、高频真题

1. (2018 年技术实务第 48 题)（知识点 1）根据现行国家标准《建筑设计防火规范》（GB 50016），不宜分布在民用建筑附近的厂房是（　　）。

   A. 橡胶制品硫化厂房　　　　　　　　B. 活性炭制备厂房
   C. 苯甲酸生产厂房　　　　　　　　　D. 甘油制备厂房

【答案】B

【解析】不宜将民用建筑布置在甲、乙类厂（库）房，甲、乙、丙类液体储罐，可燃气体储罐和可燃材料堆场的附近。

橡胶制品硫化厂房为丙类厂房；活性炭制备厂房为乙类厂房；苯甲酸生产厂房为丙类厂房；甘油制备厂房为丙类厂房。故答案为 B。

2. (2018 年技术实务第 82 题)（知识点 2）根据现行国家标准《建筑设计防火规范》（GB 50016），下列民用建筑防火间距设计方案中，正确的有（　　）。

   A. 建筑高度为 32m 住宅建筑与建筑高度 25m 办公楼，相邻侧外墙均设有普通门窗，建筑之间的间距为 13m

   B. 建筑高度为 22m 的商场建筑与 10kV 的预装式变电站，相邻侧商场建筑外墙设有普通门窗，建

筑之间的间距为 3m

C. 建筑高度为 22m 的商场建筑与建筑高度为 120m 酒店，相邻侧外墙为防火墙，建筑之间间距不限

D. 建筑高度为 32m 住宅建筑与木结构体育馆，相邻侧外墙均设有普通门窗，建筑之间间距不限

E. 建筑高度为 32m 住宅建筑与建筑高度 22m 的二级耐火等级商场建筑，相邻侧外墙均设有普通门窗，建筑之间间距为 6m

【答案】AB

【解析】根据表 2-4-6，可以得到：

A 选项为二类高层住宅和二类高层公建之间的防火间距，应不小于 13m，正确；

B 选项为单多层公建与 10kV 的预装式变电站之间的防火间距不应小于 3m，正确；

C 选项为单多层公建与建筑高度大于 100m 的民用建筑之间的防火间距，不应减小，错误；

D 选项为二类高层住宅建筑与木结构之间的防火间距，应不小于 8m，错误；

E 选项为二类高层住宅建筑与单多层二级公建之间的防火间距，应不小于 9m，错误。

3. (2018 年技术实务第 86 题)（知识点 3）某商场建筑，地上 4 层，地下 2 层，每层建筑面积 1000m²，地下二层为汽车库和设备用房，地下一层为库房和设备用房，地上一至四层均为营业厅，该建筑内设置的柴油发电机房的下列设计方案中，正确的有（　　）。

A. 在储油间与发电机之间设置耐火极限为 2.00h 的防火隔墙

B. 柴油发电机房与营业厅之间设置耐火极限为 2.00h 的防火隔墙

C. 将柴油发电机房设置在地下二层

D. 柴油发电机房与营业厅之间设置耐火极限为 1.50h 的楼板

E. 储油间的柴油总储存量为 1m³

【答案】CE

【解析】根据表 2-4-9，布置在民用建筑内的柴油发电机房应符合下列规定：

不应布置在人员密集场所的上一层、下一层或贴邻。C 选项正确，B、D 项错误；

机房内设置储油间时，其总储存量不应大于 1m³，储油间应采用耐火极限不低于 3.00h 的防火隔墙与发电机间分隔；确需在防火隔墙上开门时，应设置甲级防火门。A 选项错误；E 选项正确。

4. (2019 年综合能力第 94 题)（知识点 2）对某车用乙醇生产厂房进行防火检查，下列检查结果中，符合现行国家标准《建筑设计防火规范》(GB 50016) 要求的有（　　）。

A. 该厂房与二级耐火等级的单层氨压缩机房的间距为 12m

B. 该厂房与建筑高度为 27m 的造纸车间间距为 13m

C. 该厂房与饲料加工厂房贴邻，相邻较高一面外墙为防火墙

D. 该厂房与厂区内建筑高度为 26m 的办公楼间距为 30m

E. 该厂房与厂外铁路线中心线的间距为 20m

【答案】AB

【解析】本题考查的知识点是厂房的防火间距。乙醇生产厂房为甲类厂房；氨压缩机房为乙类厂房；造纸车间为丙类厂房；饲料加工厂房为丙类厂房。根据表 2-4-2，甲类厂房与二级耐火等级的乙类单层厂房的间距不应小于 12m。A 选项符合要求。

甲类厂房与丙类高层厂房的间距不应小于 13m。B 选项符合要求。

甲类厂房与高层民用建筑的间距不应小于 50m。D 选项不符合要求。

甲、乙类厂房（仓库）不应与规定（办公室、休息室）外的其他建筑贴邻。C 选项不符合要求。

根据表 2-4-3，散发可燃气体、可燃蒸气的甲类厂房与厂外铁路线中心线的距离不应小于 30m。E 选项不符合要求。

5.（2019年综合能力第8题）（知识点3）某养老院，共5层，建筑高度为22m，每层建筑面积为1000m²。该养老院的下列防火检查结果中，符合现行国家标准要求的是（   ）。

　　A. 地上三层设有1间建筑面积为300m²的诊疗室

　　B. 地下一层设有1间建筑面积为200m²的健身房，有35人使用

　　C. 地上四层设有1间有40个就餐座位的餐厅

　　D. 疏散门采用火灾时能自动开启的电动推拉门

【答案】A

【解析】本题考查的知识点是老年人照料设施。根据表2-4-8，当老年人照料设施中的老年人公共活动用房、康复与医疗用房设置在地下、半地下时，应设置在地下一层，每间用房的建筑面积不应大于200m²且使用人数不应大于30人。B选项不符合要求。

老年人照料设施中的老年人公共活动用房、康复与医疗用房设置在地上四层及以上时，每间用房的建筑面积不应大于200m²且使用人数不应大于30人。C选项不符合要求。

民用建筑和厂房的疏散门，应采用向疏散方向开启的平开门，不应采用推拉门、卷帘门、吊门、转门和折叠门。D选项不符合要求。

6.（2019年综合能力第97题）（知识点3）某大型展览中心，总建筑面积为100000m²。防火门检查的下列结果中，不符合现行国家标准要求的有（   ）。

　　A. 电缆井井壁上的检查门为丙级防火门　　B. 消防控制室的门为乙级防火门

　　C. 油浸变压器与其他部位连通的门为乙级防火门　　D. 气体灭火系统储瓶间的门为乙级防火门

　　E. 通风机房的门为乙级防火门

【答案】CE

【解析】本题考查的知识点是建筑内部防火门的设置要求。

建筑内的电梯井等竖井应符合下列规定：电缆井、管道井、排烟道、排气道、垃圾道等竖向井道，应分别独立设置。井壁的耐火极限不应低于1.00h，井壁上的检查门应采用丙级防火门。A选项符合要求。

通风、空气调节机房和变配电室开向建筑内的门应采用甲级防火门，消防控制室和其他设备房开向建筑内的门应采用乙级防火门。B、D选项符合要求、E选项不符合要求。

根据表2-4-9，锅炉房、变压器室等与其他部位之间应采用耐火极限不低于2.00h的防火隔墙和1.50h的不燃性楼板分隔。在隔墙和楼板上不应开设洞口，确需在隔墙上设置门、窗时，应采用甲级防火门、窗。C选项不符合要求。

7.（2019年技术实务第93题）（知识点3）某综合楼建筑高度为110m，设置自动喷水灭火系统。该综合楼内柴油发电机房的下列设计方案中，正确的有（   ）。

　　A. 机房内设置自动喷水灭火系统

　　B. 机房与周围场所采用耐火极限2.0h的防火隔墙和1.0h的不燃性楼板分隔

　　C. 为柴油发电机供油的12m³储罐直埋于室外距综合楼外墙3m处，毗邻油罐的外墙4m范围内为防火墙

　　D. 储油间采用耐火极限为2.5h的防火隔墙与发电机间分隔，隔墙上设置甲级防火门

　　E. 柴油发电机房布置在地下二层

【答案】AE

【解析】建筑高度大于100m的民用建筑，其楼板的耐火极限不应低于2.00h。选项B不正确。

根据表2-4-9，布置在民用建筑内的柴油发电机房的相关规定，选项A、E正确。

8.（2020年技术实务第47题）（知识点2、3）某厂区内拟布置一座10kV室内变电站，为该厂区内的一座甲类厂房和一座乙类厂房供电。变电站和两座厂房均为单层，耐火等级均为二级。该厂区变

电站的布置方案正确的是（　　）。

  A. 变电站独立建造时，油浸变压器室设置在地下
  B. 变电站独立建造时，与甲类厂房的防火间距为10m
  C. 受厂区平面布局限制，变电站与乙类厂房两面贴邻
  D. 受厂区平面布局限制，变电站与甲类厂房一面贴邻

【答案】A

【解析】独立建造的变、配电站与甲类厂房的防火间距不应小于25m。B选项错误。变、配电站不应设置在甲、乙类厂房内或贴邻，且不应设置在爆炸性气体、粉尘环境的危险区域内。供甲、乙类厂房专用的10kV及以下的变、配电站，当采用无门、窗、洞口的防火墙分隔时，可一面贴邻。C、D选项错误。变电站独立建造时，油浸变压器室可以设置在地下。A选项正确。

9.（2020年技术实务第56题）（知识点3）某建筑高度为60m的办公楼设有自动喷水灭火系统。该办公楼内设有柴油发电机房，柴油发电机房的下列防火分隔措施中，正确的是（　　）。

  A. 柴油发电机房的储油间与发电间分隔墙体上的门采用乙级防火门
  B. 柴油发电机房与其他部位分隔楼板的耐火极限为1.00h
  C. 柴油发电机房与其他部位分隔墙体的耐火极限为2.00h
  D. 柴油发电机房与其他部位分隔墙体上的门采用乙级防火门

【答案】C

【解析】布置在民用建筑内的柴油发电机房应符合下列规定：应采用耐火极限不低于2.00h的防火隔墙和1.50h的不燃性楼板与其他部位分隔，门应采用甲级防火门。C选项正确。B、D选项错误。储油间应采用耐火极限不低于3.00h的防火隔墙与发电机间分隔；确需在防火隔墙上开门时，应设置甲级防火门。A选项错误。

五、考题预测

（一）习题

1. 右图中，建筑A与C，B与C之间的防火间距至少应满足(　　)m。
  A. 13，9　　　　　　　　　　　B. 13，6
  C. 9，6　　　　　　　　　　　D. 6，9

2. 有一装运液化石油气和其他易燃易爆化学物品的专用码头，布置在某港区的独立安全地段。该码头最大装运船舶长度为280m，该码头与煤炭运输码头之间的距离不小于(　　)。
  A. 140m　　　　　　　　　　　B. 280m
  C. 560m　　　　　　　　　　　D. 420m

3. 下列场所中可以使用四级耐火等级的建筑的有（　　）。
  A. 儿童活动用房　　　　　　　B. 老年人照料设施
  C. 礼堂　　　　　　　　　　　D. 具有卡拉OK功能的餐厅
  E. 病房楼

4. 下列关于储罐（区）、堆场的布置不符合规范要求的有（　　）。
  A. 某企业的单层职工食堂，厨房内使用液化石油气作为燃料，共有三只50kg的液化石油气钢瓶，因厨房空间有限以及保证良好的通风，钢瓶在食堂的北侧室外露天存放，并在周边设置了护栏进行隔离
  B. 某液化石油气加气站，在储罐区的四周设置了高度为1.0m的不燃性实体防护墙

C. 某化工厂的甲醇罐区有 6 个立式储罐，单罐容积 100m³，直径 5m，分两排布置，罐间距 2m，罐外壁至防火堤内侧基脚线的距离 2m，罐区南侧有一座五金备件仓库，储罐至该仓库的距离 12m

D. 某露天的木材堆场总储存 900m³，北侧距离一高层木器加工厂房 12m

E. 某二级耐火等级的乙类厂房，供其使用的一个 50m³ 的氧气储罐设置在厂房南侧约 4m 的位置

5. 案例分析。

如下图所示，高层主体 18 层，裙房 5 层，裙房与高层主体之间采用防火墙和甲级防火门分隔。幼儿园设置在裙房的一、二、三层。看图回答下列问题：

（1）在安全疏散方面是否存在问题，并说明原因？如果存在问题，应如何解决？

（2）供幼儿出入的门在消防安全疏散方面应符合哪些条件？

（二）答案详解

1. 【答案】C

【解析】如下图所示。

2. 【答案】C

【解析】装运液化石油气和其他易燃易爆化学物品的专用码头，与其他物品码头之间的距离不小于最大装运船舶长度的两倍，距主航道的距离不小于最大装运船舶长度的一倍。

3. 【答案】AE

【解析】儿童活动用房和医院疗养院的住院部分采用四级耐火等级的建筑时，应为单层，设置在四级耐火等级的建筑内时，应布置在首层。所以选A、E。对于剧场、电影院、礼堂，只规定了"采用三级耐火等级建筑时，不应超过2层"，对于歌舞娱乐游艺放映场所，只规定了"宜布置在一、二级耐火等级建筑内的首层、二层或三层的靠外墙部位"，都未规定四级耐火等级的情形，所以不选C、D。

4. 【答案】ACD

【解析】根据《建筑设计防火规范》第4章：

选项A，桶装、瓶装甲类液体不应露天存放，所以A错误。

选项B，液化石油气储罐组或储罐区的四周应设置高度不小于1.0m的不燃性实体防护墙，所以B正确。

选项C，甲、乙、丙类液体储罐成组布置时，单罐最大容量不大于200 m³，一组罐最大容量1000m³，组内储罐的布置不应超过两排。甲、乙类液体立式储罐之间的防火间距不应小于2m，防火堤内侧基脚线至立式储罐外壁的水平距离不应小于罐壁高度的一半。储罐防火堤外侧基脚线至相邻建筑的距离不应小于10m。本选项有两处错误：单罐容积100m³，直径5m，计算罐的高度约为5.1m，罐与防火堤的距离应至少为2.55m；储罐至南侧五金备件仓库的距离12m，防火堤外侧基脚线至仓库的实际距离是12m−2m−防火堤的厚度，不满足10m的要求。

选项D，《建筑设计防火规范》第3.4.4条，高层厂房与甲、乙、丙类液体储罐，可燃、助燃气体储罐，液化石油气储罐，可燃材料堆场（除煤和焦炭场外）的防火间距，不应小于13m，所以D错误。

选项E，容积不大于50m³的氧气储罐与其使用厂房的防火间距不限，所以E正确。

5. 【解析】具体如下。

1）该幼儿园借用了其他功能的区域的一个疏散楼梯，还缺少一个独立的安全出口和疏散楼梯，所以在安全疏散方面存在问题。

根据《建筑设计防火规范》第5.5.12条，当裙房与高层主体之间采用了防火墙和甲级防火门分隔，裙房的疏散楼梯可按单多层建筑的要求确定。根据第5.4.4条规定，儿童活动场所设置在单多层建筑内时，宜设置独立的安全出口和疏散楼梯。

另外，幼儿园不在可以设置1个安全出口或1部疏散楼梯的条件之列，也就是说无论什么条件下，幼儿园的每个防火分区或一个防火分区的每个楼层，其安全出口的数量都不应少于2个，且2个出口都应专供幼儿园使用，幼儿园安全出口的数量不会因设置在单多层的建筑内而减少安全出口的数量。所以该幼儿园宜在其他合适的位置再设置一个独立的安全出口和疏散楼梯，比如可以设置室外楼梯，而且室外楼梯应符合相关条文要求。

另附符合要求的疏散楼梯示意图如下图所示。

[图示说明：独立的安全出口和疏散楼梯；此楼梯供幼儿园以外的其他楼层使用；主楼；幼儿园；托儿所、幼儿园的儿童用房和其他儿童活动场所，设置在高层建筑内时，应设置独立的安全出口和疏散楼梯]

2) 幼儿出入的门应符合下列规定：
(1) 距离地面1.20m以下部分，当使用玻璃材料时，应采用安全玻璃；
(2) 距离地面0.60m处宜加设幼儿专用拉手；
(3) 门的双面均应平滑、无棱角；
(4) 门下不应设门槛；
(5) 不应设置旋转门、弹簧门、推拉门，不宜设金属门；
(6) 活动室、寝室、多功能活动室的门均应向人员疏散方向开启，开启的门扇不应妨碍走道疏散通行；
(7) 门上应设观察窗，观察窗应安装安全玻璃。

第五章 防火防烟分区与防火分隔

一、知识点架构图

本章的知识点架构见图2-5-1。

图2-5-1 第二篇第五章知识点架构图

二、考情分析

本章的考情分析见表2-5-1。

表2-5-1 第二篇第五章考情分析表

年份	技术实务 分值（分）	技术实务 占比（%）	综合能力 分值（分）	综合能力 占比（%）	案例分析 分值（分）	案例分析 占比（%）
2015年	4	3.33	3	2.50	2	0.17
2016年	3	2.50	6	5.00	4	3.33
2017年	4	3.33	8	6.67	15	12.50
2018年	2	1.67	8	6.67	7	5.83
2019年	0	0	5	4.17	8	6.67
2020年	3	2.50	7	5.83	0	0

三、典型知识点

知识点1：各类建筑的防火分区面积

防火分区的定义：在建筑内部采用防火墙、楼板及其他防火分隔设施分隔而成，能在一定时间内防止火灾向**同一建筑的其余部分**蔓延的局部空间。分水平防火分区和竖向防火分区两种情况。

防火分区划分的依据：根据建筑物的使用性质、高度、火灾危险性、建筑物耐火等级、消防扑救能力等因素划分，在面积和层数两个方面作出规定。

1）厂房的防火分区面积应根据其生产的火灾危险性类别、厂房的层数和厂房的耐火等级等因素确定，见表2-5-2。(2018年案例分析第六题、2019年案例分析第三题)

表2-5-2 厂房的层数和每个防火分区的最大允许建筑面积 ★

生产的火灾危险性类别	厂房的耐火等级	最多允许层数（层）	每个防火分区的最大允许建筑面积（m²）			
			单层厂房	多层厂房	高层厂房	地下或半地下厂房（包括地下或半地下室）
甲	一级	宜采用单层	4000	3000	—	—
	二级		3000	2000	—	—
乙	一级	不限	5000	4000	2000	—
	二级	6	4000	3000	1500	—
丙	一级	不限	不限	6000	3000	500
	二级	不限	8000	4000	2000	500
	三级	2	3000	2000	—	—
丁	一、二级	不限	不限	不限	4000	1000
	三级	3	4000	2000	—	—
	四级	1	1000	—	—	—
戊	一、二级	不限	不限	不限	6000	1000
	三级	3	5000	3000	—	—
	四级	1	1500	—	—	—

注意：

（1）防火分区之间应采用防火墙分隔。除甲类厂房外的一、二级耐火等级厂房，当其防火分区的建筑面积大于本表规定，且设置防火墙确有困难时，可采用防火卷帘或防火分隔水幕分隔。**（甲类厂房必须采用防火墙，防火墙上不应开设门、窗、洞口，确需开设时，应设置不可开启或火灾时能自动关闭的甲级防火门、窗）**

（2）除麻纺厂房外，一级耐火等级的多层纺织厂房和二级耐火等级的单、多层纺织厂房，其每个防火分区的最大允许建筑面积可按本表的规定**增加0.5倍**，但厂房内的原棉开包、清花车间与厂房内其他部位之间均应采用耐火极限不低于2.50h的防火隔墙分隔，需要开设门、窗、洞口时，应设置甲级防火门、窗。

（3）一、二级耐火等级的单、多层造纸生产联合厂房，其每个防火分区的最大允许建筑面积可按本表的规定**增加1.5倍**（传统的干式造纸厂房不增加）。一、二级耐火等级的湿式造纸联合厂房，当纸机烘缸罩内设置自动灭火系统，完成工段设置有效灭火设施保护时，其每个防火分区的最大允许建筑面积可按工艺要求确定。

（4）一、二级耐火等级的谷物筒仓工作塔，当每层工作人数不超过2人时，其层数不限。

（5）一、二级耐火等级卷烟生产联合厂房内的原料、备料及成组配方、制丝、储丝和卷接包、辅料周转、成品暂存、二氧化碳膨胀烟丝等生产用房应划分独立的防火分隔单元，当工艺条件许可时，应采用防火墙进行分隔。其中制丝、储丝和卷接包车间可划分为一个防火分区，且每个防火分区的最大允许建筑面积可按工艺要求确定，但制丝、储丝及卷接包车间之间应采用耐火极限不低于2.00h的防火隔墙和

1.00h 的楼板进行分隔。厂房内各水平和竖向防火分隔之间的开口应采取防止火灾蔓延的措施。

（6）厂房内的操作平台、检修平台，当使用人数少于 10 人时，平台的面积可不计入所在防火分区的建筑面积内。

（7）**厂房内设置自动灭火系统时，每个防火分区的最大允许建筑面积可增加 1.0 倍。厂房内局部设置自动灭火系统时，其防火分区的增加面积可按该局部面积的 1.0 倍计算（和民用建筑相同）。**

（8）**当丁、戊类的地上厂房内设置自动灭火系统时，每个防火分区的最大允许建筑面积不限。**

（9）**一级耐火等级的单层丙类厂房，一、二级耐火等级的单、多层丁、戊类厂房，防火分区面积不限（没有任何要求）。**

（10）"—"表示不允许。

2）仓库的防火分区见表 2-5-3。（2018 年综合能力第 73 题、2018 年案例分析第六题）

表 2-5-3　仓库的层数和面积

储存物品的火灾危险性类别		仓库的耐火等级	最多允许层数（层）	每座仓库的最大允许占地面积和每个防火分区的最大允许建筑面积（m²）						地下或半地下仓库（包括地下或半地下室）
				单层仓库		多层仓库		高层仓库		
				每座仓库	防火分区	每座仓库	防火分区	每座仓库	防火分区	防火分区
甲	3、4 项	一级	1	180	60	—	—	—	—	—
	1、2、5、6 项	一、二级	1	750	250	—	—	—	—	—
乙	1、3、4 项	一、二级	3	2000	500	900	300	—	—	—
		三级	1	500	250					
	2、5、6 项	一、二级	5	2800	700	1500	500	—	—	—
		三级	1	900	300					
丙	1 项	一、二级	5	4000	1000	2800	700	—	—	150
		三级	1	1200	400					
	2 项	一、二级	不限	6000	1500	4800	1200	4000	1000	300
		三级	3	2100	700	1200	400			
丁		一、二级	不限	不限	3000	不限	1500	4800	1200	500
		三级	3	3000	1000	1500	500			
		四级	1	2100	700	—	—			
戊		一、二级	不限	不限	不限	不限	2000	6000	1500	1000
		三级	3	3000	1000	2100	700			
		四级	1	2100	700	—	—			

注意：

（1）仓库内的防火分区之间必须采用防火墙分隔，**甲、乙类仓库内防火分区之间的防火墙不应开设门、窗、洞口，且甲类仓库应采用单层结构。**对于**丙、丁、戊类仓库**，在实际使用中确因物流等使用需要开口的部位，需采用与防火墙等效的措施进行分隔，如**甲级防火门、防火卷帘**，开口部位的宽度一般控制在不大于 6.0m，高度最好控制在 4.0m 以下，以保证该部位分隔的有效性。

（2）地下或半地下仓库（包括地下或半地下室）的最大允许占地面积，不应大于相应类别地上仓库的最大允许占地面积。

（3）一、二级耐火等级的煤均化库，每个防火分区的最大允许建筑面积不应大于12000m²。

（4）独立建造的硝酸铵仓库、电石仓库、聚乙烯等高分子制品仓库、尿素仓库、配煤仓库、造纸厂的独立成品仓库，当建筑的耐火等级不低于二级时，每座仓库的最大允许占地面积和每个防火分区的最大允许建筑面积可按本表的规定增加1.0倍。

（5）一、二级耐火等级粮食平房仓的最大允许占地面积不应大于12000m²，每个防火分区的最大允许建筑面积不应大于3000m²；三级耐火等级粮食平房仓的最大允许占地面积不应大于3000m²，每个防火分区的最大允许建筑面积不应大于1000m²。

（6）一、二级耐火等级且占地面积不大于2000m²的单层棉花库房，其防火分区的最大允许建筑面积不应大于2000m²。

（7）**仓库内设置自动灭火系统时，除冷库的防火分区外，每座仓库的最大允许占地面积和每个防火分区的最大允许建筑面积可增加1.0倍。**（2018年综合能力第73题）

3）民用建筑的防火分区见表2-5-4。

表2-5-4　不同耐火等级民用建筑防火分区最大允许建筑面积 ★

（2018年案例分析第四题、2019年综合能力第28题、2019年案例分析第四题、2020年综合能力第84题）

名称	耐火等级	防火分区的最大允许建筑面积（m²）	备注
高层民用建筑	一、二级	1500	对于体育馆、剧场的观众厅，防火分区的最大允许建筑面积可适当增加（采取相关的防火措施，并按照国家规定和程序进行充分论证）
单、多层民用建筑	一、二级	2500	
	三级	1200	—
	四级	600	—
地下或半地下建筑（室）	一级	500	设备用房的防火分区最大允许建筑面积不应大于1000m²

注意：

（1）当建筑内设置自动灭火系统时，可按本表的规定增加1.0倍；局部设置时，防火分区的增加面积可按该局部面积的1.0倍计算。

（2）裙房与高层建筑主体之间设置防火墙时，裙房的防火分区可按单、多层建筑的要求确定（此处并未规定是无门窗洞口的防火墙，所以防火墙上可以设甲级防火门窗）。

（3）防火分区的建筑面积包括各类楼梯间的建筑面积。

（4）防火分区之间应采用防火墙分隔，确有困难时，可采用防火卷帘等防火分隔设施分隔。

知识点2：各类场所的防火分隔要求

1. 自动扶梯、敞开楼梯。

建筑内设置自动扶梯、敞开楼梯等上下层相连通的开口时，其防火分区的建筑面积应按**上下层相连通的建筑面积叠加计算**；当叠加计算后的建筑面积大于规定时，应划分防火分区。

2. 中庭。

防火分区的建筑面积应按上、下层相连通的建筑面积叠加计算；当叠加计算后的建筑面积大于规定时，应符合下列规定：

1）与周围连通空间应进行防火分隔：采用防火隔墙时，其耐火极限不应低于1.00h；采用防火玻璃墙时，其耐火隔热性和耐火完整性不应低于1.00h，采用耐火完整性不低于1.00h的非隔热性防火玻璃墙时，应设置自动喷水灭火系统进行保护；采用防火卷帘时，其耐火极限不应低于3.00h，并应符合相关规范的规定；与中庭相连通的门、窗，应采用火灾时能自行关闭的甲级防火门、窗；(2020年综合能力第84题)

2）高层建筑内的中庭回廊应设置自动喷水灭火系统和火灾自动报警系统；

3）中庭应设置排烟设施；

4）中庭内不应布置可燃物。

3. 商店营业厅、展览厅。

一、二级耐火等级建筑内的商店营业厅、展览厅，当设置**自动灭火系统和火灾自动报警系统**并采用**不燃或难燃装修材料**时，其每个防火分区的最大允许建筑面积应符合下列规定：(2018年技术实务第40题、2018年技术实务第57题、2020年技术实务第27题)

1）设置在高层建筑内时，不应大于4000m²；

2）设置在单层建筑或仅设置在多层建筑的首层内时，不应大于10000m²；

3）设置在地下或半地下时，不应大于2000m²。

4. 地下或半地下商店。

总建筑面积大于20000m²的地下或半地下商店，应采用**无门、窗、洞口的防火墙、耐火极限不低于2.00h的楼板**分隔为多个建筑面积不大于20000m²的区域。相邻区域确需局部连通时，应采用**下沉式广场等室外开敞空间、防火隔间、避难走道、防烟楼梯间**等方式进行连通，并应符合下列规定。

1）下沉式广场等室外开敞空间：(2018年综合能力第23题)

(1) **应能防止相邻区域的火灾蔓延和便于安全疏散。**

(2) 分隔后的不同区域通向下沉式广场等室外开敞空间的开口最近边缘之间的水平距离不应小于13m。室外开敞空间除用于人员疏散外不得用于其他商业或可能导致火灾蔓延的用途，其中用于疏散的净面积不应小于169m²。

(3) 下沉式广场等室外开敞空间内应设置**不少于1部直通地面的疏散楼梯**。当连接下沉广场的防火分区需利用下沉广场进行疏散时，疏散楼梯的总净宽度不应小于任一防火分区通向室外开敞空间的设计疏散总净宽度。

(4) 确需设置防风雨篷时，防风雨篷不应完全封闭，四周开口部位应均匀布置，开口的面积不应小于该空间地面面积的25%，开口高度不应小于1.0m；开口设置百叶时，百叶的有效排烟面积可按百叶通风口面积的60%**计算**。

2）防火隔间：(2019年综合能力第77题)

(1) 墙应为耐火极限不低于3.00h**的防火隔墙**。(2018年综合能力第18题)

(2) 建筑面积不应小于6.0m²；

(3) 门应采用甲级防火门；

(4) 不同防火分区通向防火隔间的门不应计入安全出口，门的最小间距不应小于4m；

(5) 防火隔间内部装修材料的燃烧性能应为A级；

(6) 不应用于除人员通行外的其他用途。

3）避难走道：(2018年综合能力第72题、2019年综合能力第74题、2020年技术实务第93题、2020年综合能力第70题)：

(1) 防火隔墙的耐火极限不应低于3.00h，楼板的耐火极限不应低于1.50h。(2018年综合能力第18题)

(2) 直通地面的出口不应少于2个，并应设置在不同方向；当避难走道仅与一个防火分区相通且该防火分区至少有1个直通室外的安全出口时，可设置1个直通地面的出口。任一防火分区通向避难走道的门至该避难走道最近直通地面的出口的距离不应大于60m。

(3) 净宽度不应小于任一防火分区通向该避难走道的设计疏散总净宽度。

（4）内部装修材料的燃烧性能应为 A 级。

（5）防火分区至避难走道入口处应设置防烟前室，前室的使用面积不应小于 6.0m²，开向前室的门应采用甲级防火门，前室开向避难走道的门应采用乙级防火门。

（6）避难走道内应设置消火栓、消防应急照明、应急广播和消防专线电话。

4）**防烟楼梯间的门应采用甲级防火门**。（2018 年综合能力第 18 题）

5. 有顶棚的步行街。（2018 年综合能力第 57 题）

1）步行街两侧建筑的耐火等级不应低于**二级**。

2）步行街两侧建筑相对面的最近距离均不应小于《建筑设计防火规范》对相应高度建筑的防火间距要求且不应小于 9m。步行街的端部在各层均不宜封闭，确需封闭时，应在外墙上设置可开启的门窗，且可开启门窗的面积不应小于该部位**外墙面积的一半**。步行街的长度不宜大于 300m。

3）步行街两侧建筑的商铺之间应设置耐火极限不低于 2.00h 的防火隔墙，每间商铺的建筑面积不宜大于 300m²。（同商业服务网点）

4）步行街两侧建筑的商铺，其面向步行街一侧的围护构件的耐火极限不应低于 1.00h，并宜采用实体墙，其门、窗应采用**乙级防火门、窗**；当采用防火玻璃墙（包括门、窗）时，其耐火隔热性和耐火完整性不应低于 1.00h；当采用耐火完整性不低于 1.00h 的非隔热性防火玻璃墙（包括门、窗）时，应设置**闭式自动喷水灭火系统**进行保护。相邻商铺之间面向步行街一侧应设置宽度不小于 1.0m、耐火极限不低于 1.00h 的实体墙。（记忆方法：五个 1）

设置回廊或挑檐时，其出挑宽度不应小于 1.2m；步行街两侧的商铺在上部各层需设置回廊和连接天桥时，应保证步行街上部各层楼板的开口面积不应小于步行街地面面积的 37%，且开口宜均匀布置。

5）步行街两侧建筑内的疏散楼梯应靠外墙设置并宜直通室外，确有困难时，可在首层直接通至步行街；首层商铺的疏散门可直接通至步行街，步行街内任一点到达最近室外安全地点的步行距离不应大于 60m。步行街两侧建筑二层及以上各层商铺的疏散门至该层最近疏散楼梯口或其他安全出口的直线距离不应大于 37.5m。

6）步行街的顶棚材料应采用不燃或难燃材料，其承重结构的耐火极限不应低于 1.00h。步行街内不应布置可燃物。

7）步行街的顶棚下檐距地面的高度不应小于 6.0m，顶棚应设置自然排烟设施并宜采用常开式的排烟口，且自然排烟口的有效面积不应小于步行街地面面积的 25%。常闭式自然排烟设施应能在火灾时手动和自动开启。

8）步行街两侧建筑的商铺外应每隔 30m 设置 DN65 的消火栓，并应配备消防软管卷盘或消防水龙，商铺内应设置自动喷水灭火系统和火灾自动报警系统；每层回廊均应设置自动喷水灭火系统。步行街内宜设置自动跟踪定位射流灭火系统。

9）步行街两侧建筑的商铺内外均应设置疏散照明、灯光疏散指示标志和消防应急广播系统。

6. 木结构建筑。

木结构建筑防火墙间的允许建筑长度和每层最大允许建筑面积见表 2-5-5。

表 2-5-5　木结构建筑防火墙间的允许建筑长度和每层最大允许建筑面积

层数（层）	防火墙间的允许建筑长度（m）	防火墙间的每层最大允许建筑面积（m²）
1	100	1800
2	80	900
3	60	600

注意：

1) 当设置自动喷水灭火系统时，防火墙间的允许建筑长度和每层最大允许建筑面积可按本表的规定增加1.0倍，对于丁、戊类地上厂房，防火墙间的每层最大允许建筑面积不限。

2) 体育场馆等高大空间建筑，其建筑高度和建筑面积可适当增加。

3) 老年人照料设施，托儿所、幼儿园的儿童用房和活动场所设置在木结构建筑内时，应布置在首层或二层。

4) 商店、体育馆和丁、戊厂房（库房）应采用单层木结构建筑。

5) 设置在木结构住宅建筑内的机动车库、发电机间、配电间、锅炉间，应采用耐火极限不低于2.00h的防火隔墙和1.00h的不燃性楼板与其他部位分隔，不宜开设与室内相通的门、窗、洞口，确需开设时，可开设一樘不直通卧室的单扇乙级防火门。**机动车库的建筑面积不宜大于60m²**。

7. 城市交通隧道。

隧道内地下设备用房的每个防火分区的最大允许建筑面积不应大于1500m²。隧道内的变电站、管廊、专用疏散通道、通风机房及其他辅助用房等，应采取耐火极限不低于2.00h的防火隔墙和乙级防火门等分隔措施与车行隧道分隔。

知识点3：防火分隔设施与措施

1. 防火墙与防火隔墙。

防火墙的定义：防止火灾蔓延至相邻建筑或相邻水平防火分区且耐火极限**不低于3.00h**的**不燃性**墙体。

防火隔墙的定义：建筑内防止火灾蔓延至相邻区域且耐火极限**不低于规定要求**的**不燃性**墙体。

1) 防火墙应直接设置在建筑的基础或框架、梁等承重结构上，框架、梁等承重结构的耐火极限不应低于防火墙的耐火极限（见图2-5-2）。防火墙应从楼地面基层隔断至梁、楼板或屋面板的底面基层。当高层厂房（仓库）屋顶承重结构和屋面板的耐火极限低于1.00h，其他建筑屋顶承重结构和屋面板的耐火极限低于0.50h时，防火墙应高出屋面0.5m以上（见图2-5-3）。

图2-5-2 防火墙剖面图1

图2-5-3 防火墙剖面图2

2) 防火墙横截面中心线水平距离天窗端面小于4.0m，且天窗端面为可燃性墙体时，应采取防止火势蔓延的措施（见图2-5-4）。

3) 建筑外墙为难燃性或可燃性墙体时，防火墙应凸出墙的外表面0.4m以上，且防火墙两侧的外墙均应为宽度均不小于2.0m的不燃性墙体，其耐火极限不应低于外墙的耐火极限（见图2-5-5）。

图 2-5-4 防火墙剖面图 3

[注释]：措施 1、2 为示例，可采取其他防止火灾蔓延的措施。

图 2-5-5 防火墙剖面图 4

建筑外墙为不燃性墙体时，防火墙可不凸出墙的外表面，紧靠防火墙两侧的门、窗、洞口之间最近边缘的水平距离不应小于 2.0m；采取设置乙级防火窗等防止火灾水平蔓延的措施时，该距离不限（见图 2-5-6）。

图 2-5-6 防火墙剖面图 5

4）建筑内的防火墙不宜设置在转角处，确需设置时，内转角两侧墙上的门、窗、洞口之间最近边缘的水平距离不应小于 4.0m；采取设置乙级防火窗等防止火灾水平蔓延的措施时，该距离不限。

5）防火墙上不应开设门、窗、洞口，确需开设时，应设置不可开启或火灾时能自动关闭的**甲级防火门、窗**。

6）**可燃气体**和**甲、乙、丙类液体的管道**严禁穿过防火墙。防火墙内不应设置排气道。其他管道不宜穿过防火墙，确需穿过时，应采用防火封堵材料将墙与管道之间的空隙紧密填实，穿过防火墙处的管道保温材料，应采用不燃材料；当管道为难燃及可燃材料时，应在防火墙两侧的管道上采取防火措施。

7）防火墙的构造应能在防火墙任意一侧的屋架、梁、楼板等受到火灾的影响而破坏时，不会导致防火墙倒塌。

防火墙与防火隔墙的区别见表2-5-6。

表2-5-6 防火墙与防火隔墙的区别

防火墙	防火隔墙
可用在建筑内部，也可用在建筑外部	只能用在建筑内部
耐火极限不应低于3.00h	耐火极限根据分隔部位的需要确定
结构上要求设在承重构件上	无此要求
一般情况下不允许开设门、窗、洞口，当必须开设时只能设置不可开启的或火灾时可自行关闭的甲级防火门	可开设门、窗、洞口，且所设置的门、窗的类型及耐火极限随分隔部位的不同有不同的要求

2. 防火卷帘。（2020年技术实务第82题）

防火分区之间应该采用防火墙进行分隔，确有困难时，可采用防火卷帘等分隔设施，但应符合相应规定。防火卷帘是在一定时间内，连同框架能满足耐火稳定性和完整性要求的卷帘，由帘板、卷轴、电机、导轨、支架、防护罩和控制机构等组成。

1）除中庭外，当防火分隔部位的宽度不大于30m时，防火卷帘的宽度不应大于10m；当防火分隔部位的宽度大于30m时，防火卷帘的宽度不应大于该部位宽度的1/3，且不应大于20m（见图2-5-7）。

图2-5-7 防火卷帘安装平面示意图

2）防火卷帘应具有火灾时靠自重自动关闭功能，耐火极限不应低于所设置部位墙体的耐火极限要求。

3）防火卷帘应具有防烟性能，与楼板、梁、墙、柱之间的空隙应采用防火封堵材料封堵。

4）需在火灾时自动降落的防火卷帘，应具有信号反馈的功能。

3. 防火门。

1）防火门的分类。

按照防火门的耐火性能不同分为：隔热防火门（A类）、部分隔热防火门（B类）、非隔热防火门（C类）。其中A类防火门包含A3.00、A2.00、A1.50（甲级）、A1.00（乙级）、A0.50（丙级），表示其耐火隔热性和完整性分别满足对应的时间；B类防火门的耐火隔热性不小于0.5h。

按照材质不同分为：木质防火门（代号MFM）、钢质防火门（代号GFM）、钢木质防火门（代号

GMFM)、其他材质防火门（代号 FM）。

按照门扇数量不同分为：单扇防火门（代号 1）、双扇防火门（代号 2）、多扇防火门（代号：门扇数量）。

示例1：GFM-0924-bslk5 A1.50（甲级）-1。表示隔热（A 类）钢质防火门，其洞口宽度为 900mm，洞口高度为 2400mm，门扇镶玻璃、门框双槽口、带亮窗、有下框，门扇顺时针方向关闭，耐火完整性和耐火隔热性的时间均不小于 1.50h 的甲级单扇防火门。

示例2：MFM-1221-d6B1.00-2。表示半隔热（B 类）木质防火门，其洞口宽度为 1200mm，洞口高度为 2100mm，门扇无玻璃、门框单槽口、无亮窗、无下框门扇逆时针方向关闭，其耐火完整性的时间不小于 1.00h、耐火隔热性的时间不小于 0.50h 的双扇防火门。（2020 年综合能力第 45 题）

2）防火门的设置要求。

（1）设置在建筑内经常有人通行处的防火门宜采用**常开防火门**。常开防火门应能在火灾时自行关闭，并应具有信号反馈的功能。

（2）**除允许设置常开防火门的位置外，其他位置的防火门均应采用常闭防火门。** 常闭防火门应在其明显位置设置"保持防火门关闭"等提示标识（见图 2-5-8）。（2019 年综合能力第 81 题）

（3）除管井检修门和住宅的户门外，防火门应具有自行关闭功能。双扇防火门应具有按顺序自行关闭的功能（见图 2-5-9）。

（4）除另有规定外，防火门应能在其内外两侧手动开启。

（5）设置在建筑变形缝附近时，防火门应设置在**楼层较多的一侧**，并应保证防火门开启时门扇不跨越变形缝。

（6）防火门关闭后应具有防烟性能。

图 2-5-8 双扇防火门 1　　　　图 2-5-9 双扇防火门 2

4. 防火窗。

设置在防火墙、防火隔墙上的防火窗，应采用不可开启的窗扇或具有火灾时能自行关闭的功能。

按照防火窗的耐火性能不同分为两类：隔热防火窗（A 类）、非隔热防火窗（C 类）。防火窗的耐火极限与防火门相同。

5. 防火阀、排烟防火阀、排烟阀。

1）防火阀。

安装在通风、空气调节系统的送、回风管道上，平时呈开启状态，火灾时当管道内烟气温度达到 70℃时关闭，并在一定时间内能满足漏烟量和耐火完整性要求，起隔烟阻火作用的阀门。防火阀一般由阀体、叶片、执行机构和温感器等部件组成。防火阀的安装位置如下。

（1）通风、空气调节系统的风管在下列部位：穿越**防火分区**处；穿越**通风、空气调节机房的房间**

隔墙和楼板处；穿越**重要或火灾危险性大**的场所的房间隔墙和楼板处；穿越防火分隔处的**变形缝两侧**；竖向风管与每层水平风管交接处的水平管段上。

（2）公共建筑的浴室、卫生间和厨房的竖向排风管，应采取防止回流措施并宜在支管上设置公称动作温度为70℃的防火阀。另外，公共建筑内厨房的排油烟管道宜按防火分区设置，且在与竖向排风管连接的支管处应设置公称动作温度为150℃的防火阀。

2）排烟防火阀。

排烟防火阀是指安装在机械排烟系统的管道上，平时呈开启状态，火灾时当排烟管道内烟气温度达到280℃时关闭，并在一定时间内能满足漏烟量和耐火完整性要求，起隔烟阻火作用的阀门。一般由阀体、叶片、执行机构和温感器等部件组成。如图2-5-10所示。

排烟防火阀的安装位置：
（1）垂直风管与每层水平风管交接处的水平管段上；
（2）一个排烟系统负担多个防烟分区的排烟支管上；
（3）排烟风机入口处（见图2-5-11）；
（4）穿越防火分区处。

图 2-5-10　排烟防火阀

图 2-5-11　楼顶排烟风机

3）排烟阀。

排烟阀是安装在机械排烟系统各支管端部（烟气吸入口）处，平时呈关闭状态并满足漏风量要求，火灾时可手动和电动启闭，起排烟作用的阀门。一般由阀体、叶片、执行机构等部件组成。

排烟口：机械排烟系统中烟气的入口。（表面带有装饰口或进行过装饰处理的排烟阀称为排烟口，安装在建筑内的顶棚上或靠近顶棚的墙面上）

4）防火阀、排烟防火阀的设置应符合下列规定：

（1）防火阀宜靠近防火分隔处设置；防火阀暗装时，应在安装部位设置方便维护的检修口；在防火阀两侧各2.0m范围内的风管及其绝热材料应采用不燃材料。

（2）风管穿过防火隔墙、楼板和防火墙时，穿越处风管上的防火阀、排烟防火阀两侧各2.0m范围内的风管应采用耐火风管或风管外壁应采取防火保护措施，且耐火极限不应低于该防火分隔体的耐火极限（见图2-5-12）。

图 2-5-12 风管示意图

知识点 4：防烟分区

1. 定义。

防烟分区：在建筑内部采用挡烟设施分隔而成，能在一定时间内防止火灾烟气向同一防火分区的其余部分蔓延的局部空间。（为排烟系统而设，与防烟系统无关）

储烟仓：位于建筑空间顶部，由挡烟垂壁、梁或隔墙等形成的用于蓄积火灾烟气的空间。储烟仓高度即设计烟层厚度。

挡烟垂壁：用不燃材料制成，垂直安装在建筑顶棚、梁或吊顶下，能在火灾时形成一定的蓄烟空间的挡烟分隔设施。

2. 划分防烟分区的目的。

一是为了在火灾时，将烟气控制在一定范围内；二是为了提高排烟口的排烟效果。防烟分区一般应结合建筑内部的功能分区和排烟系统的设计要求进行划分，不设排烟设施的部位（包括地下室）可不划分防烟分区。

3. 防烟分区划分要求。

1）设置排烟系统的场所或部位应采用**挡烟垂壁**、**结构梁**及**隔墙**等划分防烟分区。**防烟分区不应跨越防火分区**。

2）挡烟垂壁等挡烟分隔设施的深度不应小于储烟仓厚度。对于有吊顶的空间，当吊顶开孔不均匀或开孔率≤25%时，吊顶内空间高度不得计入储烟仓厚度。

（1）储烟仓厚度：当采用自然排烟方式时，储烟仓的厚度不应小于空间净高的20%，且不应小于500mm；当采用机械排烟方式时，不应小于空间净高的10%，且不应小于500mm。同时储烟仓底部距地面的高度应大于安全疏散所需的最小清晰高度。

（2）最小清晰高度：走道、室内空间净高不大于3m的区域，其最小清晰高度不宜小于其净高的1/2，其他区域的最小清晰高度应按下式计算：

$$H_q = 1.6 + 0.1 \cdot H$$

式中：H_q——最小清晰高度（m）；

H——对于单层空间，取排烟空间的建筑净高度（m）；对于多层空间，取最高疏散楼层的层高（m）。

3）设置排烟设施的建筑内，敞开楼梯和自动扶梯穿越楼板的开口部应设置挡烟垂壁等设施。

4）公共建筑、工业建筑防烟分区的最大允许面积及其长边最大允许长度应符合表2-5-7的规定，当工业建筑采用自然排烟系统时，其防烟分区的长边长度尚不应大于建筑内空间净高的8倍。

表2-5-7 公共建筑、工业建筑防烟分区的最大允许面积及其长边最大允许长度

(2018年技术实务第65题、2020年技术实务第89题)

空间净高 H（m）	最大允许面积（m²）	长边最大允许长度（m）
H≤3.0	500	24
3.0＜H≤6.0	1000	36
H＞6.0	2000	60（具有自然对流条件时，不应大于75m）

注：①公共建筑、工业建筑中的走道宽度不大于2.5m时，其防烟分区的长边长度不应大于60m；
②当空间净高大于9m时，防烟分区之间不设置挡烟设施；
③汽车库防烟分区的划分及其排烟量应符合现行国家规范《汽车库、修车库、停车场设计防火规范》（GB 50067）的规定。

分析：防火分区的面积，防火分隔的划分要求是本章的重要内容。在每年的考试中，这部分都有十几分的分值。需要掌握各类建筑防火分区面积要求和典型特殊功能区域的防火分隔要求，掌握防火分区、防烟分区的概念，掌握防火墙、防火卷帘、防火门、防火阀、挡烟垂壁的概念及设置要求。

四、高频真题

1.（2018年技术实务第57题）（知识点2）某耐火等级为一级的公共建筑，地下1层，地上5层，建筑高度23m。地下一层为设备用房，地上一、二层为商店营业厅，三至五层为办公用房。该建筑设有自动喷水灭火系统和火灾自动报警系统，并采用不燃和难燃材料装修。该建筑下列防火分区划分方案中，错误的是（　　）。

A. 地下一层防火分区建筑面积最大为1000m²　　B. 首层防火分区建筑面积最大为10000m²
C. 二层防火分区建筑面积最大为5000m²　　　　D. 三层防火分区建筑面积最大为4000m²

【答案】B

【解析】根据表2-5-4，A项正确。耐火等级为一级的多层民用建筑，防火分区最大允许建筑面积为2500m²，当设自动喷水灭火系统时，防火分区的最大允许建筑面积可增加一倍，最大可以为5000m²，C、D项正确。

2.（2018年综合能力第18题）（知识点2）某建筑面积为44000m²的地下商场，采用防火分隔措施将商场分隔为多个建筑面积不大于20000m²的区域。该商场对区域之间局部需要连通的部位采取的防火分隔措施中，符合现行国家标准《建筑设计防火规范》（GB 50016）的是（　　）。

A. 采用耐火极限为3.00h的防火墙分隔，墙上设置了甲级防火门
B. 采用防烟楼梯间分隔，楼梯间门为甲级防火门
C. 采用防火隔间分隔，墙体采用耐火极限为2.00h的防火隔墙
D. 采用避难走道分隔，避难走道防火隔墙的耐火极限为2.00h

【答案】B

【解析】采用耐火极限为3.00h的防火墙分隔，墙上不应设置甲级防火门，A项不符合标准。采用防火隔间分隔，墙体应采用耐火极限不低于3.00h的防火隔墙，C项不符合标准。采用避难走道分隔，避难走道防火隔墙的耐火极限应不低于3.00h，D项不符合标准。

3.（2018年综合能力第57题）（知识点2）某大型城市综合体的餐饮、商店等商业设施通过有顶棚的步行街连接，且需利用步行街进行安全疏散。对该步行街进行防火检查，下列检查结果中，不符合现行国家标准要求的是（　　）。

A. 步行街的顶棚为玻璃顶
B. 步行街的顶棚距地面的高度为 5.8m
C. 步行街顶棚承重结构采用经防火保护的钢构件，耐火极限为 1.50h
D. 步行街两侧建筑之间的最近距离为 13m

【答案】B

【解析】根据知识点 2 中要点"有顶棚的步行街"，步行街的顶棚下檐距地面的高度不应小于 6.0m，B 项不符合标准。

4. (2018 年综合能力第 72 题)（知识点 2）对某商业建筑进行防火检查，下列避难走道的检查结果中，符合现行国家标准要求的是（　　）。

A. 防火分区通向避难走道的门至避难走道直通地面的出口的距离最远为 65m
B. 避难走道仅与一个防火分区相通，该防火分区设有 2 个直通室外的安全出口，避难走道设置 1 个直通地面的出口
C. 避难走道采用耐火极限 3.00h 的防火墙和耐火极限 1.00h 的楼板与其他区域进行分隔
D. 防火分区至避难走道入口处设置防烟前室，每个前室的建筑面积为 6.0m²

【答案】B

【解析】避难走道的设置应符合下列规定：

避难走道防火隔墙的耐火极限不应低于 3.00h，楼板的耐火极限不应低于 1.50h。C 选项中楼板的耐火极限为 1.00h，低于 1.50h，因此 C 选项不符合标准。

避难走道直通地面的出口不应少于 2 个，并应设置在不同方向；当避难走道仅与一个防火分区相通且该防火分区至少有 1 个直通室外的安全出口时，可设置 1 个直通地面的出口。B 选项符合标准。任一防火分区通向避难走道的门至该避难走道最近直通地面的出口的距离不应大于 60m。A 选项不符合标准。

防火分区至避难走道入口处应设置防烟前室，前室的使用面积不应小于 6.0m²，开向前室的门应采用甲级防火门，前室开向避难走道的门应采用乙级防火门。D 选项描述为建筑面积，与规范要求的使用面积不符，因此 D 选项不符合标准。

5. (2019 年综合能力第 28 题)（知识点 1）某 10 层办公楼，建筑高度为 36m，标准层建筑面积为 3000m²，设置自动喷水灭火系统，外墙采用玻璃幕墙，该办公楼防火检查结果中，不符合现行国家标准要求的是（　　）。

A. 九层十层外墙上、下层开口之间防火玻璃的耐火极限为 0.50h
B. 一至四层外墙上、下层开口之间采用高度 0.8m 的实体墙分隔
C. 五至八层外墙上、下层开口之间采用高度为 1.2m 的实体墙分隔
D. 标准层采用大空间办公，每层一个防火分区

【答案】A

【解析】本题考查的知识点是建筑防火分隔。根据《建筑设计防火规范》（GB 50016—2014）(2018 年版)第 6.2.5 条，除本规范另有规定外，建筑外墙上、下层开口之间应设置高度不小于 1.2m 的实体墙或挑出宽度不小于 1.0m、长度不小于开口宽度的防火挑檐；当室内设置自动喷水灭火系统时，上、下层开口之间的实体墙高度不应小于 0.8m。当上、下层开口之间设置实体墙确有困难时，可设置防火玻璃墙，但高层建筑的防火玻璃墙的耐火完整性不应低于 1.00h，多层建筑的防火玻璃墙的耐火完整性不应低于 0.50h。外窗的耐火完整性不应低于防火玻璃墙的耐火完整性要求。A 选项不符合要求，B、C 选项符合要求。

根据表 2-5-4 可知，该建筑一个防火分区的最大建筑面积为 3000m²。D 选项符合要求。

6. (2019 年综合能力第 77 题)（知识点 2）某总建筑面积为 33000m² 的地下商场，分隔为两个建

筑面积不大于 20000m² 的区域，区域之间采用防火隔间进行连通。对防火隔间的下列检查结果中，符合现行国家标准要求的是（　　）。

  A. 防火隔间的围护构件采用耐火极限为 2.00h 的防火隔墙

  B. 防火隔间呈长方形布置，长边为 3m，短边为 2m

  C. 通向防火隔间的门作为疏散门

  D. 防火隔间门的耐火极限为 1.50h

【答案】D

【解析】本题考查的知识点是防火隔间的防火检查。

  总建筑面积大于 20000m² 的地下或半地下商店，应采用无门、窗、洞口的防火墙、耐火极限不低于 2.00h 的楼板分隔为多个建筑面积不大于 20000m² 的区域。相邻区域确需局部连通时，应采用下沉式广场等室外开敞空间、防火隔间、避难走道、防烟楼梯间等方式进行连通，防火隔间的墙应为耐火极限不低于 3.00h 的防火隔墙。A 选项不符合要求。

  防火隔间的建筑面积不应小于 6.0m²。防火隔间的门应采用甲级防火门。甲级防火门耐火极限不低于 1.50h。D 选项符合要求。不同防火分区通向防火隔间的门不应计入安全出口，门的最小间距不应小于 4m。B 选项、C 选项不符合要求。

7. （2020 年技术实务第 27 题）（知识点 2）某单层建材商场耐火等级为二级，建筑面积为 20000m²，商场营业厅采用不燃或难燃装修材料，该建材商场营业厅每个防火分区的最大允许建筑面积为（　　）m²。

  A. 4000　　　　　　B. 10000　　　　　　C. 5000　　　　　　D. 2500

【答案】B

【解析】一、二级耐火等级建筑内的商店营业厅、展览厅，当设置自动灭火系统和火灾自动报警系统并采用不燃或难燃装修材料时，其每个防火分区的最大允许建筑面积应符合下列规定：设置在单层建筑或仅设置在多层建筑的首层内时，不应大于 10000m²。

8. （2020 年技术实务第 82 题）（知识点 3）某博物馆展厅相邻防火分区间的防火墙长 30m，为满足展品运送的需要，防火墙上的开口部位采用防火卷帘进行分隔，该防火卷帘的功能和设置，正确的有（　　）。

  A. 防火卷帘的宽度为 15m　　　　　　B. 防火卷帘具有火灾时靠自重自动关闭功能

  C. 防火卷帘具有限位信号反馈的功能　　D. 防火卷帘的耐火极限为 3.00h

  E. 防火卷帘具有防烟性能

【答案】BCDE

【解析】防火分隔部位设置防火卷帘时，应符合下列规定：除中庭外，当防火分隔部位的宽度不大于 30m 时，防火卷帘的宽度不应大于 10m；当防火分隔部位的宽度大于 30m 时，防火卷帘的宽度不应大于该部位宽度的 1/3，且不应大于 20m。A 选项错误。防火卷帘应具有火灾时靠自重自动关闭功能。选项 B 正确。防火卷帘的耐火极限不应低于规范对所设置部位墙体的耐火极限要求。D 选项正确。防火卷帘应具有防烟性能，与楼板、梁、墙、柱之间的空隙应采用防火封堵材料封堵。E 选项正确。需在火灾时自动降落的防火卷帘，应具有信号反馈的功能。C 选项正确。

9. （2020 年技术实务第 89 题）（知识点 4）关于防烟分区最大允许面积的说法，错误的有（　　）。

  A. 办公建筑内空间净高为 4m 时，防烟分区的面积不应大于 1000m²

  B. 商场内空间净高为 5m 时，防烟分区的面积不应大于 1500m²

  C. 宿舍建筑内空间净高为 3m 时，防烟分区的面积不应大于 500m²

  D. 丙类厂房内空间净高为 6m 时，防烟分区的面积不应大于 2000m²

E. 丁类厂房内空间净高为7m时，防烟分区的面积不应大于2500m²

【答案】BDE

【解析】公共建筑、工业建筑防烟分区的最大允许面积及其长边最大允许长度应符合表2-5-7的规定，当工业建筑采用自然排烟系统时，其防烟分区的长边长度尚不应大于建筑内空间净高的8倍。

10.（2020年综合能力第45题）（知识点3）对某建筑内设置的防火门进行检查，其中一樘防火门型号为MFM-1221-d6B1.00-2。关于该防火门的说法，错误的是（　　）。

A. 该门为单扇防火门
B. 该门为木质防火门
C. 该防火门耐火完整性的时间不小于1.00h
D. 该防火门耐火隔热性的时间不小于0.50h

【答案】A

【解析】防火门型号的最后一个数字2表示双扇门，如果是1就是单扇门，故A选项错误。

11.（2020年综合能力第70题）（知识点2）对某地下商场进行防火检查时，发现有2个防火分区与避难走道连通，其中防火分区一设置2个净宽为1.4m的门通向避难走道防烟前室，防火分区二设置一个净宽为1.4m的门通向该避难走道防烟前室，下列防火检查结果中，符合现行国家标准要求的是（　　）。

A. 避难走道入口处前室的建筑面积为6.0m²
B. 避难走道的净宽度为3.00m
C. 商场开向避难走道前室的门为乙级防火门
D. 走道顶棚装修材料为珍珠岩吸声板

【答案】B

【解析】避难走道的设置应符合下列规定：避难走道的净宽度不应小于任一防火分区通向该避难走道的设计疏散总净宽度。1.4m×2=2.8m，避难走道的净宽度为3.00m，满足要求。B选项符合要求。

避难走道内部装修材料的燃烧性能应为A级。珍珠岩吸声板属于B₁级。D选项不符合要求。

防火分区至避难走道入口处应设置防烟前室，前室的使用面积不小于6.0m²，开向前室的门应采用甲级防火门，前室开向避难走道的门应采用乙级防火门。A选项不符合要求。C选项符合要求。

12.（2020年综合能力第84题）（知识点2）某公共建筑，建筑高度为34m，总建筑面积为83000m²。地上7层，使用功能为商场；地下2层，使用功能为机械式汽车库。建筑商业营业厅采用不燃材料装修，一至三层设有中庭，建筑内设有火灾自动报警系统和自动灭火系统。对该建筑进行防火检查，下列检查结果中，符合现行国家标准要求的有（　　）。

A. 汽车库最大防火分区建筑面积为3650m²
B. 与中庭相连通的门为乙级防火门
C. 商场最大防火分区建筑面积为3850m²
D. 汽车库采用防火墙和耐火极限为1.50h的不燃性楼板与其他部位分隔
E. 中庭与周围连通空间采用耐火极限为1.00h的防火隔墙分隔

【答案】CE

【解析】建筑内设置中庭时，其防火分区的建筑面积应按上、下层相连通的建筑面积叠加计算；当叠加计算后的建筑面积大于规定时，应符合下列规定：与周围连通空间应进行防火分隔：采用防火隔墙时，其耐火极限不应低于1.00h；与中庭相连通的门、窗，应采用火灾时能自行关闭的甲级防火门、窗。B选项错误。E选项正确。

一、二级耐火等级建筑内的商店营业厅、展览厅，当设置自动灭火系统和火灾自动报警系统并采用不燃或难燃装修材料时，其每个防火分区的最大允许建筑面积应符合下列规定：设置在高层建筑内时，不应大于4000m²。C选项正确。

五、考题预测

（一）习题

1. 某公寓式写字楼，一级耐火等级，地下一层，地上18层。地下一层为车库，四层以上为通廊式公寓，一至三层为沿街商业用房，一大型购物超市布置在一层。该建筑内设有自动喷水灭火系统和火灾自动报警系统，大型超市采用了不燃和难燃的装修材料，则该超市的防火分区面积最大可以是（　　）m²。

　　A. 1500　　　　　B. 3000　　　　　C. 4000　　　　　D. 10000

2. 某一类高层民用建筑，地上部分与地下部分均按照国家标准设置了符合要求的消防设施，其中地下设备用房的防火分区面积最大可以是（　　）m²。

　　A. 500　　　　　B. 1500　　　　　C. 1000　　　　　D. 2000

3. 某单层平屋面多功能厅，建筑面积1500m²，屋面板底部距室内地面7.0m，结构梁从顶板下突出0.6m，吊顶镂空轻钢格栅的开孔率为25%，吊顶下表面距离室内地面5.5m，该多功能厅设有自动喷水灭火系统、火灾自动报警系统和机械排烟系统。设计储烟仓的厚度应该是（　　）m，设计最小清晰高度应该是（　　）m。

　　A. 0.5，1.8　　B. 0.55，2.15　　C. 0.6，1.8　　D. 0.7，2.3

4. 某幼儿园层高3m，内走廊宽2m，如果该走廊设计为一个防烟分区，则走廊长度不应大于（　　）m。

　　A. 24　　　　　B. 36　　　　　C. 60　　　　　D. 75

（二）答案详解

1. 【答案】C

【解析】参照知识点2。

2. 【答案】D

【解析】参照知识点1，设备用房的防火分区最大允许建筑面积不应大于1000m²，当建筑内设置自动灭火系统时，可增加1.0倍。

3. 【答案】B

【解析】对于有吊顶的空间，当吊顶开孔不均匀或开孔率≤25%时，吊顶内空间高度不得计入储烟仓厚度。当采用机械排烟方式时，储烟仓厚度不应小于空间净高的10%，且不应小于500mm。本题空间净高视为5.5m，储烟仓厚度应自吊顶下开始计算，5.5×10%=0.55m。

最小清晰高度对于大于3m的区域 $H_q = 1.6 + 0.1 \cdot H = 1.6 + 0.1 \times 5.5 = 2.15$（m）。

4. 【答案】C

【解析】公共建筑、工业建筑中的走道宽度不大于2.5m时，其防烟分区的长边长度不应大于60m。

第六章 安全疏散

一、知识点架构图

本章的知识点架构见图 2-6-1。

图 2-6-1 第二篇第六章知识点架构图

二、考情分析

本章的考情分析见表 2-6-1。

表 2-6-1 第二篇第六章考情分析表

年份	技术实务 分值（分）	技术实务 占比（%）	综合能力 分值（分）	综合能力 占比（%）	案例分析 分值（分）	案例分析 占比（%）
2015 年	10	8.3	12	10.0	7	5.83
2016 年	10	8.3	12	10.0	4	3.33
2017 年	6	5.0	10	8.3	8	6.67
2018 年	10	8.3	12	10.0	11	9.17
2019 年	4	3.33	12	10.0	10	8.3
2020 年	12	10.0	7	5.83	4	3.33

三、典型知识点

知识点1：基本概念

1. 疏散门。

房间直接通向疏散走道的房门、直接开向疏散楼梯间的门（如住宅的入户门）或室外的门，不包括套间内的隔间门或住宅套内的房间门。

2. 安全出口。

根据《建筑设计防火规范》第 2.1.14 条，安全出口是"供人员安全疏散用的楼梯间和室外楼梯的出入口或直通室内外安全区域的出口"。可以归类理解为四种门：建筑首层直接通向室外的门、建筑内直接通向室外疏散楼梯的门、建筑内直接通向室内疏散楼梯间的门、建筑内直接通向其他安全区的门（比如二类高层住宅通至屋面的门）。安全出口是疏散出口的一个特例。

※难点点拨：

敞开楼梯间也属于安全出口的一种，但是和封闭楼梯间和防烟楼梯间相比，其安全性差，所以在疏散方面要求缩短其疏散距离。

知识点2：安全疏散基本计算思路

安全疏散是建筑防火中最核心的内容，学习本章的最终目标是解决建筑内的**疏散距离**、**安全出口的宽度**和**安全出口数量**这三个问题，其中疏散距离是规范规定的，安全出口数量有些是规范规定的固定值，有些是根据规定的条件进行简单计算，只有**安全出口的宽度**需要重点计算。计算思路如下：

第一步，确定疏散人数（单位：人）；

第二步，确定百人宽度指标（单位：m/100 人，注意：千万不要漏下了 100 这个数字），用**疏散人数**×**百人宽度指标**，得出所有安全出口的总宽度（单位：m）；

第三步，确定安全出口数量，用**总宽度**÷**安全出口数量**，得出一个安全出口的宽度；

第四步，与规范规定的值进行比较，哪个数值大取哪个。

知识点3：安全疏散基本参数

1. 疏散人数。

疏散人数 = 人员密度 × 建筑面积

其中，人员密度的单位是"人/m² 或 m²/人"，不同场所的人员密度如下：

1）歌舞娱乐放映游艺场所。

录像厅：1.0 人/m²。

其他歌舞娱乐放映游艺场所：0.5 人/m²。

对于歌舞娱乐放映游艺场所，在计算疏散人数时，可以不计算该场所内疏散走道、卫生间等辅助用房的建筑面积，而只根据该场所内具有娱乐功能的各厅、室的建筑面积确定，内部服务和管理人员的数量可根据核定人数确定。

2）展览厅：0.75 人/m²。

3）有固定座位的场所：实际座位数的 1.1 倍。（注意：剧场、电影院、礼堂、体育馆按照实际座位数。）

4）商场。

商店营业厅内的人员密度见表 2-6-2。（2020 年案例分析第六题）

表 2-6-2 商店营业厅内的人员密度 (单位：人/m²)

楼层位置	地下第二层	地下第一层	地上第一、二层	地上第三层	地上第四层及以上各层
人员密度	0.56	0.60	0.43~0.60	0.39~0.54	0.30~0.42

注：建材商店、家具和灯饰展示建筑，其人员密度可按表中规定值的30%确定。

5）办公场所。
普通办公室：6m²/人；
设计绘图室：6m²/人；
研究工作室：7m²/人。

2. 百人宽度指标。

1）厂房。

厂房疏散楼梯、走道和门的每100人最小疏散净宽度见表2-6-3。（2019年综合能力第81题、2019年技术实务第90题）

表 2-6-3 厂房疏散楼梯、走道和门的每100人最小疏散净宽度 (单位：m/100人)

厂房层数	一、二层	三层	≥四层
宽度指标	0.6	0.8	1.0

2）剧场、电影院、礼堂。

剧场、电影院、礼堂等场所每100人所需最小疏散净宽度见表2-6-4。

表 2-6-4 剧场、电影院、礼堂等场所每100人所需最小疏散净宽度 (单位：m/100人)

观众厅座位数（座）		≤2500	≤1200
耐火等级		一、二级	三级
疏散部位	门和走道 平坡地面	0.65	0.85
	阶梯地面	0.75	1.00
	楼梯	0.75	1.00

注：包含所有内门、外门、楼梯和走道。

3）体育馆。

体育馆每100人所需最小疏散净宽度见表2-6-5。（2019年技术实务第100题）

表 2-6-5 体育馆每100人所需最小疏散净宽度 (单位：m/100人)

观众厅座位数范围（座）		3000~5000	5001~10000	10001~20000
疏散部位	门和走道 平坡地面	0.43	0.37	0.32
	阶梯地面	0.50	0.43	0.37
	楼梯	0.50	0.43	0.37

注：①包含所有内门、外门、楼梯和走道；
②本表中对应较大座位数范围按规定计算的疏散总净宽度，不应小于对应相邻较小座位数范围按其最多座位数计算的疏散总净宽度。对于观众厅座位数少于3000个的体育馆，按照表2-6-4的规定执行。

4）除剧场、电影院、礼堂、体育馆外的其他公共建筑。

除剧场、电影院、礼堂、体育馆外的其他公共建筑，如学校、商店、办公楼、候车（船）室、民航候机厅、展览厅等。每层的房间疏散门、安全出口、疏散走道和疏散楼梯的每100人最小疏散净宽度见表2-6-6。

表2-6-6 每层的房间疏散门、安全出口、疏散走道和疏散楼梯的每100人最小疏散净宽度★

(2019年综合能力第95题)　　　　　　　　　　　　　　　　　(单位：m/100人)

建筑层数		耐火等级		
		一、二级	三级	四级
地上楼层	1~2层	0.65	0.75	1.00
	3层	0.75	1.00	—
	≥4层	1.00	1.25	—
地下楼层	与地面出入口地面的高差≤10m	0.75	—	—
	与地面出入口地面的高差>10m	1.00	—	—

5) **地下或半地下人员密集的厅、室和歌舞娱乐放映游艺场所**，其房间疏散门、安全出口、疏散走道和疏散楼梯的各自总净宽度，应根据疏散人数按每100人不小于1.00m计算确定，即 1 m/100 人。(2019年案例分析第四题)

6) 木结构建筑。

木结构建筑疏散走道、安全出口、疏散楼梯和房间疏散门每100人的最小疏散净宽度见表2-6-7。

表2-6-7 木结构建筑疏散走道、安全出口、疏散楼梯和房间疏散门每100人的最小疏散净宽度　　　　　　　(单位：m/100人)

层　　数	地上1~2层	地上3层
每100人的疏散净宽度	0.75	1.00

7) 百人宽度指标运用时的特殊情况。

(1) **当每层疏散人数不等时，疏散楼梯的总净宽度可分层计算，地上建筑内下层楼梯的总净宽度应按该层及以上疏散人数最多一层的人数计算；地下建筑内上层楼梯的总净宽度应按该层及以下疏散人数最多一层的人数计算。**(2020年技术实务第97题)

(2) 首层外门的总净宽度应按该建筑疏散人数最多一层的人数计算确定，不供其他楼层人员疏散的外门，可按本层的疏散人数计算确定。(2019年案例分析第四题)

3. 疏散门的数量（主要指民用建筑）。

1) 公共建筑内房间的疏散门数量应经计算确定且不应少于2个，疏散门应分散布置，**每个房间相邻两个疏散门最近边缘之间的水平距离不应小于5m。**

2) 除另有规定外，建筑面积不大于200m²的地下或半地下设备间、**建筑面积不大于50m²且经常停留人数不超过15人的其他地下或半地下房间，可设置1个疏散门。**

3) **歌舞娱乐放映游艺场所内建筑面积不大于50m²且经常停留人数不超过15人的厅、室，可设置1个疏散门**（见图2-6-2）。

4) 除托儿所、幼儿园、老年人照料设施（2018年综合能力第85题）、医疗建筑、教学建筑内位于走道尽端的房间外，符合下列条件之一的房间可设置1个疏散门（见图2-6-2）(2020年综合能力第63题)：

(1) 位于走道尽端的房间，建筑面积小于50m²且疏散门的净宽度不小于0.90m，或由房间内任一点至疏散门的直线距离不大于15m、建筑面积不大于200m²且疏散门的净宽度不小于1.40m。

（2）位于两个安全出口之间或袋形走道两侧的房间，对于托儿所、幼儿园、老年人照料设施，建筑面积不大于50m²；对于医疗建筑、教学建筑，建筑面积不大于75m²；对于其他建筑或场所，建筑面积不大于120m²。（帮助记忆：老小孩认50，病人学生75，其他人打120）（2018年技术实务第47题）

※难点点拨：托儿所、幼儿园、老年人照料设施、医疗建筑、教学建筑（简称"老弱病学"）内位于走道尽端的房间，无论面积有多小，都至少有2个疏散门。

图2-6-2 公共建筑平面示意图

5）剧场、电影院、礼堂和体育馆的观众厅或多功能厅，其疏散门的数量应经计算确定且不应少于2个，并应符合下列规定：

（1）对于剧场、电影院、礼堂的观众厅或多功能厅，每个疏散门的平均疏散人数不应超过250人；当容纳人数超过2000人时，其超过2000人的部分，每个疏散门的平均疏散人数不应超过400人；

（2）对于体育馆的观众厅，每个疏散门的平均疏散人数不宜超过400~700人。

4. 安全出口的数量。

1）厂房。

厂房内每个防火分区或一个防火分区内的每个楼层，其安全出口的数量应经计算确定，且不应少于2个；当符合下列条件时，可设置1个安全出口（2018年技术实务第100题）：

（1）甲类厂房，每层建筑面积不大于100m²，且同一时间的作业人数不超过5人；
（2）乙类厂房，每层建筑面积不大于150m²，且同一时间的作业人数不超过10人；
（3）丙类厂房，每层建筑面积不大于250m²，且同一时间的作业人数不超过20人；
（4）丁、戊类厂房，每层建筑面积不大于400m²，且同一时间的作业人数不超过30人；
（5）地下或半地下厂房（包括地下或半地下室），每层建筑面积不大于50m²，且同一时间的作业人数不超过15人。

地下或半地下厂房（包括地下或半地下室），当有多个防火分区相邻布置，并采用防火墙分隔时，每个防火分区可利用防火墙上通向相邻防火分区的甲级防火门作为第二安全出口，但每个防火分区必须至少有1个直通室外的独立安全出口（见图2-6-3）。(注意：此处并未规定地上厂房可以互相借用)（2019年综合能力第61题）

2）仓库。（2019 年综合能力第 54 题）

每座仓库的安全出口不应少于 2 个，当符合下列条件时，可设置 1 个安全出口：

(1) 当一座仓库的占地面积不大于 300m² 时（2018 年综合能力第 24 题）。

(2) 仓库内每个防火分区通向疏散走道、楼梯或室外的出口不宜少于 2 个，当防火分区的建筑面积不大于 100m² 时，可设置 1 个出口。通向疏散走道或楼梯的门应为乙级防火门（见图 2-6-4）。

图 2-6-3 厂房的地下室、半地下室平面示意图

图 2-6-4 仓库平面示意图

(3) 地下或半地下仓库（包括地下或半地下室）的安全出口不应少于 2 个；当建筑面积不大于 100m² 时，可设置 1 个安全出口。

(4) 地下或半地下仓库（包括地下或半地下室），当有多个防火分区相邻布置并采用防火墙分隔时，每个防火分区可利用防火墙上通向相邻防火分区的甲级防火门作为第二安全出口，但每个防火分区必须至少有 1 个直通室外的安全出口。（注意：此处并未规定地上仓库可以互相借用）

3）公共建筑。

(1) 公共建筑内每个防火分区或一个防火分区的每个楼层，其安全出口的数量应经计算确定，且不应少于 2 个。设置 1 个安全出口或 1 部疏散楼梯的公共建筑应符合下列条件之一：

①除托儿所、幼儿园外，建筑面积不大于 200m² 且人数不超过 50 人的单层公共建筑或多层公共建筑的首层；

②除医疗建筑，老年人照料设施，托儿所、幼儿园的儿童用房，儿童游乐厅等儿童活动场所和歌舞娱乐放映游艺场所等外，符合表 2-6-8 规定的公共建筑。

表 2-6-8　可设置 1 部疏散楼梯的公共建筑

耐火等级	最多层数	每层最大建筑面积（m²）	人　数
一、二级	3 层	200	第二层和第三层的人数之和不超过 50 人
三级	3 层	200	第二层和第三层的人数之和不超过 25 人
四级	2 层	200	第二层人数不超过 15 人

※难点点拨：托儿所、幼儿园，无论在什么情况下，整个建筑都至少有 2 个安全出口。老人、病人、去吃喝玩乐的大人学生，行动能力尚可，所以放宽要求，在满足"≤200m²、≤50 人、单层或者多层的首层"这个条件时，可以设置 1 个出口。

③设置不少于 2 部疏散楼梯的一、二级耐火等级多层公共建筑，如顶层局部升高，当高出部分的层数不超过 2 层、人数之和不超过 50 人且每层建筑面积不大于 200m² 时，高出部分可设置 1 部疏散楼梯，但至少应另外设置 1 个直通建筑主体上人平屋面的安全出口，且上人平屋面应符合人员安全疏散的要求。

（2）一、二级耐火等级公共建筑内的安全出口全部直通室外确有困难的防火分区，可利用通向相邻防火分区的甲级防火门作为安全出口，但应符合下列要求：

①利用通向相邻防火分区的甲级防火门作为安全出口时，应采用防火墙与相邻防火分区进行分隔；

②建筑面积大于 1000m² 的防火分区，直通室外的安全出口不应少于 2 个；建筑面积不大于 1000m² 的防火分区，直通室外的安全出口不应少于 1 个；

③该防火分区通向相邻防火分区的疏散净宽度不应大于其按《建筑设计防火规范》第 5.5.21 条规定计算所需疏散总净宽度的 30%，建筑各层直通室外的安全出口总净宽度不应小于按该条计算出的所需疏散总净宽度。（2020 年技术实务第 58 题）

※难点点拨：每个防火分区的总净宽包括借用宽度，但每层的总的疏散宽度应达到规范的要求，不包括借用。

4）住宅建筑。

（1）单、多层：建筑高度不大于 27m 的建筑（2018 年技术实务第 96 题），当每个单元任一层的建筑面积大于 650m²，或任一户门至最近安全出口的距离大于 15m 时，每个单元每层的安全出口不应少于 2 个。

（2）二类高层：建筑高度大于 27m、不大于 54m 的建筑，当每个单元任一层的建筑面积大于 650m²，或任一户门至最近安全出口的距离大于 10m 时，每个单元每层的安全出口不应少于 2 个；每个单元设置一座疏散楼梯时，疏散楼梯应通至屋面，且单元之间的疏散楼梯应能通过屋面连通，户门应采用乙级防火门。当不能通至屋面或不能通过屋面连通时，应设置 2 个安全出口（见图 2-6-5）（2020 年技术实务第 70 题、2020 年综合能力第 47 题）。

（3）一类高层：建筑高度大于 54m 的建筑，每个单元每层的安全出口不应少于 2 个。（2019 年综合能力第 24 题）

5. 疏散宽度。

1）厂房。（2018 年综合能力第 24 题、2019 年综合能力第 61 题）

（1）疏散门 0.9m；

图 2-6-5 建筑高度大于 27m 不大于 54m 的住宅建筑屋顶平面示意图

（2）疏散楼梯 1.1m；
（3）疏散走道 1.4m；
（4）首层外门 1.2m。

※注意：规范中没有对仓库的门提出最小宽度的要求。

2）公共建筑。

各类公共建筑的走道、楼梯、门的最小净宽度见表 2-6-9。

表 2-6-9 各类公共建筑的走道、楼梯、门的最小净宽度

（2018 年技术实务第 19 题，2018 年案例分析第四题，
2019 年综合能力第 32 题、第 78 题、第 90 题） （单位：m）

序号	建筑类别		疏散楼梯、楼梯间的首层疏散门、首层疏散外门	走道	
				单面布房	双面布房
1	高层医疗建筑		1.3	1.4	1.5
2	其他高层公共建筑		1.2（2017 考点是高层办公楼，2018 年考点是高层会议室，2019 年考点是高层写字楼）	1.3	1.4
3	单、多层公共建筑		走道、楼梯 1.1； 门 0.9		
4	办公建筑	走道长度≤40	—	1.3	1.5
		走道长度>40	—	1.5	1.8

公共建筑的其他疏散宽度要求：

（1）除规范中另有规定外，公共建筑内疏散门和安全出口的净宽度不应小于 0.90m，疏散走道和疏散楼梯的净宽度不应小于 1.10m。（2018 年综合能力第 89 题）

（2）人员密集的公共场所、观众厅的疏散门不应设置门槛，其净宽度不应小于 1.40m，且紧靠门口内外各 1.40m 范围内不应设置踏步（2018 年综合能力第 16 题）。（注："人员密集的公共场所"主要指营业厅、观众厅、礼堂、电影院、剧院和体育场馆的观众厅，公共娱乐场所中出入大厅、舞厅、候机（车、船）厅及医院的门诊大厅等面积较大、同一时间聚集人数较多的场所。本条规定的疏散门为进出上述这些场所的门，包括直接对外的安全出口或通向楼梯间的门。）

（3）**人员密集的公共场所的室外疏散通道的净宽度不应小于3.00m**，并应直接通向宽敞地带。(2018年综合能力第16题、2020年综合能力第74题)

（4）剧场、电影院、礼堂、体育馆等场所的疏散走道、疏散楼梯、疏散门、安全出口的各自总净宽度，应符合下列规定：

①观众厅内疏散走道的净宽度应按每100人不小于0.60m计算，且不应小于1.00m；边走道的净宽度不宜小于0.80m。**（记忆口诀：内一，边八十）**（2020年综合能力第74题）

②布置疏散走道时，横走道之间的座位排数不宜超过20排；纵走道之间的座位数：剧场、电影院、礼堂等，每排不宜超过22个；体育馆，每排不宜超过26个；前后排座椅的排距不小于0.90m时，座位数可增加1.0倍，但不得超过50个；仅一侧有纵走道时，座位数应减少一半。

3）住宅。

住宅建筑的户门、安全出口、疏散走道和疏散楼梯的各自总净宽度应经计算确定，且户门和安全出口的净宽度不应小于0.90m，疏散走道、疏散楼梯和首层疏散外门的净宽度**不应小于1.10m**。建筑高度不大于18m的住宅中一边设置栏杆的疏散楼梯，其净宽度不应小于1.0m。(2018年综合能力第94题、2020年综合能力第47题)

6. 疏散距离。

1）厂房。

厂房内任一点至最近安全出口的直线距离见表2-6-10。(2019年综合能力第61题、第67题、第81题、2020年综合能力第40题)

表2-6-10　厂房内任一点至最近安全出口的直线距离　　　　　　　　　　（单位：m）

生产类别	耐火等级	单层厂房	多层厂房	高层厂房	地下、半地下厂房或厂房的地下室、半地下室
甲	一、二级	30.0	25.0	—	—
乙	一、二级	75.0	50.0	30.0	—
丙	一、二级	80.0	60.0	40.0	30.0（2018年案例分析第六题）
	三级	60.0	40.0	—	—
丁	一、二级	不限	不限	50.0	45.0
	三级	60.0	50.0	—	—
	四级	50.0	—	—	—
戊	一、二级	不限	不限	75.0	60.0
	三级	100.0	75.0	—	—
	四级	60.0	—	—	—

表2-6-10中规定了不同火灾危险性类别厂房内的**最大疏散距离**。疏散距离均为直线距离，即室内最远点至最近安全出口的直线距离，未考虑因布置设备而产生的阻挡，但有通道连接或墙体遮挡时，要按其中的折线距离计算。(2018年技术实务第35题)

丁、戊类厂房一般面积大、空间大，火灾危险性小，人员的可用安全疏散时间较长。因此，**对一、二级耐火等级的单、多层的丁、戊类厂房的安全疏散距离未作规定**；三级耐火等级的戊类厂房，因建筑耐火等级低，安全疏散距离限在100m。四级耐火等级的戊类厂房耐火等级更低，可和丙、丁类生产的三级耐火等级厂房相同，将其安全疏散距离限在60m。

※注意：规范中没有对仓库提出最大疏散距离的要求。

2) 公共建筑。

(1) 直通疏散走道的房间疏散门至最近安全出口的直线距离见表 2-6-11。

表 2-6-11 直通疏散走道的房间疏散门至最近安全出口的直线距离 ★

(2018 年案例分析第四题、2019 年综合能力第 78 题、2019 年综合能力第 90 题、
2019 年案例分析第四题、2020 年综合能力第 8 题) (单位：m)

名　称		位于两个安全出口之间的疏散门 耐火等级			位于袋形走道两侧或尽端的疏散门 耐火等级		
		一、二级	三级	四级	一、二级	三级	四级
托儿所、幼儿园 老年人照料设施		25	20	15	20	15	10
歌舞娱乐游艺放映场所		25	20	15	9	—	—
单层或多层医院、疗养院		35	30	25	20	15	10
高层医院、疗养院	病房部分	24	—	—	12	—	—
	其他部分	30	—	—	15	—	—
单层或多层教学建筑		35	30	25	22	20	10
高层旅馆、展览建筑、教学建筑		30	—	—	15	—	—
其他建筑	单层或多层	40	35	25	22	20	15
	高　层	40	—	—	20	—	—

注：①建筑内开向**敞开式外廊**的房间疏散门至最近安全出口的直线距离可按本表的规定**增加 5m**。
　　②直通疏散走道的房间疏散门至最近**敞开楼梯间**的直线距离，当房间位于两个楼梯间之间时，应按本表的规定**减少 5m**；当房间位于袋形走道两侧或尽端时，应按本表的规定**减少 2m**。
　　③建筑物内全部设置**自动喷水**灭火系统时，其安全疏散距离可按本表的规定**增加 25%**。

※ **难点点拨**：如果同时有自喷和增加或减少的条件时，应先乘以 1.25 再做相应的增加或减少（先乘除后加减）。（见图 2-6-6、图 2-6-7）

图 2-6-6 疏散距离示意图 1

图2-6-7 疏散距离示意图2

（2）楼梯间应在首层直通室外，确有困难时，可在首层采用扩大的封闭楼梯间或防烟楼梯间前室。当层数不超过4层且未采用扩大的封闭楼梯间或防烟楼梯间前室时，可将直通室外的门设置在离楼梯间不大于15m处（见图2-6-8）。(2018年综合能力第16题、2018年案例分析第四题)

图2-6-8 扩大的封闭楼梯间、防烟楼梯间示意图

（3）房间内任一点至房间直通疏散走道的疏散门的直线距离，不应大于表2-6-11规定的袋形走道两侧或尽端的疏散门至最近安全出口的直线距离。

（4）一、二级耐火等级建筑内疏散门或安全出口不少于2个的观众厅、展览厅、多功能厅、餐厅、营业厅等，其室内任一点至最近疏散门或安全出口的直线距离不应大于30m；当疏散门不能直通室外地面或疏散楼梯间时，应采用长度不大于10m的疏散走道通至最近的安全出口。当该场所设置自动喷水灭火系统时，室内任一点至最近安全出口的安全疏散距离可分别增加25%。(2019年综合能力第95题)

3）住宅。

住宅建筑直通疏散走道的户门至最近安全出口的直线距离见表 2-6-12。

表 2-6-12 住宅建筑直通疏散走道的户门至最近安全出口的直线距离 （单位：m）

住宅建筑类别	位于两个安全出口之间的户门			位于袋形走道两侧或尽端的户门		
	一、二级	三级	四级	一、二级	三级	四级
单、多层	40	35	25	22	20	15
高层	40	—	—	20	—	—

注：①增加、减少的条件与表 2-6-11 相同。
②跃廊式住宅的户门至最近安全出口的距离，应从户门算起，小楼梯的一段距离可按其水平投影长度的 1.50 倍计算。
③跃层式住宅，户内楼梯的距离可按其**梯段水平投影长度**的 1.50 倍计算。

知识点 4：疏散设施的设置要求

1. 疏散门。

1）民用建筑和厂房的疏散门，应采用向疏散方向开启的平开门，不应采用推拉门、卷帘门（包括帘中门）、吊门、转门和折叠门。除甲、乙类生产车间外，人数不超过 60 人且每樘门的平均疏散人数不超过 30 人的房间，其疏散门的开启方向不限。**（甲乙类车间不可）**（2019 年案例分析第四题）

2）仓库的疏散门应采用向疏散方向开启的平开门，但丙、丁、戊类仓库首层靠墙的外侧可采用推拉门或卷帘门。**（甲乙类仓库不可）**（2018 年综合能力第 85 题）

3）开向疏散楼梯或疏散楼梯间的门，当其完全开启时，不应减少楼梯平台的有效宽度。

4）人员密集场所内平时需要控制人员随意出入的疏散门和设置门禁系统的住宅、宿舍、公寓建筑的外门，应保证火灾时不需使用钥匙等任何工具即能从内部易于打开，并应在显著位置设置具有使用提示的标识。

5）建筑的楼梯间宜通至屋面，通向屋面的门或窗应向外开启。

6）**高层建筑**直通室外的安全出口上方，应设置挑出宽度不小于 1.0m 的防护挑檐。

2. 疏散走道。

1）走道应简捷，并按规定设置疏散指示标志和诱导灯。

2）在 1.8m 高度内不宜设置管道、门垛等突出物，走道中的门应向疏散方向开启。

3）尽量避免设置袋形走道。

4）疏散走道的宽度应符合表 2-6-6 以及"知识点 3：5. 规范规定的安全出口的最小宽度"中的其他要求。

5）疏散走道在防火分区处应设置常开甲级防火门。

3. 避难走道。

详见本篇第五章"知识点 2：各类场所的防火分隔要求"。

4. 避难层、避难间。（2020 年技术实务第 98 题）

建筑高度大于 100m 的公共建筑，应设置避难层（间）。避难层（间）应符合下列规定：

1）第一个避难层（间）的楼地面至灭火救援场地地面的高度不应大于 50m，两个避难层（间）之间的高度不宜大于 50m。

2）通向避难层（间）的疏散楼梯应在避难层分隔、同层错位或上下层断开。

3）避难层（间）的净面积应能满足设计避难人数避难的要求，并宜按 5.0 人/m^2 计算。

4）避难层可兼作设备层。设备管道宜集中布置，其中的易燃、可燃液体或气体管道应集中布置，**设备管道区**应采用耐火极限不低于 3.00h 的防火隔墙与避难区分隔。**管道井**（指普通的管道井，比如水管道、空调送风管道）**和设备间**应采用耐火极限不低于 2.00h 的防火隔墙与避难区分隔，管道井和设备间的门不应直接开向避难区；确需直接开向避难区时，与避难层区出入口的距离不应小于 5m，且应采用**甲级防火门**。（2020 年综合能力第 88 题）

※**难点点拨：凡涉及易燃、可燃液体或气体这种危险性高的管道，其管道区和管道井都采用 3.00h 的防火隔墙，其他的普通管道区、管道井、设备间都采用 2.00h 的防火隔墙。**

5）避难间内不应设置易燃、可燃液体或气体管道（注：同防火墙的要求），不应开设除外窗、疏散门之外的其他开口。

6）避难层应设置消防电梯出口、消火栓和消防软管卷盘、消防专线电话和应急广播。

7）在避难层（间）进入楼梯间的入口处和疏散楼梯通向避难层（间）的出口处，应设置明显的指示标志。

8）应设置直接对外的可开启窗口或独立的机械防烟设施，外窗应采用乙级防火窗。（注意：避难层只设送风机不设排烟风机，只防烟不排烟）

5. 病房区的避难间。（2018 年技术实务第 15 题、2019 年综合能力第 26 题、2019 年综合能力第 78 题）

高层病房楼应在二层及以上的病房楼层和洁净手术部设置避难间。避难间应符合下列规定：

1）避难间的净面积应按每个护理单元不小于 25.0m² 确定，服务的护理单元不应超过 2 个。

2）避难间兼作其他用途时，应保证人员的避难安全，且不得减少可供避难的净面积。

3）应靠近楼梯间，并应采用耐火极限不低于 2.00h 的防火隔墙和甲级防火门与其他部位分隔。

4）应设置消防专线电话和消防应急广播。

5）避难间的入口处应设置明显的指示标志。

6）应设置直接对外的可开启窗口或独立的机械防烟设施，外窗应采用乙级防火窗。

6. 老年人照料设施避难间要求。（2018 年综合能力第 22 题、2020 年综合能力第 6 题）

1）3 层及 3 层以上总建筑面积大于 3000m²（包括设置在其他建筑内三层及以上楼层）的老年人照料设施，应在二层及以上各层老年人照料设施部分的每座疏散楼梯间的相邻部位设置 1 间避难间；

2）当老年人照料设施设置与疏散楼梯或安全出口直接连通的开敞式外廊、与疏散走道直接连通且符合人员避难要求的室外平台等时，可不设置避难间；

3）避难间内可供避难的净面积不应小于 12m²，避难间可利用疏散楼梯间的前室或消防电梯的前室；

4）供失能老年人使用且层数大于 2 层的老年人照料设施，应按核定使用人数配备简易防毒面具。

7. 不同疏散楼梯间的适用范围。

1）敞开楼梯间。

敞开楼梯间是指建筑中无封闭防烟功能，且与其他使用空间相通的楼梯间。适用范围：

（1）建筑高度不大于 21m 的住宅建筑可采用敞开楼梯间；与电梯井相邻布置的疏散楼梯应采用封闭楼梯间，当户门采用乙级防火门时，仍可采用敞开楼梯间。

（2）建筑高度大于 21m、不大于 33m 的住宅建筑应采用封闭楼梯间；当户门采用乙级防火门时，可采用敞开楼梯间。

（3）其他除了明确规定应该使用封闭楼梯间、防烟楼梯间之外的建筑。

2）封闭楼梯间。

封闭楼梯间是指在楼梯间入口处设置门，以防止火灾的烟和热气进入的楼梯间。楼梯间入口处的门有双向弹簧门和防火门两种类型。适用范围：

(1) 高层厂房和甲、乙、丙类多层厂房的疏散楼梯应采用封闭楼梯间或室外楼梯。高层仓库的疏散楼梯应采用封闭楼梯间。(2019年综合能力第81题、2019年技术实务第90题)

(2) 下列多层公共建筑的疏散楼梯，除与敞开式外廊直接相连的楼梯间外，均应采用封闭楼梯间(2020年技术实务第85题)：

①医疗建筑、旅馆及类似使用功能的建筑。

②设置歌舞娱乐放映游艺场所的建筑。(2019年案例分析第四题)

③商店、图书馆、展览建筑、会议中心及类似使用功能的建筑。

④6层及以上的其他建筑。(其他建筑例如办公楼、教学楼等)

(3) 裙房和建筑高度不大于32m的二类高层公共建筑，其疏散楼梯应采用封闭楼梯间。(注：当裙房与高层建筑主体之间设置防火墙时，裙房的疏散楼梯可按规范规定的有关单、多层建筑的要求确定。)(2020年综合能力第8题、2020年技术实务第85题)

(4) 除住宅建筑套内的自用楼梯外，地下或半地下建筑(室)的疏散楼梯，应符合：室内地面与室外出入口地坪高差大于10m或3层及以上的地下、半地下建筑(室)，其疏散楼梯应采用防烟楼梯间；其他地下或半地下建筑(室)，其疏散楼梯应采用封闭楼梯间。

(5) 建筑高度不大于21m的住宅建筑可采用敞开楼梯间；与电梯井相邻布置的疏散楼梯应采用封闭楼梯间，当户门采用乙级防火门时，仍可采用敞开楼梯间。(2018年技术实务第96题)

(6) 建筑高度大于21m、不大于33m的住宅建筑应采用封闭楼梯间；当户门采用乙级防火门时，可采用敞开楼梯间。(2018年技术实务第96题、2018年综合能力第91题)

(7) 老年人照料设施的疏散楼梯或疏散楼梯间宜与敞开式外廊直接连通，不能与敞开式外廊直接连通的室内疏散楼梯应采用封闭楼梯间。建筑高度大于32m的老年人照料设施，宜在32m以上部分增设能连通老年人居室和公共活动场所的连廊，各层连廊应直接与疏散楼梯、安全出口或室外避难场地连通。

3) 防烟楼梯间。

防烟楼梯间是指在楼梯间入口处设置防烟的前室、开敞式阳台或凹廊(统称前室)等设施，且通向前室和楼梯间的门均为防火门，以防止火灾的烟和热气进入的楼梯间。适用范围：

(1) 建筑高度大于32m且任意一层人数超过10人的厂房，应采用防烟楼梯间或室外楼梯。

(2) 一类高层公共建筑和建筑高度大于32m的二类高层公共建筑，其疏散楼梯应采用防烟楼梯间。(2018年案例分析第四题、2019年综合能力第78题)

(3) 建筑高度大于33m的住宅建筑应采用防烟楼梯间。户门不宜直接开向前室，确有困难时，每层开向同一前室的户门不应大于3樘且应采用乙级防火门。

(4) 除住宅建筑套内的自用楼梯外，地下或半地下建筑(室)的疏散楼梯，应符合：室内地面与室外出入口地坪高差大于10m或3层及以上的地下、半地下建筑(室)，其疏散楼梯应采用防烟楼梯间；其他地下或半地下建筑(室)，其疏散楼梯应采用封闭楼梯间。

(5) 剪刀楼梯间应采用防烟楼梯间。

(6) 总建筑面积大于20000m²的地下或半地下商店，当按照规范要求分隔为多个建筑面积不大于20000m²的区域，相邻区域确需局部连通时，防烟楼梯间可以作为连通的方式之一。

(7) 建筑高度大于24m的老年人照料设施，其室内疏散楼梯应采用防烟楼梯间。

4) 剪刀楼梯间。

适用范围：对于高层公共建筑和住宅，当疏散楼梯分散设置确有困难且从任一疏散门至最近疏散楼梯间入口的距离不大于10m时，可采用剪刀楼梯间见表2-6-13。(2019年综合能力第32题)

表 2-6-13　高层公共建筑与住宅建筑设置剪刀楼梯的要求对比表

高层公共建筑	住宅建筑
（1）楼梯间应为防烟楼梯间； （2）梯段之间应设置耐火极限不低于1.00h**的防火隔墙**； （3）楼梯间的前室应分别设置。（注：**不应共用前室**）	（1）应采用防烟楼梯间； （2）梯段之间应设置耐火极限不低于1.00h **的防火隔墙**； （3）楼梯间的前室不宜共用；共用时，前室的使用面积不应小于6.0m²； （4）楼梯间的前室或共用前室不宜与消防电梯的前室合用；楼梯间的**共用前室与消防电梯的前室合用**时，合用前室的使用面积不应小于12.0m²，且短边不应小于2.4m（2018年综合能力第94题）

※**难点点拨：合用前室是指防烟楼梯与消防电梯合用同一个前室。共用前室是指剪刀楼梯共用同一个前室。**

8. 不同楼梯间的设置要求。

1）疏散楼梯间的一般规定：

（1）楼梯间应能天然采光和自然通风，并宜靠外墙设置。靠外墙设置时，楼梯间、前室及合用前室外墙上的窗口与两侧门、窗、洞口最近边缘的水平距离不应小于1.0m。（2018年综合能力第91题）

（2）楼梯间内不应设置烧水间、可燃材料储藏室、垃圾道。（2018年综合能力第91题）

（3）楼梯间内不应有影响疏散的凸出物或其他障碍物。

（4）封闭楼梯间、防烟楼梯间及其前室，不应设置卷帘。（2018年综合能力第71题）

（5）楼梯间内不应设置**甲、乙、丙类液体管道**。

（6）封闭楼梯间、防烟楼梯间及其前室内禁止穿过或设置**可燃气体管道**。敞开楼梯间内不应设置可燃气体管道，当住宅建筑的敞开楼梯间内确需设置可燃气体管道和可燃气体计量表时，应采用金属管和设置切断气源的阀门。（2018年综合能力第91题）

※**难点点拨：楼梯间内可以设置可燃气体管道的情况只有一种，就是住宅的敞开楼梯间。住宅的封闭楼梯间不可以。**

（7）除通向避难层错位的疏散楼梯外，建筑内的疏散楼梯间在各层的平面位置不应改变。

（8）除住宅建筑套内的自用楼梯外，**地下或半地下建筑（室）的疏散楼梯间**，应符合：

①应在首层采用耐火极限不低于2.00h的防火隔墙与其他部位分隔并应直通室外，确需在隔墙上开门时，应采用乙级防火门。

②建筑的地下或半地下部分与地上部分不应共用楼梯间，确需共用楼梯间时，应在首层采用耐火极限不低于2.00h的防火隔墙和乙级防火门将地下或半地下部分与地上部分的连通部位完全分隔，并应设置明显的标志。（注：该条规定的目的是防止烟气和火焰蔓延到建筑的上部楼层，同时避免建筑上部的疏散人员误入地下楼层。）

2）封闭楼梯间除应符合上述第1）条规定外，还应符合下列规定：

（1）不能自然通风或自然通风不能满足要求时，应设置机械加压送风系统或采用防烟楼梯间。

（2）除楼梯间的出入口和外窗外，楼梯间的墙上不应开设其他门、窗、洞口。

（3）高层建筑、人员密集的公共建筑、人员密集的多层丙类厂房、甲、乙类厂房，其封闭楼梯间的门应采用乙级防火门，并应向疏散方向开启；其他建筑，可采用双向弹簧门。（2018年综合能力第85题）

（4）楼梯间的首层可将走道和门厅等包括在楼梯间内形成扩大的封闭楼梯间，但应采用乙级防火门等与其他走道和房间分隔。

3）防烟楼梯间除应符合上述第1）条规定外，还应符合下列规定：

(1) 应设置防烟设施。

(2) 前室可与消防电梯间前室合用。

(3) 前室的使用面积：

公共建筑、高层厂房（仓库），不应小于6.0m²；住宅建筑，不应小于4.5m²。

与消防电梯间前室合用时，合用前室的使用面积：公共建筑、高层厂房（仓库），不应小于10.0m²；住宅建筑，不应小于6.0m²。

(4) 疏散走道通向前室以及前室通向楼梯间的门应采用乙级防火门。

(5) 除住宅建筑的楼梯间前室外，防烟楼梯间和前室内的墙上不应开设除疏散门和送风口外的其他门、窗、洞口。

(6) 楼梯间的首层可将走道和门厅等包括在楼梯间前室内形成扩大的前室，但应采用乙级防火门等与其他走道和房间分隔。

4) 室外疏散楼梯应符合下列规定（2018年技术实务第93题）：

(1) 栏杆扶手的高度不应小于1.10m，楼梯的净宽度不应小于0.90m。

(2) 倾斜角度不应大于45°。

(3) 梯段和平台均应采用不燃材料制作。平台的耐火极限不应低于1.00h，梯段的耐火极限不应低于0.25h。

(4) 通向室外楼梯的门应采用乙级防火门，并应向外开启。

(5) 除疏散门外，楼梯周围2m内的墙面上不应设置门、窗、洞口。疏散门不应正对梯段。

分析：安全疏散是建筑防火的重要内容。2018年、2019年和2020年安全疏散的内容分别为33分、26分和23分，可见这部分内容的重要程度。这部分的主要内容是安全疏散宽度、安全疏散距离、安全出口、疏散门和疏散楼梯间。需要掌握的内容主要有：工业与民用建筑安全疏散距离要求；安全出口、疏散门、疏散出口、避难走道、避难层（间）的概念及设置要求；不同场所疏散人数的确定方法；利用百人宽度指标确定不同建筑的疏散宽度；楼梯间的形式及防火设计要求。

四、高频真题

1. (2018年技术实务第47题)（知识点3）下列民用建筑房间中，可设一个疏散门的是(   )。

A. 老年人日间照料中心内位于走道尽端，建筑面积为50m²的房间

B. 托儿所内位于袋形走道一侧，建筑面积为60m²的房间

C. 教学楼内位于袋形走道一侧，建筑面积为70m²的教室

D. 病房楼内位于两个安全出口之间、建筑面积为80m²的病房

【答案】C

【解析】根据图2-6-2，位于两个安全出口之间或袋形走道两侧的房间，对于托儿所、幼儿园、老年人照料设施，建筑面积不大于50m²；对于医疗建筑、教学建筑，建筑面积不大于75m²；对于其他建筑或场所，建筑面积不大于120m²。

2. (2018年技术实务第96题)（知识点3、4）下列住宅建筑安全出口，疏散楼梯和户门的设计方案中，正确的有(   )。

A. 建筑高度为27m的住宅，各单元每层的建筑面积为700m²，每层设1个安全出口

B. 建筑高度为36m的住宅，采用封闭楼梯间

C. 建筑高度为18m的住宅，敞开楼梯间与电梯井相邻，户门采用乙级防火门

D. 建筑高度为30m的住宅，采用敞开楼梯间，户门采用乙级防火门

E. 建筑高度为 56m 的住宅，每个单元设置 1 个安全出口，户门采用乙级防火门

【答案】CD

【解析】根据知识点 3 中要点"疏散门的数量"，住宅建筑安全出口的设置应符合下列规定：

建筑高度不大于 27m 的建筑，当每个单元任一层的建筑面积大于 650m², 或任一户门至最近安全出口的距离大于 15m 时，每个单元每层的安全出口不应少于 2 个。A 选项错误。

建筑高度大于 27m、不大于 54m 的建筑，当每个单元任一层的建筑面积大于 650m², 或任一户门至最近安全出口的距离大于 10m 时，每个单元每层的安全出口不应少于 2 个。

建筑高度大于 54m 的建筑，每个单元每层的安全出口不应少于 2 个。E 选项错误。

根据知识点 4 中要点"不同疏散楼梯间的适用范围"，住宅建筑的疏散楼梯设置应符合下列规定：

建筑高度不大于 21m 的住宅建筑可采用敞开楼梯间；与电梯井相邻布置的疏散楼梯应采用封闭楼梯间，当户门采用乙级防火门时，仍可采用敞开楼梯间。C 选项正确。

建筑高度大于 21m、不大于 33m 的住宅建筑应采用封闭楼梯间；当户门采用乙级防火门时，可采用敞开楼梯间。D 选项正确。

建筑高度大于 33m 的住宅建筑应采用防烟楼梯间。户门不宜直接开向前室，确有困难时，每层开向同一前室的户门不应大于 3 樘且应采用乙级防火门。B 选项错误。

3.（2018 年综合能力第 16 题）（知识点 3）对某三层影院进行的防火检查，安全疏散设施的下列检查结果中，不符合现行标准要求的是（　　）。

A. 建筑室外疏散通道的净宽度为 3.5m
B. 首层疏散外门净宽度 1.30m
C. 首层疏散门外 1.50m 处设置踏步
D. 楼梯间在首层通过 15m 的疏散走道通至室外

【答案】B

【解析】人员密集的公共场所、观众厅的疏散门不应设置门槛，其净宽度不应小于 1.40m，且紧靠门口内外各 1.40m 范围内不应设置踏步。选项 B 不符合标准，C 符合标准。人员密集的公共场所的室外疏散通道的净宽度不应小于 3.00m，并应直接通向宽敞地带。选项 A 符合标准。

楼梯间应在首层直通室外，确有困难时，可在首层采用扩大的封闭楼梯间或防烟楼梯间前室。当层数不超过 4 层且未采用扩大的封闭楼梯间或防烟楼梯间前室时，可将直通室外的门设置在离楼梯间不大于 15m 处。该建筑为三层。D 选项符合标准。

4.（2019 年综合能力第 81 题）（知识点 3、4）某二级耐火等级的服装加工厂房，地上 5 层，建筑高度为 30m，每层建筑面积为 6000m²，该厂房首层、二层的人数均为 600 人，三层至五层的人数均为 300 人。该厂房的下列防火检查结果中，不符合现行国家标准要求的有（　　）。

A. 疏散楼梯采用封闭楼梯间
B. 第四层最大的疏散距离为 60m
C. 楼梯间的门采用常开乙级防火门
D. 办公室与车间连通的门采用乙级防火门
E. 首层外门的总净宽度为 3.6m

【答案】BCE

【解析】本题考查的是厂房的安全疏散。高层厂房和甲、乙、丙类多层厂房的疏散楼梯应采用封闭楼梯间或室外楼梯。建筑高度大于 32m 且任一层人数超过 10 人的厂房，应采用防烟楼梯间或室外楼梯。A 选项符合要求。

根据表 2-6-10，B 选项不符合要求。

厂房内疏散楼梯、走道、门的各自总净宽度，应根据疏散人数按每 100 人的最小疏散净宽度不小于表 2-6-3 的规定计算确定。但疏散楼梯的最小净宽度不宜小于 1.10m，疏散走道的最小净宽度不宜小于 1.40m，门的最小净宽度不宜小于 0.90m。当每层疏散人数不相等时，疏散楼梯的总净宽度应分层计算，下层楼梯总净宽度应按该层及以上疏散人数最多一层的疏散人数计算。

首层外门的总净宽度应按该层及以上疏散人数最多一层的疏散人数计算，且该门的最小净宽度不

应小于 1.20m。

600 人×1m/100 =6m。E 选项不符合要求。

5. (2019 年综合能力第 61 题)（知识点 3）某造纸厂干燥车间，耐火等级为二级，地上 2 层，每层划分 4 个防火分区，地下局部 1 层，划分为 2 个防火分区。该车间采用自动化生产工艺，平时只有巡检人员。该车间的下列防火检查结果中，不符合现行国家标准要求的是（　　）。

　　A. 首层的最大疏散距离为 60m

　　B. 地下一层 1 个防火分区的其中 1 个安全出口借用相邻防火分区疏散

　　C. 首层外门的净宽度为 1.2m

　　D. 地上二层 1 个防火分区的其中 1 个安全出口借用相邻防火分区疏散

【答案】D

【解析】本题考查的知识点是厂房的建筑防火。根据表 2-6-10，A 项符合要求。

地下或半地下厂房（包括地下或半地下室），当有多个防火分区相邻布置，并采用防火墙分隔时，每个防火分区可利用防火墙上通向相邻防火分区的甲级防火门作为第二安全出口，但每个防火分区必须至少有 1 个直通室外的独立安全出口。B 项符合要求。

厂房内疏散楼梯、走道、门的各自总净宽度，应根据疏散人数按每 100 人的最小疏散净宽度不小于表 2-6-3 的规定计算确定。但疏散楼梯的最小净宽度不宜小于 1.10m，疏散走道的最小净宽度不宜小于 1.40m，门的最小净宽度不宜小于 0.90m。当每层疏散人数不相等时，疏散楼梯的总净宽度应分层计算，下层楼梯总净宽度应按该层及以上疏散人数最多一层的疏散人数计算。

首层外门的总净宽度应按该层及以上疏散人数最多一层的疏散人数计算，且该门的最小净宽度不应小于 1.20m。C 项符合要求。

6. (2019 年综合能力第 78 题)（知识点 4）某病房楼，共六层，建筑高度为 28m，每层建筑面积为 3000m²，划分为 2 个护理单元。该病房楼的下列防火检测结果中，符合现行国家标准要求的是（　　）。

　　A. 每层设一个避难间

　　B. 疏散楼梯间为封闭楼梯间

　　C. 4 层为单面布房，走道净宽度为 1.3m

　　D. 位于袋形走道尽端的病房门至最近安全出口的直线距离为 18m

【答案】A

【解析】本题考查的知识点是病房楼的防火检查。高层病房楼应在二层及以上的病房楼层和洁净手术部设置避难间。避难间应符合规定：

避难间服务的护理单元不应超过 2 个，其净面积应按每个护理单元不小于 25.0m² 确定。A 选项符合要求。

一类高层公共建筑和建筑高度大于 32m 的二类高层公共建筑，其疏散楼梯应采用防烟楼梯间。B 选项不符合要求。

根据表 2-6-9，单面布房时，走道净宽度不应小于 1.4m。C 选项不符合要求。

根据表 2-6-11，高层病房楼位于袋形走道尽端的病房门至最近安全出口的直线距离 12×1.25 = 15（m）。D 选项不符合要求。

7. (2020 年综合能力第 63 题)（知识点 3）某多层办公楼，每层有 2 部疏散楼梯。下列防火检查结果中，不符合现行国家标准的是（　　）。

　　A. 甲房间位于袋形走道的一侧，建筑面积 60m²，设 1 个净宽为 1.0m 的疏散门

　　B. 乙房间位于 2 个安全出口之间，建筑面积 80m²，设 1 个净宽为 0.9m 的疏散门

C. 丁房间位于袋形走道尽端，建筑面积 80m² 的，设 1 个净宽为 0.9m 的疏散门

D. 丙房间位于袋形走道尽端，建筑面积 120m²，房间内任一点至疏散门的最远距离为 12m，设 1 个净宽为 1.4m 的疏散门

【答案】C

【解析】公共建筑内房间的疏散门数量应经计算确定且不应少于 2 个。除托儿所、幼儿园、老年人照料设施、医疗建筑、教学建筑内位于走道尽端的房间外，符合下列条件之一的房间可设置 1 个疏散门：位于两个安全出口之间或袋形走道两侧的房间，对于托儿所、幼儿园、老年人照料设施，建筑面积不大于 50m²；对于医疗建筑、教学建筑，建筑面积不大于 75m²；对于其他建筑或场所，建筑面积不大于 120m²。A、B 选项符合标准。位于走道尽端的房间，建筑面积小于 50m² 且疏散门的净宽度不小于 0.90m，或由房间内任一点至疏散门的直线距离不大于 15m、建筑面积不大于 200m² 且疏散门的净宽度不小于 1.40m。C 选项不符合标准，D 选项符合标准。

8. （2020 年技术实务第 70 题）（知识点 3）某建筑总高度为 35m，首层及二层为商场营业厅，营业厅每层层高为 4.5m，三层及其以上为住宅，住宅各单元每层的建筑面积均为 600m²。关于该建筑住宅部分疏散设施设置的说法，错误的是（　　）。

A. 疏散楼梯间应采用防烟楼梯间

B. 任一户门至最近安全出口的距离不大于 15m 时，每个单元每层的安全出口可为 1 个

C. 户门的净宽度不应小于 0.9m

D. 任一户门至最近疏散楼梯间入口的距离不大于 10m 时，住宅单元可采用剪刀楼梯间

【答案】B

【解析】住宅建筑安全出口的设置应符合下列规定：建筑高度大于 27m、不大于 54m 的建筑，当每个单元任一层的建筑面积大于 650m²，或任一户门至最近安全出口的距离大于 10m 时，每个单元每层的安全出口不应少于 2 个。B 选项错误。建筑高度大于 33m 的住宅，应采用防烟楼梯间。A 选项正确。住宅建筑的户门、安全出口、疏散走道和疏散楼梯的各自总净宽度应经计算确定，且户门和安全出口的净宽度不应小于 0.90m，疏散走道、疏散楼梯和首层疏散外门的净宽度不应小于 1.10m。C 选项正确。住宅单元的疏散楼梯，当分散设置确有困难且任一户门至最近疏散楼梯间入口的距离不大于 10m 时，可采用剪刀楼梯间。D 选项正确。

9. （2020 年技术实务第 85 题）（知识点 4）某耐火等级为二级的商场，地上 3 层，建筑高度为 13m，总建筑面积为 22000m²，商场无敞开式外廊，商场营业厅内任一点均可直通疏散楼梯间。关于该商场疏散楼梯间的说法，错误的有（　　）。

A. 商场应采用封闭楼梯间

B. 三层营业厅内任一点至最近疏散楼梯间的直线距离不应大于 30m

C. 疏散楼梯间的门应采用乙级防火门

D. 商场可将直通室外的门设置在距疏散楼梯间不大于 15m 处

E. 开向疏散楼梯间的储藏室门应采用乙级防火门

【答案】DE

【解析】楼梯间应在首层直通室外，确有困难时，可在首层采用扩大的封闭楼梯间或防烟楼梯间前室。当层数不超过 4 层且未采用扩大的封闭楼梯间或防烟楼梯间前室时，可将直通室外的门设置在离楼梯间不大于 15m 处。此条仅适用敞开楼梯间。D 选项错误。楼梯间内不应设置烧水间、可燃材料储藏室、垃圾道。E 选项错误。

10. （2020 年综合能力第 40 题）（知识点 3）某二级耐火等级的卷烟包装厂房，地上 2 层，地下 1 层，各层层高均为 6m。地下一层采用防火墙划分为 2 个防火分区，每个防火分区各有 1 个直通室外的独立安全出口。下列防火检查结果中，不符合国家现行标准要求的是（　　）。

A. 地下一层防火分区间的防火墙上设 2 樘甲级防火门

B. 首层任一点到安全出口的最远距离为 60m

C. 地下一层的某点至最近安全出口的距离为 40m

D. 疏散楼梯采用封闭楼梯间

【答案】C

【解析】卷烟包装厂房的火灾危险性为丙类。根据表 2-6-10，地下二级耐火等级的丙类厂房内任一点至最近安全出口的直线距离不应大于 30m。C 选项不符合要求。

11.（2020 年综合能力第 88 题）（知识点 4）某消防技术服务机构对某高层建筑进行消防安全评估，下列检查结果中符合现行国家标准要求的有（　　）。

A. 油浸变压器室开向建筑内的门采用乙级防火门

B. 开向相邻防火分区的门采用乙级防火门

C. 电梯候梯厅通往地下汽车库的出口采用乙级防火门

D. 避难层内设备间开向避难层区的门采用乙级防火门

E. 消防控制室开向建筑内的门采用乙级防火门

【答案】CE

【解析】锅炉房、变压器室等与其他部位之间应采用耐火极限不低于 2.00h 的防火隔墙和 1.50h 的不燃性楼板分隔。在隔墙和楼板上不应开设洞口，确需在隔墙上设置门、窗时，应采用甲级防火门、窗。A 选项错误。防火墙上不应开设门、窗、洞口，确需开设时，应设置不可开启或火灾时能自动关闭的甲级防火门、窗。B 选项错误。管道井和设备间应采用耐火极限不低于 2.00h 的防火隔墙与避难区分隔，管道井和设备间的门不应直接开向避难区；确需直接开向避难区时，与避难层区出入口的距离不应小于 5m，且应采用甲级防火门。D 选项错误。

12.（2020 年案例分析第六题）节选（知识点 3）

某商业建筑，总建筑面积为 48960m²，地上 5 层，地下 2 层，建筑高度为 25m。各建筑构件的燃烧性能均为不燃性。该建筑地下一层至地上五层设有商场、商铺、餐饮场所、游乐场所和电影放映厅等，地下二层为车库和设备用房。该建筑按规范配置了相应的建筑消防设施。

9 月 28 日该商场消防安全责任人为落实企业消防安全主体责任，组织相关人员对该商场进行消防安全检查，情况如下：地上四层商场原经营家具的营业厅面积为 4980m²，疏散总宽度为 14.00m，拟改为经营服装。

根据以上材料，回答下列问题。

地上四层在营业厅面积、疏散总宽度不变的情况下，由经营家具改为经营服装是否可行？为什么？

【解析】由经营家具改为经营服装不可行。原因：地上四层家具商场营业厅面积为 4980m²，改为经营服装后，地上四层商场的人员密度范围：0.30～0.42 人/m²，因为商场的建筑面积大于 3000m²，所以人员密度取下限值 0.30 人/m²。百人宽度指标为 1.0m/百人，需要最小疏散总净宽为 4980×0.30×1.0/100＝14.94（m），大于题目中的疏散总净宽度 14m。其疏散总净宽度不足，故不可行。

五、考题预测

（一）习题

1. 消防工作人员对某区域的建筑进行防火检查，下列建筑的楼梯间设置形式错误的是（　　）。

A. 某使用液氨的化工生产车间总高度 28m，采用了封闭楼梯间

B. 某五层的地方特色饭馆，采用了敞开楼梯间

C. 某商业服务网点的超市，地上两层，采用了敞开楼梯间

D. 某乡镇上一家利用二层住宅楼从事餐饮和住宿的建筑，采用了敞开楼梯间

2. 某地上10层的酒店式公寓，建筑高度39m，一级耐火等级，二层及以上层均采用敞开式外廊，疏散楼梯均与敞开式外廊直接相连，已按现行有关国家标准设置了疏散楼梯和消防设施。位于八层的袋形走道两侧的客房疏散门至最近安全出口的直线距离不应大于（　　）m。

A. 20 B. 25
C. 23.75 D. 30

3. 下列建筑内疏散楼梯间的形式、数量及宽度，正确的有（　　）。

A. 某高校的6层教学楼，每层核定人数400人，设置了4部敞开式疏散楼梯间，梯段净宽度均为1.80m

B. 某中学设置敞开式外廊的4层教学楼，每层核定人数400人，设置2部梯段净宽度均为2.00m的敞开式疏散楼梯间

C. 建筑高度为12m的3层公共建筑，总建筑面积为4500m²，每层一个防火分区，一、二层为健身俱乐部（分为跑步机厅、体操训练厅、交谊舞厅等不同功能区），三层为乒乓球教室和羽毛球教室，设置2座梯段净宽度均为2.80m的封闭式疏散楼梯间

D. 某小麦面粉加工厂的厂房，建筑高度为33m，作业人数最多的楼层同一时间的作业人数为12人，设置2座梯段净宽度均为1.0m的防烟楼梯间

（二）答案详解

1.【答案】D

【解析】该题主要考核的是敞开、封闭、防烟三种楼梯间的设置范围。

选项A，该车间属于乙类高层厂房，凡是高层厂房，只要高度不超过32m，应设置封闭楼梯间；如果高度超过32m，且任一层人数超过10人时，应设置防烟楼梯间或室外楼梯。选项A正确。

选项B，6层及以上的其他建筑，应采用封闭楼梯间，该饭馆小于6层可以采用敞开楼梯间。选项B正确。

选项C，商业服务网点不属于公共建筑，所以这里的超市可以采用敞开楼梯间。选项C正确。

选项D，该建筑属于多层公共建筑中的旅馆，应采用封闭楼梯间。选项D错误。

2.【答案】C

【解析】这个是二类高层公共建筑，有自动喷水灭火系统增加25%，与敞开式外廊连接增加5米。酒店式公寓按照旅馆的要求确定：$15 \times 1.25 + 5 = 23.75$（m）。

3.【答案】B

【解析】选项A，6层教学楼应设置封闭楼梯间。选项A不正确。

选项B，该教学楼有敞开式外廊，楼梯间为敞开式符合要求；所需疏散总净宽度是400人×1m/100人=4m，该题中的实际总净宽度是4m。选项B正确。

选项C，设置的楼梯间为封闭式符合要求；每层面积1500m²，需要疏散的人员数量是1500m²×0.5人/m²=750人，所需疏散总宽度是750人×0.75m/100人=5.625m。该题的实际总宽度是5.6m，所以选项C不正确。

选项D，建筑高度大于32m且任一层人数超过10人的厂房，应采用防烟楼梯间或室外楼梯；厂房的疏散楼梯的最小净宽度不宜小于1.10m，疏散走道的最小净宽度不宜小于1.40m，门的最小净宽度不宜小于0.90m（该题中需要疏散的人数很少，不需要用百人宽度指标进行计算）。选项D不正确。

第七章 灭火救援设施

一、知识点架构图

本章的知识点架构见图 2-7-1。

图 2-7-1 第二篇第七章知识点架构图

二、考情分析

本章的考情分析见表 2-7-1。

表 2-7-1 第二篇第七章考情分析表

年份	技术实务 分值（分）	技术实务 占比（%）	综合能力 分值（分）	综合能力 占比（%）	案例分析 分值（分）	案例分析 占比（%）
2015 年	3	2.50	3	2.50	2	1.67
2016 年	4	3.33	4	3.33	4	3.33
2017 年	4	3.33	3	2.50	2	1.67
2018 年	2	1.67	1	0.83	5	4.17
2019 年	2	1.67	3	2.50	0	0
2020 年	5	4.20	2	1.67	4	3.33

三、典型知识点

知识点 1：消防车道

1. 街区内的消防车道。

1）街区内的道路应考虑消防车的通行，**道路中心线间的距离不宜大于 160m**。（注：市政消火栓保护半径在 150m 左右，按规定一般设在城市道路两旁，故将消防车道的间距定为 160m。）

2）当建筑物沿街道部分的长度大于 150m 或总长度大于 220m 时，应设置**穿过建筑物的消防车道**。确有困难时，应设置环形消防车道。

2. 环形消防车道的设置场所。

1）高层民用建筑，超过 3000 个座位的体育馆，超过 2000 个座位的会堂，占地面积大于 3000m² 的商店建筑、展览建筑等单、多层公共建筑；（2019 年技术实务第 39 题）

2）高层厂房，占地面积大于 3000m² 的甲、乙、丙类厂房和占地面积大于 1500m² 的乙、丙类仓库。

3. 消防车道设置要求。（2019 年技术实务第 39 题、2020 年技术实务第 34 题）

1）环形消防车道至少应有两处与其他车道连通。尽头式消防车道应设置回车道或回车场。

2）对于应设置环形消防车道确有困难时，可沿建筑的两个长边设置消防车道。

3）对于高层住宅建筑和山坡地或河道边临空建造的高层民用建筑，可沿建筑的一个长边设置消防车道，但该长边所在建筑立面应为消防车登高操作面。

4）有封闭内院或天井的建筑物，当内院或天井的短边长度大于 24m 时，宜设置进入内院或天井的消防车道；当该建筑物沿街时，应设置连通街道和内院的人行通道（可利用楼梯间），其间距不宜大于 80m。

5）在穿过建筑物或进入建筑物内院的消防车道两侧，不应设置影响消防车通行或人员安全疏散的设施。

6）占地面积大于 30000m² 的可燃材料堆场，应设置与环形消防车道相通的中间消防车道，消防车道的间距不宜大于 150m。

7）液化石油气储罐区，甲、乙、丙类液体储罐区和可燃气体储罐区内的环形消防车道之间宜设置连通的消防车道。

8）供消防车取水的天然水源和消防水池应设置消防车道。

9）消防车道的技术参数见表 2-7-2。

表 2-7-2 消防车道的技术参数

项目	技术参数
车道的边缘距离取水点	2m
车道的边缘距离可燃材料堆垛	5m
车道靠建筑外墙一侧的边缘距离建筑外墙	5m 消防车道与建筑之间不应设置妨碍消防车操作的树木、架空管线等障碍物
净宽度和净空高度	4.0m
转弯半径	普通消防车 9m，登高车 12m，一些特种车辆的转弯半径为 16~20m
坡度	8%
回车场的面积	最小面积 12m×12m，对于高层建筑，不宜小于 15m×15m； 供重型消防车使用时，不宜小于 18m×18m。
路面、场地、管道、暗沟承受的荷载	轻、中系列消防车 11t，重系列消防车 15~50t
消防车道的间距	160m

续表

项目	技术参数
与其他车道的关系	消防车道可利用城乡、厂区道路等，但该道路应满足消防车通行、转弯和停靠的要求。 消防车道不宜与铁路正线平交，确需平交时，应设置备用车道，且两车道的间距不应小于一列火车的长度。（目前一列火车的长度一般不大于900m，新型16车编组的和谐号动车，长度不超过402m）

知识点2：救援场地和入口

1. 基本概念。

1）消防车登高操作场地：在火灾发生需要使用登高消防车进行救人和灭火作业时，提供给消防车停车和作业的场地。

2）消防登高面：又叫消防车登高操作面、高层建筑消防登高面、消防平台，是登高消防车靠近高层主体建筑，开展消防车登高作业及消防队员进入高层建筑内部，抢救被困人员、扑救火灾的**建筑立面**。

3）灭火救援窗：在厂房、仓库、公共建筑的**外墙**的**每层**设置的可供消防救援人员进入的窗口。

※难点点拨：以上三者的位置是互相对应的。

2. 救援场地和入口的设置要求。

救援场地和入口的设置要求见表2-7-3。

表2-7-3 救援场地和入口的设置要求

消防车登高操作场地	消防登高面	灭火救援窗
（1）高层建筑应至少沿一个长边或周边长度的1/4且**不小于一个长边长度**的底边连续布置消防车登高操作场地，**该范围内的裙房进深不应大于4m**。（2019年技术实务第65题） （2）建筑高度不大于50m的建筑，连续布置消防车登高操作场地确有困难时，可间隔布置，但间隔距离不宜大于30m，且消防车登高操作场地的总长度仍应符合第（1）条规定； （3）消防车登高操作场地的长度和**宽度**分别不应小于15m和10m。对于建筑高度大于50m的建筑，场地的长度和宽度分别不应小于20m和10m。（2018年综合能力第76题、2019年技术实务第65题、2020年技术实务第69题） ※难点点拨：建筑高度大于50m的建筑，不能间隔布置，必须连续布置。操作场地的最小长度要求15m和20m，这两个参数是考虑了不同型号的消防车的车身长度的，不应和"周边长度的1/4且不小于一个长边长度"这个条件混淆。 （4）场地应与消防车道连通，**场地靠建筑外墙一侧的边缘距离建筑外墙不宜小于5m，且不应大于10m**，场地的**坡度不宜大于3%**（2019年技术实务第65题）	（1）场地与厂房、仓库、民用建筑之间不应设置妨碍消防车操作的树木、架空管线等障碍物和车库出入口； （2）建筑物与消防车登高操作场地**相对应的范围内，应设置直通室外的楼梯或直通楼梯间的入口**； （3）与消防车登高操作场地相对应的范围内设置**灭火救援窗口**	（1）厂房、仓库、**公共建筑**的外墙应在**每层**的适当位置设置可供消防救援人员进入的窗口。（2018年案例分析第四题） ※注意：此处没有对建筑高度提出限制，也就是说无论多矮的建筑，只要是厂房、仓库、公建，都必须设，而且是每层都要设。 （2）净高度和净宽度均不应小于1.0m，下沿距室内地面不宜大于1.2m，间距不宜大于20m且**每个防火分区不应少于2个**，设置位置应与消防车登高操作场地相对应。（2018年综合能力第76题、2018年技术实务第59题、2019年综合能力第84题、2020年综合能力第78题、2020年技术实务第69题） （3）**窗口的玻璃应易于破碎**，并应设置**可在室外易于识别的明显标志**

不大于 50m 的消防车登高作业场地示意图见图 2-7-2。

[注释] 1. L 为高层建筑主体的一个长边长度，"建筑周边长度"应为高层建筑主体的周边长度。
2. 消防车登高操作场地的有效计算长度（a_1，a_2，a_3，…）应在高层建筑主体的对应范围内。
3. $a_1+a_2+a_3+\cdots \geq$ 建筑周边长度的 1/4 且 $\geq L$。

图 2-7-2　不大于 50m 的消防车登高作业场地示意图

知识点 3：消防电梯

1）消防电梯的设置范围。（2018 年技术实务第 14 题、2018 年案例分析第四题、2020 年技术实务第 68 题）

（1）建筑高度大于 33m 的住宅建筑。

（2）一类高层公共建筑和建筑高度大于 32m 的二类高层公共建筑、5 层及以上且总建筑面积大于 3000m² （包括设置在其他建筑内五层及以上楼层）的老年人照料设施（2018 年增条文）。

（3）设置消防电梯的建筑的地下或半地下室，埋深大于 10m 且总建筑面积大于 3000m² 的其他地下或半地下建筑（室）。

（4）建筑高度大于 32m 且设置电梯的高层厂房（仓库），每个防火分区内宜设置 1 台消防电梯，但符合下列条件的建筑可不设消防电梯：

①建筑高度大于 32m 且设置电梯，任一层工作平台上的人数不超过 2 人的高层塔架；

②局部建筑高度大于 32m，且局部高出部分的每层建筑面积不大于 50m² 的丁、戊类厂房。

2）消防电梯的数量及要求。（2019 年综合能力第 65 题、2020 年综合能力第 59 题）

（1）应分别设置在不同防火分区内，且每个防火分区不应少于 1 台。

（2）符合消防电梯要求的客梯或货梯可兼作消防电梯。（2020 年案例分析第六题）

（3）前室宜靠外墙设置，并应在首层直通室外或经过长度不大于 30m 的通道通向室外。

（4）前室的使用面积不应小于 6.0m²，前室的短边不应小于 2.4m（2018 年增条文）。

各种类别的前室面积要求见表 2-7-4。（2020 年技术实务第 100 题）

表 2-7-4　前室面积表

前室类别	建筑类别	面积 m²
防烟楼梯间的独立前室	住宅	≥4.5
	公共建筑、高层厂房（仓库）	≥6
消防电梯的独立前室	所有应设消防电梯的建筑	≥6
消防电梯与防烟楼梯间的合用前室	住宅	≥6
	公共建筑、高层厂房（仓库）	≥10
剪刀楼梯间的共用前室	住宅	≥6
剪刀楼梯间的共用前室与消防电梯的合用前室（三合一）		≥12

（5）除前室的出入口、前室内设置的正压送风口和住宅建筑中符合规定的户门以外，前室内不应开设其他门、窗、洞口。

（6）前室或合用前室的门应采用乙级防火门，不应设置卷帘。（2020 年案例分析第六题）

（7）消防电梯井、机房与相邻电梯井、机房之间应设置耐火极限不低于 2.00h 的防火隔墙，隔墙上的门应采用**甲级防火门**。

（8）消防电梯的井底应设置排水设施，**排水井的容量不应小于 2m³，排水泵的排水量不应小于 10L/s**。消防电梯间前室的门口宜设置**挡水设施**。

3）消防电梯的其他要求（2018 年综合能力第 94 题）。

（1）电梯的载重量不应小于 800kg；

（2）电梯应能每层停靠，从首层至顶层的运行时间不宜大于 60s；

（3）电梯的动力与控制电缆、电线、控制面板应采取防水措施；

（4）在首层的消防电梯入口处应设置供消防队员专用的操作按钮；

（5）电梯轿厢的内部装修应采用不燃材料；

（6）电梯轿厢内部应设置专用消防对讲电话。

知识点 4：直升机停机坪

1. 直升机停机坪的设置范围。

建筑高度大于 100m 且标准层建筑面积大于 2000m² 的公共建筑，宜在屋顶设置直升机停机坪或供直升机救助的设施。停机坪的标志为"H"。

2. 直升机停机坪应符合的规定。

（1）设置在屋顶平台上时，距离设备机房、电梯机房、水箱间、共用天线等突出物不应小于 5m；

（2）**建筑通向停机坪的出口不应少于 2 个，每个出口的宽度不宜小于 0.90m**；

（3）四周应设置**航空障碍灯**，并应设置应急照明；

（4）在停机坪的适当位置应设置**消火栓**。

分析：灭火救援设施的内容每年都考，大约 10 分。2018 年、2019 年和 2020 年灭火救援设施所涉及的分值分别是 8 分、5 分和 11 分，占一定的分值。这部分的主要内容是消防车道的设置、消防登高面、救援窗和直升机停机坪。需要掌握的内容主要是消防车道、消防登高面、救援窗及直升机停机坪及消防电梯的设置范围、数量、要求。

四、高频真题

1. (2018年技术实务第14题)（知识点3）关于建筑消防电梯设置的说法，错误的是（ ）。
    A. 建筑高度为30m的物流公司办公楼可不设置消防电梯
    B. 埋深9m、总建筑面积4000m² 的地下室可不设置消防电梯
    C. 建筑高度为25m的门诊楼可不设置消防电梯
    D. 建筑高度为32m的住宅建筑可不设置消防电梯
    【答案】C
    【解析】建筑高度为25m的门诊楼为一类高层建筑，应设置消防电梯，因此C选项是错误的。

2. (2018年技术实务第59题)（知识点2）某耐火等级为二级的多层电视机生产厂房，地上4层，设有自动喷水灭火系统，该厂房长200m，宽40m，每层划分为1个防火分区。根据现行国家标准《建筑设计防火规范》(GB 50016)，供消防人员进入厂房的救援窗口的下列设计方案中，正确的是（ ）。
    A. 救援窗口下沿距室内地面为1.1m
    B. 救援窗口的净宽度为0.8m
    C. 厂房二层沿一个长边设2个救援窗口
    D. 利用天窗作为顶层救援窗口
    【答案】A
    【解析】根据表2-7-3，供消防救援人员进入的窗口的净高度和净宽度均不应小于1.0m，下沿距室内地面不宜大于1.2m，间距不宜大于20m且每个防火分区不应少于2个，设置位置应与消防车登高操作场地相对应。窗口的玻璃应易于破碎，并应设置可在室外易于识别的明显标志。

3. (2018年综合能力第76题)（知识点1、2）对某建筑高度为120m的酒店进行消防验收检测，消防车道、消防车登高操作场地、消防救援窗口的实测结果中，不符合现行国家标准要求的是（ ）。
    A. 沿建筑设置环形消防车道，车道净宽为4.0m
    B. 消防车登高操作场地的长度和宽度分别为15m和12m
    C. 消防车道的转弯半径为15m
    D. 消防救援窗口的净高和净宽均为1.1m，下沿距室内地面1.1m
    【答案】B
    【解析】消防车登高操作场地的长度和宽度分别不应小于15m和10m。对于建筑高度大于50m的建筑，场地的长度和宽度分别不应小于20m和10m。B选项不符合标准。
    其余选项解析详见知识点1、2。

4. (2019年技术实务第39题)（知识点1）某3层展览建筑，建筑高27m、长160m、宽90m，建筑南、北为长边，建筑北面为城市中心湖，湖边与建筑北面外墙距离为10m，建筑南面临城市中心道路。该建筑消防车道的下列设计方案中，正确的是（ ）。
    A. 沿建筑的南、北两个边设置消防车道，建筑南、北立面为消防车登高操作面
    B. 沿建筑的南、东两个边设置消防车道，建筑南、东立面为消防车登高操作面
    C. 沿建筑的南、北两个边设置消防车道，并在建筑中部设置贯通南北穿过建筑物的消防车道，建筑南立面为消防车登高操作面
    D. 沿建筑的南、东、西边设置消防车道，建筑东、西立面为消防车登高操作面
    【答案】C
    【解析】本题考查的知识点是消防车道知识。根据表2-7-3，消防车登高操作场地应与消防车道连通，场地靠建筑外墙一侧的边缘距离建筑外墙不宜小于5m，且不应大于10m，场地的坡度不宜大于3%。A选项错误。
    街区内的道路应考虑消防车的通行，道路中心线间的距离不宜大于160m。当建筑物沿街道部分的长

度大于 150m 或总长度大于 220m 时，应设置穿过建筑物的消防车道。确有困难时，应设置环形消防车道。C 选项正确。

高层民用建筑，超过 3000 个座位的体育馆，超过 2000 个座位的会堂，占地面积大于 3000m² 的商店建筑、展览建筑等单、多层公共建筑应设置环形消防车道，确有困难时，可沿建筑的两个长边设置消防车道；对于高层住宅建筑和山坡地或河道边临空建造的高层民用建筑，可沿建筑的一个长边设置消防车道，但该长边所在建筑立面应为消防车登高操作面。该建筑占地面积为：160×90＝14400（m²）＞3000（m²）。B、D 选项错误。

5.（2019 年技术实务第 65 题）（知识点 2）某公共建筑，建筑高 66m、长 80m、宽 30m，地下 1 层，地上 15 层，地上一至三层为商业营业厅，四至十五层为办公场所。该建筑消防车登高操作场地的下列设计方案中，正确的是（　　）。

A. 消防车登高操作场地靠建筑外墙一侧的边缘距外墙 10m
B. 消防车登高操作场地最大间隔为 25m，场地总长度为 90m
C. 在建筑位于消防车登高操作场地一侧的外墙上设置一个挑出 5m、宽 10m 的雨棚
D. 消防车登高操作场地最小长度为 15m

【答案】A

【解析】本题考查的知识点是消防车登高操作场地。根据表 2-7-3，高层建筑应至少沿一个长边或周边长度的 1/4 且不小于一个长边长度的底边连续布置消防车登高操作场地。消防车登高操作场地最小长度应为 80m，D 选项错误。该范围内的裙房进深不应大于 4m。雨棚挑出超过 4m，C 选项错误。

建筑高度不大于 50m 的建筑，连续布置消防车登高操作场地确有困难时，可间隔布置，但间隔距离不宜大于 30m，且消防车登高操作场地的总长度仍应符合上述规定。本题建筑高度大于 50m，所以消防车登高操作场地不可连续布置，B 选项错误。

消防车登高操作场地应与消防车道连通，场地靠建筑外墙一侧的边缘距离建筑外墙不宜小于 5m，且不应大于 10m，场地的坡度不宜大于 3%。A 选项正确。

6.（2019 年综合能力第 65 题）（知识点 3）对某厂区进行防火检查，消防电梯的下列防火检查结果中，不符合现行国家要求的是（　　）。

A. 设置在冷库穿堂区的消防电梯未设置前室
B. 高层厂房兼做消防电梯的货梯在设备层不停靠
C. 消防电梯前室短边尺寸为 2.40m
D. 消防电梯井与相邻电梯井之间采用耐火极限为 2.00h 的防火隔墙分隔

【答案】B

【解析】本题考查的知识点是消防电梯的防火检查。

消防电梯前室宜靠外墙设置，并应在首层直通室外或经过长度不大于 30m 的通道通向室外。前室的使用面积不应小于 6.0m²，前室的短边不应小于 2.4m。C 选项符合要求。

消防电梯应符合下列规定：应能每层停靠。B 选项不符合要求。

消防电梯井、机房与相邻电梯井、机房之间应设置耐火极限不低于 2.00h 的防火隔墙，隔墙上的门应采用甲级防火门。D 选项符合要求。

7.（2020 年技术实务第 68 题）（知识点 3）下列建筑中，应设置消防电梯的是（　　）。

A. 建筑高度为 30m，每层层高为 3m、每层建筑面积为 1500m² 的住宅建筑
B. 建筑高度为 30m，每层层高为 5m、每层建筑面积为 3000m² 的企业办公楼
C. 建筑高度为 30m，每层层高为 5m、每层建筑面积为 2000m² 的石材批发商场
D. 埋深为 9m，每层层高为 4.5m、总建筑面积为 6000m² 的独立建造的地下服装仓库

【答案】C

【解析】C选项属于一类高层公共建筑，应设置消防电梯。

8. （2020年技术实务第34题）（知识点1）下列场所消防车道的设置方案中，错误的是（   ）。
   A. 建筑高度为12m的3层商店，长60m、宽30m，沿建筑的一个长边设置消防车道
   B. 建筑高度为18m的4层服装仓库，长60m、宽30m，沿建筑的两个长边设置尽头式消防车道，回车场的尺寸为10m×10m
   C. 设有800个座位的单层剧场，沿建筑的一个长边设置消防车道
   D. 建筑高度为51m的住宅建筑，设置的消防车道的坡度为5%

【答案】B

【解析】高层厂房，占地面积大于3000m²的甲、乙、丙类厂房和占地面积大于1500m²的乙、丙类仓库，应设置环形消防车道，确有困难时，应沿建筑物的两个长边设置消防车道。服装仓库的火灾危险性为丙类。尽头式消防车道应设置回车道或回车场，回车场的面积不应小于12m×12m。B选项错误。

9. （2020年技术实务第69题）（知识点2）某建筑高度为30m的地上6层服装加工厂房，长80m，宽60m，耐火等级为二级。该厂房下列灭火救援设施设置正确的是（   ）。
   A. 供消防救援人员进入的窗口最小净宽度为0.8m
   B. 消防车登高操作场地最小宽度为8m
   C. 消防车登高操作场地最大间隔为25m
   D. 每层设置2个供消防救援人员进入的窗口

【答案】C

【解析】消防车登高操作场地的长度和宽度分别不应小于15m和10m。对于建筑高度大于50m的建筑，场地的长度和宽度分别不应小于20m和10m。B选项错误。灭火救援窗的净高度和净宽度均不应小于1.0m，下沿距室内地面不宜大于1.2m，间距不宜大于20m且每个防火分区不应少于2个。该高层厂房的2个防火分区应至少设置4个供消防救援人员进入的窗口。故A、D选项错误。

10. （2020年案例分析第六题）节选（知识点3）
    某商业建筑，总建筑面积为48960m²，地上5层，地下2层，建筑高度为25m。各建筑构件的燃烧性能均为不燃性。该建筑地下一层至地上五层设有商场、商铺、餐饮场所、游乐场所和电影放映厅等，地下二层为车库和设备用房。该建筑按规范配置了相应的建筑消防设施。

    9月28日该商场消防安全责任人为落实企业消防安全主体责任，组织相关人员对该商场进行消防安全检查，情况如下：

    商场原有4部客用电梯，2部消防电梯，因客流量大，将消防电梯兼作客梯使用。因消防电梯前室上的常闭型防火门影响客流，且不能保证经常处于关闭状态，将其改为火灾时自动降落的防火卷帘。

    根据以上材料，回答下列问题。

    消防电梯能不能兼作客梯使用？如何解决消防电梯前室上的常闭型防火门影响客流的问题？

【解析】（1）消防电梯可以兼作客梯使用。
（2）解决方案：
①可增设若干消防电梯，将原来客流量较大的消防电梯进行分流，以解决客流问题。
②消防电梯前室不应采用防火卷帘，可将常闭型防火门改为常开型防火门，应能在火灾时自行关闭，并应具有信号反馈的功能。

五、考题预测

（一）习题

1. 下列关于消防车道的设置方式，不正确的是（　　）。

A. 某毛涤厂的多层选毛厂房沿建筑的两个长边设置了消防车道，车道尽头的回车场地为 12m×12m

B. 某单层油纸仓库，建筑面积 1600m²，因建于河道边受地理条件限制，在仓库的南侧一个长边设置了消防车道，车道宽 6m，车道尽头的回车场地为 15m×15m

C. 某建筑物沿街道部分的长度 130m，总长度为 200m 时，设置了穿过建筑物的消防车道

D. 某石化厂的生产装置区，消防车道之间的距离 60m

2. 下列关于消防电梯设置的说法，正确的是（　　）。

A. 某建筑高度为 38m 的谷物筒仓工作塔，人数最多的平台有 3 名作业人员，未设置消防电梯

B. 某仓库连廊处的货梯兼作消防电梯，未设置前室

C. 某高层面粉加工厂厂房的消防电梯，在首层经过了一条长约 33m 的通道通向室外

D. 某写字楼的合用前室，正方形结构，使用面积 10m²

（二）答案详解

1. 【答案】B

【解析】选项 B 为乙类仓库，占地面积 1500m² 的乙类仓库应设置环形消防车道，当确有困难时，可沿建筑的两个长边设置消防车道。只有高层住宅建筑和山坡地或河道边临空建造的高层民用建筑，可沿建筑的一个长边设置消防车道，工业建筑最少要沿两个长边设置，所以 B 不正确。

2. 【答案】BD

【解析】建筑高度大于 32m 且设置电梯的高层厂房（仓库），每个防火分区内宜设置 1 台消防电梯，但建筑高度大于 32m 且设置电梯，任一层工作平台上的人数不超过 2 人的高层塔架可以不设置消防电梯，所以不选 A 选项。根据《建筑设计防火规范图示》（2015 年修改版）第 7.3.5 条图示 2，仓库连廊处的消防电梯可以兼作货梯并可以不设置前室，选项 B 正确。消防电梯的前室宜靠外墙设置，并应在首层直通室外或经过长度不大于 30m 的通道通向室外，选项 C 不正确。消防电梯的前室的使用面积不应小于 6.0m²，前室的短边不应小于 2.4m，该前室为矩形，边长大于 2.4m，选项 D 正确。

第八章 建筑电气防火

一、知识点架构图

本章的知识点架构见图 2-8-1。

图 2-8-1 第二篇第八章知识点架构图

二、考情分析

本章的考情分析见表 2-8-1。

表 2-8-1 第二篇第八章考情分析表

年份	技术实务 分值（分）	技术实务 占比（%）	综合能力 分值（分）	综合能力 占比（%）	案例分析 分值（分）	案例分析 占比（%）
2015 年	3	2.50	2	1.67	4	3.33
2016 年	3	2.50	7	5.83	0	0
2017 年	5	4.17	2	1.67	0	0
2018 年	1	0.83	2	1.67	0	0
2019 年	2	1.67	3	2.50	0	0
2020 年	2	1.67	3	2.50	2	1.67

三、典型知识点

知识点1：消防电源

1. 消防用电的概念。

消防用电包括消防控制室照明、消防水泵、消防电梯、防烟排烟设施、火灾探测与报警系统、自动灭火系统或装置、疏散照明、疏散指示标志和电动的防火门窗、卷帘、阀门等设施、设备在正常和应急情况下的用电。

2. 消防用电负荷等级及区别。

消防用电负荷等级及区别见表2-8-2。

表2-8-2 消防用电负荷等级及区别★

消防用电负荷等级	适用的场所	供电要求区别
一级负荷	(1) 建筑高度大于50m的乙、丙类厂房和丙类仓库； (2) 一类高层民用建筑	(1) 一级负荷供电应由**两个电源**供电，具备下列条件之一的供电，可视为一级负荷（2018年技术实务第31题）： ①电源来自两个不同发电厂； ②电源来自两个区域变电站（电压一般在35kV及以上）； ③电源来自一个区域变电站，另一个设置自备发电设备。 (2) 一级负荷供的两个电源供电且应满足下述条件： ①当一个电源发生故障时，另一个电源不应同时受到破坏； ②一级负荷中特别重要的负荷，除由两个电源供电外，尚应增设应急电源，并严禁将其他负荷接入应急供电系统。应急电源可以是独立于正常电源的发电机组、供电网中独立于正常电源的专用的馈电线路、蓄电池或干电池
二级负荷 （2019年技术实务第45题）	(1) 室外消防用水量大于30L/s的厂房（仓库）； (2) 室外消防用水量大于35L/s的可燃材料堆场、可燃气体储罐（区）和甲、乙类液体储罐（区）； (3) 粮食仓库及粮食筒仓； (4) 二类高层民用建筑； (5) 座位数超过1500个的电影院、剧场，座位数超过3000个的体育馆，任一层建筑面积大于3000m²的商店和展览建筑，省（市）级及以上的广播电视、电信和财贸金融建筑，室外消防用水量大于25L/s的其他公共建筑	(1) 采用两回线路供电； (2) 在负荷较小或地区供电条件困难时，二级负荷可以采用一回6kV及以上专用的架空线路或电缆供电。当采用架空线时，可为一回架空线供电；当采用电缆线路，应采用两根电缆组成的线路供电，其每根电缆应能承受100%的二级负荷
三级负荷	除上述一、二级之外的其他建筑可按三级负荷供电	三级负荷供电是建筑供电的最基本要求，有条件的建筑要尽量通过设置两台终端变压器来保证建筑的消防用电

建筑的电源分正常电源和备用电源两种。正常电源一般是直接取自城市低压输电网，电压等级为380V/220V。当城市有两路高压（10kV级）供电时，其中一路可作为备用电源；当城市只有一路供电时，可采用自备柴油发电机作为备用电源。

3. 消防供配电的一般要求。

1）消防用电按一、二级负荷供电的建筑，当采用自备发电设备作备用电源时，自备发电设备应设置自动和手动启动装置。当采用自动启动方式时，应能保证在30s内供电。

2）消防用电设备应采用专用的供电回路，当建筑内的生产、生活用电被切断时，应仍能保证消防用电。备用消防电源的供电时间和容量，应满足该建筑火灾延续时间内各消防用电设备的要求。

3）消防配电干线宜按防火分区划分，消防配电支线不宜穿越防火分区。

4）消防控制室、消防水泵房、防烟和排烟风机房的消防用电设备及消防电梯等的供电，应在其配电线路的最末一级配电箱处设置自动切换装置。

5）按一、二级负荷供电的消防设备，其配电箱应独立设置；按三级负荷供电的消防设备，其配电箱宜独立设置。消防配电设备应设置明显标志。

6）消防配电线路应满足火灾时连续供电的需要，其敷设应符合下列规定：

（1）明敷时（包括敷设在吊顶内），应穿金属导管或采用封闭式金属槽盒保护，金属导管或封闭式金属槽盒应采取防火保护措施；当采用阻燃或耐火电缆并敷设在电缆井、沟内时，可不穿金属导管或采用封闭式金属槽盒保护；当采用矿物绝缘类不燃性电缆时，可直接明敷；（2019年技术实务第82题、2019年综合能力第31题）

（2）暗敷时，应穿管并应敷设在不燃性结构内且保护层厚度不应小于30mm；

（3）消防配电线路宜与其他配电线路分开敷设在不同的电缆井、沟内；确有困难需敷设在同一电缆井、沟内时，应分别布置在电缆井、沟的两侧，且消防配电线路应采用矿物绝缘类不燃性电缆。（2020年综合能力第5题）

知识点2：电力线路及电器装置

1. 电线电缆基础知识。

衡量材料的阻燃性能，一般采用氧指数OI来表征，氧指数越大，材料的阻燃性能越好，电缆的阻燃性能也越好。空气中氧气占21%，因此氧指数超过21的材料在空气中会自熄。

1）普通电线电缆。

聚氯乙烯电线电缆：普通聚氯乙烯电线电缆适用温度范围为-15~60℃，使用场所的环境温度超出该范围时，应采用特种聚氯乙烯电线电缆；聚氯乙烯电线电缆燃烧时散放有毒烟气，不适用于人员密集场所、高层建筑和重要公共设施等。

交联聚氯乙烯（XLPE）电线电缆：不具备阻燃性能，燃烧时不会产生大量有毒烟气，适用于有"清洁"要求的工业与民用建筑。

橡胶电线电缆：耐严寒，适用于水平高差大和垂直敷设的场所，以及移动式电气设备的供电线路。

2）阻燃电线电缆。

阻燃电缆是指在规定试验条件下，电缆着火燃烧后不延燃或燃烧火焰控制在一定范围内，撤去火源后，残留火焰在限定时间内能自行熄灭的电缆。因此阻燃电缆除具有普通电缆特性外，还具有阻燃性能。阻燃电缆的性能主要用**氧指数**和**发烟性**两指标来评定。

阻燃电缆按燃烧性能分为阻燃1级电缆和阻燃2级电缆两类。

3）耐火电线电缆。

耐火电缆是在火焰高温作用下，在一定时间内仍能维持通电能力的一种电缆。耐火电缆是在普通电缆结构中，设置了特殊的耐火层，是无机材料与一般有机材料复合构成的耐火电缆，又称内层耐火电缆。

4）矿物绝缘电缆。

矿物绝缘电缆（Mineral Insulated Cables，MI电缆），是一种无机材料电缆，其实也是一种耐火电缆，但其性能要优于普通的耐火电缆。

2. 电气线路的保护措施。
1) 短路保护。
2) 过载保护。
3) 接地故障保护。

低压配电系统的接地形式有三种：TN 系统、IT 系统、TT 系统。其中 TN 系统是指电力系统中有一点直接接地，电气装置的外露可导电部分通过保护线与该接地点相连接，根据中性导体（N）和保护导体（PE）的配置方式，TN 系统又可分为 TN-C 系统（整个系统的 N、PE 线是合一的）、TN-C-S 系统（系统中有一部分线路的 N、PE 线是合一的）、TN-S 系统（整个系统的 N、PE 线是分开的）。

TN 系统接地保护方式：
①当灵敏性符合要求时，采用短路保护兼作接地故障保护；
②零序电流保护模式适用于 TN-C、TN-C-S、TN-S 系统，不适用于谐波电流大的配电系统；
③剩余电流保护模式适用于 TN-S 系统，不适用于 TN-C 系统。

3. 电力线路及电器装置的防火要求。
1) **架空电力线与甲、乙类厂房（仓库），可燃材料堆垛，甲、乙、丙类液体储罐，液化石油气储罐，可燃、助燃气体储罐的最近水平距离应符合表 2-8-3 的规定。**

35kV 及以上架空电力线与单罐容积大于 200m³ 或总容积大于 1000m³ 液化石油气储罐（区）的最近水平距离不应小于 40m。

表 2-8-3 架空电力线与甲、乙类厂房（仓库），可燃材料堆垛等的最近水平距离

名称	架空电力线
甲、乙类厂房（仓库），可燃材料堆垛，甲、乙类液体储罐，液化石油气储罐，可燃、助燃气体储罐	电杆（塔）高度的 1.5 倍
直埋地下的甲、乙类液体储罐和可燃气体储罐	电杆（塔）高度的 0.75 倍
丙类液体储罐	电杆（塔）高度的 1.2 倍
直埋地下的丙类液体储罐	电杆（塔）高度的 0.6 倍

2) 电力电缆**不应**和输送甲、乙、丙类液体管道，可燃气体管道，热力管道敷设在同一管沟内。
3) **配电线路不得穿越通风管道内腔**或直接敷设在通风管道外壁上，穿金属导管保护的配电线路可紧贴通风管道外壁敷设。配电线路敷设在有可燃物的闷顶、吊顶内时，应采取穿金属导管、采用封闭式金属槽盒等防火保护措施。（2020 年综合能力第 39 题）
4) **开关、插座和照明灯具靠近可燃物时，应采取隔热、散热等防火措施。**

卤钨灯和额定功率不小于 100W 的白炽灯泡的吸顶灯、槽灯、嵌入式灯，其引入线应采用瓷管、矿棉等不燃材料作隔热保护。（2020 年技术实务第 61 题）

额定功率不小于 60W 的白炽灯、卤钨灯、高压钠灯、金属卤化物灯、荧光高压汞灯（包括电感镇流器）等，**不应直接安装在可燃物体上或采取其他防火措施**。（2020 年综合能力第 39 题）

5) **可燃材料仓库**内宜使用低温照明灯具，并应对**灯具的发热部件采取隔热等防火措施，不应使用卤钨灯**等高温照明灯具。**配电箱及开关应设置在仓库外**。（2019 年综合能力第 79 题、2020 年综合能力第 39 题）

6) 爆炸危险环境电力装置的设计应符合现行国家标准《爆炸危险环境电力装置设计规范》（GB 50058）的规定，详见本章知识点 4。

7) **老年人照料设施的非消防用电负荷应设置电气火灾监控系统（2018 年增条文）**。下列建筑或场所的非消防用电负荷宜设置电气火灾监控系统：

（1）建筑高度大于50m的乙、丙类厂房和丙类仓库，室外消防用水量大于30L/s的厂房（仓库）；

（2）一类高层民用建筑；

（3）座位数超过1500个的电影院、剧场，座位数超过3000个的体育馆，任一层建筑面积大于3000m²的商店和展览建筑，省（市）级及以上的广播电视、电信和财贸金融建筑，室外消防用水量大于25L/s的其他公共建筑；

（4）国家级文物保护单位的重点砖木或木结构的古建筑。

8）照明灯具选型应符合下列要求：

（1）有腐蚀性气体及特别潮湿的场所，应采用密闭型灯具，灯具的各种部件还应进行防腐处理。

（2）潮湿的厂房内和户外可采用封闭型灯具，亦可采用有防水灯座的开启型灯具。

（3）可能直接受外来机械损伤的场所以及移动式和携带式灯具，应采用有保护网（罩）的灯具。

（4）振动场所（如有锻锤、空压机、桥式起重机等）的灯具应具有防振措施（如采用吊链等软性连接）。

（5）人防工程内的潮湿场所应采用防潮型灯具；柴油发电机房的储油间、蓄电池室等房间应采用密闭型灯具；可燃物品库房不应设置卤钨灯等高温照明灯具。

（6）爆炸危险环境灯具的选型应符合《爆炸危险环境电力装置设计规范》（GB 50058—2014）第5.2节的规定。

9）照明灯具的设置要求：

（1）在连续出现或长期出现气体混合物的场所和连续出现或长期出现爆炸性粉尘混合物的场所选用定型照明灯具有困难时，可将开启型照明灯具做成嵌墙式壁龛灯，检修门应向墙外开启，并保证有良好的通风；向室外照射的一面应有双层玻璃严密封闭，其中至少有一层必须是高强度玻璃，安装位置不应设在门、窗及排风口的正上方，距门框、窗框的水平距离应不小于3m，距排风口水平距离应不小于5m。

（2）照明与动力合用一电源时，应有各自的分支回路，所有照明线路均应有短路保护装置。配电盘盘后接线要尽量减少接头；接头应采用锡焊焊接并应用绝缘布包好。金属盘面还应有良好接地。

（3）照明电压一般采用220V；携带式照明灯具（俗称行灯）的供电电压不应超过36V；如在金属容器内及特别潮湿场所内作业，行灯电压不得超过12V，36V以下照明供电变压器严禁使用自耦变压器。

（4）36V以下和220V以上的电源插座应有明显区别，低压插头应无法插入较高电压的插座内。

（5）每一照明单相分支回路的电流不宜超过16A，所接光源数不宜超过25个；连接建筑组合灯具时，回路电流不宜超过25A，光源数不宜过超过60个；连接高强度气体放电灯的单相分支回路的电流不应超过30A。

（6）插座不宜和照明灯接在同一分支回路。各种零件必须符合电压、电流等级，不得过电压、过电流使用。

（7）明装吸顶灯具采用木制底台时，应在灯具与底台中间铺垫石板或石棉布。附带镇流器的各式荧光吸顶灯，应在灯具与可燃材料之间加垫瓷夹板隔热，禁止直接安装在可燃吊顶上。

（8）可燃吊顶上所有暗装、明装灯具，舞台暗装彩灯，舞池脚灯的电源导线，均应穿钢管敷设。舞台暗装彩灯泡，舞池脚灯彩灯灯泡，其功率均宜在40W以下，最大不应超过60W。彩灯之间导线应焊接，所有导线不应与可燃材料直接接触。

知识点3：消防应急照明和疏散指示标志

1. 疏散照明的设置场所。

疏散照明也就是消防应急照明灯。除建筑高度小于27m的住宅建筑外，民用建筑、厂房和丙类仓库的下列部位应设置疏散照明：

1）封闭楼梯间、防烟楼梯间及其前室、消防电梯间的前室或合用前室、避难走道、避难层（间）；

2）观众厅、展览厅、多功能厅和建筑面积大于200m²的营业厅、餐厅、演播室等人员密集的场所；

3）建筑面积大于100m²的地下或半地下公共活动场所；

4）公共建筑内的疏散走道；

5）人员密集的厂房内的生产场所及疏散走道。

2. 建筑内疏散照明的地面最低水平照度要求。

1）疏散走道，不应低于1.0lx；

2）**人员密集场所、避难层（间），不应低于3.0lx**；对于**老年人照料设施**、病房楼或手术部的避难间，不应低于10.0lx；

3）楼梯间、前室或合用前室、避难走道，不应低于5.0lx；**对于人员密集场所、老年人照料设施、病房楼或手术部内**的楼梯间、前室或合用前室、避难走道，**不应低于10.0lx**。

4）**消防控制室、消防水泵房、自备发电机房、配电室、防排烟机房**以及发生火灾时仍需正常工作的消防设备房应设置**备用照明**，其作业面的最低照度不应低于**正常照明**的照度。

※难点点拨：照度归类见表2-8-4。

表2-8-4 照度归类表

（2018年综合能力第62题）

特殊场所		照度（lx）
人员密集场所	所有的房间（比如营业厅）以及疏散走道	3
	楼梯间、前室或合用前室、避难走道	10
老年人照料设施	所有的房间、楼梯间、前室或合用前室、避难走道	10
病房楼或手术部	避难间、楼梯间、前室或合用前室、避难走道	10

除以上特殊的场所以外，其他一般的疏散走道1.0lx，避难层（间）3.0lx，楼梯间、前室或合用前室、避难走道5.0lx。

5）疏散照明灯具应设置在出口的顶部、墙面的上部或顶棚上；备用照明灯具应设置在墙面的上部或顶棚上。（2018年综合能力第54题）

3. 疏散指示标志的设置场所及要求。

公共建筑、建筑高度大于54m的住宅建筑、高层厂房（库房）和甲、乙、丙类单、多层厂房，应设置**灯光疏散指示标志**，并应符合下列规定（2018年综合能力第54题）：

1）**应设置在安全出口和人员密集的场所的疏散门的正上方**；

2）应设置在疏散走道及其转角处**距地面高度1.0m以下**的墙面或地面上。灯光疏散指示标志的间距不应大于**20m**；对于**袋形走道，不应大于10m**；在**走道转角区，不应大于1.0m**。

3）下列建筑或场所应在疏散走道和主要疏散路径的地面上增设能**保持视觉连续的灯光疏散指示标志或蓄光疏散指示标志**：

（1）总建筑面积**大于8000m²**的展览建筑；

（2）总建筑面积**大于5000m²**的地上商店；

（3）总建筑面积**大于500m²**的地下或半地下商店；

（4）**歌舞娱乐放映游艺场所**；

（5）**座位数超过1500个的**电影院、**剧场**，座位数超过3000个的体育馆、会堂或礼堂；

（6）车站、码头建筑和民用机场航站楼中建筑面积大于3000m²的候车、候船厅和航站楼的公共区。

※难点点拨：需要设置疏散指示标志的地方，必须使用灯光型的指示标志。蓄光型的标志只能用于需要增设标志的地方，使之达到视觉连续的效果。

4. 建筑内消防应急照明和灯光疏散指示标志的备用电源的连续供电时间。

1）建筑高度**大于**100m 的民用建筑，不应小于 1.5h。

2）**医疗建筑、老年人照料设施**、总建筑面积大于 100000m² **的公共建筑**和总建筑面积大于 20000m² **的地下、半地下建筑**，不应少于 1.0h。

3）其他建筑，不应少于 0.5h。

知识点 4：电气防爆

1. 爆炸性物质的分类及爆炸性环境电气设备的选择。

爆炸性物质分类见表 2-8-5。

表 2-8-5 爆炸性物质分类

类别	分级			备注
Ⅰ类	矿井瓦斯		—	—
Ⅱ类 爆炸性 气体 混合物	级别	ⅡA 级，代表物质丙烷	最大试验安全间隙 MESG（mm）	危险性 小 安全间隙越小 危险性越大 ↓ 大
			≥0.9	
		ⅡB 级，代表物质乙烯	0.5 < MESG < 0.9	
		ⅡC 级，代表物质氢气	≤0.5	
	组别	T1 组	引燃温度 t（℃）	危险性 小 引燃温度越低 危险性越大 ↓ 大
			$t > 450$	
		T2 组	$300 < t ≤ 450$	
		T3 组	$200 < t ≤ 300$	
		T4 组	$135 < t ≤ 200$	
		T5 组	$100 < t ≤ 135$	
		T6 组	$85 < t ≤ 100$	
Ⅲ类	爆炸性粉尘	ⅢA 级	可燃性飞絮	
		ⅢB 级	非导电性粉尘	
		ⅢC 级	导电性粉尘	

爆炸性环境的电气设备也对应分为三类，选择表见表 2-8-6。

Ⅰ类电气设备：用于煤矿瓦斯（甲烷）气体环境；

Ⅱ类电气设备：用于除煤矿甲烷之外的其他爆炸性气体（含蒸气）环境，分为ⅡA、ⅡB、ⅡC；

Ⅲ类电气设备：用于除煤矿粉尘之外的其他爆炸性粉尘环境，分为ⅢA、ⅢB、ⅢC。

表 2-8-6 爆炸性环境电气设备选择表

气体、蒸气分级	设备类别	粉尘级别	设备类别
ⅡA	ⅡA、ⅡB、ⅡC	ⅢA	ⅢA、ⅢB、ⅢC
ⅡB	ⅡB、ⅡC	ⅢB	ⅢB、ⅢC
ⅡC	ⅡC	ⅢC	ⅢC

注：①ⅡC 级的设备安全性能最高，可以用于危险性低的环境中；反之，ⅡA 级的设备安全性能最低，不能用于危险性高的环境中。同理，T6 组的设备安全性能最高，可以用于所有组别的气体环境中；反之，T1 组的设备安全性能最低，不能用于 T2~T5 组的气体环境中。

②当存在有两种以上可燃性物质形成的爆炸性混合物时，应按照混合后的爆炸性混合物的级别和组别选用防爆设备，无据可查又不可能进行试验时，可按危险程度较高的级别和组别选用防爆电气设备。

2. 爆炸性环境危险区域划分。

爆炸性环境危险区域划分见表2-8-7。

表2-8-7 爆炸性环境危险区域划分

环境类别	区域等级	场所特征
Ⅱ类爆炸性气体环境	0区	连续出现或长期出现爆炸性气体混合物的环境。比如重于空气的固定式储油罐中未充惰性气体保护的液面的上方空间
	1区	在正常运行时可能出现爆炸性气体混合物的环境。比如浮顶式储罐在浮顶移动范围内的空间;以放空口为中心,半径为1.5m的空间和爆炸性危险区域内地坪下的坑、沟
	2区	在正常运行时不太可能出现爆炸性气体混合物的环境,或即使出现也仅是短时存在的爆炸性气体混合物的环境。比如距离储罐的外壁和顶部3m的范围
Ⅲ类爆炸性粉尘环境	20区	空气中的可燃性粉尘云持续地或长期地或频繁地出现于爆炸性环境中的区域。比如粉尘容器内部场所;贮料槽、筒仓等,旋风集尘器和过滤器;粉料传送系统等,但不包括皮带和链式输送机的某些部分;搅拌机、研磨机、干燥机和包装设备等
	21区	在正常运行时,空气中的可燃性粉尘云很可能偶尔出现于爆炸性环境中的区域。比如在粉尘容器装料和卸料点附近的外部场所、送料皮带、取样点、卡车卸载站、皮带卸载点等场所
	22区	空气中的可燃粉尘云一般不可能出现于爆炸性粉尘环境中的区域,即使出现,持续时间也是短暂的。比如袋式过滤器通风孔的排气口

3. 电气设备的防爆类别及应用区域。

电气设备的防爆类别及应用区域见表2-8-8。

表2-8-8 电气设备的防爆类别及应用区域

防爆类型	防爆类型标志	区域
隔爆型	d	1区、2区
增安型	e	主要用于2区,部分用于1区
本质安全型	ia	0区、1区、2区
	ib	1区、2区
	ic	2区
	iD	20区、21区、22区
正压型	p	1区、2区
充砂型	q	1区、2区
油浸型	o	1区、2区
浇封型	m	1区、2区
无火花型	n	2区
粉尘防爆型		20区、21区、22区

※难点点拨:所有的0区,只能使用本质安全型中的ia型;所有的20区,只能使用本质安全型中的iD型与粉尘防爆型。0区和20区是最危险的区域。

4. 防爆标志。

1）Ex（Explosive）是所有防爆电气设备的标志，如图2-8-2。

图2-8-2 防爆配电箱上的防爆标志

2）对只允许使用一种爆炸性气体或蒸气环境中的电气设备，其标志可用该气体或蒸气的化学分子式或名称表示，这时可不必注明级别与温度组别。例如，Ⅱ类用于氨气环境的隔爆型：Ex dⅡ（NH$_3$）Gb 或 Ex dbⅡ（NH$_3$）。

3）对于Ⅱ类电气设备的标志，可以标温度组别，也可以标最高表面温度，或两者都标出，例如，最高表面温度为125℃的工厂用增安型电气设备：Ex eⅡT5 Gb 或 Ex eⅡ（125℃）Gb 或 Ex eⅡ（125℃）T5 Gb。

4）应用于爆炸性粉尘环境的电气设备，将直接标出设备的最高表面温度，不划分温度组别。例如，用于具有导电性粉尘的爆炸性粉尘环境ⅢC等级"ia"（EPL Da）电气设备，最高表面温度低于120℃的表示方法为 Ex iaⅢC T120℃Da 或 Ex iaⅢC T120℃IP20。

5. 爆炸性环境的电力装置的设计及安装的其他要求。

1）爆炸性环境的电力装置设计宜将设备和线路，特别是正常运行时能发生火花的设备布置在爆炸性环境以外。当需设在爆炸性环境内时，应布置在爆炸危险性较小的地点。

2）在满足工艺生产及安全的前提下，应减少防爆电气设备的数量。

3）爆炸性环境内的电气设备和线路应符合周围环境内化学、机械、热、霉菌以及风沙等不同环境条件对电气设备的要求。

4）在爆炸性粉尘环境内，不宜采用携带式电气设备。

5）爆炸性粉尘环境内的**事故排风用电动机**应在生产发生事故的情况下，在便于操作的地方**设置事故启动按钮**等控制设备。

6）在爆炸性粉尘环境内，应尽量减少插座和局部照明灯具的数量。如需采用时，插座宜布置在爆炸性粉尘不易积聚的地点，局部照明灯宜布置在事故时气流不易冲击的位置。**粉尘环境中安装的插座开口的一面应朝下，且与垂直面的角度不应大于60°**。（2020年综合能力第24题）

7）当选用正压型电气设备及通风系统时，应采用非燃性材料制成，其结构应坚固，连接应严密，并不得有产生气体滞留的死角。电气设备应与通风系统联锁。运行前应先通风，并应在通风量大于电气设备及其通风系统管道容积的5倍时，接通设备的主电源。在运行中，进入电气设备及其通风系统内的气体不应含有可燃物质或其他有害物质。

8）在采用非防爆型设备作隔墙机械传动时，应符合下列规定：

（1）安装电气设备的房间应用非燃烧体的**实体墙与爆炸危险区域隔开**；

(2) 传动轴传动通过隔墙处，应采用**填料函密封**或有同等效果的密封措施；

(3) 安装电气设备房间的出口应通向非爆炸危险区域的环境；当安装设备的房间必须与爆炸性环境相通时，应对爆炸性环境保持相对的正压。

9) 除本质安全电路外，爆炸性环境的电气线路和设备应装设**过载、短路和接地保护**，不可能产生过载的电气设备可不装设过载保护。

10) **变电所、配电所**（包括配电室）和控制室应布置在爆炸性环境以外，**当为正压室时，可布置在1区、2区内**。对于可燃物质**比空气重**的爆炸性气体环境，位于爆炸危险区**附加2区**的变电所、配电所和控制室的电气和仪表的设备层地面应**高出室外地面**0.6m。

11) 在1区内应采用铜芯电缆；除本质安全电路外，在2区内宜采用铜芯电缆，当采用**铝芯电缆**时，其截面不得小于16mm²，且与电气设备的连接应采用**铜—铝过渡接头**。敷设在爆炸性粉尘环境20区、21区以及在22区内有剧烈振动区域的回路，均应采用铜芯绝缘导线或电缆。

12) 除本质安全系统的电路外，爆炸性环境电缆配线的技术要求应符合表2-8-9的规定。

表2-8-9　爆炸性环境电缆配线的技术要求（2019年综合能力第66题）

技术要求 爆炸危险区域	电缆明设或在沟内敷设时的最小截面			移动电缆
	电力	照明	控制	
1区、20区、21区	铜芯2.5mm²及以上	铜芯2.5mm²及以上	铜芯1.0mm²及以上	重型
2区、22区	铜芯1.5mm²及以上，铝芯16mm²及以上	铜芯1.5mm²及以上	铜芯1.0mm²及以上	中型

13) 在架空、桥架敷设时电缆宜采用阻燃电缆。

14) 当可燃物质比空气重时，电气线路宜在较高处敷设或直接埋地；架空敷设时宜采用电缆桥架；电缆沟敷设时沟内应充砂，并宜设置排水措施。宜在有爆炸危险的建筑物、构筑物的墙外敷设。

15) 在爆炸粉尘环境，电缆应沿粉尘不易堆积并且易于粉尘清除的位置敷设。

16) 在1区内电缆线路严禁有中间接头，在2区、20区、21区内不应有中间接头。当电缆或导线的终端连接时，电缆内部的导线如果为绞线，其终端应采用定型端子或接线鼻子进行连接。（注：在导线或电缆连接时，应采用有防松措施的螺栓固定，或压接、钎焊、熔焊，但不得绞接。）

17) **架空电力线路不得跨越爆炸性气体环境**，架空线路与爆炸性气体环境的水平距离不应小于杆塔高度的1.5倍。

18) 当爆炸性环境电力系统接地设计时，1000V交流/1500V直流以下的电源系统的接地应符合下列规定：

(1) 爆炸性环境中的TN系统应采用TN-S型；

(2) 危险区中的TT型电源系统应采用剩余电流动作的保护电器；

(3) 爆炸性环境中的IT型电源系统应设置绝缘监测装置。

19) 爆炸性气体环境中应设置等电位联结，所有裸露的装置外部可导电部件应接入等电位系统。

20) 以下场所必须进行接地：

在不良导电地面处，交流额定电压为1000V以下和直流额定电压为1500V及以下的设备正常不带电的金属外壳；在干燥环境，交流额定电压为127V及以下和直流电压为110V及以下的设备正常不带电的金属外壳；安装在已接地的金属结构上的设备。

21) 在爆炸危险环境内，设备的外露可导电部分应可靠接地。爆炸性环境1区、20区、21区内的所有设备以及爆炸性环境2区、22区内除照明灯具以外的其他设备应采用专用的接地线。该接地线若与相线敷设在同一保护管内时，应具有与相线相等的绝缘。爆炸性环境2区、22区内的照明灯具，可利用有可靠电气连接的金属管线系统作为接地线,但不得利用输送可燃物质的管道。在爆炸危险区域不同方向,接地干线应不少于两处与接地体连接。

分析:这部分的内容每年5分左右,主要是一些规定性的记忆内容。应该记住的内容有照明器具、电气装置和电动机的火灾预防措施,疏散照明的设置场所和最低照度要求。

四、高频真题

1. (2018年技术实务第31题)(知识点1)消防用电负荷按供电可靠性及终端供电所造成的损失或影响程度分为一级负荷、二级负荷和三级负荷。下列供电方式中,不属于一级负荷的是( )。

    A. 来自两个不同发电厂的电源
    B. 来自同一变电站的两个6kV回路
    C. 来自两个35kV的区域变电站的电源
    D. 来自一个区域变电站和一台柴油发电机的电源

【答案】B

【解析】根据表2-8-2,具备下列条件之一的供电,可视为一级负荷:
1)电源来自两个不同发电厂;
2)电源来自两个区域变电站(电压一般在35kV及以上);
3)电源来自一个区域变电站,另一个设置自备发电设备。

2. (2018年综合能力第54题)(知识点3)对一家大型医院安装的消防应急照明和疏散指示系统的安装质量进行检查。下列检查结果中,符合现行国家标准《建筑设计防火规范》(GB 50016)的是( )。

    A. 消防控制室内的应急照明灯使用插头连接在侧墙上部的插座上
    B. 疏散走道的灯光疏散指示标志安装在距离地面1.1m的墙面上
    C. 主要疏散走道的灯光疏散指示标志的安装距离为30m
    D. 门诊大厅,疏散走道的应急照明灯嵌入式安装在吊顶上

【答案】D

【解析】疏散照明灯具应设置在出口的顶部、墙面的上部或顶棚上;备用照明灯具应设置在墙面的上部或顶棚上。D项符合标准。

公共建筑、建筑高度大于54m的住宅建筑、高层厂房(库房)和甲、乙、丙类单、多层厂房,应设置灯光疏散指示标志,并应符合下列规定:

应设置在安全出口和人员密集的场所的疏散门的正上方。

应设置在疏散走道及其转角处距地面高度1.0m以下的墙面或地面上。灯光疏散指示标志的间距不应大于20m;对于袋形走道,不应大于10m;在走道转角区,不应大于1.0m。B、C项不符合标准。

3. (2019年技术实务第45题)(知识点1)下列建筑中,消防用电应按二级负荷供电的是( )。

    A. 建筑高度为24m且室外消防用水量为35L/s的乙类厂房
    B. 建筑高度为51m且室外消防用水量为30L/s的丙类厂房
    C. 建筑高度为30m且室外消防用水量为25L/s的丙类厂房
    D. 建筑高度为18m且室外消防用水量为25L/s的乙类厂房

【答案】A

【解析】本题考查的知识点是消防供配电知识。根据表2-8-2,室外消防用水量大于30L/s的厂房(仓库)的消防用电应按二级负荷供电。A选项正确。

4. (2019年技术实务第82题)（知识点2）关于建筑供配电系统电气防火要求的说法，正确的有（　　）。
   A. 空调器具、防排烟风机的配电回路应设置过载保护装置
   B. 服装仓库内设置的配电箱与周边可燃物的距离不应小于5m或采取相应的隔热措施
   C. 在采用金属导管保护时，墙壁插座的配电线路可紧贴通风管道外壁敷设
   D. 在有可燃物的闷顶敷设时，照明灯具的配电线路应采用金属导管保护
   E. 建筑面积为300m²的老年人照料设施的非消防用电负荷可不设置电气火灾监控系统

【答案】CD

【解析】本题考查的知识点是消防供配电。消防负荷的配电线路所设置的保护电器要具有短路保护功能，但不宜设置过负荷保护装置，如设置只能动作于报警而不能用于切断消防供电。防排烟风机属于此类，A选项错误。

可燃材料仓库内宜使用低温照明灯具，并应对灯具的发热部件采取隔热等防火措施，不应使用卤钨灯等高温照明灯具。配电箱及开关应设置在仓库外。配电箱设置在仓库内，B选项错误。

老年人照料设施的非消防用电负荷应设置电气火灾监控系统。E选项错误。

5. (2020年综合能力第5题)（知识点1）对某一类高层公共建筑的消防电源及其配电系统检查的下列结果中，不符合现行国家标准《建筑设计防火规范》(GB 50016)的是（　　）。
   A. 建筑总配电室内的消防电源配电柜分别由两个区域的35kV变电站供电
   B. 消防控制室内设置的专用双电源配电箱设有自动切换装置
   C. 消防用电设备采用专业的供电回路，其配电箱独立设置
   D. 消防配电线路采用阻燃电缆，与其他配电线路分别布置在同一电缆井的两侧

【答案】D

【解析】具备下列条件之一的供电，可视为一级负荷：1) 电源来自两个不同发电厂；2) 电源来自两个区域变电站（电压一般在35kV及以上）；3) 电源来自一个区域变电站，另一个设置自备发电设备。A选项正确。消防控制室、消防水泵房、防烟和排烟风机房的消防用电设备及消防电梯等的供电，应在其配电线路的最末一级配电箱处设置自动切换装置。B选项正确。按一、二级负荷供电的消防设备，其配电箱应独立设置；按三级负荷供电的消防设备，其配电箱宜独立设置。C选项正确。消防配电线路宜与其他配电线路分开敷设在不同的电缆井、沟内；确有困难需敷设在同一电缆井、沟内时，应分别布置在电缆井、沟的两侧，且消防配电线路应采用矿物绝缘类不燃性电缆。D选项错误。

6. (2020年综合能力第39题)（知识点2）对某纺织厂的生产车间和仓库的电气线路检查的下列结果中，符合现行国家标准《建筑设计防火规范》(GB 50016)的是（　　）。
   A. 仓库内靠近疏散门的墙面上设有专用配电箱
   B. 生产车间内额定功率为100W的荧光高压汞灯直接安装在木质格栅板上
   C. 仓库内采用卤钨灯作为照明灯具，其引入线采用瓷管作隔热保护
   D. 生产车间内配电线路穿金属导管保护，紧贴通风管道

【答案】D

【解析】额定功率不小于60W的白炽灯、卤钨灯、高压钠灯、金属卤化物灯、荧光高压汞灯（包括电感镇流器）等，不应直接安装在可燃物体上或采取其他防火措施。B选项不符合标准要求。可燃材料仓库内宜使用低温照明灯具，并应对灯具的发热部件采取隔热等防火措施，不应使用卤钨灯等高温照明灯具。配电箱及开关应设置在仓库外。A、C选项不符合标准要求。

7. (2020年综合能力第24题)（知识点4）某消防技术服务机构对某铝粉加工车间进行了防火检查。下列电气设备和线路敷设的检查结果中，不符合现行国家标准要求的是（　　）。
   A 电气线路选用了铜芯绝缘导线　　　　　　B. 车间内电源插座开口的一面与地面垂直

C. 设备的接地装置与防雷接地装置分开设置　　D. 电气线路和设备安装了过载短路和接电保护

【答案】B

【解析】粉尘环境中，为防止粉尘掉落到插座插孔中引起接触不良等问题，所以开口要朝下。B选项不符合要求。

五、考题预测

（一）习题

1. 下列场所的消防用电需要三级负荷供电的是（　　）。
A. 某室外消防用水量为25L/s的2层CO压缩机房　　B. 室外消防用水量40L/s的木材堆场
C. 粮食仓库及粮食筒仓　　D. 二类高层民用建筑

2. 下列图片中的安全出口标志不可以用于哪种环境（　　）。
A. 甲烷（ⅡA级T1组）
B. 乙烯（ⅡB级T2组）
C. 氢气（ⅡC级T1组）
D. 铝粉（表面处理）（ⅢC）

（二）答案详解

1.【答案】A

【解析】选项A可以采用三级负荷供电。选项B、C、D均为二级负荷供电。解析详见本章知识点1。

2.【答案】CD

【解析】选项A，甲烷是ⅡA级T1组的物质，危险性比ⅡB级T6组低，所以可以使用。

选项B，乙烯是ⅡB级的物质，级别与图片中的标志相同，温度T2组危险性比T6组低，所以可以使用。

选项C，氢气的是ⅡC级的物质，比ⅡB级的危险性高，所以不能使用。

选项D，铝粉（表面处理）的级别是导电性粉尘，所以不能使用。

第九章 建筑防爆和设备防爆

一、知识点架构图

本章的知识点架构见图 2-9-1。

图 2-9-1 第二篇第九章知识点架构图

二、考情分析

本章的考情分析见表 2-9-1。

表 2-9-1 第二篇第九章考情分析表

年份	技术实务		综合能力		案例分析	
	分值（分）	占比（%）	分值（分）	占比（%）	分值（分）	占比（%）
2015 年	2	1.67	1	0.83	4	3.33
2016 年	1	0.83	2	1.67	4	3.33
2017 年	2	1.67	1	0.83	0	0
2018 年	3	2.50	4	3.33	4	3.33
2019 年	2	1.67	3	2.50	8	6.66
2020 年	3	2.50	2	1.67	0	0

三、典型知识点

知识点 1：厂房和仓库的防爆

1. 建筑防爆的基本原则和措施。

1) 防爆的基本原则：控制可燃物和助燃物浓度、温度、压力及混触条件，避免物料处于燃爆的危险状态；消除一切足以引起起火爆炸的点火源；采取各种阻隔手段，阻止火灾爆炸事故的扩大。

2) 防爆措施。

(1) 预防性技术措施：排除能引起爆炸的各类可燃物质、消除或控制能引起爆炸的各种火源。

（2）减轻性技术措施：采取泄压措施、采用抗爆性能良好的建筑结构体系、采取合理的建筑布置。（2020年技术实务第49题）

2. 爆炸危险性厂房、库房的布置。

1）甲类厂房与重要公共建筑的防火间距不应小于50m，与明火或散发火花地点的防火间距不应小于30m（注：甲类厂房的火灾危险性大，且以爆炸火灾为主，破坏性大，所以设置较大的防火间距。但是应该注意的是防火间距并不能和防爆的安全距离等同）。乙类厂房与重要公共建筑的防火间距不宜小于50m；与明火或散发火花地点不宜小于30m。甲类库房与高层民用建筑、重要公共建筑的防火间距不应小于50m；与明火或散发火花地点根据储存量的不同，不应小于25~40m。甲类厂房与铁路的防火间距主要考虑了机车飞火对厂房的影响和发生火灾或爆炸时对铁路正常运行的影响。

2）有爆炸危险的甲、乙类厂房宜**独立设置**，并宜采用**敞开或半敞开式**。其承重结构宜采用**钢筋混凝土或钢框架、排架结构**。

3）平面及空间布置的原则。

（1）**单——单独建造或单层建筑**。便于利用屋顶通风、利用屋盖泄压；便于设置更多的安全出口以利于安全疏散和灭火；爆炸后影响范围小，便于修复；单层库房可有效利用地面回收危险性液体。

（2）**地——不布置在地下室**。甲乙类厂房（库房）严禁设置在地下或半地下。

（3）**敞——敞开式或半敞开式建筑**。

（4）**通——加强通风**。

（5）**小——体量小型化**。多层厂房跨度不应超过18m，便于设置足够的泄压面积。当面积较大时用防火防爆墙分隔，缩小爆炸时的受灾面积。

（6）**隔——不同性质的部位用防爆墙分隔**。办公室、休息室等不应设置在甲、乙类厂房内，确需贴邻本厂房时，其耐火等级不应低于二级，并应采用耐火极限**不低于3.00h**的防爆墙与厂房分隔，且应设置独立的安全出口。（注：防爆墙为在墙体任意一侧受到爆炸冲击波作用并达到设计压力时，能够保持设计所要求的防护性能的实体墙体。通常做法有：**钢筋混凝土墙、砖墙配筋和夹砂钢木板**。）

有爆炸危险的甲、乙类厂房的**总控制室应独立设置**（间距不能小于25m），**分控制室宜独立设置**，当贴邻外墙设置时，应采用耐火极限**不低于3.00h**的防火隔墙与其他部位分隔。（2020年综合能力第37题）

（7）**泄——易爆工段或设备靠近泄压设施（门、窗等）**。

3. 有爆炸危险厂房的防爆措施、泄压措施与面积计算。

1）防爆措施、泄压措施的设施要求。

（1）有爆炸危险的厂房或厂房内有爆炸危险的部位应设置泄压设施。

（2）泄压设施宜采用**轻质屋面板、轻质墙体和易于泄压的门、窗**等，应采用**安全玻璃等在爆炸时不产生尖锐碎片**的材料。泄压设施的设置应**避开人员密集场所和主要交通道路**，并宜靠近有爆炸危险的部位。作为泄压设施的轻质屋面板和墙体的质量不宜大于60kg/m²。屋顶上的泄压设施应采取**防冰雪积聚措施**。（2018年综合能力第97题）

（3）散发**较空气轻**的可燃气体、可燃蒸气的甲类厂房，宜采用轻质屋面板作为泄压面积。顶棚应尽量平整、无死角，厂房上部空间应通风良好。

（4）散发**较空气重**的可燃气体、可燃蒸气的甲类厂房和有粉尘、纤维爆炸危险的乙类厂房，应符合下列规定：应采用不发火花的地面。采用绝缘材料作整体面层时，应采取防静电措施；散发可燃粉尘、纤维的厂房，其内表面应平整、光滑，并易于清扫；厂房内不宜设置地沟，确需设置时，其盖板应严密，地沟应采取防止可燃气体、可燃蒸气和粉尘、纤维在地沟积聚的有效措施，且应在与相邻厂房连通处采用防火材料密封。（2018年技术实务第85题、2019年综合能力第96题、2019年案例分析第三题）

(5) 有爆炸危险的甲、乙类生产部位，宜布置在单层厂房靠外墙的泄压设施或**多层厂房顶层靠外墙的泄压设施附近**。（2018年案例分析第六题）有爆炸危险的设备宜避开厂房的梁、柱等主要承重构件布置。

(6) 有爆炸危险区域内的楼梯间、室外楼梯或有爆炸危险的区域与相邻区域连通处，应设置**门斗**等防护措施。**门斗的隔墙应为耐火极限不应低于2.00h的防火隔墙，门应采用甲级防火门并应与楼梯间的门错位设置**。

(7) 使用和生产甲、乙、丙类液体的厂房，其**管、沟不应与相邻厂房的管、沟相通，下水道应设置隔油设施**。（2018年技术实务第85题）

(8) 甲、乙、丙类液体仓库应设置**防止液体流散的设施**。遇湿会发生燃烧爆炸的物品仓库应采取**防止水浸渍的措施**。

(9) 有粉尘爆炸危险的筒仓，其顶部盖板也应设置必要的泄压设施。

2) 泄压面积的计算（2019年案例分析第三题）。

$$A = 10CV^{2/3}$$

式中：A——泄压面积（m²）；

V——厂房的容积（m³）；

C——厂房容积为1000m³时的泄压比（m²/m³），常见的甲类物质（汽油、甲醇、丙酮、液化石油气、甲烷、喷漆间或干燥室以及苯酚树脂、铝、镁、锆等$K_尘>30MPa·m·s^{-1}$的粉尘）的C值为$0.110m^2/m^3$，其余数值参照《建筑设计防火规范》表3.6.4。

当厂房长径比大于3时，宜将建筑划分为**长径比不大于3**的多个计算段，各计算段中的公共截面不得作为泄压面积。长径比：**为建筑平面几何外形尺寸中的最长尺寸与其横截面周长的积和4.0倍的建筑横截面积之比**。泄压面积计算举例，如图2-9-2所示。

图2-9-2 镁粉厂房示意图

(1) 长径比=$L×[(W+H)×2]/(4·W·H)$=36×(12+6.5)×2÷(4×12×6.5)=1332÷312≈4.3＞3，需分段计算泄压面积。

(2) 将该厂房划分为两段（见图2-9-2中的立体示意图）再进行长径比计算：36÷2×(12+6.5)×2÷(4×12×6.5)=666÷312≈2.1＜3。

(3) 分段计算泄压面积。

每段的体积都分别是18×12×6.5=1404（m³），C值取值$0.110m^2/m^3$，则每段的泄压面积分别是$A=10CV^{2/3}=10×0.110×1404^{2/3}=1.1×125.4=137.9$（m²）。

(4) 整个厂房的泄压面积为137.9×2=275.8（m²）。

知识点2：采暖通风防爆

1. 一般规定。

1) **甲**、乙类厂房内的空气**不应循环使用**。（2018年技术实务第70题）

2）**丙类厂房**内含有燃烧或爆炸危险粉尘、纤维的空气，在循环使用前应经净化处理，并应使空气中的含尘浓度低于其爆炸下限的25%。

3）为甲、乙类厂房服务的送风设备与排风设备应分别布置在不同通风机房内，且排风设备不应和其他房间的送、排风设备布置在同一通风机房内。（甲、乙类厂房的排风设备设置在专用房间内）

4）**民用建筑**内空气中含有容易起火或爆炸危险物质的房间，应设置自然通风或独立的机械通风设施，且其空气**不应循环使用**。

5）当空气中含有**比空气轻**的可燃气体时，水平排风管全长应顺气流方向向上坡度敷设。

6）**可燃气体管道**和甲、乙、**丙类液体管道**不应穿过通风机房和通风管道，且不应紧贴通风管道的外壁敷设。

2．供暖。（2020年综合能力第38题、2020年技术实务第25题）

1）在散发可燃粉尘、纤维的厂房内，散热器表面平均温度不应超过82.5℃。输煤廊的散热器表面平均温度不应超过130℃。

2）甲、乙类厂房（仓库）内严禁采用明火和电热散热器供暖。

3）下列厂房应采用**不循环使用**的热风供暖：

（1）生产过程中散发的可燃气体、蒸气、粉尘或纤维与供暖管道、散热器表面接触能引起燃烧的厂房。比如二硫化碳气体、黄磷蒸气及其粉尘。

（2）生产过程中散发的粉尘受到水、水蒸气的作用能引起自燃、爆炸或产生爆炸性气体的厂房。比如生产和加工钾、钠、钙等物质的厂房，涉及电石、碳化铝、氢化钾、氢化钠、硼氢化钠的厂房。

4）供暖管道不应穿过存在与供暖管道接触能引起燃烧或爆炸的气体、蒸气或粉尘的房间，确需穿过时，应采用**不燃材料隔热**。

5）供暖管道与可燃物之间应保持一定距离，并应符合下列规定：

（1）当供暖管道的表面温度**大于100℃时，不应小于100mm**或采用**不燃材料隔热**；

（2）当供暖管道的表面温度**不大于100℃时，不应小于50mm**或采用**不燃材料隔热**。

6）建筑内供暖管道和设备的绝热材料应符合下列规定：

（1）对于甲、乙类厂房（仓库），应采用不燃材料；

（2）对于其他建筑，宜采用不燃材料，不得采用可燃材料。

3．通风和空气调节。

1）通风和空气调节系统，横向宜**按防火分区设置，竖向不宜超过5层**。当管道设置**防止回流设施或防火阀**时，管道布置可不受此限制。竖向风管应设置在管井内。

2）厂房内有爆炸危险场所的排风管道，严禁穿过防火墙和有爆炸危险的房间隔墙。（2019年综合能力第47题）

3）甲、乙、丙类厂房内的送、排风管道宜分层设置。当水平或竖向送风管在进入生产车间处设置防火阀时，各层的水平或竖向送风管可合用一个送风系统。

4）空气中含有易燃、易爆危险物质的房间，其送、排风系统应采用防爆型的通风设备。当送风机布置在单独分隔的通风机房内且送风干管上设置防止回流设施时，可采用普通型的通风设备。

5）**含有燃烧和爆炸危险粉尘的空气，在进入排风机前应采用不产生火花的除尘器进行处理。对于遇水可能形成爆炸的粉尘，严禁采用湿式除尘器。**

6）处理有爆炸危险粉尘的除尘器、排风机的设置应与其他普通型的风机、除尘器分开设置，并宜按单一粉尘分组布置。

7）净化有爆炸危险粉尘的干式除尘器和过滤器宜布置在厂房外的独立建筑内，建筑外墙与所属厂房的防火间距不应小于10m。

具备连续清灰功能，或具有定期清灰功能且风量不大于15000m³/h、集尘斗的储尘量小于60kg的干式除尘器和过滤器，可布置在厂房内的单独房间内，但应采用耐火极限不低于3.00h的防火隔墙和1.50h的楼板与其他部位分隔。

8）**净化或输送有爆炸危险粉尘和碎屑的除尘器、过滤器或管道，均应设置泄压装置。净化有爆炸危险粉尘的干式除尘器和过滤器应布置在系统的负压段上。**（2018年综合能力第68题）

9）排除有燃烧或爆炸危险气体、蒸气和粉尘的排风系统，应符合下列规定：（2019年技术实务第31题）

（1）排风系统应设置**导除静电**的接地装置；

（2）排风设备不应布置在地下或半地下建筑（室）内；

（3）排风管应采用**金属管道**，并应直接通向室外安全地点，**不应暗设**。

10）排除和输送温度**超过**80℃的空气或其他气体以及易燃碎屑的管道，与可燃或难燃物体之间的间隙不应小于150mm，或采用厚度不小于50mm的不燃材料隔热；当管道上下布置时，表面温度较高者应布置在上面。

11）通风、空气调节系统的风管，公共建筑的浴室、卫生间和厨房的竖向排风管，公共建筑内厨房的排油烟管道等处应设置防火阀，防火阀的安装位置和要求等内容详见本篇第五章的知识点3防火分隔设施与措施。注意：当建筑内每个防火分区的通风、空气调节系统均独立设置时，水平风管与竖向总管的交接处可不设防火阀。

12）除下列情况外，通风、空气调节系统的风管应采用不燃材料：

（1）接触腐蚀性介质的风管和柔性接头可采用难燃材料；

（2）体育馆、展览馆、候机（车、船）建筑（厅）等大空间建筑，单、多层办公建筑和丙、丁、戊类厂房内通风、空气调节系统的风管，当不跨越防火分区且在穿越房间隔墙处设置防火阀时，可采用难燃材料。

13）设备和风管的绝热材料、用于加湿器的加湿材料、消声材料及其黏结剂，宜采用不燃材料，确有困难时，可采用难燃材料。

14）**风管内设置电加热器**时，电加热器的开关应与风机的**启停联锁控制。电加热器前后各0.8m范围内的风管**和穿越有高温、火源等容易起火房间的风管，均应采用**不燃材料**。（注：目的是防止通风机已停而电加热器继续加热引起过热而着火，防止电加热器过热引起火灾。）

知识点3：特殊场所的防火防爆

1. 燃油、燃气锅炉房。（2020年技术实务第55题）

燃油、燃气锅炉房应设置自然通风或机械通风设施。**燃气锅炉房应选用防爆型的事故排风机。**当采取机械通风时，机械通风设施应设置**导除静电的接地装置**，通风量应符合下列规定：

1）燃油锅炉房的正常通风量应按换气次数不少于3次/h确定，事故排风量应按换气次数不少于6次/h确定；

2）**燃气锅炉房**的正常通风量应按换气次数不少于6**次**/h确定，事故排风量应按换气次数不少于**12次**/h确定。

燃油锅炉房的油箱间、油泵间和油加热间均属于丙类生产厂房。其建筑不应低于二级耐火等级，上述房间布置在锅炉房辅助间内时，应设置防火墙与其他房间隔开。

2. 直燃机房。

直燃机组机房的防爆安全的核心是防止可燃性气体或燃油泄漏。

1）机组应布置在首层或地下一层靠外墙部位，不应布置在人员密集场所的上一层、下一层或贴邻，并采用无门窗洞口的耐火极限不低于2.00h的隔墙和1.50h的楼板与其他部位隔开。当必须开门时，应设甲级防火门。燃油直燃机房的油箱不应大 $1m^3$，并应设在耐火极限不低于二级的房间内，该房间的门应采用甲级防火门。

2）直燃机房人员疏散的安全出口不应少于两个，至少应设一个直通室外的安全出口，从机房最远点到安全出口的距离不应超过 35m。疏散门应为甲级防火门，外墙开口部位的上方，应设置宽度不小于 1.00m 不燃烧体的防火挑檐或不小于 1.20m 的窗间墙。

3）烟道和烟囱应具有能够确保稳定燃烧所需的截面积结构，在工作温度下应有足够的强度，在烟道周围 0.50m 以内不允许有可燃物，烟道不得从油库房及有易燃气体的房屋中穿过，排气口水平距离 6m 以内，不允许堆放易燃品。

4）燃气直燃机房应有事故防爆泄压设施。

3. 厨房。

1）除居住建筑中套内的厨房外，宿舍、公寓建筑中的公共厨房，其他建筑内的厨房与其他部位应采用耐火极限不低于 2.00h 的防火隔墙进行防火分隔。墙上的门、窗应采用乙级防火门、窗，确有困难时，可采用符合要求的防火卷帘。

2）餐厅建筑面积大于 $1000m^2$ 的餐馆或食堂，其烹饪操作间的排油烟罩及烹饪部位应设置自动灭火装置，并应在燃气或燃油管道上设置与自动灭火装置联动的自动切断装置。

3）公共建筑的浴室、卫生间和厨房的竖向排风管，应采取防止回流措施并宜在支管上设置公称动作温度为 70℃ 的防火阀。公共建筑内厨房的排油烟管道宜按防火分区设置，且在与竖向排风管连接的支管处应设置公称动作温度为 150℃ 的防火阀。

分析：建筑防爆和设备防爆分值不多。2018—2020 年考试中，2018 年考了 11 分，2019 年考了 13 分，2020 年考了 5 分。近期工厂爆炸事故频发，后续考试再出建筑防爆或设备防爆考题的可能性比较大。需要掌握的内容有：建筑防爆的原则、爆炸性厂房和库房的布置、防爆与泄压措施、采暖通风的防爆和特殊场所的防爆措施。

4. 电力变压器。

1）火灾危险类别。

油浸式变压器中的绝缘油闪点约为 135℃。配电室（每台装油量大于 60kg 的设备）属于丙类；配电室（每台装油量小于等于 60kg 的设备）属于丁类。

2）火灾爆炸原因。

过载或短路，高温或电火花、电弧使变压器内部的绝缘油分解、膨胀、气化，可引起变压器外壳爆炸。变压器内部的可燃绝缘衬垫和支架大多是有机可燃物质（纸板、棉纱、布、木材等），油和可燃物更进一步扩大火灾危险。

3）民用建筑内电力变压器的设置要求。

（1）油浸变压器室、高压配电装置室的耐火等级不应低于二级。

（2）油浸变压器、充有可燃油的高压电容器和多油开关等，宜设置在建筑外的专用房间内；确需贴邻民用建筑布置时，应采用防火墙与所贴邻的建筑分隔，且不应贴邻人员密集场所，该专用房间的耐火等级不应低于二级；确需布置在民用建筑内时，不应布置在人员密集场所的上一层、下一层或贴邻。

（3）变压器室应设置在首层或地下一层的靠外墙部位。

（4）变压器室的疏散门均应直通室外或安全出口。

（5）变压器室等与其他部位之间应采用耐火极限不低于 2.00h 的防火隔墙和 1.50h 的不燃性楼板分隔。在隔墙和楼板上不应开设洞口，确需在隔墙上设置门、窗时，应采用甲级防火门、窗。

（6）变压器室之间、变压器室与配电室之间，应设置耐火极限不低于 2.00h 的防火隔墙。

（7）油浸变压器、多油开关室、高压电容器室，应设置防止油品流散的设施。油浸变压器下面应设置能储存变压器全部油量的事故储油设施。

(8) 应设置火灾报警装置。

(9) 应设置与锅炉、变压器、电容器和多油开关等的容量及建筑规模相适应的灭火设施,当建筑内其他部位设置自动喷水灭火系统时,应设置自动喷水灭火系统。

4) 工业建筑电力变压器的设置要求。(2019年综合能力第72题)

变、配电站不应设置在甲、乙类厂房内或贴邻,且不应设置在爆炸性气体、粉尘环境的危险区域内。供甲、乙类厂房专用的10kV及以下的变、配电站,当采用无门、窗、洞口的防火墙分隔时,可一面贴邻,并应符合现行国家标准《爆炸危险环境电力装置设计规范》(GB 50058)等标准的规定。乙类厂房的配电站确需在防火墙上开窗时,应采用甲级防火窗。

四、高频真题

1. (2018年技术实务第70题)(知识点2) 根据现行国家标准《建筑设计防火规范》(GB 50016),下列车间中,空气调节系统可直接循环使用室内空气的是( )。

   A. 纺织车间　　　　　　　　　　　　B. 白兰地蒸馏车间
   C. 植物油加工厂精炼车间　　　　　　D. 甲酚车间

   【答案】C

   【解析】纺织车间为丙类厂房,白兰地蒸馏车间为甲类厂房,植物油加工厂精炼车间为丙类厂房,甲酚车间为乙类厂房,且纺织车间含有爆炸危险纤维的空气。甲、乙类厂房内的空气不应循环使用。丙类厂房内含有燃烧或爆炸危险粉尘、纤维的空气,在循环使用前应经净化处理,并应使空气中的含尘浓度低于其爆炸下限的25%。

2. (2018年技术实务第85题)(知识点1) 某植物油加工厂的浸出车间,地上3层,建筑高度为15m。浸出车间设计方案中,正确的有( )。

   A. 车间地面采用不发火花的地面
   B. 浸出车间与工厂总控制室贴邻设置
   C. 车间管、沟采取保护措施后与相邻厂房的管、沟相通
   D. 浸出工段内的封闭楼梯间设置门斗
   E. 泄压设施采用安全玻璃

   【答案】ADE

   【解析】散发较空气重的可燃气体、可燃蒸气的甲类厂房和有粉尘、纤维爆炸危险的乙类厂房,应采用不发火花的地面。采用绝缘材料作整体面层时,应采取防静电措施。因此A项正确。

   使用和生产甲、乙、丙类液体的厂房,其管、沟不应与相邻厂房的管、沟相通,下水道应设置隔油设施。因此C项不正确。

   有爆炸危险的甲、乙类厂房的总控制室应独立设置。因此B项错误。

   有爆炸危险区域内的楼梯间、室外楼梯或有爆炸危险的区域与相邻区域连通处,应设置门斗等防护措施。因此D项正确。

   泄压设施宜采用轻质屋面板、轻质墙体和易于泄压的门、窗等,应采用安全玻璃等在爆炸时不产生尖锐碎片的材料。因此E项正确。

3. (2018年综合能力第68题)(知识点2) 对某煤粉生产车间进行防火防爆检查,下列检查结果中,不符合现行国家标准要求的是( )。

   A. 车间排风系统设置了导除静电的接地装置
   B. 排风管采用明敷的金属管道,并直接通向室外安全地点
   C. 送风系统采用了防爆型的通风设备

D. 净化粉尘的干式除尘器和过滤器布置在系统的正压段上，且设置了泄压装置

【答案】D

【解析】净化或输送有爆炸危险粉尘和碎屑的除尘器、过滤器或管道，均应设置泄压装置。净化有爆炸危险粉尘的干式除尘器和过滤器应布置在系统的负压段上。D项不符合标准。

4. (2019年综合能力第96题)（知识点1、2）对某活性炭制造厂房进行防火防爆检查，下列检查结果中，符合现行国家标准要求的有（ ）。

A. 厂房采用水泥地面
B. 在厂房内设置了排污地沟，盖板严密
C. 地沟中积聚的粉尘未清理
D. 墙面采取了防静电措施
E. 采暖设施采用肋片式散热器

【答案】BD

【解析】本题考查的知识点是有爆炸危险的厂房、仓库的防爆措施要求。主要检查有爆炸危险的厂房、仓库是否采取了有效的防爆措施。散发较空气重的可燃气体、可燃蒸气的甲类厂房和有粉尘、纤维爆炸危险的乙类厂房，应采用不发火花的地面。A选项错误。

采用绝缘材料作整体面层时，应采取防静电措施，D选项正确。

散发可燃粉尘、纤维的厂房，其地面应平整、光滑，并易于清扫。厂房内不宜设置地沟，确需设置时，其盖板应严密。B选项正确。

地沟应采取防止可燃气体、可燃蒸气和粉尘、纤维在地沟积聚的有效措施，且在与相邻厂房连通处采用不燃烧防火材料密封。C选项错误。

下列厂房应采用不循环使用的热风供暖：生产过程中散发的可燃气体、蒸气、粉尘或纤维与供暖管道、散热器表面接触能引起燃烧的厂房。E选项错误。

5. (2019年综合能力第47题)（知识点2）对某植物油加工厂的浸出车间进行防火检查，下列对通风系统检查的结果中，不符合现行国家标准要求的是（ ）。

A. 送风机采用普通型的通风设备，布置在单独分隔的通风机房内，送风干管上设置了防止回流设施
B. 排风系统设置了导除静电的接地装置
C. 排风管道穿过防火墙时两侧均设置防火阀
D. 排风机采用防爆型设备

【答案】C

【解析】本题考查的知识点是通风系统的检查。植物油加工厂的浸出车间为甲类厂房。

空气中含有易燃、易爆危险物质的房间，其送、排风系统应采用防爆型的通风设备。当送风机布置在单独分隔的通风机房内且送风干管上设置防止回流设施时，可采用普通型的通风设备。A、D选项符合要求。

排除有燃烧或爆炸危险气体、蒸气和粉尘的排风系统，应符合下列规定：排风系统应设置导除静电的接地装置。B选项符合要求。

厂房内有爆炸危险场所的排风管道，严禁穿过防火墙和有爆炸危险的房间隔墙。C选项不符合要求。

6. (2020年技术实务第55题)（知识点3）关于燃油、燃气锅炉房机械通风量的确定方法，错误的是（ ）。

A. 燃气锅炉房的事故排风量按换气次数10次/h确定
B. 燃油锅炉房的正常通风量按换气次数6次/h确定
C. 燃气锅炉房的正常通风量按换气次数6次/h确定
D. 燃油锅炉房的事故排风量按换气次数10次/h确定

【答案】A

【解析】燃气锅炉房的正常通风量应按换气次数不少于6次/h确定，事故排风量应按换气次数不少于12次/h确定。

7.（2020年综合能力第38题）（知识点2）某消防技术服务机构对某煤粉生产车间进行了防火检查。下列供暖系统防火防爆的检查结果中，不符合现行国家标准要求的是（　　）。

　　A. 散热器表面的平均温度控制在85℃
　　B. 供暖管道用岩棉进行隔热
　　C. 供暖管道表面温度为90℃，与可燃物的间距为50mm
　　D. 供暖设备的绝热材料为硅酸铝棉

【答案】A

【解析】在散发可燃粉尘、纤维的厂房内，散热器表面平均温度不应超过82.5℃，输煤廊的散热器表面平均温度不应超过130℃。A选项不符合要求。当供暖管道的表面温度不大于100℃时，供暖管道与可燃物的间距不应小于50mm或采用不燃材料隔热。C选项符合要求。建筑内供暖管道和设备的绝热材料应符合下列规定：对于甲、乙类厂房（仓库），应采用不燃材料。煤粉生产车间的火灾危险性为乙类，硅酸铝棉和岩棉为不燃材料。B、D选项符合要求。

五、考题预测

（一）习题

1. 下列做法中不正确的是（　　）。
　　A. 某学校的厨房与学生就餐区之间采用了耐火极限1.5h的防火隔墙进行防火分隔。墙上的门、窗是乙级防火门、窗
　　B. 某酒店的餐厅建筑面积800m²，其烹饪操作间的排油烟罩及烹饪部位设置了自动灭火装置
　　C. 某公共建筑内厨房的竖向排风管的支管上，设置了公称动作温度为70℃的防火阀
　　D. 某企业的燃油锅炉房内设置了事故排风机，换气次数不少于6次/h

2. 下列描述和做法中不正确的是（　　）。
　　A. 某丙酮生产车间内采用热水供暖，管道采用不燃材料
　　B. 某服装加工车间，热水供暖管道采用难燃材料
　　C. 某电子厂的清洗车间，送风机布置在单独分隔的通风机房内，送风干管上设置防止回流设施，采用了普通型的通风设备
　　D. 接触腐蚀性介质的风管和柔性接头必须采用不燃材料

3. 案例分析。

某液化石油气灌装车间，如下图所示，采用钢筋混凝土框架结构。请根据图中的平面尺寸为该车间设计泄压构造。

（二）答案详解

1.【答案】A

【解析】建筑内的下列部位应采用耐火极限不低于2.00h**的防火隔墙**与其他部位分隔，墙上的门、

窗应采用乙级防火门、窗，确有困难时，可采用符合规范要求的防火卷帘：①甲、乙类生产部位和建筑内使用丙类液体的部位；②厂房内有明火和高温的部位；③甲、乙、丙类厂房（仓库）内布置有不同火灾危险性类别的房间；④民用建筑内的附属库房，剧场后台的辅助用房；⑤除居住建筑中套内的厨房外，宿舍、公寓建筑中的公共厨房和其他建筑内的厨房；⑥附设在住宅建筑内的机动车库。A选项不正确。

B、C、D选项正确，详见本章知识点3。

2.【答案】D

【解析】接触腐蚀性介质的风管和柔性接头可采用难燃材料，D不正确。

3.【解析】具体如下。

1) 长径比 $=24 \times (8+6) \times 2 \div (4 \times 8 \times 6) = 672 \div 192 = 3.5 > 3$，需分段计算泄压面积。

2) 将该厂房划分为两段（见下图），每段的长径比 $=12 \times (8+6) \times 2 \div (4 \times 8 \times 6) = 336 \div 192 = 1.75 < 3$。

3) 分段计算泄压面积。

每段厂房的体积都分别是 $12 \times 8 \times 6 = 576$（m³），$C$ 值取值是 $0.110\text{m}^2/\text{m}^3$，则每段的泄压面积分别是 $A = 10CV^{2/3} = 10 \times 0.110 \times 576^{2/3} = 1.1 \times 69.2 \approx 76.1$（m²）。

4) 整个厂房的泄压面积 $76.1 \times 2 = 152.2$（m²）。

5) 分段分侧均匀地分布泄压面积：

厂房每段的前后两侧各设置的泄压面积数是 $76.1 \div 2 \approx 38.1$（m²）。

每段分成两个开间，每个开间的前后两侧各设置的泄压面积是 $38.1 \div 2 \approx 19$（m²）。

第十章 建筑装修和保温材料防火

一、知识点架构图

本章的知识点架构见图 2-10-1。

图 2-10-1 第二篇第十章知识点架构图

二、考情分析

本章的考情分析见表 2-10-1。

表 2-10-1 第二篇第十章考情分析表

年份	技术实务 分值（分）	技术实务 占比（%）	综合能力 分值（分）	综合能力 占比（%）	案例分析 分值（分）	案例分析 占比（%）
2015 年	4	3.33	3	2.50	4	3.33
2016 年	4	3.33	4	3.33	4	3.33
2017 年	4	3.33	5	4.17	0	0
2018 年	6	5.00	5	4.17	0	0
2019 年	5	4.17	7	5.83	0	0
2020 年	6	5.00	4	3.33	0	0

三、典型知识点

知识点 1：内部装修材料的分类

装修材料按其使用部位和功能，可划分为顶棚装修材料、墙面装修材料、地面装修材料、隔断装修材料、固定家具、装饰织物、其他装修装饰材料七类。其中：

1) 隔断。

建筑内部固定的、不到顶的垂直分隔物。

2) 固定家具。

与建筑结构固定在一起或不易改变位置的家具。如建筑内部的壁橱、壁柜、陈列台、大型货架等。（注：兼有分隔功能的到顶橱柜应认定为固定家具。）

3) 装饰织物。

满足建筑内部功能需求，由棉、麻、丝、毛等天然纤维及其他合成纤维制作的纺织品，如窗帘、帷幕等。

4) 其他装修装饰材料系指楼梯扶手、挂镜线、踢脚板、窗帘盒、暖气罩等。

知识点 2：内部装修材料的分级

1. 常用内部装修材料燃烧性能等级。

常用内部装修材料燃烧性能等级划分举例见表 2-10-2。

表 2-10-2 常用建筑内部装修材料燃烧性能等级划分举例

材料性质	级别	材料举例
各部位材料	A	花岗石、大理石、水磨石、水泥制品、混凝土制品、石膏板、石灰制品、黏土制品、玻璃、瓷砖、马赛克、钢铁、铝、铜合金、天然石材、**金属复合板、纤维石膏板、玻镁板、硅酸钙板**等
顶棚材料	B_1	纸面石膏板、纤维石膏板、水泥刨花板、矿棉板、玻璃棉装饰吸声板、珍珠岩装饰吸声板、难燃胶合板、难燃中密度纤维板、岩棉装饰板、难燃木材、铝箔复合材料、难燃酚醛胶合板、铝箔玻璃钢复合材料、**复合铝箔玻璃棉板**等
墙面材料	B_1	纸面石膏板、纤维石膏板、水泥刨花板、矿棉板、玻璃棉板、珍珠岩板、难燃胶合板、难燃中密度纤维板、防火塑料装饰板、难燃双面刨花板、多彩涂料、难燃墙纸、难燃墙布、难燃仿花岗岩装饰板、氯氧镁水泥装配式墙板、难燃玻璃钢平板、难燃PVC塑料护墙板、阻燃模压木质复合板材、彩色难燃人造板、难燃玻璃钢、**复合铝箔玻璃棉板**等
墙面材料	B_2	各类天然木材、木制人造板、竹材、纸制装饰板、装饰微薄木贴面板、印刷木纹人造板、塑料贴面装饰板、聚酯装饰板、复塑装饰板、塑纤板、胶合板、塑料壁纸、无纺贴墙布、墙布、复合壁纸、天然材料壁纸、人造革、**实木饰面装饰板、胶合竹夹板**等
地面材料	B_1	硬PVC塑料地板、水泥刨花板、水泥木丝板、氯丁橡胶地板、**难燃羊毛地毯**等
地面材料	B_2	半硬质PVC塑料地板、PVC卷材地板
装饰织物	B_1	经阻燃处理的各类难燃织物等
装饰织物	B_2	纯毛装饰布、经阻燃处理的其他织物等
其他装饰材料	B_1	**难燃**聚乙烯塑料、**难燃**酚醛塑料、聚四氟乙烯塑料、**难燃**脲醛塑料、硅树脂塑料装饰型材、经**难燃**处理的各类织物等
其他装饰材料	B_2	经阻燃处理的聚乙烯、聚丙烯、聚氨酯、聚苯乙烯、玻璃钢、化纤织物、木制品等

注：装修材料按其燃烧性能应划分为 A、B_1、B_2、B_3 四级，详见本篇第三章的知识点 2。

2. 常用内部装修材料等级的特殊规定。

1）安装在金属龙骨上燃烧性能达到 B_1 级的纸面石膏板、矿棉吸声板，可作为 A 级装修材料使用。

2）单位面积质量小于 $300g/m^2$ 的纸质、布质壁纸，当直接粘贴在 A 级基材上时，可作为 B_1 级装修材料使用。（2020 年技术实务第 9 题）

3）施涂于 A 级基材上的无机装修涂料，可作为 A 级装修材料使用；施涂于 A 级基材上，湿涂覆比小于 $1.5kg/m^2$，且涂层干膜厚度不大于 1.0mm 的有机装修涂料，可作为 B_1 级装修材料使用。（2019 年技术实务第 80 题、2020 年技术实务第 9 题）

4）当使用多层装修材料时，各层装修材料的燃烧性能等级均应符合《建筑内部装修设计防火规范》（GB 50222—2017）的规定。复合型装修材料的燃烧性能等级应进行整体检测确定。（注意：**该规范最新修订后将"涂覆防火涂料的胶合板可作为 B_1 级材料使用"这一条删除了**，应特别注意。）

知识点 3：室内特别部位的装修要求

1. 通用要求。

1）建筑内部装修不应擅自减少、改动、拆除、遮挡消防设施、疏散指示标志、安全出口、疏散出口、疏散走道和防火分区、防烟分区等。

2）建筑内部**消火栓箱门**不应被装饰物遮掩，消火栓箱门四周的装修材料颜色应与消火栓箱门的颜色有明显区别或在消火栓箱门表面设置发光标志。

3）疏散走道和安全出口的顶棚、墙面不应采用影响人员安全疏散的镜面反光材料。

2. 特别部位的通用要求。

特别部位装修防火的通用要求见表 2-10-3。（2019 年综合能力第 85 题、2020 年综合能力第 92 题）

表 2-10-3 特别部位装修防火的通用要求

部位	顶棚	墙面	地面及其他部位
地上建筑的水平疏散走道和安全出口的门厅	A	B_1	B_1
地下民用建筑的疏散走道和安全出口的门厅	A	A	A
疏散楼梯间和前室	A	A	A
上下层相连通的中庭、走马廊、开敞楼梯、自动扶梯的连通部位	A	A	B_1
消防控制室（2019 年综合能力第 38 题）	A	A	B_1
消防水泵房、机械加压送风排烟机房、固定灭火系统钢瓶间、配电室、变压器室、发电机房、储油间、通风和空调机房	内部所有装修：A		
厨房	A	A	A
民用建筑内的库房或贮藏间	B_1	B_1	B_1
无窗房间	除 A 级外，应在原规定的基础上提高一级		
经常使用明火器具的餐厅、科研试验室（2018 年技术实务第 80 题）	除 A 级外，应在原规定的基础上提高一级		
展览性场所	（1）展台材料应采用不低于 B_1 级的装修材料； （2）在展厅设置电加热设备的餐饮操作区内，与电加热设备贴邻的墙面、操作台均应采用 A 级装修材料； （3）展台与卤钨灯等高温照明灯具贴邻部位的材料应采用 A 级装修材料		

续表

部位	顶棚	墙面	地面及其他部位
住宅		（1）不应改动住宅内部烟道、风道； （2）厨房内的固定橱柜宜采用不低于 B_1 级的装修材料； （3）卫生间顶棚宜采用 A 级装修材料； （4）阳台装修宜采用不低于 B_1 级的装修材料	
建筑内部变形缝（包括沉降缝、伸缩缝、抗震缝等）	两侧基层的表面：B_1		
照明灯具及电气设备、线路的高温部位	当靠近非 A 级装修材料或构件时，应采取隔热、散热等防火保护措施，与窗帘、帷幕、幕布、软包等装修材料的距离不应小于 500mm；**灯饰不低于 B_1 级**		
配电箱、控制面板、接线盒、开关、插座	不应直接安装在低于 B_1 级的装修材料上；用于顶棚和墙面装修的木质类板材，当内部含有电器、电线等物体时，应采用不低于 B_1 级的材料		
顶棚、墙面、地面和隔断装修材料内部安装**电加热供暖**系统时	A	A	A
顶棚、墙面、地面和隔断装修材料内部安装**水暖（或蒸汽）供暖**时	A	B_1	B_1
其他要求：建筑内部不宜设置采用 B_3 级装饰材料制成的壁挂、布艺等，当需要设置时，不应靠近电气线路、火源或热源，或采取隔离措施			

知识点 4：单层、多层民用建筑装修防火要求

1. 基准要求。

单层、多层民用建筑内部各部位装修材料的燃烧性能等级，不应低于《建筑内部装修设计防火规范》（GB 50222—2017）中表 5.1.1 的规定。重点摘录见表 2-10-4。

表 2-10-4　单层、多层民用建筑内部各部位装修材料的燃烧性能等级

序号	建筑物及场所	建筑规模、性质	顶棚	墙面	地面	隔断	固定家具	窗帘	帷幕	其他装修装饰材料
3	观众厅、会议厅、多功能厅、等候厅	每个厅建筑面积>400m²	A	A	B_1	B_1	B_1	B_1	B_1	B_1
		每个厅建筑面积≤400m²	A	B_1	B_1	B_2	B_1	B_1	B_1	B_2
7	养老院、托儿所、幼儿园的居住及活动场所（2019 年综合能力第 49 题）	—	A	A	B_1	B_1	B_2	B_1	—	B_2
9	教学场所、教学实验场所	—	A	B_1	B_2	B_2	B_2	B_2	B_2	B_2
11	存放文物、纪念展览物品、重要图书、档案、资料的场所	—	A	A	B_1	B_1	B_2	B_1	—	B_2
12	**歌舞娱乐游艺场所**	—	A	B_1	B_1	B_1	B_1	B_1	B_1	B_1
13	A、B 级电子信息系统机房及装有重要机器、仪器的房间	—	A	A	B_1	B_1	B_1	B_1	B_1	B_1
15	办公场所（2018 年技术实务第 74 题）	设置送回风道（管）的集中空气调节系统	A	B_1	B_1	B_1	B_1	B_1	—	B_2
		其他	B_1	B_1	B_2	B_2	B_2	—	—	—

2. 允许放宽的条件。

1）除《建筑内部装修设计防火规范》（GB 50222—2017）第4章规定的场所（即知识点3所指室内特别部位）和表2-10-4中序号为11~13规定的部位外，单层、多层民用建筑内面积小于100m² 的房间，当采用耐火极限不低于2.00h 的防火隔墙和甲级防火门、窗与其他部位分隔时，其装修材料的燃烧性能等级可在表2-10-4的基础上降低一级。

2）除《建筑内部装修设计防火规范》（GB 50222—2017）第4章规定的场所（即知识点3所指室内特别部位）和表2-10-4中序号为11~13规定的部位外，当单层、多层民用建筑需做内部装修的空间内装有自动灭火系统时，除顶棚外，其内部装修材料的燃烧性能等级可在表2-10-4规定的基础上降低一级；当同时装有火灾自动报警装置和自动灭火系统时，其装修材料的燃烧性能等级可在表2-10-4规定的基础上降低一级（2018年技术实务第99题）。

※难点点拨：无论什么情况，这三种场所均不允许放宽要求：存放文物、纪念展览物品、重要图书、档案、资料的场所；歌舞娱乐游艺场所；A、B级电子信息系统机房及装有重要机器、仪器的房间。（加自动喷水灭火系统和自动报警装置均不放宽）

知识点5：高层民用建筑装修防火要求

1. 基准要求。

1）高层民用建筑内部各部位装修材料的燃烧性能等级，不应低于《建筑内部装修设计防火规范》（GB 50222—2017）表5.2.1（原表号）的规定，见表2-10-5。（2019年技术实务第95题、2019年综合能力第36题、2020年技术实务第75题）

2）电视塔等特殊高层建筑的内部装修，装饰织物应采用不低于B_1级的材料，其他均应采用A级装修材料。

2. 允许放宽的条件。

1）除《建筑内部装修设计防火规范》（GB 50222—2017）第4章规定的场所（即知识点3所指室内特别部位）和表2-10-5中序号为10~12规定的部位外，高层民用建筑的裙房内面积小于500m² 的房间，当设有自动灭火系统，并且采用耐火极限不低于2.00h 的防火隔墙和甲级防火门、窗与其他部位分隔时，顶棚、墙面、地面装修材料的燃烧性能等级可在表2-10-5规定的基础上降低一级。

2）除《建筑内部装修设计防火规范》（GB 50222—2017）第4章规定的场所（即知识点3所指室内特别部位）和表2-10-5中序号为10~12规定的部位外，以及大于400m² 的观众厅、会议厅和100m以上的高层民用建筑外，当设有火灾自动报警装置和自动灭火系统时，除顶棚外，其内部装修材料的燃烧性能等级可在表2-10-5规定的基础上降低一级。（注意：高层民用建筑中的顶棚，无论什么条件都不放宽。）（2018年综合能力第27题）

知识点6：地下民用建筑装修防火要求

1. 基准要求。

地下民用建筑内部各部位装修材料的燃烧性能等级，不应低于《建筑内部装修设计防火规范》（GB 50222—2017）表5.3.1（原表号）的规定，见表2-10-6。（2019年技术实务第9题、2020年技术实务第30题）

2. 允许放宽的条件。

除《建筑内部装修设计防火规范》（GB 50222—2017）第4章规定的场所（即知识点3所指室内特别部位）和表2-10-6中序号为6~8规定的部位外，单独建造的地下民用建筑的地上部分，其门厅、休息室、办公室等内部装修材料的燃烧性能等级可在表2-10-6的基础上降低一级。（注意：地下部分，无论什么条件都不放宽。）（2020年技术实务第36题）

表 2－10－5　高层民用建筑内部各部位装修材料的燃烧性能等级

序号	建筑物及场所	建筑规模、性质	顶棚	墙面	地面	隔断	固定家具	窗帘	帷幕	床罩	家具包布	其他装修装饰材料
1	候机楼的候机大厅、贵宾候机室、售票厅、商店、餐饮场所等	—	A	A	B_1	B_1	B_1	B_1	—	—	—	B_1
2	汽车站、火车站、轮船客运站的候车（船）室、商店、餐饮场所等	建筑面积>10000m²	A	A	B_1	B_1	B_1	B_1	—	—	—	B_2
		建筑面积≤10000m²	A	B_1	B_1	B_1	B_1	B_1	—	—	—	B_2
3	观众厅、会议厅、多功能厅、等候厅等	每个厅建筑面积>400m²	A	A	B_1	B_1	B_1	B_1	B_1	—	B_1	B_1
		每个厅建筑面积≤400m²	A	B_1	B_1	B_1	B_2	B_1	B_1	—	B_1	B_1
4	商店的营业厅	每层建筑面积>1500m²或总建筑面积>3000m²	A	B_1	B_1	B_1	B_1	B_1	—	—	B_2	B_1
		每层建筑面积≤1500m²或总建筑面积≤3000m²	A	B_1	B_1	B_1	B_1	B_1	—	—	B_2	B_2
5	宾馆、饭店的客房及公共活动用房等	一类建筑	A	B_1	B_1	B_2	B_2	B_1	—	B_1	B_2	B_2
		二类建筑	A	B_1	B_2	B_2	B_2	B_1	—	B_2	B_2	B_2
6	养老院、托儿所、幼儿园的居住及活动场所	—	A	A	B_1	B_2	B_2	B_1	—	B_2	B_2	B_1
7	医院的病房区、诊疗区、手术区	—	A	A	B_1	B_2	B_2	B_1	—	B_2	B_2	B_1
8	教学场所、教学实验场所	—	A	B_1	B_1	B_2	B_2	B_2	—	—	B_2	B_2
9	纪念馆、展览馆、博物馆、图书馆、档案馆、资料馆等的公众活动场所	一类建筑	A	B_1	B_1	B_2	B_2	B_1	—	—	B_1	B_1
		二类建筑	A	B_1	B_2	B_2	B_2	B_1	—	—	B_2	B_2
10	存放文物、纪念展览物品、重要图书、档案、资料的场所	—	A	A	B_1	B_1	B_2	B_1	—	—	B_1	B_2
11	歌舞娱乐游艺场所	—	A	B_1	B_1	B_1	B_1	B_1	B_1	B_1	B_1	B_1
12	A、B级电子信息系统机房及装有重要机器、仪器的房间	—	A	A	B_1	B_1	B_1	B_1	—	—	B_1	B_1
13	餐饮场所	—	A	B_1	B_1	B_2	B_1	—	—	—	B_1	B_2

续表

序号	建筑物及场所	建筑规模、性质	装修材料燃烧性能等级									
			顶棚	墙面	地面	隔断	固定家具	装饰织物				其他装修装饰材料
								窗帘	帷幕	床罩	家具包布	
14	办公场所	一类建筑	A	B_1	B_1	B_1	B_2	B_1	B_1	—	B_1	B_1
		二类建筑	A	B_1	B_1	B_1	B_2	B_2	B_2	—	B_2	B_2
15	电信楼、财贸金融楼、邮政楼、广播电视楼、电力调度楼、防灾指挥调度楼	一类建筑	A	A	B_1	B_1	B_1	B_1	B_1	—	B_2	B_1
		二类建筑	A	B_1	B_2	B_2	B_2	B_2	B_2	—	B_2	B_2
16	其他公共场所	—	A	B_1	B_1	B_1	B_2	B_2	B_2	B_2	B_2	B_2
17	住宅	—	A	B_1	B_1	B_1	B_2	B_1	—	B_1	B_2	B_1

表2-10-6　地下民用建筑内部各部位装修材料的燃烧性能等级

序号	建筑物及场所	装修材料燃烧性能等级						
		顶棚	墙面	地面	隔断	固定家具	装饰织物	其他装修装饰材料
1	观众厅、会议厅、多功能厅、等候厅等商店营业厅	A	A	A	B_1	B_1	B_1	B_2
2	宾馆、饭店的客房及公共活动用房等	A	B_1	B_1	B_1	B_1	B_1	B_2
3	医院的诊疗区、手术区	A	A	B_1	B_1	B_1	B_1	B_2
4	教学场所、教学实验场所	A	A	B_1	B_2	B_2	B_2	B_2
5	纪念馆、展览馆、博物馆、图书馆、档案馆、资料馆等的公众活动场所	A	A	B_1	B_1	B_1	B_1	B_1
6	存放文物、纪念展览物品、重要图书、档案、资料的场所	A	A	A	A	A	B_1	B_1
7	歌舞娱乐游艺场所	A	A	B_1	B_1	B_1	B_1	B_1
8	A、B级电子信息系统机房及装有重要机器、仪器的房间	A	A	B_1	B_1	B_1	B_1	B_1
9	餐饮场所	A	A	B_1	B_1	B_1	B_1	B_2
10	办公场所	A	B_1	B_1	B_1	B_1	B_2	B_2
11	其他公共场所	A	B_1	B_1	B_2	B_2	B_2	B_2
12	汽车库、候车库	A	A	B_1	A	A	—	—

知识点 7：厂房仓库装修防火要求

1. 厂房的基准要求。

1）厂房内部各部位装修材料的燃烧性能等级，不应低于《建筑内部装修设计防火规范》（GB 50222—2017）表 6.0.1 的规定。

2）当厂房的地面为**架空地板**时，其地面应采用不低于 B_1 级的装修材料。

2. 厂房允许放宽的条件。

1）除《建筑内部装修设计防火规范》（GB 50222—2017）第 4 章规定的场所和部位（即知识点 3 所指室内特别部位）外，当单层、多层丙、丁、戊类厂房内同时设有火灾自动报警和自动灭火系统时，**除顶棚外**，其装修材料的燃烧性能等级可在该规范表 6.0.1 规定的基础上降低一级。（注意：**厂房的顶棚，无论什么条件都不放宽。**）

2）附设在工业建筑内的办公、研发、餐厅等辅助用房，当采用现行国家标准《建筑设计防火规范》规定的防火分隔和疏散设施时，其内部装修材料的燃烧性能等级可按民用建筑的规定执行。

3. 仓库的基准要求。

仓库内部各部位装修材料的燃烧性能等级，不应低于《建筑内部装修设计防火规范》（GB 50222—2017）表 6.0.5 的规定。无允许放宽的条件。

仓库的顶棚，均应采用 A 级装修材料。

知识点 8：建筑保温和外墙装饰防火要求

1. 常见保温材料的燃烧性能等级。

常见保温材料的燃烧性能等级见表 2-10-7。

表 2-10-7　常见保温材料的燃烧性能等级

材料名称	胶粉聚苯颗粒浆料	聚苯乙烯泡沫塑料 EPS 板	聚苯乙烯泡沫塑料 XPS 板	聚氨酯	岩棉	矿棉	泡沫玻璃	加气混凝土
燃烧性能等级	B_1	B_2	B_2	B_2	A	A	A	A

建筑的内、外保温系统，宜采用燃烧性能为 A 级的保温材料，不宜采用 B_2 级保温材料，**严禁采用 B_3 级保温材料**。

2. 外墙内保温。

1）对于**人员密集场所**，**用火**、**燃油**、**燃气**等具有火灾危险性的场所以及**各类建筑内的疏散楼梯间**、**避难走道**、**避难间**、**避难层**等场所或部位，应采用燃烧性能为 A 级的保温材料。（2020 年综合能力第 93 题）

2）对于其他场所，应采用低烟、低毒且燃烧性能不低于 B_1 级的保温材料。

3）保温系统应采用不燃材料做防护层。采用燃烧性能为 B_1 级的保温材料时，防护层的厚度不应小于 10mm。（2019 年技术实务第 10 题）

3. 保温结构一体化外墙。

建筑外墙采用保温材料与两侧墙体构成无空腔复合保温结构体时，该结构体的耐火极限应符合《建筑设计防火规范》的有关规定；当保温材料的燃烧性能为 B_1、B_2 级时，保温材料两侧的墙体应采用不燃材料且厚度均不应小于 50mm。（见图 2-10-2）

此类保温体系主要指夹芯保温等系统，保温层处于结构构件内部，与保温层两侧的墙体和结构受力体系共同作为建筑外墙使用，但要求保温层与两侧的墙体及结构受力体系之间不存在空隙或空腔。该类保温体系的墙体同时兼有墙体保温和建筑外墙体的功能。

图 2-10-2 保温结构一体化墙体材料实物图

4. 外墙外保温（2018 年技术实务第 23 题）。

1）设置**人员密集场所**的建筑，其外墙外保温材料的燃烧性能应为 **A 级**（考点：2017 年大学教学楼）。

2）**无空腔**的外墙外保温。

无空腔的外墙外保温材料的燃烧性能见表 2-10-8。

表 2-10-8 无空腔的外墙外保温材料的燃烧性能 ★

建筑类别	建筑高度 h（m）	最低燃烧性能等级
人员密集场所	无高度条件	A
住宅建筑 （2018 年综合能力第 37 题）	$h > 100$	A
	$27 < h \leqslant 100$	B_1
	$h \leqslant 27$	B_2
除人员密集场所和住宅建筑以外的其他建筑	$h > 50$	A
	$24 < h \leqslant 50$	B_1
	$h \leqslant 24$	B_2

3）**有空腔**的外墙外保温。

有空腔的外墙外保温材料的燃烧性能见表 2-10-9。

表 2-10-9 有空腔的外墙外保温材料的燃烧性能

建筑类别	建筑高度 h（m）	最低燃烧性能等级
人员密集场所	无高度条件	A
非人员密集场所	$h > 24$	A
	$h \leqslant 24$	B_1

4）外墙门窗的要求。

除保温结构一体化外墙规定的情况外，当建筑的外墙外保温系统按规定采用燃烧性能为 B_1、B_2 级的保温材料时，应符合下列规定（2018 年技术实务第 20 题）：

（1）除采用 B_1 级保温材料且建筑高度不大于 24m 的公共建筑或采用 B_1 级保温材料且建筑高度不大于 27m 的住宅建筑外，建筑外墙上门、窗的耐火完整性不应低于 0.50h。（注：单多层的住宅和单多层的公建，采用 B_1 级时门窗不限，B_2 级时门窗要满足 0.5h 耐火完整性的要求；高层住宅和高层公建，采用 B_1 级时门窗要满足 0.5h 耐火完整性的要求。）

（2）应在保温系统中每层设置水平防火隔离带。防火隔离带应采用燃烧性能为 A 级的材料，防火隔离带的高度不应小于 300mm。

5）外墙保温防护层的要求。（2018 年技术实务第 20 题）

建筑的外墙外保温系统应采用不燃材料在其表面设置防护层，防护层应将保温材料完全包覆。采用 B_1、B_2 级保温材料时，防护层厚度首层不应小于 15mm，其他层不应小于 5mm。

建筑外墙外保温系统与基层墙体、装饰层之间的空腔，应在每层楼板处采用防火封堵材料封堵。（2018 年综合能力第 58 题）

5. 屋面外保温。

建筑的屋面外保温系统，当屋面板的耐火极限不低于 1.00h 时，保温材料的燃烧性能不应低于 B_2 级；当屋面板的耐火极限低于 1.00h 时，不应低于 B_1 级。采用 B_1、B_2 级保温材料的外保温系统应采用不燃材料作防护层，防护层的厚度不应小于 10mm。

当建筑的屋面和外墙外保温系统均采用 B_1、B_2 级保温材料时，屋面与外墙之间应采用宽度不小于 500mm 的不燃材料设置防火隔离带进行分隔。（2019 年综合能力第 75 题）

6. 外墙装饰。

1）建筑外墙的装饰层应采用燃烧性能为 A 级的材料，但建筑高度不大于 50m 时，可采用 B1 级材料。（2018 年综合能力第 58 题）

（重点：铝扣板 B_1、木纹金属板 A、PVC 塑料板墙板 B_1、难燃仿花岗岩装饰板 B_1、防火塑料装饰板 B_1、大理石 A、多彩涂料 A、铝塑板 B_1）

2）户外电致发光广告牌不应直接设置在有可燃、难燃材料的墙体上。

3）户外广告牌的设置不应遮挡建筑的外窗（包括灭火救援窗和自然排烟窗），不应影响外部灭火救援行动，不应影响火灾时建筑的排烟和人员的应急逃生。

4）在高层建筑消防登高面一侧，不能设置突出的广告牌，不应影响消防车登高作业。

7. 其他规定。

1）除保温结构一体化外墙规定的情况外，下列老年人照料设施的内、外墙体和屋面保温材料应采用燃烧性能为 A 级的保温材料：

（1）独立建造的老年人照料设施（2018 年综合能力第 37 题）；

（2）与其他建筑组合建造且老年人照料设施部分的总建筑面积大于 500m² 的老年人照料设施。（2018 年新增条文）

2）电气线路不应穿越或敷设在燃烧性能为 B_1 或 B_2 级的保温材料中；确需穿越或敷设时，应采取穿金属管并在金属管周围采用不燃隔热材料进行防火隔离等防火保护措施。设置开关、插座等电器配件的部位周围应采取不燃隔热材料进行防火隔离等防火保护措施。

分析：建筑装修和保温材料防火，每年都有一定的分值，大约 10 分左右。2018 年、2019 年和 2020 年的分值分别为 11 分、12 分和 10 分。需要掌握的内容有建筑装修材料的分类与分级；熟悉装修防火的通用要求；建筑特殊功能部位与用房装修防火要求；高层、多层、单层公共建筑装修防火的基本要求；建筑外保温系统防火要求。

对《建筑内部装修设计防火规范》（GB 50222—2017）不同类型建筑内部各部位建筑材料的燃烧性能等级等内容熟练掌握，可在这部分内容的考试中得到理想的分数。对《建筑内部装修防火施工及验收规范》（GB 50354—2005）的主要条文应熟悉。

四、高频真题

1. （2018年技术实务第20题）（知识点8）某建筑高度为54m的住宅建筑，其外墙保温系统保温材料的燃烧性能为 B_1 级。该建筑外墙及外墙保温系统的下列设计方案中，错误的是（　　）。

   A. 采用耐火完整性为0.50h的外窗
   B. 外墙保温系统中每层设置水平防火隔离带
   C. 防火隔离带采用高度为300mm的不燃材料
   D. 首层外墙保温系统采用厚度为10mm的不燃材料防护层

   【答案】D

   【解析】除保温结构一体化外墙规定的情况外，当建筑的外墙外保温系统按本节规定采用燃烧性能为 B_1、B_2 级的保温材料时，应符合下列规定：

   除采用 B_1 级保温材料且建筑高度不大于24m的公共建筑或采用 B_1 级保温材料且建筑高度不大于27m的住宅建筑外，建筑外墙上门、窗的耐火完整性不应低于0.50h。A选项正确。

   应在保温系统中每层设置水平防火隔离带。防火隔离带应采用燃烧性能为A级的材料，防火隔离带的高度不应小于300mm。B、C选项正确。

   建筑的外墙外保温系统应采用不燃材料在其表面设置防护层，防护层应将保温材料完全包覆。采用 B_1、B_2 级保温材料时，防护层厚度首层不应小于15mm，其他层不应小于5mm。D选项错误。

2. （2018年技术实务第80题）（知识点4）某大学科研楼共6层，建筑高度22.8m，第六层为国家级工程实验中心，该中心设有自动喷水灭火系统和自然排烟系统，根据现行国家标准《建筑内部装修设计防火规范》（GB 50222）该工程实验中心的下列室内装修材料选用方案中，正确的是（　　）。

   A. 墙面采用燃烧性能为 B_1 级的装修材料
   B. 试验操作台采用燃烧性能为 B_1 级的装修材料
   C. 窗帘等装饰织物采用燃烧性能为 B_2 级的装修材料
   D. 地面采用燃烧性能为 B_2 级的装修材料

   【答案】B

   【解析】根据《建筑内部装修设计防火规范》（GB 50222—2017）第4.0.12条，经常使用明火器具的餐厅、科研试验室，其装修材料的燃烧性能等级除A级外，应在表5.1.1（原表号，见表2-10-4）规定的基础上提高一级。

3. （2018年综合能力第58题）（知识点8）某建筑高度为78m的住宅建筑的外墙保温与装饰工程进行防火检查，该工程下列做法中，不符合现行国家标准要求的是（　　）。

   A. 墙外保温系统与装饰层之间的空腔采用防火封堵材料在每层楼板处封堵
   B. 保温系统与基层墙体之间的空腔采用防火封堵材料在每层楼板处封堵
   C. 装饰材料选用燃烧性能为 B_1 级的轻质复合墙板
   D. 保温系统采用玻璃棉作保温材料

   【答案】C

   【解析】建筑外墙外保温系统与基层墙体、装饰层之间的空腔，应在每层楼板处采用防火封堵材料封堵。A、B 选项符合标准。

建筑外墙的装饰层应采用燃烧性能为 A 级的材料，但建筑高度不大于 50m 时，可采用 B$_1$ 级材料。C 选项不符合标准。

4. (2019 年技术实务第 80 题)（知识点 2）关于装修材料的燃烧性能等级的说法，正确的是(　　)。

A. 施涂于 B$_1$ 级基材上的有机装饰涂料，其湿涂覆比小于 1.5kg/m^2 且涂层干膜厚度为 1.0mm，可作为 B$_2$ 级装饰材料使用

B. 单位面积质量小于 300g/m^2 的布质壁纸，直接粘贴在 B$_1$ 级基材上时，可作为 B$_2$ 级装饰材料使用

C. 单位面积质量小于 300g/m^2 的纸质壁纸，直接粘贴在 A 级基材上时，可作为 A 级装饰材料使用

D. 施涂于 A 级基材上的有机装饰材料，其湿涂覆比小于 1.5kg/m^2 且涂层干膜厚度为 1.0mm，可作为 B$_1$ 级装饰材料使用

【答案】D

【解析】本题考查的知识点是建筑内部装修知识。

单位面积质量小于 300g/m^2 的纸质、布质壁纸，当直接粘贴在 A 级基材上时，可作为 B$_1$ 级装修材料使用。B、C 选项错误。

施涂于 A 级基材上的无机装修涂料，可作为 A 级装修材料使用；施涂于 A 级基材上，湿涂覆比小于 1.5kg/m^2，且涂层干膜厚度不大于 1.0mm 的有机装修涂料，可作为 B$_1$ 级装修材料使用。A 选项错误、D 选项正确。

5. (2019 年综合能力第 38 题)（知识点 2、3）对某 28 层酒店的消防控制室的室内装修工程进行防火检查，下列检查结果中，不符合现行国家标准要求的是（　　）。

A. 顶棚采用硅酸钙板　　　　　　　　　B. 地面采用水泥刨花板
C. 窗帘采用经阻燃处理的难燃织物　　　D. 墙面采用矿棉板

【答案】D

【解析】本题考查的知识点是建筑内部装修。根据表 2-10-3，消防控制室等重要房间，其顶棚和墙面应采用 A 级装修材料，地面及其他装修应采用不低于 B$_1$ 级的装修材料。

根据表 2-10-2 可知，硅酸钙板、水泥刨花板、经阻燃处理的难燃织物、矿棉板的燃烧性能等级分别为 A、B$_1$、B$_1$、B$_1$。

6. (2019 年综合能力第 49 题)（知识点 4）某 3 层养老院，设有自动喷水灭火系统和火灾自动报警系统，对其室内装修工程进行验收，下列验收检查结果中，不符合现行国家标准要求的是（　　）。

A. 顶棚采用轻钢龙骨纸面石膏板　　　　B. 地面采用 PVC 卷材地板
C. 窗帘采用纯棉装饰布　　　　　　　　D. 墙面采用印刷木纹人造板

【答案】D

【解析】本题考查的知识点是多层民用建筑内部各部位装修材料的燃烧性能等级。根据表 2-10-4 的基准要求以及允许放宽的条件：除特别规定的场所和表 2-10-4 中序号为 11~13 规定的部位外，当同时装有火灾自动报警装置和自动灭火系统时，其装修材料的燃烧性能等级可在表 2-10-4 规定的基础上降低一级。

所以该养老院的顶棚、墙面、地面及窗帘的燃烧性能分别不应低于 B$_1$ 级、B$_1$ 级、B$_2$ 级、B$_2$ 级。A 选项至少为 B$_1$ 级，符合要求；B 选项为 B$_2$ 级，符合要求；C 选项为 B$_2$ 级，符合要求；D 选项为 B$_2$ 级，不符合要求。

7. (2019 年技术实务第 95 题)（知识点 2、5）某办公楼，建筑高度为 56m，每层建筑面积为

1000m²。该建筑内部装修的下列设计方案中，正确的有（　　）。

A. 建筑面积为100m²的B级电子信息系统机房铺设半硬质PVC塑料地板
B. 建筑面积为50m²的重要档案资料室采用B_2级阻燃织物窗帘
C. 建筑面积为100m²的办公室内墙面粘贴塑料壁纸
D. 建筑面积为150m²的餐厅内采用B_2级木制桌椅
E. 建筑面积为150m²的会议室内装饰彩色图纹羊毛挂毯

【答案】CDE

【解析】本题考查的知识点是内部装修。根据表2-10-2，半硬质PVC塑料地板B_2级；阻燃织物窗帘B_2级；塑料壁纸B_2级；木制桌椅B_2级；羊毛挂毯B_2级。

根据表2-10-5的基准要求以及允许放宽的条件：除特别场所和表2-10-5中序号为10~12规定的部位外，以及大于400m²的观众厅、会议厅和100m以上的高层民用建筑外，当设有火灾自动报警装置和自动灭火系统时，除顶棚外，其内部装修材料的燃烧性能等级可在表2-10-5规定的基础上降低一级。

该建筑属于一类高层公共建筑，按照规范要求既要设置自动喷水灭火系统，又要设置火灾自动报警系统，所以，C、D、E选项除顶棚外，均可在表格规定的基础上降低一级。

8. （2020年综合能力第93题）（知识点8）某建筑高度为36m、耐火等级为二级的商场，设有自动喷水灭火系统和火灾自动报警系统，该商场建筑外墙外保温和外墙装饰的下列做法中，不符合现行国家标准的有（　　）。

A. 选用燃烧性能为B_1级的难燃材料作为外墙外保温材料
B. 电气线路穿金属管保护后直接敷设在燃烧性能为B_1级的外保温材料中
C. 二层外墙外保温系统不燃材料防护层厚度为10mm
D. 选用燃烧性能为B_1级的材料作为屋面外墙保温材料
E. 选用燃烧性能为B_1级的材料作为外墙装饰材料

【答案】AB

【解析】设置人员密集场所的建筑，其外墙外保温材料的燃烧性能应为A级。A选项不符合要求。电气线路不应穿越或敷设在燃烧性能为B_1或B_2的保温材料中；确需穿越或敷设时，应采取穿金属管并在金属管周围采用不燃隔热材料进行防火隔离等防火保护措施。B选项不符合要求。建筑外墙采用内保温系统时，保温系统应采用不燃材料做防护层；采用燃烧性能为B_1级的保温材料时，防护层的厚度不应小于10mm。C选项符合要求。建筑的屋面外保温系统，当屋面板的耐火极限不低于1.00h时，保温材料的燃烧性能不应低于B_2级。高层商场屋面板的耐火极限不低于1.00h。D选项符合要求。建筑外墙的装饰层应采用燃烧性能为A级的材料，但建筑高度不大于50m时，可采用B_1级材料。E选项符合要求。

9. （2020年技术实务第30题）（知识点6）下列地下民用建筑或场所中，地面应采用A级装修材料的是（　　）。

A. 舞厅
B. 文物库房
C. 会展中心的数据机房
D. 宾馆客房

【答案】B

【解析】根据表2-10-6，文物库房地面装修材料的燃烧性能等级为A级，舞厅、会展中心的数据机房、宾馆客房的地面装修材料的燃烧性能等级为B_1级。

五、考题预测

（一）习题

1. 下列关于外墙保温的描述中，正确的是（　　）。

A. 所有的保温系统均应采用不燃材料做防护层

B. 当建筑外墙采用保温结构一体化墙体时，其保温材料的燃烧性能不应低于 B_1 级

C. 建筑的外墙外保温系统采用 B_2 级保温材料时，防护层厚度首层不应小于 15mm，其他层不应小于 10mm

D. 当建筑的屋面和外墙外保温系统均采用 B_1、B_2 级保温材料时，屋面与外墙之间应采用宽度不小于 600mm 的不燃材料设置防火隔离带进行分隔

2. 某三层政府办公楼，建筑面积 3000 m^2，首层设有 1 个办公区（设有可开启外窗，设置送回风管的集中空气调节系统），办公区域面积 90m^2，该办公区已采用耐火极限不低于 2.50h 的防火隔墙、乙级防火门和 1.00h 的楼板与其他部位分隔，并设有 1 个独立的安全出口，其他安全疏散设计符合《建筑设计防火规范》的最低要求。下列关于该办公区内部有关部位装修材料燃烧性能等级的描述中，表述正确的是（　　）。

A. 顶棚装修材料的燃烧性能等级应为 A 级

B. 墙面装修材料的燃烧性能等级不应低于 B_1 级

C. 地面装修材料的燃烧性能等级不应低于 B_2 级

D. 隔断装修材料的燃烧性能等级不应低于 B_2 级

E. 固定家具的燃烧性能等级不应低于 B_2 级

（二）答案详解

1. 【答案】A

【解析】按照《建筑设计防火规范》第 6.7.2 条规定，保温系统应采用不燃材料做防护层，第 6.7.8 条规定，建筑的外墙外保温系统应采用不燃材料在其表面设置防护层，防护层应将保温材料完全包覆。所以 A 选项正确。其余选项解析详见知识点 8。

2. 【答案】ABE

【解析】该办公楼建筑面积未超过 3000m^2，按照《建筑设计防火规范》第 8.3.4 条，可以不设置自动喷水灭火系统，不具备因自动喷水灭火系统而降低装修材料等级的条件。首层的办公区采用耐火极限不低于 2.50h 的防火隔墙、乙级防火门和 1.00h 的楼板与其他部位分隔，其中乙级防火门不符合降低装修材料等级的条件。该办公区的顶、墙、地、隔断、固定家具的装修材料燃烧性能等级依次分别为 A、B_1、B_1、B_1、B_2。

第三篇 建筑消防设施

第一章 消防给水及消火栓系统

一、知识点架构图

本章的知识点架构见图 3-1-1。

```
                            ┌─ 消防水池
                            ├─ 消防水泵
                            ├─ 高位消防水箱
                            ├─ 稳压泵
                            ├─ 消防水泵接合器
                            ├─ 分区供水
┌─────────────────┐         ├─ 消防用水量计算
│ 消防给水及消火栓系统 ├─────────┤─ 消火栓系统选型及设置范围
│      ★★★★       │         ├─ 消火栓系统组件性能试验
└─────────────────┘         ├─ 消火栓系统设置要求
                            ├─ 室内消火栓系统工作原理
                            ├─ 供水管网设置
                            ├─ 系统调试
                            └─ 系统维护管理
```

图 3-1-1 第三篇第一章知识点架构图

二、考情分析

本章的考情分析见表 3-1-1。

消防给水及消火栓系统是建筑消防设施最基本的系统，历年来都是考试重点。特别是消防水泵的设置要求、消防用水量计算、分区供水形式应重点掌握。

表 3-1-1 第三篇第一章考情分析表

年份	技术实务 分值（分）	技术实务 占比（%）	综合能力 分值（分）	综合能力 占比（%）	案例分析 分值（分）	案例分析 占比（%）
2015 年	7	5.8	11	9.2	16	13.3
2016 年	7	5.8	13	10.9	22	18.3
2017 年	8	6.7	11	9.2	16	13.3
2018 年	9	7.5	11	9.2	18	15
2019 年	7	5.8	10	8.3	16	13.3
2020 年	6	5.0	11	9.2	16	13.3

三、典型知识点

知识点1：消防水池

1）符合下列规定之一时，应设置消防水池：

（1）当生产、生活用水量达到最大时，市政给水管网或入户引入管不能满足室内、室外消防给水设计流量；

（2）当采用一路消防供水或只有一条入户引入管，且室外消火栓设计流量大于20L/s或建筑高度大于50m时；

（3）市政消防给水设计流量小于建筑室内外消防给水设计流量。

2）消防水池的给水管应根据其有效容积和补水时间确定，补水时间不宜大于48h，但当消防水池有效总容积大于2000m³时，不应大于96h。消防水池进水管管径应计算确定，且不应小于DN100。

3）当消防水池采用两路消防供水且在火灾情况下连续补水能满足消防要求时，消防水池的有效容积应根据计算确定，但不应小于100m³，当仅设有消火栓系统时不应小于50m³。

4）火灾时消防水池连续补水应符合下列规定：

（1）消防水池应采用两路消防给水；

（2）火灾延续时间内的连续补水流量应按消防水池最不利进水管供水量计算；

5）储存室外消防用水的消防水池或供消防车取水的消防水池，应符合下列规定：

（1）消防水池应设置取水口（井），且吸水高度不应大于6.0m；

（2）取水口（井）与建筑物（水泵房除外）的距离不宜小于15m；

（3）取水口（井）与甲、乙、丙类液体储罐等构筑物的距离不宜小于40m；

（4）取水口（井）与液化石油气储罐的距离不宜小于60m，当采取防止辐射热保护措施时，可为40m。

6）当高层民用建筑采用高位消防水池供水的高压消防给水系统时，高位消防水池储存室内消防用水量确有困难，但火灾时补水可靠，其总有效容积不应小于室内消防用水量的50%；高层民用建筑高压消防给水系统的高位消防水池总有效容积大于200m³时，宜设置蓄水有效容积相等且可独立使用的两格；当建筑高度大于100m时应设置独立的两座。每格或每座应有一条独立的出水管向消防给水系统供水；高位消防水池设置在建筑物内时，应采用耐火极限不低于2.00h的隔墙和1.50h的楼板与其他部位隔开，并应设甲级防火门；且消防水池及其支承框架与建筑构件应连接牢固。

7）消防水池的出水、排水和水位应符合下列规定：

（1）消防水池的出水管应保证消防水池的有效容积能被全部利用；

（2）消防水池应设置就地水位显示装置，并应在消防控制中心或值班室等地点设置显示消防水池水位的装置，同时应有最高和最低报警水位；（2020年综合能力第94题）

（3）消防水池应设置溢流水管和排水设施，并应采用间接排水。（2018年技术实务第94题）

知识点2：消防水泵

1）消防水泵的选择和应用应符合下列规定：

（1）消防水泵的性能应满足消防给水系统所需流量和压力的要求；

（2）消防水泵所配驱动器的功率应满足所选水泵流量扬程性能曲线上任何一点运行所需功率的要求；

（3）当采用电动机驱动的消防水泵时，应选择电动机干式安装的消防水泵；

（4）流量扬程性能曲线应为无驼峰、无拐点的光滑曲线，零流量时的压力不应大于设计工作压力的140%，且宜大于设计工作压力的120%；

（5）当水泵出流量为设计流量的150%时，其出口压力不应低于设计工作压力的65%；（2019年综合能力第69题）

（6）泵轴的密封方式和材料应满足消防水泵在低流量时运转的要求；

（7）消防给水同一泵组的消防水泵型号宜一致，且工作泵不宜超过3台；

（8）多台消防水泵并联时，应校核流量叠加对消防水泵出口压力的影响。

（9）消防泵的串联在流量不变时可增加扬程。消防泵的并联是通过两台或两台以上的消防泵同时向消防给水系统供水，消防泵的并联主要在于增加流量。

2）单台消防水泵的最小额定流量不应小于10L/s，最大额定流量不宜大于320L/s。

3）当采用柴油机消防水泵时应符合下列规定：

（1）柴油机消防水泵应采用压缩式点火型柴油机；

（2）柴油机的额定功率应校核海拔高度和环境温度对柴油机功率的影响；

（3）柴油机消防水泵应具备连续工作的性能，试验运行时间不应小于24h；

（4）柴油机消防水泵的蓄电池应保证消防水泵随时自动启泵的要求；

（5）柴油机消防水泵的供油箱应根据火灾延续时间确定，且油箱最小有效容积应按1.5L/kW配置，柴油机消防水泵油箱内储存的燃料不应小于50%的储量。

4）消防水泵应设置备用泵，其性能应与工作泵性能一致，但下列建筑可不设：

（1）建筑高度小于54m的住宅和室外消防给水设计流量小于等于25L/s的建筑；

（2）室内消防给水设计流量小于等于10L/s的建筑。

5）一组消防水泵应在消防水泵房内设置流量和压力测试装置，并应符合下列规定：

（1）单台消防水泵的流量不大于20L/s、设计工作压力不大于0.50MPa时，泵组应预留测量用流量计和压力计接口，其他泵组宜设置泵组流量和压力测试装置；

（2）消防水泵流量检测装置的计量精度应为0.4级，最大量程的75%应大于最大一台消防水泵设计流量值的175%；

（3）消防水泵压力检测装置的计量精度应为0.5级，最大量程的75%应大于最大一台消防水泵设计压力值的165%；

（4）每台消防水泵出水管上应设置DN65的试水管，并应采取排水措施。

6）离心式消防水泵吸水管、出水管和阀门等，应符合下列规定（2018年技术实务第55题）：

（1）一组消防水泵，吸水管不应少于两条，当其中一条损坏或检修时，其余吸水管应仍能通过全部消防给水设计流量；（2020年综合能力第94题）

（2）消防水泵吸水管布置应避免形成气囊；

（3）一组消防水泵应设不少于两条的输水干管与消防给水环状管网连接，当其中一条输水管检修时，其余输水管应仍能供应全部消防给水设计流量；

（4）消防水泵吸水口的淹没深度应满足消防水泵在最低水位运行安全的要求，吸水管喇叭口在消防水池最低有效水位下的淹没深度应根据吸水管喇叭口的水流速度和水力条件确定，但不应小于600mm，当采用旋流防止器时，淹没深度不应小于200mm；

（5）消防水泵的吸水管上应设置明杆闸阀或带自锁装置的蝶阀，但当设置暗杆阀门时应设有开启刻度和标志；当管径超过DN300时，宜设置电动阀门；（2019年综合能力第87题）

（6）消防水泵的出水管上应设置止回阀、明杆闸阀；当采用蝶阀时，应带有自锁装置；当管径大于DN300时，宜设置电动阀门；

（7）消防水泵吸水管的直径小于DN250时，其流速宜为1.0~1.2m/s；直径大于DN250时，宜为1.2~1.6m/s；

（8）消防水泵出水管的直径小于DN250时，其流速宜为1.5~2.0m/s；直径大于DN250时，宜为

2.0~2.5m/s;

(9) 消防水泵的吸水管穿越消防水池时，应采用柔性套管；采用刚性防水套管时应在水泵吸水管上设置柔性接头，且管径不应大于 DN150。

7) 消防水泵的控制与操作应符合下列规定（2020 年技术实务第 87 题、2020 年案例分析第二题）：

(1) 消防水泵控制柜在平时应使消防水泵处于自动启泵状态；当自动水灭火系统为开式系统，且设置自动启动确有困难时，经论证后消防水泵可设置在手动启动状态，并应确保 24h 有人工值班。

(2) 消防水泵不应设置自动停泵的控制功能，停泵应由具有管理权限的工作人员根据火灾扑救情况确定。

(3) 消防水泵应确保从接到启泵信号到水泵正常运转的自动启动时间不应大于 2min。

(4) 消防水泵应由消防水泵出水干管上设置的压力开关、高位消防水箱出水管上的流量开关，或报警阀压力开关等开关信号应能直接自动启动消防水泵。消防水泵房内的压力开关宜引入消防水泵控制柜内。

(5) 消防水泵应能手动启停和自动启动。

(6) 稳压泵应由消防给水管网或气压水罐上设置的稳压泵自动启停泵压力开关或压力变送器控制。

(7) 消防控制室或值班室，应具有下列控制和显示功能：

①消防控制柜或控制盘应设置专用线路连接的手动直接启泵按钮；

②消防控制柜或控制盘应能显示消防水泵和稳压泵的运行状态；

③消防控制柜或控制盘应能显示消防水池、高位消防水箱等水源的高水位、低水位报警信号，以及正常水位。

(8) 消防水泵、稳压泵应设置就地强制启停泵按钮，并应有保护装置。

(9) 消防水泵控制柜设置在专用消防水泵控制室时，其防护等级不应低于 IP30；与消防水泵设置在同一空间时，其防护等级不应低于 IP55。

(10) 消防水泵控制柜应设置机械应急启泵功能，并应保证在控制柜内的控制线路发生故障时由有管理权限的人员在紧急时启动消防水泵。机械应急启动时，应确保消防水泵在报警后 5.0min 内正常工作。（2019 年案例分析第二题、2020 年综合能力第 94 题）

(11) 消防水泵的双电源切换应符合下列规定：

①双路电源自动切换时间不应大于 2s；

②一路电源与内燃机动力的切换时间不应大于 15s。

※重点分析

消防水泵的运行可能在水泵性能曲线的任何一点，因此要求其流量扬程性能曲线应平缓无驼峰，这样可能避免水泵喘振运行。消防水泵零流量时的压力不应超过额定设计压力的 140%，是防止系统在小流量运行时压力过高，造成系统管网投资过大，或者系统超压过大。零流量时的压力不宜小于额定压力的 120%，是因为消防给水系统的控制和防止超压等都是通过压力来实现的，如果消防水泵的性能曲线没有一定的坡度，实现压力和水力控制有一定难度，因此规定了消防水泵零流量时压力的上限和下限。

知识点 3：高位消防水箱

1) 室内采用临时高压消防给水系统时，高位消防水箱的设置应符合下列规定：

(1) 高层民用建筑、总建筑面积大于 10000m² 且层数超过 2 层的公共建筑和其他重要建筑，必须设置高位消防水箱；

(2) 其他建筑应设置高位消防水箱，但当设置高位消防水箱确有困难，且采用安全可靠的消防给水形式时，可不设高位消防水箱，但应设稳压泵；

(3) 当市政供水管网的供水能力在满足生产、生活最大小时用水量后，仍能满足初期火灾所需的消防流量和压力时，市政直接供水可替代高位消防水箱。

2）临时高压消防给水系统高位消防水箱的有效容积及最不利点静压应符合表 3-1-2 的要求（2018年案例分析第一题、2019 年技术实务第 22 题、2020 年案例分析第二题、2020 年综合能力第 53 题）。

表 3-1-2　高位消防水箱的有效容积及最不利点静压

建筑性质		建筑高度（m）	有效容积（m³）	静水压力（MPa）
公共建筑	一类高层公共建筑	≤100	≥36	不应低于 0.10
		>100	≥50	不应低于 0.15
		>150	≥100	
	多层公共建筑、二类高层公共建筑	—	≥18	不应低于 0.07
住宅建筑	一类高层住宅	≤100	≥18	不应低于 0.07
		>100	≥36	
	二类高层住宅	—	≥12	不应低于 0.07
	多层住宅	>21	≥6	不宜低于 0.07
工业建筑	室内消防给水设计流量≤25L/s	—	≥12	—
	室内消防给水设计流量>25L/s	—	≥18	—
	建筑体积≥20000m³	—	—	不应低于 0.10
	建筑体积<20000m³	—	—	不宜低于 0.07
商店	总建筑面积>10000m² 且 <30000m²	—	≥36	—
	总建筑面积>30000m²	—	≥50	—

当商店建筑与一类高层公共建筑不一致时，应取较大者

3）高位消防水箱外壁与建筑本体结构墙面或其他池壁之间的净距，应满足施工或装配的需要，无管道的侧面，净距不宜小于 0.7m；安装有管道的侧面，净距不宜小于 1.0m，且管道外壁与建筑本体墙面之间的通道宽度不宜小于 0.6m，设有人孔的水箱顶，其顶面与其上面的建筑物本体板底的净空不应小于 0.8m；

4）进水管的管径应满足消防水箱 8h 充满水的要求，但管径不应小于 DN32，进水管宜设置液位阀或浮球阀；

5）进水管应在溢流水位以上接入，进水管口的最低点高出溢流边缘的高度应等于进水管管径，但最小不应小于 100mm，最大不应大于 150mm；（2018 年技术实务第 94 题）

6）当进水管为淹没出流时，应在进水管上设置防止倒流的措施或在管道上设置虹吸破坏孔和真空破坏器，虹吸破坏孔的孔径不宜小于管径的 1/5，且不应小于 25mm。但当采用生活给水系统补水时，进水管不应淹没出流；

7）溢流管的直径不应小于进水管直径的 2 倍，且不应小于 DN100，溢流管的喇叭口直径不应小于溢流管直径的 1.5~2.5 倍；（2018 年技术实务第 94 题）

8）高位消防水箱出水管管径应满足消防给水设计流量的出水要求，且不应小于 DN100；

9）高位消防水箱出水管应位于高位消防水箱最低水位以下，并应设置防止消防用水进入高位消防水箱的止回阀；

10）高位消防水箱的进、出水管应设置带有指示启闭装置的阀门。

知识点 4：稳压泵

稳压泵宜采用离心泵，并宜符合下列规定：(2019 年技术实务第 98 题、2019 年综合能力第 57 题)

1）稳压泵的设计流量不应小于消防给水系统管网的正常泄漏量和系统自动启动流量；

2）消防给水系统管网的正常泄漏量应根据管道材质、接口形式等确定，当没有管网泄漏量数据时，稳压泵的设计流量宜按消防水设计流量的 1%~3% 计，且不宜小于 1L/s；

3）稳压泵的设计压力应满足系统自动启动和管网充满水的要求；

4）稳压泵的设计压力应保持系统自动启泵压力设置点处的压力在准工作状态时大于系统设置自动启泵压力值，且增加值宜为 0.07~0.10MPa；(2019 年案例分析第二题)

5）稳压泵的设计压力应保持系统最不利点处水灭火设施在准工作状态时的静水压力应大于 0.15MPa。

6）设置稳压泵的临时高压消防给水系统应设置防止稳压泵频繁启停的技术措施，当采用气压水罐时，其调节容积应根据稳压泵启泵次数不大于 15 次/h 计算确定，但有效储水容积不宜小于 150L。

知识点 5：消防水泵接合器

1）下列场所的室内消火栓给水系统应设置消防水泵接合器：

（1）高层民用建筑；

（2）设有消防给水的住宅、超过五层的其他多层民用建筑；

（3）超过 2 层或建筑面积大于 10000m² 的地下或半地下建筑（室）、室内消火栓设计流量大于 10L/s 平战结合的人防工程；

（4）高层工业建筑和超过四层的多层工业建筑；

（5）城市交通隧道。

2）自动喷水灭火系统、水喷雾灭火系统、泡沫灭火系统和固定消防炮灭火系统等水灭火系统，均应设置消防水泵接合器。

3）消防水泵接合器的给水流量宜按每个 10~15L/s 计算。每种水灭火系统的消防水泵接合器设置的数量应按系统设计流量经计算确定，但当计算数量超过 3 个时，可根据供水可靠性适当减少；(2019 年案例分析第二题)

4）消防给水为竖向分区供水时，在消防车供水压力范围内的分区，应分别设置水泵接合器；当建筑高度超过消防车供水高度时，消防给水应在设备层等方便操作的地点设置手抬泵或移动泵接力供水的吸水和加压接口。消防水泵接合器简图见图 3-1-2。

图 3-1-2 消防水泵接合器简图

5）水泵接合器应设在室外便于消防车使用的地点，且距室外消火栓或消防水池的距离不宜小于

15m，并不宜大于40m。

6）墙壁消防水泵接合器的安装高度距地面宜为0.70m；与墙面上的门、窗、孔、洞的净距离不应小于2.0m，且不应安装在玻璃幕墙下方；地下消防水泵接合器的安装，应使进水口与井盖底面的距离不大于0.4m，且不应小于井盖的半径。

7）水泵接合器处应设置永久性标志铭牌，并应标明供水系统、供水范围和额定压力。

知识点6：分区供水

1）符合下列条件时，消防给水系统应分区供水：
(1) 系统工作压力大于2.40MPa；
(2) 消火栓栓口处静压大于1.0MPa；
(3) 自动水灭火系统报警阀处的工作压力大于1.60MPa或喷头处的工作压力大于1.20MPa。

2）分区供水形式应根据系统压力、建筑特征，综合技术经济和安全可靠性等因素确定，可采用消防水泵并行或串联、减压水箱和减压阀减压的形式，但当系统的工作压力大于2.4MPa时，应采用消防水泵串联或减压水箱分区供水形式。分区供水设置要求详见表3-1-3。

表3-1-3 分区供水设置要求

分区供水形式	设 置 要 求
水泵串联分区供水	(1) 当采用消防水泵转输水箱串联时，转输水箱的有效储水容积不应小于60m³，转输水箱可作为高位消防水箱；(2019年综合能力第71题) (2) 串联转输水箱的溢流管宜连接到消防水池； (3) 当采用消防水泵直接串联时，应采取确保供水可靠性的措施，且消防水泵从低区到高区应能依次顺序启动； (4) 当采用消防水泵直接串联时，应校核系统供水压力，并应在串联消防水泵出水管上设置减压型倒流防止器
减压阀减压分区供水	(1) 消防给水所采用的减压阀性能应安全可靠，并应满足消防给水的要求； (2) 减压阀应根据消防给水设计流量和压力选择，且设计流量应在减压阀流量压力特性曲线的有效段内，并校核在150%设计流量时，减压阀的出口动压不应小于设计值的65%； (3) 每一供水分区应设不少于两组减压阀组，每组减压阀组宜设置备用减压阀； (4) 减压阀仅应设置在单向流动的供水管上，不应设置在双向流动的输水干管上； (5) 减压阀宜采用比例式减压阀，当超过1.20MPa时，宜采用先导式减压阀； (6) 减压阀的阀前阀后压力比值不宜大于3:1，当一级减压阀减压不能满足要求时，可采用减压阀串联减压，但串联减压不应大于两级，第二级减压阀宜采用先导式减压阀，阀前后压力差不宜超过0.40MPa； (7) 减压阀后应设置安全阀，安全阀的开启压力应能满足系统安全，且不应影响系统的供水安全性
减压水箱减压分区供水	(1) 减压水箱的有效容积不应小于18m³，且宜分为两格。减压水箱应有两条进出水管，且每条进出水管均应满足消防给水系统所需消用水量的需求； (2) 减压水箱进水管的水位控制应可靠，宜采用水位控制阀； (3) 减压水箱进水管应设置防冲击和溢水的技术措施，并宜在进水管上设置紧急关闭阀门，溢流水宜回流到消防水池

减压阀安装示意图见图3-1-3。

图 3-1-3 减压阀安装示意图

知识点 7：消防用水量计算

1）计算消防用水量，首先确定同一时间内火灾起数，可参照《消防给水及消火栓系统技术规范》（GB 50974—2014）第 3.1 条及第 3.2 条。其中仓库和民用建筑同一时间内的火灾起数应按 1 起确定。

2）确定火灾延续时间。不同场所的火灾延续时间见表 3-1-4。

表 3-1-4 不同场所的火灾延续时间

建筑			场所及火灾危险性	火灾延续时间（h）
建筑物	工业建筑	仓库	甲、乙、丙类仓库	3.0
			丁、戊类仓库	2.0
		厂房	甲、乙、丙类厂房	3.0
			丁、戊类厂房	2.0
	民用建筑	公共建筑	高层建筑中的商业楼、展览楼、综合楼，建筑高度大于 50m 的财贸金融楼、图书馆、书库、重要的档案楼、科研楼和高级宾馆等	3.0
			其他公共建筑	2.0
		住宅		
	人防工程		建筑面积 < 3000m²	1.0
			建筑面积 ≥ 3000m²	2.0
	地下建筑、地铁车站			

注：建筑内用于防火分隔的防火分隔水幕和防护冷却水幕的火灾延续时间，不应小于防火分隔水幕或防护冷却水幕设置部位墙体的耐火极限；自动喷水灭火系统的持续喷水时间，应按火灾延续时间不小于 1.0h 确定。

3）计算一起火灾所需消防用水设计流量（消防用水设计流量应分别计算不同防护区或防护对象室内外灭火系统设计流量之和，比较后取最大值）。

一起火灾灭火所需消防用水设计流量应由以下需要同时作用的各种水灭火系统设计流量组成：

(2019年案例分析第二题)

(1) 室外消火栓系统；

(2) 室内消火栓系统；(2018年技术实务第30题)

(3) 自动喷水灭火系统、泡沫灭火系统、水喷雾灭火系统、固定消防炮火火系统等自动灭火系统系统。注意，这些自动灭火系统同时存在时，需以防护对象或防护区为单位分别计算，取其中最大者；

(4) 水幕或固定冷却分隔。

即：消防用水设计流量 = 室外消火栓设计流量 + 室内消火栓设计流量 + 自动灭火系统设计流量（按防护对象或防护区确定自动灭火系统的最大设计用水量）+ 水幕或固定冷却分隔设计流量。当建筑物室内设有自动喷水灭火系统、水喷雾灭火系统、泡沫灭火系统或固定消防炮灭火系统等一种或两种以上自动水灭火系统全保护时，高层建筑当高度不超过50m且室内消火栓设计流量超过20L/s时，其室内消火栓设计流量可按《消防给水及消火栓系统技术规范》表3.5.2，减少5L/s；多层建筑室内消火栓设计流量可减少50%，但不应小于10L/s。

4）在此基础上，结合火灾延续时间，可计算消防用水量。

5）消防水池的有效容积。(2019年技术实务第50题、2019年案例分析第二题、2020年技术实务第23题)

$$V_a = (Q_p - Q_b) \cdot t$$

式中 V_a——消防水池的有效容积（m³）；

Q_p——消火栓、自动喷水灭火系统的设计流量（m³/h），即消防用水设计流量；

Q_b——在火灾延续时间内可连续补充的流量（m³/h）；

t——火灾延续时间（h）。

Q_b 延续时间内的连续补水流量应按消防水池最不利进水管供水量计算。

※重点分析
消防水池补水量计算时，消防水池为保证补水可靠性采用两路消防补水管路，但涉及消防水池容量计算，补水只能按补水量小的补水量进行计算，而不是按两路同时补水进行计算。

知识点8：消火栓系统选型及设置范围

1）消火栓系统选型应符合以下规定：

(1) 市政消火栓和建筑室外消火栓应采用湿式消火栓系统。

(2) 室内环境温度不低于4℃，且不高于70℃的场所，应采用湿式室内消火栓系统。

(3) 室内环境温度低于4℃或高于70℃的场所，宜采用干式消火栓系统。

(4) 建筑高度不大于27m的多层住宅建筑设置室内湿式消火栓系统确有困难时，可设置干式消防竖管。

(5) 干式消火栓系统的充水时间不应大于5min，并应符合下列规定：

①在供水干管上宜设干式报警阀、雨淋阀或电磁阀、电动阀等快速启闭装置，当采用电动阀时开启时间不应超过30s；(2019年综合能力第68题)

②当采用雨淋阀、电磁阀和电动阀时，在消火栓箱处应设置直接开启快速启闭装置的手动按钮；

③在系统管道的最高处应设置快速排气阀。

2）消火栓系统设置范围详见表3-1-5。

表3-1-5 消火栓系统设置范围

标题		内容
设置范围	室外消火栓	(1) 城镇（包括居住医、商业区、开发区、工业区等）应沿可通行消防车的街道设置市政消火栓系统； (2) 民用建筑、厂房、仓库、储罐（区）和堆场周围应设置室外消火栓系统； (3) 用于消防救援和消防车停靠的屋面上，应设置室外消火栓系统

续表

标题		内容
设置范围	室内消火栓	(1) 建筑占地面积大于300m² 的厂房和仓库； (2) 高层公共建筑和建筑高度大于21m 的住宅建筑； 注：建筑高度不大于27m 的住宅建筑，设置室内消火栓系统确有困难时，可只设置干式消防竖管和不带消火栓箱的 DN65 的室内消火栓； (3) 体积大于5000m³ 的车站、码头、机场的候车（船、机）建筑、展览建筑、商店建筑、旅馆建筑、医疗建筑和图书馆建筑等单、多层建筑； (4) 特等、甲等剧场，超过800 个座位的其他等级的剧场和电影院等以及超过1200 个座位的礼堂、体育馆等单、多层建筑； (5) 建筑高度大于15m 或体积大于10000m³ 的办公建筑、教学建筑和其他单、多层民用建筑
不设置范围	室外消火栓	耐火等级不低于二级，且建筑物体积小于或等于3000m³ 的戊类厂房（2019 年技术实务第71 题、2020 年技术实务第76 题） 居住区人数不超过500 人，且建筑物层数不超过两层的居住区
不设置范围	室内消火栓	(1) 存有与水接触能引起燃烧、爆炸的物品的建筑物和室内没有生产、生活给水管道，室外消防用水取自储水池且建筑体积不大于5000m³ 的其他建筑； (2) 耐火等级为一、二级且可燃物较少的单层、多层丁、戊类厂房（仓库），耐火等级为三、四级且建筑体积小于或等于3000m³ 的丁类厂房和建筑体积小于或等于5000m³ 的戊类厂房（仓库）； (3) 粮食仓库、金库以及远离城镇且无人值班的独立建筑

消火栓系统简图见图3-1-4。

图3-1-4 消火栓系统简图

知识点9：消火栓系统组件性能试验

消火栓组件性能试验要求见表3-1-6。

表3-1-6 消火栓组件性能试验要求

试验名称	试验参数	试验方法	判定标准
消防水带压力试验	试验压力下（常用8型水带试验压力1.2MPa，爆破压力不小于2.4MPa），保压5min。爆破时压力不应小于水带工作压力的3倍	截取1.2m长的水带，使用手动试压泵或电动试压泵平稳加压至试验压力，然后升压至试样爆破	查看是否有渗漏现象，有渗漏则不合格
消防水枪抗跌落试验	从离地（2.00±0.02）m高处（从水枪的最低点算起）自由跌落到混凝土地面上	将水枪（旋转开关处于关闭位置）以喷嘴垂直朝上、喷嘴垂直朝下以及水枪轴线处于水平（若有开关时，开关处于水枪轴线之下处并处于关闭位置）三个位置，水枪在每个位置各跌落两次	出现断裂或不能正常操纵使用的，则判定该产品不合格
消防水枪密封试验	加压至最大工作压力的1.5倍，保压2min	封闭水枪的出水端，将水枪的进水端通过接口与手动试压泵或电动试压泵装置相连，排除枪体内的空气，然后缓慢加压	不应出现裂纹、断裂或影响正常使用的残余变形
消火栓固定接口密封试验（2020年综合能力第64题）	升压至1.6Mpa，保压2min	每批抽查1%，但不少于5个；仅有1个不合格时，再抽查2%，但不应少于10个	2个及2个以上不合格，不应使用该批消火栓
消防接口抗跌落试验	将接口的最低点离地面（1.50±0.05）m的高度，然后自由跌落到混凝土地面上	内扣式接口以扣抓垂直朝下的位置，卡式接口和螺纹式接口从接口的轴线呈水平状态，反复进行五次	消防接口跌落后出现断裂或不能正常操纵使用的，则判定该产品不合格

知识点10：消火栓系统设置要求

消火栓系统设置要求见表3-1-7。

表3-1-7 消火栓系统设置要求

系统类型	设置要求
市政消火栓	(1) 市政消火栓宜采用地上式室外消火栓；在严寒、寒冷等冬季结冰地区宜采用干式地上式室外消火栓，严寒地区宜增置消防水鹤。 (2) 市政消火栓宜采用直径DN150的室外消火栓，并应符合下列要求： ①室外地上式消火栓应有一个直径为150mm或100mm和两个直径为65mm的栓口； ②室外地下式消火栓应有直径为100mm和65mm的栓口各一个（2018年技术实务第12题）。 (3) 市政消火栓宜在道路的一侧设置，并宜靠近十字路口，但当市政道路宽度超过60m时，应在道路的两侧交叉错落设置市政消火栓。(2018年技术实务第12题) (4) 市政桥桥头和城市交通隧道出入口等市政公用设施处，应设置市政消火栓。 (5) 市政消火栓的保护半径不应超过150m，间距不应大于120m（2018年技术实务第12题）。 (6) 市政消火栓应布置在消防车易于接近的人行道和绿地等地点，且不应妨碍交通，并应符合下列规定： ①市政消火栓距路边不宜小于0.5m，并不应大于2.0m（2018年技术实务第12题）； ②市政消火栓距建筑外墙或外墙边缘不宜小于5.0m； ③市政消火栓应避免设置在机械易撞击的地点，确有困难时，应采取防撞措施。

续表

系统类型	设置要求
市政消火栓	(7) 当市政给水管网设有市政消火栓时，其平时运行工作压力不应小于 0.14MPa，火灾时水力最不利市政消火栓的出流量不应小于 15L/s，且供水压力从地面算起不应小于 0.10MPa。 (8) 严寒地区在城市主要干道上设置消防水鹤的布置间距宜为 1000m，连接消防水鹤的市政给水管的管径不宜小于 DN200；火灾时消防水鹤的出流量不宜低于 30L/s，且供水压力从地面算起不应小于 0.10MPa。 (9) 地下式市政消火栓应有明显的永久性标志，地下消火栓井的直径不宜小于 1.5m
室外消火栓	建筑外设置的室外消火栓首先满足市政消火栓的设置要求，还应符合以下要求： (1) 建筑室外消火栓的数量应根据室外消火栓设计流量和保护半径经计算确定，保护半径不应大于 150.0m，每个室外消火栓的出流量宜按 10~15L/s 计算。(2018 年技术实务第 76 题、2020 年案例分析第二题)。 (2) 室外消火栓宜沿建筑周围均匀布置，且不宜集中布置在建筑一侧；建筑消防扑救面一侧的室外消火栓数量不宜少于 2 个。 (3) 人防工程、地下工程等建筑应在出入口附近设置室外消火栓，且距出入口的距离不宜小于 5m，并不宜大于 40m。 (4) 停车场的室外消火栓宜沿停车场周边设置，且与最近一排汽车的距离不宜小于 7m，距加油站或油库不宜小于 15m。 (5) 甲、乙、丙类液体储罐区和液化烃罐罐区等构筑物的室外消火栓，应设在防火堤或防护墙外，数量应根据每个罐的设计流量经计算确定，但距罐壁 15m 范围内的消火栓，不应计算在该罐可使用的数量内。(2019 年技术实务第 34 题) (6) 工艺装置区等采用高压或临时高压消防给水系统的场所，其周围应设置室外消火栓，数量应根据设计流量经计算确定，且间距不应大于 60.0m。当工艺装置区宽度大于 120.0m 时，宜在该装置区内的路边设置室外消火栓（2019 年技术实务第 36 题、2020 年技术实务第 14 题）。 (7) 成组布置的建筑物应按消火栓设计流量较大的相邻两座建筑物的体积之和确定（2018 年技术实务第 77 题）
室内消火栓	(1) 室内消火栓的选型应根据使用者、火灾危险性、火灾类型和不同灭火功能等因素综合确定。 (2) 室内消火栓的配置应符合下列要求： ①应采用 DN65 室内消火栓，并可与消防软管卷盘或轻便水龙设置在同一箱体内； ②应配置公称直径 65 有内衬里的消防水带，长度不宜超过 25.0m；消防软管卷盘应配置内径不小于 φ19 的消防软管，其长度宜为 30.0m；轻便水龙应配置公称直径 25 有内衬里的消防水带，长度宜为 30.0m； (2019 年综合能力第 15 题) (3) 宜配置当量喷嘴直径 16mm 或 19mm 的消防水枪，但当消火栓设计流量为 2.5L/s 时宜配置当量喷嘴直径 11mm 或 13mm 的消防水枪；消防软管卷盘和轻便水龙应配置当量喷嘴直径 6mm 的消防水枪。(2019 年综合能力第 15 题) (4) 设置室内消火栓的建筑，包括设备层在内的各层均应设置消火栓。 (5) 屋顶设有直升机停机坪的建筑，应在停机坪出入口处或非电器设备机房处设置消火栓，且距停机坪机位边缘的距离不应小于 5.0m。 (6) 消防电梯前室应设置室内消火栓，并应计入消火栓使用数量。(2018 年案例分析第一题) (7) 室内消火栓的布置应满足同一平面有 2 支消防水枪的 2 股充实水柱同时达到任何部位的要求，但建筑高度小于或等于 24.0m 且体积小于或等于 5000m³ 的多层仓库、建筑高度小于或等于 54m 且每单元设置一部疏散楼梯的住宅，以及《消防给水及消火栓系统技术规范》表 3.5.2 中规定可采用 1 支消防水枪的场所，可采用 1 支消防水枪的 1 股充实水柱到达室内任何部位。 (8) 建筑室内消火栓的设置位置应满足火灾扑救要求，并应符合下列规定：

续表

系统类型	设置要求
室内消火栓	①室内消火栓应设置在楼梯间及其休息平台和前室、走道等明显易于取用，以及便于火灾扑救的位置； ②住宅的室内消火栓宜设置在楼梯间及其休息平台； ③汽车库内消火栓的设置不应影响汽车的通行和车位的设置，并应确保消火栓的开启； ④同一楼梯间及其附近不同层设置的消火栓，其平面位置宜相同； ⑤冷库的室内消火栓应设置在常温穿堂或楼梯间内。 （9）建筑室内消火栓栓口的安装高度应便于消防水龙带的连接和使用，其距地面高度宜为1.1m；其出水方向应便于消防水带的敷设，并宜与设置消火栓的墙面成90°或向下。 （10）设有室内消火栓的建筑应设置带有压力表的试验消火栓，其设置位置应符合下列规定： ①多层和高层建筑应在其屋顶设置，严寒、寒冷等冬季结冰地区可设置在顶层出口处或水箱间内等便于操作和防冻的位置； ②单层建筑宜设置在水力最不利处，且应靠近出入口。 （11）室内消火栓宜按直线距离计算其布置间距，并应符合下列规定（2018年技术实务第54题、2020年综合能力第80题）： ①消火栓按2支消防水枪的2股充实水柱布置的建筑物，消火栓的布置间距不应大于30.0m； ②消火栓按1支消防水枪的1股充实水柱布置的建筑物，消火栓的布置间距不应大于50.0m。 （12）消防软管卷盘和轻便水龙的用水量可不计入消防用水总量。 （13）室内消火栓栓口压力和消防水枪充实水柱，应符合下列规定： ①消火栓栓口动压力不应大于0.50MPa，当大于0.70MPa时必须设置减压装置（2018年技术实务第73题、2018年案例分析第一题）； ②高层建筑、厂房、库房和室内净空高度超过8m的民用建筑等场所，消火栓栓口动压不应小于0.35MPa，且消防水枪充实水柱应按13m计算；其他场所，消火栓栓口动压不应小于0.25MPa，且消防水枪充实水柱应按10m计算。（2020年综合能力第94题、2020年技术实务第11题） （14）建筑高度不大于27m的住宅，当设置消火栓时，可采用干式消防竖管，并应符合下列规定： ①干式消防竖管宜设置在楼梯间休息平台，且仅应配置消火栓栓口； ②干式消防竖管应设置消防车供水的接口； ③消防车供水接口应设置在首层便于消防车接近和安全的地点； ④竖管顶端应设置自动排气阀。 （15）住宅户内宜在生活给水管道上预留一个接DN15消防软管或轻便水龙的接口。 （16）跃层住宅和商业网点的室内消火栓应至少满足一股充实水柱到达室内任何部位，并宜设置在户门附近。 （17）城市交通隧道室内消火栓系统的设置应符合下列规定： ①隧道内宜设置独立的消防给水系统； ②管道内的消防供水压力应保证用水量达到最大时，最低压力不应小于0.30MPa，但当消火栓栓口处的出水压力超过0.70MPa时，应设置减压设施； ③在隧道出入口处应设置消防水泵接合器和室外消火栓； ④消火栓的间距不应大于50m，双向同行车道或单行通行但大于3车道时，应双面间隔设置； ⑤隧道内允许通行危险化学品的机动车，且隧道长度超过3000m时，应配置水雾或泡沫消防水枪

知识点 11：室内消火栓系统工作原理

消火栓系统原理见图 3-1-5。

图 3-1-5 消火栓系统原理图

知识点 12：供水管网设置

1）下列消防给水应采用环状给水管网：
（1）向两栋或两座及以上建筑供水时；
（2）向两种及以上水灭火系统供水时；
（3）采用设有高位消防水箱的临时高压消防给水系统时；
（4）向两个及以上报警阀控制的自动水灭火系统供水时。

2）埋地管道当系统工作压力不大于 1.20MPa 时，宜采用球墨铸铁管或钢丝网骨架塑料复合管给水管道；当系统工作压力大于 1.20MPa 小于 1.60MPa 时，宜采用钢丝网骨架塑料复合管、加厚钢管和无缝钢管；当系统工作压力大于 1.60MPa 时，宜采用无缝钢管。钢管连接宜采用沟槽连接件（卡箍）和法兰，当采用沟槽连接件连接时，公称直径小于等于 DN250 的沟槽式管接头系统工作压力不应大于 2.50MPa，公称直径大于或等于 DN300 的沟槽式管接头系统工作压力不应大于 1.60MPa。

3）消防水泵出水管上的止回阀宜采用水锤消除止回阀，当消防水泵供水高度超过 24m 时，应采用水锤消除器。当消防水泵出水管上设有囊式气压水罐时，可不设水锤消除设施。

4）室外消防给水管网设置要求。
（1）室外消防给水采用两路消防供水时应采用环状管网，但当采用一路消防供水时可采用枝状管网。
（2）向环状管网输水的进水管不应少于两条，当其中一条发生故障时，其余的进水管应能满足消防用水总量的供给要求。
（3）管道的直径应根据流量、流速和压力要求经计算确定，但不应小于 DN100，有条件应不小于 DN150。
（4）消防给水管道应采用阀门分成若干独立段，每段内室外消火栓的数量不宜超过 5 个。
（5）管道设计的其他要求应符合现行国家标准《室外给水设计规范》（GB 50013）的有关规定。

5）室内消防给水管网设置要求。
（1）室内消火栓系统管网应布置成环状，当室外消火栓设计流量不大于 20L/s，且室内消火栓不超过10个时，除特殊要求外，可布置成枝状。

（2）当由室外生产生活消防合用系统直接供水时，合用系统除应满足室外消防给水设计流量以及生产和生活最大小时设计流量的要求外，还应满足室内消防给水系统的设计流量和压力要求。

（3）室内消防管道管径应根据系统设计流量、流速和压力要求经计算确定；室内消火栓竖管管径应根据竖管最低流量经计算确定，但不应小于DN100。

（4）室内消火栓环状给水管道检修时应符合下列规定：室内消火栓竖管应保证检修管道时关闭停用的竖管不超过1根，当竖管超过4根时，可关闭不相邻的2根；每根竖管与供水横干管相接处应设置阀门。

（5）室内消火栓给水管网宜与自动喷水等其他水灭火系统的管网分开设置；当合用消防泵时，供水管路沿水流方向应在报警阀前分开设置。

6）消防给水管道的设计流速。

消防给水管道的设计流速不宜大于2.5m/s，自动水灭火系统管道设计流速，应符合现行国家标准《自动喷水灭火系统设计规范》（GB 50084）、《泡沫灭火系统设计规范》（GB 50151）、《水喷雾灭火系统设计规范》（GB 50219）和《固定消防炮灭火系统设计规范》（GB 50338）的有关规定，但任何消防管道的给水流速不应大于7m/s。

7）消防给水及消火栓系统试压和冲洗应符合下列要求（2020年综合能力第16题、2020年综合能力第34题）：

（1）管网安装完毕后，应对其进行强度试验、冲洗和严密性试验。

（2）强度试验和严密性试验宜用水进行。干式消火栓系统应做水压试验和气压试验。

（3）管网冲洗应在试压合格后分段进行。冲洗顺序应先室外，后室内；先地下，后地上；室内部分的冲洗应按供水干管、水平管和立管的顺序进行。

（4）系统试压过程中，当出现泄漏时，应停止试压，并应放空管网中的试验介质，消除缺陷后，应重新再试。

（5）冲洗管道直径大于DN100时，应对其死角和底部进行振动，但不应损伤管道。

（6）水压强度试验的试验压力。

水压强度试验的试验压力见表3-1-8。

表3-1-8 水压强度试验的试验压力

管材类型	系统工作压力 P（MPa）	试验压力（MPa）
钢管	≤1.0	$1.5P$，且不应小于1.4
	>1.0	$P+0.4$
球墨铸铁管	≤0.5	$2P$
	>0.5	$P+0.5$
钢丝网骨架塑料管（2018年综合能力第43题、2019年综合能力第64题）	P	$1.5P$，且不应小于0.8

（7）水压强度试验的测试点应设在系统管网的最低点。对管网注水时，应将管网内的空气排净，并应缓慢升压，达到试验压力后，稳压30min后，管网应无泄漏、无变形，且压力降不应大于0.05MPa。

（8）水压严密性试验应在水压强度试验和管网冲洗合格后进行。试验压力应为系统工作压力，稳压24h，应无泄漏。（2018年综合能力第63题）

（9）气压严密性试验的介质宜采用空气或氮气，试验压力应为0.28MPa，且稳压24h，压力降不应大于0.01MPa。

（10）管网冲洗的水流流速、流量不应小于系统设计的水流流速、流量；管网冲洗宜分区、分段进行；水平管网冲洗时，其排水管位置应低于冲洗管网。管网冲洗宜设临时专用排水管道，其排放应畅通和安全。排水管道的截面面积不应小于被冲洗管道截面面积的60%。

知识点 13：系统调试

主要组件系统调试要求见表3-1-9。

系统调试包括以下内容：水源调试和测试；消防水泵调试；稳压泵或稳压设施调试；减压阀调试；消火栓调试；自动控制探测器调试；干式消火栓系统的报警阀等快速启闭装置调试，并应包含报警阀的附件电动阀或电磁阀等阀门的调试；排水设施调试；联锁控制试验。（2018年综合能力第9题）

表3-1-9 主要组件系统调试要求

组件名称	调试要求	检查数量及方法
消防水泵调试（2018年综合能力第8题）	（1）以自动直接启动或手动直接启动消防水泵时，消防水泵应在55s内投入正常运行，且应无不良噪声和振动。 （2）以备用电源切换方式或备用泵切换启动消防水泵时，消防水泵应分别在1min或2min内投入正常运行。 （3）消防水泵安装后应进行现场性能测试，其性能应与生产厂商提供的数据相符，并应满足消防给水设计流量和压力的要求。 （4）消防水泵零流量时的压力不应超过设计工作压力的140%；当出流量为设计工作流量的150%时，其出口压力不应低于设计工作压力的65%	全数检查，用秒表检查
稳压泵调试	（1）当达到设计启动压力时，稳压泵应立即启动；当达到系统停泵压力时，稳压泵应自动停止运行；稳压泵启停应达到设计压力要求。 （2）能满足系统自动启动要求，且当消防主泵启动时，稳压泵应停止运行。 （3）稳压泵在正常工作时每小时的启停次数应符合设计要求，且不应大于15次/h。 （4）稳压泵启停时系统压力应平稳，且稳压泵不应频繁启停	全数检查，直观检查
减压阀调试	（1）减压阀的阀前阀后动静压力应满足设计要求。 （2）减压阀的出流量应满足设计要求，当出流量为设计流量的150%时，阀后动压不应小于额定设计工作压力的65%。 （3）减压阀在小流量、设计流量和设计流量的150%时不应出现噪声明显增加。 （4）测试减压阀的阀后动静压差应符合设计要求	全数检查，使用压力表、流量计、声强计和直观检查
消火栓调试	（1）试验消火栓动作时，应检测消防水泵是否在本规范规定的时间内自动启动。 （2）试验消火栓动作时，应测试其出流量、压力和充实水柱的长度；并应根据消防水泵的性能曲线核实消防水泵供水能力。 （3）应检查旋转型消火栓的性能能否满足其性能要求。 （4）应采用专用检测工具，测试减压稳压型消火栓的阀后动静压是否满足设计要求	全数检查，使用压力表、流量计和直观检查

知识点 14：系统维护管理

系统维护管理的内容见表3-1-10。

表3-1-10 维护管理内容（2020年综合能力第54题）

部位		工作内容	周期
水源	市政给水管网	压力和流量	每季
	河湖等地表水源	枯水位、洪水位、枯水位流量或蓄水量	每年
	水井	常水位、最低水位、出流量	每年
	消防水池，消防水箱	水位	每月
	室外消防水池	温度	冬季每日

续表

部位		工作内容	周期
供水设施	电源	接通状态、电压	每日
	消防水泵	自动启动试运行	每周
		手动启动试运行	每月
		测试流量、压力（2019年综合能力第39题）	每季度
	稳压泵	启停泵压力、启停次数	每日
	柴油机消防水泵	启动电池	每日
	气压水罐	检测压力、水位、有效容积	每月
减压阀		放水（2018年综合能力第79题）	每月
		测试流量和压力	每年
阀门	雨淋阀的附属电磁阀	检查开启	每月
	所有的控制阀门	铅封、锁链的完好状态（2018年综合能力第70题）	每月
	电动阀和电磁阀	供电和启闭性能	每月
	室外阀门井中进水管上的控制阀门	开启状态（2019年综合能力第30题）	每季度
	水源控制阀、报警阀组	外观检查	每天
	末端试水阀和报警阀的放水试验阀	放水试验、启闭性能	每季度
	倒流防止器	压差	每月
消火栓		外观和漏水检查	每季度
水泵接合器		完好状态	每季度
		通水试验	每年

知识点15：消防给水及消火栓系统验收缺陷项目划分

《消防给水及消火栓系统技术规范》（GB 50974—2014）附录F给出了消防给水及消火栓系统验收缺陷项目划分。考核要求：根据工程项目检测结果，能够判断属于什么类型的缺陷。（2018年综合能力第82题）

分析： 消火栓系统广泛应用，有专门的设计规范。这部分内容比较重要，每年的分值比较高。2018年、2019年和2020年的分值分别为38分、35分和33分。这部分内容熟练掌握，是成功通过考试的前提。需要掌握的内容有室内外消火栓系统的设置要求及设置场所，需要熟悉室内外消火栓的工作原理。另外，消防给水系统各部件检查方法及内容、消防给水系统的安装调试与检测验收程序也需要熟练掌握。

对《消防给水及消火栓系统技术规范》相关内容熟练掌握，可在这部分内容的考试中得到理想的分数。

四、高频真题

1. (2018年技术实务第12题)（知识点10）根据现行国家标准,《消防给水及消火栓系统技术规范》（GB 50974），关于市政消火栓设置的说法，正确的是（　　）。
   A. 市政消防栓最大保护半径应为120m
   B. 当市政道路宽度不超过65m时，可在道路的一侧设置市政消防栓
   C. 市政消防栓距路边不宜小于0.5m，不应大于5m
   D. 室外地下室消火栓应设置直径为100mm和65mm的栓口各一个

   【答案】D

   【解析】市政消火栓的保护半径不应超过150m，间距不应大于120m，选项A错误。市政消火栓宜在道路的一侧设置，并宜靠近十字路口，但当市政道路宽度超过60m时，应在道路的两侧交叉错落设置市政消火栓，选项B错误。市政消火栓距路边不宜小于0.5m，并不应大于2.0m，选项C错误。室外地下式消火栓应有直径为100mm和65mm的栓口各一个，选项D正确。

2. (2018年技术实务第30题)（知识点7）某一类高层商业建筑，室内消火栓系统设计流量为30L/s。该建筑室内消火栓系统设计灭火用水量至少应为（　　）。
   A. 108m³　　　　B. 324m³　　　　C. 216m³　　　　D. 432m³

   【答案】B

   【解析】一类高层商业楼的火灾延续时间不应小于3h，室内消火栓系统设计灭火用水量$Q = 30 \times 3 \times 3.6 = 324$（m³）。

3. (2018年综合能力第63题)（知识点12）某消防工程施工单位对设计工作压力为0.8MPa的消火栓系统管网进行水压严密性试验，水压严密性试验的下列做法中，正确的是（　　）。
   A. 试验压力0.8MPa，稳压24h　　　　B. 试验压力0.96MPa，稳压12h
   C. 试验压力1.0MPa，稳压10h　　　　D. 试验压力1.2MPa，稳压8h

   【答案】A

   【解析】水压严密性试验应在水压强度试验和管网冲洗合格后进行。试验压力应为系统工作压力，稳压24h，应无泄漏。

4. (2018年综合能力第70题)（知识点14）根据现行国家标准《消防给水及消火栓系统技术规范》（GB 50974），室内消火栓系统上所有的控制阀门均应采用铅封锁链固定在开启规定的状态，且应（　　）对铅封、锁链进行一次检查，当有破坏或损坏时应及时修理更换。
   A. 每月　　　　B. 每季度　　　　C. 每半年　　　　D. 每年

   【答案】A

   【解析】系统上所有的控制阀门均应采用铅封或锁链固定在开启或规定的状态，每月应对铅封、锁链进行一次检查，当有破坏或损坏时应及时修理更换。

5. (2018年综合能力第82题)（知识点15）根据现行国家标准《消防给水及消火栓系统技术规范》（GB 50974），对消防给水及消火栓系统进行验收前的检测。下列检测结果中，属于工程质量缺陷项目重缺陷项的有（　　）。
   A. 消防水泵出水管上的控制阀关闭
   B. 消防水泵主、备泵相互切换不正常
   C. 消防水池吸水管喇叭口位置与设计位置存在误差
   D. 消防水泵运转中噪声及震动较大
   E. 高位消防水箱未设水位报警装置

【答案】BD

【解析】根据《消防给水及消火栓系统技术规范》(GB 50974—2014)附录F，第13.2.6条第2款属于严重缺陷项，规范要求消防水泵出水管上的控制阀应锁定在常开位置，选项A属于严重缺陷项。第13.2.6条第5款属于重缺陷项，规范要求备用泵启动和相互切换正常，选项B属于重缺陷项。第13.2.9条第5款属于轻缺陷项，规范要求消防水池吸水井、吸（出）水管喇叭口等设置位置应符合设计要求，选项C属于轻缺陷项。第13.2.6条第1款属于重缺陷项，规范要求消防水泵运转应平稳，应无不良噪声的震动，选项D属于重缺陷项。第13.2.9条第2款属于严重缺陷项，规范要求高位消防水箱的有效容积、水位、报警水位等应符合设计要求，选项E属于严重缺陷项。

6.（2019年综合能力第87题）（知识点2、3）某商业综合体，建筑高度为31.6m，总建筑面积为35000m²。设置临时高压消防给水系统，根据现行国家标准《消防给水及消火栓系统技术规范》(GB 50974)，下列验收结果中不符合规范要求的有（　　）。

A. 消防水泵吸水管上的控制阀采用暗杆闸阀，无开启刻度和标志
B. 消防主泵切换到备用泵的时间为60s
C. 高位消防水箱有效容积为36m³，设置有水位报警装置
D. 联动控制器处于手动状态时，高位消防水箱的消火栓出水干管的流量开关动作，消防水泵启动
E. 消防水泵启动后不能自动停止运行

【答案】AC

【解析】本题考查的知识点是消防给水系统的调试及联动控制。

消防水泵的吸水管上应设置明杆闸阀或带自锁装置的蝶阀，但当设置暗杆阀门时应设有开启刻度和标志；当管径超过DN300时，宜设置电动阀门。A选项不符合要求。

以备用电源切换方式或备用泵切换启动消防水泵时，消防水泵应分别在1min或2min内投入正常运行。B选项符合要求。

根据表3-1-2，C选项不符合要求。

消防水泵应能手动启停和自动启动。E选项符合要求。

7.（2020年综合能力第53题）（知识点3）某办公楼，建筑高度为50m，室外消火栓管道为环状管网，消防水池仅储存室内消防用水。对该建筑的消防水源及供水设施的下列检查结果中，不符合现行国家标准要求的是（　　）。

A. 高位水箱有效消防储水量为40m³
B. 室外消火栓管道只有1路与市政供水管道连接
C. 室内消火栓系统与自动喷水灭火系统合用消防水泵
D. 消防水泵接合器与最近室外消火栓的距离为18m

【答案】B

【解析】根据题干描述，室外应由市政管网供水，应满足两路消防供水。该建筑属于高层公建，室外设计流量至少为25L/s。室外消火栓设计流量满足≤20L/s时，可一路供水。B选项不符合要求。

8.（2020年综合能力第64题）（知识点10）根据现行国家标准《消防给水及消火栓系统技术规范》(GB 50974)，对消火栓系统采用的组件、设备进行现场检验时，需要进行密封性能检查的部件是（　　）。

A. 减压消火栓的减压装置
B. 消防水带
C. 消火栓固定接口
D. 消火栓箱

【答案】C

【解析】消火栓固定接口应进行密封性能试验,应以无渗漏、无损伤为合格。试验数量宜从每批中抽查1%,但不应少于5个,应缓慢而均匀地升压至1.6MPa,保压2min。当两个及两个以上不合格时,不应使用该批消火栓。当仅有1个不合格时,应再抽查2%,但不应少于10个,并应重新进行密封性能试验;当仍有不合格时,亦不应使用该批消火栓。C选项正确。

9.(2020年综合能力第16题)(知识点12)对室内消防给水系统管网进行试压、冲洗的下列试验和操作方法,不符合现行国家标准《消防给水及消火栓系统技术规范》(GB 50974)的是( )。

A. 强度试验的介质采用清水
B. 严密性试验合格之后进行管网冲洗
C. 水压强度实验的测试点设在系统管网的最低处
D. 管网采用分段方式进行冲洗

【答案】B

【解析】水压严密性试验应在水压强度试验和管网冲洗合格后进行。B选项不符合要求。

10.(2020年综合能力第54题)(知识点14)对某高层办公建筑的消防给水系统进行维护保养的下列做法,不符合现行国家标准《消防给水及消火栓系统技术规范》(GB 50974)的是( )。

A. 每季度模拟自动控制条件自动启动消防水泵运转一次
B. 每日检查一次消防水池、高位消防水箱的水位
C. 每月手动启动消防水泵运转一次
D. 每月检测一次气压水罐的压力和有效容积

【答案】A

【解析】每周应模拟消防水泵自动控制的条件自动启动消防水泵运转一次,且应自动记录自动巡检情况,每月应检测记录。A选项不符合要求。

五、考题预测

(一)习题

1. 消防水泵是指在消防给水系统中用于保证系统给水压力和水量的给水泵,下列关于消防水泵的说法正确的是( )。

A. 高压消防给水系统中需设置消防泵
B. 临时高压消防给水系统中不需要设置消防泵
C. 消火栓给水系统与自动喷水灭火系统应合用消防泵
D. 消防水泵备用泵的工作能力不能小于最大一台消防工作泵的工作能力

2. 下列有关消防水泵流量、扬程的说法不正确的是( )。

A. 消防水泵的性能应满足消防给水系统所需流量和压力的要求
B. 采用电动机驱动的消防水泵时,应选择电动机湿式安装的消防水泵
C. 消防水泵出流量为设计流量的1.5倍时,其出口压力不应低于设计工作压力的65%
D. 消防水泵零流量时的压力不应大于设计工作压力的1.4倍,且宜大于设计工作压力的1.2倍

3. 下列关于离心式消防水泵吸水管、阀门等部件布置要求的说法,不正确的是( )。

A. 消防水泵的吸水管上应设置明杆闸阀或带自锁装置的蝶阀
B. 消防水泵的吸水管穿越消防水池时,应采用柔性套管
C. 消防水泵的吸水口采用旋流防止器时,淹没深度不应小于600mm
D. 消防水泵的吸水管上可不设置过滤器

4. 下列关于消防水泵启动装置说法正确的是（　　）。
A. 消防水泵应能手动启停和自动启停
B. 消火栓按钮应作为直接启动消防泵的开关
C. 消防水泵控制柜在平时应使消防水泵处于自动启泵状态
D. 消防水泵控制柜与消防水泵设置在同一空间时，其防护等级不应低于IP50

5. 某一类高层公共建筑，建筑高度48m；设有室内消火栓系统和自动喷水灭火系统全保护，其室内消火栓设计流量最小不应小于（　　）。
A. 25L/s　　　　　　B. 30L/s　　　　　　C. 35L/s　　　　　　D. 40L/s

6. 某8层财贸金融大楼，耐火等级为二级，层高为3.5m，每层建筑面积均为1100m²，室内、外消火栓设计流量均为30L/s，下列说法正确的有（　　）。
A. 根据消火栓设计流量计算，应至少设置2个室外消火栓，且建筑消防扑救面一侧的室外消火栓数量不宜少于2个
B. 若该建筑室内设有自动喷水灭火系统、水喷雾灭火系统全保护时，则其室内消火栓设计流量可减少至15L/s
C. 市政消火栓距路边不宜小于0.5m，并不应大于2.0m
D. 该建筑消火栓栓口动压不应小于0.35MPa，不应大于0.50MPa，当大于0.70MPa时必须设置减压装置
E. 消防电梯前室应设置室内消火栓，并不应计入消火栓使用数量

7. 某住宅建筑，建筑高度为52m，室外消防给水设计流量为25L/s，耐火等级为二级，关于该建筑的消防设施，下列说法正确的有（　　）。
A. 若该建筑采用临时高压消防给水系统，经计算消防水泵设计扬程为0.80MPa。选择消防水泵时，消防水泵零流量时的压力应在0.96~1.12MPa之间
B. 该建筑消防水泵应采用自灌式吸水，可以不设置备用泵
C. 采用临时高压消防给水系统时，其高位消防水箱的有效容积不应小于6m³
D. 该建筑至少应设置2个消防水泵接合器
E. 采用临时高压消防给水系统时，其高位消防水箱最低有效水位应满足水灭火设施最不利点处的静水压力，且不应低于0.07MPa

8. 以下关于消防给水系统分区供水的叙述正确的有（　　）。
A. 某高层建筑系统工作压力为2.8MPa，应进行分区供水
B. 某高层建筑消火栓栓口处静压大于1.2MPa，应进行分区供水
C. 某商场自动喷水灭火系统报警阀处的工作压力为1.5MPa，应进行分区供水
D. 系统的工作压力为3.2MPa时，采用减压阀减压的形式进行分区供水
E. 某办公楼自动喷水灭火系统喷头处的工作压力为1.4MPa，应进行分区供水

9. 下列关于消防给水管道的布置说法正确的是（　　）。
A. 室外消防给水采用两路消防供水时应采用枝状管网
B. 室外消防给水管道应采用阀门分成若干独立段，每段内室外消火栓的数量不宜超过5个
C. 消防室外给水管道的直径应经计算确定，但不应小于DN150
D. 当室外消防给水设计流量不超过25L/s时，向室外环状消防给水管网供水的输水干管可以设置1条
E. 当采用一路消防供水时，室外消防给水管网可布置成枝状

10. 案例分析。
某办公大楼，屋顶为坡屋面，屋脊标高为+49.8m，檐口标高为+49.0m，室外设计地面地坪标高为−0.6m，一层设有建筑高度为2.2m的车库，办公楼内设有临时高压室内消火栓系统、湿式自动喷

水灭火系统。根据以上材料回答问题：

1）请简述该办公楼的建筑高度及建筑分类。此建筑高位水箱的有效容积最小为多少？

2）该建筑内的室内消火栓系统、自动喷水灭火系统火灾延续时间应分别按多少小时计算？

3）该建筑室外消火栓设计流量30L/s、室内消火栓设计流量20L/s、自动喷水灭火系统设计流量30L/s，室外消火栓管网用水取自消防水池，且不考虑火灾延续时间内的消防水池补水量，该建筑消防水池的有效容积应为多少？

（二）答案详解

1.【答案】D

2.【答案】B

3.【答案】C

4.【答案】C

5.【答案】A

【解析】室内消火栓设计流量参见《消防给水及消火栓系统技术规范》中表3.5.2，部分节选见下表。

建筑物名称		高度h（m）	消火栓设计流量（L/s）
高层民用建筑	住宅	27＜h≤54	10
		h＞54	20
	二类公共建筑	h≤50	20
	一类公共建筑	h≤50	30
		h＞50	40

当建筑物室内设有自动喷水灭火系统、水喷雾灭火系统、泡沫灭火系统或固定消防炮灭火系统等一种或两种以上自动水灭火系统全保护时，高层建筑当高度不超过50m且室内消火栓设计流量超过20L/s时，其室内消火栓设计流量可按该规范表3.5.2减少5L/s；多层建筑室内消火栓设计流量可减少50%，但不应小于10L/s。

题干中建筑为一类高层公共建筑且建筑高度为48m，消火栓设计流量为30L/s，设有自动喷水灭火系统全保护，可减少5L/s，设计流量为25L/s。

6.【答案】ACD

7.【答案】ABE

8.【答案】ABE

9.【答案】BE

10.【解析】具体如下。

1）该建筑的建筑高度为：(49.8＋49.0)/2＋0.6＝50（m），该建筑属于二类高层公共建筑；根据《消防给水及消火栓系统技术规范》第5.2.1条，二类高层公共建筑高位消防水箱的有效容积不应小于18m³。

2）根据《消防给水及消火栓系统技术规范》第3.6.2条，此建筑物消火栓系统的火灾延续时间为2.0h；根据第5.0.16条，自动喷水灭火系统火灾延续时间为1.0h。

3）消防水池的有效容积＝发生火灾用水总量＝室外消火栓用水量＋室内消火栓用水量＋自动喷水灭火系统用水量＝(30×2×3600＋20×2×3600＋30×1×3600)÷1000＝468（m³）。

第二章 自动喷水灭火系统

一、知识点架构图

本章的知识点架构见图 3-2-1。

```
                              ┌─ 湿式自动喷水灭火系统
                              ├─ 干式自动喷水灭火系统
                   系统的分类与组成 ─┼─ 预作用自动喷水灭火系统
                              ├─ 雨淋系统
                              ├─ 水幕系统
                              └─ 自动喷水-泡沫联用系统

                              ┌─ 湿式系统
                              ├─ 干式系统
                系统的工作原理与适用范围 ─┼─ 预作用系统
                              ├─ 雨淋系统
                              └─ 水幕系统

                   系统主要设计参数 ─┬─ 火灾危险等级
                                └─ 系统设计基本参数

                              ┌─ 洒水喷头
                              ├─ 报警阀组
自动喷水灭火系统 ──  系统主要组件及设置要求 ─┼─ 水流指示器
   ★★★★                      ├─ 压力开关
                              ├─ 末端试水装置
                              └─ 管道

                              ┌─ 喷头现场检查
                   系统组件安装前检查 ─┼─ 报警阀组现场检查
                              └─ 其他组件现场检查

                              ┌─ 喷头
                              ├─ 报警阀组
                              ├─ 水流报警装置
              系统组件安装调试与检测验收 ─┼─ 系统冲洗、试压
                              ├─ 系统调试
                              └─ 系统竣工验收

                              ┌─ 系统巡查
                              ├─ 系统周期性检查维护
                   系统维护管理 ─┼─ 系统年度检测
                              └─ 系统常见故障分析
```

图 3-2-1 第三篇第二章知识点架构图

二、考情分析

本章的考情分析见表 3-2-1。

自动喷水灭火系统是应用最广泛的自动灭火系统,特别是 2018 年 1 月 1 日颁布实施了《自动喷水

第二章　自动喷水灭火系统

灭火系统设计规范》，本章复习过程中应结合新修订的规范重点掌握。

表3-2-1　第三篇第二章考情分析表

年份	技术实务 分值（分）	技术实务 占比（%）	综合能力 分值（分）	综合能力 占比（%）	案例分析 分值（分）	案例分析 占比（%）
2015年	10	8.3	12	10	9	7.5
2016年	8	6.7	12	10	17	14.1
2017年	4	3.3	10	8.3	23	19.2
2018年	13	10.8	10	8.3	20	16.7
2019年	11	9.2	11	9.2	14	11.7
2020年	12	10.0	11	9.2	24	20.0

三、典型知识点

知识点1：自动喷水灭火系统的分类及适用范围

自动喷水灭火系统的分类及适用范围见表3-2-2。

表3-2-2　系统分类、组成、适用范围

分类		主要组件、配件	适用范围
闭式系统	湿式自动喷水灭火系统	（1）应设有洒水喷头、报警阀组、水流报警装置等组件和末端试水装置，以及管道、供水设施等； （2）控制管道静压的区段宜分区供水或设减压阀，控制管道动压的区段宜设减压孔板或节流管； （3）应设有泄水阀（或泄水口）、排气阀（或排气口）和排污口； (4) 干式系统和预作用系统的配水管道应设快速排气阀。有压充气管道的快速排气阀入口前应设电动阀； （5）防护冷却系统由闭式洒水喷头、湿式报警阀组等组成（2018年技术实务第41题）； （6）水幕系统由开式洒水喷头或水幕喷头、雨淋报警阀组或感温雨淋阀、水流报警装置（水流指示器或压力开关），以及管道、供水设施等组成	湿式系统适合在环境温度不低于4℃且不高于70℃的环境中使用
闭式系统	干式自动喷水灭火系统	^	干式系统适用于环境温度低于4℃或高于70℃的场所
闭式系统	预作用自动喷水灭火系统（2019年综合能力第55题）	^	系统处于准工作状态时严禁管道充水的场所、严禁系统误喷的场所、用于替代干式系统的场所
闭式系统	防护冷却系统	^	防护冷却系统在发生火灾时用于冷却防火卷帘、防火玻璃墙等防火分隔设施
开式系统	雨淋系统（2020年技术实务第44题）	^	主要适用于火灾的水平蔓延速度快、闭式洒水喷头的开放不能及时使喷水有效覆盖着火区域的场所；或室内净空高度超过规范规定高度，且必须迅速扑救初期火灾的场所；或火灾危险等级为严重危险级Ⅱ级的场所（2019年技术实务第51题）
开式系统	水幕系统	^	适用于局部防火分隔处、冷却降温

知识点2：自动喷水灭火系统工作原理

自动喷水灭火系统的工作原理见表3-2-3。

表3-2-3　自动喷水灭火系统工作原理

系统名称	工作原理
湿式系统	系统平时由消防水箱、稳压泵或气压给水设备等稳压设施维持管道内水的压力。发生火灾时，由闭式喷头探测火灾，水流指示器报告起火区域，消防水箱出水管上的流量开关、消防水泵出水管上的压力开关或报警阀组的压力开关输出启动消防水泵信号，完成系统的启动。系统启动后，由消防水泵向开放的喷头供水，开放的喷头将供水按不低于设计规定的喷水强度均匀喷洒，实施灭火

169

续表

系统名称	工作原理
干式系统	在准工作状态时，干式报警阀前（水源侧）的管道内充以压力水，干式报警阀后（系统侧）的管道内充以有压气体，报警阀处于关闭状态。发生火灾时，闭式喷头受热动作，喷头开启，管道中的有压气体从喷头喷出，干式报警阀系统侧压力下降，造成干式报警阀水源侧压力大于系统侧压力，干式报警阀被自动打开，压力水进入供水管道，将剩余压缩空气从系统立管顶端或横干管最高处的排气阀或已打开的喷头处喷出，然后喷水灭火。在干式报警阀被打开的同时，通向水力警铃和压力开关的通道也被打开，水流冲击水力警铃和压力开关，压力开关直接自动启动系统消防水泵供水
预作用系统	系统处于准工作状态时，由消防水箱或稳压泵等稳压设施维持雨淋阀入口前管道内充水的压力，雨淋阀后的管道内平时无水或充以有压气体。发生火灾时，由火灾自动报警系统联锁控制预作用装置开启，配水管道开始排气充水，使系统在闭式喷头动作前转换成湿式系统，并在闭式喷头开启后立即喷水（2018年技术实务第21题、2020年技术实务第78题）
雨淋系统	系统处于准工作状态时，由消防水箱或稳压泵等稳压设施维持雨淋阀入口前管道内充水的压力。发生火灾时，由火灾自动报警系统或传动管控制，自动开启雨淋报警阀和供水泵，向系统管网供水，由雨淋阀控制的开式喷头同时喷水
水幕系统	系统处于准工作状态时，由消防水箱或稳压泵、气压给水设备等稳压设施维持管道内充水的压力。发生火灾时，由火灾自动报警系统联动开启雨淋报警阀组，由系统管网压力开关启动供水泵，向系统管网和喷头供水

湿式系统简图见图3-2-2。

图3-2-2 湿式系统简图

1. 消防水池；2. 消防水泵；3. 止回阀；4. 闸阀；5. 消防水泵接合器；6. 高位消防水箱；7. 湿式报警阀组；
8. 配水干管；9. 水流指示器；10. 配水管；11. 闭式洒水喷头；12. 配水支管；13. 末端试水装置；
14. 报警控制器；15. 泄水阀；16. 压力开关；17. 信号阀；18. 水泵控制柜；19. 流量开关

知识点 3：自动喷水灭火系统的设置范围

除不宜用水保护或灭火的场所外，自动喷水灭火系统的设置范围见表 3-2-4。

表 3-2-4　系统设置范围

分类	要求
厂房	（1）不小于 50000 纱锭的棉纺厂的开包、清花车间，不小于 5000 锭的麻纺厂的分级、梳麻车间，火柴厂的烤梗、筛选部位； （2）占地面积大于 1500m² 或总建筑面积大于 3000m² 的单、多层制鞋、制衣、玩具及电子等类似生产的厂房； （3）占地面积大于 1500m² 的木器厂房； （4）泡沫塑料厂的预发、成型、切片、压花部位； （5）高层乙、丙类厂房； （6）建筑面积大于 500m² 的地下或半地下丙类厂房
仓库	（1）每座占地面积大于 1000m² 的棉、毛、丝、麻、化纤、毛皮及其制品的仓库； （2）每座占地面积大于 600m² 的火柴仓库； （3）邮政建筑内建筑面积大于 500m² 的空邮袋库； （4）可燃、难燃物品的高架仓库和高层仓库； （5）设计温度高于 0℃的高架冷库，设计温度高于 0℃且每个防火分区建筑面积大于 1500m² 的非高架冷库； （6）总建筑面积大于 500m² 的可燃物品地下仓库； （7）每座占地面积大于 1500m² 或总建筑面积大于 3000m² 的其他单层或多层丙类物品仓库
高层民用建筑	（1）一类高层公共建筑（除游泳池、溜冰场外）及其地下、半地下室； （2）二类高层公共建筑及其地下、半地下室的公共活动用房、走道、办公室和旅馆的客房、可燃物品库房、自动扶梯底； （3）高层民用建筑内的歌舞娱乐放映游艺场所； （4）建筑高度大于 100m 的住宅建筑
单、多层民用建筑	（1）特等、甲等剧场，超过 1500 个座位的其他等级的剧场，超过 2000 个座位的会堂或礼堂超过 3000 个座位的体育馆，超过 5000 人的体育场的室内人员休息室与器材间等； （2）任一层建筑面积大于 1500m² 或总建筑面积大于 3000m² 的展览馆、商店、餐饮和旅馆建筑以及医院中同样建筑规模的病房楼、门诊楼和手术部； （3）设置送回风管道的集中空气调节系统且总建筑面积大于 3000m² 的办公建筑等； （4）藏书量超过 50 万册的图书馆； （5）大、中型幼儿园，老年人照料设施； （6）总建筑面积大于 500m² 的地下或半地下商店； （7）设置在地下或半地下或地上四层及以上楼层的歌舞娱乐放映游艺场所（除游泳场所外），设置在首层、二层和三层且任一层建筑面积大于 300m² 的地上歌舞娱乐放映游艺场所（除游泳场所外）

知识点 4：系统设计参数

1）自动喷水灭火系统设置场所的火灾危险等级，共分为 4 类 8 级，即轻危险级、中危险级（Ⅰ、Ⅱ级）、严重危险级（Ⅰ、Ⅱ级）和仓库危险级（Ⅰ、Ⅱ、Ⅲ级）（2019 年案例分析第二题）。不同场所的火灾危险等级应该掌握，具体参考《自动喷水灭火系统设计规范》（GB 50084—2017）附录 A★。（2020 年技术实务第 95 题）

2）（1）民用建筑和工业厂房采用湿式系统时设计基本参数应不低于表 3-2-5 的要求。

表3-2-5 民用建筑和工业厂房采用湿式系统时设计基本参数★（2020年技术实务第62题）

火灾危险等级		净空高度 h（m）	喷水强度 [L/(min·m²)]	作用面积（m²）
轻危险级		h≤8	4	160
中危险级	Ⅰ		6	160
	Ⅱ		8	
严重危险级	Ⅰ		12	260
	Ⅱ		16	

注：在装有网格、栅板类通透性吊顶的场所，系统的喷水强度应按表中规定值的1.3倍确定；干式系统的作用面积按表中规定值的1.3倍确定。系统最不利点处喷头的工作压力不应低于0.05MPa（2018年综合能力第7题、2020年技术实务第62题）。

（2）民用建筑和厂房高大空间场所采用湿式系统的设计基本参数不应低于表3-2-6的要求。（2018年技术实务第87题）

表3-2-6 民用建筑和厂房高大空间场所采用湿式系统时设计基本参数

适用场所		净空高度 h（m）	喷水强度 [L/(min·m²)]	作用面积（m²）	喷头间距 s（m）
民用建筑	中庭、体育馆、航站楼等	8＜h≤12	12	160	1.8≤s≤3.0
		12＜h≤18	15		
	影剧院、音乐厅、会展中心等	8＜h≤12	15		
		12＜h≤18	20		
厂房	制衣制鞋、玩具、木器、电子生产车间等	8＜h≤12	15		
	棉纺厂、麻纺厂、泡沫塑料生产车间		20		

3）水幕系统设计基本参数见表3-2-7。

表3-2-7 水幕系统基本设计参数

水幕类别	喷水点高度（m）	喷水强度 [L/(s·m)]	喷头工作压力（MPa）
防火分隔水幕	≤12	2	0.1
防护冷却水幕	≤4	0.5	

注：防护冷却水幕的喷水点高度每增加1m，喷水强度应增加0.1L/(s·m)，但超过9m时喷水强度仍采用1.0L/(s·m)，系统持续喷水时间不应小于系统设置部位的耐火极限要求。（2019年技术实务第59题）

4）当采用防护冷却系统保护防火卷帘、防火玻璃墙等防火分隔设施时，系统应独立设置，且应符合下列要求：

（1）喷头设置高度不应超过8m；当设置高度为4~8m时，应采用快速响应洒水喷头；

（2）喷头设置高度不超过4m时，喷水强度不应小于0.5L/(s·m)；当超过4m时，每增加1m，喷水强度应增加0.1L/(s·m)。

（3）喷头的设置应确保喷洒到被保护对象后布水均匀，喷头间距应为1.8~2.4m。

（4）喷头溅水盘与防火分隔设施的水平距离不应大于0.3m，与顶板的距离应符合《自动喷水灭火系统设计规范》（GB 50084—2017）的要求。

5）除规范另有规定外，自动喷水灭火系统的持续喷水时间应按火灾延续时间不小于1h确定。

6）利用有压气体作为系统启动介质的干式系统和预作用系统，其配水管道内的气压值应根据报警阀的技术性能确定；利用有压气体检测管道是否严密的预作用系统，配水管道内的气压值不宜小于0.03MPa，且不宜大于0.05MPa。

7）局部应用系统应用于室内最大净空高度不超过8m的民用建筑中，为局部设置且保护区域总建筑面积不超过1000m² 的湿式系统。设置局部应用系统的场所应为轻危险级或中危险级Ⅰ级场所。

（1）持续喷水时间不应低于0.5h。

（2）采用标准覆盖面积洒水喷头且喷头总数不超过20 只，或采用扩大覆盖面积洒水喷头且喷头总数不超过12 只的局部应用系统，可不设报警阀组。

> **知识点5：喷头设置要求**

1）设置闭式系统的场所，洒水喷头类型和场所的最大净空高度应符合表3-2-8要求。

表3-2-8　洒水喷头类型和场所净空高度

设置场所		喷头类型			场所净空高度（m）
		一只喷头保护面积	响应时间性能	流量系数K	
民用建筑	普通场所	标准覆盖面积洒水喷头	快速响应喷头 特殊响应喷头 标准响应喷头	$K \geq 80$	$h \leq 8$
		扩大覆盖面积洒水喷头	快速响应喷头	$K \geq 80$	
	高大净空场所	标准覆盖面积洒水喷头	快速响应喷头	$K \geq 115$	$8 < h \leq 12$
		非仓库型特殊应用喷头			
		非仓库型特殊应用喷头			$12 < h \leq 18$
厂房		标准覆盖面积洒水喷头	特殊响应喷头 标准响应喷头	$K \geq 80$	$h \leq 8$
		扩大覆盖面积洒水喷头		$K \geq 80$	
		标准覆盖面积洒水喷头	特殊响应喷头 标准响应喷头	$K \geq 115$	$8 < h \leq 12$
		非仓库型特殊应用喷头			
仓库		标准覆盖面积洒水喷头	特殊响应喷头 标准响应喷头	$K \geq 80$	$h \leq 9$
		仓库型特殊应用喷头			$h \leq 12$
		早期抑制快速响应喷头（2018年案例分析第三题）			$h \leq 13.5$

2）闭式系统的洒水喷头，其公称动作温度宜高于环境最高温度30℃。需记忆4种不同玻璃球色标的温度：橙色57℃，红色68℃，黄色79℃，绿色93℃。（2018年技术实务第33题）

3）湿式系统的洒水喷头选型应符合下列规定（2018年技术实务第88题、2019年技术实务第66题、2019年综合能力第83题、2020年技术实务第29题、2020年案例分析第五题）：

（1）不做吊顶的场所，当配水支管布置在梁下时，应采用直立型洒水喷头；

（2）吊顶下布置的洒水喷头，应采用下垂型洒水喷头或吊顶型洒水喷头；

（3）顶板为水平面的轻危险级、中危险级Ⅰ级住宅建筑、宿舍、旅馆建筑客房、医疗建筑病房和办公室，可采用边墙型洒水喷头；

(4) 易受碰撞的部位，应采用带保护罩的洒水喷头或吊顶型洒水喷头；

(5) 顶板为水平面，且无梁、通风管道等障碍物影响喷头洒水的场所，可采用扩大覆盖面积洒水喷头；

(6) 住宅建筑和宿舍、公寓等非住宅类居住建筑宜采用家用喷头；

(7) 不宜选用隐蔽式洒水喷头；确需采用时，应仅适用于轻危险级和中危险级Ⅰ级场所。(2019年综合能力第60题)

4) 干式系统、预作用系统应采用直立型洒水喷头或干式下垂型洒水喷头（2019年技术实务第92题、2020年综合能力第73题）。

5) 水幕系统的喷头选型应符合下列规定：

(1) 防火分隔水幕应采用开式洒水喷头或水幕喷头；

(2) 防护冷却水幕应采用水幕喷头。

6) 自动喷水防护冷却系统可采用边墙型洒水喷头。

7) 下列场所宜采用快速响应洒水喷头。当采用快速响应洒水喷头时，系统应为湿式系统。

(1) 公共娱乐场所、中庭环廊；

(2) 医院、疗养院的病房及治疗区域，老年、少儿、残疾人的集体活动场所；

(3) 超出消防水泵接合器供水高度的楼层；

(4) 地下商业场所。

8) 自动喷水灭火系统应有备用洒水喷头，其数量不应少于总数的1%，且每种型号均不得少于10只。

9) 直立型、下垂型标准覆盖面积洒水喷头的布置，包括同一根配水支管上喷头的间距及相邻配水支管的间距，应根据设置场所的火灾危险等级、洒水喷头类型和工作压力确定，并且不应大于表3-2-9的规定，且不应小于1.8m。(2019年技术实务第83题、2019年综合能力第56题)。

表3-2-9 直立型、下垂型标准覆盖面积洒水喷头布置

火灾危险等级	正方形布置的边长（m）	矩形或平行四边形布置的长边边长（m）	一只喷头的最大保护面积（m²）	喷头与端墙的距离（m） 最大	喷头与端墙的距离（m） 最小
轻危险级	4.4	4.5	20.0	2.2	
中危险级Ⅰ级	3.6	4.0	12.5	1.8	
中危险级Ⅱ级	3.4	3.6	11.5	1.7	0.1
严重危险级 仓库危险级	3.0	3.6	9.0	1.5	

10) 喷头安装前，应进行外观质量检查、闭式喷头密封性能试验、质量偏差检查。

(1) 密封性能试验的试验压力为3.0MPa，保压时间不少于3min；随机从每批到场喷头中抽取1%，且不少于5只作为试验喷头。当1只喷头试验不合格时，再抽取2%，且不少于10只的到场喷头进行重复试验，试验以喷头无渗漏、无损伤判定为合格。累计2只以及2只以上喷头试验不合格的，不得使用该批喷头。

(2) 质量偏差检查：随机抽取3个喷头（带有运输护帽的摘下护帽）进行质量偏差检查，使用天平测量每只喷头的质量，计算喷头质量与合格检验报告描述的质量偏差，偏差不得超过5%。

知识点6：报警阀组设置要求

1) 自动喷水灭火系统应设报警阀组。保护室内钢屋架等建筑构件的闭式系统，应独立的报警阀组。水幕系统应设独立的报警阀组或感温雨淋报警阀。

2) 串联接入湿式系统配水干管的其他自动喷水灭火系统，应分别设置独立的报警阀组，其控制的洒水喷头数计入湿式报警阀组控制的洒水喷头总数。

3）一个报警阀组控制的洒水喷头数应符合下列规定：

（1）湿式系统、预作用系统不宜超过800只（2019年案例分析第六题）；干式系统不宜超过500只（2018年技术实务第95题）；

（2）当配水支管同时设置保护吊顶下方和上方空间的洒水喷头时，应只将数量较多一侧的洒水喷头计入报警阀组控制的洒水喷头总数。

4）每个报警阀组供水的最高与最低位置洒水喷头，其高程差不宜大于50m。

5）雨淋报警阀组的电磁阀，其入口应设过滤器。并联设置雨淋报警阀组的雨淋系统，其雨淋报警阀控制腔的入口应设止回阀。

6）报警阀组宜设在安全及易于操作的地点，报警阀距地面的高度宜为1.2m。设置报警阀组的部位应设有排水设施。

7）连接报警阀进出口的控制阀应采用信号阀。当不采用信号阀时，控制阀应设锁定阀位的锁具。

8）水力警铃的工作压力不应小于0.05MPa，并应符合下列规定：

（1）应设在有人值班的地点附近或公共通道的外墙上；

（2）与报警阀连接的管道，其管径应为20mm，总长不宜大于20m。

9）报警阀组渗漏试验，试验压力为2倍额定工作压力，保持5min，应无渗漏。（2020年综合能力第29题）

10）报警阀组的安装应在供水管网试压、冲洗合格后进行。安装时应先安装水源控制阀、报警阀，然后进行报警阀辅助管道的连接。水源控制阀、报警阀与配水干管的连接，应使水流方向一致。报警阀组安装的位置应符合设计要求；当设计无要求时，报警阀组应安装在便于操作的明显位置，距室内地面高度宜为1.2m；两侧与墙的距离不应小于0.5m；正面与墙的距离不应小于1.2m；报警阀组凸出部位之间的距离不应小于0.5m。安装报警阀组的室内地面应有排水设施，排水能力应满足报警阀调试、验收和利用试水阀门泄空系统管道的要求。

※重点分析

（1）报警阀组在自动喷水灭火系统中有下列作用：

①湿式与干式报警阀：接通或关断报警水流，喷头动作后，报警水流将驱动水力警铃和压力开关报警；防止水倒流。湿式报警阀组成简图见图3-2-3。（2020年技术实务第83题）

②雨淋报警阀：接通或关断向配水管道的供水。

图3-2-3 湿式报警阀组成简图

（2）并联设置雨淋报警阀组的系统启动时，将根据火情开启一部分雨淋报警阀。当开阀供水时，雨淋报警阀的入口水压将产生波动，有可能引起其他雨淋报警阀的误动作。为了稳定控制腔的压力，保证雨淋报警阀的可靠性，本条规定并联设置雨淋报警阀组的雨淋系统中，雨淋报警阀控制腔的入口要求设有止回阀。

知识点 7：其他组件设置要求

1）水流指示器的设置应符合以下规定：

（1）除报警阀组控制的洒水喷头只保护不超过防火分区面积的同层场所外，每个防火分区、每个楼层均应设水流指示器。

（2）仓库内顶板下洒水喷头与货架内置洒水喷头应分别设置水流指示器。

（3）当水流指示器入口前设置控制阀时，应采用信号阀，信号阀应安装在水流指示器前的管道上，与水流指示器之间的距离不宜小于 300mm。

（4）检查水流指示器灵敏度，试验压力为 0.14~1.2MPa，流量小于等于 15.0L/min 时，水流指示器不报警；流量在 15.0~37.5L/min 任一数值上报警，且到达 37.5L/min 一定报警。

2）压力开关的设置应符合以下规定：

（1）雨淋系统和防火分隔水幕，其水流报警装置应采用压力开关。

（2）自动喷水灭火系统应采用压力开关控制稳压泵，并应能调节启停压力。

（3）压力开关应竖直安装在通往水力警铃的管道上，且不应在安装中拆装改动。管网上的压力控制装置的安装应符合设计要求。

3）末端试水装置的设置应符合以下规定（2019 年技术实务第 64 题）：

（1）每个报警阀组控制的最不利点洒水喷头处应设末端试水装置，其他防火分区、楼层均应设直径为 25mm 的试水阀。

（2）末端试水装置应由试水阀、压力表以及试水接头组成。试水接头出水口的流量系数，应等同于同楼层或防火分区内的最小流量系数洒水喷头。末端试水装置的出水，应采取孔口出流的方式排入排水管道，排水立管宜设伸顶通气管，且管径不应小于 75mm。（2018 年综合能力第 7 题）

（3）末端试水装置和试水阀应有标识，距地面的高度宜为 1.5m，并应采取不被他用的措施。

（4）将末端试水装置安装在试验装置上，充水排除空气后，对试件缓慢升压至 1.1 倍额定工作压力，保持时间 5 min，试验中末端试水装置的试水阀门处于关闭状态，测试结束时末端试水装置各组件无渗漏。

※重点分析

雨淋系统和水幕系统采用开式喷头，平时报警阀出口后的管道内（系统侧）没有水，系统启动后的管道充水阶段，管内水的流速较快，容易损伤水流指示器，因此其水流报警装置较宜采用压力开关。

知识点 8：管网的设置

1）配水管道的工作压力不应大于 1.20MPa，并不应设置其他用水设施。（2018 年综合能力第 7 题）

2）配水管道可采用内外壁热镀锌钢管、涂覆钢管、铜管、不锈钢管和氯化聚氯乙烯（PVC-C）管。当报警阀入口前管道采用不防腐的钢管时，应在报警阀前设置过滤器。

3）自动喷水灭火系统采用氯化聚氯乙烯（PVC-C）管材及管件时，设置场所的火灾危险等级应为轻危险级或中危险级 I 级，系统应为湿式系统，并采用快速响应洒水喷头，且氯化聚氯乙烯（PVC-C）管材及管件应符合下列要求（2018 年综合能力第 7 题）：

（1）应用于公称直径不超过 DN80 的配水管及配水支管，且不应穿越防火分区；

（2）当设置在有吊顶场所时，吊顶内应无其他可燃物，吊顶材料应为不燃或难燃装修材料；

(3) 当设置在无吊顶场所时，该场所应为轻危险级场所，顶板应为水平、光滑顶板，且喷头溅水盘与顶板的距离不应大于100mm。

4) 洒水喷头与配水管道采用消防洒水软管连接时，应符合下列规定：
(1) 消防洒水软管仅适用于轻危险级或中危险级Ⅰ级场所，且系统应为湿式系统；
(2) 消防洒水软管应设置在吊顶内；
(3) 消防洒水软管的长度不应超过1.8m。

5) 配水管道的连接方式应符合下列要求：
(1) 镀锌钢管、涂覆钢管可采用沟槽式连接件（卡箍）、螺纹或法兰连接，当报警阀前采用内壁不防腐钢管时，可焊接连接；
(2) 铜管可采用钎焊、沟槽式连接件（卡箍）、法兰和卡压等连接方式；
(3) 不锈钢管可采用沟槽式连接件（卡箍）、法兰和卡压等连接方式，不宜采用焊接；
(4) 氯化聚氯乙烯（PVC-C）管材、管件可采用粘接连接，氯化聚氯乙烯（PVC-C）管材、管件与其他材质管材、管件之间可采用螺纹、法兰或沟槽式连接件（卡箍）连接；
(5) 铜管、不锈钢管、氯化聚氯乙烯（PVC-C）管应采用配套的支架、吊架。

6) 系统中直径等于或大于100mm的管道，应分段采用法兰或沟槽式连接件（卡箍）连接。水平管道上法兰间的管道长度不宜大于20m；立管上法兰间的距离，不应跨越3个及以上楼层。净空高度大于8m的场所内，立管上应有法兰。

7) 管道的直径应经水力计算确定。配水管道的布置，应使配水管入口的压力均衡。轻危险级、中危险级场所中各配水管入口的压力均不宜大于0.40MPa。

8) 配水管两侧每根配水支管控制的标准流量洒水喷头数量，轻危险级、中危险级场所不应超过8只，同时在吊顶上下设置喷头的配水支管，上下侧均不应超过8只。严重危险级及仓库危险级场所均不应超过6只。（2020年综合能力第33题）

9) 轻危险级、中危险级场所中配水支管、配水管控制的标准流量洒水喷头数量，不宜超过表3-2-10的规定。

表3-2-10 轻、中危险场所配水管、配水支管控制的标准流量洒水喷头数量

公称直径（mm）	控制的喷头数（只）	
	轻危险级	中危险级
25	1	1
32	3	3
40	5	4
50	10	8
65	18	12
80	48	32
100	—	64

10) 短立管及末端试水装置的连接管，其管径不应小于25mm。

11) 干式系统、由火灾自动报警系统和充气管道上设置的压力开关开启预作用装置的预作用系统，其配水管道充水时间不宜大于1min；雨淋系统和仅由火灾自动报警系统联动开启预作用装置的预作用系统，其配水管道充水时间不宜大于2min。（2020年综合能力第95题）

12) 干式系统、预作用系统的供气管道，采用钢管时，管径不宜小于15mm；采用铜管时，管径不宜小于10mm。

13) 水平设置的管道宜有坡度，并应坡向泄水阀。充水管道的坡度不宜小于2‰，准工作状态不

充水管道的坡度不宜小于4‰。

14）管网安装完毕后，必须对其进行强度试验、严密性试验和冲洗，详见表3-2-11。

表3-2-11 系统冲洗、试压

标题	内 容
基本要求	（1）经复查，埋地管道的位置及管道基础、支墩等符合设计文件要求。试压冲洗方案已经批准； （2）试压用的压力表不应少于2只；精度不应低于1.5级，量程应为试验压力值的1.5~2.0倍； （3）对不能参与试压的设备、仪表、阀门及附件应加以隔离或拆除；加设的临时盲板应具有突出于法兰的边耳，且应做明显标志，并记录临时盲板的数量； （4）系统试压过程中，当出现泄漏时，应停止试压，并应放空管网中的试验介质，消除缺陷后重新再试
水压强度试验	（1）当系统设计工作压力等于或小于1.0MPa时，水压强度试验压力应为设计工作压力的1.5倍，并不应低于1.4MPa；当系统设计工作压力大于1.0MPa时，水压强度试验压力应为该工作压力加0.4MPa； （2）水压强度试验的测试点应设在系统管网的最低点。对管网注水时应将管网内的空气排净，并应缓慢升压，达到试验压力后稳压30min后，管网应无泄漏、无变形，且压力降不应大于0.05MPa
水压严密性试验	水压严密性试验应在水压强度试验和管网冲洗合格后进行。试验压力应为设计工作压力，稳压24h，应无泄漏
气压严密性试验	气压严密性试验压力应为0.28MPa，且稳压24h，压力降不应大于0.01MPa。气压试验的介质宜采用空气或氮气
管网冲洗	管网冲洗应在试压合格后分段进行。冲洗顺序应先室外，后室内；先地下，后地上；室内部分的冲洗应按配水干管、配水管、配水支管的顺序进行。管网冲洗宜设临时专用排水管道，其排放应通畅和安全。排水管道的截面面积不得小于被冲洗管道截面面积的60%

知识点9：系统的操作与控制

1）湿式系统、干式系统应由消防水泵出水干管上设置的压力开关、高位消防水箱出水管上的流量开关和报警阀组压力开关直接自动启动消防水泵（2018年技术实务第89题、2019年技术实务第85题）。

2）预作用系统应由火灾自动报警系统、消防水泵出水干管上设置的压力开关、高位消防水箱出水管上的流量开关和报警阀组压力开关直接自动启动消防水泵。（2020年技术实务第51题、2020年技术实务第78题）

3）雨淋系统和自动控制的水幕系统，消防水泵的自动启动方式应符合下列要求：

（1）当采用火灾自动报警系统控制雨淋报警阀时，消防水泵应由火灾自动报警系统、消防水泵出水干管上设置的压力开关、高位消防水箱出水管上的流量开关和报警阀组压力开关直接自动启动；（2019年技术实务第38题）

（2）当采用充液（水）传动管控制雨淋报警阀时，消防水泵应由消防水泵出水干管上设置的压力开关、高位消防水箱出水管上的流量开关和报警阀组压力开关直接启动。（2018年技术实务第32题、第89题）

知识点10：系统的调试

1）系统调试应具备下列条件：（2019年综合能力第89题）

（1）消防水池、消防水箱已储存设计要求的水量；

（2）系统供电正常；

（3）消防气压给水设备的水位、气压符合设计要求；

（4）湿式喷水灭火系统管网内已充满水；干式、预作用喷水灭火系统管网内的气压符合设计要求；阀门均无泄漏；

（5）与系统配套的火灾自动报警系统处于工作状态。

2）系统调试应包括下列内容：水源测试；消防水泵调试；稳压泵调试；报警阀调试；排水设施调试；联动试验。（2019 年综合能力第 41 题、2020 年综合能力第 43 题）

3）报警阀组调试方法根据报警阀组类别不同分别进行：

（1）湿式报警阀调试时，在末端装置处放水，当湿式报警阀进口水压大于 0.14MPa、放水流量大于 1L/s 时，报警阀应及时启动；带延迟器的水力警铃应在 5~90s 内发出报警铃声，不带延迟器的水力警铃应在 15s 内发出报警铃声（2018 年综合能力第 30 题）；压力开关应及时动作，启动消防泵并反馈信号。

（2）干式报警阀调试时，开启系统试验阀，报警阀的启动时间、启动点压力、水流到试验装置出口所需时间，均应符合设计要求。

（3）雨淋阀调试宜利用检测、试验管道进行。自动和手动方式启动的雨淋阀，应在 15s 之内启动（2018 年综合能力第 30 题）；公称直径大于 200mm 的雨淋阀调试时，应在 60s 之内启动。雨淋阀调试时，当报警水压为 0.05MPa 时，水力警铃应发出报警铃声。

4）联动试验应符合下列要求：

（1）湿式系统的联动试验，启动一只喷头或以 0.94~1.5L/s 的流量从末端试水装置处放水时，水流指示器、报警阀、压力开关、水力警铃和消防水泵等应及时动作，并发出相应的信号；（2020 年综合能力第 60 题）

（2）预作用系统、雨淋系统、水幕系统的联动试验，可采用专用测试仪表或其他方式，对火灾自动报警系统的各种探测器输入模拟火灾信号，火灾自动报警控制器应发出声光报警信号，并启动自动喷水灭火系统；采用传动管启动的雨淋系统、水幕系统联动试验时，启动 1 只喷头，雨淋阀打开，压力开关动作，水泵启动；

（3）干式系统的联动试验，启动 1 只喷头或模拟 1 只喷头的排气量排气，报警阀应及时启动，压力开关、水力警铃动作并发出相应信号。

知识点 11：系统周期性维护

系统周期性维护的内容见表 3-2-12。

表 3-2-12 周期性维护内容

维护周期	检查内容
每日	（1）水源控制阀、报警控制装置的完好状况及开闭状态； （2）电源接通状态，电压情况； （3）寒冷季节检查设置储水设备的房间的室温
每月 （2018 年综合能力第 88 题、2019 年综合能力第 21 题、2020 年综合能力第 89 题）	（1）电动消防水泵、内燃机驱动消防水泵以及稳压泵启动试运转； （2）喷头完好状况、清除异物、备用量； （3）系统所有控制阀门的铅封、锁链完好状况； （4）消防气压给水设备的气压、水位检测；消防水池、高位水箱的检测水位及消防储备水不被他用的措施； （5）信号阀启闭状态； （6）电磁阀启动试验； （7）水泵接合器完好状况； （8）过滤器排渣、完好状态； （9）内燃机油箱油位检查，驱动泵运行测试
每季	（1）末端试水阀和报警阀旁的放水试验阀放水试验； （2）水流指示器报警试验； （3）室外阀门井中控制阀门的开启状况及其使用性能测试
每年 （2019 年综合能力第 21 题）	（1）水源供水能力测试； （2）泵流量检测，启动、放水试验； （3）水泵接合器通水试验； （4）储水设备完好状态； （5）系统联动试验

知识点 12：系统常见故障

湿式报警阀组常见故障分析见表 3-2-13。

表 3-2-13 湿式报警阀组常见故障分析

故障问题	故障原因	处理措施
报警阀组漏水（2019年综合能力第40题）	排水阀门未完全关闭	关紧排水阀门
	阀瓣密封垫老化或者损坏	更换阀瓣密封垫
	系统侧管道接口渗漏	检查系统侧管道接口渗漏点，密封垫老化、损坏的，更换密封垫；密封垫错位的，重新调整密封垫位置；管道接口锈蚀、磨损严重的，更换管道接口相关部件
	报警管路测试控制阀渗漏	更换报警管路测试控制阀
	阀瓣组件与阀座之间因变形或者污垢、杂物阻挡出现不密封状态	先放水冲洗阀体、阀座，存在污垢、杂物的，经冲洗后，渗漏减少或者停止；否则，关闭进水口侧和系统侧控制阀，卸下阀板，仔细清洁阀板上的杂质；拆卸报警阀阀体，检查阀瓣组件、阀座，存在明显变形、损伤、凹痕的，更换相关部件
报警阀启动后报警管路不排水	报警管路控制阀关闭	开启报警管路控制阀
	限流装置过滤网被堵塞	卸下限流装置，冲洗干净后重新安装回原位
报警阀报警管路误报警	未按照安装图纸安装或者未按照调试要求进行调试	按照安装图纸核对报警阀组组件安装情况；重新对报警阀组伺应状态进行调试
	报警阀组渗漏通过报警管路流出	查找渗漏原因，进行相应处理
	延迟器下部孔板溢出水孔堵塞，发生报警或者缩短延迟时间	延迟器下部孔板溢出水孔堵塞，卸下筒体，拆下孔板进行清洗
水力警铃工作不正常	产品质量问题或者安装调试不符合要求	属于产品质量问题的，更换水力警铃；安装缺少组件或者未按照图纸安装的，重新进行安装调试
	控制口阻塞或者铃锤机构被卡住	拆下喷嘴、叶轮及铃锤组件，进行冲洗，重新装合使叶轮转动灵活
开启测试阀，消防水泵不能正常启动（2018年案例分析第三题）	压力开关设定值不正确	将压力开关内的调压螺母调整到规定值
	消防联动控制设备中的控制模块损坏	逐一检查控制模块，采用其他方式启动消防水泵，核定问题模块，并予以更换
	水泵控制柜、联动控制设备的控制模式未设定在"自动"状态	将控制模式设定为"自动"状态

预作用装置常见故障分析见表 3-2-14。

表 3-2-14 预作用装置常见故障分析

故障问题	故障原因	处理措施
报警阀漏水	排水控制阀门未关紧	关紧排水控制阀门
	阀瓣密封垫老化者损坏	更换阀瓣密封垫
	复位杆未复位或者损坏	重新复位，或者更换复位装置

180

续表

故障问题	故障原因	处理措施
压力表读数不在正常范围	预作用装置前的供水控制阀未打开	完全开启报警阀前的供水控制阀
	压力表管路堵塞	拆卸压力表及其管路，疏通压力表管路
	预作用装置的报警阀体漏水	按照湿式报警阀组渗漏的原因进行检查、分析，查找预作用装置的报警阀体的漏水部位，进行修复或者组件更换
	压力表管路控制阀未打开或者开启不完全	完全开启压力表管路控制阀
系统管道内有积水	复位或者试验后，未将管道内的积水排完	开启排水控制阀，完全排除系统内积水
传动管喷头被堵塞	消防用水水质存在问题，有杂物等	对水质进行检测，清理不干净、影响系统正常使用的消防用水
	管道过滤器不能正常工作	检查管道过滤器，清除滤网上的杂质或者更换过滤器

雨淋报警阀组常见故障分析见表3-2-15。

表3-2-15 雨淋报警阀组常见故障分析

故障问题	故障原因	处理措施
自动滴水阀漏水（2018年综合能力第51题）	产品存在质量问题	更换存在问题的产品或者部件
	安装调试或者平时定期试验、实施灭火后，没有将系统侧管内的余水排尽	开启放水控制阀排除系统侧管道内的余水
	雨淋报警阀隔膜球面中线密封处因施工遗留的杂物、不干净消防用水中的杂质等导致球状密封面不能完全密封	启动雨淋报警阀，采用洁净水流冲洗遗留在密封面处的杂质
复位装置不能复位	水质过脏，有细小杂质进入复位装置密封面	拆下复位装置，用清水冲洗干净后重新安装，调试到位
长期无故报警	未按照安装图纸进行安装调试	检查各组件安装情况，按照安装图纸重新进行安装调试
	误将试验管路控制阀常开	关闭试验管路控制阀
系统测试不报警	消防用水中的杂质堵塞了报警管道上过滤器的滤网	拆下过滤器，用清水将滤网冲洗干净后，重新安装到位
	水力警铃进水口处喷嘴被堵塞、未配置铃锤或者铃锤卡死	检查水力警铃的配件，配齐组件；有杂物卡阻、堵塞的部件进行冲洗后重新装配到位
雨淋报警阀组不能进入伺应状态	复位装置存在问题	修复或者更换复位装置
	未按照安装调试说明书将报警阀组调试到伺应状态（隔膜室控制阀、复位球阀未关闭）	按照安装调试说明书将报警阀组调试到伺应状态（开启隔膜室控制阀、复位球阀）
	消防用水水质存在问题，杂质堵塞了隔膜室管道上的过滤器	将供水控制阀关闭，拆下过滤器的滤网，用清水冲洗干净后，重新安装到位

水流指示器常见故障分析见表 3-2-16。

表 3-2-16 水流指示器常见故障分析

故障问题	故障原因	处理措施
水流指示器不动作或信号不正常	水流指示器的叶片被异物、杂质等卡阻	清除水流指示器管腔内的杂物
	与水流指示器连接的监视模块故障	维修监视模块
	调整螺母与触头未调试到位	将调整螺母与触头调试到位
	水流指示器的信号反馈线路接线不实	检查并重新将线路接通

知识点 13：自动喷水灭火系统验收缺陷项目划分

《自动喷水灭火系统施工及验收规范》（GB 50261—2017）附录 F 给出了自动喷水灭火系统验收缺陷项目划分。考核要求：根据工程项目检测结果，能够判断属于什么类型的缺陷。（2018 年综合能力第 83 题）

系统工程质量验收判定应符合下列规定：1）系统工程质量缺陷应按附录 F 的要求划分：严重缺陷项（A），重缺陷项（B），轻缺陷项（C）。2）系统验收合格判定的条件为：A=0，且 B≤2，且 B+C≤6 为合格，否则为不合格。

分析：自动喷水灭火系统安全可靠、经济实用、灭火成功率高，广泛应用于工业建筑和民用建筑。这部分内容是重点中的重点，怎么强调其重要性都不为过。2018 年、2019 年和 2020 年的分值分别为 43 分、36 分和 47 分。这部分内容熟练掌握，是我们能否顺利通过的关键。需要掌握的内容有自动喷水灭火系统的分类、组成与工作原理以及适用范围、选型原则，自动喷水灭火系统的组件及其设置要求；自动喷水灭火系统设置场所的火灾危险性等级分类和系统设计基本参数。另外，自动喷水灭火系统的实物组成、实物结构需要掌握，自动喷水灭火系统安装前系统组件、管件（材）检查方法和要求需要熟练掌握。故障分析应是比较熟悉的内容。对《自动喷水灭火系统设计规范》（GB 50084—2017）和《自动喷水灭火系统系统施工及验收规范》（GB 50261—2017）相关内容熟练掌握，可以在这部分取得理想的成绩。

四、高频真题

1.（2018 年技术实务第 32 题）（知识点 9）某剧场舞台设有雨淋系统，雨淋报警阀组采用充水传动管控制。该雨淋系统消防水泵的下列控制方案中，错误的是（ ）。

　　A. 由报警阀组压力开关信号直接连锁启动消防喷淋泵
　　B. 由高位水箱出水管上设置的流量开关直接自动启动消防喷淋泵
　　C. 由火灾自动报警系统报警信号直接自动启动消防喷淋泵
　　D. 由消防水泵出水干管上设置的压力开关直接自动启动消防喷淋泵

【答案】C

【解析】当采用充液（水）传动管控制雨淋报警阀组时，消防水泵应由消防水泵出水干管上设置的压力开关、高位消防水箱出水管上的流量开关和报警阀组压力开关直接启动。

2.（2018 年技术实务第 88 题）（知识点 5）下列建筑场所湿式自动喷水灭火系统喷头选型方案中，正确的有（ ）。

　　A. 办公楼附建的地下汽车库：选用直立型洒水喷头
　　B. 装有非通透性吊顶的商场：选用下垂型洒水喷头
　　C. 总建筑面积为 5000m² 的地下商场：选用隐蔽式洒水喷头

D. 多层旅馆客房：选用边墙型洒水喷头

E. 工业园区员工集体宿舍：选用家用喷头

【答案】ABDE

【解析】不做吊顶的场所，当配水支管布置在梁下时，应采用直立型洒水喷头，地下汽车库属于不做吊顶且配水支管布置在梁下的场所，选项 A 正确；

吊顶下布置的洒水喷头，应采用下垂型洒水喷头或吊顶型洒水喷头，装有非通透性吊顶的商场符合本条规定可选用下垂型洒水喷头，选项 B 正确；

总建筑面积为 $5000m^2$ 的地下商场火灾危险等级中危险级Ⅱ级，不符合"6.1.3.7 不宜选用隐蔽式洒水喷头；确需采用时，应仅适用于轻危险级和中危险Ⅰ级场所"的规定，选项 C 错误；

多层旅馆客房火灾危险等级轻危险级，符合"6.1.3.3 顶板为水平面的轻危险级、中危险Ⅰ级住宅建筑、宿舍、旅馆建筑客房、医疗建筑病房和办公室，可采用边墙型洒水喷头"的规定，选项 D 正确；

住宅建筑和宿舍、公寓等非住宅类居住建筑宜采用家用喷头，工业园区员工集体宿舍符合本条规定可选用家用喷头，选项 E 正确。

3. （2018年综合能力第30题）（知识点10）根据现行国家标准《自动喷水灭火系统施工及验收规范》（GB 50261）对自动喷水灭火系统报警阀进行调试，下列结果调查中，不符合现行国家标准要求的（　　）。

A. 湿式报警阀进口水压为 0.15MPa、放水流量为 1.1L/s 时，报警阀组及时启动

B. 雨淋报警阀动作后压力开关在 25s 时发出动作信号

C. 湿式报警阀启动后，不带延迟器的水力警铃在 14s 时发出报警铃声

D. 湿式报警阀启动后，带延迟器的水力警铃在 85s 时发出报警铃声

【答案】B

【解析】湿式报警阀组调试时，从末端装置处放水，当湿式报警阀进水压力大于 0.14MPa、放水流量大于 1L/s 时，报警阀启动，带延迟器的水力警铃在 5~90s 内发出报警铃声，不带延迟器的水力警铃应在 15s 内发出报警铃声，压力开关动作，并反馈信号。公称直径小于 200mm 的雨淋阀调试时，自动和手动方式启动的雨淋阀应在 15s 内启动。

4. （2019年综合能力第55题）（知识点1、4、5）根据现行国家标准《自动喷水灭火系统施工及验收规范》（GB 50261），对寒冷地区某汽车库的预作用自动喷水灭火系统进行检查。下列检查结果中，不符合规范要求的是（　　）。

A. 设置场所冬季室内温度长期低于 0℃

B. 配水管道未增设快速排气阀，排气阀入口前的控制阀为手动阀门

C. 喷头选用直立型易熔合金喷头

D. 气压表显示配水管道内的气压值为 0.035MPa

【答案】B

【解析】本题考查的知识点是预作用自动喷水灭火系统的检查。

用于替代干式系统的场所，低于 0℃ 可以用预作用系统。A 选项符合要求。

湿式系统的洒水喷头选型应符合下列规定：不做吊顶的场所，当配水支管布置在梁下时，应采用直立型洒水喷头。C 选项符合要求。

利用有压气体作为系统启动介质的干式系统和预作用系统，其配水管道内的气压值应根据报警阀的技术性能确定；利用有压气体检测管道是否严密的预作用系统，配水管道内的气压值不宜小于 0.03MPa，且不宜大于 0.05MPa。D 选项符合要求。

干式系统和预作用系统的配水管道应设快速排气阀。有压充气管道的快速排气阀入口前应设电动阀。B 选项不符合要求。

5. (2019年技术实务第59题)（知识点4）某商场内的防火卷帘采用水幕系统进行防护冷却，喷头设置高度为7m，水幕系统的喷水强度不应小于（　　）。

A. 0.5L/(s·m)　　　　B. 0.8L/(s·m)　　　　C. 0.6L/(s·m)　　　　D. 0.7L/(s·m)

【答案】B

【解析】本题考查的知识点是自动喷水灭火系统。根据表3-2-7，喷头设置高度为7m，0.5+(7-4)×0.1=0.8L/(s·m)，喷水强度不应小于0.8L/(s·m)。B选项正确。

6. (2019年综合能力第83题)（知识点5）根据现行国家标准《自动喷水灭火系统施工及验收规范》（GB 50261），关于自动喷水灭火系统洒水喷头的选型，正确的有（　　）。

A. 图书馆书库采用边墙型洒水喷头

B. 总建筑面积为5000m²的商场营业厅采用隐蔽式喷头

C. 办公室吊顶下安装下垂型喷头

D. 无吊顶的汽车库选用直立型快速响应喷头

E. 印刷厂纸质品仓库采用早期抑制快速响应喷头

【答案】CDE

【解析】本题考查的知识点是洒水喷头的选型。

湿式系统的洒水喷头选型应符合下列规定：

(1) 不做吊顶的场所，当配水支管布置在梁下时，应采用直立型洒水喷头。D选项正确。

(2) 吊顶下布置的洒水喷头，应采用下垂型洒水喷头或吊顶型洒水喷头。C选项正确。

(3) 顶板为水平面的轻危险级、中危险级Ⅰ级住宅建筑、宿舍、旅馆建筑客房、医疗建筑病房和办公室，可采用边墙型洒水喷头。书库为中危险Ⅱ级场所。A选项不正确。

(4) 易受碰撞的部位，应采用带保护罩的洒水喷头或吊顶型洒水喷头。

(5) 顶板为水平面，且无梁、通风管道等障碍物影响喷头洒水的场所，可采用扩大覆盖面积洒水喷头。

(6) 住宅建筑和宿舍、公寓等非住宅类居住建筑宜采用家用喷头。

(7) 不宜选用隐蔽式洒水喷头；确需采用时，应仅适用于轻危险级和中危险级Ⅰ级场所。B选项为中危险Ⅱ级场所，B选项不正确。

仓库可采用早期抑制快速响应喷头。E选项正确。

7. (2020年技术实务第29题)（知识点5）某建筑高度为24m的商场，地上5层，建筑面积为36000m²，商场设有格栅吊顶，吊顶的通透面积占吊顶总面积的85%。该商场设有湿式自动喷水灭火系统，系统配水支管布置在梁下，该商场设置的自动喷水灭火系统应采用（　　）洒水喷头。

A. 下垂型　　　　B. 直立型　　　　C. 边墙型　　　　D. 隐蔽型

【答案】B

【解析】装设网格、栅板类通透性吊顶的场所，当通透面积占吊顶总面积的比例大于70%时，喷头应设置在吊顶上方。

湿式系统的洒水喷头选型应符合下列规定：不做吊顶的场所，当配水支管布置在梁下时，应采用直立型洒水喷头。B选项正确。吊顶下布置的洒水喷头，应采用下垂型洒水喷头或吊顶型洒水喷头。A选项错误。顶板为水平面的轻危险级、中危险级Ⅰ级住宅建筑、宿舍、旅馆建筑客房、医疗建筑病房和办公室，可采用边墙型洒水喷头。C选项错误。不宜选用隐蔽式洒水喷头；确需采用时，应仅适用于轻危险级和中危险级Ⅰ级场所。D选项错误。

8. (2020年技术实务第87题)（知识点6）某办公楼设有闭式自动喷水灭火系统，地下一层为消防水泵房，消防水泵房内设置两台喷淋泵。关于喷淋泵控制的说法，正确的有（　　）。

A. 喷淋泵应能手动启、停

B. 喷淋泵应能自动启、停
C. 喷淋泵控制柜平时应设置在自动控制状态
D. 喷淋泵控制柜应设置机械应急启泵功能
E. 消防控制柜应设置专用线路连接的手动直接启动按钮

【答案】ACDE

【解析】消防水泵应能手动启停和自动启动。A选项正确、B选项错误。

9.（2020年综合能力第29题）（知识点6）某单位对进场的湿式报警阀组进行渗漏检验，下列试验方法及结果中符合现行国家标准《自动喷水灭火系统施工及验收规范》（GB 50261）的是（　　）。

A. 试验压力为报警阀额定工作压力的2.0倍，保压5min，阀瓣处无渗漏
B. 试验压力为报警阀额定工作压力的1.2倍，保压15min，阀瓣处无渗漏
C. 试验压力为报警阀额定工作压力的1.0倍，保压20min，阀瓣处无渗漏
D. 试验压力为报警阀额定工作压力的1.5倍，保压10min，阀瓣处无渗漏

【答案】A

【解析】报警阀应进行渗漏试验。试验压力应为额定工作压力的2倍，保压时间不应小于5min，阀瓣处应无渗漏。

10.（2020年技术实务第78题）（知识点9）预作用自动喷水灭火系统，灭火流程包括以下环节：①压力开关或流量开关动作；②喷淋泵启动；③预作用报警阀打开。系统动作顺序正确的是（　　）。

A. ①②③　　　　B. ③①②　　　　C. ①③②　　　　D. ③②①

【答案】B

【解析】预作用系统应由火灾自动报警系统、消防水泵出水干管上设置的压力开关、高位消防水箱出水管上的流量开关和报警阀组压力开关直接自动启动消防水泵。系统动作顺序为③①②。

11.（2020年综合能力第43题）（知识点8、10）根据现行国家标准《自动喷水灭火系统施工及验收规范》（GB 50261），下列实验内容中不属于湿式自动喷水灭火系统调试内容的是（　　）。

A. 通过移动式消防水泵向水泵接合器供水，测试消防水泵接合器的供水能力
B. 从湿式报警阀组的试水装置处放水，测试报警阀组的报警功能
C. 以手动和自动方式启动消防水泵，测试消防水泵投入正常运行的时间
D. 对系统管网进行严密性试验，测试系统管网的密封性能

【答案】D

【解析】管网安装完毕后，必须对其进行强度试验、严密性试验和冲洗。D选项错误。

系统调试应包括下列内容：水源测试；消防水泵调试；稳压泵调试；报警阀调试；排水设施调试；联动试验。A、B、C选项正确。

12.（2020年综合能力第60题）（知识点12）对某办公楼的自动喷水灭火系统的水流指示器进行功能检查时，在第五层末端试水装置处以1.5L/s的流量放水，消防控制室未收到该层水流指示器的动作反馈信号。下列关于未收到动作反馈信号的原因分析中，可以排除的是（　　）。

A. 水流指示器的叶片被异物、杂质等卡阻
B. 与水流指示器连接的监视模块故障
C. 水流指示器的信号反馈线路接线不实
D. 水流指示器前的信号蝶阀未完全打开

【答案】D

【解析】根据表3-2-16，水流指示器发生信号不正常的故障原因主要有：水流指示器的叶片被异物、杂质等卡阻；与水流指示器连接的监视模块故障；水流指示器的信号反馈线路接线不实。

五、考题预测

（一）习题

1. 湿式系统和干式系统的联动控制设计，不符合规定的是（   ）。

A. 联动控制方式，应由湿式报警阀压力开关的动作信号作为触发信号，直接控制启动喷淋消防泵，联动控制不应受消防联动控制器处于自动或手动状态影响

B. 手动控制方式，应将喷淋消防泵控制箱（柜）的启动、停止按钮用专用线路直接连接至设置在消防控制室内的消防联动控制器的手动控制盘，直接手动控制喷淋消防泵的启动、停止

C. 水流指示器、信号阀、压力开关、喷淋消防泵的启动和停止的动作信号应反馈至消防联动控制器

D. 水流指示器、信号阀、压力开关、喷淋消防泵的启动和停止的动作信号，有压气体管道气压状态信号和快速排气阀入口前电动阀的动作信号应反馈至消防联动控制器

2. 邮政建筑内建筑面积大于（   ）m^2 的空邮袋库；应设置自动灭火系统，并宜采用自动喷水灭火系统。

A. 500 B. 600 C. 1000 D. 1500

3. 关于设置固定支架或防晃支架的说法不正确的是（   ）。

A. 配水管宜在中点设一个防晃支架，当管径小于 DN50 时可不设

B. 配水干管及配水管，配水支管的长度超过 15m，每 15m 长度内应至少设 2 个防晃支架，当管径不大于 DN40 可不设

C. 管径大于 DN50 的管道拐弯、三通及四通位置处应设 1 个防晃支架

D. 防晃支架的强度，应满足管道、配件及管内水的重量再加 50% 的水平方向推力时不损坏或不产生永久变形

4. 下列关于配水管两侧每根配水支管控制的标准喷头数错误的是（   ）。

A. 轻、中危险级场所不应超过 8 只

B. 同时在吊顶上下安装喷头的配水支管，上下侧均不超过 8 只

C. 严重危险级和仓库危险级场所不应超过 6 只

D. 短立管及末端试水装置的连接管，其管径应小于 25mm

5. 下列不是自动喷水灭火系统水压强度试验要求的是（   ）。

A. 水压强度试验的测试点设在系统管网的最低点

B. 水压强度试验在水压严密性试验和管网冲洗合格后进行

C. 管网注水时，将管网内的空气排净，缓慢升压

D. 达到试验压力后，稳压 30min，管网无泄漏、无变形，且压力降不大于 0.05MPa

6. 不符合自动喷水灭火系统联动试验要求的有（   ）。

A. 湿式系统的联动试验，启动 1 只喷头或从末端试水装置处放水时，水流指示器、报警阀、压力开关、水力警铃和消防水泵等应及时动作，并发出相应的信号

B. 预作用系统、雨淋系统、水幕系统的联动试验，释放烟雾弹对火灾自动报警系统的各感烟探测器输入模拟火灾信号，火灾自动报警控制器应发出声光报警信号并启动自动喷水灭火系统

C. 采用传动管启动的雨淋系统、水幕系统联动试验时，启动 1 只喷头，雨淋阀打开，压力开关动作，水泵启动

D. 干式系统的联动试验，启动 1 只喷头或模拟 1 只喷头的排水量时，报警阀应及时启动，压力开关、水力警铃动作并发出相应信号

7. 关于末端试水装置的检查及安装要求不正确的是（　　）。
  A. 末端试水装置应有水流方向的永久性标识
  B. 末端试水装置应有明显的启闭状态标识
  C. 安装前应检查测试末端试水装置的密封性能
  D. 末端试水装置开启后信号反馈装置能够输出信号

8. 自动喷水灭火系统为控制因建筑高差较大造成的超压，通常采用分区供水或者在系统相应管段上安装（　　），以控制管道静压。
  A. 泄水阀　　　　B. 压力开关　　　　C. 报警阀组　　　　D. 减压阀

9. 自动喷水系统组件安装前检查中，对闭式喷头要做密封性能试验。其中密封性能试验的试验压力为（　　）MPa，保压时间不少于3min。
  A. 1　　　　B. 2　　　　C. 3　　　　D. 4

10. 自动喷水灭火系统除喷头、报警阀组等主要组件外，还包括压力开关、水流指示器、末端试水装置等组件，系统组件安装前主要对外观、功能等进行现场检查。其中测试末端试水装置密封性能，试验压力为额定工作压力的（　　）倍，保压时间为5min，末端试水装置试水阀关闭，测试结束时末端试水装置各组件无渗漏。
  A. 1.1　　　　B. 1.2　　　　C. 1.3　　　　D. 1.4

11. 自动喷水灭火系统的管网安装完毕后应对其进行（　　）。
  A. 强度试验
  B. 密封性实验
  C. 严密性试验
  D. 渗漏试验
  E. 冲洗

12. 对系统周期性检查维护时，发现水流指示器在规定时间不报警，则可能的原因是（　　）。
  A. 水流指示器的控制线路存在断路、接线不实等情况
  B. 安装位置管径偏大
  C. 有异物、杂质等卡阻桨片
  D. 水流指示器有锈蚀
  E. 螺母与触头未安装到位

13. 对自动喷水灭火维护操作正确的有（　　）。
  A. 自动喷水灭火系统应具有管理、检测、维护规程，并应保证系统处于准工作状态
  B. 系统上所有的控制阀门均应采用铅封或锁链固定在开启或规定的状态
  C. 钢板消防水箱和消防气压给水设备的玻璃水位计，两端的角阀打开保证随时观察到水位
  D. 自动喷水灭火系统发生故障，需停水进行修理前，应向主管值班人员报告，取得维护负责人的同意，并临场监督，加强防范措施后方能动工
  E. 应每天应检查设置储水设备的房间，保持室温不低于5℃

14. 下列项目至少每季度进行一次检查与维护的是（　　）。
  A. 报警阀组的试水阀放水及其启动性能测试
  B. 喷头完好状况、备用量及异物清除等检查
  C. 系统所有阀门状态及其铅封、锁链完好状况检查
  D. 室外阀门井中的控制阀门开启状况及其使用性能测试
  E. 系统联动测试

15. 案例分析。
  某大型商场建筑设计安装湿式自动喷水灭火系统，该系统约有4000只喷头，设有3个报警阀组，系统的设计工作压力为0.8MPa。现维保单位对系统进行维护检测保养，对管网进行了1.5倍工作压力

的水压强度试验，试验压力为 1.2MPa。发现最不利点的喷头处压力表显示工作压力为 0.03MPa，经放水测试，消防控制室不能收到水流指示器的反馈信号，在水泵房发现喷淋泵的进水口被关闭，喷淋泵被停用。根据以上材料，回答问题：

1）请指出该系统设计方面存在的问题。
2）维保单位水压强度试验做法正确吗？为什么？
3）若该系统的设计工作压力为 1.1MPa，水压强度试验压力又该为多少合适？
4）水压强度试验该如何进行？
5）试分析不能收到反馈信号的原因。
6）简述安装前闭式喷头的密封性能试验要求及合格标准。

（二）答案详解

1. 【答案】D
2. 【答案】A
3. 【答案】B

【解析】下列部位应设置固定支架或防晃支架：

1）配水管宜在中点设一个防晃支架，当管径小于 DN50mm 时可不设。
2）配水干管及配水管，配水支管的长度超过 15m，每 15m 长度内应至少设一个防晃支架，管径不大于 DN40mm 时可不设。
3）管径大于 DN50mm 的管道拐弯、三通及四通位置处应设一个防晃支架。
4）防晃支架的强度，应满足管道、配件及管内水的重量再加 50% 的水平方向推力时不损坏或不产生永久变形。当管道穿梁安装时管道再用紧固件固定于混凝土结构上，可作为一个防晃支架处理。

4. 【答案】D
5. 【答案】B
6. 【答案】D
7. 【答案】A
8. 【答案】D
9. 【答案】C
10. 【答案】A
11. 【答案】ACE
12. 【答案】ACE

【解析】水流指示器故障表现为打开末端试水装置，达到规定流量时水流指示器不动作，或者关闭末端试水装置后，水力指示器反馈信号仍然显示为动作信号。

1）故障原因分析。
（1）桨片被管腔内杂物卡住。
（2）调整螺母与触头未调试好。
（3）传输接线脱落。
2）故障处理。
（1）清除水流指示器管腔内的杂物。
（2）将调整螺母与触头调试到位。
（3）检查并重新将脱落线路接通。

13. 【答案】ABD
14. 【答案】AD

15. 【解析】具体如下。

1）根据《自动喷水灭火系统设计规范》第6.2.3条第1款，一个湿式报警阀组控制的洒水喷头数量不宜超过800只，该商场至少应设4000/800=5个报警阀组，设有3个报警阀组不符合标准要求；根据本规范第5.0.1条，系统最不利点处洒水喷头的工作压力不应低于0.05MPa，该系统最不利点的喷头处压力表显示工作压力为0.03MPa，不符合标准要求。

2）该维保单位水压强度试验压力为1.2MPa做法不正确，原因：根据《自动喷水灭火系统施工及验收规范》第6.2.1条，当系统设计工作压力等于或小于1.0MPa时，水压强度试验压力应为设计工作压力的1.5倍，并不应低于1.4MPa。

3）根据《自动喷水灭火系统施工及验收规范》第6.2.1条，当系统设计工作压力大于1.0MPa时，水压强度试验压力为设计工作压力加0.4MPa。所以当该系统的设计工作压力为1.1MPa时，水压强度试验压力为1.5MPa合适。

4）水压强度试验的测试点设在系统管网的最低点；管网注水时，将管网内的空气排净，缓慢升压；达到试验压力后，稳压30min，管网无泄漏、无变形，且压力降不大于0.05MPa；采用试压装置进行试验，目测观察管网外观和测压用压力表的压力降；系统试压过程中出现泄漏或者超过规定压降时，停止试压，放空管网中试验用水；消除缺陷后，重新试验。

5）未收到水流指示器反馈信号的原因有：水流指示器被管道内杂物卡阻住，使之不能传出信号；信号传输线路损坏；安装时调整螺母与触头未调试到位。

6）根据《自动喷水灭火系统施工及验收规范》第3.2.7条，试验压力为3.0MPa，保压时间不少于3min。随机从每批到场喷头中抽取1%，且不少于5只进行试验。当1只喷头不合格时，再抽取2%，且不少于10只进行重复试验；累计2只及以上不合格时，试验结论为不合格。试验以喷头无渗漏、无损伤判定为合格。

第三章 水喷雾灭火系统

一、知识点架构图

本章的知识点架构见图3-3-1。

```
                                    ┌─ 表面冷却
                    ┌─ 系统灭火机理 ─┼─ 窒息
                    │                ├─ 乳化
                    │                └─ 稀释
                    │
                    │                ┌─ 按启动方式分类
                    ├─ 系统分类 ─────┤
                    │                └─ 按应用方式分类
                    │
                    │                        ┌─ 系统工作原理
                    ├─ 系统工作原理及适用范围 ┼─ 系统适用范围
                    │                        ├─ 设置场所
                    │                        └─ 不适用范围
                    │
                    │                ┌─ 水雾喷头的工作压力
水喷雾灭火系统      │                ├─ 水喷雾灭火系统的响应时间
    ★★  ─────────┤─ 系统设计参数 ─┼─ 水喷雾灭火系统的保护面积
                    │                ├─ 喷雾强度和持续喷雾时间
                    │                ├─ 自动喷水-水喷雾混合配置系统设计
                    │                └─ 泡沫-水喷雾联用系统的设计
                    │
                    │                    ┌─ 水雾喷头
                    ├─ 系统组件及设置要求 ┼─ 雨淋阀
                    │                    └─ 管道
                    │
                    │                        ┌─ 系统主要组件安装
                    ├─ 系统的安装调试与检测验收 ┼─ 系统调试
                    │                        └─ 系统检测与验收
                    │
                    └─ 系统维护管理
```

图3-3-1 第三篇第三章知识点架构图

二、考情分析

本章的考情分析见表3-3-1。

水喷雾灭火系统近几年考试涉及内容主要为选择题，因系统原理与自动喷水水幕系统相似，本章基本未涉及案例分析题，但本章知识点也应掌握，确保不丢分。

第三章 水喷雾灭火系统

表 3-3-1 第三篇第三章考情分析表

年份	技术实务 分值（分）	技术实务 占比（%）	综合能力 分值（分）	综合能力 占比（%）	案例分析 分值（分）	案例分析 占比（%）
2015 年	4	3.3	2	1.7	0	0
2016 年	5	4.2	1	0.8	0	0
2017 年	1	0.8	1	0.8	0	0
2018 年	1	0.8	3	2.5	0	0
2019 年	2	1.7	2	1.7	0	0
2020 年	3	2.5	2	1.7	0	0

三、典型知识点

知识点 1：系统灭火机理及适用范围

1）水喷雾的灭火机理主要是表面冷却、窒息、乳化和稀释作用。

2）水喷雾灭火系统按防护目的主要分为灭火控火和防护冷却两大类，其适用范围随不同的防护目的而设定，详见表 3-3-2。（2020 年技术实务第 43 题、2020 年技术实务第 8 题）

表 3-3-2 系统适用范围

标 题		内 容
适用范围	灭火控火	固体火灾
		可燃液体火灾。如燃油锅炉、发电机油箱、丙类液体输油管道火灾等
		电气火灾。离心雾化喷头喷出的水雾具有良好的电气绝缘性，因此可用于扑灭油浸式电力变压器、电缆隧道、电缆沟、电缆井、电缆夹层等处发生的电气火灾
	防护冷却	可燃气体和甲、乙、丙类液体的生产、储存、装卸、使用设施和装置的防护冷却
		火灾危险性大的化工装置及管道。如加热器、反应器、蒸馏塔等的冷却防护
不适用范围	不适宜用水扑救的物质	过氧化物。如过氧化钾、过氧化钠、过氧化钡、过氧化镁等
		遇水燃烧物质。金属钾、金属钠、碳化钙（电石）、碳化铝、碳化钠、碳化钾等
	使用水雾会造成爆炸或破坏的场所	高温密闭的容器内或空间内
		表面温度经常处于高温状态的可燃液体

知识点 2：系统分类

水喷雾灭火系统由水源、供水设备、管道、雨淋报警阀（或电动控制阀、气动控制阀）、过滤器和水雾喷头等组成，向保护对象喷射水雾进行灭火或防护冷却的系统。系统分类详见表 3-3-3。

表 3-3-3 水喷雾灭火系统分类

分类标准	类别	特点
启动方式	电动启动水喷雾灭火系统	以火灾报警系统发出报警信号通过联动控制器打开雨淋报警阀组，同时启动水泵，喷水灭火
	传动管启动水喷雾灭火系统	以传动管上的闭式喷头受火灾高温影响动作后，传动管内的压力迅速下降，打开了封闭的雨淋阀，通过压力开关送到火灾报警控制器上，报警控制器启动水泵，喷水灭火。接收传动管信号的雨淋报警阀组应能液动或气动开启

续表

分类标准	类别	特点
应用方式	固定式水喷雾灭火系统	固定式水喷雾灭火系统可设置在以下场所： （1）建筑内燃油、燃气的锅炉房，可燃油油浸电力变压器室，充可燃油的高压电容器和多油开关室，自备发电机房； （2）单台容量在40MW及以上的厂矿企业可燃油油浸电力变压器，单台容量在90MW及以上可燃油油浸电厂电力变压器，单台容量在125MW及以上的独立变电所可燃油油浸电力变压器
	自动喷水-水喷雾混合配置系统	自动喷水-水喷雾混合配置系统适用于用水量比较少，保护对象比较单一的室内场所，如建筑室内燃油、燃气锅炉房等
	泡沫-水喷雾联用系统	泡沫-水喷雾联用系统适用于采用泡沫灭火比采用水灭火效果更好的某些对象，或者灭火后需要进行冷却，防止火灾复燃的场所。目前，泡沫-水喷雾联用系统主要用于公路交通隧道

知识点3：系统设计参数

1）系统的基本设计参数应根据防护目的和保护对象确定。

2）系统的供给强度和持续供给时间不应小于表3-3-4的规定，响应时间不应大于表3-3-4的规定。

表3-3-4 系统的供给强度、持续供给时间和响应时间

防护目的	保护对象		供给强度 [L/(min·m²)]	持续供给时间（h）	响应时间（s）
灭火	固体物质火灾		15	1	60
	输送机皮带（2020年技术实务第71题）		10	1	60
	液体火灾	闪点60℃~120℃的液体	20	0.5	60
		闪点高于120℃的液体	13		60
		饮料酒	20		60
	电气火灾	油浸式电力变压器、油断路器	20	0.4	60
		油浸式电力变压器的集油坑	6		60
		电缆	13		60
防护冷却	甲B、乙、丙类液体储罐	固定顶罐	2.5	直径大于20m的固定顶罐为6h，其他为4h	300
		浮顶罐	2.0		
		相邻罐	2.0		
	甲、乙类液体及可燃气体生产、储运、装卸设施		9	6	120
	液化石油气灌瓶间、瓶库		9	6	60

3）水雾喷头的工作压力，当用于灭火时不应小于0.35MPa；当用于防护冷却时不应小于0.2MPa，但对于甲B、乙、丙类液体储罐不应小于0.15MPa（2018年技术实务第16题）。

4）保护对象的保护面积除本规范另有规定外，应按其外表面面积确定，并应符合下列要求：

（1）当保护对象外形不规则时，应按包容保护对象的最小规则形体的外表面面积确定。

（2）变压器的保护面积除应按扣除底面面积以外的变压器油箱外表面面积确定外，尚应包括散热

器的外表面面积和油枕及集油坑的投影面积。(2019 年技术实务第 77 题)

(3) 分层敷设的电缆的保护面积应按整体包容电缆的最小规则形体的外表面面积确定。

(4) 液化石油气灌瓶间的保护面积应按其使用面积确定,液化石油气瓶库、陶坛或桶装酒库的保护面积应按防火分区的建筑面积确定。

(5) 输送机皮带的保护面积应按上行皮带的上表面面积确定;长距离的皮带宜实施分段保护,但每段长度不宜小于100m。

(6) 开口可燃液体容器的保护面积应按其液面面积确定。

(7) 甲、乙类液体泵,可燃气体压缩机及其他相关设备,其保护面积应按相应设备的投影面积确定,且水雾应包络密封面和其他关键部位。

(8) 系统用于冷却甲$_B$、乙、丙类液体储罐时,着火的地上固定顶储罐及距着火储罐罐壁 1.5 倍着火罐直径范围内的相邻地上储罐应同时冷却,当相邻地上储罐超过 3 座时,可按 3 座较大的相邻储罐计算消防冷却水用量。着火的浮顶罐应冷却,其相邻储罐可不冷却。着火罐的保护面积应按罐壁外表面面积计算,相邻罐的保护面积可按实际需要冷却部位的外表面面积计算,但不得小于罐壁外表面面积的 1/2。

(9) 系统用于冷却全压力式及半冷冻式液化烃或类似液体储罐时,着火罐及距着火罐罐壁 1.5 倍着火罐直径范围内的相邻罐应同时冷却;当相邻罐超过 3 座时,可按 3 座较大的相邻罐计算消防冷却水用量。着火罐保护面积应按其罐体外表面面积计算,相邻罐保护面积应按其罐体外表面面积的 1/2 计算。

(10) 系统用于冷却全冷冻式液化烃或类似液体储罐时,采用钢制外壁的单容罐,着火罐及距着火罐罐壁 1.5 倍着火罐直径范围内的相邻罐应同时冷却。着火罐保护面积应按其罐体外表面面积计算,相邻罐保护面积应按罐壁外表面面积的 1/2 及罐顶外表面面积之和计算。

知识点 4:系统组件的设置

1) 水雾喷头的选型应符合下列要求:
(1) 扑救电气火灾,应选用离心雾化型水雾喷头;
(2) 室内粉尘场所设置的水雾喷头应带防尘帽,室外设置的水雾喷头宜带防尘帽;
(3) 离心雾化型水雾喷头应带柱状过滤网。

2) 响应时间不大于120s的系统,应设置雨淋报警阀组,报警阀安装地点的常年温度应不小于4℃,雨淋报警阀组的功能及配置应符合下列要求:
(1) **接收电控信号的雨淋报警阀组应能电动开启,接收传动管信号的雨淋报警阀组应能液动或气动开启;**
(2) **应具有远程手动控制和现场应急机械启动功能;**
(3) **在控制盘上应能显示雨淋报警阀开、闭状态;**
(4) **宜驱动水力警铃报警;**
(5) **雨淋报警阀进出口应设置压力表;**
(6) **电磁阀前应设置可冲洗的过滤器。**

3) 当系统供水控制阀采用电动控制阀或气动控制阀时,应符合下列规定:
(1) 应能显示阀门的开、闭状态;
(2) 应具备接收控制信号开、闭阀门的功能;
(3) 阀门的开启时间不宜大于45s;
(4) 应能在阀门故障时报警,并显示故障原因;
(5) 应具备现场应急机械启动功能;

(6) 气动阀宜设置储备气罐，气罐的容积可按与气罐连接的所有气动阀启闭3次所需气量计算。

4) 给水管道应符合下列规定：

(1) 过滤器与雨淋报警阀之间及雨淋报警阀后的管道，应采用内外热浸镀锌钢管、不锈钢管或铜管；需要进行弯管加工的管道应采用无缝钢管；

(2) 管道工作压力不应大于1.6MPa；

(3) 系统管道采用镀锌钢管时，公称直径不应小于25mm；采用不锈钢管或铜管时，公称直径不应小于20mm；

(4) 系统管道应采用沟槽式管接件（卡箍）、法兰或丝扣连接，普通钢管可采用焊接；

(5) 沟槽式管接件（卡箍），其外壳的材料应采用牌号不低于QT450-12的球墨铸铁；

(6) 防护区内的沟槽式管接件（卡箍）密封圈、非金属法兰垫片应通过《水喷雾灭火系统技术规范》附录A规定的干烧试验；

(7) 应在管道的低处设置放水阀或排污口。

知识点5：水雾喷头

水雾喷头设置见表3-3-5。

表3-3-5 水雾喷头设置

分类标准	类别	内容
喷头分类	离心雾化型	由喷头体、涡流器组成，它形成的水雾同时具有良好的电绝缘性，适合扑救电气火灾（2018年技术实务第56题、2020年技术实务第8题、2020年综合能力第10题）
	撞击型	喷头由溅水盘、分流锥、框架本体和滤网组成
喷头主要参数	工作压力	水喷雾头的工作压力，当用于灭火时不应小于0.35MPa；当用于防护冷却时不应小于0.2MPa，但对于甲$_B$、乙、丙类液体储罐不应小于0.15MPa
	雾化角	水雾喷头常见的雾化角有30°、45°、60°、90°、120°
	流量系数	水雾喷头的流量系数K为16~102
	有效射程	水雾喷头有效射程与雾化角有直接的关系。同一水雾喷头，雾化角小，射程则远，反之则近
	水雾滴平均直径	水雾滴平均直径随喷头工作压力变化而变化，压力越大，雾滴平均直径越小。一般水雾的粒径应在0.3~1mm范围内
喷头布置要求	基本原则	保护对象的水雾喷头数量应根据设计喷雾强度、保护面积和水雾喷头特性，按水雾喷头流量计算公式和保护对象水雾喷头数量计算公式计算确定
	布置方式	水雾喷头的平面布置方式可为矩形或菱形。当按矩形布置时，水雾喷头之间的距离不应大于1.4倍水雾喷头的水雾锥底圆半径；当按菱形布置时，水雾喷头之间的距离不应大于1.7倍水雾喷头的水雾锥底圆半径（2019年综合能力第59题）
	保护变压器	保护对象为油浸式变压器时，水雾喷头应布置在变压器周围，不宜布置在变压器顶部；保护变压器顶部的水雾不应直接喷向高压套管；变压器的油枕、冷却器、集油坑均应设水雾喷头保护；水雾喷头之间的水平距离与垂直距离应满足水雾锥相交的要求

续表

分类标准	类别	内容
喷头布置要求	保护储罐、球罐（2019年技术实务第42题）	（1）当保护对象为可燃气体和甲、乙、丙类液体储罐时，水雾喷头宜布置在保护对象周围，与保护储罐外壁之间的距离不应大于0.7m； （2）当保护对象为球罐时，水雾喷头的喷口应面向球心；水雾锥沿球罐纬线方向应相交，沿经线方向应相接；当球罐的容积不小于1000m³，水雾锥沿球罐纬线方向应相交，沿经线方向宜相接，但赤道以上环管之间的距离不应大于3.6m；无防护层的球罐钢支柱和罐体液位计、阀门等处应设水雾喷头保护； （3）当保护对象为卧式储罐时，水雾喷头的布置应使水雾完全覆盖裸露表面，储罐液位计、阀门等处应设水雾喷头保护
	保护电缆	当保护对象为电缆时，水雾喷头喷射的水雾应完全包围电缆
	保护输送机皮带	当保护对象为输送机皮带时，水雾应完全包围输送机的机头、机尾和上行皮带上表面
	保护其他对象	当保护对象为室内燃油锅炉、电液装置、氢密封油装置、发电机、充油开关时，水雾喷头宜在保护对象的顶部周围平面布置，使水雾直接喷向并完全覆盖保护对象。当保护对象为汽轮机油箱、磨煤机润滑油箱时，水雾喷头宜沿油箱顶部周围平面布置，使水雾直接喷向并完全覆盖油箱液面
备用量		各种不同规格的喷头均应有一定数量的备用品，其数量不应小于安装总数的1%，且每种备用喷头不应少于5只

水喷雾系统原理简图见图3-3-2。

图3-3-2 水喷雾系统原理简图

知识点 6：系统操作与控制

1）系统应具有自动控制、手动控制和应急机械启动三种控制方式；但当响应时间大于 120s 时，可采用手动控制和应急机械启动两种控制方式。

2）与系统联动的火灾自动报警系统的设计应符合现行国家标准《火灾自动报警系统设计规范》（GB 50116）的规定。

3）当系统使用传动管探测火灾时，应符合下列规定：

（1）传动管宜采用钢管，长度不宜大于 300m，公称直径宜为 15~25mm，传动管上闭式喷头之间的距离不宜大于 2.5m；

（2）电气火灾不应采用液动传动管；

（3）在严寒与寒冷地区，不应采用液动传动管；当采用压缩空气传动管时，应采取防止冷凝水积存的措施。

4）用于保护液化烃储罐的系统，在启动着火罐雨淋报警阀的同时，应能启动需要冷却的相邻储罐的雨淋报警阀。

5）用于保护甲$_B$、乙、丙类液体储罐的系统，在启动着火罐雨淋报警阀（或电动控制阀、气动控制阀）的同时，应能启动需要冷却的相邻储罐的雨淋报警阀（或电动控制阀、气动控制阀）。

6）分段保护输送机皮带的系统，在启动起火区段的雨淋报警阀的同时，应能启动起火区段下游相邻区段的雨淋报警阀，并应能同时切断皮带输送机的电源。

7）当自动水喷雾灭火系统误动作对保护对象造成不利影响时，应采用两个独立火灾探测器的报警信号进行联锁控制；当保护油浸电力变压器的水喷雾灭火系统采用两路相同的火灾探测器时，系统宜采用火灾探测器的报警信号和变压器的断路器信号进行联锁控制。

8）水喷雾灭火系统的控制设备应具有下列功能：

（1）监控消防水泵的启、停状态；

（2）监控雨淋报警阀的开启状态，监视雨淋报警阀的关闭状态；

（3）监控电动或气动控制阀的开、闭状态；

（4）监控主、备用电源的自动切换。

9）水喷雾灭火系统供水泵的动力源应具备下列条件之一：

（1）一级电力负荷的电源；

（2）二级电力负荷的电源，同时设置作备用动力的柴油机；

（3）主、备动力源全部采用柴油机。

知识点 7：系统的调试

1. 水源测试。
2. 动力源和备用动力源切换试验。
3. 消防水泵调试。
4. 稳压泵调试。
5. 雨淋报警阀、电动控制阀、气动控制阀的调试。

雨淋报警阀调试宜利用检测、试验管道进行。自动和手动方式启动的雨淋报警阀应在 15s 之内启动；公称直径大于 200mm 的雨淋报警阀调试时，应在 60s 之内启动，雨淋报警阀调试时，当报警水压为 0.05MPa 时，水力警铃应发出报警铃声。

6. 排水设施调试。
7. 联动试验。联动试验应符合下列规定：

1）采用模拟火灾信号启动系统，相应的分区雨淋报警阀（或电动控制阀、气动控制阀）、压力开关和消防水泵及其他联动设备均应能及时动作并发出相应的信号。

检查数量：全数检查。

检查方法：直观检查。

2）采用传动管启动的系统，启动1只喷头，相应的分区雨淋报警阀、压力开关和消防水泵及其他联动设备均应能及时动作并发出相应的信号。

检查数量：全数检查。

检查方法：直观检查。

3）系统的响应时间、工作压力和流量应符合设计要求。

检查数量：全数检查。

检查方法：当为手动控制时，以手动方式进行1~2次试验；当为自动控制时，以自动和手动方式各进行1~2次试验，并用压力表、流量计、秒表计量。

知识点8：系统的维护管理

水喷雾灭火系统维护管理内容见表3-3-6。

表3-3-6 水喷雾灭火系统维护管理内容

周期	周期性检查维护内容
每日	（1）应对水源控制阀、雨淋报警阀进行外观检查，阀门外观应完好，启闭状态应符合设计要求； （2）寒冷季节，应检查消防储水设施是否有结冰现象，储水设施的任何部位均不得结冰
每周	应对消防水泵和备用动力进行一次启动试验；当消防水泵为自动控制启动时，每周模拟自动控制的条件启动运转一次
每月	（1）应检查电磁阀并进行启动试验，动作失常时应及时更换； （2）应检查手动控制阀门的铅封、锁链，当有破坏或损坏时应及时修理更换。系统上所有手动控制阀门均应采用铅封或锁链固定在开启或规定的状态； （3）应检查消防水池（罐）、消防水箱及消防气压给水设备，应确保消防储备水位及消防气压给水设备的气体压力符合设计要求； （4）应检查保证消防用水不作他用的技术措施，发现故障应及时进行处理； （5）应检查消防水泵接合器的接口及附件，应保证接口完好、无渗漏、闷盖齐全； （6）应检查喷头，当喷头上有异物时应及时清除
每季	（1）应对系统进行一次放水试验，检查系统启动、报警功能以及出水情况是否正常； （2）应检查室外阀门井中进水管上的控制阀门，核实其处于全开启状态
每年	（1）应对消防储水设备进行检查，修补缺损和重新油漆； （2）应对水源的供水能力进行一次测定

分析：从出题情况来看，这部分内容分值不大，最多6分，2018年为4分，2019年为4分，2020年为5分。分别考查了水喷雾的灭火机理、设计参数、系统组件和调试验收等方面的内容。在以后的出题过程中，系统的维护管理、操作控制与组件的设置要求应是重点。另外，没有考查过的设计参数也是应掌握的重点。

掌握《水喷雾灭火系统技术规范》（GB 50219—2014）强条的内容，可在这部分取得好成绩。

四、高频真题

1．（2018年综合能力第39题）（知识点8）水喷雾灭火系统投入运行后应进行维护管理，根据现行国家标准《水喷雾灭火系统技术规范》（GB 50219）维护管理人员应掌握的知识与性能，不包括

( )。
A. 熟悉水喷雾灭火系统的操作维护规程 B. 熟悉水喷雾灭火系统各组件的结构
C. 熟悉水喷雾灭火系统的性能 D. 熟悉水喷雾灭火系统的原理

【答案】B

【解析】根据《水喷雾灭火系统技术规范》(GB 50219—2014)中第10.0.2条维护管理人员应经过消防专业培训，应熟悉水喷雾灭火系统的原理、性能和操作与维护规程。

2. (2018年技术实务第56题)（知识点5）下列水喷雾灭火系统喷头选型方案中，错误的是（ ）。
A. 用于白酒厂酒缸灭火保护的水喷雾灭火系统，选用离心雾化型水雾喷头
B. 用于液化石油气罐瓶间防护冷却的水喷雾灭火系统，选用撞击型水雾喷头
C. 用于电缆沟电缆灭火保护的水喷雾灭火系统，选用撞击型水雾喷头
D. 用于丙类液体固定顶储罐防护冷却的水喷雾灭火系统，选用离心雾化型水雾喷头

【答案】C

【解析】根据表3-3-5，水雾喷头的选型应符合下列要求：扑救电气火灾，应选用离心雾化型水雾喷头。选项C属于扑救电气火灾，应选用离心雾化型水雾喷头。

3. (2019年技术实务第77题)（知识点3）某油浸变压器油箱外形为长方体，长、宽、高分别为5m、3m、4m，散热器的外表面积为21m²，油枕及集油坑的投影面积为22m²。若采用水喷雾灭火系统保护，则该变压器的保护面积至少应为（ ）。
A. 58m² B. 100m² C. 122m² D. 137m²

【答案】C

【解析】本题考查的知识点是水喷雾灭火系统。变压器的保护面积除应按扣除底面面积以外的变压器油箱外表面面积确定外，还应包括散热器的外表面面积和油枕及集油坑的投影面积。

扣除底面面积以外的变压器油箱外表面面积：(5×4+5×3+4×3)×2-5×3=79（m²）

散热器的外表面面积和油枕及集油坑的投影面积：21+22=43（m²）

该变压器的保护面积至少应为79+43=122（m²）；C选项正确。

4. (2020年技术实务第8题)（知识点4）某火力发电厂的油浸变压器室毗邻贮煤场，该发电厂油浸变压器室设置的水喷雾灭火系统宜采用（ ）。
A. 离心雾化型水雾喷头 B. 撞击型水雾喷头
C. 防尘帽+离心雾化型水雾喷头 D. 防尘帽+撞击型水雾喷头

【答案】C

【解析】水雾喷头的选型应符合下列要求：扑救电气火灾，应选用离心雾化型水雾喷头；室内粉尘场所设置的水雾喷头应带防尘帽，室外设置的水雾喷头宜带防尘帽。

5. (2020年技术实务第71题)（知识点3）某火力发电厂输煤皮带设有水喷雾灭火系统，该发电厂水喷雾灭火系统的持续供给时间至少应为（ ）h。
A. 0.4 B. 1.0 C. 0.5 D. 1.5

【答案】B

【解析】根据表3-3-4，输送机皮带持续供给时间至少为1.0h。

五、考题预测

（一）习题

1. 在对水喷雾灭火系统的报警阀组检测验收时，报警阀安装地点的常年温度应不小于（ ）。

A. 4℃   B. 5℃   C. 8℃   D. 10℃

2. 水喷雾灭火系统报警阀调试中，要求自动和手动方式启动的雨淋阀，并应在（　　）s 之内启动。

A. 10   B. 15   C. 20   D. 25

3. 下列水喷雾灭火系统报警阀组验收中，不符合要求的是（　　）。
A. 水力警铃喷嘴处压力不应小于 0.05MPa，且距水力警铃 3m 远处警铃声强不应小于 70dB
B. 打开手动试水阀或电磁阀时，报警阀组动作应可靠
C. 控制阀均应锁定在常闭位置
D. 与火灾自动报警系统的联动控制，应符合设计要求

4. 水喷雾灭火系统是利用专门设计的水雾喷头，在水雾喷头的工作压力下，将水流分解成粒径不超过（　　）mm 的细小水滴进行灭火和防护冷却的一种固定灭火系统。

A. 1   B. 2   C. 3   D. 4

5. 雨淋阀组应具备的功能包括下列哪些（　　）。
A. 有自动控制和电动控制两种操作方式
B. 应能监测供水、出水压力
C. 应能接通或关闭水喷雾灭火系统的供水
D. 应能接受电信号电动开启雨淋阀，接受传动管信号液动或气动开启雨淋阀
E. 应能驱动水力警铃报警

6. 固定式水喷雾灭火系统的设置场所有（　　）。
A. 建筑内燃油的锅炉房
B. 可燃油油浸电力变压器室
C. 充可燃油的高压电容器和多油开关室，自备发电机房
D. 单台容量在 125MW 及以上的独立变电所可燃油油浸电力变压器
E. 主机房建筑面积不小于 140m² 的电子信息系统机房内的主机房和基本工作间的已记录磁（纸）介质库

7. 下列关于水喷雾灭火系统维护管理的说法，正确的是（　　）。
A. 消防水池、消防水箱应每月检查一次，消防水泵应每月手动启动运转一次
B. 每个季度应对系统所有的试水阀和报警阀旁的放水试验阀进行一次放水试验
C. 每半年应对水源的供水能力进行一次测定，应保证消防用水不作他用
D. 系统上所有的控制阀门均应采用铅封或锁链固定在开启或规定的状态
E. 寒冷季节，消防储水设备的任何部位均不得结冰。每天应检查设置储水设备的房间，保持室温不低于 5℃

（二）答案详解

1. 【答案】A
2. 【答案】B
3. 【答案】C
4. 【答案】A

【解析】水雾喷头在一定压力作用下，在设定区域内能将水流分解为直径 1mm 以下的水滴。

5. 【答案】BCDE
6. 【答案】ABCD
7. 【答案】ABDE

第四章 细水雾灭火系统

一、知识点架构图

本章的知识点架构见图3-4-1。

```
细水雾灭火系统
├─ 系统灭火机理
│   ├─ 细水雾的成雾原理
│   └─ 细水雾的灭火机理
├─ 系统分类
│   ├─ 按工作压力分类
│   ├─ 按应用方式分类
│   ├─ 按动作方式分类
│   ├─ 按雾化介质分类
│   └─ 按供水方式分类
├─ 系统的组成与工作原理
│   ├─ 开式细水雾灭火系统
│   └─ 闭式细水雾灭火系统
├─ 系统的适用范围
│   ├─ 系统的特性
│   ├─ 适用范围
│   └─ 不适用范围
├─ 系统设计参数
│   ├─ 系统选型
│   └─ 设计参数
├─ 系统组件及设置要求
│   ├─ 细水雾喷头
│   ├─ 控制阀组
│   ├─ 过滤装置
│   ├─ 末端试水装置
│   └─ 系统管网
├─ 系统组件安装前检查
│   ├─ 喷头的进场检查
│   ├─ 阀组的进场检查
│   └─ 其他组件的进场检查
├─ 系统组件安装调试与检测验收
│   ├─ 供水设施的安装
│   ├─ 管道安装
│   ├─ 系统主要组件的安装
│   ├─ 系统冲洗、试压
│   └─ 系统调试与现场功能测试
└─ 系统维护管理
    ├─ 系统操作与巡查
    ├─ 系统周期性检查维护
    └─ 系统年度检测
```

图3-4-1 第三篇第四章知识点架构图

二、考情分析

本章的考情分析见表3-4-1。

细水雾灭火系统在当前消防设施市场中占有率较低,案例分析中也不是重点,历年来本章主要考试题型是选择题，知识点内容相对容易。

表 3-4-1 第三篇第四章考情分析表

年份	技术实务		综合能力		案例分析	
	分值（分）	占比（%）	分值（分）	占比（%）	分值（分）	占比（%）
2015 年	1	0.8	2	1.7	0	0
2016 年	1	0.8	1	0.8	0	0
2017 年	1	0.8	0	0	0	0
2018 年	2	1.7	1	0.8	0	0
2019 年	1	0.8	1	0.8	0	0
2020 年	1	0.8	1	0.8	0	0

三、典型知识点

知识点 1：系统灭火机理、特性及适用范围

1）细水雾的灭火机理主要是表面冷却、窒息、辐射热阻隔和浸湿作用。
2）细水雾灭火系统的特性主要有节能环保性、电气绝缘性、烟雾消除作用。
3）适用范围：
细水雾灭火系统适用于扑救以下火灾：
（1）可燃固体火灾（A 类），细水雾灭火系统可以有效扑救相对封闭空间内可燃固体表面火灾，包括纸张、木材、纺织品和塑料泡沫、橡胶等固体火灾。
（2）可燃液体火灾（B 类），细水雾灭火系统可以有效扑救相对封闭空间内的可燃液体火灾，包括正庚烷或汽油等低闪点可燃液体和润滑油、液压油等中、高闪点可燃液体火灾。
（3）电气火灾（E 类），细水雾灭火系统可以有效扑救电气火灾，包括电缆、控制柜等电子、电气设备火灾和变压器火灾等。
4）不适用范围。
（1）细水雾灭火系统不能直接用于能与水发生剧烈反应或产生大量有害物质的活泼金属及其化合物火灾，包括：
①活性金属，如锂、钠、钾、镁、钛、锆、铀、钚等；
②金属醇盐，如甲醇钠等；
③金属氨基化合物，如氨基钠等；
④碳化物，如碳化钙等；
⑤卤化物，如氯化甲酰、氯化铝等；
⑥氢化物，如氢化铝锂等；
⑦卤氧化物，如三溴氧化磷等；
⑧硅烷，如三氯-氟化甲烷等；
⑨硫化物，如五硫化二磷等；
⑩氰酸盐，如甲基氰酸盐等。
（2）细水雾灭火系统不能直接应用于可燃气体火灾，包括液化天然气等低温液化气体的场合。
（3）细水雾灭火系统不适用于可燃固体深位火灾。

知识点 2：系统分类

细水雾灭火系统是由供水装置、过滤装置、控制阀、细水雾喷头等组件和供水管道组

成，能自动和人工启动并喷放细水雾进行灭火的固定灭火系统。其分类方式见表3-4-2。

表3-4-2 系统分类

分类标准	类别	特点
工作压力	低压系统	系统分布管网工作压力≤1.21MPa
	中压系统	1.21MPa＜系统分布管网工作压力＜3.45MPa
	高压系统	3.45MPa≤系统分布管网工作压力
应用方式	全淹没式系统	全淹没式系统适用于扑救相对封闭空间内的火灾
	局部应用式系统	局部应用式系统适于扑救大空间内具体保护对象的火灾
动作方式	开式系统	系统由火灾自动报警系统或传动管控制，开式系统设有泄放试验阀
	闭式系统	采用闭式细水雾喷头的细水雾灭火系统，设有排气阀和试水阀。闭式系统不应采用瓶组系统
雾化介质	单流体系统	使用单个管道向每个喷头供给灭火介质
	双流体系统	水和雾化介质分管供给并在喷头处混合
供水方式	泵组式系统	适用于高、中和低压系统
	瓶组式系统	适用于中、高压系统，难以设置泵房或消防供电不能满足系统工作要求的场所，可选择瓶组系统
	瓶组与泵组结合式系统	适用于高、中和低压系统

知识点3：系统设计参数

1）系统选型应符合下列规定：
（1）液压站，配电室、电缆隧道、电缆夹层，电子信息系统机房，文物库，以及密集柜存储的图书库、资料库和档案库，宜选择全淹没应用方式的开式系统；
（2）油浸变压器室、涡轮机房、柴油发电机房、润滑油站和燃油锅炉房、厨房内烹饪设备及其排烟罩和排烟管道部位，宜采用局部应用方式的开式系统；
（3）采用非密集柜储存的图书库、资料库和档案库，可选择闭式系统。

2）喷头的最低设计工作压力不应小于1.20MPa。（2018年技术实务第71题）

3）闭式系统的作用面积不宜小于140m²；每套泵组所带喷头数量不应超过100只。

4）采用全淹没应用方式的开式系统，单个防护区的容积，对于泵组系统不宜超过3000m³，对于瓶组系统不宜超过260m³，且瓶组系统所保护的防护区不宜超过3个。

5）采用局部应用方式的开式系统，其保护面积应按下列规定确定：
（1）对于外形规则的保护对象，应为该保护对象的外表面面积；
（2）对于外形不规则的保护对象，应为包容该保护对象的最小规则形体的外表面面积；
（3）对于可能发生可燃液体流淌火或喷射火的保护对象，除应符合本条第1）或2）款的要求外，还应包括可燃液体流淌火或喷射火可能影响到的区域的水平投影面积。

6）开式系统的设计响应时间不应大于30s。采用全淹没应用方式的开式系统，当采用瓶组系统且在同一防护区内使用多组瓶组时，各瓶组应能同时启动，其动作响应时差不应大于2s。

7）系统的设计持续喷雾时间应符合下列规定：
（1）用于保护电子信息系统机房、配电室等电子、电气设备间，图书库、资料库、档案库，文物库，电缆隧道和电缆夹层等场所时，系统的设计持续喷雾时间不应小于30min；
（2）用于保护油浸变压器室、涡轮机房、柴油发电机房、液压站、润滑油站、燃油锅炉房等含有可燃液体的机械设备间时，系统的设计持续喷雾时间不应小于20min；

（3）用于扑救厨房内烹饪设备及其排烟罩和排烟管道部位的火灾时，系统的设计持续喷雾时间不应小于15s，设计冷却时间不应小于15min；

（4）对于瓶组系统，系统的设计持续喷雾时间可按其实体火灾模拟试验灭火时间的2倍确定，且不宜小于10min。

知识点4：喷头选择与布置

1）对于闭式系统，应选择响应时间指数（RTI）不大于50 $(m·s)^{1/2}$ 的喷头，其公称动作温度宜高于环境最高温度30℃，且同一防护区内应采用相同热敏性能的喷头。（2020年技术实务第18题）

2）水雾喷头的选型应符合下列要求：

（1）扑救电气火灾，应选用离心雾化型水雾喷头；（2018年技术实务第56题）

（2）室内粉尘场所设置的水雾喷头应带防尘帽，室外设置的水雾喷头宜带防尘帽；

（3）离心雾化型水雾喷头应带柱状过滤网。

3）闭式系统的喷头布置应能保证细水雾喷放均匀、完全覆盖保护区域，并应符合下列规定：

（1）喷头与墙壁的距离不应大于喷头最大布置间距的1/2；

（2）喷头与其他遮挡物的距离应保证遮挡物不影响喷头正常喷放细水雾；当无法避免时，应采取补偿措施；

（3）喷头的感温组件与顶棚或梁底的距离不宜小于75mm，并不宜大于150mm。当场所内设置吊顶时，喷头可贴邻吊顶布置。

4）开式系统的喷头布置应能保证细水雾喷放均匀并完全覆盖保护区域，并应符合下列规定：

（1）喷头与墙壁的距离不应大于喷头最大布置间距的1/2；

（2）喷头与其他遮挡物的距离应保证遮挡物不影响喷头正常喷放细水雾；当无法避免时，应采取补偿措施；

（3）对于电缆隧道或夹层，喷头宜布置在电缆隧道或夹层的上部，并应能使细水雾完全覆盖整个电缆或电缆桥架。

5）采用局部应用方式的开式系统，其喷头布置应能保证细水雾完全包络或覆盖保护对象或部位，喷头与保护对象的距离不宜小于0.5m。用于保护室内油浸变压器时，喷头的布置应符合下列规定：

（1）当变压器高度超过4m时，喷头宜分层布置；

（2）当冷却器距变压器本体超过0.7m时，应在其间隙内增设喷头；

（3）喷头不应直接对准高压进线套管；

（4）当变压器下方设置集油坑时，喷头布置应能使细水雾完全覆盖集油坑。

6）喷头与无绝缘带电设备的最小距离不应小于表3-4-3的规定。

表3-4-3　喷头与无绝缘带电设备的最小距离

带电设备额定电压等级 V（kV）	最小距离（m）
110 < V ≤ 220	2.2
35 < V ≤ 110	1.1
V ≤ 35	0.5

7）系统应按喷头的型号规格存储备用喷头，其数量不应小于相同型号规格喷头实际设计使用总数的1%，且分别不应少于5只。

8）喷头的安装，应在管道试压、吹扫合格后进行，喷头与管道连接宜采用端面密封或 O 型圈密封，不应采用聚四氟乙烯、麻丝、黏结剂等作密封材料。

细水雾系统简图见图 3-4-2。

图 3-4-2 细水雾系统简图

知识点 5：系统的组件设置要求

系统的组件设置要求见表 3-4-4。

表 3-4-4 系统组件设置要求

组件名称	安装及设置要求
供水装置	泵组系统应设置独立的水泵，泵的出水总管应设置压力显示装置、安全阀、止回阀、泄放试验阀。安全阀的动作压力为系统最大工作压力的 1.15 倍。对于恢复时间超过 48h 的瓶组系统，应按主用量的 100% 设置备用量，容器组操作面距墙或操作面之间的距离不宜小于 0.8m
细水雾喷头	喷头安装前应重点对喷头的外观、密封性和质量偏差等进行现场检验。喷头安装必须在系统管道试压、吹扫合格后进行，喷头与管道的连接宜采用端面密封或 O 型圈密封，不应采用聚四氟乙烯、麻丝、黏结剂等作密封材料
控制阀组	分区控制阀是细水雾灭火系统的重要组件，阀组产品到场后，要对其外观质量、阀门数量和操作性能等进行检查。分区控制阀的安装高度宜为 1.2~1.6m，操作面与墙或其他设备的距离不应小于 0.8m，并应满足操作要求。中、低压细水雾灭火系统的控制阀可以采用雨淋阀；高压细水雾灭火系统的控制阀组通常采用分配阀；开式系统应按防护区设置分区控制阀，闭式系统应按楼层或防火分区设置分区控制阀，分区控制阀上宜设置系统动作信号反馈装置。当分区控制阀上无系统动作信号反馈装置时，应在分区控制阀后的配水干管上设置系统动作信号反馈装置。闭式系统中的分区控制阀应为带开关锁定或开关指示的阀组

续表

组件名称	安装及设置要求
过滤装置	系统控制阀组前的管道应就近设过滤器；当细水雾喷头无滤网时，雨淋控制阀组后应设过滤器；最大的过滤器过滤等级或目数应保证不大于喷头最小过流尺寸的80%；在每一个细水雾喷头的供水侧应设一个喷头过滤网，对于喷口最小过流尺寸大于1.2mm的多喷嘴喷头或喷口最小过流尺寸大于2mm的单喷嘴喷头，可不设喷头过滤网
试水阀泄水阀排气阀	闭式细水雾灭火系统应在每个分区控制阀后管网的最不利点设置试水阀； 开式细水雾灭火系统应在分区控制阀上或阀后邻近位置设置泄放试验阀； 细水雾灭火系统管网最低点应设置泄水阀； 闭式细水雾灭火系统的最高点宜设置手动排气阀
系统管网	应采用冷拔法制造的奥氏体不锈钢钢管或其他耐腐蚀和耐压性能相当的金属管道。系统管道连接件的材质应与管道相同。系统管道宜采用专用接头或法兰连接，也可采用亚弧焊焊接

知识点6：系统管网冲洗、试压和吹扫

1）管道安装固定后，应进行冲洗，并应符合下列规定：

（1）冲洗前，应对系统的仪表采取保护措施，并应对管道支、吊架进行检查，必要时应采取加固措施；

（2）冲洗用水的水质宜满足系统的要求；

（3）冲洗流速不应低于设计流速；

（4）检查方法：宜采用最大设计流量，沿灭火时管网内的水流方向分区、分段进行，用白布检查无杂质为合格。

2）管道冲洗合格后，管道应进行压力试验，并应符合下列规定：

（1）试验用水的水质应与管道的冲洗水一致；水中氯离子含量不超过25mg/kg；

（2）试验压力应为系统工作压力的1.5倍；

（3）试验的测试点宜设在系统管网的最低点，对不能参与试压的设备、仪表、阀门及附件应加以隔离或在试验后安装；

（4）检查方法：管道充满水、排净空气，用试压装置缓慢升压，当压力升至试验压力后，稳压5min，管道无损坏、变形，再将试验压力降至设计压力，稳压120min，以压力不降、无渗漏、目测管道无变形为合格。

3）压力试验合格后，系统管道宜采用压缩空气或氮气进行吹扫，吹扫压力不应大于管道的设计压力，流速不宜小于20m/s；在管道末端设置贴有白布或涂白漆的靶板，以5min内靶板上无锈渣、灰尘、水渍及其他杂物为合格。

知识点7：系统调试

系统调试应包括泵组、稳压泵、分区控制阀的调试和联动试验，详见表3-4-5。

表3-4-5 系统调试内容

调试项目	调试要求
泵组调试 （2019年综合能力第33题）	（1）以自动或手动方式启动泵组时，泵组应立即投入运行； （2）以备用电源切换方式或备用泵切换启动泵组时，泵组应立即投入运行； （3）采用柴油泵作为备用泵时，柴油泵的启动时间不应大于5s； （4）控制柜应进行空载和加载控制调试，控制柜应能按其设计功能正常动作和显示

续表

调试项目	调试要求
稳压泵调试	稳压泵调试时，在模拟设计启动条件下，稳压泵应能立即启动；当达到系统设计压力时，应能自动停止运行
分区控制阀调试	(1) 对于开式系统，分区控制阀应能在接到动作指令后立即启动，并应发出相应的阀门动作信号。 (2) 对于闭式系统，当分区控制阀采用信号阀时，应能反馈阀门的启闭状态和故障信号
联动试验	系统应进行联动试验，对于允许喷雾的防护区或保护对象，应至少在1个区进行实际细水雾喷放试验；对于不允许喷雾的防护区或保护对象，应进行模拟细水雾喷放试验。 (1) 开式系统的联动试验应符合下列规定： ①进行实际细水雾喷放试验时，可采用模拟火灾信号启动系统，分区控制阀、泵组或瓶组应能及时动作并发出相应的动作信号，系统的动作信号反馈装置应能及时发出系统启动的反馈信号，相应防护区或保护对象保护面积内的喷头应喷出细水雾。 ②进行模拟细水雾喷放试验时，应手动开启泄放试验阀，采用模拟火灾信号启动系统时，泵组或瓶组应能及时动作并发出相应的动作信号，系统的动作信号反馈装置应能及时发出系统启动的反馈信号。 ③相应场所入口处的警示灯应动作。 (2) 闭式系统的联动试验可利用试水阀放水进行模拟。打开试水阀后，泵组应能及时启动并发出相应的动作信号；系统的动作信号反馈装置应能及时发出系统启动的反馈信号。 (3) 当系统需与火灾自动报警系统联动时，可利用模拟火灾信号进行试验。在模拟火灾信号下，火灾报警装置应能自动发出报警信号，系统应动作，相关联动控制装置应能发出自动关断指令，火灾时需要关闭的相关可燃气体或液体供给源关闭等设施应能联动关断

知识点8：系统的维护管理

系统维护管理内容见表3-4-6。

表3-4-6　系统维护管理内容

周期	周期性检查维护内容
每日	(1) 应检查控制阀等各种阀门的外观及启闭状态是否符合设计要求； (2) 应检查系统的主备电源接通情况； (3) 寒冷和严寒地区，应检查设置储水设备的房间温度，房间温度不应低于5℃； (4) 应检查报警控制器、水泵控制柜（盘）的控制面板及显示信号状态； (5) 应检查系统的标志和使用说明等标识是否正确、清晰、完整，并处于正确位置
每月	(1) 检查系统组件的外观是否无碰撞变形及其他机械性损伤； (2) 检查分区控制阀动作是否正常； (3) 检查阀门上的铅封或锁链是否完好，阀门是否处于正确位置； (4) 检查储水箱和储水容器的水位及储气容器内的气体压力是否符合设计要求； (5) 对于闭式系统，利用试水阀对动作信号反馈情况进行试验，观察其是否正常动作和显示； (6) 检查喷头的外观及备用数量是否符合要求； (7) 检查手动操作装置的防护罩、铅封等是否完整无损
每季度	(1) 通过试验阀对泵组式系统进行1次放水试验，检查泵组启动、主备泵切换及报警联动功能是否正常； (2) 检查瓶组式系统的控制阀动作是否正常； (3) 检查管道和支、吊架是否松动，管道连接件是否变形、老化或有裂纹等现象

续表

周期	周期性检查维护内容
每年	（1）定期测定 1 次系统水源的供水能力； （2）对系统组件、管道及管件进行 1 次全面检查，清洗储水箱、过滤器，并对控制阀后的管道进行吹扫； （3）储水箱每半年换水一次，储水容器内的水按产品制造商的要求定期更换； （4）进行系统模拟联动功能试验

泵组常见故障分析见表 3-4-7。

表 3-4-7 泵组常见故障分析

故障问题	故障原因	处理措施
泵组连接处有渗漏	连接件松动	拧紧连接件
	连接处 O 型圈或密封垫损坏	更换 O 型圈或密封垫
	连接件损坏	更换连接件
泵组出口压力低	泵组测试阀未关闭	关闭泵组测试阀
	泵组进线电源反相	调整进线电源相序
	高压泵损坏	更换高压泵
	使用流量超出额定值	在泵组额定值内工作
泵组不启动	高压泵接触器未闭合	闭合接触器
	泵组停止触点断开	闭合泵组停止触点
	联动控制器未执行程序	检修联动控制器，必要时更换
	电源未接通	接通电源
	断水水位保护	恢复调节水箱水位
稳压泵频繁启动	管道有渗漏	管道渗漏点补漏
	安全泄压阀密封不好	检修安全泄压阀
	测试阀未关紧	完全关闭测试阀
	单向阀密封垫上粘连杂质	清洗单向阀并清洁水箱及管道
稳压泵规定时间内不能恢复压力	管道内残存空气	完全排除管道空气
	管道有渗漏	管道渗漏点补漏
	高压球阀渗漏	见高压球阀渗漏故障处理方法
	稳压泵出口压力低	调节稳压泵压力调节螺丝
	稳压泵损坏	更换稳压泵

储水箱常见故障分析见表 3-4-8。

表 3-4-8 储水箱常见故障分析

故障问题	故障原因	处理措施
储水箱水质不合格，储水量不足	取水来自市政用水，但时间长水中产生滋生物	水箱由专业厂商直接提供，不得由施工单位现场加工
	进水阀不能进水	在水箱底部设置放空阀
	进水控制阀误关闭	进水控制阀选择带电信号阀或具有开关锁定的阀门

续表

故障问题	故障原因	处理措施
调节水箱低液位报警或断水停泵	过滤器进水压力低	保证进水压力不低于0.2MPa
	过滤器滤芯堵塞	清洗或更换滤芯
	进水电磁阀异物堵塞	清理进水电磁阀

分区控制阀常见故障分析见表3-4-9。

表3-4-9 分区控制阀常见故障分析

故障问题	故障原因	处理措施
分区控制阀不方便操作、误操作	为了防止误操作，把控制阀设置在防护区外较高处不便于操作 设置位置合适时，其他人员误动作	控制阀外设一个有机玻璃箱，并注明"非消防勿动"
瓶组系统分区控制阀手动启动装置无法动作	瓶组系统采用电磁启动阀为分区控制阀时，电磁启动阀设有手动紧急启动装置，紧急情况时，将手动保险销拔出，拍击手动按钮，即可使启动阀动作，启动装置喷雾灭火。电磁启动阀检测合格后，动作机构的弹簧已处于压紧待发状态，为防止在安装、调试及运输过程中产生误动作，动作机构多由辅助保险销锁定，在系统投入使用后容易忘记拔出保险销，导致电磁启动阀动作机构无法动作	待系统安装调试完毕投入使用时，必须将辅助保险销拔出，并将此项工作明确写入使用单位的系统运行管理操作、维护规程中
电动阀不动作	电源接线接触不良	压紧电源接线
	超出电源电压允许范围	调整电压至允许范围内
	阀芯内混入杂质卡死	清洗阀芯
	电动装置烧毁或短路	更换电动装置
高压球阀渗漏	管道内水有杂质割伤密封垫	更换密封垫并清洗管道
	手柄紧定六角螺丝松动	旋紧紧定六角螺钉
	O型密封圈损坏	更换O型密封圈
压力开关报警	高压球阀渗漏	见高压球阀渗漏故障处理方法
	高压球阀未关闭到位	用手柄将电动阀关闭至零位
	压力开关未复位	按下压力开关进行复位
	压力开关损坏	更换压力开关

细水雾喷头常见故障分析见表3-4-10。

表3-4-10 细水雾喷头常见故障分析

故障问题	故障原因	处理措施
喷头喷雾不正常	管道内有杂质堵塞喷头	见喷头堵塞解决办法
	喷头工作压力低	保证喷头工作压力不小于其最低设计工作压力
喷头堵塞	供水水质不合理，水里带有沙粒、污物等	喷头安装前将管网吹洗干净，并且每使用过一次后要清理喷头滤网处的沙粒、污物等
	喷头所处环境灰尘杂质较多	调试完毕后可以在喷嘴孔处涂上稠度等级为4~6级、滴点不小于95℃、具有防锈性的润滑脂，或是采取其他防尘措施

分析：细水雾灭火系统在历年的考试中，分值很少。2018年为3分，2019年为2分，2020年为2分。所考查的内容主要是适用场所、设计要求、施工要求及调试要求。在以后的考题中，系统的设计参数、喷头的设置要求、组件设置要求、管网测试以及维护管理应是重点。

四、高频真题

1. (2018年技术实务第71题)（知识点3）某文物库采用细水雾灭火系统进行保护，系统选型为全淹没应用方式的开式系统，该系统最不利点喷头最低工作压力应为（　　）。

   A. 0.1MPa B. 1.0MPa C. 1.2MPa D. 1.6MPa

   【答案】C

   【解析】根据《细水雾灭火系统技术规范》(GB 50898—2013)中第3.4.1条喷头的最低设计工作压力不应小于1.20MPa。

2. (2019年综合能力第33题)（知识点7）某电信大楼安装细水雾灭火系统，系统的设计工作压力为10.0MPa。根据现行国家标准《细水雾灭火系统技术规范》(GB 50898)，该系统调试的下列做法和结果中，不符合规范要求的是（　　）。

   A. 制定系统调试方案，根据批准的方案按程序进行系统调试
   B. 柴油泵作为备用泵，柴油泵的启动时间为10s
   C. 对泵组、稳压泵、分区控制阀进行调试和联动试验
   D. 对控制柜进行空载和加载控制调试

   【答案】B

   【解析】本题考查的知识点是细水雾灭火系统调试。根据表3-4-5，系统调试应包括泵组、稳压泵、分区控制阀的调试和联动试验，并应根据批准的方案按程序进行。A、C选项符合要求。

   泵组调试应符合下列规定：
   (1) 采用柴油泵作为备用泵时，柴油泵的启动时间不应大于5s。B选项不符合要求。
   (2) 控制柜应进行空载和加载控制调试，控制柜应能按其设计功能正常动作和显示。D选项符合要求。

3. (2020年技术实务第18题)（知识点4）某档案库，地上6层，地下1层，三层的珍藏库采用非密集柜方式存储档案资料，该珍藏库设置的闭式细水雾灭火系统可选择喷头的响应时间指数(RTI)最大为（　　）$(m·s)^{0.5}$。

   A. 40 B. 50 C. 60 D. 70

   【答案】B

   【解析】对于闭式系统，应选择响应时间指数(RTI)不大于50$(m·s)^{0.5}$的喷头，其公称动作温度宜高于环境最高温度30℃，且同一防护区内应采用相同热敏性能的喷头。

五、考题预测

（一）习题

1. 细水雾灭火系统选型时，液压站、配电室、电缆隧道、电缆夹层，电子信息系统机房，文物库，以及密集柜存储的图书库、资料库和档案库，宜选择（　　）系统。

   A. 全淹没应用方式的开式系统 B. 局部应用方式的开式系统
   C. 泵组式闭式系统 D. 瓶组式闭式系统

2. 细水雾灭火系统的水压试验条件：试验用水的水质与管道的冲洗水一致，水中氯离子含量不超过（   ）mg/kg。
   A. 20　　　　　　B. 25　　　　　　C. 30　　　　　　D. 35
3. 采用局部应用方式的开式系统，其喷头布置应能保证细水雾完全包络或覆盖保护对象或部位，喷头与保护对象的距离不宜小于（   ）m。
   A. 0.2　　　　　　B. 0.5　　　　　　C. 0.7　　　　　　D. 1.5
4. 关于细水雾喷头选择的叙述中，错误的是（   ）。
   A. 粉尘场所应选用带防尘罩（端盖）的喷头
   B. 电子数据处理机房的地板夹层，宜选择适用于低矮空间的喷头
   C. 对于腐蚀性环境应选用用防腐材料或具有防腐镀层的喷头
   D. 对于电气火灾危险场所的细水雾灭火系统宜采用撞击雾化型细水雾喷头
5. 细水雾灭火系统的（   ）的设置是为了防止细水雾喷头堵塞，影响灭火效果。
   A. 泄水阀　　　　B. 过滤器　　　　C. 排气阀　　　　D. 试水阀
6. 细水雾灭火系统的细水雾喷头喷雾不正常原因是（   ）。
   A. 管道内有杂质堵塞喷头　　　　　　B. 供水水质不合理，水里带有沙粒、污物等
   C. 喷头工作压力低　　　　　　　　　D. 喷头所处环境灰尘杂质较多
   E. 喷头质量不合格
7. 下列对细水雾系统分区控制阀的描述正确的有（   ）。
   A. 开式系统应按防护区设置分区控制阀，每个分区控制阀上或阀后邻近位置宜设置泄放试验阀
   B. 闭式系统应按楼层或者防火分区设置分区控制阀，分区控制阀应为带开关锁定或开关指示的阀组
   C. 分区控制阀上宜设置系统动作信号反馈装置，当分区控制阀上无系统动作反馈装置时，应在分区控制阀后的配水干管上设置系统动作信号反馈装置
   D. 开式和闭式系统的每个分区控制阀后的管网应设置试水阀
   E. 开式系统分区控制阀应能在接到动作指令后立即启动并发出动作信号。闭式系统当分区控制阀采用信号阀时，应能反馈阀门的启闭状态和故障信号
8. 细水雾灭火系统年检的内容包括（   ）。
   A. 测定系统水源的供水能力　　　　　B. 对系统组件、管道及管件进行1次全面检查
   C. 放水试验　　　　　　　　　　　　D. 进行系统模拟联动功能试验
   E. 管道和支、吊架是否松动

（二）答案详解

1. 【答案】A
2. 【答案】B
3. 【答案】B
4. 【答案】D
5. 【答案】B
6. 【答案】AC

【解析】喷头喷雾不正常。
1）故障原因分析。
（1）管道内有杂质堵塞喷头。
（2）喷头工作压力低。

2）故障处理。

（1）喷头安装前将管网吹洗干净，并且每使用过一次后要清理喷头滤网处的沙粒、污物等；调试完毕后可以在喷嘴孔处涂上稠度等级为4~6级、滴点不小于95℃、具有防锈性的润滑脂，或采取其他防尘措施。

（2）保证喷头工作压力不小于其最低设计工作压力。

7.【答案】ABCE

【解析】具体如下。

1）开式系统应按防护区设置分区控制阀，每个分区控制阀上或阀后邻近位置设置试放试验阀。选项A正确。

2）闭式系统应按楼层或防火分区设置分区控制阀，闭式系统中的分区控制阀应为带开关锁定或开关指示的阀组。选项B正确。

3）分区控制阀上宜设置系统动作信号反馈装置。当分区控制阀上无系统动作信号反馈装置时，应在分区控制阀后的配水干管上设置系统动作信号反馈装置。选项C正确。

4）闭式细水雾灭火系统应在每个分区控制阀后管网的最不利点设置试水阀。开式细水雾灭火系统应在分区控制阀上或阀后邻近位置设置泄放试验阀。选项D错误。

5）对于开式系统，分区控制阀应能在接到动作指令后立即启动，并应发出相应的阀门动作信号；对于闭式系统，当分区控制阀采用信号阀时，应能反馈阀门的启闭状态和故障信号。选项E正确。

8.【答案】ABD

第五章 气体灭火系统

一、知识点架构图

本章的知识点架构见图3-5-1。

```
                                ┌─ 二氧化碳灭火系统
                  系统灭火机理 ───┼─ 七氟丙烷灭火系统
                  │              └─ IG541混合气体灭火系统
                  │
                  │              ┌─ 系统分类
                  系统分类和组成 ─┤
                  │              └─ 系统的组成
                  │
                  │                    ┌─ 系统工作原理
                  系统工作原理及控制方式 ┤
                  │                    └─ 系统控制方式
                  │
                  │              ┌─ 二氧化碳灭火系统
                  系统适用范围 ──┼─ 七氟丙烷灭火系统
                  │              └─ 其他气体灭火系统
                  │
                  │              ┌─ 防护区的设置要求
                  │              ├─ 安全要求
  气体灭火系统 ───┤ 系统设计参数 ─┤
      ★★★       │              ├─ 二氧化碳灭火系统的设计
                  │              └─ 其他气体灭火系统的设计
                  │
                  │                  ┌─ 二氧化碳灭火系统
                  系统组件及设置要求 ─┤
                  │                  └─ 其他气体灭火系统
                  │
                  │                        ┌─ 质量控制文件检查
                  系统部件、组件安装前的检查 ┼─ 材料到场检验
                  │                        └─ 系统组件
                  │
                  │                    ┌─ 安装要求
                  系统组件的安装与调试 ─┤
                  │                    └─ 系统调试
                  │
                  │                  ┌─ 系统检测
                  系统的检测与验收 ──┤
                  │                  └─ 系统验收
                  │
                  │                ┌─ 系统巡检
                  系统的维护管理 ──┼─ 系统周期性检查维护
                                   └─ 系统年度检测
```

图3-5-1 第三篇第五章知识点架构图

二、考情分析

本章的考情分析见表3-5-1。

气体灭火系统灭火效率高、灭火速度快、适用范围广、灭火后无污渍，是应用比较广泛的自动灭火系统，在考试中本章出题比重较大，应重点掌握气体灭火系统的组成、工作原理及相应设置要求。

表3-5-1 第三篇第五章考情分析表

年份	技术实务 分值（分）	技术实务 占比（%）	综合能力 分值（分）	综合能力 占比（%）	案例分析 分值（分）	案例分析 占比（%）
2015年	4	3.3	5	4.2	20	16.7
2016年	6	5.0	5	4.2	11	9.2
2017年	4	3.3	5	4.2	8	6.7
2018年	4	3.3	5	4.2	0	0
2019年	4	3.3	6	5	8	6.7
2020年	5	4.2	5	4.2	8	6.7

三、典型知识点

知识点1：系统灭火机理及适用范围

气体灭火系统灭火机理及适用范围见表3-5-2。

表3-5-2 气体灭火机理及适用范围

类别	二氧化碳灭火系统	七氟丙烷灭火系统	IG541混合气体灭火系统
灭火机理	窒息、冷却	去除热量速度快；分散消耗氧气	物理灭火方式；降低氧气浓度
适用范围	灭火前可切断气源的气体火灾；液体火灾或石蜡、沥青等可熔化的固体火灾；固体表面火灾及棉毛、织物、纸张等部分固体深位火灾；电气火灾	扑救电气火灾；液体表面火灾或可熔化的固体火灾；固体表面火灾；灭火前可切断气源的气体火灾	扑救电气火灾；固体表面火灾；液体火灾；灭火前能切断气源的气体火灾
不适用范围	不得用于扑救：硝化纤维、火药等含氧化剂的化学制品火灾；钾、钠、镁、钛、锆等活泼金属火灾；氢化钾、氢化钠等金属氢化物火灾	不得用于扑救下列物质的火灾：含氧化剂的化学制品及混合物，如硝化纤维、硝酸钠等；活泼金属，如钾、钠、镁、钛、锆、铀等；金属氢化物，如氢化钾、氢化钠等；能自行分解的化学物质，如过氧化氢、联胺等	不适用于扑救下列火灾：硝化纤维、硝酸钠等氧化剂或含氧化剂的化学制品火灾；钾、镁、钠、钛、锆、铀等活泼金属火灾；氢化钾、氢化钠等金属氢化物火灾；过氧化氢、联胺等能自行分解的化学物质火灾；可燃固体物质的深位火灾

知识点 2：系统分类

气体灭火系统分类见表 3-5-3。

表 3-5-3 系统分类

名称	分类标准	类别	特点
气体灭火系统	灭火剂	二氧化碳灭火系统	分为高压系统（指灭火剂在常温下储存的系统）和低压系统，高压系统应取 5.17MPa，低压系统应取 2.07MPa
		七氟丙烷灭火系统	七氟丙烷灭火剂属于卤代烷灭火剂系列，具有灭火能力强、灭火剂性能稳定的特点
		惰性气体灭火系统	又称为洁净气体灭火系统（2020 年技术实务第 79 题）
	结构特点	无管网灭火系统	又称预制灭火系统，该系统又分为柜式气体灭火装置和悬挂式气体灭火装置两种类型（2020 年技术实务第 45 题）
		管网灭火系统	管网系统又可分为组合分配系统和单元独立系统
	应用方式	全淹没灭火系统	全淹没灭火系统的喷头均匀布置在防护区的顶部
		局部应用灭火系统	局部应用灭火系统的喷头均匀布置在保护对象的四周
	加压方式	自压式气体灭火系统	灭火剂无须加压而是依靠自身饱和蒸气压力进行输送
		内储压式气体灭火系统	灭火剂在瓶组内用惰性气体进行加压储存，系统动作时灭火剂靠瓶组内的充压气体进行输送
		外储压式气体灭火系统	系统动作时灭火剂由专设的充压气体瓶组按设计压力对其进行充压

气体灭火系统简图见图 3-5-2。（2020 年案例分析第四题）

图 3-5-2 气体灭火系统简图

知识点3：二氧化碳灭火系统设计参数

二氧化碳灭火系统设计参数见表3-5-4。

表3-5-4 二氧化碳灭火系统设计参数

类别	内 容
一般规定	二氧化碳灭火系统按应用方式可分为全淹没灭火系统和局部应用灭火系统。全淹没灭火系统应用于扑救封闭空间内的火灾；局部应用灭火系统应用于扑救不需封闭空间条件的具体保护对象的非深位火灾。 (1) 采用全淹没灭火系统的防护区，应符合下列规定： ①对气体、液体、电气火灾和固体表面火灾，在喷放二氧化碳前不能自动关闭的开口，其面积不应大于防护区总内表面积的3%，且开口不应设在底面； ②对固体深位火灾，除泄压口以外的开口，在喷放二氧化碳前应自动关闭； ③防护区的围护结构及门、窗的耐火极限不应低于0.50h，吊顶的耐火极限不应低于0.25h；围护结构及门窗的允许压强不宜小于1200Pa； ④防护区用的通风机和通风管道中的防火阀，在喷放二氧化碳前应自动关闭。 (2) 采用局部应用灭火系统的保护对象，应符合下列规定： ①保护对象周围的空气流动速度不宜大于3m/s。必要时，应采取挡风措施； ②在喷头与保护对象之间，喷头喷射角范围内不应有遮挡物； ③当保护对象为可燃液体时，液面至容器缘口的距离不得小于150mm。 (3) 启动释放二氧化碳之前或同时，必须切断可燃、助燃气体的气源。 (4) 组合分配系统的二氧化碳储存量，不应小于所需储存量最大的一个防护区域或保护对象的储存量。 (5) 当组合分配系统保护5个及以上的防护区或保护对象时，或者在48h内不能恢复时，二氧化碳应有备用量，备用量不小于系统设计的储存量。对于高压系统和单独设置备用储存容器的低压系统，备用量的储存容器应与系统管网相连，应能与主储存容器切换使用
全淹没系统	二氧化碳设计浓度不应小于灭火浓度的1.7倍，并不得低于34%。全淹没灭火系统二氧化碳的喷放时间不应大于1min。当扑救固体深位火灾时，喷放时间不应大于7min，并应在前2min内使二氧化碳的浓度达到30% （2018年技术实务第2题）
局部应用系统	局部应用灭火系统的设计可采用面积法或体积法。当保护对象的着火部位是比较平直的表面时，宜采用面积法；当着火对象为不规则物体时，应采用体积法。局部应用灭火系统的二氧化碳喷放时间不应小于0.5min。对于燃点温度低于沸点温度的液体和可熔化固体的火灾，二氧化碳的喷放时间不应小于1.5min

气体灭火系统原理简图见图3-5-3。

图3-5-3 气体灭火系统原理简图

知识点4：其他气体灭火系统设计

其他气体灭火系统设计内容见表3-5-5。

表3-5-5 其他气体灭火系统设计

类别	内 容
一般要求	(1) 采用气体灭火系统保护的防护区，其灭火设计用量或惰化设计用量，应根据防护区内可燃物相应的灭火设计浓度或惰化设计浓度经计算确定。 (2) 有爆炸危险的气体、液体类火灾的防护区，应采用惰化设计浓度；无爆炸危险的气体、液体类火灾和固体类火灾的防护区，应采用灭火设计浓度。 (3) 两个或两个以上的防护区采用组合分配系统时，一个组合分配系统所保护的防护不应超过8个。（2018年技术实务第17题） (4) 灭火系统的储存装置72小时内不能重新充装恢复工作的，应按系统原储存量的100%设备用量。 (5) 灭火系统的设计温度，应采用20℃。 (6) 同一集流管上的储存容器，其规格、充压压力和充装量应相同；同一防护区，当设计两套或三套管网时，集流管可分别设置，系统启动装置必须共用；各管网上喷头流量均应按同一灭火设计浓度、同一喷放时间进行设计；管网上不应采用四通管件进行分流。 (7) 喷头的保护高度和保护半径，应符合下列规定：最大保护高度不宜大于6.5m；最小保护高度不应小于0.3m；喷头安装高度小于1.5m时，保护半径不宜大于4.5m；喷头安装高度不小于1.5m时，保护半径不应大于7.5m。喷头宜贴近防护区顶面安装，距顶面的最大距离不宜大于0.5m。（2019年技术实务第58题） (8) 一个防护区设置的预制灭火系统，其装置数量不宜超过10台；同一防护区内的预制灭火系统装置多于1台时，必须能同时启动，其动作响应时差不得大于2s（2018年技术实务第91题）
防护区设置要求	(1) 防护区的划分：采用管网灭火系统时，一个防护区的面积不宜大于800m²，且容积不宜大于3600m³；采用预制灭火系统时，一个防护区的面积不宜大于500m²，且容积不宜大于1600m³。 (2) 耐火性能：防护区围护结构及门窗的耐火极限均不宜低于0.50h；吊顶的耐火极限不宜低于0.25h。 (3) 泄压能力：对于全封闭的防护区，应设置泄压口，七氟丙烷灭火系统的泄压口应位于防护区净高的2/3以上（2018年技术实务第17题）。防护区设置的泄压口，宜设在外墙上（2019年案例分析第六题）。泄压口面积按相应气体灭火系统设计规定计算。对于设有防爆泄压设施或门窗缝隙未设密封条的防护区可不设泄压口。 (4) 封闭性能：在防护区的围护构件上不宜设置敞开孔洞，在必须设置敞开孔洞时，应设置能手动和自动关闭的装置。在喷放灭火剂前，应自动关闭防护区内除泄压口外的开口。 (5) 环境温度：防护区的最低环境温度不应低于-10℃（2018年技术实务第91题）
安全要求	(1) 设置气体灭火系统的防护区应设疏散通道和安全出口，保证防护区内所有人员在30s内撤离完毕。防护区内的疏散通道及出口，应设消防应急照明灯具和疏散指示标志灯。防护区内应设火灾声报警器，必要时，可增设闪光报警器。防护区的入口处应设火灾声、光报警器和灭火剂喷放指示灯，以及防护区采用的相应气体灭火系统的永久性标志牌。灭火剂喷放指示灯信号，应保持到防护区通风换气后，以手动方式解除。防护区的门应向疏散方向开启，并能自行关闭；用于疏散的门必须能从防护区内打开。 (2) 灭火后的防护区应通风换气，地下防护区和无窗或设固定窗扇的地上防护区，应设置机械排风装置，排风口宜设在防护区的下部并应直通室外。通信机房、电子计算机房等场所的通风换气次数应不小于每小时5次。储瓶间的门应向外开启，储瓶间内应设应急照明；储瓶间应有良好的通风条件，地下储瓶间应设机械排风装置，排风口应设在下部，可通过排风管排出室外。（2019年综合能力第99题） (3) 经过有爆炸危险和变电、配电场所的管网，以及布设在以上场所的金属箱体等，应设防静电接地。有人工作防护区的灭火设计浓度或实际使用浓度，不应大于有毒性反应浓度。防护区内设置的预制灭火系统的充压压力不应大于2.5MPa。灭火系统的手动控制与应急操作应有防止误操作的警示显示与措施。设有气体灭火系统的场所，宜配置空气呼吸器

续表

类别	内 容
七氟丙烷灭火系统	（1）七氟丙烷灭火系统的灭火设计浓度不应小于灭火浓度的1.3倍，惰化设计浓度不应小于惰化浓度的1.1倍。（2019年技术实务第26题） （2）固体表面火灾的灭火浓度为5.8%；图书、档案、票据和文物资料库等防护区，灭火设计浓度宜采用10%；油浸变压器室、带油开关的配电室和自备发电机房等防护区，灭火设计浓度宜采用9%；通信机房和电子计算机房等防护区，灭火设计浓度宜采用8%。防护区实际应用的浓度不应大于灭火设计浓度的1.1倍。（2018年技术实务第2题） （3）在通信机房和电子计算机房等防护区，设计喷放时间不应大于8s；在其他防护区，设计喷放时间不应大于10s。 （4）灭火浸渍时间应符合下列规定：木材、纸张、织物等固体表面火灾，宜采用20min；通信机房、电子计算机房内的电气设备火灾，应采用5min；其他固体表面火灾，宜采用10min；气体和液体火灾，不应小于1min。 （5）七氟丙烷灭火系统应采用氮气增压输送。氮气的含水量不应大于0.006%
IG541灭火系统	（1）IG541混合气体灭火系统的灭火设计浓度不应小于灭火浓度的1.3倍，惰化设计浓度不应小于灭火浓度的1.1倍。固体表面火灾的灭火浓度为28.1%。当IG541混合气体灭火剂喷放至设计用量的95%时，其喷放时间不应大于60s且不应小于48s。（2018年技术实务第2题） （2）灭火浸渍时间应符合下列规定： ①木材、纸张、织物等固体表面火灾，宜采用20min； ②通信机房、电子计算机房内的电气设备火灾，宜采用10min； ③其他固体表面火灾，宜采用10min

知识点5：二氧化碳灭火系统组件设置

1）高压系统的储存装置应由储存容器、容器阀、单向阀、灭火剂泄漏检测装置和集流管等组成，并应符合下列规定：

（1）储存容器的工作压力不应小于15MPa，储存容器或容器阀上应设泄压装置，其泄压动作压力应为19MPa±0.95MPa。

（2）储存容器中二氧化碳的充装系数应按国家现行《气瓶安全监察规程》执行。

（3）储存装置的环境温度应为0~49℃。

2）低压系统的储存装置应由储存容器、容器阀、安全泄压装置、压力表、压力报警装置和制冷装置等组成，并应符合下列规定：

（1）储存容器的设计压力不应小于2.5MPa，并应采取良好的绝热措施。储存容器上至少应设置两套安全泄压装置，其泄压动作压力应为2.38MPa±0.12MPa。

（2）储存装置的高压报警压力设定值应为2.2MPa，低压报警压力设定值应为1.8MPa。

（3）储存容器中二氧化碳的充装系数应按国家现行《固定式压力容器安全技术监察规程》执行。

（4）容器阀应能在喷出要求的二氧化碳量后自动关闭。

（5）储存装置应远离热源，其位置应便于再充装，其环境温度宜为-23~49℃

3）储存装置应具有灭火剂泄漏检测功能，当储存容器中充装的二氧化碳损失量达到其初始充装量的10%时，应能发出声光报警信号并及时补充。

4）储存装置宜设在专用的储存容器间内。局部应用灭火系统的储存装置可设置在固定的安全围栏内。专用的储存容器间的设置应符合下列规定：

（1）应靠近防护区，出口应直接通向室外或疏散走道；

（2）耐火等级不应低于二级；

（3）室内应保持干燥和良好通风；

（4）不具备自然通风条件的储存容器间，应设机械排风装置，排风口距储存容器间地面高度不宜大于0.5m，排出口应直接通向室外，正常排风量宜按换气次数不小于4次/h确定，事故排风量应按换气次数不小于8次/h确定。

5）在组合分配系统中，每个防护区或保护对象应设一个选择阀。选择阀应设置在储存容器间内，并应便于手动操作，方便检查维护。选择阀上应设有标明防护区的铭牌。

6）选择阀可采用电动、气动或机械操作方式。选择阀的工作压力：高压系统不应小于12MPa，低压系统不应小于2.5MPa。

7）系统在启动时，选择阀应在二氧化碳储存容器的容器阀动作之前或同时打开；采用灭火剂自身作为启动气源打开的选择阀，可不受此限。

8）管道可采用螺纹连接、法兰连接或焊接。公称直径等于或小于80mm的管道，宜采用螺纹连接；公称直径大于80mm的管道，宜采用法兰连接，二氧化碳灭火剂输送管网不应采用四通管件分流。（2020年技术实务第40题）

9）管网中阀门之间的封闭管段应设置泄压装置，其泄压动作压力：高压系统应为15MPa±0.75MPa，低压系统应为2.38MPa±0.12MPa。

知识点6：其他气体灭火系统组件设置

1）管网灭火系统的储存装置宜设在专用储瓶间内。储瓶间宜靠近防护区，并应符合建筑物耐火等级不低于二级的有关规定及有关压力容器存放的规定，且应有直接通向室外或疏散走道的出口。储瓶间和设置预制灭火系统的防护区的环境温度应为-10~50℃。

2）储存装置的布置，应便于操作、维修及避免阳光照射。操作面距墙面或两操作面之间的距离，不宜小于1.0m，且不应小于储存容器外径的1.5倍。

3）同一规格的灭火剂储存容器，其高度差不宜超过20mm；同一规格的驱动气体储存容器，其高度差不宜超过10mm。

4）气动驱动装置储存容器内气体压力不低于设计压力，且不得超过设计压力的5%，气体驱动管道上的单向阀启闭灵活，无卡阻现象。

5）在通向每个防护区的灭火系统主管道上，应设压力信号器或流量信号器。

6）七氟丙烷灭火系统储存容器或容器阀以及组合分配系统集流管上的安全泄压装置的动作压力，应符合下列规定：

（1）储存容器增压压力为2.5MPa时，应为5.0MPa±0.25MPa（表压）；

（2）储存容器增压压力为4.2MPa，最大充装量为950kg/m³时，应为7.0MPa±0.35MPa（表压）；最大充装量为1120kg/m³时，应为8.4MPa±0.42MPa（表压）；

（3）储存容器增压压力为5.6MPa时，应为10.0MPa±0.50MPa（表压）。

7）七氟丙烷灭火系统储存容器增压压力为2.5MPa的储存容器宜采用焊接容器；增压压力为4.2MPa的储存容器，可采用焊接容器或无缝容器；增压压力为5.6MPa的储存容器，应采用无缝容器。

8）七氟丙烷灭火系统储存容器在容器阀和集流管之间的管道上应设单向阀。

9）IG541混合气体灭火系统储存容器或容器阀以及组合分配系统集流管上的安全泄压装置的动作压力，应符合下列规定：

（1）一级充压（15.0MPa）系统，应为20.7MPa±1.0MPa（表压）；

（2）二级充压（20.0MPa）系统，应为27.6MPa±1.4MPa（表压）。（2018年综合能力第92题）

10）IG541灭火系统储存容器应采用无缝容器。

11）IG541混合气体灭火系统储存容器充装量应符合下列规定：

(1) 一级充压（15.0MPa）系统，充装量应为 211.15kg/m³；
(2) 二级充压（20.0MPa）系统，充装量应为 281.06kg/m³。

知识点 7：系统的操作与控制

1）管网灭火系统应设自动控制、手动控制和机械应急操作三种启动方式。预制灭火系统应设自动控制和手动控制两种启动方式。

2）采用自动控制启动方式时，根据人员安全撤离防护区的需要，应有不大于 30s 的可控延迟喷射；对于平时无人工作的防护区，可设置为无延迟的喷射。

3）灭火设计浓度或实际使用浓度大于无毒性反应浓度（NOAEL 浓度）的防护区和采用热气溶胶预制灭火系统的防护区，应设手动与自动控制的转换装置。当人员进入防护区时，应能将灭火系统转换为手动控制方式；当人员离开时，应恢复为自动控制方式。防护区内外应设手动、自动控制状态的显示装置。（2019 年技术实务第 99 题）

4）自动控制装置应在接到两个独立的火灾信号后才能启动。手动控制装置和手动与自动转换装置应设在防护区疏散出口的门外便于操作的地方，安装高度为中心点距地面 1.5m。机械应急操作装置应设在储瓶间内或防护区疏散出口门外便于操作的地方（2018 年技术实务第 91 题、2020 年技术实务第 50 题）。

5）组合分配系统启动时，选择阀应在容器阀开启前或同时打开。

知识点 8：系统调试

调试项目包括模拟启动试验、模拟喷气试验和模拟切换操作试验。（2020 年综合能力第 96 题）

1. 模拟启动试验。

1）手动模拟启动试验按下述方法进行：按下手动启动按钮，观察相关动作信号及联动设备动作是否正常（如发出声、光报警，启动输出端的负载响应，关闭通风空调、防火阀等）。手动启动使压力信号反馈装置，观察相关防护区门外的气体喷放指示灯是否正常。

2）自动模拟启动试验按下述方法进行：

(1) 将灭火控制器的启动输出端与灭火系统相应防护区驱动装置连接。驱动装置与阀门的动作机构脱离；

(2) 人工模拟火警，使防护区内任意 1 个火灾探测器动作，观察单一火警信号输出后，相关报警设备动作是否正常（如警铃、蜂鸣器发出报警声等）；

(3) 人工模拟火警，使该防护区内另一个火灾探测器动作，观察复合火警信号输出后，相关动作信号及联动设备动作是否正常（如发出声、光报警，启动输出端的负载响应，关闭通风空调、防火阀等）。

3）模拟启动试验结果要求：

(1) 延迟时间与设定时间相符，响应时间满足要求；

(2) 有关声、光报警信号正确；

(3) 联动设备动作正确；

(4) 驱动装置动作可靠。

2. 模拟喷气试验。

1）模拟喷气试验的条件：

(1) IG541 混合气体灭火系统及高压二氧化碳灭火系统采用其充装的灭火剂进行模拟喷气试验。试验采用的储存容器数应为选定试验的防护区或保护对象设计用量所需容器总数的 5%，且不少于 1 个；

(2) 低压二氧化碳灭火系统采用二氧化碳灭火剂进行模拟喷气试验。试验要选定输送管道最长的防护区或保护对象进行，喷放量不小于设计用量的 10%；

(3) 卤代烷灭火系统模拟喷气试验不采用卤代烷灭火剂，宜采用氮气或压缩空气进行。氮气或压缩空气储存容器与被试验的防护区或保护对象用的灭火剂储存容器的结构、型号、规格应相同，连接与控制方式要一致，氮气或压缩空气的充装压力按设计要求执行。氮气或压缩空气储存容器数不少于灭火剂储存容器数的20%，且不少于1个；（2018年综合能力第15题）

（4）模拟喷气试验宜采用自动启动方式。

2）模拟喷气试验结果要符合下列规定：

（1）延迟时间与设定时间相符，响应时间满足要求；

（2）有关声、光报警信号正确；

（3）有关控制阀门工作正常；

（4）信号反馈装置动作后，气体防护区门外的气体喷放指示灯工作正常；

（5）储存容器间内的设备和对应防护区或保护对象的灭火剂输送管道无明显晃动和机械性损坏；

（6）试验气体能喷入被试防护区内或保护对象上，且能从每个喷嘴喷出。

3. 模拟切换操作试验。

详见《气体灭火系统施工及验收规范》附录E.4。

知识点9：系统的维护管理

气体灭火系统的维护管理见表3-5-6。

表3-5-6 系统周期性维护管理

（2019年综合能力第42题、2020年综合能力第46题）

周期	周期性检查维护内容
每日	应对低压二氧化碳储存装置的运行情况、储存装置间的设备状态进行检查并记录（2018年综合能力第41题）
每月	（1）低压二氧化碳灭火系统储存装置的液位计检查，灭火剂损失10%时应及时补充。（2019年综合能力第20题） （2）高压二氧化碳灭火系统、七氟丙烷管网灭火系统及IG541灭火系统等系统的检查内容及要求应符合下列规定： ①灭火剂储存容器及容器阀、单向阀、连接管、集流管、安全泄放装置、选择阀、阀驱动装置、喷嘴、信号反馈装置、检漏装置、减压装置等全部系统组件应无碰撞变形及其他机械性损伤，表面应无锈蚀，保护涂层应完好，铭牌和标志牌应清晰，手动操作装置的防护罩、铅封和安全标志应完整； ②灭火剂和驱动气体储存容器内的压力，不得小于设计储存压力的90%。 （3）预制灭火系统的设备状态和运行状况应正常
每季度	（1）可燃物的种类、分布情况，防护区的开口情况，应符合设计规定。 （2）储存装置间的设备、灭火剂输送管道和支架、吊架的固定，应无松动。 （3）连接管应无变形、裂纹及老化。必要时，送法定质量检验机构进行检测或更换。 （4）各喷嘴孔口应无堵塞。 （5）对高压二氧化碳、三氟甲烷储存容器逐个进行称重检查，灭火剂净重不得小于设计储存量的90%。 （6）灭火剂输送管道有损伤与堵塞现象时，应按相关规范规定的管道强度试验和气密性试验方法进行严密性试验和吹扫
每年	（1）撤下1个防护区启动装置的启动线，进行电控部分的联动试验，应启动正常。 （2）对每个防护区进行一次模拟自动喷气试验。通过报警联动，检验气体灭火控制盘功能，并进行自动启动方式模拟喷气试验，检查比例为20%（最少一个分区）。 （3）进行预制气溶胶灭火装置、自动干粉灭火装置的有效期限检查。 （4）进行泄漏报警装置报警定量功能试验，检查钢瓶的比例为100%。 （5）进行主用量灭火剂储存容器切换为备用量灭火剂储存容器的模拟切换操作试验，检查比例为20%（最少一个分区）。 （6）在灭火剂输送管道有损伤与堵塞现象时，应按有关规范的规定进行严密性试验和吹扫
五年后	（1）五年后，每3年应对金属软管（连接管）进行水压强度试验和气体密封性试验，性能合格方能继续使用，如发现老化现象，应进行更换。 （2）五年后，对释放过灭火剂的储瓶、相关阀门等部件进行一次水压强度试验和气体密封性试验，试验合格方可继续使用

分析：从近几年的出题情况来看，气体灭火系统绝对是重点中的重点。2018年分值为9分，2019年分值为18分，2020年分值为18分。因此本章的内容需要重点掌握。近三年的案例分析当中，每年都有气体灭火系统的大题。主要集中在发生故障的原因分析、维修分析以及组件的设置等内容上。对于气体灭火系统，系统的组成、分类、控制方式、适用范围、系统组件及设置要求是非常重要的内容，需要牢牢掌握。系统的灭火机理、工作原理、防护区的设置规定和安全要求等内容需要熟悉。另外，各类气体灭火系统的设计参数也经常成为考点。

系统验收、检测和维护管理等方面的方法和要求需要熟练掌握。气体灭火系统安装前，系统组件、管件（材）检查的方法和要求需要熟练掌握。气体灭火系统及其组件的组成、结构、系统组件安装的要求需要熟悉。

熟悉并掌握《气体灭火系统设计规范》（GB 50370—2005）及《气体灭火系统施工及验收规范》（GB 50263—2007）相关内容，可在这部分考试中得到理想的分数。

四、高频真题

1. （2018年技术实务第2题）（知识点3、4）某电子计算机房，拟采用气体灭火系统保护，下列气体灭火系统中，设计灭火浓度最低的是（　　）。

   A. 氮气灭火系统　　　B. IG541灭火系统　　　C. 二氧化碳灭火系统　　　D. 七氟丙烷灭火系统

   【答案】D

   【解析】根据《气体灭火系统设计规范》（GB 50370—2005）经查表附录A灭火浓度和惰化浓度，可知设计灭火浓度最低的是七氟丙烷灭火系统。

2. （2018年技术实务第91题）（知识点4、7）根据现行国家标准《气体灭火系统设计规范》（GB 50370），关于七氟丙烷气体灭火系统的说法，正确的有（　　）。

   A. 在防护区疏散出口门外应设置气体灭火装置的手动启动和停止按钮
   B. 防护区外的手动启动按钮按下时，应通过火灾报警控制器联动控制气体灭火装置的启动
   C. 防护区最低环境温度不应低于－15℃
   D. 手动与自动控制转换状态应在防护区内外的显示装置上显示
   E. 同一防护区内多台预制灭火系统装置同时启动的动作响应时差不应大于2s

   【答案】ADE

   【解析】防护区内外应设手动、自动控制状态的显示装置。选项D正确。

   手动启动、停止按钮应安装在防护区入口便于操作的部位，安装高度为中心点距地（楼）面1.5m。选项A正确。

   防护区的最低环境温度不应低于－10℃。选项C错误。

   同一防护区内的预制灭火系统装置多于1台时，必须能同时启动，其动作响应时差不得大于2s。选项E正确。

   根据《火灾自动报警系统设计规范》（GB 50116—2013）的规定：

   气体灭火系统、泡沫灭火系统应分别由专用的气体灭火控制器、泡沫灭火控制器控制。选项B错误。

3. （2018年综合能力第15题）（知识点8）某计算机房设置组合分配式七氟丙烷气体灭火系统，最大防护区的灭火剂存储容器数量为6个，规格为120L。对该防护区进行系统模拟喷气试验。关于该防护区模拟试验的说法，正确的是（　　）

   A. 试验时，应采用其充装的灭火剂进行模拟喷气试验

B. 试验时，模拟喷气用灭火剂存储容器的数量最少为 2 个

C. 试验时，可选用规格为 150L 的灭火剂存储容器进行模拟喷气试验

D. 试验时，喷气试验宜采用手动启动方式

【答案】B

【解析】模拟喷气试验的条件应符合下列规定：卤代烷灭火系统模拟喷气试验不应采用卤代烷灭火剂，宜采用氮气，也可采用压缩空气。氮气或压缩空气储存容器与被试验的防护区或保护对象用的灭火剂储存容器的结构、型号、规格应相同，连接与控制方式应一致，氮气或压缩空气的充装压力按设计要求执行。氮气或压缩空气储存容器数不应少于灭火剂储存容器数的 20%，且不得少于 1 个。选项 A、C 错误，选项 B 正确。模拟喷气试验宜采用自动启动方式。选项 D 错误。

4. (2018 年综合能力第 41 题)（知识点 9）单位管理人员对低压二氧化碳灭火系统进行巡查，根据现行国家标准《建筑消防设施的维护管理》(GB 25201)，不属于该系统巡查内容的是（　　）。

A. 气体灭火控制器的工作状态　　　　B. 低压二氧化碳系统安全阀的外观

C. 低压二氧化碳储存装置内灭火剂的液位　　D. 低压二氧化碳系统制冷装置的运行状况

【答案】C

【解析】低压二氧化碳储存装置内灭火剂的液位是月检项目，其他是巡查项目。

5. (2019 年综合能力第 42 题)（知识点 9）根据现行国家标准《气体灭火系统施工及验收规范》(GB 50263)，某消防技术服务机构对高压二氧化碳灭火系统所制定的下列维保方案中，不符合规范要求的内容是（　　）。

A. 每季度对灭火剂输送管道和支吊架的固定有无松动进行一次检查

B. 每季度对防护区的开口是否符合设计要求进行一次检查

C. 每季度对各储存容器内灭火剂的重量进行一次检查

D. 每季度对灭火剂钢瓶间内阀驱动装置的铭牌和标志牌是否清晰进行一次检查

【答案】D

【解析】本题考查的知识点是气体灭火系统周期性检查维护。

每季度应对气体灭火系统进行 1 次全面检查，并应符合下列规定：

(1) 可燃物的种类、分布情况，防护区的开口情况，应符合设计规定。B 选项符合要求。

(2) 储存装置间的设备、灭火剂输送管道和支、吊架的固定，应无松动。A 选项符合要求。

(3) 连接管应无变形、裂纹及老化。必要时，送法定质量检验机构进行检测或更换。

(4) 各喷嘴孔口应无堵塞。

(5) 对高压二氧化碳储存容器逐个进行称重检查，灭火剂净重不得小于设计储存量的 90%。C 选项符合要求。

(6) 灭火剂输送管道有损伤与堵塞现象时，应按本规范第 E.1 节的规定进行严密性试验和吹扫。

6. (2020 年技术实务第 40 题)（知识点 5）某配电室设有一套单元独立式七氟丙烷气体灭火系统，输送七氟丙烷气体的主管道管径为 DN80，关于此主管道的选材及连接方式的说法，正确的是（　　）。

A. 主管道应选用焊接钢管，宜采用螺纹连接

B. 主管道应选用无缝钢管，宜采用法兰连接

C. 主管道应选用焊接钢管，宜采用法兰连接

D. 主管道应选用无缝钢管，宜采用螺纹连接

【答案】D

【解析】输送气体灭火剂的管道应采用无缝钢管，当公称直径小于或等于 80mm 时，宜采用螺纹连接。

7. (2020 年综合能力第 46 题)（知识点 9）根据现行国家标准《气体灭火系统施工及验收规范》

(GB 50263),关于气体灭火系统维护管理检查周期的说法,正确的是( )。
    A. 每月应检查七氟丙烷管网灭火系统灭火剂储存容器内的压力
    B. 每周应检查低压二氧化碳灭火系统储存装置的运行情况
    C. 每半年应检查 IG541 气体灭火系统全部系统组件的碰撞变形及机械性损伤情况
    D. 每半年应对高压二氧化碳灭火系统储存容器逐个进行称重检查
    【答案】A
    【解析】每日应对低压二氧化碳储存装置的运行情况、储存装置间的设备状态进行检查并记录。B 选项错误。每月应检查 IG541 气体灭火系统全部系统组件的碰撞变形及机械性损伤情况。C 选项错误。每季度对高压二氧化碳储存容器逐个进行称重检查,灭火剂净重不得小于设计储存量的 90%。D 选项错误。

五、考题预测

(一)习题

1. 对气体灭火系统操作与控制要求错误的是( )。
    A. 管网灭火系统应设自动控制、手动控制和机械应急操作三种启动方式。预制灭火系统应设自动控制和手动控制两种启动方式
    B. 气体灭火系统的操作与控制,应包括对开口封闭装置、通风机械和防火阀等设备的联动操作与控制
    C. 喷放灭火剂前,防护区内所有开口应能自行关闭
    D. 采用自动控制启动方式时,根据人员安全撤离防护区的需要,应有不大于 30s 的可控延迟喷射;对于平时无人工作的防护区可设置为无延迟的喷射
2. 气体灭火系统的高压储存装置安装要求:卤代烷灭火剂储存容器内的实际压力不低于相应温度下的储存压力,且不超过该储存压力的( )。
    A. 1.0%   B. 1.5%
    C. 5%   D. 10%
3. 防护区的围护结构及门、窗的耐火极限不应小于( )h,吊顶的耐火极限不应小于( )h;围护结构及门、窗的允许压力不宜小于( )Pa。
    A. 0.5,0.25,1200   B. 1.0,0.5,1100
    C. 1.5,1.0,1000   D. 2.0,1.5,900
4. 某通信机房设置七氟丙烷预制灭火系统,该系统应有( )种启动方式。
    A. 1   B. 2   C. 3   D. 4
5. ( )是为了防止系统由于驱动气体泄漏的累积而引起系统的误动作而在管路中设置的阀门。
    A. 检漏装置   B. 信号反馈装置
    C. 单向阀   D. 低泄高封阀
6. 对气体灭火系统各组件描述正确的是( )。
    A. 瓶组是用于储存灭火剂和控制灭火剂的释放
    B. 容器是用来储存灭火剂和启动气体的重要组件
    C. 容器阀按用途可分为灭火剂瓶组上容器阀和驱动气体瓶组上容器阀两类
    D. 选择阀用于控制灭火剂经管网释放到预定防护区或保护对象的阀门,每个防护区对应一个选

择阀

E. 单向阀按安装位置分灭火剂流通管路单向阀和驱动气体控制管路单向阀

7. 洁净气体灭火系统可以用来扑救下列哪些类别的火灾（　　）。
   A. 含氧化剂的化学制品及混合物火灾　　B. 可熔化的固体的深位火灾
   C. 灭火前能切断气源的气体火灾　　　　D. 液体火灾
   E. 电气火灾

8. 气体灭火系统的选择阀可分为（　　）。
   A. 活塞式　　　　　　　　　　　　　　B. 球阀式
   C. 气动启动型　　　　　　　　　　　　D. 电磁、电爆启动型
   E. 机械启动型

9. 下列关于全淹没灭火系统防护区的设置要求，说法错误的是（　　）。
   A. 防护区围护结构及门窗的耐火极限均不宜低于0.5h；吊顶的耐火极限不宜低于0.25h
   B. 防护区建筑物构件耐火时间包括：探测火灾时间、延时时间、释放灭火剂时间及保持灭火剂设计浓度的浸渍时间
   C. 防护区维护结构承受内压的允许压强不宜低于1200Pa
   D. 防护区建筑物构件耐火时间一般为60min
   E. 延时时间为45s，扑灭表面火灾时释放灭火剂时间不应大于7min

10. 属于自动模拟启动试验进行方法有（　　）。
    A. 按下手动启动按钮，观察相关动作信号及联动设备动作是否正常
    B. 将灭火控制器的启动输出端与灭火系统相应防护区驱动装置连接。驱动装置与阀门的动作机构脱离；也可用1个启动电压、电流与驱动装置的启动电压、电流相同的负载代替
    C. 人工模拟火警使防护区内任意1个火灾探测器动作，观察单一火警信号输出后，相关报警设备动作是否正常
    D. 手动启动使压力信号反馈装置，观察相关防护区门外的气体喷放指示灯是否正常
    E. 人工模拟火警使该防护区内另一个火灾探测器动作，观察复合火警信号输出后，相关动作信号及联动设备动作是否正常

11. 下列关于气体灭火系统模拟喷气试验的条件的说法，不正确的是（　　）。
    A. IG541混合气体灭火系统及二氧化碳灭火系统，采用其充装的灭火剂进行模拟喷气试验
    B. 卤代烷灭火系统模拟喷气试验不宜采用卤代烷灭火剂，宜采用氮气或压缩空气进行
    C. 二氧化碳的模拟喷气试验，喷放量不小于设计用量的10%
    D. IG541混合气体灭火系统模拟喷气试验采用的储存容器数应为选定试验的防护区或保护对象设计用量所需容器总数的5%，且不少于1个
    E. 七氟丙烷灭火系统的模拟喷气试验采用的氮气或压缩空气储存容器数不少于灭火剂储存容器数的20%，且不少于1个

12. 管网式气体灭火系统有（　　）启动方式。
    A. 电磁阀控制　　　　　　　　　　　　B. 手动控制
    C. 自动控制　　　　　　　　　　　　　D. 机械应急操作
    E. 远程控制

13. 案例分析。

某国际电信局的长途程控交换机房，采用组合分配式高压二氧化碳全淹没气体灭火系统，系统服务10个防护区，共有300组气瓶，气瓶间设在中心机房，其中设计用量为最小防护区的储存量，未设置备用量。气瓶库用砖墙单独隔开，采用甲级防火门开向中心机房。该系统的启动方式采用自动控制

和手动控制方式,每个防护区内设有火灾光报警器,防护区的入口处设有警铃。整个系统主干管采用 DN65mm 不锈钢管,水平方向共有 5 个转角,管道支吊架间距在水平方向为 4.0m,垂直方向为 3.0m,在垂直方向安装了 1 个防晃支架,水平方向安装了 3 个防晃支架。该系统已经运行 6 年,系统按照规范要求开展了各项检查。请根据以上材料,回答以下问题:

1) 该系统设计存在哪些问题?原因是什么?
2) 该系统的年度维护检查的主要内容和要求是什么?
3) 系统运行 6 年,检查有什么特别要求?检查内容是什么?
4) 气体灭火系统对防护区围护结构的耐火极限和耐压性能是如何规定的?
5) 简述检漏装置的安装、类型和用途。

(二)答案详解

1. 【答案】C

【解析】在防护区的围护构件上不宜设置敞开孔洞,当必须设置敞开孔洞时,应设置能手动和自动关闭的装置。在喷放灭火剂前,应自动关闭防护区内除泄压口外的开口。所以 C 错误。

2. 【答案】C
3. 【答案】A
4. 【答案】B
5. 【答案】D
6. 【答案】ABCE

【解析】瓶组一般由容器、容器阀、安全泄放装置、虹吸管、取样口、检漏装置和充装介质等组成,用于储存灭火剂和控制灭火剂的释放。选项 A 正确。

容器是用来储存灭火剂和启动气体的重要组件,分为钢质无缝容器和钢质焊接容器。选项 B 正确。

容器阀按用途分为灭火剂瓶组上容器阀和驱动气体瓶组上容器阀两类;按密封形式分为活塞密封和膜片密封两类;按结构形式分为膜片式、自封式、压臂式三类;按启动方式分为气动启动型、电磁启动型、电爆启动型、手动启动型、机械启动型和组合启动型六类。选项 C 正确。

选择阀是在组合分配系统中,用于控制灭火剂经管网释放到预定防护区或保护对象的阀门,选择阀和防护区一一对应。选择阀可分为活塞式、球阀式、气动启动型、电磁启动型、电爆启动型和组合启动型等类型。单元独立系统不用设置选择阀。选项 D 错误。

单向阀按安装在管路中的位置可分为灭火剂流通管路单向阀和驱动气体控制管路单向阀;按阀体内活动的密封部件类型可分为滑块型、球型和阀瓣型。选项 E 正确。

7. 【答案】CDE
8. 【答案】ABCD
9. 【答案】DE
10. 【答案】BCE
11. 【答案】AC
12. 【答案】BCD

13. 【解析】具体如下。

1) 本系统设计存在以下问题:

①该组合分配系统未设置备用量,不符合要求。理由:当组合分配系统保护 5 个及以上防护区时,二氧化碳系统应设有备用量,备用量不少于设计用量。

②该组合分配系统设计用量为最小防护区的储存量不符合要求。理由:组合分配系统的设计用量应不小于最大防护区所需的储蓄量。

225

③该二氧化碳灭火系统的启动方式不符合要求。理由：组合分配系统二氧化碳气体灭火系统的启动方式有自动控制、手动控制和机械应急操作三种方式。

④防护区内设有火灾光报警器，未设火灾声报警器，不符合要求。理由：防护区内应设火灾声报警器，必要时可增设闪光报警器；防护区应有疏散通道和出口，设置应急照明装置与疏散指示标志。

⑤防护区的入口处仅设有警铃，不符合要求。理由：防护区的入口处应设火灾声、光报警器和灭火剂喷放指示灯，以及防护区采用的气体灭火系统的永久性标志牌。

⑥气瓶间设在中心机房，位置不正确，气瓶间应设在防护区外。

⑦DN65mm 管道的支吊架间距应为 3.4m，该系统的管道支吊架间距在水平方向为 4.0m，不符合标准要求；因目前在水平方向有 5 个转角，所以判断应至少安装 6 个防晃支架。

2）该系统的年度维护检查的主要内容和要求有以下几点：

①撤下 1 个防护区启动装置的启动线，进行电控部分的联动试验，应启动正常；

②对每个防护区进行一次模拟自动喷气试验。通过报警联动，检验气体灭火控制盘功能，并至少对两个分区进行自动启动方式模拟喷气试验；

③检查每个高压二氧化碳钢瓶的灭火剂检漏装置是否工作正常，保持灭火剂的净重不得小于设计储存量的 90%；

④做两个防护区的主用量灭火剂储存容器切换为备用量灭火剂储存容器的模拟切换操作试验；

⑤检查灭火剂输送管道，若有损伤与堵塞现象时，应进行严密性试验和吹扫。

3）因为系统已运行满五年，此时需要进行维护保养，此次保养不能用年度检查维护代替。此次保养的主要内容有以下几点：

①对高压软管（连接管）进行水压强度试验和气密性试验，性能合格方能继续使用，如发现老化现象，应进行更换；

②对释放过灭火剂的储瓶、相关阀门等部件进行一次水压强度和气体密封性试验，试验合格方可继续使用。另外，此次维护保养应由专业维修人员完成。

4）二氧化碳气体灭火系统对防护区的耐火、耐压性能要求如下：防护区围护结构及门窗的耐火极限均不宜低于 0.50h；吊顶的耐火极限不宜低于 0.25h。对防护区围护结构承受内压的允许压强，不宜低于 1200Pa。

5）检漏装置安装于介质储瓶上，用于监测瓶组内介质的压力或质量损失。包括压力显示器、称重装置和液位测量装置等。当检测数值低于设定值时，检漏装置发出报警信号。

第六章 泡沫灭火系统

一、知识点架构图

本章的知识点架构见图 3-6-1。

图 3-6-1 第三篇第六章知识点架构图

二、考情分析

本章的考情分析见表 3-6-1。

泡沫灭火系统在石油化工行业作用重大，历年来都被认为是重点考试内容之一，虽然近三年案例分析真题并未涉及，但不应不重视，本章应重点掌握储罐区低倍数泡沫灭火系统的设置要求。

表 3-6-1　第三篇第六章考情分析表

年份	技术实务 分值（分）	技术实务 占比（%）	综合能力 分值（分）	综合能力 占比（%）	案例分析 分值（分）	案例分析 占比（%）
2015 年	4	3.3	3	2.5	0	0
2016 年	3	2.5	3	2.5	0	0
2017 年	5	4.2	3	2.5	0	0
2018 年	4	3.3	4	3.3	0	0
2019 年	4	3.3	4	3.3	0	0
2020 年	2	1.7	2	1.7	0	0

三、典型知识点

知识点 1：灭火机理

泡沫灭火系统的灭火机理见表 3-6-2。

表 3-6-2　泡沫灭火系统灭火机理

类别	内容
隔氧窒息	在燃烧物表面形成泡沫覆盖层，使燃烧物的表面与空气隔绝；泡沫受热蒸发产生的水蒸气可以降低燃烧物附近氧气的浓度，起到窒息灭火作用
辐射热阻隔	泡沫层能阻止燃烧区的热量作用于燃烧物质的表面，因此可防止可燃物本身和附近可燃物质的蒸发
吸热冷却	泡沫析出的水对燃烧物表面进行冷却

分析：泡沫的灭火机理和工作原理是需要熟悉的内容，应该清楚其灭火机理。

知识点 2：系统分类及适用场所

泡沫灭火系统的分类及适用场所见表 3-6-3。

表 3-6-3　泡沫灭火系统分类及适用场所

分类标准	类别	适用场所
喷射方式（2019 年技术实务第 41 题、2020 年技术实务第 54 题）	液上喷射	目前国内采用最为广泛的一种形式，适用于各类非水溶性甲、乙、丙类液体储罐和水溶性甲、乙、丙类液体的固定顶或内浮顶储罐
	液下喷射	适用于非水溶性液体固定顶储罐；不适用于外浮顶和内浮顶储罐
	半液下喷射	适用于甲、乙、丙液体固定顶储罐；不适用于外浮顶和内浮顶储罐
系统结构（2019 年技术实务第 46 题、2020 年技术实务第 54 题）	固定式系统	适用于独立甲、乙、丙类液体储罐库区和机动消防设施不足的企业附属甲、乙、丙类液体储罐区
	半固定式系统	半固定式系统是指由固定的泡沫产生器与部分连接管道、泡沫消防车或机动泵，用水带连接组成的灭火系统。适用于机动消防设施较强企业附属甲、乙、丙类可燃液体储罐区
	移动式系统	主要用于小型储罐或有可燃液体泄漏的场所
发泡倍数	低倍数泡沫灭火系统	发泡倍数小于 20 的泡沫灭火系统。该系统是甲、乙、丙类液体储罐及石油化工装置区等场所的首选灭火系统
	中倍数泡沫灭火系统	发泡倍数为 20~200 的泡沫灭火系统，多用作辅助灭火设施
	高倍数泡沫灭火系统	发泡倍数为大于 200 的泡沫灭火系统

续表

分类标准	类别	适用场所
系统形式（2020年技术实务第41题）	全淹没泡沫灭火系统	全淹没高倍数泡沫灭火系统特别适用于大面积有限空间内的A类和B类火灾的防护
	局部应用泡沫灭火系统	局部应用中倍数泡沫灭火系统主要适用于四周不完全封闭的A类火灾场所，限定位置的流散B类火灾场所，固定位置面积不大于100m²的流淌B类火灾场所
	移动式泡沫灭火系统	移动式中倍数泡沫灭火系统适用于发生火灾部位难以接近的较小火灾场所、流淌面积不超过100m²的液体流淌火灾场所
	泡沫—水喷淋系统	具有非水溶性液体泄漏火灾危险的室内场所； 单位面积存放量不超过25L/m²或超过25L/m²但有缓冲物的水溶性液体室内场所
	泡沫—水喷雾系统	可用于保护独立变电站的油浸变压器； 面积≤200m²的非水溶性液体室内场所

分析：泡沫灭火系统的组成和分类、使用范围、系统组件及设置要求是需要掌握的内容。从出题情况来看，考了喷射方式、系统结构的分类。发泡倍数和系统形式的分类将是出题重点。

知识点3：低倍数泡沫灭火系统设计

1）储罐区低倍数泡沫灭火系统的选择，应符合下列规定：

（1）非水溶性甲、乙、丙类液体固定顶储罐，应选用液上喷射、液下喷射或半液下喷射系统；(2018年技术实务第90题)

（2）水溶性甲、乙、丙类液体和其他对普通泡沫有破坏作用的甲、乙、丙类液体固定顶储罐，应选用液上喷射系统或半液下喷射系统；

（3）外浮顶和内浮顶储罐应选用液上喷射系统；

（4）非水溶性液体外浮顶储罐、内浮顶储罐、直径大于18m的固定顶储罐及水溶性甲、乙、丙类液体立式储罐，不得选用泡沫炮作为主要灭火设施；

（5）高度大于7m或直径大于9m的固定顶储罐，不得选用泡沫枪作为主要灭火设施。

2）储罐区泡沫灭火系统扑救一次火灾的泡沫混合液设计用量，应按罐内用量、该罐辅助泡沫枪用量、管道剩余量三者之和最大的储罐确定。(2018年技术实务第69题)

3）设置固定式泡沫灭火系统的储罐区，应配置用于扑救液体流散火灾的辅助泡沫枪，泡沫枪的数量及其泡沫混合液连续供给时间不应小于表3-6-4的规定。每支辅助泡沫枪的泡沫混合液流量不应小于240L/min。(2018年技术实务第69题)

表3-6-4 泡沫枪数量及泡沫混合液供应时间

储罐直径 d（m）	配备泡沫枪数量（支）	连续供应时间（min）
$d≤10$	1	10
$10<d≤20$	1	20
$20<d≤30$	2	20
$30<d≤40$	2	30
$d>40$	3	30

4）当储罐区固定式泡沫灭火系统的泡沫混合液流量大于或等于100L/s时，系统的泵、比例混合

装置及其管道上的控制阀、干管控制阀宜具备远程控制功能。

5) 采用固定式泡沫灭火系统的储罐区，宜沿防火堤外均匀布置泡沫消火栓，且泡沫消火栓的间距不应大于60m。

6) 固定式泡沫灭火系统的设计应满足在泡沫消防水泵或泡沫混合液泵启动后，将泡沫混合液或泡沫输送到保护对象的时间不大于5min。(2018年技术实务第69题、2019年技术实务第84题)

7) 固定顶储罐泡沫灭火系统设计应符合以下规定：

(1) 固定顶储罐的保护面积应按其横截面积确定。

(2) 非水溶性液体储罐液下或半液下喷射系统，其泡沫混合液供给强度不应小于5.0L/(min·m^2)、连续供给时间不应小于40min (2018年技术实务第69题)；

(3) 储罐上液上喷射系统泡沫混合液管道的设置，应符合下列规定：

①每个泡沫产生器应用独立的混合液管道引至防火堤外；

②除立管外，其他泡沫混合液管道不得设置在罐壁上；

③连接泡沫产生器的泡沫混合液立管应用管卡固定在罐壁上，管卡间距不宜大于3m；

④泡沫混合液的立管下端应设置锈渣清扫口。

(4) 防火堤内泡沫混合液或泡沫管道的设置，应符合下列规定：

①地上泡沫混合液或泡沫水平管道应敷设在管墩或管架上，与罐壁上的泡沫混合液立管之间宜用金属软管连接；

②埋地泡沫混合液管道或泡沫管道距离地面的深度应大于0.3m，与罐壁上的泡沫混合液立管之间应用金属软管或金属转向接头连接；

③泡沫混合液或泡沫管道应有3‰的放空坡度；

④在液下喷射系统靠近储罐的泡沫管线上，应设置用于系统试验的带可拆卸盲板的支管。

(5) 防火堤外泡沫混合液或泡沫管道的设置应符合下列规定：

①固定式液上喷射系统，对每个泡沫产生器，应在防火堤外设置独立的控制阀；

②半固定式液上喷射系统，对每个泡沫产生器，应在防火堤外距地面0.7m处设置带闷盖的管牙接口；半固定式液下喷射系统的泡沫管道应引至防火堤外，并应设置相应的高背压泡沫产生器快装接口；

③泡沫混合液管道或泡沫管道上应设置放空阀，且其管道应有2‰的坡度坡向放空阀。

8) 外浮顶储罐泡沫灭火系统设计应符合以下规定：

(1) 钢制单盘式与双盘式外浮顶储罐的保护面积，应按罐壁与泡沫堰板间的环形面积确定。

(2) 非水溶性液体的泡沫混合液供给强度不应小于12.5L/(min·m^2)，连续供给时间不应小于30min。

(3) 外浮顶储罐泡沫堰板的设计，应符合下列规定：

①当泡沫喷射口设置在罐壁顶部、密封或挡雨板上方时，泡沫堰板应高出密封0.2m；当泡沫喷射口设置在金属挡雨板下部时，泡沫堰板高度不应小于0.3m；

②当泡沫喷射口设置在罐壁顶部时，泡沫堰板与罐壁的间距不应小于0.6m；当泡沫喷射口设置在浮顶上时，泡沫堰板与罐壁的间距不宜小于0.6m；

③应在泡沫堰板的最低部位设置排水孔，排水孔的开孔面积宜按每1m^2 环形面积280mm^2 确定，排水孔高度不宜大于9mm。

(4) 储罐梯子平台上管牙接口或二分水器的设置，应符合下列规定：

①直径不大于45m的储罐，储罐梯子平台上应设置带闷盖的管牙接口；直径大于45m的储罐，储罐梯子平台上应设置二分水器；

②管牙接口或二分水器应由管道接至防火堤外，且管道的管径应满足所配泡沫枪的压力、流量要求；

③应在防火堤外的连接管道上设置管牙接口，管牙接口距地面高度宜为0.7m；

④当与固定式泡沫灭火系统连通时，应在防火堤外设置控制阀。

9）外浮顶储罐泡沫灭火系统设计应符合以下规定：

（1）钢制单盘式、双盘式与敞口隔舱式内浮顶储罐的保护面积，应按罐壁与泡沫堰板间的环形面积确定；其他内浮顶储罐应按固定顶储罐对待。

（2）钢制单盘式、双盘式与敞口隔舱式内浮顶储罐的泡沫堰板设置、单个泡沫产生器保护周长及泡沫混合液供给强度与连续供给时间，应符合下列规定：

①泡沫堰板与罐壁的距离不应小于0.55m，其高度不应小于0.5m；

②单个泡沫产生器保护周长不应大于24m；

③非水溶性液体的泡沫混合液供给强度不应小于12.5L/(min·m^2)；

④泡沫混合液连续供给时间不应小于30min。

10）当甲、乙、丙类液体槽车装卸栈台设置泡沫炮或泡沫枪系统时，应符合下列规定：

（1）应能保护泵、计量仪器、车辆及与装卸产品有关的各种设备；

（2）火车装卸栈台的泡沫混合液流量不应小于30L/s；

（3）汽车装卸栈台的泡沫混合液流量不应小于8L/s；

（4）泡沫混合液连续供给时间不应小于30min。

分析：储罐区液上喷射泡沫灭火系统和储罐区液下喷射泡沫灭火系统的设计参数是需要了解的内容。

从出题情况来看，具体的供给强度、供给时间等参量需要记住。

知识点4：泡沫—水喷淋系统和泡沫—喷雾系统设计

泡沫—水喷淋系统和泡沫—喷雾系统设计的内容见表3-6-5。

表3-6-5 泡沫—水喷淋系统和泡沫—喷雾系统设计

类别	内容
基本要求	（1）泡沫混合液连续供给时间不应小于10min，泡沫混合液与水的连续供给时间之和应不小于60min。 （2）泡沫—水雨淋系统与泡沫—水预作用系统应同时具备自动、手动功能和应急机械手动启动功能；机械手动启动力不应超过180N。 （3）当泡沫液管线埋地敷设或地上铺设长度超过15m时，泡沫液应充满其管线
泡沫水喷淋系统	（1）泡沫—水雨淋系统的保护面积应按保护场所内的水平面积或水平投影面积确定。 （2）泡沫—水雨淋系统应设置雨淋阀、水力警铃，并应在每个雨淋阀出口管路上设置压力开关，但喷头数小于10个的单区系统可不设雨淋阀和压力开关。 （3）泡沫—水雨淋系统设计时应进行管道水力计算，自雨淋阀开启至系统各喷头达到设计喷洒流量的时间不得超过60s
闭式泡沫水喷淋系统	（1）闭合泡沫—水喷淋系统的作用面积应为465m^{2}时，可按防护区实际面积确定，另外也可采用试验值。系统的供给强度不应小于6.5L/(min·m^2)。系统输送的泡沫混合液应在8L/s至最大设计流量范围内达到额定的混合比。 （2）闭合泡沫—水喷淋系统任意四个相邻喷头组成的四边形保护面积内的平均供给强度不应小于设计供给强度，且不宜大于设计供给强度的1.2倍；喷头周围不应有影响泡沫喷洒的障碍物；每只喷头的保护面积不应大于12m^2；同一只管上两只相邻喷头的水平间距、两条相邻平行支管的水平间距，均不应大于3.6m

续表

类别	内 容
泡沫喷雾系统	（1）泡沫喷雾系统保护油浸电力变压器时，系统的保护面积应按变压器油箱本体水平投影且四周外延1m计算确定；泡沫混合液或泡沫预混合液供给强度不应小于8L/(min·m²)，连续供给时间不应小于15min；喷头的设置应使泡沫覆盖变压器油箱顶面，且每个变压器进出线绝缘套管升高座孔口应设置单独的喷头保护；保护绝缘套管升高座孔口喷头的雾化角宜为60°，其他喷头的雾化角不应大于90°；系统所有泡沫灭火剂的灭火性能级别应为Ⅰ级，抗烧水平不应低于C级。 （2）泡沫喷雾系统保护非水溶性液体室内场所时，泡沫混合液或预混合液供给强度不应小于6.5L/(min·m²)，连续供给时间不应小于10min。系统保护面积内的泡沫混合液供给强度应均匀，泡沫应直接喷洒到保护对象上，喷头周围不应有影响泡沫喷洒的障碍物。 （3）泡沫喷雾系统的喷头应带过滤器，其工作压力不应小于其额定压力，且不宜高于其额定压力0.1MPa。当系统采用泡沫预混合液时，其有效使用期不宜小于3年。 （4）泡沫喷雾系统应同时具备自动、手动和应急机械手动启动方式。在自动控制状态下，灭火系统的响应时间不应大于60s

知识点5：泡沫液和系统组件

泡沫灭火系统组件设置要求见表3-6-6。

表3-6-6 系统组件设置要求

类别	内 容
泡沫液	（1）送检泡沫液主要对其发泡性能和灭火性能进行检测，检测内容主要包括发泡倍数、析液时间、灭火时间和抗烧时间。泡沫液储存温度0~40℃。 对属于下列情况之一的泡沫液需要送检： ①6%型低倍数泡沫液设计用量大于或等于7.0t； ②3%型低倍数泡沫液设计用量大于或等于3.5t； ③6%蛋白型中倍数泡沫液最小储备量大于或等于2.5t； ④6%合成型中倍数泡沫液最小储备量大于或等于2.0t； ⑤高倍数泡沫液最小储备量大于或等于1.0t； ⑥合同文件规定的需要现场取样送检的泡沫液。 （2）非水溶性甲、乙、丙类液体储罐低倍数泡沫液的选择，应符合下列规定： ①当采用液上喷射系统时，应选用蛋白、氟蛋白、成膜氟蛋白或水成膜泡沫液； ②当采用液下喷射系统时，应选用氟蛋白、成膜氟蛋白或水成膜泡沫液。 （3）水溶性甲、乙、丙类液体必须选用抗溶泡沫液。 （4）保护非水溶性液体的泡沫—水喷淋系统、泡沫枪系统、泡沫炮系统泡沫液的选择，应符合下列规定： ①当采用吸气型泡沫产生装置时，应选用蛋白、氟蛋白、水成膜或成膜氟蛋白泡沫液； ②当采用非吸气型喷射装置时，应选用水成膜或成膜氟蛋白泡沫液。 （5）水溶性甲、乙、丙类液体和其他对普通泡沫有破坏作用的甲、乙、丙类液体，以及用一套系统同时保护水溶性和非水溶性甲、乙、丙类液体的，必须选用抗溶泡沫液。 （6）中倍数泡沫灭火系统泡沫液的选择应符合下列规定： ①用于油罐的中倍数泡沫灭火剂应采用专用8%型氟蛋白泡沫液； ②除油罐外的其他场所，可选用中倍数泡沫液或高倍数泡沫液
泡沫消防泵	（1）泡沫消防水泵、泡沫混合液泵应选择特性曲线平缓的离心泵；当采用环泵式比例混合器时，泡沫混合液泵的额定流量应为系统设计流量的1.1倍。 （2）泡沫液泵的工作压力和流量应满足系统最大设计要求，同时应保证在设计流量下泡沫液供给压力大于最大水压力，泡沫液泵应耐受时长不低于10min的空载运行

续表

类别	内 容
泡沫比例混合器	泡沫比例混合器有环泵式泡沫比例混合器、压力式比例混合器、平衡压力泡沫比例混合器、管线式泡沫比例混合器。 (1) 环泵式泡沫比例混合器适用于建有独立泡沫消防泵站的场所，尤其适用于储罐规格较单一的甲、乙、丙类液体储罐区。 (2) 压力式比例混合器适用于分散设置独立泡沫站的石油化工生产装置区。压力式泡沫比例混合器分为无囊式压力比例混合器和囊式压力比例混合装置。压力比例混合器的单罐容积不宜大于 10m³。 (3) 平衡压力式比例混合器的适用范围较广，目前工程中采用较多。尤其设置若干个独立泡沫站的大型甲、乙、丙类液体储罐区，多采用水力驱动式平衡压力比例混合装置。当采用平衡式泡沫比例混合装置时，应符合下列要求： ①比例混合器的泡沫液进口压力应大于水的进口压力，但其压差不应大于 0.2MPa； ②比例混合器的泡沫液进口管道上应设单向阀； ③当采用水力驱动式泡沫液泵时，可不设置备用泵；采用其他动力源的泡沫液泵时，应设置备用泵且动力源的要求与泡沫泵站的动力源要求相同； ④为保证系统使用或试验后用水冲洗干净，不留残液，泡沫液管道上应设冲洗及放空管道。 (4) 管线式泡沫比例混合器主要用于移动式泡沫灭火系统，与泡沫炮、泡沫枪、泡沫产生器装配一体使用
泡沫产生装置	(1) 低倍数泡沫产生器有横式和竖式两种。应符合下列规定： ①固定顶储罐、按固定顶储罐对待的内浮顶储罐，宜选用立式泡沫产生器； ②泡沫产生器进口的工作压力应为其额定值 ±0.1MPa； ③泡沫产生器的空气吸入口及露天的泡沫喷射口，应设置防止异物进入的金属网； ④横式泡沫产生器的出口，应设置长度不小于 1m 的泡沫管； ⑤外浮顶储罐上的泡沫产生器，不应设置密封玻璃。 (2) 高背压泡沫产生器是从储罐内底部液下喷射空气泡沫扑救油罐火灾的主要设备。高背压泡沫产生器应符合下列规定（2018 年技术实务第 34 题、2018 年综合能力第 35 题）： ①进口工作压力应在标定的工作压力范围内； ②出口工作压力大于泡沫管道的阻力和罐内液体静压力之和； ③发泡倍数不应小于 2，且不应大于 4。 (3) 中倍数泡沫产生器。 (4) 高倍数泡沫产生器

罐区泡沫系统组成见图 3-6-2。（2019 年综合能力第 51 题）

图 3-6-2 罐区泡沫系统组成简图

知识点6：系统管网安装、冲洗、试压

泡沫灭火系统管网安装、冲洗、试压内容见表3-6-7。

表3-6-7 系统管网安装、冲洗、试压

项目	内 容
一般要求	(1) 水平管道安装时要注意留有管道坡度，在防火堤内要以3‰的坡度坡向防火堤（2018年综合能力第35题），在防火堤外应以2‰的坡度坡向放空阀，以便于管道放空，防止积水，避免在冬季冻裂阀门及管道。 (2) 立管要用管卡固定在支架上，管卡间距不能大于3m，以确保立管的牢固性
泡沫混合液管道	(1) 当储罐上的泡沫混合液立管与防火堤内地上水平管道或埋地管道用金属软管连接时，不能损坏其编织网，并要在金属软管与地上水平管道的连接处设置管道支架或管墩。 (2) 储罐上泡沫混合液立管下端设置的锈渣清扫口与储罐基础或地面的距离一般为0.3~0.5m；锈渣清扫口需要采用闸阀或盲板封堵；当采用闸阀时，要竖直安装。 (3) 外浮顶储罐梯子平台上设置的带闷盖的管牙接口，要靠近平台栏杆安装，并高出平台1.0m，其接口要朝向储罐；引至防火堤外设置的相应管牙接口，要面向道路或朝下。 (4) 连接泡沫产生装置的泡沫混合液管道上设置的压力表接口要靠近防火堤外侧，并竖直安装
泡沫管道的安装	(1) 当液下喷射一个喷射口设在储罐中心时，其泡沫喷射管要固定在支架上；当液下喷射和半液下喷射设有2个及以上喷射口，并沿罐周均匀设置时，其间距偏差不能大于100mm。 (2) 半固定式系统的泡沫管道，在防火堤外设置的高背压泡沫产生器快装接口要水平安装（2020年综合能力第32题）
泡沫喷淋管道的安装	(1) 泡沫喷淋管道支架、吊架与泡沫喷头之间的距离不能小于0.3m，与末端泡沫喷头之间的距离不得大于0.5m。 (2) 泡沫喷淋分支管上每一直管段、相邻两泡沫喷头之间的管段设置的支架、吊架均不得少于1个，且支架、吊架的间距不得大于3.6m；当泡沫喷头的设置高度大于10m时，支架、吊架的间距不能大于3.2m
水压试验	(1) 试验要求： ①试验要采用清水进行，环境温度不得低于5℃，当环境温度低于5℃时，要采取防冻措施； ②试验压力为设计压力的1.5倍； ③试验前需要将泡沫产生装置、泡沫比例混合器（装置）隔离。 (2) 检测方法：管道充满水，排净空气，用试压装置缓慢升压，当压力升至试验压力后，稳压10min，管道无损坏、变形，再将试验压力降至设计压力，稳压30min，以压力不降、无渗漏为合格
冲洗	管道试压合格后，需要用清水冲洗，采用最大设计流量进行冲洗，水流速度不低于1.5m/s，以排出水色和透明度与入口水目测一致为合格

知识点7：系统调试

泡沫灭火系统的调试应符合下列规定：

1）当为手动灭火系统时，应以手动控制的方式进行一次喷水试验；当为自动灭火系统时，应以手动和自动控制的方式各进行一次喷水试验，其各项性能指标均应达到设计要求。当为手动灭火系统时，选择最远的防护区或储罐；当为自动灭火系统时，选择最大和最远两个防护区或储罐分别以手动和自动的方式进行试验。（2019年综合能力第9题）

2）低、中倍数泡沫系统喷泡沫试验。

(1) 试验要求：低、中倍数泡沫灭火系统喷水试验完毕，将水放空后，进行喷泡沫试验；当为自动灭火系统时，要以自动控制的方式进行；喷射泡沫的时间不小于1min；实测泡沫混合液的混合比和泡沫混合液的发泡倍数及到达最不利点防护区或储罐的时间和湿式联用系统水与泡沫的转换时间要符合设计要求。

(2) 检测方法：对于混合比的检测，蛋白、氟蛋白等折射指数高的泡沫液可用手持折射仪测量，

水成膜、抗溶水成膜等折射指数低的泡沫液可用手持导电度测量仪测量；泡沫混合液的发泡倍数按现行国家标准《泡沫灭火剂》（GB 15308）规定的方法测量；喷射泡沫的时间和泡沫混合液或泡沫到达最不利点防护区或储罐的时间及湿式系统自喷水至喷泡沫的转换时间，用秒表测量。喷泡沫试验要选择最不利点的防护区或储罐进行一次试验即可。

3）高倍数泡沫系统喷泡沫试验。

（1）试验要求：高倍数泡沫灭火系统喷水试验完毕，将水放空后，以手动或自动控制的方式对防护区进行喷泡沫试验，喷射泡沫的时间不小于30s，实测泡沫混合液的混合比和泡沫供给速率及自接到火灾模拟信号至开始喷泡沫的时间符合设计要求。

（2）检测方法：对于混合比的检测，蛋白、氟蛋白等折射指数高的泡沫液可用手持折射仪测量，水成膜、抗溶水成膜等折射指数低的泡沫液可用手持导电度测量仪测量；泡沫供给速率的检测方法：记录各高倍数泡沫产生器进口端压力表读数，用秒表测量喷射泡沫的时间，然后按制造厂给出的曲线查出对应的发泡量，经计算得出的泡沫供给速率，供给速率不能小于设计要求的最小供给速率；喷射泡沫的时间和自接到火灾模拟信号至开始喷泡沫的时间，用秒表测量。对于高倍数泡沫系统，所有防护区均需要进行喷泡沫试验。

※**重点分析**

发泡倍数的测量方法。（2019年综合能力第35题）

1. 测量设备：

1）台秤1台（或电子秤）：量程50kg，精度20g。

2）泡沫产生装置：

（1）PQ4或PQ8型泡沫枪1支。

（2）中倍数泡沫枪（手提式中倍数泡沫产生器）1支。

3）量桶1个：容积大于或等于20L。

4）刮板1个（由量筒尺寸确定）。

2. 测量步骤：

1）用台秤测空桶的重量 W_1（kg）。

2）将量桶注满水后称得重量 W_2（kg）。

3）计算量桶的容积 $V = W_2 - W_1$。

注：水的密度按1考虑，即 $1kg/dm^3$；$1dm^3 = 1L$。

4）从泡沫混合液管道上的消火栓接出水带和PQ4型或PQ8型或中倍数泡沫枪，系统喷泡沫试验时打开泡沫消火栓，待泡沫枪的进口压力达到额定值，喷出泡沫10s后，用量桶接满立即用刮板刮平，擦干外壁，此时称得重量为 W（kg）。

5）液下喷射泡沫，从高背压泡沫产生器出口侧的泡沫取样口处，用量桶接满泡沫后，用刮板刮平，擦干外壁，称得重量为 W（kg）。

3. 发泡倍数计算公式如下。

$$N = \frac{V}{W - W_1} \times \rho$$

式中：N——发泡倍数；

W_1——空桶的重量（kg）；

W——接满泡沫后量桶的重量（kg）；

V——量桶的容积（L 或 dm^3）；

ρ——泡沫混合液的密度，按1kg/L 或 $1kg/dm^3$。

4. 重复一次测量，取两次测量的平均值作为测量结果。

知识点 8：系统的维护管理

泡沫灭火系统周期性检查维护内容见表 3-6-8。

表 3-6-8　系统周期性检查维护内容（2019 年综合能力第 17 题、2020 年综合能力第 68 题）

检查周期	周期性检查维护内容
每周	对消防泵和备用动力进行一次启动试验
每月	（1）对低、中、高倍数泡沫产生器，泡沫喷头，固定式泡沫炮，泡沫比例混合器（装置），泡沫液储罐进行外观检查，各部件要完好无损。 （2）对固定式泡沫炮的回转机构、仰俯机构或电动操作机构进行检查，性能要达到标准的要求。 （3）泡沫消火栓和阀门要能自由开启与关闭，不能有锈蚀。 （4）压力表、管道过滤器、金属软管、管道及管件不能有损伤。 （5）对遥控功能或自动控制设施及操纵机构进行检查，性能要符合设计要求。 （6）对储罐上的低、中倍数泡沫混合液立管要清除锈渣。 （7）动力源和电气设备工作状况要良好。 （8）水源及水位指示装置要正常
每半年	除储罐上泡沫混合液立管和液下喷射防火堤内泡沫管道及高倍数泡沫产生器进口端控制阀后的管道、高倍数泡沫产生器进口端控制阀后的管道外的管道全部清洗，清除锈渣（2018 年综合能力第 53 题）
每两年	（1）对于低倍数泡沫灭火系统中的液上、液下及半液下喷射、泡沫喷淋、固定式泡沫炮和中倍数泡沫灭火系统进行喷泡沫试验，并对系统所有组件、设施、管道及管件进行全面检查。 （2）对于高倍数泡沫灭火系统，可在防护区内进行喷泡沫试验，并对系统所有组件、设施、管道及管件进行全面检查。 （3）系统检查和试验完毕，要对泡沫液泵或泡沫混合液泵、泡沫液管道、泡沫混合液管道、泡沫管道、泡沫比例混合器（装置）、泡沫消火栓、管道过滤器和喷过泡沫的泡沫产生装置等用清水冲洗后放空，复原系统

泡沫系统常见故障分析与处理方法见表 3-6-9。

表 3-6-9　泡沫系统常见故障分析与处理

问题	主要原因	解决办法
泡沫产生器无法发泡或发泡不正常	（1）泡沫产生器吸气口被异物堵塞。 （2）泡沫混合液不满足要求，如泡沫液失效，混合比不满足要求	（1）加强对泡沫产生器的巡检，发现异物及时清理。 （2）加强对泡沫比例混合器（装置）和泡沫液的维护和检测
比例混合器锈死	由于使用后，未及时用清水冲洗，泡沫液长期腐蚀混合器致使锈死	加强检查，定期拆下保养，系统平时试验完毕后，一定要用清水冲洗干净
无囊式压力比例混合装置的泡沫液储罐进水	储罐进水的控制阀门选型不当或不合格，导致平时出现渗漏	严格阀门选型，采用合格产品，加强巡检，发现问题及时处理
囊式压力比例混合装置中因囊破裂而使系统瘫痪	（1）比例混合装置中的囊因老化，承压降低，导致系统运行时发生破裂； （2）因胶囊受力设计不合理，灌装泡沫液方法不当而导致囊破裂	（1）对胶囊加强维护管理，定期更换； （2）采用合格产品，按正确的方法进行灌装
平衡式比例混合装置的平衡阀无法工作	平衡阀的橡胶膜片由于承压过大被损坏	采用耐压强度高的膜片并在平时应加强维护管理

分析：泡沫灭火系统广泛应用于石油化工等场所，对于扑救 B 类火灾具有较高的效率。从这几年的考试来看，每年的分值在 8 分左右。主要考了系统的分类、调试和维护检查的内容，重要组件的设置要求和常见故障分析与处理都没考。以后出案例分析题目的可能性比较大。

掌握《泡沫灭火系统设计规范》（GB 50151—2010）和《泡沫灭火系统施工及验收规范》（GB 50281—2006）的主要内容，可以在泡沫灭火系统的考核中取得好成绩。

四、高频真题

1.（2018 年技术实务第 34 题）（知识点 5）根据现行国家标准《泡沫灭火系统设计规范》（GB 50151），油罐采用液下喷射泡沫灭火系统时，泡沫产生器应选用（　　）。

　　A. 横式泡沫产生器　　　　　　　　　　B. 高背压泡沫产生器
　　C. 立式泡沫产生器　　　　　　　　　　D. 高倍数泡沫产生器

【答案】B

【解析】高背压泡沫产生器是从储罐内底部液下喷射空气泡沫扑救油罐火灾的主要设备。因此 B 选项正确。

2.（2018 年综合能力第 35 题）（知识点 5、6）某消防技术服务机构对某石油化工企业安装的低倍数泡沫灭火系统进行了技术检测。下列检测结果中，不符合现行国家标准《泡沫灭火系统施工及验收规范》（GB 50281）的是（　　）。

　　A. 整体平衡式比例混合装置竖直安装在压力水的水平管道上
　　B. 安装在防火堤内的水平管道坡向防火堤，坡度为 3‰
　　C. 液下喷射的高背压泡沫产生器水平安装在防火堤外的泡沫混合液管道上
　　D. 在防火堤外连接泡沫产生装置的泡沫混合液管道上水平安装了压力表接口

【答案】D

【解析】连接泡沫产生装置的泡沫混合液管道上设置的压力表接口要靠近防火堤外侧，并应竖直安装。D 项不符合标准。

3.（2019 年技术实务第 84 题）（知识点 3）某储罐区共有 7 个直径 32m 的非水溶性丙类液体固定顶储罐，均设置固定式液上喷射低倍数泡沫灭火系统。关于该灭火系统设计的说法，正确的有（　　）。

　　A. 泡沫灭火系统应具备半固定式系统功能
　　B. 每个储罐的泡沫产生器不应小于 3 个
　　C. 泡沫混合液供给强度不应小于 4L/(min·m^2)
　　D. 泡沫混合液泵启动后，将泡沫混合液输送到保护对象的时间不应大于 5min
　　E. 泡沫混合液连续供给时间不应小于 30min

【答案】ADE

【解析】本题考查的知识点是泡沫灭火系统。根据《泡沫灭火系统设计规范》（GB 50151—2010）的相关规定：

4.1.9　储罐区固定式泡沫灭火系统应具备半固定式系统功能。A 选项正确。

4.2.3　液上喷射系统泡沫产生器的设置，应符合下列规定：

1　泡沫产生器的型号及数量，应根据本规范第 4.2.1 条和第 4.2.2 条计算所需的泡沫混合液流量确定，且设置数量不应小于表 4.2.3（原表号，见表 3-6-10）的规定；

表 3-6-10 泡沫产生器设置数量

储罐直径（m）	泡沫产生器设置数量（个）
≤10	1
>10 且 ≤25	2
>25 且 ≤30	3
>30 且 ≤35	4

根据上表，B 选项错误，储罐直径 32m 至少需要 4 个。

4.2.2-1 非水溶性液体储罐液上喷射系统，其泡沫混合液供给强度和连续供给时间不应小于表 4.2.2-1（原表号，见表 3-6-11）的规定。可知 C 选项错误，E 选项正确。

表 3-6-11 泡沫混合液供给强度和连续供给时间

系统形式	泡沫液种类	供给强度 [L/(min·m²)]	连续供给时间（min） 甲、乙类液体	连续供给时间（min） 丙类液体
固定式、半固定式系统	蛋白	6.0	40	30
固定式、半固定式系统	氟蛋白、水成膜、成膜氟蛋白	5.0	45	30
移动式系统	蛋白、氟蛋白	8.0	60	45
移动式系统	水成膜、成膜氟蛋白	6.5	60	45

4.1.10 固定式泡沫灭火系统的设计应满足在泡沫消防水泵或泡沫混合液泵启动后，将泡沫混合液或泡沫输送到保护对象的时间不大于 5min。D 选项正确。

4.（2020 年技术实务第 54 题）（知识点 3）某容积为 2000m³ 的乙醇固定顶储罐设置低倍数泡沫灭火系统时，应选用（　　）。

A. 半固定式液上喷射系统　　　　　　B. 半固定式半液下喷射系统
C. 固定式液上喷射系统　　　　　　　D. 固定式液下喷射系统

【答案】C

【解析】储罐区低倍数泡沫灭火系统的选择，应符合下列规定：水溶性甲、乙、丙类液体和其他对普通泡沫有破坏作用的甲、乙、丙类液体固定顶储罐，应选用液上喷射系统或半液下喷射系统。乙醇属于甲类液体，应选择固定式液上喷射系统。

5.（2020 年综合能力第 68 题）（知识点 8）某高倍数泡沫灭火系统的维护保养方案中包括：（1）灭火剂储存 3 年后，每年进行灭火性能检验，以确定产品是否有效；（2）每两年在防护区内进行一次喷泡沫试验；（3）每月对高倍数泡沫产生器进行一次外观检查；（4）每周对泡沫泵进行一次启动试验。上述 4 项维护保养要求，符合现行国家标准的有（　　）。

A. 1 项　　　　　B. 2 项　　　　　C. 4 项　　　　　D. 3 项

【答案】C

【解析】根据表 3-6-8，每周应对消防泵和备用动力进行一次启动试验。每月应对系统进行检查，对低、中、高倍数泡沫发生器，泡沫喷头，固定式泡沫炮，泡沫比例混合器（装置），泡沫液储罐进行外观检查，应完好无损。每两年应对系统进行检查和试验，对于高倍数泡沫灭火系统，可在防护区内进行喷泡沫试验，并对系统所有组件、设施、管道及附件进行全面检查。

根据《泡沫灭火剂》（GB 15308—2006）第 7.3 条，超过储存期的产品，每年应进行灭火性能检验，以确定产品是否有效。综上，C 选项正确。

五、考题预测

（一）习题

1. 液下喷射式泡沫灭火系统适用于以下哪个场所？（　　）
   A. 烃类液体固定顶储罐
   B. 外浮顶储罐
   C. 内浮顶储罐
   D. 水溶性甲、乙、丙类液体储罐

2. 喷出泡沫，泡沫覆盖于燃烧液体或固体的表面属于（　　）灭火方法。
   A. 冷却　　　　　　　　　　　　　　B. 隔离
   C. 窒息　　　　　　　　　　　　　　D. 化学抑制

3. 某炼油厂容积 $10 \times 10^4 m^3$ 的外浮顶原油储罐，设置泡沫灭火系统，则系统设计保护面积应按（　　）确定。
   A. 储罐罐壁与泡沫堰板间的环形面积　　　　B. 储罐表面积
   C. 储罐横截面面积　　　　　　　　　　　　D. 防火堤内的地面面积

4. 泡沫灭火系统按照系统现场组件的安装方式，不包括（　　）。
   A. 固定式泡沫灭火系统　　　　　　　　　　B. 半固定式泡沫灭火系统
   C. 半移动式泡沫灭火系统　　　　　　　　　D. 移动式泡沫灭火系统

5. 储罐上液上喷射系统泡沫混合液管道的设置，不符合规定的是（　　）。
   A. 每个泡沫产生器不应用独立的混合液管道引至防火堤外
   B. 除立管外，其他泡沫混合液管道不得设置在罐壁上
   C. 连接泡沫产生器的泡沫混合液立管应用管卡固定在罐壁上，管卡间距不宜大于3m
   D. 泡沫混合液的立管下端应设置锈渣清扫口

6. 关于中倍数泡沫灭火系统说法错误的有（　　）。
   A. 全淹没中倍数泡沫灭火系统一般用于小型场所
   B. 局部应用系统主要适用于四周不完全封闭的 A 类火灾场所，限定位置的流散 B 类火灾场所，固定位置面积不大于 $100m^2$ 的流淌 B 类火灾场所
   C. 移动式中倍数泡沫灭火系统适用于发生火灾的部位难以确定的场所
   D. 油罐用中倍数泡沫灭火系统只能应用于较小火灾场所，或做辅助设施使用

7. 关于各泡沫灭火系统设置泡沫产生装置时符合规定的是（　　）。
   A. 固定顶储罐、按固定顶储罐对待的内浮顶储罐，宜选用横式泡沫产生器
   B. 外浮顶储罐上的泡沫产生器，应设置密封玻璃
   C. 安装于油罐上的中倍数泡沫产生器，其进空气口应高出罐壁顶
   D. 泡沫—水喷头、泡沫—水雾喷头的工作压力应在标定的工作压力范围内，且不应小于其额定压力的1.1倍

8. 外浮顶储罐梯子平台上设置的带闷盖的管牙接口，要靠近平台栏杆安装，并高出平台（　　）其接口要朝向储罐。
   A. 0.3m　　　　　B. 0.5m　　　　　C. 0.8m　　　　　D. 1.0m

9. 对泡沫灭火系统泡沫液的选择和储存说法正确的是（　　）。
   A. 当采用液上喷射系统时，应选用蛋白、氟蛋白、成膜氟蛋白或水成膜泡沫液

B. 当采用液下喷射系统时，应选用氟蛋白、成膜氟蛋白或水成膜泡沫液

C. 用一套系统同时保护水溶性和非水溶性甲、乙、丙类液体的，必须选用抗溶泡沫液

D. 用于油罐的中倍数泡沫灭火剂应采用专用6%型氟蛋白泡沫液

E. 高倍数泡沫灭火系统利用热烟气发泡时，应采用耐温耐烟型高倍数泡沫液

10. 对于流散B类火灾场所或面积不大于100m² 的流淌B类火灾场所，一般可选择以下哪些形式的泡沫灭火系统（　　）。

A. 全淹没系统　　　　　　　　　　　B. 局部应用系统

C. 移动式系统　　　　　　　　　　　D. 固定式系统

E. 半固定式系统

11. 泡沫炮系统适用于下列场所的有（　　）。

A. 直径大于18m的非水溶性液体固定顶储罐

B. 围堰内的甲、乙、丙类液体流淌火灾

C. 甲、乙、丙类液体汽车槽车栈台或火车槽车栈台

D. 室外甲、乙、丙类液体流淌火灾

E. 飞机库

12. 下列哪些情况泡沫液需要送检（　　）。

A. 6%型低倍数泡沫液设计用量小于或等于6.0t

B. 3%型低倍数泡沫液设计用量大于或等于3.5t

C. 6%蛋白型中倍数泡沫液最小储备量大于或等于2.5t

D. 6%合成型中倍数泡沫液最小储备量大于或等于2.0t

E. 高倍数泡沫液最小储备量大于或等于1.0t

13. 对泡沫灭火系统泡沫液的选择和储存说法正确的是（　　）。

A. 当采用液上喷射系统时，应选用蛋白、氟蛋白、成膜氟蛋白或水成膜泡沫液

B. 当采用液下喷射系统时，应选用氟蛋白、成膜氟蛋白或水成膜泡沫液

C. 用一套系统同时保护水溶性和非水溶性甲、乙、丙类液体的，必须选用抗溶泡沫液

D. 用于油罐的中倍数泡沫灭火剂应采用专用6%型氟蛋白泡沫液

E. 高倍数泡沫灭火系统利用热烟气发泡时，应采用耐温耐烟型高倍数泡沫液

14. 下列关于泡沫灭火系统喷水试验的说法中，不正确的是（　　）。

A. 当为手动灭火系统时，要以手动控制的方式进行一次喷水试验

B. 当为自动灭火系统时，要以自动控制的方式进行一次喷水试验

C. 当系统为手动灭火系统时，选择最大的防护区或储罐进行喷水试验

D. 当系统为自动灭火系统时，选择最大和最远两个防护区或储罐分别以自动的方式进行喷水试验

E. 所有泡沫产生装置均需要进行喷水试验

15. 案例分析。

某公司油库区有500立方米的储罐10个，1000立方米的储罐4个，均为固定顶立式储罐，储存汽油、煤油。罐高13米，防火堤内的有效容量为880立方米，防火堤高度为0.8米，堤内基脚线至储罐外壁距离为1.5米。均设有液下喷射泡沫灭火系统。

问题：1）防火堤内的有效容积是否符合要求？为什么？

2）防火堤高度是否符合要求？离储罐的距离是否合理？

3）该灭火系统应选用哪种泡沫液？

4）该泡沫灭火系统应选用哪种泡沫产生器，并设在什么位置？

(二) 答案详解

1. 【答案】A
2. 【答案】B
3. 【答案】A
4. 【答案】C
5. 【答案】A
6. 【答案】D
7. 【答案】C
8. 【答案】D
9. 【答案】ABCE
10. 【答案】BC
11. 【答案】BCDE

【解析】泡沫炮系统作为主要灭火设施或辅助灭火设施适用于下列场所：
1) 直径小于18m的非水溶性液体固定顶储罐。
2) 围堰内的甲、乙、丙类液体流淌火灾。
3) 甲、乙、丙类液体汽车槽车栈台或火车槽车栈台。
4) 室外甲、乙、丙类液体流淌火灾。
5) 飞机库。

12. 【答案】BCDE
13. 【答案】ABCE
14. 【答案】BCDE

15. 【解析】具体如下。
1) 防火堤有效容积不符合要求，应大于1000立方米（固定顶罐不应小于罐组内1个最大罐的容积）。
2) 防火堤高度不符合要求，与储罐的距离不合理。防火堤高度应为1米以上且不应高于2.2米；与储罐侧壁的距离不应小于罐壁高度的一半，即应大于6.5米。
3) 应选用氟蛋白、水成膜或成膜氟蛋白泡沫液。
4) 应选用高背压泡沫产生器，并设置在防火堤外。

第七章　干粉灭火系统

一、知识点架构图

本章的知识点架构见图3-7-1。

```
干粉灭火系统
├─ 灭火机理
│   ├─ 干粉灭火剂
│   ├─ 干粉灭火剂的类型
│   ├─ 注意事项
│   └─ 干粉的灭火机理
├─ 系统的组成和分类
│   ├─ 干粉灭火系统的组成
│   └─ 干粉灭火系统的分类
├─ 系统工作原理及适用范围
│   ├─ 系统工作原理
│   └─ 适用范围
├─ 系统设计参数
│   ├─ 一般规定
│   ├─ 全淹没灭火系统
│   ├─ 局部应用灭火系统
│   └─ 预制灭火系统
├─ 系统组件及设置要求
│   ├─ 系统组件
│   └─ 系统设置要求
├─ 系统（组件）安装前检查
│   ├─ 干粉储存容器的现场检查
│   ├─ 气体储瓶、减压阀、选择阀、信号反馈装置、喷头、安全防护装置、压力报警及控制器等的现场检查
│   └─ 阀驱动装置的现场检查
├─ 系统组件安装调试与检测验收
│   ├─ 系统组件的安装与技术检测
│   ├─ 系统试压和吹扫
│   ├─ 系统调试与现场功能测试
│   └─ 系统验收
└─ 系统维护管理
    ├─ 系统巡查
    ├─ 系统周期性检查维护
    └─ 系统年度检测
```

图3-7-1　第三篇第七章知识点架构图

二、考情分析

本章的考情分析见表3-7-1。

干粉灭火系统与气体灭火系统在一些内容上相通，本章可以与气体灭火系统结合备考、对比记忆。本章不排除出现案例分析题，应重点掌握。

表 3-7-1 第三篇第七章考情分析表

年份	技术实务		综合能力		案例分析	
	分值（分）	占比（%）	分值（分）	占比（%）	分值（分）	占比（%）
2015 年	1	0.8	2	1.7	0	0
2016 年	1	0.8	2	1.7	0	0
2017 年	1	0.8	2	1.7	0	0
2018 年	1	0.8	1	0.8	0	0
2019 年	1	0.8	2	1.7	0	0
2020 年	1	0.8	1	0.8	0	0

三、典型知识点

知识点 1：系统灭火机理、适用范围及灭火剂类型

1）干粉的灭火机理：化学抑制作用、隔离作用、冷却与窒息作用。
2）系统的适用及不适用范围。
干粉灭火系统的适用及不适用范围见表 3-7-2。

表 3-7-2 系统适用及不适用范围

类别	内容
适用范围	火灾前可切断气源的气体火灾；易燃、可燃液体和可熔化固体火灾；可燃固体表面火灾；带电设备火灾
不适用范围	火灾中产生含有氧的化学物质；可燃金属及其氢化物；可燃固体深位火灾

3）干粉灭火剂是由灭火基料（如小苏打、碳酸铵、磷酸的铵盐等）和适量润滑剂（硬脂酸镁、云母粉、滑石粉等）、少量防潮剂（硅胶）混合后共同研磨制成的细小颗粒，是用于灭火的干燥且易于飘散的固体粉末灭火剂。分类方式见表 3-7-3。

表 3-7-3 干粉灭火剂分类

灭火剂名称	可扑救的火灾类别	主要类型
普通干粉灭火剂	B 类、C 类、E 类 又称 BC 干粉灭火剂	（1）以碳酸氢钠为基料的钠盐干粉灭火剂（小苏打干粉）； （2）以碳酸氢钾为基料的紫钾干粉灭火剂； （3）以氯化钾为基料的超级钾盐干粉灭火剂； （4）以硫酸钾为基料的钾盐干粉灭火剂； （5）以碳酸氢钠和钾盐为基料的混合型干粉灭火剂； （6）以尿素和碳酸氢钠（碳酸氢钾）的反应物为基料的氨基干粉灭火剂（毛耐克斯 Monnex 干粉）
多用途干粉灭火剂	A 类、B 类、C 类、E 类 又称为 ABC 干粉灭火剂（2018 年技术实务第 44 题）	（1）以磷酸盐为基料的干粉灭火剂； （2）以磷酸铵和硫酸铵混合物为基料的干粉灭火剂； （3）以聚磷酸铵为基料的干粉灭火剂
专用干粉灭火剂	D 类 又称为 D 类专用干粉灭火剂	（1）石墨类：在石墨内添加流动促进剂； （2）氯化钠类：氯化钠广泛用于制作 D 类干粉灭火剂，选择不同的添加剂适用于不同的灭火对象； （3）碳酸氢钠类：碳酸氢钠是制作 BC 干粉灭火剂的主要原料，添加某些结壳物料也宜制作 D 类干粉灭火剂

注：BC 类与 ABC 类干粉不能兼容；BC 类干粉与蛋白泡沫或者化学泡沫不兼容。

知识点 2：系统分类

干粉灭火系统分类见表 3-7-4。

表 3-7-4 系统分类

名称	分类标准	类别
干粉灭火系统	灭火方式	全淹没式干粉灭火系统
		局部应用式干粉灭火系统
	设计情况	设计型干粉灭火系统
		预制型干粉灭火系统
	系统保护情况	组合分配系统
		单元独立系统
	驱动气体储存方式	储气式干粉灭火系统
		储压式干粉灭火系统
		燃气式干粉灭火系统

知识点 3：系统设计参数

1）干粉灭火系统按应用方式可分为全淹没灭火系统和局部应用灭火系统。扑救封闭空间内的火灾应采用全淹没灭火系统；扑救具体保护对象的火灾应采用局部应用灭火系统。

2）可燃气体、易燃、可燃液体和可熔化固体火灾宜采用碳酸氢钠干粉灭火剂；可燃固体表面火灾应采用磷酸铵盐干粉灭火剂。

3）组合分配系统的灭火剂储存量不应小于所需储存量最多的一个防护区或保护对象的储存量。

4）组合分配系统保护的防护区与保护对象之和不得超过 8 个。当防护区与保护对象之和超过 5 个时，或者在喷放后 48h 内不能恢复到正常工作状态时，灭火剂应有备用量。备用量不应小于系统设计的储存量。

5）全淹没灭火系统设计：

（1）采用全淹没灭火系统的防护区，应符合下列规定：喷放干粉时不能自动关闭的防护区开口，其总面积不应大于该防护区总内表面积的 15%，且开口不应设在底面；防护区的围护结构及门、窗的耐火极限不应小于 0.50h，吊顶的耐火极限不应小于 0.25h；围护结构及门、窗的允许压力不宜小于 1200Pa。

（2）全淹没灭火系统的灭火剂设计浓度不得小于 $0.65kg/m^3$。

（3）全淹没灭火系统的干粉喷射时间不应大于 30s。

（4）防护区应设泄压口，并宜设在外墙上，其高度应大于防护区净高的 2/3。

6）局部应用灭火系统设计：

（1）采用局部应用灭火系统的保护对象，应符合下列规定：保护对象周围的空气流动速度不应大于 2m/s。必要时，应采取挡风措施；在喷头和保护对象之间，喷头喷射角范围内不应有遮挡物；当保护对象为可燃液体时，液面至容器缘口的距离不得小于 150mm。

（2）室内局部应用灭火系统的干粉喷射时间不应小于 30s；室外或有复燃危险的室内局部应用灭火系统的干粉喷射时间不应小于 60s。

7）<u>预制灭火系统设计</u>（2020 年综合能力第 71 题）：

（1）<u>灭火剂储存量不得大于 150kg；管道长度不得大于 20m；工作压力不得大于 2.5MPa</u>（2018 年综合能力第 20 题）。

（2）<u>一个防护区或保护对象所用预制灭火装置最多不得超过 4 套</u>（2018 年综合能力第 20 题），并应同时启动，其动作响应时间差不得大于 2s。

（3）管网起点（干粉储存容器输出容器阀出口）压力不应大于 2.5MPa；管网最不利点喷头工作压力不应小于 0.1MPa。

> **知识点 4：系统组件设置**

1）储存装置宜由干粉储存容器、容器阀、安全泄压装置、驱动气体储瓶、瓶头阀、集流管、减压阀、压力报警及控制装置等组成。并应符合下列规定（2019 年技术实务第 15 题）：

（1）干粉储存容器应符合国家现行标准《固定式压力容器安全技术监察规程》（TSG 21—2016）的规定；驱动气体储瓶及其充装系数应符合国家现行标准《气瓶安全技术监察规程》的规定。

（2）干粉储存容器设计压力可取 1.6MPa 或 2.5MPa 压力级；其干粉灭火剂的装量系数不应大于 0.85；其增压时间不应大于 30s。

2）驱动气体应选用惰性气体，宜选用氮气；二氧化碳含水率不应大于 0.015%，其他气体含水率不得大于 0.006%；驱动压力不得大于干粉储存容器的最高工作压力。

3）干粉储存容器的检查主要有三个方面：外观质量检查、密封面检查和充装量检查。

4）储存装置的布置应方便检查和维护，并宜避免阳光直射。其环境温度应为 -20~50℃。

5）在组合分配系统中，每个防护区或保护对象应设一个选择阀。选择阀的位置宜靠近干粉储存容器，并便于手动操作，方便检查和维护。选择阀上应设有标明防护区的永久性铭牌。

6）选择阀可采用电动、气动或液动驱动方式，并应有机械应急操作方式。阀的公称压力不应小于干粉储存容器的设计压力。系统启动时，选择阀应在输出容器阀动作之前打开。

7）喷头应有防止灰尘或异物堵塞喷孔的防护装置，防护装置在灭火剂喷放时应能被自动吹掉或打开。喷头的单孔直径不得小于 6mm。

8）对于储压型系统，当采用全淹没灭火系统时，喷头的最大安装高度不大于 7m；当采用局部应用系统时，喷头的最大安装高度不大于 6m；对于储气瓶型系统，当采用全淹没灭火系统时，喷头的最大安装高度不大于 8m；当采用局部应用系统时，喷头的最大安装高度不大于 7m。

9）管道及附件应能承受最高环境温度下工作压力；管道应采用无缝钢管。管道可采用螺纹连接、沟槽（卡箍）连接、法兰连接或焊接。公称直径等于或小于 80mm 的管道，宜采用螺纹连接；公称直径大于 80mm 的管道，宜采用沟槽（卡箍）或法兰连接。

10）管网中阀门之间的封闭管段应设置泄压装置，其泄压动作压力取工作压力的 115%±5%，在通向防护区或保护对象的灭火系统主管道上，应设置压力信号器或流量信号器。

> **知识点 5：系统控制与操作**

1）干粉灭火系统应设有自动控制、手动控制和机械应急操作三种启动方式；预制灭火装置可不设机械应急操作启动方式。当局部应用灭火系统用于经常有人的保护场所时可不设自动控制启动方式。

2）设有火灾自动报警系统时，灭火系统的自动控制应在收到两个独立火灾探测信号后才能启动，并应延迟喷放，延迟时间不应大于 30s，且不得小于干粉储存容器的增压时间。

3）全淹没灭火系统的手动启动装置应设置在防护区外邻近出口或疏散通道便于操作的地方；局部应用灭火系统的手动启动装置应设在保护对象附近的安全位置。手动启动装置的安装高度宜使其中心位置距地面 1.5m。所有手动启动装置都应明显地标示出其对应的防护区或保护对象的名称。

4）在紧靠手动启动装置的部位应设置手动紧急停止装置，其安装高度应与手动启动装置相同。手动紧急停止装置应确保灭火系统能在启动后和喷放灭火剂前的延迟阶段中止。在使用手动紧急停止装置后，应保证手动启动装置可以再次启动。

5）防护区内及入口处应设火灾声、光警报器，防护区入口处应设置干粉灭火剂喷放指示门灯及干粉灭火系统永久性标志牌。

6）防护区的走道和出口，必须保证人员能在30s内安全疏散。

7）防护区的门应向疏散方向开启，并应能自动关闭，在任何情况下均应能在防护区内打开。

8）防护区入口处应装设自动、手动转换开关。转换开关安装高度宜使中心位置距地面1.5m。

知识点6：系统的试压和吹扫

干粉灭火系统的试压和吹扫见表3-7-5。

表3-7-5 系统的试压和吹扫

试验类别	水压强度试验	气压强度试验	气密性试验	管网吹扫
试验条件	环境温度不低于5℃，如果低于5℃，须采取必要的防冻措施，以确保水压试验正常进行；水压强度试验压力为1.5倍系统最大工作压力	气压强度试验压力取1.15倍系统最大工作压力。在试验前，用加压介质进行预试验，预试验压力为0.2MPa	对干粉输送管道，试验压力为水压强度试验压力的2/3；对气体输送管道，试验压力为气体最高工作储存压力	干粉输送管道在水压强度试验合格后，在气密性试验前需进行吹扫。管网吹扫可采用压缩空气或氮气
试验方法	测试点选择在系统管网的最低点；管网注水时，将管网内的空气排净，以不大于0.5MPa/s的速率缓慢升压至试验压力，达到试验压力后，稳压5min	试验时，逐步缓慢增加压力，当压力升至试验压力的50%时，如未发现异状或泄漏，继续按试验压力的10%逐级升压，每级稳压3min，直至试验压力	以不大于0.5MPa/s的升压速率缓慢升压至试验压力。关断试验气源3min	管网吹扫可采用压缩空气或氮气；吹扫时，管道末端的气体流速不小于20m/s
结果判定	管网无泄漏、无变形为合格。系统试压过程中出现泄漏时，停止试压，放空管网中的试验用水；消除缺陷后，重新试验	保压检查管道各处无变形，无泄漏为合格	关断试验气源3min内压力降不超过试验压力的10%为合格	可采用白布检查，直至无铁锈、尘土、水渍及其他异物出现

知识点7：系统的调试

干粉灭火系统调试在系统各组件安装完成后进行，系统调试包括模拟启动试验、模拟喷放试验和模拟切换操作试验等。模拟启动、模拟喷放试验见表3-7-6。

表3-7-6 模拟启动、模拟喷放试验

调试类别	模拟启动试验	模拟喷放试验
调试方法	（1）模拟手动启动试验。 ①将灭火控制器的启动信号输出端与相应的启动驱动装置连接，启动驱动装置与启动阀门的动作机构脱离。 ②分别按下灭火控制器的启动按钮和防护区外的手动启动按钮。观察防护区的声光报警信号及联动设备动作是否正常。 ③按下手动启动按钮后，在延迟时间内再按下紧急停止按钮，观察灭火控制器启动信号是否终止。 （2）模拟自动启动试验。 ①将灭火控制器的启动信号输出端与相应的启动驱动装置连接，启动驱动装置与启动阀门的动作机构脱离。对于燃气型预制灭火装置，可以用一个启动电压、电流与燃气发火装置相同的负载，代替启动驱动装置。 ②人工模拟火警使防护区内任意一个火灾探测器动作。	（1）试验要求。 模拟喷放试验采用干粉灭火剂和自动启动方式，干粉用量不少于设计用量的30%；当现场条件不允许喷放干粉灭火剂时，可采用惰性气体；采用的试验气瓶需与干粉灭火系统驱动气体储瓶的型号规格、阀门结构、充装压力、连接与控制方式一致。试验时应保证出口压力不低于设计压力。

续表

调试类别	模拟启动试验	模拟喷放试验
调试方法	③观察探测器报警信号输出后，防护区的声光报警信号及联动设备动作是否正常。 ④人工模拟火警，使防护区内两个独立的火灾探测器动作。观察灭火控制器火警信号输出后，防护区的声光报警信号及联动设备动作是否正常	（2）试验方法。 ①启动驱动气体释放至干粉储存容器。 ②容器内达到设计喷放压力并达到设定延时后，开启释放装置
判定标准	延时启动时符合设定时间；声光报警信号正常；联动设备动作正确；启动驱动装置（或负载）动作可靠	延时启动时符合设定时间；有关声光报警信号正确；信号反馈装置动作正常；干粉输送管无明显晃动和机械性损坏；干粉或气体能喷入被试防护区内或保护对象上，且能从每个喷头喷出

知识点 8：系统的维护管理

干粉灭火系统的维护管理内容见表 3-7-7。

表 3-7-7 维护管理内容

检查周期	周期性检查维护内容
每日	（1）干粉储存装置外观； （2）灭火控制器运行情况； （3）启动气体储瓶和驱动气体储瓶压力
每月	（1）干粉储存装置部件； （2）驱动气体储瓶充装量
每年	（1）防护区及干粉储存装置间； （2）管网、支架及喷放组件； （3）模拟启动检查

分析： 干粉灭火系统的组成和分类、适用范围、系统组件及设置要求等内容是需要掌握的内容。这部分的出题量并不大，从近三年的出题量来看，每年都是 3 分左右。下一步出题重点可能是其灭火机理、设计参数和调试方法。

为了更好地掌握此部分内容，要学习一下《干粉灭火系统设计规范》（GB 50347—2004）。

四、高频真题

1.（2018 年综合能力第 20 题）（知识点 3）消防技术服务机构对某单位设置的预制干粉灭火装置进行验收前检测。根据现行国家标准《干粉灭火系统设计规范》（GB 50347），下列检测结果中，不符合规范要求的是（   ）。

A. 1 个防护区内设置了 5 套预制干粉灭火装置　　B. 干粉储存容器的存储压力为 2.5MPa
C. 预制干粉灭火装置的灭火剂储存量为 120kg　　D. 预制干粉灭火装置的管道长度为 15m

【答案】A

【解析】预制灭火装置应符合下列规定：灭火剂储存量不得大于150kg；管道长度不得大于20m；工作压力不得大于2.5MPa。

干粉储存容器设计压力可取1.6MPa或2.5MPa压力级。

一个防护区或保护对象所用预制灭火装置最多不得超过4套，并应同时启动，其动作响应时间差不得大于2s。

2.（2019年技术实务第15题）（知识点4）关于干粉灭火系统的说法，正确的是（　　）。
A. 管道分支不应使用四通管件
B. 干粉储存器设计压力可取2.5MPa或4.2MPa压力级
C. 官网中阀门之间的封闭管段不应设置任何开口和装置
D. 干粉储存容器的装量系数不应大于0.75
【答案】A
【解析】本题考查的知识点是干粉灭火系统。

管道及附件应能承受最高环境温度下工作压力，并应符合规定：管道分支不应使用四通管件。A选项说法正确。

干粉储存容器设计压力可取1.6MPa或2.5MPa压力级；其干粉灭火剂的装量系数不应大于0.85；其增压时间不应大于30s。B、D选项说法错误。

管网中阀门之间的封闭管段应设置泄压装置，其泄压动作压力取工作压力的（115±5)%。C选项说法错误。

3.（2020年综合能力第71题）（知识点3）某消防技术服务机构对某单位安装的干粉灭火系统进行了检查。下列检查结果不符合现行国家标准《干粉灭火系统设计规范》（GB 50347）要求的是（　　）。
A. 预制干粉灭火装置灭火剂的充装量为120kg
B. 预制干粉灭火装置的工作压力为2.5MPa
C. 预制干粉灭火装置的管道长度为25m
D. 一个防护区内设置了两套预制干粉灭火装置，两套装置同时启动
【答案】C
【解析】预制干粉灭火装置应符合下列规定：灭火剂储存量不得大于150kg。管道长度不得大于20m。C选项错误。工作压力不得大于2.5MPa。

五、考题预测

（一）习题

1. 下列关于干粉灭火系统组成及其设置要求的说法中，正确的是（　　）。
A. 储存装置的驱动气体应采用压缩空气
B. 储存装置可设在耐火等级为三级的房间内
C. 干粉储存容积设计压力可取1.6MPa或2.5MPa压力级
D. 驱动压力应大于储存容积的最高工作压力

2. 干粉灭火系统的阀驱动装置安装要求：对于重力式机械阀驱动装置，需保证重物在下落行程中无阻挡，其下落行程需保证驱动所需距离，且不小于（　　）。
A. 25mm　　　　B. 50mm　　　　C. 65mm　　　　D. 75mm

3. 干粉输送管道在水压强度试验合格后，在气密性试验前需进行吹扫。管网吹扫可采用压缩空气或氮气；管网吹扫时，管道末端的气体流速不小于（　　）m/s。

A. 10　　　　　　B. 15　　　　　　C. 20　　　　　　D. 25

4. 干粉灭火系统设计要求描述错误的是（　　）。

　　A. 全淹没系统干粉灭火剂喷射时间一般不大于30s

　　B. 室内局部应用系统的干粉喷射时间不应大于30s；室外或有复燃危险的室内局部应用系统的干粉喷射时间不应大于60s

　　C. 组合分配系统保护的防护区与保护对象之和不得超过8个

　　D. 一个防护区或保护对象所用预制灭火装置最多不得超过4套，并应同时启动，其动作响应时间差不得大于2s

5. 干粉灭火系统按应用方式中全淹没灭火系统说法不正确的是（　　）。

　　A. 扑救封闭空间内的火灾应采用全淹没灭火系统

　　B. 全淹没灭火系统的防护区，喷放干粉时不能自动关闭的防护区开口，其总面积不应大于该防护区总内表面积的15%

　　C. 不能自动关闭的防护区开口，开口应设在底面

　　D. 防护区的围护结构及门、窗的耐火极限不应小于0.50h，吊顶的耐火极限不应小于0.25h

6. 对于设置干粉灭火系统的防护区的安全要求措施，不正确的是（　　）。

　　A. 防护区内及入口处应设火灾声、光警报器

　　B. 防护区入口处应设置干粉灭火剂喷放指示门灯及干粉灭火系统永久性标志牌

　　C. 防护区的门应向疏散方向开启，不应自动关闭，在火灾情况下应能在防护区内打开

　　D. 当系统管道设置在有爆炸危险的场所时，管网等金属件应设防静电接地

7. 干粉灭火系统组件安装中，对于储压型系统，当采用全淹没灭火系统时，喷头的最大安装高度不大于（　　）。

　　A. 5m　　　　　　B. 7m　　　　　　C. 9m　　　　　　D. 10m

8. 干粉炮灭火系统按其控制方式分为（　　）。

　　A. 手动干粉炮　　B. 机械干粉炮　　C. 电控干粉炮　　D. 电—液控干粉炮

　　E. 电—气控干粉炮

9. 下列哪些作用是干粉灭火系统的灭火机理（　　）。

　　A. 化学抑制作用　　B. 隔离作用　　C. 冷却作用　　D. 稀释作用

　　E. 窒息作用

10. 下列关于干粉灭火系统的组件说法正确的是（　　）。

　　A. 干粉储存容器是用来储存干粉灭火剂的容器

　　B. 启动气体储瓶用来储存启动容器阀、选择阀等组件的启动气体的储瓶

　　C. 驱动气体储瓶用于储存输送干粉灭火剂的气体

　　D. 启动气体储瓶和驱动气体储瓶均需要设置压力表和检漏装置

　　E. 对同一规格的干粉储存容器，其高度差不超过20mm；对同一规格的启动气体储瓶和驱动气体储瓶，其高度差不超过10mm

11. 气体灭火系统安装完毕不需要试压和吹扫，即可进行系统调试，进行模拟启动试验、模拟喷气试验、模拟切换操作试验；而干粉灭火系统，在系统安装完毕，调试之前，还需要进行系统试压和吹扫。下列关于干粉灭火系统的试压和吹扫，说法正确的是（　　）。

　　A. 系统试压和吹扫的顺序是：强度试验—吹扫—严密性试验

　　B. 一般情况下，系统强度试验和严密性试验采用清水作为介质，当不具备水压强度试验条件时，可采用气压强度试验代替

　　C. 一般情况下，系统强度试验和严密性试验采用清水作为介质，当不具备水压试验条件时，均可

采用气压试验代替

　　D. 水压强度试验的几个参数：不大于 0.5MPa/s 的速率缓慢升压，试验压力为 1.5 倍系统最大工作压力，达到试验压力后稳压 5 min，管网无变形、无泄漏为合格

　　E. 气压强度试验的几个参数：试验压力取 1.15 倍系统最大工作压力，压力升至 50% 时，如未发现异状或泄漏，则以 10% 的压力梯度逐级升压，每级稳压 3min，管道无变形、无泄漏为合格

12. 干粉灭火系统采用局部应用灭火系统的保护对象，应符合（　　）。

　　A. 当保护对象有可燃气体，易燃、可燃液体供应源时，启动干粉灭火系统之前或同时，必须切断气体、液体的供应源

　　B. 当保护对象为可燃液体时，液面至容器缘口的距离不得小于 200mm

　　C. 在喷头和保护对象之间，喷头喷射角范围内不应有遮挡物

　　D. 保护对象周围的空气流动速度不应大于 2m/s

　　E. 扑灭 B、C 类火灾的干粉一般选择碳酸氢钠干粉，扑灭 A 类火灾的干粉一般选择磷酸盐干粉

13. 下列属于干粉灭火系统日检查内容的是（　　）。

　　A. 干粉储存装置外观　　　　　　　　B. 灭火控制器运行情况

　　C. 防护区及干粉储存装置间　　　　　D. 启动气体储瓶和驱动气体储瓶压力

　　E. 驱动气体储瓶充装量

14. 干粉灭火系统检查项目中，每年检查 1 次的有（　　）。

　　A. 防护区及干粉储存装置间　　　　　B. 干粉储存装置部件

　　C. 驱动气体储瓶充装量　　　　　　　D. 管网，支架及喷放组件

　　E. 模拟启动检查

15. 干粉储存容器的检查主要有（　　）。

　　A. 外观质量　　　　B. 密封面　　　　C. 合格证　　　　D. 充装量

　　E. 接口

（二）答案详解

1. 【答案】C
2. 【答案】A
3. 【答案】C
4. 【答案】B
5. 【答案】C
6. 【答案】C
7. 【答案】B
8. 【答案】ACDE

【解析】干粉炮灭火系统属于管网灭火系统，干粉炮是系统的喷放组件，其选用参数主要是射程和流量。按控制方式分，可分为手动干粉炮、电控干粉炮、电—液控干粉炮和电—气控干粉炮等。

9. 【答案】ABCE
10. 【答案】ABCD
11. 【答案】ABDE
12. 【答案】ACDE
13. 【答案】ABD
14. 【答案】ADE
15. 【答案】ABD

第八章　火灾自动报警系统

一、知识点架构图

本章的知识点架构见图 3-8-1。

```
火灾自动报警系统 ★★★★
├── 火灾探测器、手动火灾报警按钮和系统分类
│   ├── 火灾探测器的分类
│   ├── 手动火灾报警按钮的分类
│   └── 火灾自动报警系统的分类
├── 系统的组成、工作原理和适用范围
│   ├── 火灾自动报警系统的组成
│   ├── 火灾自动报警系统的工作原理
│   └── 系统分类及适用范围
├── 系统设计要求
│   ├── 系统形式选择与设计要求
│   ├── 火灾探测器的选择
│   ├── 系统设备的设计与设置
│   ├── 布线设计要求
│   └── 消防联动控制设计要求
├── 可燃气体探测报警系统
│   ├── 系统分类及适用场所
│   ├── 系统组成及工作原理
│   └── 系统设计
├── 电气火灾监控系统
│   ├── 系统分类
│   ├── 系统适用场所
│   ├── 系统组成
│   ├── 系统工作原理
│   └── 系统设计
├── 消防控制室
│   ├── 消防控制室的建筑防火设计
│   ├── 消防控制室的功能要求
│   └── 消防控制室的管理要求
├── 火灾自动报警系统的安装与调试
│   ├── 系统主要组件的安装
│   ├── 火灾探测器的安装要求
│   └── 系统的调试要求
├── 系统的检测
│   ├── 检测资料查验
│   ├── 系统检测
│   └── 系统现场的功能性检测
├── 系统的维护管理
│   ├── 系统应具备的文件资料要求
│   ├── 系统的使用与检查
│   └── 年度检测与维修
└── 系统常见故障及处理方法
    ├── 常见故障及处理方法
    ├── 重大故障
    └── 火灾自动报警系统误报的原因
```

图 3-8-1　第三篇第八章知识点架构图

二、考情分析

本章的考情分析见表3-8-1。

表3-8-1 第三篇第八章考情分析表

年份	技术实务 分值（分）	技术实务 占比（%）	综合能力 分值（分）	综合能力 占比（%）	案例分析 分值（分）	案例分析 占比（%）
2015年	13	10.8	9	7.5	10	8.3
2016年	13	10.8	10	8.3	17	14.2
2017年	10	8.3	9	7.5	10	8.3
2018年	12	10.0	12	10.0	20	16.7
2019年	10	8.3	7	5.8	12	10
2020年	18	15.0	10	8.3	8	6.7

三、典型知识点

知识点1：火灾探测器的分类

火灾探测器的分类见表3-8-2。

表3-8-2 火灾探测器的分类

分类		定义
根据探测火灾特征参数分类（2020年技术实务第80题）	感温火灾探测器	响应异常温度、温升速率和温差变化等参数的探测器
	感烟火灾探测器	响应悬浮在大气中的燃烧和（或）热解产生的固体或液体微粒的探测器。又可分为离子感烟、光电感烟、红外光束、吸气型探测器等
	感光火灾探测器	可以响应火焰发出的特定波段电磁辐射的探测器，又叫火焰探测器，可分为紫外、红外及复合式探测器等类型
	气体火灾探测器	响应燃烧或热解产生的气体的火灾探测器
	复合火灾探测器	将多种探测器原理集于一身的探测器，又可分为烟温复合、红外紫外复合探测器等
根据监视范围分类	点型火灾探测器	响应一个小型传感器附近的火灾特征参数的探测器
	线型火灾探测器（2018年技术实务第62题）	响应某一连续路线附近的火灾特征参数的探测器

第八章 火灾自动报警系统

续表

分类		定义	
根据是否具有复位功能分类	可复位探测器	响应后不更换任何组件即可从报警状态恢复到可监视状态的探测器	—
	不可复位探测器	响应后不能恢复到正常监视状态的探测器	—
根据是否具有可拆卸性分类	可拆卸探测器	容易从正常运行位置上拆下来，以方便维修和保养	—
	不可拆卸探测器	在维修和保养时，探测器设计成不容易从正常运行位置上拆下来	—

知识点 2：火灾自动报警系统分类

火灾自动报警系统的分类见表 3-8-3。

表 3-8-3 火灾自动报警系统的分类 ★

项目	适用范围	设计要求
区域报警系统（2020 年综合能力第 48 题）	适用于仅需要报警，不需要联动自动消防设备的保护对象	（1）系统应由火灾探测器、手动火灾报警按钮、火灾声光警报器及火灾报警控制器等组成，系统中可包括消防控制室图形显示装置和指示楼层的区域显示器（2018 年技术实务第 45 题）。 （2）火灾报警控制器应设置在有人值班的场所。 （3）系统设置消防控制室图形显示装置时，该装置应具有传输《火灾自动报警系统设计规范》规定的有关信息的功能；系统未设置消防控制室图形显示装置时，应设置火警传输设备
集中报警系统	适用于具有联动要求的保护对象	（1）系统应由火灾探测器、手动火灾报警按钮、火灾声光警报器、消防应急广播、消防专用电话、消防控制室图形显示装置、火灾报警控制器、消防联动控制器等组成。 （2）系统中的火灾报警控制器、消防联动控制器和消防控制室图形显示装置、消防应急广播的控制装置、消防专用电话总机等集中控制作用的消防设备，应设置在消防控制室内。 （3）系统设置的消防控制室图形显示装置应具有传输《火灾自动报警系统设计规范》规定的有关信息的功能
控制中心报警系统（2019 年技术实务第 28 题、第 54 题、2020 年技术实务第 60 题）	适用于两个及以上消防控制室的保护对象	（1）有两个及以上消防控制室时，应确定一个主消防控制室。 （2）主消防控制室应能显示所有火灾报警信号和联动控制信号，并应能控制重要的消防设备；各分控制室内消防设备之间可相互传输、显示状态信息，但不应互相控制。 （3）系统设置的消防控制室图形显示装置应具有传输《火灾自动报警系统设计规范》规定的有关信息的功能。 （4）其他设计应符合集中报警系统设计的规定

知识点 3：火灾自动报警系统的组成及工作原理

1. 组成。

火灾自动报警系统由四大部分组成：火灾探测报警系统、消防联动控制系统、可燃气体探测报警系统和电气火灾监控系统。其中，火灾探测报警系统是保障人员生命安全的最基本的建筑消防系统；它能及时准确地探测被保护对象的初期火灾，并做出报警响应，从而使建筑物中的人员有足够的时间在火灾尚未发展蔓延到危害生命安全的程度时疏散至安全地带；火灾探测报警系统包括火灾

253

报警控制器、触发器件、火灾警报装置等。消防联动控制系统包括消防联动控制器、消防控制室图形显示装置、消防电气控制装置、消防电动装置、消防联动模块、消火栓按钮、消防应急广播设备、消防电话等设备和组件。(2018 年技术实务第 49 题、2020 年技术实务第 86 题)

火灾自动报警系统框图见图 3-8-2。

图 3-8-2 火灾自动报警系统框图（现行）

2. 工作原理。

火灾自动报警系统工作原理见表 3-8-4。

表 3-8-4 火灾自动报警系统工作原理

项目	工作原理
火灾探测报警系统	（1）火灾发生时，火灾探测器将火灾现场产生的火灾特征参数转变为电信号，并将信息传输至火灾报警控制器；或直接由火灾探测器做出火灾报警判断，再将信息传输至火灾报警控制器。 （2）火灾报警控制器在接收到相关的火灾特征参数或报警信息后，经确认判断，显示报警探测器的部位，记录探测器火灾报警的时间。 （3）现场人员发现着火后，可触发现场的手动火灾报警按钮，其将报警信息传输到火灾报警控制器，经火灾报警控制器确认判断，显示报警部位，记录报警时间。 （4）火灾报警控制器在确认火灾报警信息后，驱动安装在被保护区域现场的火灾警报装置，发出火灾警报，向现场人员警示火灾发生	

续表

项目	工作原理
消防联动控制系统	（1）火灾发生时，火灾探测器和手动火灾报警按钮的报警信号等联动触发信号传输至消防联动控制器，其按照预设的逻辑关系对接收到的触发信号进行识别判断，在满足逻辑关系条件时，按照预设的控制程序启动相应消防设施，实现预设的消防功能。 （2）火灾发生时，消防控制室的操作人员可直接操作消防联动控制器的手动控制盘启动相应的消防设施，实现相应消防系统预设的功能。消防联动控制器接收并显示消防系统（设施）动作的反馈信息

知识点 4：火灾自动报警系统设计要求

1）报警区域和探测区域的划分见表 3-8-5。

表 3-8-5 报警区域和探测区域的划分 ★

项目	内　容
报警区域	（1）报警区域的划分应根据防火分区或楼层划分：可将一个防火分区或一个楼层划分为一个报警区域，也可将发生火灾时需要同时联动消防设备的相邻几个防火分区或楼层划分为一个报警区域。 （2）电缆隧道的一个报警区域宜由一个封闭长度区间组成，一个报警区域不应超过相连的 3 个封闭长度区间；道路隧道的报警区域应根据排烟系统或灭火系统的联动需要确定，且不宜超过 150m。 （3）甲、乙、丙类液体储罐区的报警区域应由一个储罐区组成，每个 50000m³ 及以上的外浮顶储罐应单独划分为一个报警区域。 （4）列车的报警区域应按照车厢划分，每节车厢应划分一个报警区域
探测区域	（1）探测区域的划分应符合以下规定： ①探测区域应按照独立的房间划分。一个探测区域的面积不宜超过 500m²；从主要入口能看清其内部，且面积不超过 1000m² 的房间，也可划分为一个探测区域。 ②红外光束感烟火灾探测器和缆式线型感温探测器的探测区域长度不宜超过 100m；空气管差温火灾探测器的探测区域长度宜为 20~100m。 （2）下列场所应单独划分探测区域： ①敞开或封闭楼梯间、防烟楼梯间。 ②防烟楼梯间前室、消防电梯前室、消防电梯与防烟楼梯间合用的前室、走道、坡道。 ③电气管道井、通信管道井、电缆隧道。 ④建筑物闷顶、夹层

2）火灾探测器的选择。

（1）一般规定：

①对火灾初期有阴燃阶段，产生大量的烟和少量的热，很少或没有火焰辐射的场所，应选择感烟火灾探测器。

②对火灾发展迅速，可产生大量热、烟和火焰辐射的场所，可选择感温火灾探测器、感烟火灾探测器、火焰探测器或其组合。

③对火灾发展迅速，产生强烈的火焰辐射和少量的烟、热的场所，应选择火焰探测器。

④对火灾初期有阴燃阶段，且需要早期探测的场所，宜增设一氧化碳火灾探测器。

⑤对使用、生产可燃气体或可燃蒸气的场所，应选择可燃气体探测器。

⑥应根据对保护场所可能发生火灾的部位和燃烧材料的分析，并根据火灾探测器的类型、灵敏度和响应时间等选择相应的火灾探测器，对火灾形成特征不可预料的场所，可根据模拟试验的结果选择火灾探测器。

⑦同一探测区域内设置多个火灾探测器时，可选择具有复合判断火灾功能的火灾探测器和火灾报警控制器。

（2）点型火灾探测器的选择见表3-8-6。

表3-8-6 点型火灾探测器的选择 ★

项目	内容
宜选择点型感烟火灾探测器的场所	（1）饭店、旅馆、教学楼、办公楼的厅堂、卧室、办公室、商场、列车载客车厢等； （2）计算机房、通信机房、电影或电视放映室等； （3）楼梯、走道、电梯机房、车库等； （4）书库、档案库等
不宜选择点型光电感烟火灾探测器的场所	（1）有大量粉尘、水雾滞留； （2）可能产生蒸气和油雾； （3）高海拔地区； （4）在正常情况下有烟滞留
不宜选择点型离子感烟火灾探测器	（1）相对湿度经常大于95%； （2）气流速度大于5m/s； （3）有大量粉尘、水雾滞留； （4）可能产生腐蚀性气体； （5）在正常情况下有烟滞留； （6）产生醇类、醚类、酮类等有机物质
宜选择点型感温火灾探测器的场所	（1）相对湿度经常大于95%； （2）可能发生无烟火灾； （3）有大量粉尘； （4）吸烟室等在正常情况下有烟或蒸气滞留的场所； （5）厨房、锅炉房、发电机房、烘干车间等不宜安装感烟火灾探测器的场所； （6）需要联动熄灭"安全出口"标志灯的安全出口内侧； （7）其他无人滞留且不适合安装感烟火灾探测器，但发生火灾时需要及时报警的场所

对不同高度房间点型火灾探测器的选择见表3-8-7。

表3-8-7 对不同高度房间点型火灾探测器的选择 ★（2019年技术实务第29题）

房间高度 h (m)	点型感烟火灾探测器	点型感温火灾探测器 A1、A2	点型感温火灾探测器 B	点型感温火灾探测器 C、D、E、F、G	火焰探测器	注：表中 A1、A2、B、C、D、E、F、G为点型感温探测器的不同类别
12＜h≤20	不适合	不适合	不适合	不适合	适合	
8＜h≤12	适合	不适合	不适合	不适合	适合	
6＜h≤8	适合	适合	不适合	不适合	适合	
4＜h≤6	适合	适合	适合	不适合	适合	
h≤4	适合	适合	适合	适合	适合	

※此表格内容需要掌握。

（3）火灾报警控制器、消防联动控制器的设计容量。

①任一台火灾报警控制器所连接的火灾探测器、手动火灾报警按钮和模块等设备总数和地址总数，均不应超过3200点，其中每一总线回路连接设备的总数不宜超过200点，且应留有不少于额定容量10%的余量。

②任一台消防联动控制器地址总数或火灾报警控制器（联动型）所控制的各类模块总数不应超过1600点，每一联动总线回路连接的设备总数不宜超过100点，且应留有不少于额定容量10%的余量。

③系统总线上应设置总线短路隔离器，每只总线短路隔离器保护的火灾探测器、手动火灾报警按钮和模块等消防设备的总数不应超过32点，总线穿越防火分区时，应在穿越处设置总线短路隔离器。（2019年技术实务第19题）

④高度超过100m的建筑中，除消防控制室内设置的控制器外，每台控制器直接控制的火灾探测器、手动火灾报警按钮和模块等设备不应跨越避难层。

分析：本条款内容需要重点掌握，案例分析中可能会涉及计算题，或者案例中设置点数有误，找出其中错误，并提出整改措施。

知识点5：火灾自动报警系统设备设置及安装要求

火灾自动报警系统设备设置及安装要求见表3-8-8。

表3-8-8 火灾自动报警系统设备设置及安装要求 ★

设备	设置及安装要求
控制与显示类设备	（1）火灾报警控制器、消防联动控制器、火灾显示盘、控制中心监控设备、家用火灾报警控制器、消防电话总机、可燃气体报警控制器、电气火灾监控设备、防火门监控器、消防设备电源监控器、消防控制室图形显示装置、传输设备、消防应急广播控制装置等控制与显示类设备的安装应符合下列规定： ①应安装牢固，不应倾斜； ②安装在轻质墙上时，应采取加固措施； ③落地安装时，其底边宜高出地（楼）面100~200mm。 （2）控制与显示类设备的引入线缆应符合下列规定： ①配线应整齐，不宜交叉，并应固定牢靠； ②线缆芯线的端部均应标明编号，并应与设计文件一致，字迹应清晰且不易褪色； ③端子板的每个接线端接线不应超过2根； ④线缆应留有不小于200mm的余量； ⑤线缆应绑扎成束； ⑥线缆穿管、槽盒后，应将管口、槽口封堵。

续表

设备	设置及安装要求
控制与显示类设备	(3) 控制与显示类设备应与消防电源、备用电源直接连接，不应使用电源插头。主电源应设置明显的永久性标识。 (4) 控制与显示类设备的蓄电池需进行现场安装时，应核对蓄电池的规格、型号、容量，并应符合设计文件的规定，蓄电池的安装应满足产品使用说明书的要求。 (5) 控制与显示类设备的接地应牢固，并应设置明显的永久性标识
火灾探测器	(1) **点型感烟火灾探测器、点型感温火灾探测器、一氧化碳火灾探测器、点型家用火灾探测器、独立式火灾探测报警器的安装**，应符合下列规定（2020年综合能力第22题）： ①探测器至墙壁、梁边的水平距离不应小于0.5m； ②探测器周围水平距离0.5m内不应有遮挡物； ③探测器至空调送风口最近边的水平距离不应小于1.5m，至多孔送风顶棚孔口的水平距离不应小于0.5m； ④在宽度小于3m的内走道顶棚上安装探测器时，宜居中安装，点型感温火灾探测器的安装间距不应超过10m，点型感烟火灾探测器的安装间距不应超过15m，探测器至端墙的距离不应大于安装间距的一半； ⑤探测器宜水平安装，当确需倾斜安装时，倾斜角不应大于45°。 (2) **线型光束感烟火灾探测器的安装**应符合下列规定： ①探测器光束轴线至顶棚的垂直距离宜为0.3~1.0m，高度大于12m的空间场所增设的探测器的安装高度应符合设计文件和现行国家标准《火灾自动报警系统设计规范》（GB 50116）的规定； ②发射器和接收器（反射式探测器的探测器和反射板）之间的距离不宜超过100m； ③相邻两组探测器光束轴线的水平距离不应大于14m，探测器光束轴线至侧墙水平距离不应大于7m，且不应小于0.5m； ④发射器和接收器（反射式探测器的探测器和反射板）应安装在固定结构上，且应安装牢固，确需安装在钢架等容易发生位移形变的结构上时，结构的位移不应影响探测器的正常运行； ⑤发射器和接收器（反射式探测器的探测器和反射板）之间的光路上应无遮挡物； ⑥应保证接收器（反射式探测器的探测器）避开日光和人工光源直接照射。 (3) **线型感温火灾探测器的安装**应符合下列规定： ①敷设在顶棚下方的线型差温火灾探测器至顶棚距离宜为0.1m，相邻探测器之间的水平距离不宜大于5m，探测器至墙壁距离宜为1.0~1.5m； ②在电缆桥架、变压器等设备上安装时，宜采用接触式布置，在各种皮带输送装置上敷设时，宜敷设在装置的过热点附近； ③探测器敏感部件应采用产品配套的固定装置固定，固定装置的间距不宜大于2m； ④缆式线型感温火灾探测器的敏感部件应采用连续无接头方式安装，如确需中间接线，应采用专用接线盒连接，敏感部件安装敷设时应避免重力挤压冲击，不应硬性折弯、扭转，探测器的弯曲半径宜大于0.2m； ⑤分布式线型光纤感温火灾探测器的感温光纤不应打结，光纤弯曲时，弯曲半径应大于50mm，每个光通道配接的感温光纤的始端及末端应各设置不小于8m的余量段，感温光纤穿越相邻的报警区域时，两侧应分别设置不小8m的余量段； ⑥光栅光纤线型感温火灾探测器的信号处理单元安装位置不应受强光直射，光纤光栅感温段的弯曲半径应大于0.3m。 (4) **管路采样式吸气感烟火灾探测器的安装**应符合下列规定： ①高灵敏度吸气式感烟火灾探测器当设置为高灵敏度时，可安装在天棚高度大于16m的场所，并应保证至少有两个采样孔低于16m； ②非高灵敏度的吸气式感烟火灾探测器不宜安装在天棚高度大于16m的场所； ③采样管应牢固安装在过梁、空间支架等建筑结构上； ④在大空间场所安装时，每个采样孔的保护面积、保护半径应满足点型感烟火灾探测器的保护面积、保护半径的要求，当采样管道布置形式为垂直采样时，每2℃温差间隔或3m间隔（取最小者）应设置一个采样孔，采样孔不应背对气流方向；

续表

设备	设置及安装要求
火灾探测器	⑤采样孔的直径应根据采样管的长度及敷设方式、采样孔的数量等因素确定，并应满足设计文件和产品使用说明书的要求，采样孔需要现场加工时，应采用专用打孔工具； ⑥当采样管道采用毛细管布置方式时，毛细管长度不宜超过4m； ⑦采样管和采样孔应设置明显的火灾探测器标识。 （5）**点型火焰探测器和图像型火灾探测器的安装**应符合下列规定： ①安装位置应保证其视场角覆盖探测区域，并应避免光源直接照射在探测器的探测窗口； ②探测器的探测视角内不应存在遮挡物； ③在室外或交通隧道场所安装时，应采取防尘、防水措施。 （6）**可燃气体探测器的安装**应符合下列规定（2020年技术实务第20题）： ①安装位置应根据探测气体密度确定，若其密度小于空气密度，探测器应位于可能出现泄漏点的上方或探测气体的最高可能聚集点上方，若其密度大于或等于空气密度，探测器应位于可能出现泄漏点的下方； ②在探测器周围应适当留出更换和标定的空间； ③线型可燃气体探测器在安装时，应使发射器和接收器的窗口避免日光直射，且在发射器与接收器之间不应有遮挡物，发射器和接收器的距离不宜大于60m，两组探测器之间的轴线距离不应大于14m。 （7）**电气火灾监控探测器的安装**应符合下列规定： ①探测器周围应适当留出更换与标定的作业空间； ②剩余电流式电气火灾监控探测器负载侧的中性线不应与其他回路共用，且不应重复接地； ③测温式电气火灾监控探测器应采用产品配套的固定装置固定在保护对象上。 （8）探测器底座的安装应符合下列规定： ①应安装牢固，与导线连接应可靠压接或焊接，当采用焊接时，不应使用带腐蚀性的助焊剂； ②连接导线应留有不小于150mm的余量，且在其端部应设置明显的永久性标识； ③穿线孔宜封堵，安装完毕的探测器底座应采取保护措施。 （9）探测器报警确认灯应朝向便于人员观察的主要入口方向。 （10）探测器在即将调试时方可安装，在调试前应妥善保管并应采取防尘、防潮、防腐蚀措施
其他部件	（1）**手动火灾报警按钮、消火栓按钮、防火卷帘手动控制装置、气体灭火系统手动与自动控制转换装置、气体灭火系统现场启动和停止按钮**应设置在明显和便于操作的部位，其底边距地（楼）面的高度宜为1.3~1.5m，且应设置明显的永久性标识，消火栓按钮应设置在消火栓箱内，疏散通道设置的防火卷帘两侧均应设置手动控制装置； （2）应安装牢固，不应倾斜； （3）连接导线应留有不小于150mm的余量，且在其端部应设置明显的永久性标识
模块或模块箱（2020年案例分析第三题）	（1）同一报警区域内的模块宜集中安装在金属箱内，不应安装在配电柜、箱或控制柜、箱内； （2）应独立安装在不燃材料或墙体上，安装牢固，并应采取防潮、防腐蚀等措施； （3）模块的连接导线应留有不小于150mm的余量，其端部应有明显的永久性标识； （4）模块的终端部件应靠近连接部件安装； （5）隐蔽安装时在安装处附近应设置检修孔和尺寸不小于100mm×100mm的永久性标识
消防电话分机和电话插孔	（1）宜安装在明显、便于操作的位置，采用壁挂方式安装时，其底边距地（楼）面的高度宜为1.3~1.5m； （2）避难层中，消防专用电话分机或电话插孔的安装间距不应大于20m； （3）应设置明显的永久性标识； （4）电话插孔不应设置在消火栓箱内

续表

设备	设置及安装要求
消防应急广播扬声器、火灾声警报器、喷洒光警报器、气体灭火系统手动与自动控制状态显示装置	（1）扬声器和火灾声警报装置宜在报警区域内均匀安装，扬声器在走道内安装时，距走道末端的距离不应大于12.5m； （2）火灾光警报装置应安装在楼梯口、消防电梯前室、建筑内部拐角等处的明显部位，且不宜与消防应急疏散指示标志灯具安装在同一面墙上，确需安装在同一面墙上时，距离不应小于1m； （3）气体灭火系统手动与自动控制状态显示装置应安装在防护区域内的明显部位，喷洒光警报器应安装在防护区域外，且应安装在出口门的上方； （4）采用壁挂方式安装时，底边距地面高度应大于2.2m； （5）应安装牢固，表面不应有破损
消防设备应急电源和备用电源蓄电池	（1）应安装在通风良好的场所，当安装在密封环境中时应有通风措施，电池安装场所的环境温度不应超出电池标称的工作温度范围； （2）不应安装在火灾爆炸危险场所； （3）酸性电池不应安装在带有碱性介质的场所，碱性电池不应安装在带有酸性介质的场所
区域显示器	（1）每个报警区域宜设置一台区域显示器（火灾显示盘）；宾馆、饭店等场所应在每个报警区域设置一台区域显示器。当一个报警区域包括多个楼层时，宜在每个楼层设置一台仅显示本楼层的区域显示器。 （2）区域显示器应设置在出入口等明显和便于操作的部位。当采用壁挂方式安装时，其底边距地高度宜为1.3~1.5m
火灾警报器	每个报警区域内应均匀设置火灾警报器，其声压级不应小于60dB；在环境噪声大于60dB的场所，其声压级应高于背景噪声15dB（2020年技术实务第37题）

分析： 火灾自动报警系统设备设置及安装要求是很重要的考点，出题量非常大，应结合规范和教材，熟练掌握。

知识点6：布线设计要求

1）各类管路明敷时，应采用单独的卡具吊装或支撑物固定，吊杆直径不应小6mm。

2）各类管路暗敷时，应敷设在不燃结构内，且保护层厚度不应小于30mm。

3）管路经过建筑物的沉降缝、伸缩缝、抗震缝等变形缝处，应采取补偿措施，线缆跨越变形缝的两侧应固定，并应留有适当余量。

4）敷设在多尘或潮湿场所管路的管口和管路连接处，均应做密封处理。

5）符合下列条件时，管路应在便于接线处装设接线盒：

（1）管路长度每超过30m且无弯曲时；
（2）管路长度每超过20m且有1个弯曲时；
（3）管路长度每超过10m且有2个弯曲时；
（4）管路长度每超过8m且有3个弯曲时。

6）金属管路入盒外侧应套锁母，内侧应装护口，在吊顶内敷设时，盒的内外侧均应套锁母。塑料管入盒应采取相应固定措施。

7）槽盒敷设时，应在下列部位设置吊点或支点，吊杆直径不应小于6mm：

（1）槽盒始端、终端及接头处；
（2）槽盒转角或分支处；
（3）直线段不大于3m处。

8）槽盒接口应平直、严密，槽盖应齐全、平整、无翘角。并列安装时，槽盖应便于开启。

9）导线的种类、电压等级应符合设计文件和现行国家标准《火灾自动报警系统设计规范》（GB 50116）的规定。

10）同一工程中的导线，应根据不同用途选择不同颜色加以区分，相同用途的导线颜色应一致。电源线正极应为红色，负极应为蓝色或黑色。

11）在管内或槽盒内的布线，应在建筑抹灰及地面工程结束后进行，管内或槽盒内不应有积水及杂物。

12）系统应单独布线，除设计要求以外，系统不同回路、不同电压等级和交流与直流的线路，不应布在同一管内或槽盒的同一槽孔内。

13）线缆在管内或槽盒内不应有接头或扭结。导线应在接线盒内采用焊接、压接、接线端子可靠连接。

14）从接线盒、槽盒等处引到探测器底座、控制设备、扬声器的线路，当采用可弯曲金属电气导管保护时，其长度不应大于2m。可弯曲金属电气导管应入盒，盒外侧应套锁母，内侧应装护口。

15）系统的布线除应符合本标准上述规定外，还应符合现行国家标准《建筑电气工程施工质量验收规范》（GB 50303）的相关规定。

16）系统导线敷设结束后，应用500V兆欧表测量每个回路导线对地的绝缘电阻，且绝缘电阻值不应小于20MΩ。

知识点7：消防联动控制设计

消防联动控制系统原理见表3-8-9。

表3-8-9　消防联动控制系统原理

项目	联动控制设计要求
自动喷水灭火系统	（1）湿式系统和干式系统的联动控制设计，应符合下列规定： ①联动控制方式，应由湿式报警阀压力开关的动作信号作为触发信号，直接控制启动喷淋消防泵，联动控制不应受消防联动控制器处于自动或手动状态影响（2019年综合能力第93题）。 ②手动控制方式，应将喷淋消防泵控制箱（柜）的启动、停止按钮用专用线路直接连接至设置在消防控制室的消防联动控制器的手动控制盘，直接手动控制喷淋消防泵的启动、停止。 ③水流指示器、信号阀、压力开关、喷淋消防泵的启动和停止的动作信号应反馈至消防联动控制器。 （2）预作用系统的联动控制设计，应符合下列规定： ①联动控制方式，应由同一报警区域内两只及以上独立的感烟火灾探测器或一只感烟火灾探测器与一只手动火灾报警按钮的报警信号，作为预作用阀组开启的联动触发信号。由消防联动控制器控制预作用阀组的开启，使系统转变为湿式系统；当系统设有快速排气装置时，应联动控制排气阀入口前的电动阀的开启。（2018年案例分析第三题） ②手动控制方式，应将喷淋消防泵控制箱（柜）的启动和停止按钮、预作用阀组和快速排气阀入口前的电动阀的开启和关闭按钮，用专用线路直接连接至设置在消防控制室内的消防联动控制器的手动控制盘，直接手动控制喷淋消防泵的启动、停止及预作用阀组和电动阀的开启。 ③水流指示器、信号阀、压力开关、喷淋消防泵的启动和停止的动作信号，有压气体管道气压状态信号和快速排气阀入口前电动阀的动作信号应反馈至消防联动控制器。 （3）雨淋系统的联动控制设计，应符合下列规定： ①联动控制方式，应由同一报警区域内两只及以上独立的感温火灾探测器或一只感温火灾探测器与一只手动火灾报警按钮的报警信号，作为雨淋阀组开启的联动触发信号。应由消防联动控制器控制雨淋阀组的开启。

续表

项目	联动控制设计要求
自动喷水灭火系统	②手动控制方式，应将雨淋消防泵控制箱（柜）的启动和停止按钮、雨淋阀组的启动和停止按钮，用专用线路直接连接至设置在消防控制室内的消防联动控制器的手动控制盘，直接手动控制雨淋消防泵的启动、停止及雨淋阀组的开启。 ③水流指示器、压力开关、雨淋阀组、雨淋消防泵的启动和停止的动作信号应反馈至消防联动控制器。 (4) 自动控制的水幕系统的联动控制设计，应符合下列规定： ①联动控制方式，当自动控制的水幕系统用于防火卷帘的保护时，应由防火卷帘下落到楼板面的动作信号与本报警区域内任一火灾探测器或手动火灾报警按钮的报警信号作为水幕阀组启动的联动触发信号，并应由消防联动控制器联动控制水幕系统相关控制阀组的启动；仅用水幕系统作为防火分隔时，应由该报警区域内两只独立的感温火灾探测器的火灾报警信号作为水幕阀组启动的联动触发信号，并应由消防联动控制器联动控制水幕系统相关控制阀组的启动。 ②手动控制方式，应将水幕系统相关控制阀组和消防泵控制箱（柜）的启动、停止按钮用专用线路直接连接至设置在消防控制室内的消防联动控制器的手动控制盘，并应直接手动控制消防泵的启动、停止及水幕系统相关控制阀组的开启。 ③压力开关、水幕系统相关控制阀组和消防泵的启动、停止的动作信号，应反馈至消防联动控制器
消火栓系统 (2019年技术实务第91题)	(1) 联动控制方式，应由消火栓系统出水干管上设置的低压压力开关、高位消防水箱出水管上设置的流量开关或报警阀压力开关等信号作为触发信号，直接控制启动消火栓泵，联动控制不应受消防联动控制器处于自动或手动状态影响（2018年综合能力第14题）。当设置消火栓按钮时，消火栓按钮的动作信号应作为报警信号及启动消火栓泵的联动触发信号，由消防联动控制器联动控制消火栓泵的启动。 (2) 手动控制方式，应将消火栓泵控制箱（柜）的启动、停止按钮用专用线路直接连接至设置在消防控制室内的消防联动控制器的手动控制盘，并应直接手动控制消火栓泵的启动、停止
气体（泡沫）灭火系统的联动控制设计	(1) 气体灭火控制器、泡沫灭火控制器直接连接火灾探测器时，气体灭火系统、泡沫灭火系统的自动控制方式应符合下列规定： ①应由同一防护区域内两只独立的火灾探测器的报警信号、一只火灾探测器与一只手动火灾报警按钮的报警信号或防护区外的紧急启动信号，作为系统的联动触发信号，探测器的组合宜采用感烟火灾探测器和感温火灾探测器，各类探测器应按《火灾自动报警系统设计规范》（GB 50116—2013）中的条款规定分别计算保护面积。 ②气体灭火控制器、泡沫灭火控制器在接收到满足联动逻辑关系的首个联动触发信号后，应启动设置在该防护区内的火灾声光警报器（2020年技术实务第57题），且联动触发信号应为任一防护区域内设置的感烟火灾探测器、其他类型火灾探测器或手动火灾报警按钮的首次报警信号；在接收到第二个联动触发信号后，应发出联动控制信号，且联动触发信号应为同一防护区域内与首次报警的火灾探测器或手动火灾报警按钮相邻的感温火灾探测器、火焰探测器或手动火灾报警按钮的报警信号。 ③联动控制信号应包括下列内容： a. 关闭防护区域的送（排）风机及送（排）风阀门。 b. 停止通风和空气调节系统及关闭设置在该防护区域的电动防火阀。 c. 联动控制防护区域开口封闭装置的启动，包括关闭防护区域的门、窗。 d. 启动气体灭火装置、泡沫灭火装置，气体灭火控制器、泡沫灭火控制器，可设定不大于30s的延迟喷射时间。

续表

项目	联动控制设计要求
气体（泡沫）灭火系统	④平时无人工作的防护区，可设置为无延迟的喷射，应在接收到满足联动逻辑关系的首个联动触发信号后按（1）中第③项的规定执行除启动气体灭火装置、泡沫灭火装置外的联动控制；在接收到第二个联动触发信号后，应启动气体灭火装置、泡沫灭火装置。 ⑤气体灭火防护区出口外上方应设置表示气体喷洒的火灾声光警报器，指示气体释放的声信号应与该保护对象中设置的火灾声警报器的声信号有明显区别。启动气体灭火装置、泡沫灭火装置的同时，应启动设置在防护区入口处表示气体喷洒的火灾声光警报器；组合分配系统应首先开启相应防护区域的选择阀，然后启动气体灭火装置、泡沫灭火装置。 （2）气体灭火控制器、泡沫灭火控制器不直接连接火灾探测器时，气体灭火系统、泡沫灭火系统的自动控制方式应符合下列规定： ①气体灭火系统、泡沫灭火系统的联动触发信号应由火灾报警控制器或消防联动控制器发出。 ②气体灭火系统、泡沫灭火系统的联动触发信号和联动控制均应符合上述第（1）项的规定。 （3）气体灭火系统、泡沫灭火系统的手动控制方式应符合下列规定： ①在防护区疏散出口的门外应设置气体灭火装置、泡沫灭火装置的手动启动和停止按钮，手动启动按钮按下时，气体灭火控制器、泡沫灭火控制器应执行（1）中第③项和第⑤项规定的联动操作；手动停止按钮按下时，气体灭火控制器、泡沫灭火控制器应停止正在执行的联动操作。 ②气体灭火控制器、泡沫灭火控制器上应设置对应于不同防护区的手动启动和停止按钮，手动启动按钮按下时，气体灭火控制器、泡沫灭火控制器应执行符合（1）中第③项和第⑤项规定的联动操作；手动停止按钮按下时，气体灭火控制器、泡沫灭火控制器应停止正在执行的联动操作
防烟排烟系统 （2019年技术实务第81题、2019年案例分析第五题、2020年技术实务第73题、2020年综合能力第83题）	（1）防烟系统的联动控制方式应符合下列规定： ①应由加压送风口所在的防火分区内的两只独立的火灾探测器或一只火灾探测器与一只手动火灾报警按钮的报警信号，作为送风口开启和加压送风机启动的联动触发信号，并应由消防联动控制器联动控制相关层前室需要加压送风场所的加压送风口开启和加压送风机启动； ②应由同一防烟分区内且位于电动挡烟垂壁附近的两只独立的感烟火灾探测器的报警信号，作为电动挡烟垂壁降落的联动触发信号，并应由消防联动控制器联动控制电动挡烟垂壁的降落。（2018年综合能力第32题） （2）排烟系统的联动控制方式应符合下列规定： ①应由同一防烟分区内的两只独立的火灾探测器的报警信号作为排烟口、排烟窗或排烟阀开启的联动触发信号，并应由消防联动控制器联动控制排烟口、排烟窗或排烟阀的开启，同时停止该防烟分区的空气调节系统。（2020年综合能力第17题） ②应由排烟口、排烟窗或排烟阀开启的动作信号，作为排烟风机启动的联动触发信号，并应由消防联动控制器联动控制排烟风机的启动。 （3）防烟系统、排烟系统的手动控制方式，应能在消防控制室内消防联动控制器上手动控制送风口、电动挡烟垂壁、排烟口、排烟窗、排烟阀的开启或关闭及防烟风机、排烟风机等设备的启动或停止，防烟、排烟风机的启动、停止按钮应采用专用线路直接连接至设置在消防控制室内的消防联动控制器的手动控制盘，并应直接手动控制防烟、排烟风机的启动、停止。 （4）送风口、排烟口、排烟窗或排烟阀开启和关闭的动作信号，防烟、排烟风机启动和停止及电动防火阀关闭的动作信号，均应反馈至消防联动控制器。 （5）排烟风机入口处的总管上设置的280℃排烟防火阀在关闭后应直接联动控制风机停止，排烟防火阀及风机的动作信号应反馈至消防联动控制器

续表

项目	联动控制设计要求
防火卷帘系统 （2018年案例分析第五题）	（1）疏散通道上设置的防火卷帘的联动控制设计，应符合下列规定： ①联动控制方式，防火分区内任两只独立的感烟火灾探测器或任一只专门用于联动防火卷帘的感烟火灾探测器的报警信号应联动控制防火卷帘下降至距楼面面1.8m处；任一只专门用于联动防火卷帘的感温火灾探测器的报警信号应联动控制防火卷帘下降至楼板面；在卷帘的任一侧距卷帘纵深0.5~5m内应设置不少于2只专门用于联动防火卷帘的感温火灾探测器。（2018年综合能力第81题） ②手动控制方式，应由防火卷帘两侧设置的手动控制按钮控制防火卷帘的升降。 （2）非疏散通道上设置的防火卷帘的联动控制设计，应符合下列规定： ①联动控制方式，应由防火卷帘所在防火分区内任两只独立的火灾探测器的报警信号，作为防火卷帘下降的联动触发信号，并应联动控制防火卷帘直接下降到楼板面。（2018年综合能力第81题、2019年综合能力第98题） ②手动控制方式，应由防火卷帘两侧设置的手动控制按钮控制防火卷帘的升降，并应能在消防控制室内的消防联动控制器上手动控制防火卷帘的降落。 （3）防火卷帘下降至距楼板面1.8m处、下降到楼板面的动作信号和防火卷帘控制器直接连接的感烟、感温火灾探测器的报警信号，应反馈至消防联动控制器
电梯	（1）消防联动控制器应具有发出联动控制信号，强制所有电梯停于首层或电梯转换层的功能。 （2）电梯运行状态信息和停于首层或转换层的反馈信号应传送给消防控制室，轿厢内应设置能直接与消防控制室通话的专用电话
火灾警报和消防应急广播系统 （2019年综合能力第98题、2019年案例分析第五题）	（1）火灾自动报警系统应设置火灾声光警报器，并应在确认火灾后启动建筑内的所有火灾声光警报器。 （2）未设置消防联动控制器的火灾自动报警系统，火灾声光警报器应由火灾报警控制器控制；设置消防联动控制器的火灾自动报警系统，火灾声光警报器应由火灾报警控制器或者消防联动控制器控制。 （3）公共场所宜设置具有同一种火灾变调声的火灾声警报器；具有多个报警区域的保护对象，宜选用带有语音提示的火灾声警报器；学校、工厂等各类日常使用电铃的场所，不应使用警铃作为火灾声警报器。 （4）火灾声警报器设置带有语音提示功能时，应同时设置语音同步器。 （5）同一建筑内设置多个火灾声警报器时，火灾自动报警系统应能同时启动和停止所有火灾声警报器工作。 （6）火灾声警报器单次发出火灾报警时间宜为8~20s，同时设有消防应急广播时，火灾声警报应与消防应急广播交替循环播放。 （7）集中报警系统和控制中心报警系统应设置消防应急广播。 （8）在消防控制室内应能手动或按预设控制逻辑联动控制选择广播分区、启动或停止应急广播系统，并应能监听消防应急广播。在通过传声器进行应急广播时，应自动对广播内容进行录音。（2019年技术实务第69题） （9）消防控制室内应能显示消防应急广播的广播分区的工作状态。（2019年技术实务第69题） （10）消防应急广播与普通广播或背景音乐广播合用时，应具有强制切入消防应急广播的功能

分析：历年考试重点，在技术实务、综合能力、案例分析中均有涉及，且分值比重较大，必须熟练掌握，结合规范、教材在理解的基础上记忆消防设施的联动控制原理。

知识点 8：可燃气体探测报警系统

可燃气体探测报警系统要点见表 3-8-10。

表 3-8-10 可燃气体探测报警系统要点

相关要求	构成示意图
（1）可燃气体探测器按照探测的分布特点可分为点型可燃气体探测器和线型可燃气体探测器。 （2）可燃气体报警控制器按系统连线方式可分为多线制可燃气体报警控制器、总线制可燃气体报警控制器。 （3）可燃气体探测报警系统是火灾自动报警系统的独立子系统，属于火灾预警系统。可燃气体探测器应接入可燃气体报警控制器，不应直接接入火灾报警控制器的探测器回路（2018 年技术实务第 78 题、2019 年技术实务第 17 题、2019 年综合能力第 50 题）。 （4）探测气体密度小于空气密度的可燃气体探测器应设置在被保护空间的顶部，探测气体密度大于空气密度的可燃气体探测器应设置在被保护空间的下部，探测气体密度与空气密度相当时，可燃气体探测器可设置在被保护空间的中间部位或顶部（2018 年技术实务第 78 题）。	

知识点 9：电气火灾监控系统

电气火灾监控系统要点见表 3-8-11。

表 3-8-11 电气火灾监控系统要点

相关要求（重点掌握）	构成示意图
（1）电气火灾监控探测器按工作原理分类：剩余电流保护式电气火灾监控探测器、测温式（过热保护式）电气火灾监控探测器、故障电弧式电气火灾监控探测器。 （2）电气火灾监控系统是火灾自动报警系统的独立子系统，属于火灾预警系统。电气火灾监控探测器不应直接接入火灾报警控制器的探测器回路，应接入电气火灾监控器。（2018 年技术实务第 11 题） （3）在无消防控制室且电气火灾监控探测器设置数量不超过 8 个时，可采用独立式电气火灾监控探测器。（2018 年技术实务第 8 题） （4）剩余电流式电气火灾监控探测器应以设置在低压配电系统首端为基本原则，宜设置在第一级配电柜（箱）的出线端。在供电线路泄漏电流大于 500mA 时，宜在其下一级配电柜（箱）上设置。探测器报警值宜为 300~500mA（2019 年技术实务第 75 题）；具有探测线路故障电弧功能的电气火灾监控探测器，其保护线路的长度不宜大于 100m。 （5）测温式电气火灾监控探测器应设置在电缆接头、端子、重点发热部件等部位。保护对象为 1000V 及以下的配电线路，测温式电气火灾监控探测器应采用接触式设置。保护对象为 1000V 以上的供电线路，测温式电气火灾监控探测器宜选择光栅光纤测温式或红外测温式电气火灾监控探测器，光栅光纤测温式电气火灾监控探测器应直接设置在保护对象的表面。 （6）电气火灾监控系统的设置不应影响供电系统的正常工作，不宜自动切断供电电源（2018 年技术实务第 8 题）	

知识点 10：消防控制室

1）消防控制室的设置应符合的规定：
（1）单独建造的消防控制室，其耐火等级不应低于二级。
（2）附设在建筑内的消防控制室，宜设置在建筑内的首层或地下一层，并宜布置在靠外墙部位。并应采用耐火极限不低于 2.00h 的防火隔墙和 1.5h 的楼板与其他部位分隔。
（3）消防控制室送、回风管的穿墙处应设防火阀。
（4）消防控制室内严禁有与消防设施无关的电气线路及管道穿过。
（5）不应设置在电磁场干扰较强及其他影响消防控制室设备工作的设备用房附近。

2）消防控制室内设备布置应符合的规定：
（1）设备面盘前的操作距离，单列布置时不应小于 1.5m；双列布置时不应小于 2m。
（2）在值班人员经常工作的一面，设备面盘至墙的距离不应小于 3m。
（3）设备面盘后的维修距离不宜小于 1m。
（4）设备面盘的排列长度大于 4m 时，其两端应设置宽度不小于 1m 的通道。
（5）在与建筑其他弱电系统合用的消防控制室内，消防设备应集中设置，并应与其他设备之间有明显的间隔。

3）消防控制室的管理要求：
（1）应实行每日 24h 专人值班制度，每班不应少于 2 人，值班人员应持有消防控制室操作职业资格证。（2020 年案例分析第四题）
（2）应确保火灾自动报警系统、灭火系统和其他联动控制设备处于正常工作状态，不得将应处于自动状态的设在手动状态。
（3）应确保高位消防水箱、消防水池、气压水罐等消防储水设施水量充足；确保消防泵出水管阀门、自动喷水灭火系统管道上的阀门常开；确保消防水泵、防排烟风机、防火卷帘等消防用电设备的配电柜启动开关处于自动状态。（2019 年综合能力第 27 题）

4）消防控制室应至少保存下列纸质台账档案和电子资料：
（1）建（构）筑物竣工后的总平面布局图、消防设施平面布置图和系统图以及安全出口布置图、重点部位位置图等。
（2）消防安全管理规章制度、应急灭火预案、应急疏散预案等。
（3）消防安全组织结构图，包括消防安全责任人、管理人、专职和志愿消防人员等内容。
（4）消防安全培训记录、灭火和应急疏散预案的演练记录。
（5）值班情况、消防安全检查情况及巡查情况等记录。
（6）消防设施一览表，包括消防设施的类型、数量、状态等内容。
（7）消防系统控制逻辑关系说明、设备使用说明书、系统操作规程、系统以及设备的维护保养制度和技术规程等。
（8）设备运行状况、接报警记录、火灾处理情况、设备检修检测报告等资料。

5）消防控制室值班应急处理程序：
（1）接到火灾报警信号后，值班人员应立即以最快方式确认。
（2）火灾确认后，值班人员应立即确认火灾报警联动控制开关处于自动状态，同时拨打"119"报警，报警时应说明着火单位地点、起火部位、着火物种类、火势大小、报警人姓名和联系电话。
（3）值班人员应立即启动单位内部应急疏散和灭火预案，并同时报告单位负责人。

知识点 11：火灾自动报警系统的调试

1. 一般规定。

1）系统调试应包括系统部件功能调试和分系统的联动控制功能调试，并应符合下列规定：

（1）应对系统部件的主要功能、性能进行全数检查，系统设备的主要功能、性能应符合现行国家标准的规定。

（2）应逐一对每个报警区域、防护区域或防烟区域设置的消防系统进行联动控制功能检查，系统的联动控制功能应符合**设计文件**和现行国家标准《火灾自动报警系统设计规范》（GB 50116）的规定。

（3）不符合规定的项目进行整改，并应重新进行调试。

2）火灾报警控制器、可燃气体报警控制器、电气火灾监控设备、消防设备电源监控器等控制类设备的报警和显示功能，应符合下列规定：

（1）火灾探测器、可燃气体探测器、电气火灾监控探测器等探测器发出报警信号或处于故障状态时，控制类设备应发出声、光报警信号，记录报警时间。

（2）控制器（或监控器）应显示发出报警信号部件或故障部件的类型和地址注释信息，且显示的地址注释信息应符合"2. 调试准备"的规定。

3）消防联动控制器的联动启动和显示功能应符合下列规定：

（1）消防联动控制器接收到满足联动触发条件的报警信号后，应在 3s 内发出控制相应受控设备动作的启动信号，点亮启动指示灯，记录启动时间。

（2）消防联动控制器应接收并显示受控部件的动作反馈信息，显示部件的类型和地址注释信息，且显示的地址注释信息应符合"2. 调试准备"的规定。

4）消防控制室图形显示装置的消防设备运行状态显示功能应符合下列规定：

（1）消防控制室图形显示装置应接收并显示火灾报警控制器发送的火灾报警信息、故障信息、隔离信息、屏蔽信息和监管信息。

（2）消防控制室图形显示装置应接收并显示消防联动控制器发送的联动控制信息、受控设备的动作反馈信息。

（3）消防控制室图形显示装置显示的信息应与控制器的显示信息一致。

2. 调试准备。

系统调试前，应对系统部件进行地址设置及地址注释，并应符合下列规定：

（1）应对现场部件进行地址编码设置，一个独立的识别地址只能对应一个现场部件。

（2）与模块连接的火灾警报器、水流指示器、压力开关、报警阀、排烟口、排烟阀等现场部件的地址编号应与连接模块的地址编号一致。

（3）控制器、监控器、消防电话总机及消防应急广播控制装置等控制类设备应对配接的现场部件进行地址注册，并应按现场部件的地址编号及具体设置部位录入部件的地址注释信息。

（4）应按标准的规定填写系统部件设置情况记录。

3. 火灾自动报警系统调试。

火灾自动报警系统调试要求见表 3-8-12。

表 3-8-12 火灾自动报警系统调试要求（2020 年综合能力第 81 题）

部件或系统	调试要求
探测器	
火灾探测器	（1）**离线故障报警功能**：探测器由火灾报警控制器供电的，应使探测器处于离线状态，探测器不由火灾报警控制器供电的，应使探测器电源线和通信线分别处于断开状态。 （2）火灾报警控制器的故障报警和信息显示功能应符合"1. 一般规定"第 2）条的规定
点型感烟、点型感温、点型一氧化碳火灾探测器	（1）**火灾报警功能**：对可恢复探测器，应采用专用的检测仪器或模拟火灾的方法，使探测器监测区域的烟雾浓度、温度、气体浓度达到探测器的报警设定阈值；对不可恢复的探测器，应采取模拟报警方法使探测器处于火灾报警状态，当有备品时，可抽样检查其报警功能；探测器的火警确认灯应点亮并保持；火灾报警控制器火灾报警和信息显示功能应符合"1. 一般规定"第 2）条的规定。 （2）**复位功能**：应使可恢复探测器监测区域的环境恢复正常，使不可恢复探测器恢复正常，手动操作控制器的复位键后，控制器应处于正常监视状态，探测器的火警确认灯应熄灭
线型光束感烟火灾探测器	（1）**火灾报警功能**：应调整探测器的光路调节装置，使探测器处于正常监视状态；应采用减光率为 0.9dB 的减光片或等效设备遮挡光路，探测器不应发出火灾报警信号；应采用产品生产企业设定的减光率为 1.0~10.0dB 的减光片或等效设备遮挡光路，探测器的火警确认灯应点亮并保持；火灾报警控制器火灾报警和信息显示功能应符合"1. 一般规定"第 2）条的规定；应采用减光率为 11.5dB 的减光片或等效设备遮挡光路，探测器的火警或故障确认灯应点亮；火灾报警控制器的火灾报警、故障报警和信息显示功能应符合"1. 一般规定"第 2）条的规定；选择反射式探测器时，应在探测器正方 0.5m 处按本标准的规定对探测器的火灾报警功能进行检查。 （2）**复位功能**：应撤除减光片或等效设备，手动操作控制器的复位键后，控制器应处于正常监视状态，探测器的火警确认灯应熄灭
线型感温火灾探测器	（1）**敏感部件故障功能**：应使线型感温火灾探测器的信号处理单元和敏感部件间处于断路状态，探测器信号处理单元的故障指示灯应点亮；火灾报警控制器的故障报警和信息显示功能应符合"1. 一般规定"第 2）条的规定。 （2）**火灾报警功能**：对可恢复探测器，应采用专用的检测仪器或模拟火灾的方法，使任一段长度为标准报警长度的敏感部件周围温度达到探测器报警设定阈值；对不可恢复的探测器，应采取模拟报警方法使探测器处于火灾报警状态，当有备品时，可抽样检查其报警功能；探测器的火警确认灯应点亮并保持；火灾报警控制器的火灾报警和信息显示功能应符合"1. 一般规定"第 2）条的规定。 （3）**复位功能**：应使可恢复探测器敏感部件周围的温度恢复正常，使不可恢复探测器恢复正常监视状态，手动操作控制器的复位键后，控制器应处于正常监视状态，探测器的火警确认灯应熄灭。 （4）**标准报警长度小于 1m 的小尺寸高温报警响应功能**：应在探测器末端采用专用的检测仪器或模拟火灾的方法，使任一段长度为 100mm 的敏感部件周围温度达到探测器小尺寸高温报警设定阈值，探测器的火警确认灯应点亮并保持；火灾报警控制器的火灾报警和信息显示功能应符合"1. 一般规定"第 2）条的规定；应使探测器监测区域的环境恢复正常，剪除试验段敏感部件，恢复探测器的正常连接，手动操作控制器的复位键后，控制器应处于正常监视状态，探测器的火警确认灯应熄灭
管路采样式吸气感烟火灾探测器	（1）**采样管路气流故障报警功能**：应根据产品说明书改变探测器的采样管路气流，使探测器处于故障状态，探测器或其控制装置的故障指示灯应点亮；火灾报警控制器的故障报警和信息显示功能应符合"1. 一般规定"第 2）条的规定；应恢复探测器的正常采样管路气流，使探测器和控制器处于正常监视状态。 （2）**火灾报警功能**：应在采样管最末端采样孔加入试验烟，使监测区域的烟雾浓度达到探测器报警设定阈值，探测器或其控制装置的火警确认灯应在 120s 内点亮并保持；火灾报警控制器的火灾报警和信息显示功能应符合"1. 一般规定"第 2）条的规定。 （3）**复位功能**：应使探测器监测区域的环境恢复正常，手动操作控制器的复位键后，控制器应处于正常监视状态，探测器或其控制装置的火警确认灯应熄灭

续表

部件或系统	调试要求
点型火焰探测器和图像型火灾探测器	(1) **火灾报警功能**：在探测器监视区域内最不利处应采用专用检测仪器或模拟火灾的方法，向探测器释放试验光波，探测器的火警确认灯应在30s点亮并保持；火灾报警控制器的火灾报警和信息显示功能应符合"1. 一般规定"第2）条的规定。 (2) **复位功能**：应使探测器监测区域的环境恢复正常，手动操作控制器的复位键后，控制器应处于正常监视状态，探测器的火警确认灯应熄灭
可燃气体探测器	(1) **可燃气体报警功能**：应对探测器施加浓度为探测器报警设定值的可燃气体标准样气，探测器的报警确认灯应在30s内点亮并保持；控制器的可燃气体报警和信息显示功能应符合"1. 一般规定"第2）条的规定。 (2) **复位功能**：应清除探测器内的可燃气体，手动操作控制器的复位键后，控制器应处于正常监视状态，探测器的报警确认灯应熄灭。 (3) **线型可燃气体探测器的遮挡故障报警功能**：应将线型可燃气体探测器发射器发出的光全部遮挡，探测器或其控制装置的故障指示灯应在100s内点亮；控制器的故障报警和信息显示功能应符合"1. 一般规定"第2）条的规定
电气火灾监控探测器	(1) **剩余电流式电气火灾监控探测器的监控报警功能**：应按设计文件的规定进行报警值设定；应采用剩余电流发生器对探测器施加报警设定值的剩余电流，探测器的报警确认灯应在30s内点亮并保持；监控设备的监控报警和信息显示功能应符合"1. 一般规定"第2）条的规定，同时监控设备应显示发出报警信号探测器的报警值。 (2) **测温式电气火灾监控探测器的监控报警功能**：应按设计文件的规定进行报警值设定；应采用发热试验装置给监控探测器加热至设定的报警温度，探测器的报警确认灯应在40s内点亮并保持；监控设备的监控报警和信息显示功能应符合"1. 一般规定"第2）条的规定，同时监控设备应显示发出报警信号探测器的报警值。 (3) **故障电弧探测器的监控报警功能**：应切断探测器的电源线和被监测线路，将故障电弧发生装置接入探测器，接通探测器的电源，使探测器处于正常监视状态；应操作故障电弧发生装置，在1s内产生9个及以下半周期故障电弧，探测器不应发出报警信号；应操作故障电弧发生装置，在1s内产生14个及以上半周期故障电弧，探测器的报警确认灯应在30s内点亮并保持；监控设备的监控报警和信息显示功能应符合"1. 一般规定"第2）条的规定。 (4) **具有指示报警部位功能的线型感温火灾探测器的监控报警功能**：应在线型感温火灾探测器的敏感部件随机选取3个非连续检测段，每个检测段的长度为标准报警长度，采用专用的检测仪器或模拟火灾的方法，分别给每个检测段加热至设定的报警温度，探测器的火警确认灯应点亮并保持，并指示报警部位；监控设备的监控报警和信息显示功能应符合"1. 一般规定"第2）条的规定
控制器	
火灾报警控制器	(1) 应切断火灾报警控制器的所有外部控制连线，并将任意一个总线回路的火灾探测器、手动火灾报警按钮等部件相连接后接通电源，使控制器处于正常监视状态。 (2) **主要功能检查**： ①自检功能。 ②操作级别。 ③屏蔽功能。 ④主、备电源的自动转换功能。 ⑤故障报警功能：备用电源连线故障报警功能；配接部件连线故障报警功能。 ⑥短路隔离保护功能。 ⑦火警优先功能。 ⑧消音功能。 ⑨二次报警功能。 ⑩负载功能。 ⑪复位功能。

续表

部件或系统	调试要求
火灾报警控制器	（3）火灾报警控制器应依次与其他回路相连接，使控制器处于正常监视状态，在备电工作状态下，按本标准规定对火灾报警控制器进行功能检查并记录，控制器的功能应符合现行国家标准《火灾报警控制器》（GB 4717）的规定
火灾报警控制器其他现场部件	（1）**手动火灾报警按钮的离线故障报警功能：**应使手动火灾报警按钮处于离线状态；火灾报警控制器的故障报警和信息显示功能应符合"1. 一般规定"第2）条的规定。 （2）**手动火灾报警按钮的火灾报警功能：**使报警按钮动作后，报警按钮的火警确认灯应点亮并保持；火灾报警控制器的火灾报警和信息显示功能应符合"1. 一般规定"第2）条的规定；应使报警按钮恢复正常，手动操作控制器的复位键后，控制器应处于正常监视状态，报警按钮的火警确认灯应熄灭。 （3）**火灾显示盘的主要功能：** ①接收和显示火灾报警信号的功能。 ②消音功能。 ③复位功能。 ④操作级别。 ⑤非火灾报警控制器供电的火灾显示盘，主、备电源的自动转换功能。 （4）**火灾显示盘的电源故障报警功能：**应使火灾显示盘的主电源处于故障状态；火灾报警控制器的故障报警和信息显示功能应符合"1. 一般规定"第2）条的规定
消防联动控制器及其现场部件	▲ 消防联动控制器调试 （1）调试时应在接通电源前按以下顺序做好准备工作：应将消防联动控制器与火灾报警控制器连接；应将任一备调回路的输入/输出模块与消防联动控制器连接；应将备调回路的模块与其控制的受控设备连接；应切断各受控现场设备的控制连线；应接通电源，使消防联动控制器处于正常监视状态。 （2）**主要功能检查：** ①自检功能。 ②操作级别。 ③屏蔽功能。 ④主、备电源的自动转换功能。 ⑤故障报警功能：备用电源连线故障报警功能；配接部件连线故障报警功能。 ⑥总线隔离器的隔离保护功能。 ⑦消音功能。 ⑧控制器的负载功能。 ⑨复位功能。 ⑩控制器自动和手动工作状态转换显示功能。 （3）应依次将其他备调回路的输入/输出模块与消防联动控制器连接、模块与受控设备连接，切断所有受控现场设备的控制连线，使控制器处于正常监视状态，在备电工作状态下，按标准的规定对控制器进行功能检查并记录，控制器的功能应符合国家标准《消防联动控制系统》（GB 16806）的规定。 ▲ 消防联动控制器现场部件调试 （4）**模块的离线故障报警功能：**应使模块与消防联动控制器的通信总线处于离线状态，消防联动控制器应发出故障声、光信号；消防联动控制器应显示故障部件的类型和地址注释信息，且控制器显示的地址注释信息应符合"2. 调试的准备"的规定。 （5）**模块的连接部件断线故障报警功能：**应使模块与连接部件之间的连接线断路，消防联动控制器应发出故障声、光信号；消防联动控制器应显示故障部件的类型和地址注释信息，且控制器显示的地址注释信息应符合"2. 调试的准备"的规定。

续表

部件或系统	调试要求
消防联动控制器及其现场部件	(6) **输入模块的信号接收及反馈功能、复位功能**：应核查输入模块和连接设备的接口是否兼容；应给输入模块提供模拟的输入信号，输入模块应在3s内动作并点亮动作指示灯；消防联动控制器应接收并显示模块的动作反馈信息，显示设备的名称和地址注释信息，且控制器显示的地址注释信息应符合"2.调试的准备"的规定；应撤除模拟输入信号，手动操作控制器的复位键后，控制器应处于正常监视状态，输入模块的动作指示灯应熄灭。 (7) **输出模块的启动、停止功能**：应核查输出模块和受控设备的接口是否兼容；应操作消防联动控制器向输出模块发出启动控制信号，输出模块应在3s内动作，并点亮动作指示灯；消防联动控制器应有启动光指示，显示启动设备的名称和地址注释信息，且控制器显示的地址注释信息应符合"2.调试的准备"的规定；应操作消防联动控制器向输出模块发出停止控制信号，输出模块应在3s内动作，并熄灭动作指示灯
可燃气体报警控制器	(1) 对多线制可燃气体报警控制器，应将所有回路的可燃气体探测器与控制器相连接；对总线制可燃气体报警控制器，应将任一回路的可燃气体探测器与控制器相连接。应切断可燃气体报警控制器的所有外部控制连线，接通电源，使控制器处于正常监视状态。 (2) **主要功能检查：** ①自检功能。 ②操作级别。 ③可燃气体浓度显示功能。 ④主、备电源的自动转换功能。 ⑤故障报警功能：备用电源连线故障报警功能；配接部件连线故障报警功能。 ⑥总线制可燃气体报警控制器的短路隔离功能。 ⑦可燃气体报警功能。 ⑧消音功能。 ⑨控制器负载功能。 ⑩复位功能。 (3) 对总线制可燃气体报警控制器，应依次将其他回路与可燃气体报警控制器相连接，使控制器处于正常监视状态，在备电工作状态下，按标准的规定对可燃气体报警控制器进行功能检查并记录，控制器的功能应符合现行国家标准《可燃气体报警控制器》（GB 16808）的规定
电气火灾监控设备	(1) 应切断电气火灾监控设备的所有外部控制连线，将任一备调总线回路的电气火灾探测器与监控设备相连接，接通电源，使监控设备处于正常监视状态。 (2) **主要功能检查：** ①自检功能。 ②操作级别。 ③故障报警功能。 ④监控报警功能。 ⑤消音功能。 ⑥复位功能。 (3) 应依次将其他回路的电气火灾探测器与监控设备相连接，使监控设备处于正常监视状态，按标准的规定对监控设备进行功能检查并记录，监控设备的功能应符合现行国家标准《电气火灾监控系统 第1部分：电气火灾监控设备》（GB 14287.1）的规定

续表

部件或系统	调试要求
防火卷帘系统	▲ 防火卷帘控制器调试 （1）应将防火卷帘控制器与防火卷帘卷门机、手动控制装置、火灾探测器相连接，接通电源，使防火卷帘控制器处于正常监视状态。**主要功能检查**，控制器的功能应符合现行公共安全行业标准《防火卷帘控制器》（GA 386）的规定： ①自检功能。 ②主、备电源的自动转换功能。 ③故障报警功能。 ④消音功能。 ⑤手动控制功能。 ⑥速放控制功能。 ▲ 防火卷帘控制器现场部件调试 （2）防火卷帘控制器配接的点型感烟、感温火灾探测器的火灾报警功能，卷帘控制器的控制功能：应采用专用的检测仪器或模拟火灾的方法，使探测器监测区域的烟雾浓度、温度达到探测器的报警设定阈值，探测器的火警确认灯应点亮并保持；防火卷帘控制器应在3s内发出卷帘动作声、光信号，控制防火卷帘下降至距楼板面1.8m处或楼板面。 （3）防火卷帘手动控制装置的控制功能：应手动操作手动控制装置的防火卷帘下降、停止、上升控制按键（钮）；防火卷帘控制器应发出卷帘动作声、光信号，并控制卷帘执行相应的动作。 ▲ 疏散通道上设置的防火卷帘系统联动控制调试 （4）应使防火卷帘控制器与卷门机相连接，使防火卷帘控制器与消防联动控制器相连接，接通电源，使防火卷帘控制器处于正常监视状态，使消防联动控制器处于自动控制工作状态。 （5）防火卷帘控制器不配接火灾探测器的防火卷帘系统的联动控制功能： ①应使一只专门用于联动防火卷帘的感烟火灾探测器，或报警区域内符合联动控制触发条件的两只感烟火灾探测器发出火灾报警信号，系统设备的功能应符合下列规定：消防联动控制器应发出控制防火卷帘下降至距楼板面1.8m处的启动信号，点亮启动指示灯；防火卷帘控制器应控制防火卷帘降至距楼板面1.8m处。 ②应使一只专门用于联动防火卷帘的感温火灾探测器发出火灾报警信号，系统设备的功能应符合下列规定：消防联动控制器应发出控制防火卷帘下降至楼板面的启动信号；防火卷帘控制器应控制防火卷帘下降至楼板面。 ③消防联动控制器应接收并显示防火卷帘下降至距楼板面1.8m处、楼板面的反馈信号。 ④消防控制器图形显示装置应显示火灾报警控制器的火灾报警信号、消防联动控制器的启动信号和设备动作的反馈信号，且显示的信息应与控制器的显示一致。 （6）防火卷帘控制器配接火灾探测器的防火卷帘系统的联动控制功能： ①应使一只专门用于联动防火卷帘的感烟火灾探测器发出火灾报警信号；防火卷帘控制器应控制防火卷帘下降至距楼板面1.8m处。 ②应使一只专门用于联动防火卷帘的感温火灾探测器发出火灾报警信号；防火卷帘控制器应控制防火卷帘下降至楼板面。 ③消防联动控制器应接收并显示防火卷帘控制器配接的火灾探测器的火灾报警信号、防火卷帘下降至距楼板面1.8m处、楼板面的反馈信号。 ④消防控制器图形显示装置应显示火灾探测器的火灾报警信号和设备动作的反馈信号，且显示的信息应与消防联动控制器的显示一致。 ▲ 非疏散通道上设置的防火卷帘系统控制调试 （7）应使防火卷帘控制器与卷门机相连接，使防火卷帘控制器与消防联动控制器相连接，接通电源，使防火卷帘控制器处于正常监视状态，使消防联动控制器处于自动控制工作状态。

续表

部件或系统	调试要求
防火卷帘系统	（8）**防火卷帘系统的联动控制功能**： ①应使报警区域内符合联动控制触发条件的两只火灾探测器发出火灾报警信号。 ②消防联动控制器应发出控制防火卷帘下降至楼板面的启动信号，点亮启动指示灯。 ③防火卷帘控制器应控制防火卷帘下降至楼板面。 ④消防联动控制器应接收并显示防火卷帘下降至楼板面的反馈信号。 ⑤消防控制器图形显示装置应显示火灾报警控制器的火灾报警信号、消防联动控制器的启动信号和设备动作的反馈信号，且显示的信息应与控制器的显示一致。 （9）**防火卷帘的手动控制功能**： ①手动操作消防联动控制器总线控制盘上的防火卷帘下降控制按钮、按键，对应的防火卷帘控制器应控制防火卷帘下降。 ②消防联动控制器应接收并显示防火卷帘下降至楼板面的反馈信号
其他	
消防专用电话系统	（1）应接通电源，使消防电话总机处于正常工作状态，对消防电话总机下列主要功能进行检查并记录，电话总机的功能应符合现行国家标准的规定：自检功能；故障报警功能；消音功能；电话分机呼叫电话总机功能；电话总机呼叫电话分机功能。 （2）应对消防电话分机进行下列主要功能检查并记录，电话分机的功能应符合现行国家标准的规定：呼叫电话总机功能；接受电话总机呼叫功能。 （3）应对消防电话插孔的通话功能进行检查并记录，电话插孔的通话功能应符合现行国家标准的规定
消防设备电源监控系统	▲ 消防设备电源监控器调试 （1）应将任一备调总线回路的传感器与消防设备电源监控器相连接，接通电源，使监控器处于正常监视状态。 （2）**主要功能检查**： ①自检功能。 ②消防设备电源工作状态实时显示功能。 ③主、备电源的自动转换功能。 ④故障报警功能：备用电源连线故障报警功能；配接部件连线故障报警功能。 ⑤消音功能。 ⑥消防设备电源故障报警功能。 ⑦复位功能。 （3）应依次将其他回路的传感器与监控器相连接，使监控器处于正常监视状态，在备电工作状态下，按标准的规定，对监控器进行功能检查并记录，监控器的功能应符合现行国家标准《消防设备电源监控系统》（GB 28184）的规定。 ▲ 传感器调试 （4）应对传感器的消防设备电源故障报警功能进行检查并记录，传感器的消防设备电源故障报警功能应符合下列规定：应切断被监控消防设备的供电电源；监控器的消防设备电源故障报警和信息显示功能应符合"1. 一般规定"第2）条的规定
消防设备应急电源	（1）应将消防设备与消防设备应急电源相连接，接通消防设备应急电源的主电源，使消防设备应急电源处于正常工作状态。 （2）应对消防设备应急电源下列主要功能进行检查并记录，消防设备应急电源的功能应符合现行国家标准《消防联动控制系统》（GB 16806）的规定：正常显示功能；故障报警功能；消音功能；转换功能。

续表

部件或系统	调试要求
消防控制室图形显示装置和传输设备	▲消防控制室图形显示装置调试 （1）应将消防控制室图形显示装置与火灾报警控制器、消防联动控制器等设备相连接，接通电源，使消防控制室图形显示装置处于正常监视状态。**主要功能检查：** ①图形显示功能：建筑总平面图显示功能；保护对象的建筑平面图显示功能；系统图显示功能。 ②通信故障报警功能。 ③消音功能。 ④信号接收和显示功能。 ⑤信息记录功能。 ⑥复位功能。 ▲传输设备调试 （2）应将传输设备与火灾报警控制器相连接，接通电源，使传输设备处于正常监视状态。**主要功能检查：** ①自检功能。 ②主、备电源的自动转换功能。 ③故障报警功能。 ④消音功能。 ⑤信号接收和显示功能。 ⑥手动报警功能。 ⑦复位功能
火灾警报、消防应急广播系统	▲火灾警报器调试 （1）**火灾声警报器的火灾声警报功能：** ①应操作控制器使火灾声警报器启动。 ②在警报器生产企业声称的最大设置间距、距地面1.5~1.6m处，声警报的A计权声压级应大于60dB，环境噪声大于60dB时，声警报的A计权声压级应高于背景噪声15dB。 ③带有语音提示功能的声警报应能清晰播报语音信息。 （2）**火灾光警报器的火灾光警报功能：** ①应操作控制器使火灾光警报器启动。 ②在正常环境光线下，警报器的光信号在警报器生产企业声称的最大设置间距处应清晰可见。 （3）应对火灾声光警报器的火灾声警报、光警报功能分别进行检查并记录，警报器的火灾声警报、光警报功能应分别符合第（1）条和第（2）条的规定。 ▲消防应急广播控制设备调试 （4）应将各广播回路的扬声器与消防应急广播控制设备相连接，接通电源，使广播控制设备处于正常工作状态。**主要功能检查：** ①自检功能。 ②主、备电源的自动转换功能。 ③故障报警功能。 ④消音功能。 ⑤应急广播启动功能。 ⑥现场语言播报功能。 ⑦应急广播停止功能。 ▲扬声器调试 （5）**扬声器的广播功能：** ①应操作消防应急广播控制设备使扬声器播放应急广播信息。 ②语音信息应清晰。

续表

部件或系统	调试要求
火灾警报、消防应急广播系统	③在扬声器生产企业声称的最大设置间距、距地面 1.5~1.6m 处，应急广播的 A 计权声压级应大于 60dB，环境噪声大于 60dB 时，应急广播的 A 计权声压级应高于背景噪声 15dB。 ▲ 火灾警报、消防应急广播控制调试 （6）应将广播控制设备与消防联动控制器相连接，使消防联动控制器处于自动状态，火灾警报和消防应急广播系统的联动控制功能： ①应使报警区域内符合联动控制触发条件的两只火灾探测器，或一只火灾探测器和一只手动火灾报警按钮发出火灾报警信号。 ②消防联动控制器应发出火灾警报装置和应急广播控制装置动作的启动信号，点亮启动指示灯。 ③消防应急广播系统与普通广播或背景音乐广播系统合用时，消防应急广播控制装置应停止正常广播。 ④报警区域内所有的火灾声光警报器和扬声器应按下列规定交替工作：报警区域内所有的火灾声光警报器应同时启动，持续工作 8~20s 后，所有的火灾声光警报器应同时停止警报；警报停止后，所有的扬声器应同时进行 1~2 次消防应急广播，每次广播 10~30s 后，所有的扬声器应停止播放广播信息。 ⑤消防控制器图形显示装置应显示火灾报警控制器的火灾报警信号、消防联动控制器的启动信号，且显示的信息应与控制器的显示一致。 （7）联动控制控制功能检查过程应在报警区域内所有的火灾声光警报器或扬声器持续工作时，系统的手动插入操作优先功能： ①应手动操作消防联动控制器总线控制盘上火灾警报或消防应急广播停止控制按钮、按键，报警区域内所有的火灾声光警报器或扬声器应停止正在进行的警报或应急广播。 ②应手动操作消防联动控制器总线控制盘上火灾警报或消防应急广播启动控制按钮、按键，报警区域内所有的火灾声光警报器或扬声器应恢复警报或应急广播
防火门监控系统	▲ 防火门监控器调试 （1）应将任一备调总线回路的监控模块与防火门监控器相连接，接通电源，使防火门监控器处于正常监视状态。 （2）主要功能检查： ①自检功能。 ②主、备电源的自动转换功能。 ③故障报警功能：备用电源连线故障报警功能；配接部件连线故障报警功能。 ④消音功能。 ⑤启动、反馈功能。 ⑥防火门故障报警功能。 （3）应依次将其他总线回路的监控模块与监控器相连接，使监控器处于正常监视状态，在备电工作状态下，按标准的规定，对监控器进行功能检查并记录，监控器的功能应符合现行国家标准《防火门监控器》（GB 29364）的规定。 ▲ 防火门监控器现场部件调试 （4）防火门监控器配接的监控模块的离线故障报警功能： ①应使监控模块处于离线状态。 ②监控器应发出故障声、光信号。 ③监控器应显示故障部件的类型和地址注释信息，且监控器显示的地址注释信息应符合"2. 调试准备"的规定。 （5）监控模块的连接部件断线故障报警功能： ①应使监控模块与连接部件之间的连接线断路。

续表

部件或系统	调试要求
防火门监控系统	②监控器应发出故障声、光信号。 ③监控器应显示故障部件的类型和地址注释信息，且监控器显示的地址注释信息应符合"2. 调试准备"的规定。 (6) **常开防火门监控模块的启动功能、反馈功能：** ①应操作防火门监控器，使监控模块动作。 ②监控模块应控制防火门定位装置和释放装置动作，常开防火门应完全闭合。 ③监控器应接收并显示常开防火门定位装置的闭合反馈信号、释放装置的动作反馈信号，显示发送反馈信号部件的类型和地址注释信息，且监控器显示的地址注释信息应符合"2. 调试准备"的规定。 (7) **常闭防火门监控模块的防火门故障报警功能：** ①应使常闭防火门处于开启状态。 ②监控器应发出防火门故障报警声、光信号，显示故障防火门的地址注释信息，且监控器显示的地址注释信息应符合"2. 调试准备"的规定。 ▲ 防火门监控系统联动控制调试 (8) 应使防火门监控器与消防联动控制器相连接，使消防联动控制器处于自动控制工作状态。 (9) **防火门监控系统的联动控制功能：** ① 应使报警区域内符合联动控制触发条件的两只火灾探测器，或一只火灾探测器和一只手动火灾报警按钮发出火灾报警信号。 ②消防联动控制器应发出控制防火门闭合的启动信号，点亮启动指示灯。 ③防火门监控器应控制报警区域内所有常开防火门关闭。 ④防火门监控器应接收并显示每一樘常开防火门完全闭合的反馈信号。 ⑤消防控制器图形显示装置应显示火灾报警控制器的火灾报警信号、消防联动控制器的启动信号受控设备的动作反馈信号，且显示的信息应与控制器的显示一致
\multicolumn{2}{c}{消防设施的火灾自动报警系统}
气体、干粉灭火系统	▲ 气体、干粉灭火控制器调试 (1) 对不具有火灾报警功能的气体、干粉灭火控制器，应切断驱动部件与气体灭火装置间的连接，使气体、干粉灭火控制器和消防联动控制器相连接，接通电源，使气体、干粉灭火控制器处于正常监视状态。**主要功能检查**，应符合现行国家标准《消防联动控制系统》(GB 16806)的规定： ①自检功能。 ②主、备电源的自动转换功能。 ③故障报警功能。 ④消音功能。 ⑤延时设置功能。 ⑥手、自动转换功能。 ⑦手动控制功能。 ⑧反馈信号接收和显示功能。 ⑨复位功能。 (2) 对具有火灾报警功能的气体、干粉灭火控制器，应切断驱动部件与气体灭火装置间的连接，使控制器与火灾探测器相连接，接通电源，使控制器处于正常监视状态。**主要功能检查**，应符合现行国家标准《火灾报警控制器》(GB 4717)和《消防联动控制系统》(GB 16806)的规定： ①自检功能。 ②操作级别。 ③屏蔽功能。

续表

部件或系统	调试要求
气体、干粉灭火系统	④主、备电源的自动转换功能。 ⑤故障报警功能。 ⑥短路隔离保护功能。 ⑦火警优先功能。 ⑧消音功能。 ⑨二次报警功能。 ⑩延时设置功能。 ⑪手、自动转换功能。 ⑫手动控制功能。 ⑬反馈信号接收和显示功能。 ⑭复位功能。 ▲ 气体、干粉灭火控制器现场部件调试 （3）应对具有火灾报警功能的气体、干粉灭火控制器配接的火灾探测器的主要功能和性能进行检查并记录，火灾探测器的主要功能和性能应符合"火灾报警控制器及其现场部件调试"的规定。 （4）应对气体、干粉灭火控制器配接的火灾声光警报器的主要功能和性能进行检查并记录，火灾声光警报器的主要功能和性能应符合"火灾警报器调试"的规定。 （5）**现场启动和停止按钮的离线故障报警功能：** ①应使现场启动和停止按钮处于离线状态。 ②气体、干粉灭火控制器应发出故障声、光信号。 ③气体、干粉灭火控制器的报警信息显示功能应符合"1. 一般规定"第2）条的规定。 （6）**手动与自动控制转换装置的转换功能、显示装置的显示功能：** ①应手动操作手动与自动控制转换装置。 ②手动与自动控制状态显示装置应能准确显示系统的控制方式。 ③气体、干粉灭火控制器应能准确显示手动与自动控制转换装置的工作状态。 ▲ 气体、干粉灭火控制器不具有火灾报警功能的气体、干粉灭火系统控制调试 （7）应切断驱动部件与气体、干粉灭火装置间的连接，使气体、干粉灭火控制器与火灾报警控制器、消防联动控制器相连接，使气体、干粉灭火控制器和消防联动控制器处于自动控制工作状态。 （8）**气体、干粉灭火系统的联动控制功能：** ①应使防护区域内符合联动控制触发条件的一只火灾探测器或一只手动火灾报警按钮发出火灾报警信号，系统设备的功能应符合下列规定：消防联动控制器应发出控制灭火系统动作的首次启动信号，点亮启动指示灯；灭火控制器应控制启动防护区域内设置的声光警报器。 ②应使防护区域内符合联动控制触发条件的另一只火灾探测器或另一只手动火灾报警按钮发出火灾报警信号，系统设备的功能应符合下列规定：消防联动控制器应发出控制灭火系统动作的第二次启动信号；灭火控制器应进入启动延时，显示延时时间；灭火控制器应控制关闭该防护区域的电动送排风阀门、防火阀、门、窗；延时结束，灭火控制器应控制启动灭火装置和防护区域外设置的火灾声光警报器、喷洒光警报器；灭火控制器应接收并显示受控设备动作的反馈信号。 ③消防联动控制器应接收并显示灭火控制器的启动信号、受控设备动作的反馈信号。 ④消防控制器图形显示装置应显示灭火控制器的控制状态信息、火灾报警控制器的火灾报警信号、消防联动控制器的启动信号、灭火控制器的启动信号、受控设备的动作反馈信号，且显示的信息应与控制器的显示一致。 （9）在联动控制进入启动延时阶段，**系统的手动插入操作优先功能：** ①应操作灭火控制器对应该防护区域的停止按钮、按键，灭火控制器应停止正在进行的操作。 ②消防联动控制器应接收并显示灭火控制器的手动停止控制信号。 ③消防控制室图形显示装置应显示灭火控制器的手动停止控制信号。

续表

部件或系统	调试要求
气体、干粉灭火系统	（10）**系统的现场紧急启动、停止功能：** ①应手动操作防护区域内设置的现场启动按钮。 ②灭火控制器应控制启动防护区域内设置的火灾声光警报器。 ③灭火控制器应进入启动延时，显示延时时间。 ④灭火控制器应控制关闭该防护区域的电动送排风阀门、防火阀、门、窗。 ⑤延时期间，手动操作防护区域内设置的现场停止按钮、灭火控制器应停止正在进行的操作。 ⑥消防联动控制器应接收并显示灭火控制器的启动信号、停止信号。 ⑦消防控制器图形显示装置应显示灭火控制器的启动信号、停止信号，且显示的信息应与控制器的显示一致。 ▲ 气体、干粉灭火控制器具有火灾报警功能的气体、干粉灭火系统控制调试 （11）应切断驱动部件与气体、干粉灭火装置间的连接，使气体、干粉灭火控制器与火灾探测器、手动火灾报警按钮、消防控制室图形显示装置相连接，使气体、干粉灭火控制器处于自动控制工作状态。 （12）**气体、干粉灭火系统的联动控制功能：** ①应使防护区域内符合联动控制触发条件的一只火灾探测器或一只手动火灾报警按钮发出火灾报警信号，系统设备的功能应符合下列规定：灭火控制器应发出火灾报警声、光信号，记录报警时间；灭火控制器的报警信息显示功能应符合"1.一般规定"第2）条的规定；灭火控制器应控制启动防护区域内设置的声光警报器。 ②应使防护区域内符合联动控制触发条件的另一只火灾探测器或另一只手动火灾报警按钮发出火灾报警信号，系统设备的功能应符合下列规定：灭火控制器应再次记录现场部件火灾报警时间；灭火控制器的报警信息显示功能应符合"1.一般规定"第2）条的规定；灭火控制器应进入启动延时，显示延时时间；灭火控制器应控制关闭该防护区域的电动送排风阀门、防火阀、门、窗；延时结束，灭火控制器应控制启动灭火装置和防护区域外设置的火灾声光警报器、喷洒光警报器；灭火控制器应接收并显示受控设备动作的反馈信号。 ③消防控制器图形显示装置应显示灭火控制器的控制状态信息、火灾报警信号、启动信号和受控设备的动作反馈信号，显示的信息应与灭火控制器的显示一致。 （13）在联动控制进入启动延时过程中，**系统的手动插入操作优先功能：** ①操作灭火控制器对应该防护区域的停止按钮，灭火控制器应停止正在进行的操作。 ②消防控制室图形显示装置应显示灭火控制器的手动停止控制信号。 （14）**系统的现场紧急启动、停止功能：** ①应手动操作防护区域内设置的现场启动按钮。 ②灭火控制器应控制启动防护区域内设置的火灾声光警报器。 ③灭火控制器应进入启动延时，显示延时时间。 ④灭火控制器应控制关闭该防护区域的电动送排风阀门、防火阀、门、窗。 ⑤延时期间，手动操作防护区域内设置的现场停止按钮，灭火控制器应停止正在进行的操作。 ⑥消防控制器图形显示装置应显示灭火控制器的启动信号、停止信号，且显示的信息应与控制器的显示一致
自动喷水灭火系统	▲ 消防泵控制箱、柜调试 （1）应使消防泵控制箱、柜与消防泵相连接，接通电源，使消防泵控制箱、柜处于正常监视状态。**主要功能检查**，消防泵控制箱、柜的功能应符合现行国家标准《消防联动控制系统》（GB 16806）的规定： ①操作级别。 ②自动、手动工作状态转换功能。

续表

部件或系统	调试要求
自动喷水灭火系统	③手动控制功能。 ④自动启泵功能。 ⑤主、备泵自动切换功能。 ⑥手动控制插入优先功能。 ▲ 系统联动部件调试 （2）水流指示器、压力开关、信号阀的动作信号反馈功能： ①应使水流指示器、压力开关、信号阀动作。 ②消防联动控制器应接收并显示设备的动作反馈信号，显示设备的名称和地址注释信息，且控制器显示的地址注释信息应符合"2. 调试准备"的规定。 （3）消防水箱、池液位探测器的低液位报警功能： ①应调整消防水箱、池液位探测器的水位信号，模拟设计文件规定的水位，液位探测器应动作。 ②消防联动控制器应接收并显示设备的动作信号，显示设备的名称和地址注释信息，且控制器显示的地址注释信息应符合"2. 调试准备"的规定。 ▲ 湿式、干式喷水灭火系统控制调试 （4）应使消防联动控制器与消防泵控制箱、柜等设备相连接，接通电源，使消防联动控制器处于自动控制工作状态。 （5）湿式、干式喷水灭火系统的联动控制功能： ①应使报警阀防护区域内符合联动控制触发条件的一只火灾探测器或一只手动火灾报警按钮发出火灾报警信号、使报警阀的压力开关动作。 ②消防联动控制器应发出控制消防水泵启动的启动信号，点亮启动指示灯。 ③消防泵控制箱、柜应控制启动消防泵。 ④消防联动控制器应接收并显示干管水流指示器的动作反馈信号，显示设备的名称和地址注释信息，且控制器显示的地址注释信息应符合"2. 调试准备"的规定。 ⑤消防控制器图形显示装置应显示火灾报警控制器的火灾报警信号、消防联动控制器的启动信号、受控设备的动作反馈信号，且显示的信息应与控制器的显示一致。 （6）消防泵的直接手动控制功能： ①应手动操作消防联动控制器直接手动控制单元的消防泵启动控制按钮、按键，对应的消防泵控制箱、柜应控制消防泵启动。 ②应手动操作消防联动控制器直接手动控制单元的消防泵停止控制按钮、按键，对应的消防泵控制箱、柜应控制消防泵停止运转。 ③消防控制室图形显示装置应显示消防联动控制器的直接手动启动、停止控制信号。 ▲ 预作用式喷水灭火系统控制调试 （7）应使消防联动控制器与消防泵控制箱、柜及预作用阀组等设备相连接，接通电源，使消防联动控制器处于自动控制工作状态。 （8）预作用式灭火系统的联动控制功能： ①应使报警阀防护区域内符合联动控制触发条件的两只火灾探测器，或一只火灾探测器和一只手动火灾报警按钮发出火灾报警信号。 ②消防联动控制器应发出控制预作用阀组开启的启动信号，系统设有快速排气装置时，消防联动控制器应同时发出控制排气阀前电动阀开启的启动信号，点亮启动指示灯。 ③预作用阀组、排气阀前的电动阀应开启。 ④消防联动控制器应接收并显示预作用阀组、排气阀前电动阀的动作反馈信号，显示设备的名称和地址注释信息，且控制器显示的地址注释信息应符合"2. 调试准备"的规定。 ⑤开启预作用式灭火系统的末端试水装置，消防联动控制器应接收并显示干管水流指示器的动作反馈信号，显示设备的名称和地址注释信息，且控制器显示的地址注释信息应符合"2. 调试准备"的规定。

续表

部件或系统	调试要求
自动喷水灭火系统	⑥消防控制器图形显示装置应显示火灾报警控制器的火灾报警信号、消防联动控制器的启动信号、受控设备的动作反馈信号，且显示的信息应与控制器的显示一致。 （9）**预作用阀组、排气阀前电动阀的直接手动控制功能：** ①应手动操作消防联动控制器直接手动控制单元的预作用阀组、排气阀前电动阀的开启控制按钮、按键，对应的预作用阀组、排气阀前电动阀应开启。 ②应手动操作消防联动控制器直接手动控制单元的预作用阀组、排气阀前电动阀的关闭控制按钮、按键，对应的预作用阀组、排气阀前电动阀应关闭。 ③消防控制室图形显示装置应显示消防联动控制器的直接手动启动、停止控制信号。 （10）消防泵的直接手动控制功能应符合第（6）条的规定。 ▲ **雨淋系统控制调试** （11）应使消防联动控制器与消防泵控制箱、柜及雨淋阀组等设备相连接，接通电源，使消防联动控制器处于自动控制工作状态。 （12）**雨淋系统的联动控制功能：** ①应使雨淋阀组防护区域内符合联动控制触发条件的两只感温火灾探测器，或一只感温火灾探测器和一只手动火灾报警按钮发出火灾报警信号。 ②消防联动控制器应发出控制雨淋阀组开启的启动信号，点亮启动指示灯。 ③雨淋阀组应开启。 ④消防联动控制器应接收并显示雨淋阀组、干管水流指示器的动作反馈信号，显示设备的名称和地址注释信息，且控制器显示的地址注释信息应符合"2. 调试准备"的规定。 ⑤消防控制器图形显示装置应显示火灾报警控制器的火灾报警信号、消防联动控制器的启动信号、受控设备的动作反馈信号，且显示的信息应与控制器的显示一致。 （13）**雨淋阀组的直接手动控制功能：** ①应手动操作消防联动控制器直接手动控制单元的雨淋阀组的开启控制按钮、按键，对应的雨淋阀组应开启。 ②应手动操作消防联动控制器直接手动控制单元的雨淋阀组的关闭控制按钮、按键，对应的雨淋阀组应关闭。 ③消防控制室图形显示装置应显示消防联动控制器的直接手动启动、停止控制信号。 （14）消防泵的直接手动控制功能应符合第（6）条的规定。 ▲ **自动控制的水幕系统控制调试** （15）应使消防联动控制器与消防泵控制箱、柜及雨淋阀组等设备相连接，接通电源，使消防联动控制器处于自动控制工作状态。 （16）**自动控制的水幕系统用于防火卷帘保护时，水幕系统的联动控制功能：** ①应使防火卷帘所在报警区域内符合联动控制触发条件的一只火灾探测器或一只手动火灾报警按钮发出火灾报警信号，使防火卷帘下降至楼板面。 ②消防联动控制器应发出控制雨淋阀组开启的启动信号，点亮启动指示灯。 ③雨淋阀组应开启。 ④消防联动控制器应接收并显示防火卷帘下降至楼板面的限位反馈信号和雨淋阀组、干管水流指示器的动作反馈信号，显示设备的名称和地址注释信息，且控制器显示的地址注释信息应符合"2. 调试准备"的规定。 ⑤消防控制器图形显示装置应显示火灾报警控制器的火灾报警信号、防火卷帘下降至楼板面的限位反馈信号、消防联动控制器的启动信号、受控设备的动作反馈信号，且显示的信息应与控制器的显示一致。 （17）**自动控制的水幕系统用于防火分隔时，水幕系统的联动控制功能：** ①应使报警区域内符合联动控制触发条件的两只感温火灾探测器发出火灾报警信号。

续表

部件或系统	调试要求
自动喷水灭火系统	②消防联动控制器应发出控制雨淋阀组开启的启动信号，点亮启动指示灯。 ③雨淋阀组应开启。 ④消防联动控制器应接收并显示雨淋阀组、干管水流指示器的动作反馈信号，显示设备的名称和地址注释信息，且控制器显示的地址注释信息应符合"2. 调试准备"的规定。 ⑤消防控制器图形显示装置应显示火灾报警控制器的火灾报警信号、消防联动控制器的启动信号、受控设备的动作反馈信号，且显示的信息应与控制器的显示一致。 (18) 雨淋阀组的直接手动控制功能应符合第（13）条的规定。 (19) 消防泵的直接手动控制功能应符合第（6）条的规定
消火栓系统	▲ 系统联动部件调试 (1) 应对消防泵控制箱、柜的主要功能和性能进行检查并记录，消防泵控制箱、柜的主要功能和性能应符合"自动喷水灭火系统"第（1）条的规定。 (2) 应对水流指示器，压力开关，信号阀，消防水箱、池液位探测器的主要功能和性能进行检查并记录，设备的主要功能和性能应符合"自动喷水灭火系统"第（2）条和第（3）条的规定。 (3) **消火栓按钮的离线故障报警功能**：使消火栓按钮处于离线状态，消防联动控制器应发出故障声、光信号；消防联动控制器的报警信息显示功能应符合"1. 一般规定"第2）条的规定。 (4) **消火栓按钮的启动、反馈功能：** ①使消火栓按钮动作，消火栓按钮启动确认灯应点亮并保持，消防联动控制器应发出声、光报警信号，记录启动时间。 ②消防联动控制器应显示启动设备名称和地址注释信息，且控制器显示的地址注释信息应符合"2. 调试准备"的规定。 ③消防泵启动后，消火栓按钮回答确认灯应点亮并保持。 ▲ 消火栓系统控制调试 (5) 应使消防联动控制器与消防泵控制箱、柜等设备相连接，接通电源，使消防联动控制器处于自动控制工作状态。 (6) **消火栓系统的联动控制功能**（2020年综合能力第17题）： ①应使任一报警区域的两只火灾探测器，或一只火灾探测器和一只手动火灾报警按钮发出火灾报警信号，同时使消火栓按钮动作。 ②消防联动控制器应发出控制消防泵启动的启动信号，点亮启动指示灯。 ③消防泵控制箱、柜应控制消防泵启动。 ④消防联动控制器应接收并显示干管水流指示器的动作反馈信号，显示设备的名称和地址注释信息，且控制器显示的地址注释信息应符合"2. 调试准备"的规定。 ⑤消防控制器图形显示装置应显示火灾报警控制器的火灾报警信号、消火栓按钮的启动信号、消防联动控制器的启动信号、受控设备的动作反馈信号，且显示的信息应与控制器的显示一致。 (7) 应根据系统联动控制逻辑设计文件的规定，在消防控制室对消防泵的直接手动控制功能进行检查并记录，消防泵的直接手动控制功能应符合"自动喷水灭火系统"第（6）条的规定
防排烟系统	▲ 风机控制箱、柜调试 (1) 应使风机控制箱、柜与加压送风机或排烟风机相连接，接通电源，使风机控制箱、柜处于正常监视状态。**主要功能检查：** ①操作级别。 ②自动、手动工作状态转换功能。 ③手动控制功能。 ④自动启动功能。

续表

部件或系统	调试要求
防排烟系统 （2020年案例 分析第三题）	⑤手动控制插入优先功能。 ▲ 系统联动部件调试 （2）设备（电动送风口、电动挡烟垂壁、排烟口、排烟阀、排烟窗、电动防火阀）的动作功能、动作信号反馈功能： ①手动操作消防联动控制器总线控制单元电动送风口、电动挡烟垂壁、排烟口、排烟阀、排烟窗、电动防火阀的控制按钮、按键，对应的受控设备应灵活启动。 ②消防联动控制器应接收并显示受控设备的动作反馈信号，显示动作设备的名称和地址注释信息，且控制器显示的地址注释信息应符合"2. 调试准备"的规定。 （3）排烟风机入口处的总管上设置的280℃排烟防火阀的动作信号反馈功能： ①排烟风机处于运行状态时，使排烟防火阀关闭，风机应停止运转。 ②消防联动控制器应接收排烟防火阀关闭、风机停止的动作反馈信号，显示动作设备的名称和地址注释信息，且控制器显示的地址注释信息应符合"2. 调试准备"的规定。 ▲ 加压送风系统控制调试 （4）应使消防联动控制器与风机控制箱（柜）等设备相连接，接通电源，使消防联动控制器处于自动控制工作状态。 （5）加压送风系统的联动控制功能： ①应使报警区域内符合联动控制触发条件的两只火灾探测器，或一只火灾探测器和一只手动火灾报警按钮发出火灾报警信号。 ②消防联动控制器应按设计文件的规定发出控制电动送风口开启、加压送风机启动的启动信号，点亮启动指示灯。 ③相应的电动送风口应开启，风机控制箱、柜应控制加压送风机启动。 ④消防联动控制器应接收并显示电动送风口、加压送风机的动作反馈信号，显示设备的名称和地址注释信息，且控制器显示的地址注释信息应符合"2. 调试准备"的规定。 ⑤消防控制器图形显示装置应显示火灾报警控制器的火灾报警信号、消防联动控制器的启动信号、受控设备的动作反馈信号，且显示的信息应与控制器的显示一致。 （6）加压送风机的直接手动控制功能： ①手动操作消防联动控制器直接手动控制单元的加压送风机开启控制按钮、按键，对应的风机控制箱、柜应控制加压送风机启动。 ②手动操作消防联动控制器直接手动控制单元的加压送风机停止控制按钮、按键，对应的风机控制箱、柜应控制加压送风机停止运转。 ③消防控制室图形显示装置应显示消防联动控制器的直接手动启动、停止控制信号。 ▲ 电动挡烟垂壁、排烟系统控制调试 （7）应使消防联动控制器与风机控制箱、柜等设备相连接，接通电源，使消防联动控制器处于自动控制工作状态。 （8）电动挡烟垂壁、排烟系统的联动控制功能： ①应使防烟分区内符合联动控制触发条件的两只感烟火灾探测器发出火灾报警信号。 ②消防联动控制器应按设计文件的规定发出控制电动挡烟垂壁下降，控制排烟口、排烟阀、排烟窗开启，控制空气调节系统的电动防火阀关闭的启动信号，点亮启动指示灯。 ③电动挡烟垂壁、排烟口、排烟阀、排烟窗、空气调节系统的电动防火阀应动作。 ④消防联动控制器应接收并显示电动挡烟垂壁、排烟口、排烟阀、排烟窗、空气调节系统电动防火阀的动作反馈信号，显示设备的名称和地址注释信息，且控制器显示的地址注释信息应符合"2. 调试准备"的规定。 ⑤消防联动控制器接收到排烟口、排烟阀的动作反馈信号后，应发出控制排烟风机启动的启动信号。 ⑥风机控制箱、柜应控制排烟风机启动。

续表

部件或系统	调试要求
防排烟系统（2020年案例分析第三题）	⑦消防联动控制器应接收并显示排烟风机启动的动作反馈信号，显示设备的名称和地址注释信息，且控制器显示的地址注释信息应符合"2. 调试准备"的规定。 ⑧消防控制器图形显示装置应显示火灾报警控制器的火灾报警信号、消防联动控制器的启动信号、受控设备的动作反馈信号，且显示的信息应与控制器的显示一致。 （9）**排烟风机的直接手动控制功能：** ①手动操作消防联动控制器直接手动控制单元的排烟风机开启控制按钮、按键，对应的风机控制箱、柜应控制排烟风机启动。 ②手动操作消防联动控制器直接手动控制单元的排烟风机停止控制按钮、按键，对应的风机控制箱、柜应控制排烟风机停止运转。 ③消防控制室图形显示装置应显示消防联动控制器的直接手动启动、停止控制信号
消防应急照明和疏散指示系统控制	▲ **集中控制型消防应急照明和疏散指示系统控制调试** （1）应使消防联动控制器与应急照明控制器等设备相连接，接通电源，使消防联动控制器处于自动控制工作状态。**消防应急照明和疏散指示系统的控制功能：** ①应使报警区域内任两只火灾探测器，或一只火灾探测器和一只手动火灾报警按钮发出火灾报警信号。 ②火灾报警控制器的火警控制输出触点应动作，或消防联动控制器应发出相应联动控制信号，点亮启动指示灯。 ③应急照明控制器应按预设逻辑控制配接的消防应急灯具光源的应急点亮、系统蓄电池电源的转换。 ④消防联动控制器应接收并显示应急照明控制器应急启动的动作反馈信号，显示设备的名称和地址注释信息，且控制器显示的地址注释信息应符合"2. 调试准备"的规定。 ⑤消防控制器图形显示装置应显示火灾报警控制器的火灾报警信号、消防联动控制器的启动信号、受控设备的动作反馈信号，且显示的信息应与控制器的显示一致。 ▲ **非集中控制型消防应急照明和疏散指示系统控制调试** （2）应使火灾报警控制器与应急照明集中电源、应急照明配电箱等设备相连接，接通电源。**消防应急照明和疏散指示系统的应急启动控制功能：** ①应使报警区域内任两只火灾探测器，或一只火灾探测器和一只手动火灾报警按钮发出火灾报警信号。 ②火灾报警控制器的火警控制输出触点应动作，控制系统蓄电池电源的转换、消防应急灯具光源的应急点亮
电梯、非消防电源等相关系统联动控制	（1）应使消防联动控制器与电梯、非消防电源等相关系统的控制设备相连接，接通电源，使消防联动控制器处于自动控制工作状态。 （2）**电梯、非消防电源等相关系统的联动控制功能：** ①应使报警区域符合电梯、非消防电源等相关系统联动控制触发条件的火灾探测器、手动火灾报警按钮发出火灾报警信号。 ②消防联动控制器应按设计文件的规定发出控制电梯停于首层或转换层，切断相关非消防电源、控制其他相关系统设备动作的启动信号，点亮启动指示灯。 ③电梯应停于首层或转换层，相关非消防电源应切断，其他相关系统设备应动作。 ④消防联动控制器应接收并显示电梯停于首层或转换层、相关非消防电源切断、其他相关系统设备动作的动作反馈信号，显示设备的名称和地址注释信息，且控制器显示的地址注释信息应符合"2. 调试准备"的规定。 ⑤消防控制器图形显示装置应显示火灾报警控制器的火灾报警信号、消防联动控制器的启动信号、受控设备的动作反馈信号，且显示的信息应与控制器的显示一致

知识点 12：火灾自动报警系统的检测及维护

1）火灾自动报警系统竣工后，建设单位应组织施工、设计、监理等单位进行系统验收，验收不合格不得投入使用。

2）系统的检测、验收应按《火灾自动报警系统施工及验收标准》（GB 50166—2019）中表 5.0.2 所列的检测和验收对象、项目及数量，按本标准第 3 章、第 4 章的规定和附录 E 中规定的检查内容和方法进行，按本标准附录 E 的规定填写记录。

3）系统检测、验收时，应对施工单位提供的下列资料进行齐全性和符合性检查，并按附录 E 的规定填写记录：

（1）竣工验收申请报告、设计变更通知书、竣工图；
（2）工程质量事故处理报告；
（3）施工现场质量管理检查记录；
（4）系统安装过程质量检查记录；
（5）系统部件的现场设置情况记录；
（6）系统联动编程设计记录；
（7）系统调试记录；
（8）系统设备的检验报告、合格证及相关材料。

4）气体灭火系统、防火卷帘系统、自动喷水灭火系统、消火栓系统、防烟排烟系统、消防应急照明和疏散指示系统及其他相关系统的联动控制功能检测、验收应在各系统功能满足现行相关国家技术标准和系统设计文件规定的前提下进行。

5）根据各项目对系统工程质量影响严重程度的不同，应将检测、验收的项目划分为 A、B、C 三个类别：

（1）A 类项目应符合下列规定：

①消防控制室设计符合现行国家标准《火灾自动报警系统设计规范》（GB 50116）的规定；
②消防控制室内消防设备的基本配置与设计文件和现行国家标准《火灾自动报警系统设计规范》（GB 50116）的符合性；
③系统部件的选型与设计文件的符合性；
④系统部件消防产品准入制度的符合性；
⑤系统内的任一火灾报警控制器和火灾探测器的火灾报警功能；
⑥系统内的任一消防联动控制器、输出模块和消火栓按钮的启动功能；
⑦参与联动编程的输入模块的动作信号反馈功能；
⑧系统内的任一火灾警报器的火灾警报功能；
⑨系统内的任一消防应急广播控制设备和广播扬声器的应急广播功能；
⑩消防设备应急电源的转换功能；
⑪防火卷帘控制器的控制功能；
⑫防火门监控器的启动功能；
⑬气体灭火控制器的启动控制功能；
⑭自动喷水灭火系统的联动控制功能，消防水泵、预作用阀组、雨淋阀组的消防控制室直接手动控制功能；
⑮加压送风系统、排烟系统、电动挡烟垂壁的联动控制功能，送风机、排烟风机的消防控制室直接手动控制功能；
⑯消防应急照明及疏散指示系统的联动控制功能；

⑰电梯、非消防电源等相关系统的联动控制功能；
⑱系统整体联动控制功能。
（2）B 类项目应符合下列规定：
①消防控制室存档文件资料的符合性；
②本标准第 5.0.3 条规定资料的齐全性、符合性；
③系统内的任一消防电话总机和电话分机的呼叫功能；
④系统内的任一可燃气体报警控制器和可燃气体探测器的可燃气体报警功能；
⑤系统内的任一电气火灾监控设备（器）和探测器的监控报警功能；
⑥消防设备电源监控器和传感器的监控报警功能。
（3）其余项目均应为 C 类项目。
6）系统检测、验收结果判定准则应符合下列规定：
（1）A 类项目不合格数量为 0、B 类项目不合格数量小于或等于 2、B 类项目不合格数量与 C 类项目不合格数量之和小于或等于检查项目数量 5% 的，系统检测、验收结果应为合格；
（2）不符合本条第 1 款合格判定准则的，系统检测、验收结果应为不合格。
7）各项检测、验收项目中有不合格的，应修复或更换，并应进行复验。复验时，对有抽验比例要求的，应加倍检验。
8）每年应按表 3-8-13 规定的检查项目、数量对系统设备的功能、各分系统的联动控制功能进行检查。

表 3-8-13　火灾自动报警系统月检、季检对象、项目及数量（2020 年综合能力第 13 题）

检查对象	检查项目	要求
火灾报警控制器	火灾报警功能	检查实际安装数量
消防电话总机	呼叫功能	
可燃气体报警控制器	可燃气体报警功能	
电气火灾监控设备	监控报警功能	
消防设备电源监控器	消防设备电源故障报警功能	
消防设备应急电源	转换功能	
消防控制室图形显示装置	接收和显示火灾报警、联动控制、反馈信号功能	
传输设备		
消防应急广播控制设备	应急广播功能	
火灾显示盘	火灾报警显示功能	月、季检查数量每年对每一台区域显示器进行一次检查
火灾探测器、手动火灾报警按钮	火灾报警功能	每年对每一只（个）进行一次检查
消防联动控制器	输出模块启动功能	
输出模块	输出模块启动功能	
可燃气体探测器	可燃气体报警功能	
电气火灾监控探测器、线型感温火灾探测器	监控报警功能	
传感器	消防设备电源故障报警功能	
火灾警报器	火灾警报功能	

续表

检查对象	检查项目	要求
扬声器	应急广播功能	每年对每一只（个）进行一次检查
防火卷帘控制器	控制功能	
手动控制装置	控制功能	
电话分机、电话插孔	呼叫功能	
消火栓按钮	报警功能	
消火栓系统	联动控制功能	
疏散通道上设置的防火卷帘	联动控制功能	每年对每一樘防火卷帘进行一次检查
自动控制的水幕系统	用于保护防火卷帘的水幕系统的联动控制功能	
防火门监控器	启动、反馈功能，常闭防火门故障报警功能	每年对每一台防火门监控器及其配接的现场部件进行一次检查
监控模块、防火门定位装置和释放装置等现场部件	启动、反馈功能，常闭防火门故障报警功能	
气体、干粉灭火控制器	现场紧急启动、停止功能	每年对每一个现场启动和停止按钮进行一次检查
现场启动和停止按钮	现场紧急启动、停止功能	
水流指示器、压力开关、信号阀、液位探测器（自动灭火系统）	动作信号反馈功能	每年对每一个部件进行一次检查
水流指示器、压力开关、信号阀、液位探测器（消火栓系统）	动作信号反馈功能	
电动送风口、电动挡烟垂壁、排烟口、排烟阀、排烟窗、电动防火阀、排烟风机入口处的总管上设置的280℃排烟防火阀	启动、反馈功能，动作信号反馈功能	
非疏散通道上设置的防火卷帘	联动控制功能	每年对每一个报警区域进行一次检查
防火门监控系统	联动控制功能	
消防应急照明和疏散指示系统	控制功能	
电梯、非消防电源等相关系统	联动控制功能	
自动消防系统	整体联动控制功能	
火灾警报和消防应急广播系统	联动控制功能	
加压送风系统	联动控制功能	
自动控制的水幕系统	用于防火分隔的水幕系统的联动控制功能	
气体、干粉灭火系统	联动控制功能	每年对每一个防护区域进行一次检查
湿式、干式喷水灭火系统	联动控制功能	
预作用式喷水灭火系统	联动控制功能	
雨淋系统	联动控制功能	
电动挡烟垂壁、排烟系统	联动控制功能	每年对每一个防烟区域进行一次检查

续表

检查对象	检查项目	要求
消防泵控制箱、柜（自动灭火系统）	手动控制功能	每月、季对其进行一次检查
湿式、干式喷水灭火系统	消防泵直接手动控制功能	
预作用式喷水灭火系统	消防泵、预作用阀组、排气阀前电动阀直接手动控制功能	
雨淋系统	消防泵、雨淋阀组直接手动控制功能	
自动控制的水幕系统	消防泵、水幕阀组直接手动控制功能	
消防泵控制箱、柜（消火栓系统）	手动控制功能	
消火栓系统	消防泵直接手动控制功能	
风机控制箱、柜	手动控制功能	
加压送风系统	风机直接手动控制功能	
电动挡烟垂壁、排烟系统	风机直接手动控制功能	

知识点 13：火灾自动报警系统的故障和处理方法

1）常见故障及处理方法见表 3-8-14。

表 3-8-14　常见故障及处理方法（2020 年综合能力第 9 题）

设备	常见故障现象	故障原因	排除方法
火灾探测器	火灾报警控制器发出故障报警，故障指示灯亮，打印机打印探测器故障类型、时间、部位等	探测器与底座脱落，接触不良；报警总线与底座接触不良；报警总线开路或接地性能不良造成短路；探测器本身损坏；探测器接口板故障（2018 年综合能力第 64 题、2019 年案例分析第五题）	重新拧紧探测器或增大底座与探测器卡簧的接触面积；重新压接总线，使之与底座有良好接触；查出有故障的总线位置，予以更换；更换探测器；维修和更换接口板
主电源	火灾报警控制器发出故障报警，主电源故障灯亮，打印机打印主电源故障、时间	市电停电；电源线接触不良；主电源熔断丝熔断	连续停电 8h 时应关机，主电源正常后再开机；重新接主电源线，或使用烙铁焊接牢固；更换熔断丝或熔丝管
备用电源	火灾报警控制器发出故障报警，备用电源故障灯亮、打印机打印备用电源故障、时间	备用电源损坏或电压不足；备用电池接线接触不良；熔断丝熔断等	开机充电 24h 后，备用电源仍报故障，则更换备用蓄电池；用烙铁焊接备用电源的连接线，使备用电源与主机良好接触；更换熔断丝或熔丝管
通信	火灾报警控制器发出故障报警，通信故障灯亮，打印机打印通信故障、时间	区域报警控制器或火灾显示盘损坏或未通电、开机，通信接口板损坏；通信线路短路、开路或接地性能不良造成短路	更换设备，使设备供电正常，开启报警控制器；检查区域报警控制器与集中报警控制器的通信线路，若存在开路、短路、接地接触不良等故障，则更换线路；检查区域报警控制器与集中报警控制器的通信板，若存在故障，则维修或更换通信板；若因为探测器或模块等设备造成通信故障，则更换或维修相应设备

2）重大故障及处理措施见表 3-8-15。

表 3-8-15　重大故障处理措施

故障类型	产生原因	处理措施
强电串入火灾自动报警及联动控制系统	弱电控制模块与被控制设备的启动控制柜的接口处发生强电串入	控制模块与受控设备间增加电气隔离模块
短路或接地故障导致控制器损坏	传输总线与大地、水管、空调管等发生电气连接，造成控制器接口板损坏	做好线路连接和绝缘处理，使设备尽量与水管、空调管隔开，保证设备和线路的绝缘电阻满足要求

3）火灾自动报警系统误报常见的原因见表 3-8-16（2018 年案例分析第五题）。

表 3-8-16　火灾自动报警系统误报常见原因

原因	内容
产品质量	（1）产品技术指标达不到要求，稳定性比较差，对使用环境中的非火灾因素（如温度、湿度、灰尘、风速）引起的灵敏度漂移得不到补偿或补偿能力低。 （2）对各种干扰及线路分析参数的影响无法自动处理而误报
设备选择和布置不当	（1）探测器选型不合理。（2020 年综合能力第 9 题） （2）使用场所的性质发生变化，探测器更换不及时
环境因素	（1）电磁环境干扰。 （2）气流影响。 （3）安装位置不符合要求：感温探测器距高温光源过近，感烟探测器距空调送风口过近，感烟探测器安装在易产生水蒸气的场所或车库；光电感烟探测器安装在产生黑烟、大量粉尘、水蒸气和油雾等的场所
其他原因	（1）系统接地不符合标准要求，线路绝缘达不到要求，线路接头压接不良或布线不合理，防尘、防潮、防腐措施处理不当。 （2）元件老化。 （3）灰尘和昆虫。 （4）探测器损坏

分析：在注册消防工程师资格考试中，有四块非常重要的内容，在分值分配中遥遥领先。除了前面介绍的建筑防火、消火栓系统和自动喷水灭火系统外，剩下的就是火灾自动报警系统。其余部分的分值比重比较小。对于火灾自动报警系统，2018 年达到了 44 分，2019 年分值为 29 分，2020 年分值为 36 分。这部分内容熟练掌握，是顺利通过考试的关键。需要重点掌握的内容有火灾自动报警系统的设计、设备的设置及安装要求、消防联动控制系统的设计、可燃气体报警系统的组成与设计、电气火灾监控系统的组成与设计、消防控制室的设计等。另外，火灾自动报警系统的安装、调试、检测及维护保养的相关内容也需要灵活掌握。

对《火灾自动报警系统设计规范》（GB 50116—2013）主要内容的熟练掌握，是顺利通过考试的压舱石。

四、高频真题

1.（2018 年综合能力第 13 题）（知识点 5）对某地大型商业综合体的火灾自动报警系统的安装质量进行检查，下列检查结果中不符合现行国家标准《火灾自动报警系统施工及验收规范》（GB 50166）的是（　　）。

　　A. 在高度为 12m 的共享空间设置的红外光束感烟火灾探测器的光束轴线至顶棚的垂直距离为 1.5m

　　B. 在商场顶棚安装的点型感烟探测器距多孔送风顶棚孔口的水平距离为 0.6m

　　C. 在厨房内安装可燃气体探测器位于天然气管道及用气部位上部顶棚处

　　D. 在宽度为 24m 的餐饮区走道顶棚上安装的点型感烟探测器间距为 12.5m

【答案】A

【解析】火灾探测器的安装，应符合下列要求：1）当探测区域的高度不大于 20m 时，光束轴线至顶棚的垂直距离宜为 0.3～1.0m；当探测区域的高度大于 20m 时，光束轴线距探测区域的地（楼）面高度不宜超过 20m。A 项不符合标准。2）探测器至空调送风口最近边的水平距离，不应小于 1.5m；至多孔送风顶棚孔口的水平距离，不应小于 0.5m。B 项符合标准。3）在宽度小于 3m 内的走道顶棚上安装探测器时，宜居中安装。点型感温火灾探测器的安装间距，不应超过 10m；点型感烟火灾探测器的安装间距，不应超过 15m。C 项符合标准。4）安装位置应根据探测气体密度确定。若其密度小于空气密度，探测器应位于可能出现泄漏点的上方或探测气体的最高可能聚集点上方。D 项符合标准。

2.（2018 年综合能力第 32 题）（知识点 7）对某建筑进行防火检查，防烟分区的活动挡烟垂壁的下列检查结果中，不符合现行国家标准要求是（　　）。

　　A. 采用厚度为 1.00mm 的金属板材作挡烟垂壁

　　B. 挡烟垂壁的单节宽度为 2m

　　C. 挡烟垂壁的实际挡烟高度为 600mm

　　D. 采用感温火灾探测器的报警信号作为挡烟垂壁的联动触发信号

【答案】D

【解析】防烟系统的联动控制方式应符合下列规定：应由同一防烟分区内且位于电动挡烟垂壁附近的两只独立的感烟火灾探测器的报警信号，作为电动挡烟垂壁降落的联动触发信号，并应由消防联动控制器联动控制电动挡烟垂壁的降落。D 项不符合标准。

3.（2018 年技术实务第 51 题）（知识点 10）根据现行国家标准《火灾自动报警系统设计规范》（GB 50116），关于消防控制室设计的说法，正确的是（　　）。

　　A. 消防控制室内的消防控制室图形显示装置应能显示消防安全管理信息

　　B. 设有 3 个消防控制室时，各消防控制室可相互控制建筑内的消防设备

　　C. 一类高层民用建筑的消防控制室不应与弱电系统的中央控制室合用

　　D. 消防控制室内双列布置的设备面板前的操作距离不应小于 1.5m

【答案】A

【解析】消防控制室内设备的布置应符合下列规定：

设备面盘前的操作距离，单列布置时不应小于 1.5m；双列布置时不应小于 2m。故 D 项错误。

与建筑其他弱电系统合用的消防控制室内，消防设备应集中设置，并应与其他设备间有明显间隔。故 C 项错误。

具有两个或两个以上消防控制室时，应确定主消防控制室和分消防控制室。主消防控制室的消防设备应对系统内共用的消防设备进行控制，并显示其状态信息；主消防控制室内的消防设备应能显示

各分消防控制室内消防设备的状态信息,并可对分消防控制室内的消防设备及其控制的消防系统和设备进行控制;各分消防控制室之间的消防设备之间可以互相传输、显示状态信息,但不应互相控制。因此 B 项错误,A 项正确。

4. (2019 年技术实务第 19 题)(知识点 4) 某商场设置火灾自动报警系统,首层 2 个防火分区共用火灾报警控制器的 2#回路总线。其中防火分区一设置 30 只感烟火灾探测器、10 只手动火灾报警按钮、10 只总线模块(2 输入 2 输出);防火分区二设置 28 只感烟火灾探测器、8 只手动火灾报警按钮、10 只总线模块(2 输入 2 输出)。控制器 2#回路总线设置短路隔离器的数量至少为( )。

A. 3 只　　　　　　B. 6 只　　　　　　C. 5 只　　　　　　D. 4 只

【答案】D

【解析】本题考查的知识点是总线短路隔离器。系统总线上应设置总线短路隔离器,每只总线短路隔离器保护的火灾探测器、手动火灾报警按钮和模块等消防设备的总数不应超过 32 点;总线穿越防火分区时,应在穿越处设置总线短路隔离器。

防火分区一:30 + 10 + 10 = 50,50/32 = 1.6,设置 2 个;
防火分区二:28 + 8 + 10 = 46,46/32 = 1.4,设置 2 个;
则应设置总线短路隔离器的数量为 4 个。D 选项正确。

5. (2019 年技术实务第 62 题)(知识点 5) 某餐厅采用格栅吊顶,吊顶镂空面积与总面积之比为 15%。关于该餐厅点型感烟火灾探测器设置的说法,正确的是( )。

A. 探测器应设置在吊顶的下方
B. 探测器应设置在吊顶的上方
C. 探测器设置部位应根据实际试验结果确定
D. 探测器可设置在吊顶的上方,也可设置在吊顶的下方

【答案】A

【解析】本题考查的知识点是火灾探测器知识。

感烟火灾探测器在格栅吊顶场所的设置,应符合下列规定:镂空面积与总面积的比例不大于 15% 时,探测器应设置在吊顶下方。A 选项正确。

6. (2019 年综合能力第 93 题)(知识点 7) 对某高层公共建筑的消防设施联动控制功能进行调试。下列调试结果中,符合现行国家标准《火灾自动报警系统设计规范》(GB 50116)要求的有( )。

A. 消防联动控制器设于手动状态,高位消防水箱出水管上的流量开关动作后,消防泵未启动
B. 消防联动控制器设于自动状态,同一防火分区内两只独立的感烟探测器报警后,用作防火分隔的水幕系统的水幕阀组启动
C. 消防联动控制器设于自动状态,同一防火分区内两只独立的感温探测器报警后用于防火卷帘保护的水幕系统的水幕阀组启动
D. 消防联动控制器设于手动状态,湿式报警阀压力开关动作后,喷淋泵启动后
E. 消防联动控制器设于自动状态,同一防火分区内两只独立的感烟探测器报警后,全楼疏散通道的消防应急照明和疏散指示系统启动

【答案】DE

【解析】本题考查的知识点是火灾自动报警系统的联动控制要求。消火栓系统的联动控制设计要求:

联动控制方式,应由消火栓系统出水干管上设置的低压压力开关、高位消防水箱出水管上的流量开关或报警阀压力开关等信号作为触发信号,直接控制启动消火栓泵,联动控制不应受消防联动控制器处于自动或手动状态影响。A 选项不符合要求。

自动控制的水幕系统的联动控制设计，应符合下列规定：

联动控制方式，当自动控制的水幕系统用于防火卷帘的保护时，应由防火卷帘下落到楼板面的动作信号与本报警区域内任一火灾探测器或手动火灾报警按钮的报警信号作为水幕阀组启动的联动触发信号，并应由消防联动控制器联动控制水幕系统相关控制阀组的启动；仅用水幕系统作为防火分隔时，应由该报警区域内两只独立的感温火灾探测器的火灾报警信号作为水幕阀组启动的联动触发信号，并应由消防联动控制器联动控制水幕系统相关控制阀组的启动。B、C选项不符合要求。

7.（2020年综合能力第13题）（知识点12）对某建筑内设置的火灾自动报警系统进行维护管理的下列做法中，不符合现行国家标准《火灾自动报警系统施工及验收标准》（GB 50166）的是（　　）。

　　A. 每半年对所安装的全部探测器和手动报警装置报警功能进行一次检查
　　B. 每年对全部消防泵的手动控制功能进行一次检查
　　C. 每月对全部电动防火门、防火卷帘联动控制功能进行一次检查
　　D. 每季度对所安装的全部消火栓按钮报警功能进行一次检查

【答案】B

【解析】根据表3-8-13，每月、季对消防水泵进行一次手动控制功能检查。B选项错误。每年对每一只探测器、手动火灾报警按钮至少进行一次火灾报警功能检查。A选项正确。每年对每一樘防火卷帘至少进行一次联动控制功能检查；每年对每一台防火门监控器及其配接的现场部件至少进行一次启动、反馈功能，常闭防火门故障报警功能检查。C选项正确。每年对每一个消火栓按钮至少进行一次报警功能检查。D选项正确。

8.（2020年技术实务第37题）（知识点5）环境噪声为65dB的生产车间中，火灾声光警报器的最小声压级为（　　）dB。

　　A. 70　　　　　　B. 85　　　　　　C. 75　　　　　　D. 80

【答案】D

【解析】每个报警区域内应均匀设置火灾警报器，其声压级不应小于60dB；在环境噪声大于60dB的场所，其声压级应高于背景噪声15dB。D选项正确。

9.（2020年综合能力第17题）（知识点11）对某商场设置的自动消防设施进行检查时，操作人员将消防联动控制器设于自动控制状态，下列检测结果中，不符合现行国家标准《火灾自动报警系统施工及验收标准》（GB 50166）的是（　　）。

　　A. 使同一防烟分区内两只独立的感烟火灾报警探测器发出报警信号，空调系统的电动防火阀关闭
　　B. 使某报警区内一只感烟火灾探测器和一只手动火灾报警按钮发出火灾报警信号，该报警区内的所有常开防火门关闭
　　C. 使一只感烟火灾探测器发出火灾报警信号，并使湿式自动喷水灭火系统报警阀组的压力开关动作，相应喷淋泵启动
　　D. 按下一只手动火灾报警按钮，同时按下一只消火栓按钮，相应消火栓泵启动

【答案】D

【解析】对电动挡烟垂壁、排烟系统的联动控制功能进行检查并记录，应使防烟分区内符合联动控制触发条件的两只感烟火灾探测器发出火灾报警信号；消防联动控制器应按设计文件的规定发出控制电动挡烟垂壁下降，控制排烟口、排烟阀、排烟窗开启，控制空气调节系统的电动防火阀关闭的启动信号，点亮启动指示灯。A选项符合标准。

对防火门监控系统的联动控制功能进行检查并记录，应使报警区域内符合联动控制触发条件的两只火灾探测器，或一只火灾探测器和一只手动火灾报警按钮发出火灾报警信号；防火门监控器应控制报警区域内所有常开防火门关闭。B选项符合标准。

对湿式、干式喷水灭火系统的联动控制功能进行检查并记录，应使报警阀防护区域内符合联动控

291

制触发条件的一只火灾探测器或一只手动火灾报警按钮发出火报警信号、使报警阀的压力开关动作。C选项符合标准。

对消火栓系统的联动控制功能进行检查并记录，应使任一报警区域的两只火灾探测器，或一只火灾探测器和一只手动火灾报警按钮发出火灾报警信号，同时使消火栓按钮动作。D选项不符合标准。

五、考题预测

（一）习题

1. "◸◹" 在火灾自动报警系统示意图中表示（   ）。
   A. 感烟火灾探测器　　　　　　　　B. 烟温复合火灾探测器
   C. 感温火灾探测器　　　　　　　　D. 线型光束探测器

2. 对于仅需要报警，不需要联动自动消防设备的保护对象宜采用（   ）。
   A. 集中报警系统　　　　　　　　　B. 区域报警系统
   C. 局部报警系统　　　　　　　　　D. 控制中心报警系统

3. 火灾自动报警系统由火灾探测报警系统、消防联动控制系统、可燃气体探测报警系统及电气火灾监控系统组成。其中（   ）是保障人员生命安全的最基本的建筑消防系统。
   A. 火灾探测报警系统　　　　　　　B. 消防联动控制系统
   C. 可燃气体探测报警系统　　　　　D. 电气火灾监控系统

4. 下列关于探测区域划分说法错误的是（   ）。
   A. 一个探测区域的面积不宜超过1000m²
   B. 红外光束感烟火灾探测器和缆式线型感温火灾探测器的探测区域的长度不宜超过100m
   C. 从主要入口能看清其内部，且面积不超过1000m²的房间，可划分为一个探测区域
   D. 空气管差温火灾探测器的探测长度宜为20~100m

5. 下列有关报警区域和探测区域的划分，表述错误的是（   ）。
   A. 电缆隧道的一个报警区域宜由一个封闭长度区间组成，一个报警区域不应超过相连的3个封闭长度区间
   B. 甲、乙、丙类液体储罐区的报警区域应由一个储罐区组成，每个50000m³及以上的外浮顶储罐应单独划分为一个报警区域
   C. 红外光束感烟火灾探测器和缆式线型感温火灾探测器的探测区域的长度，不宜超过20m
   D. 列车的报警区域应按车厢划分，每节车厢应划分为一个报警区域

6. 下列关于火灾探测器选择说法错误的是（   ）。
   A. 计算机房、通信机房宜选择点型感烟火灾探测器
   B. 使用可燃气体的场所宜选择可燃气体探测器
   C. 火灾时有强烈的火焰辐射宜选择点型火焰探测器或图像型火灾探测器
   D. 有大量粉尘、水雾滞留的地方宜选择点型光电感烟火灾探测器

7. 关于火灾报警控制器和消防联动控制器的设计容量说法正确的是（   ）。
   A. 一台火灾报警控制器所连接的火灾探测器等设备总数和地址总数，不应超过1600点
   B. 火灾报警控制器每一总线回路连接设备的总数不宜超过200点，且应留有不少于额定容量10%的余量
   C. 一台消防联动控制器地址总数不应超过3200点
   D. 每一联动总线回路连接设备的总数不宜超过200点，且应留有不少于额定容量10%的余量

8. 在有梁的顶棚上设置点型感烟火灾探测器、感温火灾探测器时，下列说法正确的是（   ）。
   A. 当梁突出顶棚的高度小于100mm时，可不计梁对探测器保护面积的影响
   B. 当被梁隔断的区域面积超过一只探测器的保护面积时，被隔断的区域新增一只探测器
   C. 当梁突出顶棚的高度超过500mm时，被梁隔断的每个梁间区域应至少设置一只探测器
   D. 当梁间净距小于1m时，可不计梁对探测器保护面积的影响

9. 某新建轨道交通车辆段停车场高12m，其火灾报警探测系统拟采用线型光束感烟火灾探测器，则安装探测器时，两组探测器的水平间距不应大于（   ）m，探测器发射器和接收器之间的距离不应大于（   ）m。
   A. 12，100   B. 12，120   C. 14，100   D. 14，120

10. 下列关于管路采样式吸气式感烟探测器的设置说法正确的是（   ）。
    A. 高灵敏度型探测器的采样管网安装高度可超过16m
    B. 一个探测单元的采样管总长不宜超过200m，单管长度不宜超过70m
    C. 采样孔总数不宜超过100个，单管上的采用孔数量不宜超过20个
    D. 当采样管道布置形式为垂直采样时，每2℃温差间隔应设置一个采样孔

11. 下列关于火灾探测器设置说法正确的是（   ）。
    A. 镂空面积与总面积的比例不大于10%时，探测器应设置在吊顶下方
    B. 镂空面积与总面积比例大于30%时，探测器应设置在吊顶上方
    C. 镂空面积与总面积比例为10%~30%时，探测器应设置在吊顶中间
    D. 地铁站台等有活塞风影响的场所，镂空面积与总面积的比例为30%~80%时，探测器宜同时设置在吊顶上方和下方

12. 下列关于电气火灾监控系统说法正确的是（   ）。
    A. 剩余电流式电气火灾监控探测器应设置在最末一级配电柜的出线端
    B. 保护对象为1000V及以下的配电线路测温式电气火灾监控探测器应采用接触式设置
    C. 光栅光纤测温式电气火灾监控探测器不应直接设置在保护对象的表面
    D. 在无消防控制室且电气火灾监控探测器设置数量不超过10个，可采用独立式电气火灾监控探测器

13. 下列关于消防控制室的设置说法错误的是（   ）。
    A. 单独建造的消防控制室，其耐火等级不应低于二级
    B. 附设在建筑物内的消防控制室，宜设置在建筑物的地下二层及以上楼层
    C. 消防控制室内严禁有与消防设施无关的电气线路及管路穿过
    D. 消防控制室送、回风管的穿墙处应设防火阀

14. 火灾自动报警系统施工安装过程中出现的下列现象中，错误的是（   ）。
    A. 将火灾报警总线金属管直接穿到安装盒中，并在盒外侧加锁母
    B. 系统内不同电压等级、不同电流类别的线路，不应布在同一管内或线槽的同一槽孔内
    C. 导线在管内或线槽内，不应有接头或扭结，导线的接头应在接线盒内焊接或用端子连接
    D. 导线敷设后，应用500V兆欧表测量每个回路导线对地的绝缘电阻，且绝缘电阻值不应小于10MΩ

15. 下列控制器类设备在消防控制室内布置正确的是（   ）。
    A. 设备面盘后的维修距离不宜小于1.5m
    B. 设备面盘的排列长度大于5m时，其两端应设置宽度不小于1m的通道
    C. 在值班人员经常工作的一面，设备面盘至墙的距离不应小于3m
    D. 与建筑其他系统合用的消防控制室内，消防设备应集中设置，并应与其他设备间有明显间隔

16. 某餐厅内设有可燃气体探测器报警系统，在对安装的可燃气体探测器报警功能、复位功能以及遮挡故障报警功能进行检查时，下列说法错误的是（　　）。

A. 应对探测器施加浓度为探测器报警设定值的可燃气体标准样气，探测器的报警确认灯应在60s内点亮并保持

B. 应清除探测器内的可燃气体，手动操作控制器的复位键后，控制器应处于正常监视状态，探测器的报警确认灯应熄灭

C. 应将线型可燃气体探测器发射器发出的光全部遮挡，探测器或其控制装置的故障指示灯应在100s内点亮

D. 应对探测器施加浓度为探测器报警设定值的可燃气体标准样气，探测器的报警确认灯应在30s内点亮并保持

17. 下列关于疏散通道上设置的防火卷帘系统联动控制调试说法错误的是（　　）。

A. 应使防火卷帘控制器与卷门机相连接，使防火卷帘控制器与消防联动控制器相连接，接通电源，使防火卷帘控制器处于正常监视状态，使消防联动控制器处于自动控制工作状态

B. 消防联动控制器应发出控制防火卷帘下降至距楼板面1.8m处的启动信号，点亮启动指示灯，防火卷帘控制器应控制防火卷帘降至距楼板面1.8m处

C. 消防联动控制器应接收并显示防火卷帘下降至距楼板面1.5m处、楼板面的反馈信号

D. 应使1只专门用于联动防火卷帘的感温火灾探测器发出火灾报警信号，防火卷帘控制器应控制防火卷帘下降至楼板面

18. 对某商场内的火灾自动报警系统进行竣工验收，检查项60项。下列验收判定结论不正确的是（　　）。

A. A＝0，B＝1，C＝3，竣工验收判定为合格　　B. A＝0，B＝2，C＝1，竣工验收判定为合格

C. A＝1，B＝0，C＝0，竣工验收判定为不合格　　D. A＝0，B＝1，C＝2，竣工验收判定为合格

19. 下列关于消防联动控制设计说法正确的是（　　）。

A. 湿式系统的联动控制不受消防联动控制器处于自动或手动状态影响

B. 干式系统的联动控制不受消防联动控制器处于自动或手动状态影响

C. 预作用系统的联动控制不受消防联动控制器处于自动或手动状态影响

D. 雨淋系统的联动控制不受消防联动控制器处于自动或手动状态影响

E. 水幕系统的联动控制不受消防联动控制器处于自动或手动状态影响

20. 下列不能作为消火栓系统触发信号的是（　　）。

A. 出水干管上设置的低压压力开关　　B. 火灾发生区域的感烟探测器

C. 报警阀压力开关　　D. 消火栓旁边设置的手动报警按钮

E. 高位消防水箱出水管上设置的流量开关

21. 某办公室建筑内的火灾自动报警系统在使用过程中经常会出现误报警的状况，可能的原因是（　　）。

A. 地下车库感烟火灾探测器灵敏度太高　　B. 靠道路的窗户敞开导致灰尘太大

C. 吸烟会议室内选用感烟火灾探测器　　D. 感烟火灾探测器距离空调送风口太近

E. 多功能会议室内选用感温火灾探测器

22. 案例分析。

某商住楼，共34层，建筑高度112m，1~2层为商场和超市，主要经营日用百货、服装及五金工具。主楼为住宅。该建筑物设置一个消防控制室，室内设置一台火灾报警控制器。超市根据消防设施相关规范设置室内外消火栓系统、自动报警系统、自动喷水灭火系统、应急照明和疏散指示标志、机械排烟系统，主楼部分合用的楼梯间及前室设有加压送风系统、防火卷帘、点型感烟火灾探测器等消

防设施。火灾自动报警系统采用总线制方式布线，其传输线路采用铜芯绝缘导线沿桥架明敷。根据要求对超市部分的火灾自动报警系统进行了系统检测，发现存在较多问题：

①探测器误报警；

②控制中心无法联动防火卷帘门；

③水流指示器在水流动作后无报警信号；

④报警控制器故障；

⑤联动信号发出，喷淋泵不动作。

请分析以下问题：

（1）该商住楼火灾自动报警系统应采用何种系统形式？并说明理由。

（2）线路敷设方式是否恰当？若不符合要求，提出整改措施。

（3）请分析系统检测发现问题的原因及处理方法。

23. 案例分析。

某35层住宅楼，建筑高度110m，该住宅楼公共部分设有火灾自动报警系统及自动喷水灭火系统。竣工后，建设单位委托检测单位进行了检测。检测人员在现场对各类消防用电设备主、备用电源的切换装置重复进行了两次切换试验，均运转正常。该住宅楼共安装了20台火灾报警控制器，检测人员抽验了其中的10台，均未发现任何问题。消防联动控制器在确认火灾报警后可在4s内发出联动控制信号。在用玻璃进行全封闭的外廊上共装有200只紫外火焰探测器，检测人员抽验了其中的15只，质量合格。

请分析以下问题：

（1）请指出本案例中存在的主要问题？并提出整改措施。

（2）简述火灾报警控制器的调试内容。

（二）答案详解

1. 【答案】B

【解析】参考教材，对于常用的消防设施，如探测器、手动报警按钮、防排烟风机等几类图示要了解。

2. 【答案】B

【解析】适用于仅需要报警，不需要联动自动消防设备的保护对象。

3. 【答案】A

【解析】火灾自动报警系统由四大部分组成，即火灾探测报警系统、消防联动控制系统、可燃气体探测报警系统和电气火灾监控系统。其中火灾探测报警系统是保障人员生命安全的最基本的建筑消防系统。

4. 【答案】A

【解析】探测区域应按独立房（套）间划分。一个探测区域的面积不宜超过500m²；从主要入口能看清其内部，且面积不超过1000m²的房间，也可划为一个探测区域。

5. 【答案】C

【解析】红外光束感烟火灾探测器和缆式线型感温火灾探测器的探测区域的长度，不宜超过100m；空气管差温火灾探测器的探测区域长度宜为20~100m。

6. 【答案】D

【解析】有大量粉尘、水雾滞留的地方不宜选择点型光电感烟火灾探测器。

7. 【答案】B

【解析】任一台火灾报警控制器所连接的火灾探测器、手动火灾报警按钮和模块等设备总数和地址总数，均不应超过3200点，其中每一总线回路连接设备的总数不宜超过200点，且应留有不少于额定容量10%的余量；任一台消防联动控制器地址总数或火灾报警控制器（联动型）所控制的各类模块总数不应超过1600点，每一联动总线回路连接设备的总数不宜超过100点，且应留有不少于额定容量10%的余量。

8. 【答案】D

【解析】详见知识点5。

9. 【答案】C

10. 【答案】A

11. 【答案】B

【解析】详见知识点5。

12. 【答案】B

13. 【答案】B

【解析】详见知识点10。

14. 【答案】D

15. 【答案】C

【解析】详见知识点10。

16. 【答案】A

【解析】详见知识点11。

17. 【答案】C

【解析】详见知识点11。

18. 【答案】A

【解析】系统内的设备及配件规格型号与设计不符、无国家相关证书和检验报告；系统内的任一控制器和火灾探测器无法发出报警信号，无法实现要求的联动功能，定为A类不合格。检测前提供资料不符合相关要求的定为B类不合格。其余不合格项定为C类不合格。系统检测合格判定应为：A=0且B≤2且B+C≤检查项的5%为合格，否则为不合格。

19. 【答案】AB

【解析】详见知识点7。

20. 【答案】BD

【解析】消火栓系统出水干管上设置的低压压力开关、高位消防水箱出水管上设置的流量开关或报警阀压力开关等信号可作为触发信号，直接控制启动消火栓泵，联动控制不应受消防联动控制器处于自动或手动状态影响。

21. 【答案】ABCD

22. 【解析】具体如下。

1) 因为该商住楼火灾时不仅需要报警，还需要对自动喷水灭火系统、防火卷帘、应急照明、防火门、防排烟等设备联动控制，因此该系统应采用集中报警系统，控制室内设置的一台集中火灾报警控制器应为联动型。

2) 不恰当。火灾自动报警系统采用总线制方式布线时，控制、通信、报警信号在同一总线回路上传输，当线路明敷时，应采用金属管、可挠（金属）电气导管或金属封闭线槽保护；暗敷设时应采用金属管、可挠（金属）电气导管或B_1级及以上的刚性塑料管保护，敷设在电缆竖井或吊顶内有防火保护措施的封闭式线槽内。

3) 系统检测发现问题的原因及处理方法如下：

①造成探测器误报警的原因可能是探测器灵敏度选择不合理，探测器中进入粉尘，风速过大。

处理方法：根据现场情况选择合适灵敏度的探测器，安装时应避开风口及风速较大的通道，根据情况清洗和更换探测器。

②造成在控制中心无法联动防火卷帘门的可能原因是控制中心控制装置本身故障，控制模块故障，联动传输线路故障。

处理方法：检查控制中心控制装置本身，检查控制模块，检查传输线路。

③造成水流指示器在水流动作后不报信号的可能原因是电气线路及端子压线问题、水流指示器本身问题，包括桨片不动、桨片损坏、微动开关损坏、干簧管触点烧毁或永久性磁铁不起作用。

处理方法：检查电气线路及端子压线，检查桨片是否损坏或塞死不动，检查永久性磁铁、干簧管等器件。

④造成报警控制器故障的可能原因是报警控制器本身器件损坏报故障或外接探测器、手动按钮问题引起报警控制器报故障、报火警。

处理方法：用自身诊断程序判断检查机器本身，排除故障，或检查故障是否由外界引起。

⑤造成联动信号发出，喷淋泵不动作的可能原因是控制装置及喷淋泵启动柜连线松动或器件失灵，也可能是喷淋泵本身机械故障。

处理方法：检查各连线及水泵本身。

23.【解析】具体如下。

1）住宅楼建筑高度超过100m，应在所有部分都配置火灾自动报警系统及自动喷水灭火系统。主、备用电源自动转换装置转换试验应进行3次。火灾报警控制器应全数检查。联动控制信号应在3s内发出。玻璃全封闭的外走廊上不应装紫外火焰探测器。紫外火焰探测器实际安装数量为200只，超过了100只，每个回路应按实际安装数量10%~20%的比例抽验，且抽验总数不应少于20只。

2）应切断火灾报警控制器的所有外部控制连线，并将任意一个总线回路的火灾探测器、手动火灾报警按钮等部件相连接后接通电源，使控制器处于正常监视状态。

主要功能检查：

①自检功能。

②操作级别。

③屏蔽功能。

④主、备电源的自动转换功能。

⑤故障报警功能：备用电源连线故障报警功能；配接部件连线故障报警功能。

⑥短路隔离保护功能。

⑦火警优先功能。

⑧消音功能。

⑨二次报警功能。

⑩负载功能。

⑪复位功能。

火灾报警控制器应依次与其他回路相连接，使控制器处于正常监视状态，在备电工作状态下，按标准规定对火灾报警控制器进行功能检查并记录，控制器的功能应符合现行国家标准《火灾报警控制器》（GB 4717）的规定。

第九章 防排烟系统

一、知识点架构图

本章的知识点架构见图 3-9-1。

```
                                    ┌─ 自然通风系统
              ┌─ 自然通风与自然排烟 ─┤
              │                      └─ 自然排烟系统
              │
              │                      ┌─ 机械加压送风系统的组成
              │                      ├─ 机械加压送风系统的工作原理
              ├─ 机械加压送风系统 ───┤─ 机械加压送风系统的选择
              │                      ├─ 机械加压送风系统的主要涉及参数
              │                      └─ 机械加压送风的组件与设置要求
              │
              │                      ┌─ 机械排烟系统的组成
              │                      ├─ 机械排烟系统的工作原理
              ├─ 机械排烟系统 ───────┤─ 机械排烟系统的选择
              │                      ├─ 机械排烟系统的主要设计参数
防排烟系统 ──┤                      ├─ 机械排烟系统的组件与设置要求
   ★★★      │                      └─ 补风
              │
              │                      ┌─ 防烟系统的联动控制
              ├─ 防排烟系统的联动控制┤
              │                      └─ 排烟系统的联动控制
              │
              │                      ┌─ 质量控制文件检查
              ├─ 系统组件安装前检查 ─┤
              │                      └─ 现场检查
              │
              │                      ┌─ 系统的安装与技术检测
              ├─ 系统的安装检测与调试┤
              │                      └─ 系统的调试
              │
              │                      ┌─ 资料检查
              ├─ 系统的验收 ─────────┤─ 观感质量检查
              │                      └─ 现场抽样检查及功能性测试
              │
              │                      ┌─ 系统日常巡查
              └─ 系统维护管理 ───────┤
                                    └─ 系统周期性检查维护
```

图 3-9-1 第三篇第九章知识点架构图

二、考情分析

本章的考情分析见表 3-9-1。

表 3-9-1　第三篇第九章考情分析表

年份	技术实务		综合能力		案例分析	
	分值（分）	占比（%）	分值（分）	占比（%）	分值（分）	占比（%）
2015 年	4	3.3	5	4.2	0	0
2016 年	3	2.5	6	5	5	4.2
2017 年	7	5.8	5	4.2	0	0
2018 年	4	3.3	8	6.67	0	0
2019 年	9	7.5	7	5.8	0	0
2020 年	7	5.8	7	5.8	16	13.3

三、典型知识点

知识点 1：防排烟设施设置场所

防排烟设施设置场所见表 3-9-2。

表 3-9-2　防排烟设施设置场所

分类	设置场所
应设置防烟设施的场所	（1）防烟楼梯间及其前室； （2）消防电梯间前室或合用前室； （3）避难走道的前室、避难层（间）。 建筑高度不大于 50m 的公共建筑、厂房、仓库和建筑高度不大于 100m 的住宅建筑，当其防烟楼梯间的前室或合用前室符合下列条件之一时，楼梯间可不设置防烟系统： ①前室或合用前室采用全敞开的阳台、凹廊； ②前室或合用前室具有不同朝向的可开启外窗，且可开启外窗的面积满足自然排烟口的面积要求
厂房或仓库的下列场所或部位应设置排烟设施	（1）人员或可燃物较多的丙类生产场所，丙类厂房内建筑面积大于 300m² 且经常有人停留或可燃物较多的地上房间； （2）建筑面积大于 5000m² 的丁类生产车间； （3）占地面积大于 1000m² 的丙类仓库； （4）高度大于 32m 的高层厂房（仓库）内长度大于 20m 的疏散走道，其他厂房（仓库）内长度大于 40m 的疏散走道
民用建筑的下列场所或部位应设置排烟设施	（1）设置在一、二、三层且房间建筑面积大于 100m² 的歌舞娱乐放映游艺场所，设置在四层及以上楼层、地下或半地下的歌舞娱乐放映游艺场所； （2）中庭； （3）公共建筑内建筑面积大于 100m² 且经常有人停留的地上房间； （4）公共建筑内建筑面积大于 300m² 且可燃物较多的地上房间； （5）建筑内长度大于 20m 的疏散走道

地下或半地下建筑（室）、地上建筑内的无窗房间，当总建筑面积大于 200m² 或一个房间建筑面积大于 50m²，且经常有人停留或可燃物较多时，应设置排烟设施

知识点 2：自然通风设施的设置

1）采用自然通风方式的封闭楼梯间、防烟楼梯间，应在最高部位设置面积不小于

1.0m² 的可开启外窗或开口；当建筑高度大于 10m 时，尚应在楼梯间的外墙上每 5 层内设置总面积不小于 2.0m² 可开启外窗或开口，且布置间隔不大于 3 层。(2020 年综合能力第 61 题)

2）前室采用自然通风方式时，独立前室、消防电梯前室可开启外窗或开口的面积不应小于 2.0m²，合用前室、共用前室不应小于 3.0m²。

3）采用自然通风方式的避难层（间）应设有不同朝向的可开启外窗，其有效面积不应小于该避难层（间）地面面积的 2%，且每个朝向的面积不应小于 2.0m²。

4）可开启外窗应方便直接开启；设置在高处不便于直接开启的可开启外窗应在距地面高度为 1.3~1.5m 的位置设置手动开启装置。

知识点 3：自然排烟设施的设置

1）自然排烟窗（口）应设置在排烟区域的顶部或外墙，并应符合下列要求：

（1）当设置在外墙上时，自然排烟窗（口）应在储烟仓以内，但走道、室内空间净高不大于 3m 的区域的自然排烟窗（口）可设置在室内净高度的 1/2 以上；

（2）自然排烟窗（口）的开启形式应有利于火灾烟气的排出；

（3）当房间面积不大于 200m² 时，自然排烟窗（口）的开启方向可不限；

（4）自然排烟窗（口）宜分散均匀布置，且每组的长度不宜大于 3.0m；

（5）设置在防火墙两侧的自然排烟窗（口）之间最近边缘的水平距离不应小于 2.0m。

（6）防烟分区内任一点与最近的自然排烟窗（口）之间的水平距离不应大于 30m（2020 年综合能力第 55 题）。当工业建筑采用自然排烟方式时，其水平距离尚不应大于建筑内空间净高的 2.8 倍（2020 年技术实务第 72 题）；当公共建筑空间净高大于等于 6m，且具有自然对流条件时，其水平距离不应大于 37.5m。(2019 年技术实务第 30 题)

（7）自然排烟窗（口）应设置手动开启装置，设置在高位不便于直接开启的自然排烟窗（口），应设置距地面高度 1.3~1.5m 的手动开启装置。净空高度大于 9m 的中庭，建筑面积大于 2000m² 的营业厅、展览厅、多功能厅等场所，尚应设置集中手动开启装置和自动开启设施。

2）自然排烟窗（口）开启的有效面积应符合下列要求：

（1）当采用开窗角大于 70°的悬窗时，其面积应按窗的面积计算；当开窗角小于等于 70°时，其面积应按窗最大开启时的水平投影面积计算；

（2）当采用开窗角大于 70°的平开窗时，其面积应按窗的面积计算；当开窗角小于等于 70°时，其面积应按窗最大开启时的竖向投影面积计算；

（3）当采用推拉窗时，其面积应按开启的最大窗口面积计算；

（4）当采用百叶窗时，其面积应按窗的有效开口面积计算；

（5）当平推窗设置在顶部时，其面积可按窗的 1/2 周长与平推距离乘积计算，且不应大于窗面积；

（6）当平推窗设置在外墙时，其面积可按窗的 1/4 周长与平推距离乘积计算，且不应大于窗面积。

3）厂房、仓库的自然排烟窗（口）设置尚应符合下列要求：

（1）当设置在外墙时，自然排烟窗（口）应沿建筑物的两条对边均匀设置；

（2）当设置在屋顶时，自然排烟窗（口）应在屋面均匀设置且宜采用自动控制方式开启；当屋面斜度小于等于 12°时，每 200m² 的建筑面积应设置相应的自然排烟窗（口）；当屋面斜度大于 12°时，每 400m² 的建筑面积应设置相应的自然排烟窗（口）。

4）除洁净厂房外，设置自然排烟系统的任一层建筑面积大于 2500m² 的制鞋、制衣、玩具、塑料、木器加工储存等丙类工业建筑，除自然排烟所需排烟窗（口）外，尚宜在屋面上增设可熔性采光带（窗），其面积应符合下列要求（2020 年综合能力第 55 题）：

（1）未设置自动喷水灭火系统的，或采用钢结构屋顶，或采用预应力钢筋混凝土屋面板的建筑，不应小于楼地面面积的 10%；

（2）其他建筑不应小于楼地面面积的 5%。

知识点 4：防烟系统设置一般规定

1）建筑高度大于 50m 的公共建筑、工业建筑和建筑高度大于 100m 的住宅建筑，其防烟楼梯间、独立前室、合用前室、共用前室及消防电梯前室应采用机械加压送风系统。

2）建筑高度小于等于 50m 的公共建筑、工业建筑和建筑高度小于等于 100m 的住宅建筑，其防烟楼梯间、独立前室、共用前室、合用前室（除共用前室与消防电梯前室合用外）及消防电梯前室应采用自然通风系统（2018 年技术实务第 10 题）；当不能设置自然通风系统时，应采用机械加压送风系统。防烟系统的选择尚应符合下列要求。

（1）当独立前室或合用前室满足下列条件之一时，楼梯间可不设置防烟系统：

①采用全敞开的阳台或凹廊；

②设有两个及以上不同朝向的可开启外窗，且独立前室两个外窗面积分别不小于 2.0m²，合用前室两个外窗面积分别不小于 3.0m²。

（2）当独立前室、合用前室及共用前室的机械加压送风口设置在前室的顶部或正对前室入口的墙面时，楼梯间可采用自然通风系统；当机械加压送风口未设置在前室的顶部或正对前室入口的墙面时，楼梯间应采用机械加压送风系统。

（3）当防烟楼梯间在裙房高度以上部分采用自然通风时，不具备自然通风条件的裙房的独立前室、合用前室及共用前室应采用机械加压送风系统，且独立前室、合用前室及共用前室送风口的设置方式应符合本条第（2）项要求。

※将前室的机械加压送风口设置在前室的顶部，其目的是形成有效阻隔烟气的风幕；将送风口设在正对前室入口的墙面上，是为了达到正面阻挡烟气侵入前室的效果。

3）建筑地下部分的防烟楼梯间前室及消防电梯前室，当无自然通风条件或自然通风不符合要求时，应采用机械加压送风系统。

4）防烟楼梯间及其前室的机械加压送风系统的设置尚应符合下列要求：

（1）建筑高度小于或等于 50m 的公共建筑、工业建筑和建筑高度小于或等于 100m 的住宅建筑，当采用独立前室且其仅有一个门与走道或房间相通时，可仅在楼梯间设置机械加压送风系统；当独立前室有多个门时，楼梯间、独立前室应分别独立设置机械加压送风系统；

（2）当采用合用前室时，楼梯间、合用前室应分别独立设置机械加压送风系统；

（3）当采用剪刀楼梯时，其两个楼梯间及其前室的机械加压送风系统应分别独立设置。

5）封闭楼梯间应采用自然通风系统，不能满足自然通风条件的封闭楼梯间，应设置机械加压送风系统。当地下、半地下建筑（室）的封闭楼梯间不与地上楼梯间共用且地下仅为一层时，可不设置机械加压送风系统，但首层应设置有效面积不小于 1.2m² 的可开启外窗或直通室外的疏散门。

6）设置机械加压送风系统的场所，楼梯间应设置常开风口，前室应设置常闭风口（2020 年综合能力第 44 题）；火灾时其联动开启方式应符合相关规定。

7）避难层的防烟系统可根据建筑构造、设备布置等因素选择自然通风系统或机械加压送风系统。

8）避难走道应在其前室及避难走道分别设置机械加压送风系统，但下列情况可仅在前室设置机械加压送风系统：

（1）避难走道一端设置安全出口，且总长度小于 30m；

（2）避难走道两端设置安全出口，且总长度小于 60m。（2019 年技术实务第 27 题）

知识点 5：机械加压送风系统组成、工作原理和设置

1）机械加压送风系统主要包括送风口、送风管道、送风机和吸风口。

2) 工作原理：通过送风机所产生的气体流动和压力差来控制烟气的流动，当在建筑内发生火灾时，对着火区以外的有关区域进行送风加压，使其保持一定正压，以防止烟气侵入的防烟方式，如图 3-9-2 所示。

图 3-9-2 加压送风系统示意图

（1）发生火灾时，从安全性的角度出发，高层建筑内可分为四个安全区：
①第一类：防烟楼梯间、避难层；
②第二类：防烟楼梯间前室、消防电梯间前室或合用前室；
③第三类：走道；
④第四类：房间。

（2）机械加压送风量应满足走廊至前室至楼梯间的压力呈递增分布，即防烟楼梯间压力＞前室压力＞走道压力＞房间压力，余压值应符合下列要求：
①前室、封闭避难层（间）与走道之间的压差应为 25~30Pa；
②楼梯间与走道之间的压差应为 40~50Pa；
③当系统余压值超过最大允许压力差时应采取泄压措施。

3) 机械加压送风系统的设置。
（1）建筑高度大于 100m 的建筑，其机械加压送风系统应竖向分段独立设置，且每段高度不应超

过100m。(2018年技术实务第66题、2019年技术实务第32题)

（2）采用机械加压送风系统的防烟楼梯间及其前室应分别设置送风井（管）道，送风口（阀）和送风机。

（3）建筑高度小于等于50m的建筑，当楼梯间设置加压送风井（管）道确有困难时，楼梯间可采用直灌式加压送风系统，并应符合下列规定：

①建筑高度大于32m的高层建筑，应采用楼梯间两点部位送风的方式，送风口之间距离不宜小于建筑高度的1/2；

②送风量应按计算值或《建筑防烟排烟系统技术标准》（GB 51251—2017）规定的送风量增加20%；

③加压送风口不宜设在影响人员疏散的部位。

4）设置机械加压送风系统的楼梯间的地上部分与地下部分，其机械加压送风系统应分别独立设置。当受建筑条件限制，且地下部分为汽车库或设备用房时，可共用机械加压送风系统，并应符合下列要求（2020年技术实务第74题）：

（1）应按标准要求分别计算地上、地下部分的加压送风量，相加后作为共用加压送风系统风量；

（2）应采取有效措施分别满足地上、地下部分的送风量的要求。

5）机械加压送风机宜采用轴流风机或中、低压离心风机，其设置应符合下列要求：

（1）送风机的进风口应直通室外，且应采取防止烟气被吸入的措施；

（2）送风机的进风口宜设在机械加压送风系统的下部；

（3）送风机的进风口不应与排烟风机的出风口设在同一面上。当确有困难时，送风机的进风口与排烟风机的出风口应分开布置。且竖向布置时，送风机的进风口应设置在排烟出口的下方，其两者边缘最小垂直距离不应小于6.0m；水平布置时，两者边缘最小水平距离不应小于20.0m；

（4）送风机宜设置在系统的下部，且应采取保证各层送风量均匀性的措施；

（5）送风机应设置在专用机房内，送风机房并应符合现行国家标准《建筑设计防火规范》的规定；

（6）当送风机出风管或进风管上安装单向风阀或电动风阀时，应采取火灾时自动开启阀门的措施。

6）加压送风口的设置应符合下列要求（2020年综合能力第44题）：

（1）除直灌式加压送风方式外，楼梯间宜每隔2~3层设一个常开式百叶送风口；

（2）前室应每层设一个常闭式加压送风口，并应设手动开启装置；

（3）送风口的风速不宜大于7m/s；

（4）送风口不宜设置在被门挡住的部位。

7）机械加压送风系统应采用管道送风，且不应采用土建风道。送风管道应采用不燃材料制作且内壁应光滑。当送风管道内壁为金属时，设计风速不应大于20m/s；当送风管道内壁为非金属时，设计风速不应大于15m/s；送风管道的厚度应符合现行国家标准《通风与空调工程施工质量验收规范》（GB 50243）的规定。

8）机械加压送风管道的设置和耐火极限应符合下列要求：

（1）竖向设置的送风管道应独立设置在管道井内，当确有困难时，未设置在管道井内或与其他管道合用管道井的送风道，其耐火极限不应低于1.0h；

（2）水平设置的送风管道，当设置在吊顶内时，其耐火极限不应低于0.5h；当未设置在吊顶内时，其耐火极限不应低于1.0h。

9）机械加压送风系统的管道井应采用耐火极限不低于1.0h的隔墙与相邻部位分隔，当墙上必须设置检修门时，应采用乙级防火门。

10）采用机械加压送风的场所不应设置百叶窗，且不宜设置可开启外窗。

11）设置机械加压送风系统的封闭楼梯间、防烟楼梯间，尚应在其顶部设置不小于1m²的固定窗。靠外墙的防烟楼梯间，尚应在其外墙上每5层内设置总面积不小于2m²的固定窗。

12）设置机械加压送风系统避难层（间），尚应在外墙设置可开启外窗，其有效面积不应小于该避难层（间）地面积的1%，有效面积的计算应符合标准规定。（2019年技术实务第56题）

13）《汽车库、修车库、停车场设计防火规范》规定，建筑高度大于32m的高层汽车库、室内地面与室外出入口地坪的高差大于10m的地下汽车库，应采用防烟楼梯间。

知识点6：排烟系统的一般规定

1）建筑排烟系统的设计应根据建筑的使用性质、平面布局等因素，优先采用自然排烟系统。

2）同一个防烟分区应采用同一种排烟方式。

3）建筑的中庭、与中庭相连通的回廊及周围场所的排烟系统的设计应符合下列要求：

（1）中庭应设置排烟设施。

（2）周围场所应按现行国家标准《建筑设计防火规范》要求设置排烟设施。

（3）回廊排烟设施的设置应符合下列要求。

①当周围场所各房间均设置排烟设施时，回廊可不设，但商店建筑的回廊应设置排烟设施。

②当周围场所任一房间未设置排烟设施时，回廊应设置排烟设施。

4）当中庭与周围场所未采用防火隔墙、防火玻璃隔墙、防火卷帘时，中庭与周围场所之间应设置挡烟垂壁；

5）下列地上建筑或部位，当设置机械排烟系统时，尚应按固定窗面积的计算要求在外墙或屋顶设置固定窗：

（1）任一屋建筑面积大于2500m²的丙类厂房（仓库）；

（2）任一层建筑面积大于3000m²的商店建筑、展览建筑及类似功能的公共建筑；

（3）总建筑面积大于1000m²的歌舞娱乐放映游艺场所；

（4）商店建筑、展览建筑及类似功能的公共建筑中长度大于60m的走道；

（5）靠外墙或贯通至建筑屋顶的中庭。

知识点7：机械排烟系统的组成、工作原理和设置

1. 机械排烟系统的组成。

包括挡烟垂壁、排烟口、排烟防火阀、排烟道、排烟风机、排烟出口（2018年综合能力第49题）。其中，挡烟垂壁可以是活动式的，也可以是固定式的。

2. 工作原理。

当建筑物内发生火灾时，采用机械排烟系统，将房间、走道等空间的烟气排至建筑物外。当采用机械排烟系统时，通常由火场人员手动控制或由感烟探测器将火灾信号传递给防排烟控制器、开启活动的挡烟垂壁将烟气控制在发生火灾的防烟分区内，并打开排烟口以及和排烟口联动的排烟防火阀，同时关闭空调系统和送风管道内的防火调节阀，防止烟气从空调、通风系统蔓延至其他非着火房间，最后由设置在屋顶的排烟风机将烟气排至室外。

3. 机械排烟系统的设置。

1）当建筑的机械排烟系统沿水平方向布置时，每个防火分区的机械排烟系统应独立设置。

2）建筑高度超过50m的公共建筑和建筑高度超过100m的住宅，其排烟系统应竖向分段独立设置，且公共建筑每段高度不应超过50m，住宅建筑每段高度不应超过100m。

3）《汽车库、修车库、停车场设计防火规范》规定，除敞开式汽车库、建筑面积小于1000m²的地下一层汽车库和修车库外，汽车库、修车库应设置排烟系统，并应划分防烟分区。

4）机械排烟系统的组件及设置要求见表3-9-3。

表3-9-3 机械排烟系统的组件及设置要求（2020年综合能力第85题）

分类	设置要求
排烟风机	设置在专用机房内，该房间应采用耐火极限不低于2.00h的隔墙和1.5h的楼板及甲级防火门与其他部位隔开，且风机两侧应有600mm以上的空间，对于排烟系统与通风空气调节系统共用的系统，其排烟风机与排风机的合用机房，应符合下列规定： ①机房内应设置自动喷水灭火系统； ②机房内不得设置用于机械加压送风的风机与管道； ③排烟风机与排烟管道的连接部件应能在280℃时连续30min保证其结构完整性。 排烟风机应满足280℃时连续工作30min的要求，排烟风机应与风机入口处的排烟防火阀连锁，当该阀关闭时，排烟风机应能停止运转
排烟防火阀	安装在机械排烟系统的管道上，平时呈开启状态，火灾时当排烟管道内烟气温度达到280℃时关闭，并在一定时间内能满足漏烟量和耐火完整性要求。起隔烟阻火作用的阀门，一般由阀体、叶片、执行机构和温感器等部件组成。 下列部位应设置排烟防火阀： ①垂直风管与每层水平风管交接处的水平管段上； ②一个排烟系统负担多个防烟分区的排烟支管上； ③排烟风机入口处； ④穿越防火分区处
排烟口（阀）	（1）排烟口的设置应经计算确定，且防烟分区内任一点与最近的排烟口之间的水平距离不应大于30m。排烟口的设置尚应符合下列要求： ①排烟口宜设置在顶棚或靠近顶棚的墙面上； ②排烟口应设在储烟仓内，但走道、室内空间净高不大于3m的区域，其排烟口可设置在其净空高度的1/2以上；当设置在侧墙时，吊顶与其最近的边缘的距离不应大于0.5m；（2019年技术实务第78题） ③对于需要设置机械排烟系统的房间，当其建筑面积小于50m²时，可通过走道排烟，排烟口可设置在疏散走道； ④火灾时由火灾自动报警系统联动开启排烟区域的排烟阀或排烟口，应在现场设置手动开启装置； ⑤排烟口的设置宜使烟流方向与人员疏散方向相反，排烟口与附近安全出口相邻边缘之间水平距离不应小于1.5m（2018年技术实务第65题）； ⑥每个排烟口的排烟量不应大于最大允许排烟量，最大允许排烟量应计算确定； ⑦排烟口的风速不宜大于10m/s（2018年综合能力第75题、2018年综合能力第84题、2020年案例分析第四题）。 （2）当排烟口设在吊顶内且通过吊顶上部空间进行排烟时，应符合下列规定： ①吊顶应采用不燃材料，且吊顶内不应有可燃物； ②封闭式吊顶上设置的烟气流入口的颈部烟气速度不宜大于1.5m/s； ③非封闭式吊顶的开孔率不应小于吊顶净面积的25%，且排烟口应均匀布置（2019年技术实务第78题）
排烟管道	（1）设置排烟管道的管道井应采用耐火极限不小于1.0h的隔墙与相邻区域分隔；当墙上必须设置检修门时，应采用乙级防火门。 （2）机械排烟系统应采用管道排烟，且不应采用土建风道。排烟管道应采用不燃材料制作且内壁应光滑。当排烟管道内壁为金属时，管道设计风速不应大于20m/s；当排烟管道内壁为非金属时，管道设计风速不应大于15m/s。（2020年综合能力第55题） （3）排烟管道的设置和耐火极限应符合下列要求： ①竖向设置的排烟管道应设置在独立的管道井内，排烟管道的耐火极限不应低于0.5h； ②水平设置的排烟管道应设置在吊顶内，其耐火极限不应低于0.5h；当确有困难时，可直接设置在室内，但管道的耐火极限不应小于1.0h； ③设置在走道部位吊顶内的排烟管道，以及穿越防火分区的排烟管道，其管道的耐火极限不应小于1.0h，但设备用房和汽车库的排烟管道耐火极限可不低于0.5h。 （4）当吊顶内有可燃物时，吊顶内的排烟管道应采用不燃材料进行隔热，并应与可燃物保持不小于150mm的距离

知识点 8：机械排烟系统主要设计参数

1）最小清晰高度的计算：走道、室内空间净高不大于 3m 的区域，其最小清晰高度不应小于其净高的 1/2，其他区域的最小清晰高度应按下式计算：$H_q = 1.6 + 0.1H$，其中，H_q 为最小清晰高度（m）；对于单层空间，H 取排烟空间的建筑净高度（m）；对于多层空间，H 取最高疏散楼层的层高（m）。

2）净空高度的确定方法：

（1）对于平顶和锯齿形的顶棚，空间净空高度为从顶棚下沿到地面的距离；

（2）对于斜坡式的顶棚，空间净空高度为从排烟开口中心到地面的距离；

（3）对于有吊顶的场所，其净空高度应从吊顶处算起；设置格栅吊顶的场所，其净空高度应从上层楼板下边缘算起。

3）排烟系统的设计风量不应小于该系统计算风量的 1.2 倍。

4）当采用自然排烟方式时，储烟仓的厚度不应小于空间净高的 20%，且不应小于 500m；当采用机械排烟方式时，不应小于空间净高的 10%，且不应小于 500mm。同时储烟仓底部距地面的高度应大于安全疏散所需的最小清晰高度。（2019 年技术实务第 43 题）

5）除中庭外下列场所一个防烟分区的排烟量计算应符合下列规定：

（1）建筑空间净高小于等于 6m 的场所，其排烟量应按不小于 60m³/(h·m²) 计算，且取值不小于 15000m³/h，或设置有效面积不小于该房间建筑面积 2% 的自然排烟窗（口）（2020 年技术实务第 39 题）；

（2）公共建筑、工业建筑中空间净高大于 6m 的场所，其每个防烟分区排烟量应根据规定计算确定，且不应小于表 3-9-4 中的数值，或设置自然排烟窗（口），其所需有效排烟面积应根据表 3-9-4 及自然排烟窗（口）处风速计算。

表 3-9-4 公共建筑、工业建筑中空间净高大于 6m 场所的计算排烟量及自然排烟侧窗（口）部风速

空间净高（m）	办公、学校（×10⁴m³/h）		商店、展览（×10⁴m³/h）		厂房、其他公共建筑（×10⁴m³/h）		仓库（×10⁴m³/h）	
	无喷淋	有喷淋	无喷淋	有喷淋	无喷淋	有喷淋	无喷淋	有喷淋
6.0	12.2	5.2	17.6	7.8	15.0	7.0	30.1	9.3
7.0	13.9	6.3	19.6	9.1	16.8	8.2	32.8	10.8
8.0	15.8	7.4	21.8	10.6	18.9	9.6	35.4	12.4
9.0	17.8	8.7	24.2	12.2	21.1	11.1	38.5	14.2
自然排烟侧窗（口）部风速（m/s）	0.94	0.64	1.06	0.78	1.01	0.74	1.26	0.84

注：①建筑空间净高大于 9.0m 的，按 9.0m 取值；建筑空间净高位于表中两个高度之间的，按线性插值法取值；表中建筑空间净高为 6m 处的各排烟量值为线性插值法的计算基准值。

②当采用自然排烟方式时，储烟仓厚度应大于房间净高的 0.2 倍；自然排烟窗（口）面积=计算排烟量/自然排烟窗（口）处风速；当采用顶开窗排烟时，其自然排烟窗（口）的风速可按侧窗口部风速的 1.4 倍计。

（3）当公共建筑仅需在走道或回廊设置排烟时，其机械排烟量不应小于13000m³/h，或在走道两端（侧）均设置面积不小于2m²的自然排烟窗（口）且两侧自然排烟窗（口）的距离不应小于走道长度的2/3。

（4）当公共建筑房间内与走道或回廊均需设置排烟时，其走道或回廊的机械排烟量可按60m³/(h·m²)计算，且不小于13000m³/h，或设置有效面积不小于走道、回廊建筑面积2%的自然排烟窗（口）。

6）当一个排烟系统担负多个防烟分区排烟时，其系统排烟量的计算应符合下列规定：

（1）当系统负担具有相同净高场所时，对于建筑空间净高大于6m的场所，应按排烟量最大的一个防烟分区的排烟量计算；对于建筑空间净高为6m及以下的场所，应按任意两个相邻防烟分区的排烟量之和的最大值计算；

（2）当系统负担具有不同净高场所时，应采用上述方法对系统中每个场所所需的排烟量进行计算，并取其中的最大值作为系统排烟量。

7）中庭排烟量的设计计算应符合下列规定：

（1）中庭周围场所设有排烟系统时，中庭采用机械排烟系统的，中庭排烟量应按周围场所防烟分区中最大排烟量的2倍数值计算，且不应小于107000m³/h；中庭采用自然排烟系统时，应按上述排烟量和自然排烟窗（口）的风速不大于0.5m/s计算有效开窗面积；

（2）当中庭周围场所不需设置排烟系统，仅在回廊设置排烟系统时，中庭的排烟量不应小于40000m³/h；中庭采用自然排烟系统时，应按上述排烟量和自然排烟窗（口）的风速不大于0.4m/s计算有效开窗面积。

知识点9：补风系统的设计要求

1）除地上建筑的走道或建筑面积小于500m²的房间外，设置排烟系统的场所应设置补风系统。

2）补风系统应直接从室外引入空气，且补风量不应小于排烟量的50%。

3）补风系统可采用疏散外门、手动或自动可开启外窗等自然进风方式以及机械送风方式。防火门、窗不得用作补风设施。风机应设置在专用机房内。

4）补风口与排烟口设置在同一空间内相邻的防烟分区时，补风口位置不限；当补风口与排烟口设置在同一防烟分区时，补风口应设在储烟仓下沿以下；补风口与排烟口水平距离不应少于5m。

5）补风系统应与排烟系统联动开启或关闭。

6）机械补风口的风速不宜大于10m/s，人员密集场所补风口的风速不宜大于5m/s；自然补风口的风速不宜大于3m/s。（2018年综合能力第75题）

7）补风管道耐火极限不应低于0.5h，当补风管道跨越防火分区时，管道的耐火极限不应小于1.5h。

知识点10：防排烟系统的联动

防排烟系统的联动控制要求见表3-9-5。

表 3-9-5 防排烟系统的联动控制要求

分类	联动方式	控制要求
防烟系统	(1) 对采用总线控制的系统，当某一防火分区发生火灾时，该防火分区内的感烟、感温探测器探测的火灾信号发送至消防控制主机，主机发出开启与探测器对应的该防火分区内前室及合用前室的常闭加压送风口的信号，至相应送风口的火警联动模块，并开启送风口，消防控制中心收到送风口动作信号，发出指令给装在加压送风机附近的火警联动模块，启动相应送风机，同时启动该防火分区内所有楼梯间加压送风机。当防火分区跨越楼层时，应开启该防火分区内着火层及其相邻上下两层前室及合用前室的常闭送风口，同时开启加压送风机（2019年技术实务第68题）。 (2) 当火灾确认后，火灾自动报警系统应能在15s内联动开启常闭加压送风口和加压送风机（2018年技术实务第8题）。除火警信号联动外，还可以通过联动模块在消防中心直接电动控制，或在消防控制室通过多线控制盘直接手动启动加压送风机，或现场手动开启常闭型加压送风口，由送风口开启信号联动加压送风机。另外设置就地启停控制按钮，以供调试及维修用。系统中任一常闭加压送风口开启时，相应加压风机应能联动启动。火警撤销由消防控制中心通过火警联动模块停加压送风机，送风口通常由手动复位。消防控制设备应显示防烟系统的送风机、阀门等设施启闭状态	(1) 加压送风机的启动应满足下列要求：（2019年综合能力第86题、2020年案例分析第三题、2020年技术实务第81题） ①现场手动启动； ②通过火灾自动报警系统自动启动； ③消防控制室手动启动； ④系统中任一常闭加压送风口开启时，加压风机应能自动启动
排烟系统	(1) 火灾发生时，与排烟阀（口）相对应的火灾探测器探测到火灾信号后发送至消防控制主机，主机发出开启排烟阀（口）信号至相应排烟阀的火警联动模块，由它开启排烟阀（口），排烟阀的电源是直流24V。消防控制主机收到排烟阀（口）动作信号，就发出指令给装在排烟风机、补风机附近的火警联动模块，启动排烟风机、补风机。 (2) 除火警信号联动外，可通过联动模块在消防控制中心直接电动控制，或通过多线控制盘直接手动启动，或在现场手动启动排烟风机、补风机。需要设置就地启停控制按钮，以供调试及维修用。 (3) 当火灾确认后，火灾自动报警系统应在15s内联动开启同一排烟区域的全部排烟阀（口）、排烟风机和补风设施。并应在30s内自动关闭与排烟无关的通风、空调系统。担负两个及以上防烟分区的排烟系统，应只打开着火防烟分区的排烟阀（口），其他防烟分区的排烟阀（口）应呈关闭状态。系统中任一排烟阀（口）开启时，相应排烟风机、补风机应能联动启动。（2018年综合能力第84题） (4) 火警撤销由消防控制中心通过火警联动模块停排烟风机、补风机，关闭排烟阀（口）。 (5) 排烟系统吸入烟温达280℃时，排烟风机停止。可在风机进口处设置排烟防火阀，或当一个排烟系统负担多个防烟分区时，排烟支管应设280℃自动关闭的排烟防火阀。当烟温达到280℃时，排烟防火阀自动关闭或通过触点开关（串入风机启停回路）直接停排烟风机。或在排烟防火阀附近设置火警联动模块，将防火阀关闭的信号送到消防控制中心，消防中心收到此信号后，再送出指令至排烟风机火警联动模块停风机。消防控制设备应显示排烟系统的排烟风机、补风机、阀门等设施启闭状态	(1) 排烟风机、补风机的控制方式，应满足下列要求（2020年案例分析第三题）： ①现场手动启动； ②火灾自动报警系统自动启动； ③消防控制室手动启动； ④系统中任一排烟阀或排烟口开启时，排烟风机、补风机自动启动； ⑤排烟防火阀在280℃时应自行关闭，并应连锁关闭排烟风机和补风机。 (2) 活动挡烟垂壁应具有火灾自动报警系统自动启动和现场手动启动功能，当火灾确认后，火灾自动报警系统应在15s内联动相应防烟分区的全部活动挡烟垂壁，60s以内挡烟垂壁开启到位。 (3) 自动排烟窗可采用与火灾自动报警系统联动或温度释放装置联动的控制方式。当采用与火灾自动报警系统自动启动时，自动排烟窗应在60s内或小于烟气充满储烟仓时间内开启完毕。带有温控功能自动排烟窗，其温控释放温度应大于环境温度30℃且小于100℃

防排烟系统联动控制图见图 3-9-3。(2018 年案例分析第五题)

图 3-9-3 防排烟系统联动控制图

※该部分内容为考试重点，应与火灾自动报警系统中的联动控制设计要求结合学习。

知识点 11：系统的安装检测与调试

1）风管采用法兰连接时，其螺栓孔的间距不得大于 150mm，矩形风管法兰四角处应设有螺孔。

2）板材应采用咬口连接或铆接，除镀锌钢板及含有复合保护层的钢板外，板厚大于 1.5mm 的可采用焊接；风管应以板材连接的密封为主，可辅以密封胶嵌缝或其他方法密封，密封面宜设在风管的正压侧。

3）排烟风管的隔热层应采用厚度不小于 40mm 的不燃绝热材料；风管接口的连接应严密、牢固，垫片厚度不应小于 3mm，不应凸出管内和法兰外；排烟管法兰垫片应为不燃材料，薄钢板法兰风管应采用螺栓连接。

4）分管与风机的连接宜采用法兰连接，或采用不燃材料的柔性短管连接。如风机仅用于防烟、排烟时，不宜采用柔性连接。

5）防火阀、排烟防火阀安装的方向、位置应正确，阀门顺气流方向关闭，防火分区隔墙两侧的防火阀，距墙端面不应大于 200mm；应设独立的支吊架。

6）排烟口距可燃物或可燃构件的距离不应小于 1.5m。活动挡烟垂壁与建筑结构（柱或墙）面的缝隙不应大于 60mm，由两块或两块以上的挡烟垂帘组成的连续性挡烟垂壁，各块之间不应有缝隙，搭接宽度不应小于 100mm，手动操作按钮距楼地面 1.3~1.5m。(2019 年综合能力第 46 题)

7）风机外壳至墙壁或其他设备的距离不应小于 600mm；风机应设在混凝土或钢架基础上，且不应设置减震装置；若排烟系统与通风空调系统共用且需要设置减震装置时，不应使用橡胶减震装置。

8）机械加压送风系统联动调试：

（1）当任何一个常闭送风口开启时，相应的送风机均应能同时启动；

（2）与火灾自动报警系统联动调试时，当火灾自动报警探测器发出火警信号后，应在15s内启动有关部位的送风口、送风机，启动的送风口、送风机应与设计要求，联动启动方式符合现行国家标准《火灾自动报警系统设计规范》（GB 50116）规定，其状态信号应反馈到消防控制室。（2018年综合能力第65题）

9）机械排烟系统的联动调试：

（1）当任何一个常闭排烟阀或排烟口开启时，排烟风机均应能联动启动；

（2）应与火灾自动报警系统联动调试。当火灾自动报警探测器发出火警信号后，机械排烟系统应启动有关部位的排烟阀或排烟口、排烟风机；启动的排烟阀或排烟口、排烟风机应与标准和设计要求一致，其状态信号应反馈到消防控制室；

（3）有补风要求的机械排烟场所，当火灾确认后，补风系统应启动；

（4）排烟系统与通风、空调系统合用，当火灾自动报警探测器发出火警信号后，由通风、空调系统转换为排烟系统的时间应符合标准要求。

知识点12：防排烟系统的验收

防排烟系统施工完成后，工程验收工作由建设单位负责，并应组织设计、施工、监理等单位共同进行。防排烟系统的验收要求见3-9-6。

表3-9-6 防排烟系统的验收要求

验收项目	验收要求
验收资料检查	工程竣工验收时，施工单位应提供下列资料： （1）竣工验收申请报告； （2）施工图、设计说明书、设计变更通知书和设计审核意见书、竣工图； （3）工程质量事故处理报告； （4）防烟、排烟系统施工过程质量检查记录； （5）防烟、排烟系统工程质量控制资料检查记录
系统设备手动功能验收	（1）送风机、排烟风机应能正常手动启动和停止，状态信号应在消防控制室显示； （2）送风口、排烟阀或排烟口应能正常手动开启和复位，阀门关闭严密，动作信号应在消防控制室显示； （3）活动挡烟垂壁、自动排烟窗应能正常手动开启和复位，动作信号应在消防控制室显示
设备联动功能验收	火灾报警后，根据设计原理，相应系统及部位的送风机启动、送风口开启，排烟风机启动、排烟阀（口）开启，自动排烟窗开启到符合要求的位置，活动挡烟垂壁下降到设计高度，有补风要求的补风机、补风口开启；各部件、设备动作状态信号在消防控制室显示
机械防烟系统的验收方法（2019年综合能力第13题）	（1）选取送风系统末端所对应的送风最不利的三个连续楼层模拟起火层及其上下层，封闭避难层（间）仅需选取本层，测试前室及封闭避难层（间）的风压值及疏散门的门洞断面风速值，应分别符合相关规定且偏差不大于设计值的10%； （2）对楼梯间和前室的测试应单独分别进行，且互不影响； （3）测试楼梯间和前室疏散门的门洞断面风速时，应同时开启三个楼层的疏散门
机械排烟系统的验收方法	（1）开启任一防烟分区的全部排烟口，风机启动后测试排烟口处的风速，应符合设计要求且偏差不大于设计值的10%； （2）设有补风系统的场所，还应测试补风口风速，应符合设计要求且偏差不大于设计值的10%

知识点 13：防排烟系统的维护管理

1）防烟排烟系统巡查是指系统使用过程中对系统直观属性的检查，主要是针对系统组件外观、现场状态、系统检测装置准工作状态、安装部位环境条件等的日常巡查。（2019 年综合能力第 53 题）

2）正常工作状态下，正压送风机、排烟风机、通风空调风机电控柜等受控设备应处于自动控制状态，严禁将受控的正压送风机、排烟风机、通风空调风机等电控柜设置在手动位置。

3）周期性检查。防排烟系统的维护管理见表 3-9-7。

表 3-9-7 防排烟系统的维护管理

检查维护周期	检查维护项目
每季度	应对防烟、排烟风机、活动挡烟垂壁、自动排烟窗进行一次功能检测启动试验及供电线路检查。（2018 年综合能力第 21 题）
每半年	应对全部排烟防火阀、送风阀或送风口、排烟阀或排烟口进行自动和手动启动试验一次。（2018 年综合能力第 21 题、2020 年综合能力第 77 题）
每年	每年对所安装全部防烟、排烟系统进行一次联动试验和性能检测，其联动功能和性能参数应符合原设计要求（2018 年综合能力第 21 题、2020 年综合能力第 77 题）

分析：防排烟系统是建筑内的重要系统，从近几年的出题情况来看，每年的分值在 12 分左右，主要是选型、维护和启动方面的内容。今年的重点估计在设置部位、一些具体的设计参数方面。另外，维护管理也应该是综合能力的重点内容。需要重点掌握的知识点：自然通风与自然排烟方式的选择，开窗有效面积的计算方法，机械加压送风系统和机械排烟系统的选择和主要设计参数和防排烟系统的联动控制方式。

对《建筑防烟排烟系统技术标准》（GB 51251—2017）的熟悉及掌握，是此部分考试取得理想分数的关键。

四、高频真题

1.（2018 年综合能力第 21 题）（知识点 13）消防技术服务机构设施设置的机械防排烟系统中，符合现行国家标准《建筑防烟排烟系统技术标准》（GB 51251）的是（　　）。

A. 每年对全部送风口进行一次自动启动试验
B. 每年对机械防烟系统进行一次联动试验
C. 每半年对全部正压送风机进行一次功能检测启动试验
D. 每半年对正压送风机的供电线路进行一次检查

【答案】B

【解析】每季度应对防烟、排烟风机、活动挡烟垂壁、自动排烟窗进行一次功能检测启动试验及供电线路检查，C、D 项不符合标准。

每半年应对全部排烟防火阀、送风阀或送风口、排烟阀或排烟口进行自动和手动启动试验一次。A 项不符合标准。

每年应对全部防烟、排烟系统进行一次联动试验和性能检测，其联动功能和性能参数应符合原设计要求。B 项符合标准。

2.（2018 年综合能力第 75 题）（知识点 7、9）对某大型超市设置的机械排烟系统进行验收，其中两个防烟分区的验收测试结果中,符合现行国家标准《建筑防烟排烟系统技术标准》(GB 51251)的是( )。

A. 开启防烟分区一的全部排烟口,排烟风机启动后测试排烟口处的风速为 13m/s
B. 开启防烟分区一的全部排烟口,补风机启动后测试补风口处的风速为 9m/s
C. 开启防烟分区二的全部排烟口,排烟风机启动后测试排烟口处的风速为 8m/s
D. 开启防烟分区二的全部排烟口,补风机启动后测试补风口处的风速为 7m/s

【答案】C

【解析】排烟口的风速不宜大于 10m/s。选项 A 不符合标准,选项 C 符合标准。机械补风口的风速不宜大于 10m/s,人员密集场所补风口的风速不宜大于 5m/s。选项 B、D 不符合标准。

3.(2018 年技术实务第 8 题)(知识点 10)关于建筑机械防烟系统联动控制的说法,正确的是( )。

A. 由同一防火分区内的两只独立火灾探测器作为相应机械加压送风机开启的联动触发信号
B. 火灾确认后,火灾自动报警系统应能在 30s 内联动开启相应的机械加压送风机
C. 加压送风口所在防火分区确认火灾后,火灾自动报警系统应仅联动开启所在楼层前室送风口
D. 火灾确认后,火灾自动报警系统应能在 20s 内联动开启相应的常压加压送风口

【答案】A

【解析】防烟系统的联动控制方式应符合下列规定:应由加压送风口所在防火分区内的两只独立的火灾探测器或一只火灾探测器与一只手动火灾报警按钮的报警信号,作为送风口开启和加压送风机启动的联动触发信号,并应由消防联动控制器联动控制相关层前室等需要加压送风场所的加压送风口开启和加压送风机启动。选项 A 正确。

加压送风机的启动应符合下列规定:现场手动启动;通过火灾自动报警系统自动启动;消防控制室手动启动;系统中任一常闭加压送风口开启时,加压风机应能自动启动。

当防火分区内火灾确认后,应能在 15s 内联动开启常闭加压送风口和加压送风机,并应符合下列规定:应开启该防火分区内着火层及其相邻上下层前室及合用前室的常闭送风口,同时开启加压送风机。选项 B、C、D 项错误。

4.(2019 年技术实务第 30 题)(知识点 3)某多层商业建筑,营业厅净高 5.5m,采用自然排烟方式。该营业厅的防烟分区内任一点与最近的自然排烟窗之间的水平距离不应大于( )。

A. 37.5m B. 室内净高的 2.8 倍
C. 室内净高的 3 倍 D. 30m

【答案】D

【解析】本题考查的知识点是排烟系统知识。防烟分区内任一点与最近的自然排烟窗(口)之间的水平距离不应大于 30m。当工业建筑采用自然排烟方式时,其水平距离尚不应大于建筑内空间净高的 2.8 倍;当公共建筑空间净高大于或等于 6m,且具有自然对流条件时,其水平距离不应大于 37.5m。D 选项符合题意。

5.(2019 年技术实务第 32 题)(知识点 5)某公共建筑,建筑高度为 98m,地下 3 层,地上 30 层,防烟楼梯间和前室均设有机械加压送风系统且地上部分与地下部分加压送风系统分别独立设置。关于该加压送风系统设计的说法,正确的是( )。

A. 地上楼梯间顶部应设置不小于 $2m^2$ 的固定窗
B. 前室的计算风量仅考虑着火层所需风量
C. 地上楼梯间送风系统竖向可不分段设置
D. 前室的计算风量仅考虑着火层和上一层所需风量

【答案】C

【解析】 本题考查的知识点是防烟系统知识。

设置机械加压送风系统的封闭楼梯间、防烟楼梯间，尚应在其顶部设置不小于1m²的固定窗。靠外墙的防烟楼梯间，尚应在其外墙上每5层内设置总面积不小于2m²的固定窗。A选项不正确。

建筑高度大于100m的建筑，其机械加压送风系统应竖向分段独立设置，且每段高度不应超过100m。C选项正确。

风量按开启着火层及其上下层，共开启三层的风量计算。B、D选项不正确。

6. （2019年技术实务第43题）（知识点8）当采用自然排烟方式时，储烟仓的厚度不应小于空间净高的（　　），且不应小于500mm，同时储烟仓底部距地面的高度应大于安全疏散所需的最小清晰高度。

A. 25%　　　　　　　　　　　　B. 15%
C. 10%　　　　　　　　　　　　D. 20%

【答案】 D

【解析】 本题考查的知识点是储烟仓知识。当采用自然排烟方式时，储烟仓的厚度不应小于空间净高的20%，且不应小于500mm。同时储烟仓底部距地面的高度应大于安全疏散所需的最小清晰高度。D选项正确。

7. （2020年综合能力第44题）（知识点5）某消防技术服务机构对某高层建筑的机械加压送风系统进行防火检查，根据现行国家标准《建筑防烟排烟系统技术标准》（GB 51251），下列防火检查结果中，不符合规范要求的是（　　）。

A. 风机房内的机械加压送风机为离心风机，其进风口直通室外
B. 竖向安装在管道井内的机械加压送风管道为镀锌钢板风管
C. 防烟楼梯间前室每层安装一个常开式加压送风口
D. 防烟楼梯间每隔3层安装一个常开式百叶送风口

【答案】 C

【解析】 机械加压送风风机宜采用轴流风机或中、低压离心风机，送风机的进风口应直通室外，且应采取防止烟气被吸入的措施。A选项正确。

常用的加压风道是采用钢板制作的，在燃烧的火焰中，它很容易变形和损坏，因此要求送风管道设置在管道井内，并不应与其他管道合用管道井。B选项正确。

加压送风口的设置应符合下列规定：除直灌式加压送风方式外，楼梯间宜每隔2~3层设一个常开式百叶送风口。D选项正确。前室应每层设一个常闭式加压送风口，并应设手动开启装置。C选项错误。

8. （2020年技术实务第39题）（知识点8）某建筑面积为220m²的会议室，室内净空高度为3.2m，设有机械排烟设施，该会议室的机械排烟量至少应为（　　）m³/h。

A. 13200　　　　B. 15000　　　　C. 15840　　　　D. 26400

【答案】 B

【解析】 除中庭外下列场所一个防烟分区的排烟量计算应符合下列规定：

建筑空间净高小于或等于6m的场所，其排烟量应按不小于60m³/(h·m²)计算，且取值不小于15000m³/h。220m²×60m³/(h·m²)=13200m³/h，故取15000m³/h。B选项正确。

五、考题预测

（一）习题

1. 有关自然排烟和自然通风的说法，不正确的是（　　）。

A. 自然排烟属于排烟方式
B. 自然通风是利用外部空气的压力和循环进行的
C. 自然通风不消耗机械动力，是一种经济的通风方式
D. 自然排烟不易受外部条件的影响，是一种理想的排烟方式

2. 下列关于排烟口的说法，不正确的是（   ）。
A. 排烟口至排烟口所在防烟分区最远点的水平距离不应超过 30m
B. 排烟口与附近安全出口相邻边缘之间的水平距离不应小于 1.5m
C. 排烟口宜设置在人员疏散的方向上
D. 排烟口设置在侧墙上时，其最近的边缘与吊顶的距离不应大于 0.5m

3. 下列关于机械加压送风系统送风风速的说法中，不正确的是（   ）。
A. 加压送风口的风速不宜大于 7m/s
B. 加压送风口的风速不应超过 10m/s
C. 当采用金属管道时，管道风速不应大于 20m/s
D. 当采用非金属材料管道时，管道风速不应大于 15m/s

4. 下列哪种材料不可用来制作挡烟垂壁（   ）。
A. 无机纤维织物   B. 防火玻璃
C. 不燃无机复合板   D. 矿棉板

5. 有关民用建筑应设排烟设施的场所或部位，下列说法正确的是（   ）。
A. 设置在一、二、三层的歌舞娱乐放映游艺场所应设排烟设施
B. 设置下地下或半地下的歌舞娱乐放映游艺场所应设排烟设施
C. 公共建筑内建筑面积大于 100m² 且可燃物较多的地方房间应设排烟设施
D. 建筑面积大于 50m² 且经常有人停留的地上有窗房间应设排烟设施

6. 系统施工完成后续进行调试，下列关于防排烟系统调试操作错误的是（   ）。
A. 模拟火灾，相应区域火灾报警后，同一防火分区内排烟管道上的其他阀门应联动关闭
B. 防火阀、排烟阀（口）阀门开启后的状态信号应能反馈到消防控制室，并联动风机停止
C. 模拟火灾，相应区域火灾报警后，同一防火区域内挡烟垂壁应联动下降到设计高度
D. 在消防控制室手动控制风机的启动、停止，并将信号反馈到消防控制室

7. 下列关于机械排烟系统的联动调试操作错误的是（   ）。
A. 当任何一个常闭排烟阀（口）开启时，排烟风机均能联动启动
B. 当火灾报警后，机械排烟系统应启动同一排烟区域的排烟阀和排烟风机
C. 启动的排烟阀（口）、排烟风机的状态信号应反馈到消防控制室
D. 有补风要求机械排烟场所，当火灾报警后，补风系统应在 30s 内启动

8. 下列有关机械排烟设施组成部件的说法正确的是（   ）。
A. 排烟风机应能保证在 280℃ 的环境条件下能连续工作不少于 20min
B. 排烟阀平时呈开启状态
C. 火灾时当排烟管道内温度达到 70℃ 时，排烟防火阀应能自动关闭
D. 挡烟垂壁用不燃材料制成，垂直安装在建筑顶棚、横梁或吊顶下的挡烟分隔设施

9. 下列关于机械加压送风的设置要求的说法不正确的是（   ）。
A. 机械加压送风机的进风口宜直通室外，且应采取防止烟气被吸入的措施
B. 采用机械加压送风的场所应设置百叶窗或可开启的外窗
C. 送风井（管）道应采用不燃烧材料制作，且宜优先采用光滑井（管）道，不宜采用土建井道
D. 机械加压送风管道应独立设置在管道井内

E. 未设置在管道井内的加压送风管，其耐火极限不应小于0.9h

10. 采用自然排烟方式进行排烟时，厂房和仓库的外窗设置说法正确的是（   ）。

A. 侧窗应沿建筑物的两条对角线均匀设置

B. 顶窗应在屋面均匀设置且宜采用手动控制

C. 顶窗应在屋面均匀设置且宜采用自动控制

D. 屋面斜度小于等于12°，每200m² 的建筑面积应设置相应的顶窗

E. 屋面斜度大于12°，每200m² 的建筑面积应设置相应的顶窗

11. 新建人防工程的（   ）部位应设置机械排烟设施。

A. 建筑面积大于50m²，且经常有人停留或可燃物较多的房间

B. 丙、丁类生产车间

C. 甲类生产车间

D. 总长度大于20m 的疏散走道

E. 电影放映间

12. 某办公大楼，共10层，建筑高度为35m，设置了自动喷水灭火系统、火灾自动报警系统和防排烟系统等消防设施，办公楼每层划分一个防火分区。当消防联动控制器和正压风机控制柜均处于自动状态时，下列报警信号能启动正压送风机的是（   ）。

A. 首层大厅内一只感烟火灾探测器和一只手动火灾报警按钮的报警信号

B. 位于第二层的一间办公室两只感烟火灾探测器发出的报警信号

C. 第五层内一只感烟火灾报警探测器发出的报警信号和第八层内一只感烟火灾探测器发出的报警信号

D. 第三层不同房间内的感烟火灾探测器发出的报警信号

E. 位于第九层房间内的一只感烟火灾探测器发出的报警信号和该层一只手动火灾报警按钮发出的报警信号

13. 机械排烟系统的排烟管道应符合下列哪些要求？（   ）

A. 必须采用非金属材料制作

B. 采用不燃材料制作

C. 当吊顶内有可燃物时，吊顶内的排烟管道应采用不燃材料进行隔热，并应与可燃物保持不小于100mm 的距离

D. 排烟管道井应采用耐火极限不小于1.00h 的隔墙与相邻区域分隔，当隔墙上必须设置检修门时，应用丙级防火门

E. 当排烟管道竖向穿越防火分区时，垂直风道应设在管道井内，且排烟井道必须有1.00h 的耐火极限

14. 对防排烟系统进行维护管理，在下列项目中，属于日常检查内容的是（   ）。

A. 防火阀的手动或自动启动、复位试验

B. 排烟窗的手动或自动启动、复位试验

C. 排烟防火阀的手动或自动启动、复位试验

D. 加压送风机、排烟风机的外观

E. 加压送风系统、机械排烟系统控制柜的工作状态

15. 下列关于机械加压送风防烟设施的说法中，正确的有（   ）。

A. 机械加压送风的防烟设施包括加压送风机、加压送风管道、加压送风口等

B. 当防烟楼梯间加压送风而前室不送风时，楼梯间与前室的隔墙上可能设有余压阀

C. 常闭式加压送风口常用于前室或合用前室

D. 加压送风口分为常开式、常闭式和自垂百叶式

E. 常闭式加压送风口常用于防烟楼梯间

16. 案例分析。

某办公楼，地面设计标高为±0.000，地上共40层，层高3m，女儿墙高度为1.5m。设有火灾自动报警系统、自动喷水灭火系统、防排烟系统等消防设施。消防控制室设置在首层靠外墙部位，可直通室外，该楼设置了机械加压送风装置及机械排烟装置，设置示意图如下图所示。

根据案例描述回答以下问题：
1）请指出该楼防排烟系统设置存在的主要问题。
2）请描述图中机房的耐火等级。
3）简述该楼房排烟系统联动控制程序。
4）请说明该楼通风、空气调节系统的风管在哪些地方应设置防火阀。

（二）答案详解

1. 【答案】D

【解析】自然通风是以热压和风压作用的、不消耗机械动力的、经济的通风方式，C选项正确；自然排烟是一种理想的排烟方式，但容易受外部条件的影响，因此只有在合适的条件下才采取自然排烟，D选项错误。

2. 【答案】C

【解析】排烟口应尽量设置在防烟分区的中心部位，排烟口至该防烟分区最远点的水平距离不应超过30m，A选项正确；排烟口的设置宜使烟流方向与人员疏散方向相反，排烟口与附近安全出口相邻边缘之间的水平距离不应小于1.5m，B选项正确，C选项错误；走道内排烟口应设置在其净空高度1/2以上，当设置在侧墙时，其最近的边缘与吊顶的距离不应大于0.5m，D选项正确。

3. 【答案】B

【解析】详见知识点5。

4. 【答案】D

【解析】挡烟垂壁应用不燃材料制作，如钢板、防火玻璃、无机纤维织物、不燃无机复合板等，矿棉板的燃烧性能为B_1级。

5. 【答案】B

【解析】根据知识点1，地下或半地下建筑（室）、地上建筑内的无窗房间，当总建筑面积大于200m² 或一个房间建筑面积大于50m²，且经常有人停留或可燃物较多时，应设置排烟设施。A 选项未表明歌舞娱乐放映游艺场所房间建筑面积，A 选项错误；C 选项建筑面积不满足要求，C 选项错误；D 选项是地上有窗房间，无窗房间才应设置排烟设施，因此错误。

6. 【答案】B

【解析】防火阀、排烟防火阀阀门关闭后的状态信号应能反馈到消防控制室、阀门关闭后应能联动相应风机停止。送风口、排烟阀（口）阀门开启后应能联动相应的风机启动。

7. 【答案】D

【解析】当火灾确认后，火灾自动报警系统应在15s 内联动开启同一排烟区域的全部排烟阀（口）、排烟风机和部分设施。并应在30s 内自动关闭与排烟无关的通风、空调系统。

8. 【答案】D

【解析】排烟阀安装在机械排烟系统各支管端部（烟气吸入口）处，平时呈关闭状态并满足漏风量要求，火灾或需要排烟时手动和电动打开。排烟防火阀应能保证在280℃的环境条件下连续工作不少于30min。当排烟管道内温度达到280℃时，排烟防火阀应能自动关闭。

9. 【答案】BE

【解析】采用机械加压送风的场所不应设置百叶窗，不宜设置可开启的外窗，B 错误；未设置在管道井内的加压送风管，其耐火极限不应小于1.0h，E 错误。

10. 【答案】CD

【解析】详见知识点3，厂房和仓库的自然排烟口的设置要求。

11. 【答案】ABDE

【解析】人防工程的下列部位应设置机械排烟设施：建筑面积大于50m²，且经常有人停留或可燃物较多的房间；丙、丁类生产车间；长度大于20m 的疏散走道；歌舞娱乐放映游艺场所；中庭；总建筑面积大于200m² 的人防工程。

12. 【答案】ABDE

【解析】根据联动控制要求，应由加压送风口所在防火分区内的两只独立的火灾探测器或一只火灾探测器与一只手动火灾报警按钮的报警信号，作为送风口开启和加压送风机启动的联动触发信号，并应由消防联动控制器联动控制相关楼层前室等需要加压送风场所的加压送风口开启和加压送风机启动。任一常闭加压送风口开启时，相应的加压送风机应联动启动，A 选项正确；办公楼每层划分一个防火分区，消防联动控制器和正压风机控制柜均处于自动状态，该防火分区内两只独立的火灾探测器或一只火灾探测器与一只手动火灾报警按钮的报警信号都能联动开启加压送风机，B、D、E 选项都相当于同一防火分区内发出的两个火灾报警信号，故能启动正压送风机；C 选项是不同防火分区内发出的火灾报警信号，故不能启动正压送风机。

13. 【答案】BE

【解析】排烟管道必须采用不燃材料制作，且不应采用土建风道，当采用金属风道时，管道风速不应大于20m/s，当采用非金属材料风道时，不应大于15m/s。A 错误。当吊顶内有可燃物时，吊顶内的排烟管道应采用不燃烧材料进行分隔，并应与可燃物保持不小于150mm 的距离。C 错误。排烟管道井应采用耐火极限不小于1.00h 的隔墙与相邻区域分隔，当隔墙上必须设置检修门时，应用乙级防火门。D 错误。

14. 【答案】DE

【解析】详见知识点13。

15. 【答案】ABCD

【解析】机械加压送风的防烟设施包括加压送风机、加压送风管道、加压送风口等。当防烟楼梯间加压送风而前室不送风时，楼梯间与前室的隔墙上可能设有余压阀。机械加压送风机可采用轴流风机或中、低压离心风机，风机位置应根据供电条件、风量分配均衡、新风入口不受火、烟威胁等因素确定；加压送风口可分为：常开式、常闭式、自垂百叶式（常用于防烟楼梯间）。

16. 【解析】具体如下。

1）防烟楼梯间与合用前室的机械加压送风系统应分别独立设置，加压送风时，房间压力＜走道压力＜前室压力＜防烟楼梯间压力。当建筑高度大于100m的高层，送风系统应竖向分段设计，且每段高度不应超过100m。所以该楼应设置至少4个加压送风机（2个给前室送风，2个给楼梯间送风）。

建筑高度大于100m的公共建筑和建筑高度超过100m的住宅，排烟系统应竖向分段独立设置，且每段高度，公共建筑不宜超过50m，住宅建筑不宜超过100m。所以，应设置至少3个排烟机，竖向分段设置，每段不超过50m，住宅建筑不宜超过100m。所以，应设置至少3个排烟机，竖向分段设置，每段不超过50m。

机械加压送风机及排烟风机不能设置在同一机房内，它们应分别设置在专用机房内。

2）加压送风机和排烟风机分别设置的专用机房，均应采用耐火极限不低于2.00h的隔墙和1.5h的楼板及甲级防火门与其他部位隔开。

3）火警时，同一防烟分区内的2只独立火灾探测器的火警信号发送至消防控制主机，由消防联动控制器联动开启排烟阀。并由排烟阀开启的动作信号，作为排烟风机启动的联动触发信号，由消防联动控制器联动启动排烟风机。当火灾确认后，火灾自动报警系统应在15s内联动开启同一排烟区域的全部排烟阀、排烟风机和补风设施。并应在30s内自动关闭与排烟设施无关的通风、空调系统。担负两个及以上防烟分区的排烟系统，应仅打开着火防烟分区的排烟阀，其他防烟分区的排烟阀应呈关闭状态。系统中任一排烟阀开启时，相应排烟风机应能联动启动。

4）该大楼的通风、空气调节系统的风管在管道穿越防火分区处、垂直风管与水平风管交接处的水平管段上、风管穿越通风、空调机房及重要的或火灾危险性大的房间隔墙和楼板处、风管穿越变形缝的两侧等地方应设置防火阀。

第十章　消防应急照明和疏散指示系统

一、知识点架构图

本章的知识点架构见图 3-10-1。

图 3-10-1　第三篇第十章知识点架构图

二、考情分析

本章的考情分析见表 3-10-1。

表 3-10-1　第三篇第十章考情分析表

年份	技术实务 分值（分）	技术实务 占比（%）	综合能力 分值（分）	综合能力 占比（%）	案例分析 分值（分）	案例分析 占比（%）
2015 年	2	1.7	1	0.8	4	3.3
2016 年	1	0.8	3	2.5	0	0
2017 年	2	1.7	3	2.5	0	0
2018 年	2	1.7	1	0.8	3	2.5
2019 年	3	2.5	2	1.7	8	6.7
2020 年	5	4.2	4	3.3	8	6.7

三、典型知识点

知识点1：消防应急灯具分类与组成

1）消防应急照明灯具的分类见表3-10-2。

表3-10-2 消防应急灯具的分类

分类		内容
按电源电压等级分类	A型消防应急灯具（2020年技术实务第48题）	A型消防应急灯具的主电源和蓄电池电源额定工作电压均不大于DC36V
	B型消防应急灯具	B型消防应急灯具的主电源或蓄电池电源额定工作电压大于DC36V或AC36V
按蓄电池电源供电方式分类	集中电源型消防应急灯具	集中电源型消防应急灯具使用主电源和蓄电池电源，均由应急照明集中电源供电
	自带电源型消防应急灯具	自带电源型消防应急灯具使用蓄电池电源，由灯具自带蓄电池供电
按适用系统类型分类	集中控制型消防应急灯具	集中控制型消防应急灯具为组成集中控制型系统的主要部件，由应急照明控制器集中控制并显示其工作状态
	非集中控制型消防应急灯具	非集中控制型消防应急灯具为组成非集中控制型系统的主要部件，由应急照明集中电源或应急照明配电箱控制其应急启动
按工作方式分类	持续型消防应急灯具	持续型消防应急灯具在正常工作状态下光源处于节电点亮模式，在火灾或其他紧急状态下控制光源转入应急点亮模式
	非持续型消防应急灯具	非持续型消防应急灯具在正常工作状态下光源处于熄灭模式，在火灾或其他紧急状态下控制光源转入应急点亮模式
按用途分类	消防应急照明灯具	消防应急照明灯具为人员疏散、消防作业提供照明
	消防应急标志灯具	消防应急标志灯具用图形或文字标示疏散导引信息

2) 消防应急照明系统的组成和分类见表 3-10-3。

表 3-10-3 消防应急照明系统组成和分类

分类	组成	消防应急灯具
灯具采用自带蓄电池供电方式的集中控制型系统（2018年技术实务第46题、2018年案例分析第五题、2019年技术实务第47题）	系统包括应急照明控制器、应急照明配电箱和消防应急灯具。其中消防应急灯具由应急照明配电箱供电，消防应急灯具的工作状态受应急照明控制器控制和管理	该系统连接的消防应急灯具均为自带电源型，灯具内部自带蓄电池，应急转换由应急照明控制器控制
灯具采用自带蓄电池供电方式的非集中控制型系统	系统包括应急照明配电箱和消防应急灯具。消防应急灯具由应急照明配电箱供电	应急灯具均为自带电源型，灯具内部自带蓄电池，独立控制，无集中控制功能
灯具采用集中电源供电方式的集中控制型系统（2019年技术实务第61题、2019年案例分析第五题、2020年案例分析第三题）	系统包括应急照明控制器、应急照明集中电源、消防应急灯具组成。应急照明集中电源为消防应急灯具供电，应急照明集中电源和消防应急照明灯具的工作状态受应急照明控制器控制（2020年综合能力第7题）	应急灯具的电源由应急照明集中电源提供，由应急照明控制器集中控制

续表

分类	组成	消防应急灯具
灯具采用集中电源供电方式的非集中控制型系统	系统包括应急照明集中电源、消防应急灯具。应急照明集中电源为消防应急灯具供电	消防应急灯具自身不带电源，工作电源由应急照明集中电源提供，独立控制，无集中控制功能

知识点 2：系统的工作原理和性能要求

1）应急照明系统工作原理见表 3-10-4。

表 3-10-4　应急照明系统工作原理

分类	工作原理	
	正常工作状态时	发生火灾时
灯具采用自带蓄电池供电方式的集中控制型系统	市电通过应急照明配电箱为灯具供电，用于正常工作和蓄电池充电。应急照明控制器通过实时检测消防应急灯具的工作状态，实现灯具的集中监测和管理	应急照明控制器接收到消防联动信号后，下发控制命令至消防应急灯具，控制应急照明配电箱和消防应急灯具转入应急状态，为人员疏散和消防作业提供照明和疏散指示
灯具采用自带蓄电池供电方式的非集中控制型系统	市电通过应急照明配电箱为灯具供电，用于正常工作和蓄电池充电	发生火灾时，相关防火分区内的应急照明配电箱动作，切断消防应急灯具的市电供电线路，灯具的工作电源由灯具内部自带的蓄电池提供，灯具进入应急状态，为人员疏散和消防作业提供应急照明和疏散指示
灯具采用集中电源供电方式的集中控制型系统	市电接入应急照明集中电源，用于正常工作和电池充电，应急照明集中电源的输出提供给消防应急灯具。应急照明控制器通过实时检测应急照明集中电源、消防应急灯具的工作状态，实现系统的集中监测和管理	应急照明控制器接收到消防联动信号后，下发控制命令至应急照明集中电源、消防应急灯具，控制系统转入应急状态，为人员疏散和消防作业提供照明和疏散指示
灯具采用集中电源供电方式的非集中控制型系统	市电接入应急照明集中电源，用于正常工作和电池充电，应急照明集中电源的输出提供给消防应急灯具	应急照明集中电源的供电电源由市电切换至电池，集中电源进入应急工作状态，消防应急灯具也进入应急工作状态，为人员疏散和消防作业提供照明和疏散指示

2) 系统性能要求如下。

（1）灯具光源应急点亮、熄灭的响应时间。

火灾状态下，灯具光源应急点亮、熄灭的响应时间应符合下列规定：

①高危险场所灯具光源应急点亮的响应时间不应大于0.25s（2020年综合能力第82题）；

②其他场所灯具光源应急点亮的响应时间不应大于5s；

③具有两种及以上疏散指示方案的场所，标志灯光源点亮、熄灭的响应时间不应大于5s。

（2）系统的持续应急时间。

系统应急启动后，在蓄电池电源供电时的持续工作时间应满足下列要求：（2019年综合能力第11题）

①建筑高度大于100m的民用建筑，不应小于1.5h。

②医疗建筑、老年人照料设施、总建筑面积大于100000m^2的公共建筑和总建筑面积大于20000m^2的地下、半地下建筑，不应小于1h。（2020年综合能力第82题）

③其他建筑，不应小于0.5h。

④城市交通隧道应符合下列规定：

a. 一、二类隧道不应小于1.5h，隧道端口外接的站房不应小于2h；

b. 三、四类隧道不应小于1h，隧道端口外接的站房不应小于1.5h。

知识点3：系统的设计要求

应急照明系统的设计要求见表3-10-5。

表3-10-5 应急照明系统的设计要求 ★

项目	要求
灯具的设计 （2019年技术实务第49题）	灯具的选择应符合下列规定： （1）应选择采用节能光源的灯具，消防应急照明灯具的光源色温不应低于2700K。 （2）不应采用蓄光型指示标志替代消防应急标志灯具（以下简称"标志灯"）。 （3）灯具的蓄电池电源宜优先选择安全性高、不含重金属等对环境有害物质的蓄电池。 （4）设置在距地面8m及以下的灯具的电压等级及供电方式应符合下列规定： ①应选择A型灯具； ②地面上设置的标志灯应选择集中电源A型灯具； ③未设置消防控制室的住宅建筑，疏散走道、楼梯间等场所可选择自带电源B型灯具。 （5）灯具面板或灯罩的材质应符合下列规定： ①除地面上设置的标志灯的面板可以采用厚度4mm及以上的钢化玻璃外，设置在距地面1m及以下的标志灯的面板或灯罩不应采用易碎材料或玻璃材质； ②在顶棚、疏散路径上方设置的灯具的面板或灯罩不应采用玻璃材质。 （6）标志灯的规格应符合下列规定： ①室内高度大于4.5m的场所，应选择特大型或大型标志灯； ②室内高度为3.5～4.5m的场所，应选择大型或中型标志灯； ③室内高度小于3.5m的场所，应选择中型或小型标志灯。 （7）灯具及其连接附件的防护等级应符合下列规定： ①在室外或地面上设置时，防护等级不应低于IP67； ②在隧道场所、潮湿场所内设置时，防护等级不应低于IP65； ③B型灯具的防护等级不应低于IP34。 （8）标志灯应选择持续型灯具。 （9）交通隧道和地铁隧道宜选择带有米标的方向标志灯

续表

项目	要求
系统配电的设计	(1) 水平疏散区域灯具配电回路的设计应符合下列规定： ①应按防火分区、同一防火分区的楼层、隧道区间、地铁站台和站厅等为基本单元设置配电回路； ②除住宅建筑外，不同的防火分区、隧道区间、地铁站台和站厅不能共用同一配电回路； ③避难走道应单独设置配电回路； ④防烟楼梯间前室及合用前室内设置的灯具应由前室所在楼层的配电回路供电； ⑤配电室、消防控制室、消防水泵房、自备发电机房等发生火灾时仍需工作、值守的区域和相关疏散通道，应单独设置配电回路。 (2) 竖向疏散区域灯具配电回路的设计应符合下列规定： ①封闭楼梯间、防烟楼梯间、室外疏散楼梯应单独设置配电回路； ②敞开楼梯间内设置的灯具应由灯具所在楼层或就近楼层的配电回路供电； ③避难层和避难层连接的下行楼梯间应单独设置配电回路。 (3) 任一配电回路配接灯具的数量、范围应符合下列规定： ①配接灯具的数量不宜超过 60 只； ②道路交通隧道内，配接灯具的范围不宜超过 1000m； ③地铁隧道内，配接灯具的范围不应超过一个区间的 1/2。 (4) 任一配电回路的额定功率、额定电流应符合下列规定（2020 年技术实务第 32 题）： ①配接灯具的额定功率总和不应大于配电回路额定功率的 80%； ②A 型灯具配电回路的额定电流不应大于 6A；B 型灯具配电回路的额定电流不应大于 10A
应急照明配电箱的设计	灯具采用自带蓄电池供电时，应急照明配电箱的设计应符合下列规定： (1) 应急照明配电箱的选择应符合下列规定： ①应选择进、出线口分开设置在箱体下部的产品； ②在隧道场所、潮湿场所，应选择防护等级不低于 IP65 的产品；在电气竖井内，应选择防护等级不低于 IP33 的产品。 (2) 应急照明配电箱的设置应符合下列规定（2020 年技术实务第 24 题）： ①宜设置于值班室、设备机房、配电间或电气竖井内； ②人员密集场所，每个防火分区应设置独立的应急照明配电箱；非人员密集场所，多个相邻防火分区可设置一个共用的应急照明配电箱； ③防烟楼梯间应设置独立的应急照明配电箱，封闭楼梯间宜设置独立的应急照明配电箱。 (3) 应急照明配电箱的供电应符合下列规定： ①集中控制型系统中，应急照明配电箱应由消防电源的专用应急回路或所在防火分区、同一防火分区的楼层、隧道区间、地铁站台和站厅的消防电源配电箱供电； ②非集中控制型系统中，应急照明配电箱应由防火分区、同一防火分区的楼层、隧道区间、地铁站台和站厅的正常照明配电箱供电； ③A 型应急照明配电箱的变压装置可设置在应急照明配电箱内或其附近。 (4) 应急照明配电箱的输出回路应符合下列规定： ①A 型应急照明配电箱的输出回路不应超过 8 路；B 型应急照明配电箱的输出回路不应超过 12 路； ②沿电气竖井垂直方向为不同楼层的灯具供电时，应急照明配电箱的每个输出回路在公共建筑中的供电范围不宜超过 8 层，在住宅建筑的供电范围不宜超过 18 层

续表

项目	要求
应急照明集中电源的设计	灯具采用集中电源供电时，集中电源的设计应符合下列规定： （1）集中电源的选择应符合下列规定： ①应根据系统的类型及规模、灯具及其配电回路的设置情况、集中电源的设置部位及设备散热能力等因素综合选择适宜电压等级与额定输出功率的集中电源；集中电源额定输出功率不应大于5kW；设置在电缆竖井中的集中电源额定输出功率不应大于1kW； ②蓄电池电源宜优先选择安全性高、不含重金属等对环境有害物质的蓄电池（组）； ③在隧道场所、潮湿场所，应选择防护等级不低于IP65的产品；在电气竖井内，应选择防护等级不低于IP33的产品。 （2）集中电源的设置应符合下列规定： ①应综合考虑配电线路的供电距离、导线截面、压降损耗等因素，按防火分区的划分情况设置集中电源；灯具总功率大于5kW的系统，应分散设置集中电源； ②应设置在消防控制室、低压配电室、配电间内或电气竖井内；设置在消防控制室内时，应符合相关规定；集中电源的额定输出功率不大于1kW时，可设置在电气竖井内； ③设置场所不应有可燃气体管道、易燃物、腐蚀性气体或蒸汽； ④酸性电池的设置场所不应存放带有碱性介质的物质；碱性电池的设置场所不应存放带有酸性介质的物质； ⑤设置场所宜通风良好，设置场所的环境温度不应超出电池标称的工作温度范围。 （3）集中电源的供电应符合下列规定： ①集中控制型系统中，集中设置的集中电源应由消防电源的专用应急回路供电，分散设置的集中电源应由所在防火分区、同一防火分区的楼层、隧道区间、地铁站台和站厅的消防电源配电箱供电； ②非集中控制型系统中，集中设置的集中电源应由正常照明线路供电，分散设置的集中电源应由所在防火分区、同一防火分区的楼层、隧道区间、地铁站台和站厅的正常照明配电箱供电。 （4）集中电源的输出回路应符合下列规定： ①集中电源的输出回路不应超过8路； ②沿电气竖井垂直方向为不同楼层的灯具供电时，集中电源的每个输出回路在公共建筑中的供电范围不宜超过8层，在住宅建筑的供电范围不宜超过18层
应急照明控制器的设计	（1）应急照明控制器的选型应符合下列规定： ①应选择具有能接收火灾报警控制器或消防联动控制器干接点信号或DC24V信号接口的产品； ②应急照明控制器采用通信协议与消防联动控制器通信时，应选择与消防联动控制器的通信接口和通讯协议的兼容性满足现行国家标准《火灾自动报警系统组件兼容性要求》（GB 22134）有关规定的产品； ③在隧道场所、潮湿场所，应选择防护等级不低于IP65的产品；在电气竖井内，应选择防护等级不低于IP33的产品； ④控制器的蓄电池电源宜优先选择安全性高、不含重金属等对环境有害物质的蓄电池。 （2）任一台应急照明控制器直接控制灯具的总数量不应大于3200。 （3）应急照明控制器的控制、显示功能应符合下列规定： ①应能接收、显示、保持火灾报警控制器的火灾报警输出信号。具有两种及以上疏散指示方案场所中设置的应急照明控制器还应能接收、显示、保持消防联动控制器发出的火灾报警区域信号或联动控制信号；

续表

项目	要求
应急照明控制器的设计	②能按预设逻辑自动、手动控制系统的应急启动，并应符合相关规定； ③应能接收、显示、保持其配接的灯具、集中电源或应急照明配电箱的工作状态信息。 （4）系统设置多台应急照明控制器时，起集中控制功能的应急照明控制器的控制、显示功能尚应符合下列规定： ①应能按预设逻辑自动、手动控制其他应急照明控制器配接系统设备的应急启动，并应符合相关规定； ②应能接收、显示、保持其他应急照明控制器及其配接的灯具、集中电源或应急照明配电箱的工作状态信息。 （5）建（构）筑物中存在具有两种及以上疏散指示方案的场所时，所有区域的疏散指示方案、系统部件的工作状态应在应急照明控制器或专用消防控制室图形显示装置上以图形方式显示。 （6）应急照明控制器的设置应符合下列规定： ①应设置在消防控制室内或有人值班的场所；系统设置多台应急照明控制器时，起集中控制功能的应急照明控制器应设置在消防控制室内，其他应急照明控制器可设置在电气竖井、配电间等无人值班的场所。 ②在消防控制室地面上设置时，应符合下列规定： a. 设备面盘前的操作距离，单列布置时不应小于1.5m；双列布置时不应小于2m； b. 在值班人员经常工作的一面，设备面盘至墙的距离不应小于3m； c. 设备面盘后的维修距离不宜小于1m； d. 设备面盘的排列长度大于4m时，其两端应设置宽度不小于1m的通道。 ③在消防控制室墙面上设置时，应符合下列规定： a. 设备主显示屏高度宜为1.5~1.8m； b. 设备靠近门轴的侧面距墙不应小于0.5m； c. 设备正面操作距离不应小于1.2m。 （7）应急照明控制器的主电源应由消防电源供电；控制器的自带蓄电池电源应至少使控制器在主电源中断后工作3h

知识点4：系统的设置要求

消防应急照明和疏散指示系统的设置要求见表3-10-6。

表3-10-6 消防应急照明和疏散指示系统设置要求

项目	应急照明	疏散指示标识
设置场所	（1）除建筑高度小于27m的住宅外，民用建筑、厂房和丙类仓库的下列部位，应设置疏散照明： ①封闭楼梯间、防烟楼梯间及其前室、消防电梯间的前室或合用前室、避难走道、避难层（间）； ②观众厅、展览厅、多功能厅和建筑面积超过200m²的营业厅、餐厅、演播室等人员密集场所； ③建筑面积大于100m²的地下或半地下公共活动场所； ④公共建筑内的疏散走道； ⑤人员密集的厂房内生产场所和疏散走道。 （2）消防控制室、消防水泵房、自备发电机房、配电室、防烟与排烟机房以及发生火灾时仍需正常工作的消防设备房间应设置应急照明	（1）公共建筑、建筑高度大于54m的住宅建筑，高层厂房（仓库）及甲、乙、丙类厂房应设置灯光疏散指示标志。 （2）下列建筑或场所应在其疏散走道和主要疏散路线的地面上增设能保持视觉连续的灯光疏散指示标志或蓄光疏散指示标识： ①总建筑面积大于8000m²的展览建筑； ②总建筑面积大于5000m²的地上商店； ③总建筑面积大于500m²的地下、半地下商店； ④歌舞娱乐放映游艺场所； ⑤座位数超过1500个的电影院、剧院，座位数超过3000个的体育馆、会堂或礼堂； ⑥车站、码头建筑和民用机场航站楼中建筑面积大于3000m²的候车、候船厅、候机厅和航站楼中的公共区

续表

项目	应急照明	疏散指示标识
设置要求 （2020年技术 实务第88题）	（1）建筑内疏散照明的地面最低水平照度应符合下列规定： ①对于疏散走道，不应低于1.0lx； ②对于人员密集场所、避难层（间），不应低于3.0lx；对于老年人照料设施、病房楼或手术部的避难间，不应低于10.0lx； ③对于楼梯间、前室或合用前室、避难走道，不应低于5.0lx；对于人员密集场所、老年人照料设施、病房楼或手术部内的楼梯间、前室或合用前室、避难走道，不应低于10.0lx。（2018年案例分析第四题、2020年综合能力第82题） （2）疏散照明灯具应设置在出口的顶部、墙面的上部或顶棚上； （3）备用照明，其作业面的最低照度不应低于正常照明的照度，应设置在墙面的上部或顶棚上	（1）应设置在安全出口和人员密集场所的疏散门正上方。 （2）沿疏散走道设置的灯光疏散指示标志，应设置在疏散走道及其转角处距离高度1m以下的墙面或地面上，灯光疏散指示标志间距不应大于20m；对于袋形走道，不应大于10m；在走道转角区，不应大于1m
共同要求	（1）应急照明灯和灯光疏散指示标志，应设玻璃或其他不燃材料制作的防火罩。 （2）应急照明灯和疏散指示标志备用电源的连续供电时间，对于高度超过100m的民用建筑不应少于1.5h，对于医疗建筑、老年人建筑、总建筑面积大于10万平方米的公共建筑和总建筑面积大于2万平方米的地下、半地下建筑不应少于1.0h，对于其他建筑不应少于0.5h	

知识点5：系统的安装与调试

1）灯具应固定安装在不燃性墙体或不燃性装修材料上，不应安装在门、窗或其他可移动的物体上。灯具安装后不应对人员正常通行产生影响，灯具周围应无遮挡物，并应保证灯具上的各种状态指示灯易于观察。

2）标志灯可采用吸顶和吊装式安装，室内高度大于3.5m的场所，特大型、大型、中型标志灯宜采用吊装式安装。灯具采用吊装式安装时，应采用金属吊杆或吊链，吊杆或吊链上端应固定在建筑构件上。

3）灯具在侧面墙或柱上安装时，可采用壁挂式或嵌入式安装，安装高度距地面不大于1m时，灯具表面凸出墙面或柱面的部分不应有尖锐角、毛刺等突出物，凸出墙面或柱面最大水平距离不应超过20mm。

4）非集中控制型系统中，自带电源型灯具采用插头连接时，应采用专用工具方可拆卸。

5）标志灯的标志面宜与疏散方向垂直。

6）出口标志灯应安装在安全出口或疏散门内侧上方居中的位置，受安装条件限制标志灯无法安装在门框上侧时，可安装在门的两侧，但门完全开启时标志灯不能被遮挡。室内高度不大于3.5m的场所，标志灯底边离门框距离不应大于200mm；室内高度大于3.5m的场所，特大型、大型、中型标志灯底边距地面高度不宜小于3m，且不宜大于6m。采用吸顶或吊装式安装时，标志灯距安全出口或疏散门所在墙面的距离不宜大于50mm。

7）方向标志灯安装在疏散走道、通道上方时室内高度不大于3.5m的场所，标志灯底边距地面的高度宜为2.2~2.5m；室内高度大于3.5m的场所，特大型、大型、中型标志灯底边距地面高度不宜小于3m，且不宜大于6m。当安装在疏散走道、通道转角处的上方或两侧时，标志灯与转角处边墙的距离不应大于1m。

8）应急照明控制器、集中电源、应急照明配电箱落地安装时，其底边宜高出地（楼）面100~200mm。应急照明控制器、集中电源和应急照明配电箱的接线端子板的每个接线端，接线不得超过2根，线缆应留有不小于200mm的余量。

9）系统线路暗敷时，应采用金属管、可弯曲金属电气导管或 B_1 级及以上的刚性塑料管保护；系统线路明敷设时，应采用金属管、可弯曲金属电气导管或槽盒保护；矿物绝缘类不燃性电缆可直接明敷。

10）系统应单独布线。除设计要求以外，不同回路、不同电压等级、交流与直流的线路，不应布在同一管内或槽盒的同一槽孔内。线缆在管内或槽盒内，不应有接头或扭结；导线应在接线盒内采用焊接、压接、接线端子可靠连接。

知识点 6：系统的检测与维护

1）消防应急照明和疏散指示系统检测验收的检查项目见表 3-10-7。

表 3-10-7　消防应急照明和疏散指示系统检测验收的检查项目

类别	检查项目	判定准则
A	系统中的应急照明控制器、集中电源、应急照明配电箱和灯具的选型与设计文件的符合性	系统检测、验收结果判定准则应符合下列规定： A 类项目不合格数量应为 0，B 类项目不合格数量应小于或等于 2，B 类项目不合格数量加上 C 类项目不合格数量应小于或等于检查项目数量的 5% 的，系统检测、验收结果应为合格； 不符合合格判定准则的，系统检测、验收结果应为不合格
A	系统中的应急照明控制器、集中电源、应急照明配电箱和灯具消防产品准入制度的符合性	
A	应急照明控制器的应急启动、标志灯指示状态改变控制功能	
A	集中电源、应急照明配电箱的应急启动功能	
A	集中电源、应急照明配电箱的连锁控制功能	
A	灯具应急状态的保持功能	
A	集中电源、应急照明配电箱的电源分配输出功能	
B	资料的齐全性、符合性	
B	系统在蓄电池电源供电状态下的持续应急工作时间	
C	其余项目	

2）消防应急照明和疏散指示系统运行维护的检查项目见表 3-10-8。

表 3-10-8　消防应急照明和疏散指示系统运行维护的检查项目

序号	检查对象	检查项目	检查数量
1	集中控制型系统	手动应急启动功能	应保证每月、季对系统进行一次手动应急启动功能检查
1	集中控制型系统	火灾状态下自动应急功能	应保证每年对每一个防火分区至少进行一次火灾状态下自动应急启动功能检查
1	集中控制型系统	持续应急工作时间	应保证每月对每一台灯具进行一次蓄电池电源供电状态下的应急工作持续时间检查
2	非集中控制型系统	手动应急启动功能	应保证每月、季对系统进行一次手动应急启动功能检查
2	非集中控制型系统	持续应急工作时间	应保证每月对每一台灯具进行一次蓄电池电源供电状态下的应急工作持续时间检查

3）消防应急照明和疏散指示系统的常见故障见表 3-10-9。（2018 年案例分析第五题）

表 3-10-9　消防应急照明和疏散指示系统的常见故障

常见故障	检查项目
主电故障	输入电源是否完好，熔丝有无烧断，接触是否不良等
备用电源故障	充电装置、电池有无损坏，连线有无断裂
灯具故障	灯具控制器、光源、电池是否完好，如有损坏，应对灯具故障部分及时更换
回路通信故障	回路从主机至灯具的接线是否完好，灯具控制器有无损坏

※知识点5、6内容较多，建议参照教材部分详细阅读，重点理解记忆系统调试的原理及步骤。

分析：消防应急照明和疏散指示系统每年的分值不多，大概为5分。从以前的考试看，考查了系统分类、系统设计要求、系统设计参数、安装维护管理方面的内容。今后的考查过程中，这几个方面还应当继续掌握。其中，系统的设计要求是要求重点掌握的内容。

四、高频真题

1．（2018年技术实务第46题）（知识点1）某地铁地下车站，消防应急照明和疏散指示系统由一台应急照明控制器、2台应急照明电箱和50只消防应急照明灯具组成。现有3只消防应急灯具损坏需要更换，更换消防应急灯具可选类型（   ）。

  A. 自带电源集中控制型
  B. 集中电源非集中控制型
  C. 自带电源非集中控制型
  D. 集中电源集中控制型

【答案】A

【解析】自带电源集中控制型系统由自带电源型消防应急灯具、应急照明控制器、应急照明配电箱及相关附件等组成的消防应急照明和疏散指示系统。

2．（2019年技术实务第61题）（知识点1）集中控制型消防应急照明和疏散指示系统灯具采用集中电源供电方式时，正确的做法是（   ）。

  A. 应急照明集中电源仅为灯具提供蓄电池电源
  B. 应急照明控制器直接控制灯具的应急启动
  C. 应急照明集中电源不直接连锁控制消防应急灯具的工作状态
  D. 应急照明控制器通过应急照明集中电源连接灯具

【答案】D

【解析】本题考查的知识点是消防应急照明系统。应急照明控制器通过应急照明集中电源连接灯具，D选项正确，如图3-10-2所示。

图3-10-2　灯具采用集中电源供电方式的集中控制型系统

3．（2019年技术实务第49题）（知识点3）某大型KTV场所设置了集中控制型消防应急照明和疏散指示系统。该场所下列消防应急灯具的选型中，正确的是（   ）。

  A. 主要疏散通道地面上采用自带电源A型地埋式标志灯

B. 采用的地埋式标志灯的防护等级为 IP65

C. 净高 3.3m 的疏散走道上方采用小型标志灯

D. 楼梯间采用蓄光型指示标志

【答案】C

【解析】本题考查的知识点是消防应急照明系统。

设置在距地面 8m 及以下的灯具的电压等级及供电方式应符合下列规定：

(1) 应选择 A 型灯具；

(2) 地面上设置的标志灯应选择集中电源 A 型灯具。A 选项自带电源型不正确。

灯具及其连接附件的防护等级应符合下列规定：

(1) 在室外或地面上设置时，防护等级不应低于 IP67。B 选项不正确。

(2) 在隧道场所、潮湿场所内设置时，防护等级不应低于 IP65。

(3) B 型灯具的防护等级不应低于 IP34。

标志灯的规格应符合下列规定：

(1) 室内高度大于 4.5m 的场所，应选择特大型或大型标志灯。

(2) 室内高度为 3.5~4.5m 的场所，应选择大型或中型标志灯。

(3) 室内高度小于 3.5m 的场所，应选择中型或小型标志灯。C 选项正确。

不应采用蓄光型指示标志替代消防应急标志灯具。D 选项不正确。

4. （2020年综合能力第7题）（知识点1）某商业综合体设置了集中电源集中控制型消防应急照明和疏散指示系统，根据现行国家标准《消防应急照明和疏散指示系统技术标准》（GB 51309），不属于该系统部件连接方式的是（　　）。

A. 应急照明控制器直接与应急照明配电箱连接

B. 应急照明集中电源直接与消防应急照明灯具连接

C. 应急照明控制器直接与应急照明控制器连接

D. 应急照明控制器直接与应急照明集中电源连接

【答案】A

【解析】集中电源集中控制型系统是由集中控制型消防应急灯具、应急照明控制器、应急照明集中电源、应急照明分配电装置及相关附件组成的消防应急照明和疏散指示系统，无应急照明配电箱。故 A 选项错误。

5. （2020年技术实务第24题）（知识点3）下列场所或部位中，可不独立设置应急照明配电箱的是（　　）。

A. 办公楼的敞开楼梯间　　　　　　　　B. 商场营业厅的防火分区

C. 住宅建筑的防烟楼梯间　　　　　　　D. 病房楼的防火分区

【答案】A

【解析】应急照明配电箱的设置应符合下列规定：

(1) 宜设置于值班室，设备机房，配电间或电气竖井内。

(2) 人员密集场所，每个防火分区应设置独立的应急照明配电箱。B、D 选项需要独立设置。非人员密集场所，多个相邻防火分区可设置一个共用的应急照明配电箱。A 选项可不独立设置。

(3) 防烟楼梯间应设置独立的应急照明配电箱，封闭楼梯间宜设置独立的应急照明配电箱。C 选项需要独立设置。

五、考题预测

（一）习题

1. 消防应急照明和疏散指示系统应急转换时间不应大于（　　）s；高危险区域使用系统的应急转换时间不应大于（　　）s。

A. 5，0.25　　　　　　　　　　　　B. 0.25，5

C. 0.25，0.25　　　　　　　　　　　D. 5，5

2. 某公共建筑高度为120m，其消防应急照明系统蓄电池组的初始放电时间不小于（　　）。

A. 90min　　　　　　　　　　　　　B. 180min

C. 270min　　　　　　　　　　　　 D. 540min

3. 下列关于消防应急照明供电系统设计说法错误的是（　　）。

A. 大于2000m²的防火分区单独设置应急照明配电箱或应急照明分配电装置

B. 公共建筑应急照明配电箱供电范围不宜超过8层，住宅建筑不宜超过18层

C. 一个应急照明配电箱或应急照明分配电装置所带灯具覆盖的防火分区总面积不超过5500m²

D. A型应急照明配电箱的输出回路不应超过8路，B型应急照明配电箱的输出回路不应超过12路

4. 在正常工作状态时，市电通过应急照明配电箱为灯具供电，用于正常工作和蓄电池充电；发生火灾时，应急照明控制器接收到消防联动信号后，下发控制命令至消防应急灯具，控制应急照明配电箱和消防应急灯具转入应急状态的是（　　）。

A. 集中电源集中控制型　　　　　　　B. 自带电源集中控制型

C. 集中电源非集中控制型　　　　　　D. 自带电源非集中控制型

5. 消防应急照明系统调试中，逐个切断各区域应急照明配电箱或应急照明集中电源的分配电装置，该配电箱或分配电装置供电的消防灯具应在（　　）s内转入应急工作状态。

A. 3　　　　　　　　　　　　　　　B. 5

C. 10　　　　　　　　　　　　　　 D. 15

6. 下列有关系统供配电的说法，正确的是（　　）。

A. 应急照明配电箱的主电源宜取自其他防火分区的备用照明配电箱

B. 小于3000m²的防火分区可采用专用应急照明回路

C. 大于2000m²的防火分区应单独设置应急照明配电箱或应急照明分配电装置

D. 应急照明回路沿电缆管井垂直敷设时，公共建筑应急照明配电箱供电范围不宜超过10层

7. 下列场所的应急照明，应能保证达到正常照明照度要求的是（　　）。

A. 消防控制室　　　　　　B. 电话总机房以及发生火灾时需要正常工作的其他房间

C. 消防水泵房　　　　　　D. 配电室和自备发电机房

E. 楼梯间

8. 消防应急灯具按用途分类主要包括（　　）。

A. 消防应急照明灯具　　　　　　　　B. 消防应急标志灯具

C. 消防应急照明标志复合灯具　　　　D. 持续型消防应急灯具

E. 子母型消防应急灯具

（二）答案详解

1.【答案】A

【解析】应急转换时间，系统的应急转换时间不应大于5s；高危险区域使用系统的应急转换时间不

应大于0.25s。

2.【答案】B

【解析】100m及以下建筑的初始放电时间不小于90min；100m以上建筑的初始放电时间不小于180min；避难层的初始放电时间不小于540min。

3.【答案】C

【解析】平面疏散区域配电设计：大于2000m²的防火分区单独设置应急照明配电箱或应急照明分配电装置；小于2000m²的防火分区可采用专用应急照明回路；当应急照明回路沿电缆管井垂直敷设时，公共建筑应急照明配电箱供电范围不宜超过8层，住宅建筑不宜超过18层；一个应急照明配电箱或应急照明分配电装置所带灯具覆盖的防火分区总面积不超过4000m²，地铁隧道内不超过一个区段的1/2，道路交通隧道内配接灯具的范围不宜超过1000m。A型应急照明配电箱的输出回路不应超过8路，B型应急照明配电箱的输出回路不应超过12路。

4.【答案】B

【解析】详见知识点1，系统的分类和组成。

5.【答案】B

【解析】消防应急照明系统调试中，逐个切断各区域应急照明配电箱或应急照明集中电源的分配电装置，该配电箱或分配电装置供电的消防灯具应在5s内转入应急工作状态。

6.【答案】C

【解析】同第3题解析。

7.【答案】ABCD

【解析】消防控制室、消防水泵房、自备发电机房、配电室、防烟与排烟机房以及发生火灾时仍需正常工作的消防设备房间应设置应急照明，且应达到正常工作时的照度要求。

8.【答案】AB

【解析】详见知识点1。

第十一章　城市消防远程监控系统

一、知识点架构图

本章的知识点架构见图 3-11-1。

图 3-11-1　第三篇第十一章知识点架构图

二、考情分析

本章的考情分析见表 3-11-1。

表 3-11-1　第三篇第十一章考情分析表

年份	技术实务		综合能力		案例分析	
	分值（分）	占比（%）	分值（分）	占比（%）	分值（分）	占比（%）
2015 年	0	0	0	0	0	0
2016 年	1	0.83	0	0	0	0
2017 年	1	0.83	1	0.83	0	0
2018 年	1	0.83	0	0	0	0
2019 年	0	0	0	0	0	0
2020 年	0	0	0	0	0	0

三、典型知识点

知识点 1：系统的组成和工作原理

1）根据信息传输方式，可分为有线、无线、有线/无线兼容三种城市消防远程监控系统。

2）根据报警传输网络形式，可分为公用通信网、专用通信网、基于公用/专用兼容通信网的三种城市消防远程监控系统。

3）用户信息传输装置是城市消防远程监控系统的前端设备，设置在联网用户端，对联网用户内的消防设施运行状态实时监测，并通过报警传输网络，与监控中心进行信息传输。

4）监控中心是城市消防远程监控系统的核心，它对远程监控系统中的各类信息进行集中管理。火警信息终端设置在城市消防通信指挥中心或其他接处警中心，用于接收并显示监控中心发送的火灾报警信息。

5）远程监控系统的监控中心符合下列要求：为城市消防通信指挥中心或其他接处警中心的火警信息终端提供经确认的火灾报警信息；为公安消防部门提供火灾报警信息、建筑消防设施运行状态信息及消防安全管理信息查询服务；为联网用户提供各单位自身的火灾报警信息、建筑消防设施运行状态信息查询和消防安全管理信息服务。

城市消防远程监控系统组成见图 3-11-2。

图 3-11-2 城市消防远程监控系统组成

知识点 2：城市消防远程监控系统的设计

1）系统的设计原则：实时性、适用性、安全性和可扩展性。

2）系统主要性能要求（2018 年技术实务第 60 题）：

（1）监控中心应能同时接收和处理不少于 3 个联网用户的火灾报警信息。

（2）从用户信息传输装置获取火灾报警信息到监控中心接收显示的响应时间不应大于 20s。

（3）监控中心向城市消防通信指挥中心或其他接处警中心转发经确认的火灾报警信息的时间不应

大于 3s。

（4）监控中心与用户信息传输装置之间通信巡检周期不应大于 2h，并能动态设置巡检方式和时间。

（5）监控中心的火灾报警信息、建筑消防设施运行状态信息等记录应备份，其保存周期不应小于 1 年。当按年度进行统计处理时，应保存至光盘、磁带等存储介质中。

（6）录音文件的保存周期不应少于 6 个月。

（7）远程监控系统应有统一的时钟管理，累计误差不应大于 5s。

3）系统的电源要求。

（1）监控中心的电源应按所在建筑物的最高负荷等级配置，且不低于二级负荷，并应保证不间断供电。

（2）用户信息传输装置应有主电源与备用电源之间的自动切换装置。备用电源的电池容量应能提供传输装置在正常监视状态下至少工作 8h。

知识点 3：系统安装调试检测与维护

1）<u>城市消防远程监控系统由用户信息传输装置、报警传输网路、监控中心以及火警信息终端组成</u>。系统正式投入使用前，应在功能调试后进行试运行，试运行不少于 1 个月。

2）系统竣工后，由建设单位负责组织相关单位进行工程检测，选择的测试联网用户数量为 5~10 个。

3）系统调试按安装地点不同分为：联网用户端（用户信息传输装置调试）、监控中心端（通信服务器、报警受理系统、信息查询系统、用户管理服务系统等组件的调试）、消防通信指挥中心端（火警信息终端调试）三部分。

4）用户信息传输装置使用与检查：每日进行 1 次自检功能检查；由火灾自动报警系统等建筑消防设施模拟生成火警，进行火灾报警信息发送试验，每个月试验次数不应少于 2 次。

5）对用户信息传输装置的主电源和备用电源进行切换试验，每半年的试验次数不少于 1 次。

6）系统投入运行满一年后，每半年检查录音文件的保存情况，必要时清理保存周期超过 6 个月的录音文件；每年对监控中心的火灾报警信息、建筑消防设施运行状态信息等记录进行备份，必要时清理保存周期超过 1 年的备份信息。

分析：城市消防远程监控系统分值比较低，每年 1~2 分，主要考查的是设备组成。还需要掌握的内容是城市消防远程监控系统的设计和系统中主要组成设备的功能。

四、高频真题

（2018 年技术实务第 60 题）（知识点 2）根据现行国家标准《城市消防远程监控系统技术规范》（GB 50440），关于城市消防远程监控系统设计的说法，正确的是（　　）。

A. 城市消防远程监控中心应能同时接受不少于 3 个联网用户的火灾报警信息

B. 监控中心的城市消防通信指挥中心转发经确认的火灾报警信息的时间不应大于 5s

C. 城市消防远程监控中心的火灾报警信息、建筑消防设施运行状态信息等记录的保存周期不应少于 6 个月

D. 城市消防远程监控中心录音文件的保存周期不应少于 3 个月

【答案】A

【解析】远程监控系统的性能指标应符合下列要求：监控中心应能同时接收和处理不少于 3 个联网用户的火灾报警信息。故 A 项正确。从用户信息传输装置获取火灾报警信息到监控中心接收显示的响应时间不应大于 20s。监控中心向城市消防通信指挥中心或其他接处警中心转发经确认的火灾报警

信息的时间不应大于3s。故 B 项错误。监控中心的火灾报警信息、建筑消防设施运行状态信息等记录应备份，其保存周期不应小于 1 年。故 C 项错误。录音文件的保存周期不应少于 6 个月。故 D 项错误。

五、考题预测

(一) 习题

1. 城市消防远程监控系统监控中心的电源应按所在建筑物的最高负荷等级配置，且不低于(   )级负荷。

   A. 一　　　　　B. 二　　　　　C. 三　　　　　D. 四

2. 城市消防远程监控系统监控中心的火灾报警信息、建筑消防设施运行状态信息等记录应备份，其保存周期不少于(   )。

   A. 3 个月　　　B. 6 个月　　　C. 1 年　　　　D. 2 年

3. 城市消防远程监控系统备用电源的电池容量应能保证传输装置在正常监视状态下工作不少于(   )。

   A. 8h　　　　　B. 10h　　　　C. 12h　　　　D. 24h

4. 城市消防远程监控系统正式投入使用前，对系统及系统组件进行调试。系统在各项功能调试后进行试运行，试运行时间不少于(   )。系统的设计文件和调试记录等文件要形成技术文档，存储备查。

   A. 30 天　　　B. 20 天　　　C. 10 天　　　D. 15 天

5. 城市消防远程监控系统按信息传输方式可分为(   )。

   A. 有线城市消防远程监控系统
   B. 无线城市消防远程监控系统
   C. 有线/无线兼容城市消防远程监控系统
   D. 基于公用通信网的城市消防远程监控系统
   E. 基于专用通信网的城市消防远程监控系统

6. 城市消防远程监控系统的设计原则包括(   )。

   A. 实时性　　　B. 安全性　　　C. 可扩展性　　　D. 节能性
   E. 适用性

7. 城市消防远程监控系统的调试中，监控中心端的系统调试包括(   )。

   A. 报警受理系统　　B. 用户信息传输装置　　C. 用户管理服务系统　　D. 通信服务器
   E. 信息查询系统

(二) 答案详解

1. 【答案】B

【解析】监控中心的电源应按所在建筑物的最高负荷等级配置，且不低于二级负荷，并应保证不间断供电。

2. 【答案】C

【解析】每年对监控中心的火灾报警信息、建筑消防设施运行状态信息等记录进行备份，必要时清理保存周期超过 1 年的备份信息。

3. 【答案】A

【解析】用户信息传输装置应有主电源与备用电源之间的自动切换装置。备用电源的电池容量应能提供传输装置在正常监视状态下至少工作8h。

4. 【答案】A

【解析】城市消防远程监控系统正式投入使用前，功能调试后进行试运行，试运行时间不少于1个月。

5. 【答案】ABC

【解析】城市消防远程监控系统，按信息传输方式，城市消防远程监控系统可分为有线城市远程监控系统、无线城市消防远程监控系统、有线/无线兼容城市消防远程监控系统。

6. 【答案】ABCE

【解析】系统的设计原则：城市消防远程监控系统的设计应能保证系统具有实时性、适用性、安全性和可扩展性。

7. 【答案】ACDE

【解析】监控中心端的系统调试主要指通信服务器、报警受理系统、信息查询系统、用户管理服务系统等组件的调试，消防通信指挥中心端进行火警信息终端调试。

第十二章　建筑灭火器的配置

一、知识点架构图

本章的知识点架构见图 3-12-1。

图 3-12-1　第三篇第十二章知识点架构图

二、考情分析

本章的考情分析见表 3-12-1。

表 3-12-1　第三篇第十二章考情分析表

年份	技术实务 分值（分）	技术实务 占比（%）	综合能力 分值（分）	综合能力 占比（%）	案例分析 分值（分）	案例分析 占比（%）
2015 年	4	3.3	5	4.17	5	4.17
2016 年	4	3.3	8	7	0	0
2017 年	4	3.3	4	3.3	4	3.3
2018 年	4	3.3	5	4.17	0	0
2019 年	5	4.17	4	3.3	0	0
2020 年	4	3.3	2	1.67	4	3.3

三、典型知识点

知识点 1：灭火器的分类

1）分类依据如下：
(1) 按灭火器的移动方式分类，手提式和推车式；
(2) 按驱动灭火剂的动力来源分类，储气式和储压式；
(3) 按所充装的灭火剂分类，水基型、干粉、二氧化碳灭火器、洁净气体灭火器等；
(4) 按灭火类型分类，A 类灭火器、B 类灭火器、C 类灭火器、D 类灭火器、E 类灭火器。

2）灭火器的型号和标识见表 3-12-2。

表 3-12-2　灭火器的型号和标识

代号	内容	举例
类、组、特征代号	用大写汉语拼音字母表示，一般编写在型号首位，是灭火器本身的代号，通常用"M"表示	(1)"MF/ABC4"表示 4kg ABC 干粉灭火器； (2)"MSQ6"表示容积为 6L 的手提式清水灭火器； (3)"MFT35"表示 35kg 推车式干粉灭火器
灭火剂代号	编在型号第二位，如 F—干粉灭火剂、T—二氧化碳灭火剂、Y—1211 灭火剂、Q—清水灭火剂	
形式号	编在型号中的第三位，是各类灭火器结构特征的代号，有 S—手提式（包括手轮式）、T—推车式、Y—鸭嘴式、Z—舟车式、B—背负式 5 种	
阿拉伯数字	型号最后面的阿拉伯数字代表灭火剂质量或容积，一般单位为 kg 或 L	

3）常见灭火器的原理及使用要求见表 3-12-3。

表 3-12-3　常见灭火器的原理及使用要求

灭火器类型	工作原理及使用要求
二氧化碳灭火器	充装的是二氧化碳气体，靠自身的压力驱动喷出进行灭火，具有窒息和冷却两大作用。可用来扑救档案、图书、精密仪器、贵重设备、600V 以下的电气设备及油类的初起火灾，具有喷射率高、流动性好、不腐蚀容器、不易变质等特性
干粉灭火器	利用氮气作为驱动动力，将筒内的干粉喷射出进行灭火。干粉灭火剂是由具有灭火效能的无机盐和少量的添加剂经干燥、粉碎、混合而成的微细固体粉末组成的。如国内常用的碳酸氢钠、磷酸铵盐、氯化钠、氯化钾干粉灭火剂
洁净气体灭火器	将洁净气体灭火剂直接加压充装在容器中，使用时，灭火剂从灭火器中喷出形成气雾状射流射向燃烧物，当灭火剂与火焰接触时发生一系列物理化学反应，使燃烧中断。适用扑救可燃液体、可燃气体和可熔化的固体物质、带电设备的初起火灾，可在图书馆、宾馆、档案室、商场、企事业单位以及各种公共场所使用。常用的有 IG541（50% 的 N_2、10% 的 CO_2 和 40% 的惰性气体）、七氟丙烷、三氟甲烷等
水基型灭火器	灭火剂以水为基础，一般由水、氟碳表面活性剂、碳氢表面活性剂、阻燃剂、稳定剂等多组分配合而成，以 N_2（CO_2）为驱动气体。常用的有清水灭火器、水基型泡沫灭火器和水基型水雾灭火器三种

知识点2：灭火器的构造

灭火器的构造见表3-12-4。

表3-12-4 灭火器的构造

分类		构成	图示
手提式	手提贮压式	由筒体、器头阀门、喷（头）管、保险销、灭火剂、驱动气体（一般为氮气，与灭火剂一起充装在灭火器筒体内，额定压力一般在1.2~1.5MPa）、压力表以及铭牌等组成。通过压力表显示筒体内压力，判断是否失效	（图示：器头阀体、灭火剂、虹吸管、固定带、喷管、压把、提把、保险销、压力表、铭牌、筒体）
	二氧化碳灭火器	（1）手提式二氧化碳灭火器结构与手提贮压式灭火器结构相似，充装压力为5.0MPa左右，二氧化碳既是灭火剂又是驱动气体。 （2）与其他手提式灭火器结构基本相似，只是二氧化碳灭火器的充装压力较大，取消了压力表，增加了安全阀。 （3）二氧化碳灭火器每年至少检查一次，采用称重法测量，低于额定充装量的95%就应进行检修	（图示：提把、压把、铭牌、安全阀帽、保险销、喷管总成、阀杆、阀体、弹簧座、虹吸管、筒体）
推车式		由灭火器筒体、阀门机构、喷管喷枪、车架、灭火剂、驱动气体（一般为氮气）、压力表及铭牌组成。铭牌的内容与手提式灭火器内容基本相同	（图示：阀门机构、卸管机构、上绕带架、压力表、喷枪、虹吸管、枪架、铭牌、喷管、筒体、下绕带架、固定机构、车架）

知识点3：灭火器的适用范围

1) A类火灾（固体）：水基型（水雾、泡沫）灭火器、ABC干粉灭火器（2018年综合能力第48题、2019年技术实务第79题、2020年案例分析第五题）。

2) B类火灾（液体或可熔化的固体）：水基型（水雾、泡沫）灭火器、BC类或ABC类干粉灭火器、洁净气体灭火器。

3) C类火灾（气体）：干粉灭火器、水基型（水雾）灭火器、洁净气体灭火器、二氧化碳灭火器。

4) D类火灾（金属）：可用7150灭火剂（俗称液态三甲基硼氧六环，主要化学成分为偏硼酸三甲酯），也可用干沙、土或铸铁屑粉末代替进行灭火。

5) E类火灾（带电火灾）：二氧化碳灭火器或洁净气体灭火器，也可用干粉、水基型（水雾）灭火器扑救。使用二氧化碳灭火器时，不得使用装有金属喇叭喷筒的；如果电压超过600V，应先断电后灭火（600V以上电压可能会击穿二氧化碳）。（2018年技术实务第24题、2020年技术实务第66题）

6) F类火灾（烹饪器具内的烹饪物火灾）：可选用B、C类干粉灭火器（A、B、C类干粉灭火器对F类火灾灭火效果不佳）、水基型（水雾、泡沫）灭火器。

分析：各类灭火器的适用范围是需要掌握的内容。从近几年出题情况来看，每年都要考不同场所灭火器的配置方案。今后考试中，这个知识点肯定是重点。

知识点4：灭火器配置场所的危险等级

1) 工业建筑灭火器配置场所的危险等级，应根据其生产、使用、储存物品的火灾危险性，可燃物数量，火灾蔓延速度，扑救难易程度等因素，可划分为严重危险级、中危险级、轻危险级。灭火器配置场所与危险等级对应关系如表3-12-5所示。（2019年技术实务第24题）

表3-12-5 工业建筑灭火器配置场所与危险等级关系表

（2018年技术实务第43题、2020年技术实务第31题）

配置场所	严重危险级	中危险级	轻危险级
厂房	甲、乙类物品生产场所	丙类物品生产场所（2018年技术实务第9题）	丁、戊类物品生产场所
库房	甲、乙类物品储存场所	丙类物品储存场所	丁、戊类物品储存场所

2) 民用建筑灭火器配置场所应根据其使用性质、人员密集程度、用电用火情况、可燃物数量、火灾蔓延速度、扑救难易程度等因素，划分为三级，严重危险级、中危险级、轻危险级。灭火器配置场所与危险等级对应关系如表3-12-6所示。

表3-12-6 民用建筑灭火器配置场所与危险等级关系表

危险等级 \ 危险因素	使用性质	人员密集程度	用电用火设备	可燃物数量	火灾蔓延速度	扑救难度
严重危险级	重要	密集	多	多	迅速	大
中危险级	较重要	较密集	较多	较多	较迅速	较大
轻危险级	一般	不密集	较少	较少	较缓慢	较小

民用建筑灭火器配置场所的危险等级举例见表3-12-7。

表 3-12-7 民用建筑灭火器配置场所的危险等级举例

危险等级	举 例
严重危险级	县级及以上的文物保护单位、档案馆、博物馆的库房、展览室、阅览室
	设备贵重或可燃物多的实验室
	广播电台、电视台的演播室、道具间和发射塔楼
	专用电子计算机房
	城镇及以上的邮政信函和包裹分检房、邮袋库、通信枢纽及其电信机房
	客房数在 50 间以上的旅馆、饭店的公共活动用房、多功能厅、厨房
	体育场(馆)、电影院、剧院、会堂、礼堂的舞台及后台部位
	住院床位在 50 张及以上的医院的手术室、理疗室、透视室、心电图室、药房、住院部、门诊部、病历室
	建筑面积在 2000m^2 及以上的图书馆、展览馆的珍藏室、阅览室、书库、展览厅
	民用机场的候机厅、安检厅及空管中心、雷达机房
	超高层建筑和一类高层建筑的写字楼、公寓楼
	电影、电视摄影棚
	建筑面积在 1000m^2 及以上的经营易燃易爆化学物品的商场、商店的库房及铺面
	建筑面积在 200m^2 及以上的公共娱乐场所
	老人住宿床位在 50 张及以上的养老院
	幼儿住宿床位在 50 张及以上的托儿所、幼儿园
	学生住宿床位在 100 张及以上的学校集体宿舍
	县级及以上的党政机关办公大楼的会议室
	建筑面积在 500m^2 及以上的车站和码头的候车(船)室、行李房
	城市地下铁道、地下观光隧道
	汽车加油站、加气站
	机动车交易市场(包括旧机动车交易市场)及其展销厅
	民用液化气、天然气灌装站、换瓶站、调压站
中危险级	县级以下的文物保护单位、档案馆、博物馆的库房、展览室、阅览室
	一般的实验室
	广播电台电视台的会议室、资料室
	设有集中空调、电子计算机、复印机等设备的办公室
	城镇以下的邮政信函和包裹分检房、邮袋库、通信枢纽及其电信机房
	客房数在 50 间以下的旅馆、饭店的公共活动用房、多功能厅和厨房
	体育场(馆)、电影院、剧院、会堂、礼堂的观众厅
	住院床位在 50 张以下的医院的手术室、理疗室、透视室、心电图室、药房、住院部、门诊部、病历室
	建筑面积在 2000m^2 以下的图书馆、展览馆的珍藏室、阅览室、书库、展览厅
	民用机场的检票厅、行李厅
	二类高层建筑的写字楼、公寓楼
	高级住宅、别墅

续表

危险等级	举例
中危险级	建筑面积在 1000m² 以下的经营易燃易爆化学物品的商场、商店的库房及铺面
	建筑面积在 200m² 以下的公共娱乐场所
	老人住宿床位在 50 张以下的养老院
	幼儿住宿床位在 50 张以下的托儿所、幼儿园
	学生住宿床位在 100 张以下的学校集体宿舍
	县级以下的党政机关办公大楼的会议室
	学校教室、教研室
	建筑面积在 500m² 以下的车站和码头的候车（船）室、行李房
	百货楼、超市、综合商场的库房、铺面
	民用燃油、燃气锅炉房
	民用的油浸变压器室和高、低压配电室
轻危险级	日常用品小卖店及经营难燃烧或非燃烧的建筑装饰材料商店
	未设集中空调、电子计算机、复印机等设备的普通办公室
	旅馆、饭店的客房
	普通住宅
	各类建筑物中以难燃烧或不燃烧的建筑构件分隔的并主要存贮难燃烧或不燃烧材料的辅助房间

知识点 5：灭火器的配置要求

1）灭火器的设置的一般规定：

（1）灭火器不应设置在不易被发现和黑暗的地点，且不得影响安全疏散；

（2）对有视线障碍的灭火器设置点，应设置指示其位置的发光标志；

（3）灭火器的摆放应稳固，其铭牌应朝外。手提式灭火器宜设置在灭火器箱内或挂钩、托架上，其顶部离地面高度不应大于 1.50m；底部离地面高度不宜小于 0.08m。灭火器箱不应上锁；

（4）灭火器不应设置在潮湿或强腐蚀性的地点，当必须设置时，应有相应的保护措施。灭火器设置在室外时，应有相应的保护措施；

（5）灭火器不得设置在超出其使用温度范围的地点。

2）灭火器配置场所计算单元的划分（2020 年技术实务第 96 题）：

（1）计算单元划分。

①灭火器配置场所的危险等级和火灾种类均相同的相邻场所，可将一个楼层或一个防火分区作为一个计算单元；

②灭火器配置场所的危险等级或火灾种类不相同的场所，应分别作为一个计算单元；

③同一计算单元不得跨越防火分区和楼层。

（2）计算单元保护面积（S）的计算

①建筑物应按其建筑面积进行计算；

②可燃物露天堆场，甲、乙、丙类液体储罐区，可燃气体储罐区按堆垛、储罐的占地面积进行计算。

③计算单元的最小需配灭火级别的计算公式如下（2018 年技术实务第 9 题、2019 年技术实务第 67 题）：

$$Q = K\frac{S}{U}$$

式中：Q——计算单元的最小需配灭火级别（A 或 B）；

　　　S——计算单元的保护面积（m²）；

　　　U——A 类或 B 类火灾场所单位灭火级别最大保护面积（m²/A 或 m²/B），火灾场所单位灭火级别的最大保护面积依据火灾危险等级、火灾种类从表 3-12-8 或表 3-12-9 中选取；

　　　K——修正系数，按表 3-12-10 的规定取值。

歌舞娱乐放映游艺场所、网吧、商场、寺庙以及地下场所等的计算单元的最小需配灭火级别计算公式应调整为：$Q = 1.3K\frac{S}{U}$。

表 3-12-8　A 类火灾场所灭火器的最低配置基准

（2018 年技术实务第 9 题、2018 年技术实务第 42 题、2020 年技术实务第 96 题、2020 年案例分析第五题）

危险等级	严重危险级	中危险级	轻危险级
单具灭火器最小配置灭火级别	3A	2A	1A
单位灭火级别最大保护面积（m²/A）	50	75	100

表 3-12-9　B、C 类火灾场所灭火器的最低配置基准（2019 年技术实务第 72 题）

危险等级	严重危险级	中危险级	轻危险级
单具灭火器最小配置灭火级别	89B	55B	21B
单位灭火级别最大保护面积（m²/B）	0.5	1.0	1.5

表 3-12-10　修正系数 K 取值（2020 年技术实务第 96 题）

计算单元	K
未设室内消火栓系统和灭火系统	1.0
设有室内消火栓系统	0.9
设有灭火系统	0.7
设有室内消火栓系统和灭火系统	0.5
可燃物露天堆场 甲、乙、丙类液体储罐区 可燃气体储罐区	0.3

④计算单元中每个灭火器设置点的最小需配灭火级别计算公式如下：

$$Qe = \frac{Q}{N}$$

式中：Qe——计算单元中每个灭火器设置点的最小需配灭火级别（A 或 B）；

　　　N——计算单元中的灭火器设置点数（个）。

⑤灭火器设置点的确定。每个灭火器设置点实配灭火器的灭火级别和数量不得小于最小需配灭火级别和数量的计算值。计算单元中的灭火器设置点数依据火灾的危险等级、灭火器类型（手提式或推车式）按不大于表 3-12-11 或表 3-12-12 规定的最大保护距离合理设置，并应保证最不利点至少在 1 具灭火器的保护范围内。

表 3-12-11　A 类火灾场所的灭火器最大保护距离

（2018 年技术实务第 42 题、2019 年综合能力第 43 题）　　　　　　　　　　　　　（单位：m）

危险等级	手提式灭火器	推车式灭火器
严重危险级	15	30
中危险级	20	40
轻危险级	25	50

表 3-12-12　B、C 类火灾场所的灭火器最大保护距离　　　　　　　　　　（单位：m）

危险等级	手提式灭火器	推车式灭火器
严重危险级	9	18
中危险级	12	24
轻危险级	15	30

※**重点分析**：在得出了计算单元最小需配灭火级别的计算值和确定了计算单元内的灭火器设置点的数目后，接着需计算出每一个设置点的最小需配灭火级别。第④项计算体现了在每个灭火器设置点均衡布置灭火器的要求。例如，某计算单元的最小需配灭火级别 $Q=9A$。在考虑了灭火器的最大保护距离和其他设置因素后，最终确定了 3 个设置点，那么每个设置点的最小需配灭火级别 $Qe=9/3=3$（A）。本规范要求每个设置点的实配灭火器的灭火级别均至少应等于 3A。

分析：各类灭火器的配置设计与设置要求是需要掌握的内容。从近几年出题情况来看，给定一个场所，应该知道它的危险级别，根据危险级别，要记住灭火器的最低配置基准和最大保护距离。同时，应记住不同场所的修正系数。

知识点 6：灭火器及其他配件的安装

1）灭火器箱的安装。

（1）灭火器箱不得被遮挡、上锁或者拴系。开门式灭火器箱应设置箱门关紧装置，但不应安装锁具。箱门宽度大于 700mm 的开门式灭火器箱宜采用双开门式。

（2）灭火器箱箱门开启方便灵活，开启后不得阻挡人员安全疏散，开启力不应大于 50N。开门型灭火器箱的箱门开启角度不得小于 175°，翻盖型灭火器箱的翻盖开启角度不得小于 100°（2019 年综合能力第 43 题）。

（3）嵌墙式灭火器箱的安装高度，按照手提式灭火器顶部与地面距离不大于 1.5m，底部与地面距离不小于 0.08m 的要求确定。

2）灭火器挂钩、托架等附件安装。（2019 年综合能力第 82 题）

（1）挂钩、托架安装后，能够承受 5 倍的手提式灭火器（当 5 倍的手提式灭火器质量小于 45kg 时，按 45kg 计）的静荷载，承载 5min 后，不出现松动、脱落、断裂和明显变形等现象。

（2）可徒手便捷地取用设置在挂钩、托架上的手提式灭火器，2 具及 2 具以上手提式灭火器相邻设置在挂钩、托架上时，可任取其中 1 具。

（3）设有夹持带的可从正面看到挂钩、托架夹持带的开启方式。当夹持带打开时，灭火器不得坠落。

（4）安装高度手提式灭火器顶部与地面距离不大于 1.50m，底部与地面距离不小于 0.08m。

3）灭火器安装：

（1）3kg（L）以上充装量的配有喷射软管，手提式灭火器喷射软管的长度（不包括软管两端的接头）不得小于400mm，推车式灭火器喷射软管的长度（不包括软管两端的接头和喷射枪）不得小于4m。推车式灭火器整体（轮子除外）最低位置与地面之间的间距不小于100mm。

（2）灭火器压力指示器表盘有灭火剂适用标识（如干粉灭火剂用"F"表示，水基型灭火剂用"S"表示，洁净气体灭火剂用"J"表示等）；指示器红区、黄区范围分别标有"再充装""超充装"的字样。

（3）手提式灭火器装有间歇喷射机构。除二氧化碳灭火器以外的推车式灭火器的喷射软管前端，装有可间歇喷射的喷射枪，设有喷射枪夹持装置，灭火器推行时不滑落。

> **分析**：该部分内容较为琐碎，需要记忆的数字较多，未在本考点中一一列举，该部分内容也是历年容易出考题的考点，建议针对教材内容详细阅读掌握。

知识点7：建筑灭火器的竣工验收

1）一个计算单元内配置的灭火器数量不少于2具，每个设置点灭火器数量不多于5具。住宅楼每层公共部位建筑面积超过100m²的，配置1具1A的手提式灭火器；每增加100m²，增配1具1A的手提式灭火器。

2）在同一配置单元内，采用不同类型灭火器时，其灭火剂应能相容，验收判定为合格。

3）建筑灭火器配置验收判定标准：缺陷划分为严重缺陷项（A）、重缺陷项（B）和轻缺陷项（C），合格判定条件为：A=0，且B≤1，且B+C≤4；否则，验收评定为不合格。

灭火器验收检查缺陷项级别见表3-12-13。

表3-12-13 灭火器验收检查缺陷项级别

缺陷项级别	验收检查项目及要求
严重（A）	灭火器的类型、规格、灭火级别和配置数量符合建筑灭火器配置要求
	灭火器的产品质量符合国家有关产品标准的要求
	同一灭火器配置单元内的不同类型灭火器，其灭火剂能相容
	灭火器的保护距离符合规定，保证配置场所的任一点都在灭火器设置点的保护范围内
重（B）	灭火器设置点附近无障碍物，取用灭火器方便，且不影响人员安全疏散
	手提式灭火器设置在灭火器箱内或者挂钩、托架上，以及直接摆放在干燥、洁净的地面上
	灭火器（箱）不得被遮挡、拴系或者上锁
	挂钩、托架安装后能承受一定的静载荷，无松动、脱落、断裂和明显变形。以5倍的手提式灭火器的载荷（不小于45kg）悬挂于挂钩、托架上，作用5min
	挂钩、托架安装，保证可用徒手方式便捷地取用手提式灭火器。2具及2具以上的手提式灭火器相邻设置在挂钩、托架上时，保证可任意地取用其中1具
	有视线障碍的灭火器配置点，在其醒目部位设置指示灭火器位置的发光标志
	灭火器摆放稳固。灭火器的铭牌朝外，灭火器的器头向上
	灭火器配置点设置在通风、干燥、洁净的地方，环境温度不得超出灭火器使用温度范围。设置在室外和特殊场所的灭火器采取相应的保护措施
轻（C）	灭火器箱箱门开启方便灵活，开启不阻挡人员安全疏散；开门型灭火器箱箱门开启角度不小于175°，翻盖型灭火器箱的翻盖开启角度应不小于100°（不影响取用和疏散的场合除外）
	设有夹持带的挂钩、托架，夹持带的开启方式从正面可以看到。夹持带打开时，手提式灭火器不掉落

续表

缺陷项级别	验收检查项目及要求
轻（C）	嵌墙式灭火器箱及灭火器挂钩、托架安装高度，满足手提式灭火器顶部距离地面不大于1.50m，底部距离地面不小于0.08m的要求，其设置点与设计点的垂直偏差不大于0.01m
	推车式灭火器设置在平坦场地，不得设置在台阶上。在没有外力作用下，推车式灭火器不得自行滑动
	推车式灭火器的设置和防止自行滑动的固定措施等不得影响其操作使用和正常行驶移动
	在灭火器箱的箱体正面和灭火器设置点附近的墙面上，应设置指示灭火器位置的标志，这些标志宜选用发光标志

知识点 8：灭火器的维护管理

1）巡查：巡查内容包括灭火器配置点状况，灭火器数量、外观、维修标识以及灭火器压力指示器等。重点单位每天至少巡查1次，其他单位每周至少巡查1次。且应满足以下要求：

（1）灭火器配置点符合安装配置图表要求，配置点及其灭火器箱上有符合规定要求的发光指示标识；
（2）灭火器数量符合配置安装要求，灭火器压力指示器指向绿区；
（3）灭火器外观无明显损伤和缺陷，保险装置的铅封（塑料带、线封）完好无损；
（4）经维修的灭火器，维修标识符合规定。

2）检查：灭火器的配置、外观等全面检查每月进行1次，候车（机、船）室、歌舞娱乐放映游艺等人员密集的公共场所以及堆场、罐区、石油化工装置区、加油站、锅炉房、地下室等场所配置的灭火器每半月检查1次。（2018年综合能力第87题、2020年综合能力第97题）

知识点 9：灭火器的维修与报废

1）维修手册的主要内容如下：
（1）必要的说明、警告和提示；
（2）灭火器维修企业具备的条件和维修设备的要求、说明；
（3）灭火器维修建议；
（4）灭火器易损零部件的名称、数量；
（5）关键零部件说明。

2）灭火器维修、报废期限及要求见表3-12-14。

表3-12-14 灭火器维修、报废期限

灭火器类型		维修期限	报废期限
水基型灭火器	手提式水基型灭火器 推车式水基型灭火器	出厂期满3年 首次维修以后每满1年	出厂期满6年
干粉灭火器	手提式（贮压式）干粉灭火器 手提式（储气瓶式）干粉灭火器 推车式（贮压式）干粉灭火器 推车式（储气瓶式）干粉灭火器	出厂期满5年 首次维修以后每满2年	出厂期满10年
洁净气体灭火器	手提式洁净气体灭火器 推车式洁净气体灭火器		
二氧化碳灭火器	手提式二氧化碳灭火器 推车式二氧化碳灭火器		出厂期满12年

（1）每次送修的灭火器数量不得超过计算单元配置灭火器总数量的1/4。超出时，需要选择相同类型、相同操作方法的灭火器替代，且其灭火级别不得小于原配置灭火器的灭火级别。（2018年综合能力第36题）

（2）灭火器报废分为4种情形，列入国家颁布的淘汰目录的灭火器；达到报废年限的灭火器；使用中出现严重损伤或者重大缺陷的灭火器；维修时发现存在严重损伤、缺陷的灭火器。

报废灭火器标准见表3-12-15。

表3-12-15 报废灭火器标准

项目	内 容
予以淘汰的灭火器	（1）酸碱型灭火器； （2）化学泡沫型灭火器； （3）倒置使用型灭火器； （4）氯溴甲烷、四氯化碳灭火器； （5）1211灭火器、1301灭火器； （6）国家政策明令淘汰的其他类型灭火器
予以报废的灭火器 （2019年综合能力第76题）	（1）筒体严重锈蚀（漆皮大面积脱落，锈蚀面积大于筒体总面积的三分之一，表面产生凹坑者）或者连接部位、筒底严重锈蚀的；（2018年综合能力第87题） （2）筒体明显变形，机械损伤严重的； （3）器头存在裂纹、无泄压机构等缺陷的； （4）筒体存在平底等不合理结构的； （5）手提式灭火器没有间歇喷射机构的； （6）没有生产厂名称和出厂年月的（包括铭牌脱落，或者铭牌上的生产厂名称模糊不清，或者出厂年月钢印无法识别的）； （7）筒体、器头有锡焊、铜焊或者补缀等修补痕迹的； （8）被火烧过的； （9）达到报废年限的灭火器

（3）灭火器的维修步骤及技术要求见表3-12-16。

表3-12-16 灭火器的维修步骤及技术要求

步骤	技术要求
拆卸	采用安全的拆卸方法，采取必要的安全防护措施拆卸灭火器，在确认灭火器内部无压力时，拆卸器头或者阀门
灭火剂的回收处理	（1）从喷射过的干粉灭火器内清出的剩余灭火剂应按ABC干粉和BC干粉灭火器分别进行回收储存，这类灭火剂不应用于再充装；从未喷射过的干粉灭火器内清出的灭火剂应按灭火器铭牌标志上标明的灭火剂成分分别进行回收。经检验符合相关灭火剂标准后，且无外来杂质，则可用于再充装。 （2）洁净气体和二氧化碳灭火器内的灭火剂，应按符合环保要求的方法进行处理。用于回收利用时，应对其进行纯度和含水率检验，经检验符合相关灭火剂标准后，则可用于再充装
水压试验	（1）对确认不属于报废范围的灭火器气瓶（筒体）、储气瓶或可不更换的器头（阀门），装有可间歇喷射装置的喷射软管组件，以及气瓶（筒体）与器头（阀门）的连接件等逐个进行水压试验。对二氧化碳灭火器的气瓶应逐个进行残余变形率的测定。 （2）水压试验应按灭火器铭牌标志上规定的水压试验压力进行，水压试验时不应有泄漏、部件脱落、破裂和可见的宏观变形。二氧化碳灭火器钢瓶的残余变形率不应大于3%。 （3）经水压试验合格的零部件应清洗干净，清洗不应使用有机溶剂

续表

步骤	技术要求
零部件更换	（1）维修机构应按原灭火器生产企业的灭火器装配图样和可更换零部件明细表进行部件更换，灭火器气瓶（筒体）不可更换。 （2）更换的零部件应与原灭火器生产企业提供的零部件的特性保持一致。 （3）经水压试验合格的气瓶（筒体），若外部有部分涂层脱落，但无锈蚀时，允许补加涂层，补加涂层应光滑、平整、色泽一致，无气泡、流痕、褶皱等缺陷。补加涂层不应覆盖铭牌。 （4）每次维修时，下列零部件应做更换：密封片、圈、垫等密封零件；水基型灭火剂；二氧化碳灭火器的超压安全膜片
再充装	（1）根据灭火器产品生产技术标准和铭牌信息，按照生产企业规定的操作要求。 （2）灭火器再充装时，不得改变原灭火剂种类和灭火器类型。 （3）再充装所使用的灭火剂采用原生产企业提供、推荐的相同型号规格的灭火剂产品。 （4）再充装前，应对未更换的零部件进行清洁处理。除水基型灭火器的零部件外，其余灭火器的零部件应进行干燥处理。 （5）ABC干粉、BC干粉充装设备分别独立设置，充装场地完全分隔开。不同种类干粉不得混合，不得相互污染。 （6）灭火剂的充装应采用专用灌装设备。灭火剂的充装量和充装密度应符合该型号灭火器的充装要求，并应逐具进行复称确认，做好记录。 （7）二氧化碳灭火器再充装时，不得采用加热法，也不得以压力水为驱动力将二氧化碳灭火剂从储存气瓶中充装到灭火器内。 （8）洁净气体灭火器只能按照铭牌上规定的灭火剂和剂量再充装。 （9）可再充装型贮压式灭火器按照其灭火器铭牌上所规定的充装压力要求进行再充装。充压时，不得用灭火器压力指示器作为计量器具，并根据环境温度变化调整充装压力。 （10）储压式干粉灭火器和洁净气体灭火器可选用露点低于－55℃的工业用氮气，纯度99.5%以上的二氧化碳、不含水分的压缩空气等作为驱动气体，但要与灭火器铭牌、储气瓶上标识的种类一致
维修记录和维修标识	（1）对维修过的灭火器逐具进行编号，并按编号记录维修信息以确保维修后灭火器的可追溯性。灭火器维修记录，保存期限应不少于5年。 （2）每具经维修出厂检验合格的灭火器应贴维修合格证。 （3）维修合格证的形状和内容的编排格式由原灭火器生产企业或维修机构设计。维修合格证的尺寸应不小于30cm^2，字体应清晰。 （4）维修合格证应采用不加热的方法固定在灭火器的气瓶（筒体）上，但不应覆盖原灭火器上的铭牌标志。将其从灭火器的筒体上去除时，应自行破损

分析：灭火器是一种轻便的灭火工具，可有效扑救初起火灾，在建筑中广泛配置。常用灭火器的基本构造与灭火机理、各类灭火器的适用范围、灭火器的配置设计、选择与设置要求是需要熟练掌握的内容。另外，配置验收、检查维护与报废条件也应该熟练掌握。从近两年出题情况来看，每年的分值为10分左右，应灵活掌握，把这部分的分值抓住。

应掌握《建筑灭火器配置设计规范》（GB 50140—2005）和《建筑灭火器配置验收及检查规范》（GB 50444—2008）。

四、高频真题

1. （2018年综合能力第36题）（知识点9）某幼儿园共配置了20具4kg磷酸铵盐干粉灭火器，委托某消防技术服务机构进行检查维护，经检查有 8 具灭火器需送修。该幼儿园无备用灭火器，根据现行国家标准《建筑灭火器配置验收及检查规范》（GB 50444），幼儿园一次送修的灭火器数量最多为（　　）。

　　A. 8 具　　　　　　B. 6 具　　　　　　C. 5 具　　　　　　D. 7 具

【答案】C

【解析】每次送修的灭火器数量不得超过计算单元配置灭火器总数量的 1/4。超出时，应选择相同类型和操作方法的灭火器替代，替代灭火器的灭火级别不应小于原配置灭火器的灭火级别。

2.（2018 年综合能力第 87 题）（知识点 8、9）某消防技术服务机构对某歌舞厅的灭火器进行日常检查维护。该消防技术服务机构的下列检查维护工作中，符合现行国家标准要求的有（　　）。

　　A. 每半月对灭火器的零部件完整性开展检查并记录
　　B. 将筒体严重锈蚀的灭火器送至专业维修单位维修
　　C. 每半月对灭火器的驱动气体压力开展检查并记录
　　D. 将筒体明显锈蚀的灭火器送至该灭火器的生产企业维修
　　E. 将灭火剂泄漏的灭火器送至该灭火器的生产企业维修

【答案】ACDE

【解析】根据《建筑灭火器配置验收及检查规范》（GB 50444—2008）5.2.1 条，灭火器的配置、外观等应按附录 C 的要求每月进行一次检查。灭火器的零部件完整性、灭火器的驱动气体压力检查均属于建筑灭火器外观检查内容，选项 A 和选项 C 符合现行国家标准要求。5.3.1 条，存在机械损伤、明显锈蚀、灭火剂泄漏、被开启使用过或符合其他维修条件的灭火器应及时进行维修，选项 D 和选项 E 符合现行国家标准要求。

3.（2018 年技术实务第 24 题）（知识点 3）某综合楼的变配电室拟配置灭火器。该配电室应配置的灭火器是（　　）。

　　A. 水基型灭火器　　　　　　　　　　B. 磷酸铵盐干粉灭火器
　　C. 泡沫灭火器　　　　　　　　　　　D. 装有金属喇叭筒的二氧化碳灭火器

【答案】B

【解析】变配电室以 E 类火灾为主，根据《建筑灭火器配置设计规范》（GB 50140—2005）中第 4.2.5 条 E 类火灾场所应选择磷酸铵盐干粉灭火器、磷酸氢钠干粉灭火器、卤代烷灭火器或二氧化碳灭火器，但不得选用装有金属喇叭筒的二氧化碳灭火器。

4.（2019 年技术实务第 79 题）（知识点 3）下列灭火器中，不适合扑救 A 类火灾的是（　　）。

　　A. 碳酸氢钠干粉灭火器　　　　　　　B. 卤代烷灭火器
　　C. 泡沫灭火器　　　　　　　　　　　D. 磷酸铵盐干粉灭火器

【答案】A

【解析】本题考查的知识点是灭火器。根据《建筑灭火器配置设计规范》（GB 50140）4.2.1 A 类火灾场所应选择水型灭火器、磷酸铵盐干粉灭火器、泡沫灭火器或卤代烷灭火器。

5.（2019 年技术实务第 67 题）（知识点 5）某教学楼，建筑高度为 8m，每层建筑面积为 1000m²，共 2 层，第一层为学生教室，第二层为学生教室及教研室，该教学楼拟配置 MF/ABC4 型手提式灭火器。下列配置方案中，正确的是（　　）。

　　A. 当室内设有消火栓系统和灭火系统时，至少应配置 6 具灭火器
　　B. 当室内设有灭火系统和自动报警系统时，至少应配置 8 具灭火器
　　C. 当室内设有消火栓系统和自动报警系统时，至少应配置 12 具灭火器
　　D. 当室内未设有消火栓系统和灭火系统时，至少应配置 16 具灭火器

【答案】C

【解析】本题考查的知识点是灭火器。每层为一个计算单元，根据公式 $Q=KS/U$ 进行验算。

A 选项：$Q=0.5\times1000/75\approx6.67A$，每具 MF/ABC4 的灭火级别为 2A，每层至少应配备 $6.67/2\approx4$ 具，该建筑至少需配备 8 具，故 A 选项错误。

B 选项：$Q=0.7\times1000/75\approx9.33A$，每具 MF/ABC4 的灭火级别为 2A，每层至少应配备 $9.33/2\approx5$ 具，该建筑至少需配备 10 具，故 B 选项错误。

C 选项：$Q=0.9\times1000/75=12A$，每具 MF/ABC4 的灭火级别为 2A，每层至少应配备 $12/2=6$ 具，该建筑至少需配备 12 具，故 C 选项正确。

D 选项：$Q=1\times1000/75\approx13.33A$，每具 MF/ABC4 的灭火级别为 2A，每层至少应配备 $13.33/2\approx7$ 具，该建筑至少需配备 14 具，故 D 选项错误。

6.（2020年技术实务第31题）（知识点4）下列建筑或场所中，均应按中危险级配置灭火器的是（ ）。

   A. 电缆廊道、工厂的分控室、卷烟厂包装厂房
   B. 变压器油罐桶间、沥青加工厂房、植物油加工精炼部位
   C. 油淬火处理车间、木工厂厂房、氟利昂厂房
   D. 中药材库房、谷物筒仓工作塔、原木库房

【答案】B

【解析】A 选项电缆廊道中危险级，工厂的分控室严重危险级，卷烟厂包装厂房中危险级。

B 选项全部属于丙类工业建筑，应按中危险级配置灭火器。

C 选项油淬火处理车间中危险级，木工厂厂房中危险级，氟利昂厂房轻危险级。

D 选项中药材库房中危险级，谷物筒仓工作塔严重危险级，原木库房中危险级。

7.（2020年技术实务第66题）（知识点3）下列灭火器中，不适合扑救 E 类火灾的是（   ）。

   A. 磷酸铵盐干粉灭火器
   B. 碳酸氢钠干粉灭火器
   C. 泡沫灭火器
   D. 二氧化碳灭火器

【答案】C

【解析】E 类火灾场所应选择磷酸铵盐干粉灭火器、碳酸氢钠干粉灭火器、卤代烷灭火器或二氧化碳灭火器，但不得选用装有金属喇叭喷筒的二氧化碳灭火器。C 选项符合要求。

8.（2020年技术实务第96题）（知识点5）某建筑高度为15m的三层公共建筑，每层建筑面积为 $1000m^2$，设有消火栓系统和自动喷水灭火系统。该建筑一层为超市，二层为电子游戏厅，三层为电影院。关于该建筑灭火器配置的说法，正确的有（   ）。

   A. 超市的营业厅、电子游戏厅、电影院的观众厅应分别作为一个计算单元
   B. 计算单元的最小需配灭火级别的修正系数可取 0.5
   C. 超市单具灭火器最小配置灭火级别应为 3A
   D. 电影院观众厅单具灭火器最小配置灭火级别应为 2A
   E. 电子游戏厅单具灭火器最小配置灭火级别应为 3A

【答案】ABDE

【解析】灭火器配置设计的计算单元应按下列规定划分：当一个楼层或一个水平防火分区内各场所的危险等级和火灾种类相同时，可将其作为一个计算单元。当一个楼层或一个水平防火分区内各场所的危险等级和火灾种类不相同时，应将其分别作为不同的计算单元。同一计算单元不得跨越防火分区和楼层。故选项 A 正确。

设有室内消火栓系统和灭火系统的修正系数取 0.5。故选项 B 正确。

> 根据表 3-12-7，电子游戏厅为严重危险级，电影院观众厅为中危险级，超市为中危险级。根据表 3-12-8，严重危险级对应单具灭火器最小配置灭火级别应为 3A，中危险级对应单具灭火器最小配置灭火级别为 2A。

五、考题预测

（一）习题

1. IG541 气体灭火器的灭火剂是由不同气体组成的，其中氮气所占比例为（　　）。
A. 20%　　　　B. 30%　　　　C. 50%　　　　D. 40%

2. 按照《建筑灭火器配置设计规范》的要求，每个设置点的灭火器不宜多于（　　）具。
A. 2　　　　B. 3　　　　C. 4　　　　D. 5

3. 某写字楼层数为 4 层，建筑高度为 20m，建筑严格按照国家消防安全技术标准设置了自动喷水灭火系统、火灾自动报警系统和室内消火栓系统等。在该建筑的第三层设有一面积为 1800m² 的展览厅，该展览厅所需灭火器的最小灭火级别为（　　）A。
A. 10　　　　B. 12　　　　C. 14　　　　D. 16

4. 下列符合灭火器箱外观质量检查要求的是（　　）。
A. 游标卡尺实测检查箱门平面度公差为 1.5mm
B. 灭火器箱正面的零部件凸出箱门外表面高度为 20mm
C. 经塞尺实测检查，灭火器箱门与框的间隙为 3mm
D. 翻盖式灭火器箱箱盖在正面凸出不超过 20mm

5. 下列关于灭火器箱体结构及箱门性能检查判定为合格的是（　　）。
A. 翻盖式灭火器箱正面的上挡板在箱盖打开后能够翻转下落
B. 开门式灭火器箱箱门设有箱门锁具但不能上锁
C. 灭火器箱门开启力经测量为 60N
D. 箱门开启角度不小于 165°，翻盖式灭火器箱盖开启角度不小于 100°

6. 某批型号为 MS/Q6 的灭火器出厂后一直存放于仓库未被使用，则该批灭火器出厂时间满（　　）年应进行维修。
A. 1　　　　B. 2　　　　C. 3　　　　D. 4

7. 下列有关灭火器的安装设置的说法中，不正确的是（　　）。
A. 翻盖式灭火器箱的翻盖开启角度不得小于 100°
B. 挂钩、托架安装后，能够承受 3 倍的手提式灭火器
C. 2 具及 2 具以上手提式灭火器相邻设置在挂钩、托架上时，可任取其中 1 具
D. 挂钩、托架的安装高度满足手提式灭火器顶部与地面距离不大于 1.5m，底部与地面距离不小于 0.08m 的要求

8. 根据灭火器设置质量的不同，可将灭火器配置验收过程中发现的问题划分为严重缺陷项（A）、重缺陷项（B）和轻缺陷项（C），对某工程质量验收的结果如下，其中合格的是（　　）。
A. A=0，且 B=1，且 C=4
B. A=0，且 B=2，且 C=3
C. A=0，且 B=0，且 C=2
D. A=0，且 B=3，且 C=1

9. 某公共建筑中计算单元为严重危险级，灭火器的最小灭火级别为 15A，设计设置 3 个灭火器放置点，则下列说法正确的是（　　）。
A. 所选单具灭火器的最小灭火级别不应低于 3A

B. 计算单元内每个灭火器设置点的最小需配灭火级别为 5A

C. 每个点可设置一具 2A 的灭火器和一具 1A 的灭火器代替一具 3A 的灭火器

D. 每个点设置 2 具 3A 的灭火器

E. 每个设置点设置 3 具 2A 的灭火器

10. 下列民用建筑中，灭火器配置场所的火灾危险等级属于严重危险级的有（　　）。

A. 客房数为 60 间的旅馆　　　　　　　B. 建筑面积 500m² 的音乐会所

C. 床位数为 500 张的高中学生宿舍　　　D. 建筑面积为 3000m² 的图书馆

E. 商业服务网点

11. 下列对灭火器的处理方式描述正确的是（　　）。

A. 干粉灭火器出厂期满 10 年，按照标准应报废

B. 1211 灭火器已列入国家淘汰名录

C. 筒体变形，机械损伤的，必须淘汰，严禁使用

D. 没有生产厂名称和出厂月的，必须淘汰，严禁使用

E. 二氧化碳灭火器出厂满 12 年，按照标准应报废

12. 灭火器存在一定情形将予以报废的，灭火器报废后，建筑使用管理单位按照等效替代的原则对灭火器进行更换。下列属于列入国家颁布的淘汰目录的灭火器予以报废的是（　　）。

A. 四氯化碳灭火器

B. 化学泡沫灭火器

C. 倒置使用型灭火器

D. 二氧化碳灭火器

E. 1211 灭火器

13. 下列关于灭火器维修正确的是（　　）。

A. 灭火器维修和再充装前，维修单位必须逐个对灭火器组件进行水压试验

B. 二氧化碳灭火器钢瓶要逐个进行残余变形率测定，不得大于 3%

C. 经水压试验合格的灭火器筒体，要对其内部清洗干净

D. 对灭火器零部件检查，全部更换零部件

E. 根据灭火器产品生产技术标准和铭牌信息，按照生产企业规定的操作要求，实施灭火剂、驱动气体再充装

14. 案例分析。

某办公楼建筑共 10 层，每层高度为 3 米，该建筑采用不燃材料装修，耐火等级为二级；办公楼内设有室内消火栓系统、自动配水灭火系统，消防设施定期检测，并运行良好；每层建筑面积为 1000m²，设置 1 个防火分区；办公场所设有计算机、打印机、投影仪等办公用电器设备。

请仔细阅读以下问题，并按要求回答。

1）该建筑灭火器配置场所的危险等级是什么？该危险等级的特点是什么？

2）该建筑应配什么样的灭火器？若计算单元中灭火器设置点为 3 个，那计算单元中每个灭火器设置点的最小需配灭火级别是多少？

3）简述灭火器日常巡查的内容及要求。

（二）答案详解

1. 【答案】C

【解析】洁净气体 IG541 灭火器灭火剂主要有 50% 的 N_2、10% 的 CO_2 和 40% 的惰性气体组成。

2. 【答案】D

【解析】每个计算单元内配置的灭火器数量不得少于2具，每个设置点的灭火器不宜多于5具。

3. 【答案】B

【解析】根据知识点5，本建筑为公共建筑，三层展览厅的建筑面积为1800m²，建筑灭火器配置级别为中危险级，设置了消火栓及自动灭火系统，K取值0.5，根据公式最小灭火级别为0.5×1800/75 = 12A。

4. 【答案】A

【解析】开门式灭火器箱门关闭到位后，与四周框面齐平，与箱框之间的间隙均匀平直，不影响箱门开启，经游标卡尺测量，箱门平面度误差不大于2mm。

5. 【答案】A

【解析】详见知识点6。

6. 【答案】C

【解析】MS/Q6为清水型灭火器，出厂满3年后应进行首次维修。

7. 【答案】B

【解析】挂钩、托架安装后，能够承受5倍的手提式灭火器（当5倍的手提式灭火器质量小于45kg时，按45kg计）

8. 【答案】C

【解析】建筑灭火器配置验收判定标准：缺陷划分为严重缺陷项（A）、重缺陷项（B）和轻缺陷项（C），合格判定条件为：A=0，且B≤1，且B+C≤4；否则，验收评定为不合格。

9. 【答案】ABD

【解析】A类火灾严重危险等级，灭火器最小灭火级别为3A，每个设置点灭火器的数量不宜少于2具，不宜多于5具。每个灭火器设置点的最小需配灭火级别为15A/3=5A。

10. 【答案】ABCD

【解析】属于严重危险等级的场所：客房数在50间以上的旅馆、饭店的公共活动用房、多功能厅、厨房；建筑面积在200m²及以上的公共娱乐场所；学生住宿床位在100张及以上的学校集体宿舍。

11. 【答案】ABDE

【解析】详见知识点9。

12. 【答案】ABCE

【解析】详见知识点9。

13. 【答案】ABCE

【解析】详见知识点9，灭火器的维修步骤及技术要求。

14. 【解析】具体如下。

1）因为该建筑是二类高层建筑写字楼，因此属于中危险级。特点是：使用性质较重要，人员较密集，用电用火较多，可燃物较多起火后蔓延较迅速，扑救较难。

2）该建筑的火灾种类为A类，中危险级。按照《灭火器配置设计规范》（GB 50140）的规定可以选用水型、泡沫、磷酸铵盐干粉灭火器。

由 $Q=KS/U$ 其中 $K=0.5$，$S=1000m^2$，$U=75m^2/A$

得：$Q=6.7$（A）

因为计算单元中灭火器设置点为3个

$Qe=Q/N=6.7/3≈3$（A）

因此计算单元中每个灭火器设置点的最小需配灭火级别是3A。

3）灭火器日常巡查包括以下内容：

(1) 巡查内容：灭火器配置点状况，灭火器数量、外观、维修标识以及灭火器压力指示器等。
(2) 巡查周期：重点单位每天至少巡查1次，其他单位每周至少巡查1次。
(3) 巡查要求：
①灭火器配置点符合安装配置图表要求，配置点及灭火器箱上有符合规定要求的发光指示标识。
②灭火器数量符合配置安装要求，灭火器压力指示器指向绿区。
③灭火器外观无明显损伤和缺陷，保险装置的铅封完好无损。
④维修的灭火器，维修标识符合规定。

第十三章 消防供配电

一、知识点架构图

本章的知识点架构见图 3-13-1。

图 3-13-1 第三篇第十三章知识点架构图

二、考情分析

本章的考情分析见表 3-13-1。

表 3-13-1 第三篇第十三章考情分析表

年份	技术实务		综合能力		案例分析	
	分值（分）	占比（%）	分值（分）	占比（%）	分值（分）	占比（%）
2015 年	2	1.7	1	0.8	0	0
2016 年	3	2.5	1	0.8	0	0
2017 年	2	1.7	1	0.8	第三大题第 6 项问题中包含供配电的知识点	
2018 年	1	0.8	1	0.8	0	0
2019 年	2	1.7	1	0.8	0	0
2020 年	2	1.7	2	1.7	0	0

三、典型知识点

知识点 1：消防用电及负荷等级

1）消防电源的基本要求包括可靠性、耐火性、有效性、安全性、科学性和经济性。

2）消防用电负荷等级。

消防负荷就是指消防用电设备根据供电可靠性及中断供电所造成的损失或影响的程度，分为一级负荷、二级负荷及三级负荷（见表3-13-2）。

表3-13-2 消防用电负荷等级适用场所及供电方式 ★

类别	适用场所	供电方式
一级负荷 (2020年技术实务第16题)	（1）下列场所的消防用电应按一级负荷供电： ①建筑高度大于50m的乙、丙类生产厂房和丙类物品库房。 ②一类高层民用建筑。 ③一级大型石油化工厂，大型钢铁联合企业，大型物资仓库等。 （2）以下供电方式可视为一级负荷供电： ①电源一个来自区域变电站（电压在35kV及以上），同时另设一台自备发电机组。 ②来自两个区域变电站。 ③来自两个不同的发电厂	一级负荷应由两个电源供电，且符合下列条件之一： （1）两个电源之间无联系。 （2）两个电源有直接联系，但符合下列要求： ①任一电源发生故障时，两个电源的任何部分均不会同时损坏； ②发生任何一种故障且保护装置正常时，有一个电源不中断供电，并且在发生任何一种故障且主保护装置失灵以致两个电源均中断供电后，应能在有人员值班的处所完成各种必要操作，迅速恢复一个电源供电
二级负荷 (2019年技术实务第45题)	下列建筑物、储罐（区）和堆场的消防用电应按二级负荷供电： （1）室外消防用水量大于30L/s的厂房（仓库）； （2）室外消防用水量大于35L/s的可燃材料堆场、可燃气体储罐（区）和甲、乙类液体储罐（区）； （3）粮食仓库及粮食筒仓； （4）二类高层民用建筑； （5）座位数超过1500个的电影院、剧场，座位数超过3000个的体育馆，任一层建筑面积大于3000m²的商店和展览建筑，省（市）级及以上的广播电视、电信和财贸金融建筑。室外消防用水量大于25L/s的其他公共建筑	（1）二级负荷包括范围比较广，停电造成的损失较大的场所，采用两回线路供电，且变压器为两台（两台变压器可不在同一变电所）； （2）负荷较小或地区供电条件较困难的条件下，允许有一回路6kV以上专线架空线或电缆供电； （3）当采用架空线时，可为一回路架空线供电；当用电缆线路供电时，应采用两条电缆组成的线路供电，并且每条电缆均应能承受100%的二级负荷
三级负荷	除规范要求适用一级、二级负荷供电外的建筑物、储罐（区）和堆场	（1）采用专用的单回路电源供电，并在其配电设备上设有明显标志。其配电线路和控制回路应按照防火分区进行划分。 （2）消防水泵、消防电梯、防排烟风机等消防设备，应急电源可采用第二路电源、带自启动的应急发电机组或由二者组成的系统供电方式。 （3）消防控制室、消防水泵、消防电梯、防烟排烟风机等应在最末一级配电箱处设置自动切换装置。如消防水泵应在消防水泵房的配电箱处切换；消防电梯应在电梯机房配电箱处切换

3）消防备用电源。

（1）消防备用电源类型的选择见表3-13-3。

表3-13-3　消防用电设备与适宜备用电源种类

需要配接备用电源的消防设备	适宜的备用电源种类	
	应急发电机组	消防应急电源
室内消火栓系统	适宜	适宜
排烟系统		
自动喷水灭火系统		
泡沫灭火系统		
干粉灭火系统		
电动防火门窗		
消防电梯		不适宜
火灾自动报警系统	不适宜	适宜
消防联动控制系统		
消防应急照明和疏散指示系统		

（2）电源的切换。

①允许中断供电时间为15s以上的供电，可选用快速自启动的发电机组。

②允许中断供电时间为毫秒级的供电，可选用蓄电池静止型不间断供电装置或柴油发电机不间断供电装置。应急电源与正常电源之间必须采取防止并列运行的措施。

知识点2：消防电源供配电系统

消防电源供配电系统的设计要求见表3-13-4。

表3-13-4　消防电源供配电系统

类别	设计要求
消防负荷电源	（1）消防电源要在变压器的低压出线端设置单独的主断路器，不能与非消防负荷共用同一进线断路器和共用同一低压母线段。 （2）消防电源应独立设置，即从建筑物变电所低压侧封闭母线处或进线柜处就将消防电源分出而各自成独立系统。如果建筑物为低压电缆进线，则从进线隔离电器下端将消防电源分开，确保消防电源相对建筑物而言是独立的，提高可靠性。 （3）当建筑物双重电源中的备用电源为冷备用，且备用电源的投入时间不能满足消防负荷允许中断供电的时间时，要设置应急发电机组，机组的投入时间要满足消防负荷供电的要求
消防备用电源	（1）当采用自备应急发电机组提供备用电源时，应符合的要求： ①若为一级或二级的，应设置自动和手动启动装置，并在30s内供电；当采用中压柴油发电机组时，在火灾确认后要在60s内供电。 ②工作电源与应急电源之间，要采用自动切换方式，并按照负载容量由大到小的原则顺序启动。电动机类负载启动间隔宜在10~20s之间。 （2）当采用柴油发电机组做消防备用电源时，其电压等级应符合下列要求： ①供电半径不大于400m时，宜采用低压柴油发电机组。 ②供电半径大于400m时，宜采用中压柴油发电机组。 ③线路压降应不大于供电电压的5%。

续表

类别	设计要求
消防备用电源	(3) 消防备用电源应满足火灾时消防设备持续运行时间的要求： ①商业楼、展览楼、综合楼、一类建筑的财贸金融楼、图书馆、书库、重要的档案楼、科研楼和旅馆的消防水泵火灾时持续运行时间为3h，其他高层建筑为2h； ②用于防火卷帘的水幕泵火灾时持续运行时间为3h。 ③消防电梯火灾时持续运行时间应大于消防水泵、水幕泵火灾时持续运行时间。 ④建筑高度大于100m的民用建筑，加压风机、防排烟机火灾时持续运行时间要大于90min。 ⑤医疗建筑、老年人建筑、总建筑面积大于100000m² 的公共建筑，火灾时持续运行时间要大于60min；其他建筑要大于30min。 (4) 采用消防设备应急电源FEPS作为备用电源时，电池初装容量应为使用容量的3倍；三相供电的EPS单机容量不宜大于120kW，单相供电的EPS单机容量不宜大于30kW，且应有单节电池保护和电能均衡装置
配电设计 （2020年技术实务第17题）	(1) 消防水泵、喷淋水泵、水幕泵和消防电梯由变配电站或主配电室直接出线，采用放射式供电；防烟和排烟风机、防火卷帘和疏散照明可采用放射式或树干式供电。（2019年技术实务第70题） (2) 消防水泵、防烟和排烟风机及消防电梯的两路低压电源应能在设备机房内自动切换，其他消防设备的电源应能在每个防火分区配电间内自动切换；消防控制室的两路低压电源应能在消防控制室内自动切换。 (3) 主消防泵为电动机水泵，备用消防泵为柴油机水泵，主消防泵可采用一路电源供电。 (4) 消防水泵、排烟风机和正压送风机等设备不能采用变频调速器作为控制装置。电动机类的消防设备不能采用EPS/UPS作为备用电源。 (5) 消防负荷的配电线路所设置的保护电器要具有短路保护功能，但不宜设置过负荷保护装置，如设置只能用于报警而不能切断消防供电。消防负荷的配电线路不能设置剩余电流动作保护和过欠电压保护装置（2019年技术实务第82题）

知识点3：消防用电设备供配电系统

1）供配电系统设置。

供配电系统设置要求见表3-13-5。

表3-13-5 供配电系统设置要求

分类	设置要求
配电装置	消防用电设备的配电装置，应设置在建筑物的电源进线处或配变电所处，应急电源配电装置要与主电源配电装置分开设置；若由于地域所限，无法分开设置时，其分界处要设置防火隔断
启动装置	当消防用电负荷为一级时，应设置自动启动装置，并在主电源断电后30s内供电；当消防负荷为二级且采用自动启动方式有困难时，可采用手动启动装置
自动切换功能	消防水泵、消防电梯、防烟及排烟风机等消防用电设备的两个供电回路，应在最末一级配电箱处进行自动切换。消防设备的控制回路不得采用变频调速器作为控制装置。 消防用电设备应由消防电源中的双电源或双回线路电源供电，末端配电箱要设置双电源自动切换装置，并将配电箱安装在所在防火分区内，再由末端配电箱配出引至相应的消防设备

2）消防用电设备供电线路的敷设。（2018年综合能力第45题、2019年综合能力第31题）

（1）明敷时（包括敷设在吊顶内），应穿金属导管或采用封闭式金属槽盒保护，金属导管或封闭式金属槽盒应采取防火保护措施；当采用阻燃或耐火电缆并敷设在电缆井、沟内时，可不穿金属导管或采用封闭式金属槽盒保护；当采用矿物绝缘类不燃性电缆时，可直接明敷。

(2) 暗敷时，应穿管并应敷设在不燃性结构内，且保护层厚度不应小于 30mm。

(3) 消防配电线路宜与其他配电线路分开敷设在不同的电缆井、沟内；确有困难需要敷设在同一电缆井、沟内时，应分别布置在电缆井、沟的两侧，且消防配电线路应采用矿物绝缘类不燃性电缆。

3) 消防用电设备供电线路下列情况应采取防火封堵：

(1) 穿越不同的防火分区；

(2) 沿竖井垂直敷设穿越楼板处；

(3) 管线进出竖井处；

(4) 电缆隧道、电缆沟、电缆间的隔墙处；

(5) 穿越建筑物的外墙处；

(6) 至建筑物的入口处，至配电间、控制室的沟道入口处；

(7) 电缆引至配电箱、柜或控制屏、台的开孔部位。

4) 电缆竖井应采用矿棉板加膨胀型防火堵料组合成的膨胀型防火封堵系统。无机堵料应用于电缆沟、电缆隧道由室外进入室内；长距离电缆沟每隔 50m 处；电缆穿使用防火灰泥加膨胀型防火堵料组合的阻火墙。防火封堵系统两侧应采用电缆涂料，使用燃烧等级为非 A 级电缆的竖井，每层均应封堵。

知识点 4：电气防火要求及技术措施

1) 室外变、配电装置距堆场、可燃液体储罐和甲、乙类厂房库房不应小于 25m；距其他建筑物不应小于 10m；距液化石油气罐不应小于 35m。

2) 户内电压为 10kV 以上、总油量为 60kg 以下的充油设备，可安装在两侧有隔板的间隔内；总油量为 60~600kg 者，应安装在有防爆隔墙的间隔内；总油量为 600kg 以上者，应安装在单独的防爆间隔内。

3) 在中性点有良好接地的低压配电系统中，应该采用保护接零方式。在中性点不接地的低压配电网络中，采用保护接地。高压电气设备一般实行保护接地。

4) 同一端子上导线连接不应多于 2 根，且 2 根导线线径相同，防松垫圈等部件齐全，导线应采用铜质或有电镀金属层防锈的螺栓和螺钉连接。电器相间绝缘电阻不应小于 5MΩ。

5) 回路内应安装断路器、熔断器等过电流防护电器来防范电气火灾。防护电器的设置参数应满足下列要求：

(1) 防护电器的额定电流或整定电流不应小于回路的计算负载电流。

(2) 防护电器的额定电流或整定电流不应大于回路的允许持续载流量。

(3) 保证防护电器有效动作的电流不应大于回路载流量的 1.45 倍。

6) 刀开关采用电阻率和抗压强度低的材料制造触头。启动器若发现触头表面粗糙，应以细锉修整，切忌以砂纸打磨。控制继电器必须做到每月至少检修两次。

7) 预防电气线路短路的措施：

(1) 严格执行电气装置安装规程和技术管理规程，禁止非电工人员安装、修理；

(2) 根据导线使用的具体环境选用不同类型的导线，正确选择配电方式；

(3) 安装线路时，电线之间、电线与建筑构件或树木之间要保持一定距离；

(4) 在距地面 2m 高以内的电线，应用钢管或硬质塑料保护，以防绝缘遭受损坏；

(5) 在线路上应按规定安装断路器或熔断器，以便在线路发生短路时能及时、可靠地切断电源。

8) 预防电气线路过负荷的措施：

(1) 根据负载情况，选择合适的电线；

(2) 严禁滥用铜丝、铁丝代替熔断器的熔丝；

(3) 不准乱拉电线和接入过多或功率过大的电气设备；

(4) 严禁随意增加用电设备尤其是大功率用电设备；应根据线路负荷的变化及时更换适宜容量的导线；

(5) 可根据生产程序和需要，采取排列先后的方法，把用电时间调开，以使线路不超过负荷。

9) 预防电气线路接触电阻过大的措施：

(1) 导线与导线、导线与电气设备的连接必须牢固可靠；

(2) 铜、铝线相接，宜采用铜铝过渡接头，也可采用在铜线接头处搪锡；

(3) 通过较大电流的接头，应采用油质或氧焊接头，在连接时加弹力片后拧紧；

(4) 要定期检查和检测接头，防止接触电阻增大，对重要的连接接头要加强监视。

10) 绝缘导线穿过墙壁或可燃建筑构件时，应穿过砌在墙内的绝缘管，每根管宜只穿一根导线，绝缘管（瓷管）两端的出线口伸出墙面的距离不宜小于10mm。

11) 在潮湿场所，插座应采用密封性并带保护接地线触头的保护型插座，安装高度不低于1.5m。车间及实验室的插座安装高度不小于0.3m；特殊场所安装的插座高度距地面不小于0.15m；同一室内插座安装高度一致。

12) 卤素灯、60W以上的白炽灯等高温照明灯具不应设置在火灾危险性场所。库房照明宜采用投光灯采光。储存可燃物的仓库及类似场所照明光源应采用冷光源，其垂直下方与堆放可燃物品水平间距不应小于0.5m。建筑物内景观照明灯具的导电部分对地电阻应大于2MΩ。

13) 超过3kW的固定式电热器具应采用单独回路供电，电热器具周围0.5m以内不应放置可燃物；低于3kW的可移动式电热器应放在不燃材料制作的工作台上，与周围可燃物应保持0.3m以上的距离。空调器具应单独供电，电源线应设置短路、过载保护。

分析： 消防供配电每年考试的分值不高，约3~4分。从考试内容来看，主要考查了消防用电负荷等级要求、电气防火要求、消防供配电方案的设计要求等。在以后的复习中，应注意消防用电负荷、消防备用电源、消防负荷的电源设计以及电线电缆的选型原则。

四、高频真题

1. （2018年综合能力第45题）（知识点3）消防部门对某大厦的消防电源及其配电进行验收，下列验收检查结果中，不符合现行国家标准《建筑设计防火规范》（GB 50016）的是（　　）。

A. 大厦的消防配电干线采用阻燃电缆，直接明敷设在与动力配电线路共用的电缆井内，并分别布置在电缆井的两侧

B. 大厦的消防用电采用了专用的供电回路，并在地下一层设置了柴油发电机作为备用消防电源

C. 大厦的消防配电干线按防火分区划分，配电支线未穿越防火分区

D. 消防控制室、消防水泵房、防烟和排烟风机房的消防用电设备供电，在其配电线路的最末一级配电箱处设置了自动切换装置

【答案】A

【解析】消防配电线路宜与其他配电线路分开敷设在不同的电缆井、沟内；确有困难需敷设在同一电缆井、沟内时，应分别布置在电缆井、沟的两侧，且消防配电线路应采用矿物绝缘类不燃性电缆。A项不符合标准。

2. （2019年综合能力第31题）（知识点3）根据现行国家标准《建筑设计防火规范》（GB 50016），下列消防配电线路的敷设方式中，不符合规范要求的是（　　）

A. 阻燃电线穿封闭式金属线槽敷设

B. 矿物绝缘类不燃性电缆直接敷设在电线井内

C. 耐火电缆直接敷设在电缆井内

D. 阻燃电缆在吊顶内穿涂刷防火涂料保护的金属管敷设

【答案】A

【解析】本题考查的知识点是消防供电。

消防配电线路应满足火灾时连续供电的需要，其敷设应符合下列规定：明敷时（包括敷设在吊顶内），应穿金属导管或采用封闭式金属槽盒保护，金属导管或封闭式金属槽盒应采取防火保护措施。A选项不符合要求，D选项符合要求。当采用阻燃或耐火电缆并敷设在电缆井、沟内时，可不穿金属导管或采用封闭式金属槽盒保护。C选项符合要求。当采用矿物绝缘类不燃性电缆时，可直接明敷。B选项符合要求。

3. (2019年技术实务第70题)（知识点2）某建筑高度为55m的省级电力调度指挥中心，设有自动喷水灭火系统、机械排烟系统、防火卷帘等消防设施，采用柴油发电机作为消防设备的备用电源。该中心消防设备的下列配电设计方案中，错误的是（ ）。

A. 各楼层消防电源配电箱由低压配电室采用分区树干式配电

B. 防火卷帘由楼层消防配电箱采用放射式配电

C. 柴油发电机设置自动启动装置，自动启动响应时间为20s

D. 消防水泵组的电源由低压配电室采用树干式配电

【答案】D

【解析】本题考查的知识点是消防供配电知识。消防水泵、喷淋水泵、水幕泵和消防电梯要由变配电站或主配电室直接出线，采用放射式供电。D选项错误。

4. (2020年技术实务第17题)（知识点2）某大型商业综合体消防设备的用电负荷等级为一级负荷，该商业综合体消防用电设备的供配电及控制方式错误的是（ ）。

A. 消防水泵可由二路市电的两个低压回路供电

B. 消防水泵的末端配电箱设置在消防水泵房内

C. 排烟和通风合用的风机采用变频调速器控制

D. 排烟风机由所在防火分区内配电小间的双电源切换箱放射式供电

【答案】C

【解析】消防水泵、防烟排烟风机和正压送风机等设备不能采用变频调速器作为控制装置。故C选项错误。

消防水泵、防烟排烟风机及消防电梯的两路低压电源应能在设备机房内自动切换。A、B选项正确。

防烟排烟风机、防火卷帘以及疏散照明可采用放射式或树干式供电。D选项正确。

5. (2020年技术实务第16题)（知识点1）关于一类高层民用建筑消防用电负荷供电的说法，正确的是（ ）。

A. 消防用电负荷的2个电源应能分别满足消防用电负荷50%的供电要求

B. 消防用电负荷可由1个110kV变电所的两个专用架空线路供电

C. 消防用电负荷采用自备燃油发电机组供电时，发电机组与市电并列运行

D. 消防用电负荷可采用1个110kV变电所的专用回路和自备燃油发电机组供电

【答案】D

【解析】一类高层民用建筑的消防用电应按一级负荷供电。具备下列条件之一的供电，可视为一级负荷：

(1) 电源来自两个不同发电厂。

(2) 电源来自两个区域变电站（电压一般在35kV及以上）。

(3) 电源来自一个区域变电站，另一个设置自备发电设备。D选项正确。

五、考题预测

(一) 习题

1. 某一类高层公共建筑,消防用电按一级负荷供电,下列方式中,不可视为一级负荷供电的是（　　）。
   A. 建筑电源来自两个区域变电站
   B. 建筑电源来自两个不同的发电厂
   C. 一路电源来自 110kV 区域变电站,同时设置一台自备发电机组
   D. 由同一发电厂引两路线给建筑供电

2. 下列消防设备,不适宜采用消防应急电源作为备用电源的是（　　）。
   A. 干粉灭火系统　　　　　　　　　　B. 火灾自动报警系统
   C. 消防电梯　　　　　　　　　　　　D. 消防联动控制系统

3. 下列哪些场所消防用电可不按二级负荷供电（　　）。
   A. 座位数 2000 个的电影院　　　　　　B. 每层建筑面积为 4000m² 的商场
   C. 座位数超过 4000 个体育场　　　　　D. 单层建筑面积为 2000m² 的展览馆

4. 下列有关二级负荷供电设计时应注意问题的说法,不正确的是（　　）。
   A. 两回路供电电压宜相同,但在一定条件下可采用不同电压
   B. 一回路供电中断时,其余线路应能满足二级负荷要求
   C. 负荷较小或地区供电条件较困难时,允许由一回路 5kV 以上专用的架空线路供电
   D. 二级负荷的供电系统要尽可能地采用两回路线路供电

5. 某建筑高度为 32m 的公共建筑采用二级负荷供电,建筑采用发电机组作为备用电源。当采用自动启动方式时,主备电源切换时间不应大于（　　）s。
   A. 5　　　　　　　B. 20　　　　　　　C. 30　　　　　　　D. 60

6. 消防用电设备的供电线路采用不同的电线电缆时,供电线路的敷设应满足相应的要求。下列有关消防用电设备供电线路敷设的说法,不正确的是（　　）。
   A. 采用有机绝缘耐火材料时,可直接在吊顶内敷设
   B. 线路暗敷时,要穿金属导管或难燃性刚性塑料导管进行保护
   C. 难燃性电缆在电气竖井内敷设时可不穿导管保护
   D. 暗敷设在不燃烧结构内时,保护层厚度不应小于 0.03m

7. 下列消防设备,不宜采用应急发电机组作为备用电源的是（　　）。
   A. 自动喷水灭火系统
   B. 火灾自动报警系统
   C. 消防联动控制系统
   D. 消防应急照明和疏散指示系统
   E. 防排烟系统

8. 下列有关建筑消防配电设计的说法,不正确的是（　　）。
   A. 消防用电设备应采用专用的供电回路
   B. 消防控制室、消防水泵房、防排烟风机房的消防用电设备及消防电梯等的供电,应在其配电线路的最末一级配电箱处设置自动切换装置
   C. 按一、二、三级负荷供电的消防设备,其配电箱应独立设置
   D. 火灾自动报警系统主电源不应设置剩余电流动作保护和过负荷保护装置

E. 消防水泵应采用变频调速器作为控制装置

9. 能够满足防护电器的设置参数要求的是（　　）。
A. 防护电器的额定电流不应小于回路的计算负载电流
B. 防护电器的整定电流不应大于回路的计算负载电流
C. 防护电器的额定电流不应小于回路的允许持续载流量
D. 防护电器的整定电流不应大于回路的允许持续载流量
E. 保证防护电器有效动作的电流不应大于回路载流量的 1.45 倍

（二）答案详解

1. 【答案】D
【解析】详见知识点1。

2. 【答案】C
【解析】消防电梯的用电量比较大，而消防应急电源的容量又比较小，一般消防应急电源不做消防电梯的备用电源。

3. 【答案】D
【解析】详见知识点1。

4. 【答案】C
【解析】二级负荷的供电系统要尽可能地采用两回路供电，当其中一回路供电中断时，其余线路应能满足二级负荷要求；两回路供电电压宜相同，但在一定条件下可采用不同电压；在负荷较小或地区供电较困难的条件下，允许有一回路6kV以上专线架空线路或电缆供电。

5. 【答案】C
【解析】消防用电按一、二级负荷供电的建筑，当采用自备发电设备作备用电源时，自备发电设备应设置自动和手动启动装置。当采用自动启动方式时，应能保证在30s内供电。

6. 【答案】A
【解析】详见知识点3，线路的敷设要求。

7. 【答案】BCD
【解析】详见知识点1，消防备用电源的选型。

8. 【答案】CE
【解析】详见知识点1，消防用电及负荷等级。

9. 【答案】ADE
【解析】本题考查的是变、配电装置防火措施的检查。过电流保护措施包括的内容详见知识点4。

第四篇 其他建筑、场所防火

第一章 石油化工防火

一、知识点架构图

本章的知识点架构见图 4-1-1。

图 4-1-1 第四篇第一章知识点架构图

二、考情分析表

本章的考情分析见表 4-1-1。

表 4-1-1 第四篇第一章考情分析表

年份	技术实务 分值（分）	技术实务 占比（%）	综合能力 分值（分）	综合能力 占比（%）	案例分析 分值（分）	案例分析 占比（%）
2015 年	5	4.2	1	0.8	0	0
2016 年	3	2.5	0	0	0	0
2017 年	2	1.7	0	0	0	0
2018 年	2	1.7	0	0	0	0
2019 年	7	5.8	0	0	0	0
2020 年	2	1.7	0	0	0	0

三、典型知识点

知识点1：生产防火

1. 区域规划。

1）石油化工企业应远离人口密集区、饮用水源地、重要交通枢纽等区域，并宜位于邻近城镇或居民区全年最小频率风向的上风侧。

2）在山区或丘陵地区，石油化工企业的生产区应避免布置在窝风地带。

3）石油化工企业的生产区沿江河岸布置时，宜位于邻近江河的城镇、重要桥梁、大型锚地、船厂等重要建筑物或构筑物的下游。

4）石油化工企业应采取防止泄漏的可燃液体和受污染的消防水排出厂外的措施。

5）公路和地区架空电力线路严禁穿越生产区。

6）当区域排洪沟通过厂区时：不宜通过生产区；应采取防止泄漏的可燃液体和受污染的消防水流入区域排洪沟的措施。

7）地区输油（输气）管道不应穿越厂区。

2. 与邻厂间距。

石油化工企业与相邻工厂或设施的防火间距不应小于表4-1-2的规定。高架火炬的防火间距应根据人或设备允许的辐射热强度计算确定，对可能携带可燃液体的高架火炬的防火间距不应小于表4-1-2的规定。

表4-1-2　石油化工企业与相邻工厂或设施的防火间距　　　　　　　　　（单位：m）

相邻工厂或设施		防火间距				
		液化烃罐组	甲、乙类液体罐组	可能携带可燃液体的高架火炬	甲、乙类工艺装置或设施	全厂性或区域性重要设施
居民区、公共福利设施、村庄		300	100	120	100	25
相邻工厂（围墙或用地边界线）		120	70	120	50	70
厂外铁路	国家铁路线（中心线）	55	45	80	35	—
	厂外企业铁路线（中心线）	45	35	80	30	—

3. 总平面布置。

1）可能散发可燃气体的工艺装置、罐组、装卸区或全厂性污水处理场等设施宜布置在人员集中场所及明火或散发火花地点的全年最小频率风向的上风侧。

2）全厂性办公楼、中央控制室、中央化验室、总变电所等重要设施应布置在相对高处。

3）液化烃罐组或可燃液体罐组不应毗邻布置在高于工艺装置、全厂性重要设施或人员集中场所的阶梯上。但受条件限制或有工艺要求时，可燃液体原料储罐可毗邻布置在高于工艺装置的阶梯上，但应采取防止泄漏的可燃液体流入工艺装置、全厂性重要设施或人员集中场所的措施。

液化烃罐组或可燃液体罐组不宜紧靠排洪沟布置。

4）空分站应布置在空气清洁地段，并宜位于散发乙炔及其他可燃气体、粉尘等场所的全年最小频率风向的下风侧。

5）中央控制室宜布置在行政管理区。

6）全厂性的高架火炬宜位于生产区全年最小频率风向的上风侧。2座及2座以上的高架火炬宜集中布置在同一个区域。火炬高度和火炬之间的防火间距应确保事故放空时辐射热不影响相邻火炬的检修和运行。

7）汽车装卸设施、液化烃灌装站及各类物品仓库等机动车辆频繁进出的设施应布置在厂区边缘或厂区外，并宜设围墙独立成区。

8）罐区泡沫站应布置在罐组防火堤外的非防爆区，与可燃液体罐的防火间距不宜小于20m。

9）消防站的位置应符合下列规定：

（1）消防站的服务范围应按行车路程计，行车路程不宜大于2.5km，并且接火警后消防车到达火场的时间不宜超过5min；对丁、戊类的局部场所，消防站的服务范围可加大到4km；

（2）应便于消防车迅速通往工艺装置区和罐区；

（3）宜避开工厂主要人流道路；

（4）宜远离噪声场所；

（5）宜位于生产区全年最小频率风向的下风侧。

4. 泄压排放装置。

三种泄压排放装置见表4-1-3。

表4-1-3 泄压排放装置

项目	要求
火炬系统	应布置在工艺生产装置、易燃及可燃液体与液化石油气等可燃气体的储罐区和装卸区，以及全厂重要辅助生产设施及人员集中场所全年最小频率风向的上风侧。距离火炬筒30m范围内严禁可燃气体放空，在火炬筒上部应安装防回火装置。可燃气体放空管道接入火炬前，应设置分液器
放空管	应设在设备或容器的顶部，管口应高于附近有人操作的最高设备2m以上；连续排放的放空管口，应高出半径20m范围内的平台或建筑物顶3.5m以上；间歇排放的放空管口，应高出10m范围内的平台或建筑物顶3.5m以上；平台或建筑物应与放空管垂直面呈45°。放空管上应安装阻火器
安全阀	应设置安全阀的装置： （1）顶部最高操作压力大于或等于0.1MPa的压力容器； （2）顶部最高操作压力大于0.03MPa的蒸馏塔、蒸发塔和汽提塔； （3）往复式压缩机各段出口或电动往复泵、齿轮泵、螺杆泵等容积式泵的出口； （4）凡与鼓风机、离心式压缩机、离心泵或蒸汽往复泵出口连接的设备不能承受其最高压力时，鼓风机、离心式压缩机、离心泵或蒸汽往复泵的出口； （5）可燃气体或液体受热膨胀，可能超过设计压力的设备； （6）顶部最高操作压力为0.03~0.1MPa的设备应根据工艺要求设置

知识点2：储运防火与消防设施

1. 储运防火。

1）可燃液体的地上储罐。

（1）储罐应采用钢罐，并应符合下列规定：

①浮顶储罐单罐容积不应大于150000m³；

②固定顶和储存甲$_B$、乙$_A$类可燃液体内浮顶储罐直径不应大于48m；

③储罐罐壁高度不应超过24m；

④容积大于等于50000m³的浮顶储罐应设置两个盘梯，并应在罐顶设置两个平台。

（2）储存甲$_B$、乙$_A$类液体应选用金属浮舱式的浮顶或内浮顶罐，对于有特殊要求的物料或储罐容积小于或等于200m³的储罐，在采取相应安全措施后可选用其他型式的储罐。浮盘应根据可燃液体物性和材质强度进行选用，并应符合下列规定：

①当单罐容积小于或等于5000m³的内浮顶储罐采用易熔材料制作的浮盘时，应设置氮气保护等安全措施；

②单罐容积大于5000m³的内浮顶储罐应采用钢制单盘或双盘式浮顶；

③单罐容积大于或等于50000m³的浮顶储罐应采用钢制双盘式浮顶。

（3）储存沸点低于45℃的甲$_B$类液体宜选用压力或低压储罐。

2）液化烃、可燃气体、助燃气体的地上储罐。

（1）液化烃储罐、可燃气体储罐和助燃气体的地上储罐应分别成组布置。

（2）全压力式或半冷冻式液化烃储罐的单罐容积不应大于4000m³。

（3）液化烃储罐成组布置时应符合下列规定：（2019年技术实务第96题）

①液化烃罐组内的储罐不应超过2排；

②每组全压力式或半冷冻式储罐的个数不应多于12个；

③全冷冻式储罐的个数不宜多于2个；

④全冷冻式储罐应单独成组布置；

⑤储罐不能适应罐组内任一介质泄漏所产生的最低温度时，不应布置在同一罐组内。

3）可燃液体的铁路装卸设施应符合下列规定：

（1）装卸栈台两端和沿栈台每隔60m左右应设梯子；

（2）甲$_B$、乙、丙$_A$类的液体严禁采用沟槽卸车系统；

（3）顶部敞口装车的甲$_B$、乙、丙$_A$类的液体应采用液下装车鹤管；

（4）在距装车栈台边缘10m以外的可燃液体（润滑油除外）输入管道上应设便于操作的紧急切断阀；

（5）丙$_B$类液体装卸栈台宜单独设置；

（6）零位罐至罐车装卸线不应小于6m；

（7）甲$_B$、乙$_A$类液体装卸鹤管与集中布置的泵的防火间距不应小于8m；甲$_B$、乙$_A$类液体装卸鹤管及集中布置的泵与油气回收设备的防火间距不应小于4.5m；

（8）同一铁路装卸线一侧的两个装卸栈台相邻鹤位之间的距离不应小于24m。

2. 消防设施。

1）低倍数泡沫灭火系统。

（1）可能发生可燃液体火灾的场所宜采用低倍数泡沫灭火系统。

（2）下列场所应采用固定式泡沫灭火系统：（2019年技术实务第97题）

①甲、乙类和闪点等于或小于90℃的丙类可燃液体的固定顶罐及浮盘为易熔材料的内浮顶罐：单罐容积等于或大于10000m³的非水溶性可燃液体储罐；单罐容积等于或大于500m³的水溶性可燃液体储罐；

②甲、乙类和闪点等于或小于90℃的丙类可燃液体的浮顶罐及浮盘为非易熔材料的内浮顶罐：单罐容积等于或大于50000m³的非水溶性可燃液体储罐；单罐容积等于或大于1000m³的水溶性可燃液体储罐；

③移动消防设施不能进行有效保护的可燃液体储罐。

（3）下列场所可采用移动式泡沫灭火系统：

①罐壁高度小于7m或容积等于或小于200m³的非水溶性可燃液体储罐；

②润滑油储罐；
③可燃液体地面流淌火灾、油池火灾。
2）液化烃罐区消防设施。
(1) 液化烃罐区应设置消防冷却水系统，并应配置移动式干粉等灭火设施。
(2) 全压力式及半冷冻式液化烃储罐固定式消防冷却水系统的用水量计算应符合下列规定：
①着火罐冷却水供给强度不应小于9L/(min·m²)；
②距着火罐罐壁1.5倍着火罐直径范围内的邻近罐冷却水供给强度不应小于9L/(min·m²)；
③着火罐冷却面积应按其罐体表面积计算；邻近罐冷却面积应按其半个罐体表面积计算；
④距着火罐罐壁1.5倍着火罐直径范围内的邻近罐超过3个时，冷却水量可按3个罐的用水量计算。

分析：从2018年和2020年的考试来看，每年分值为2分，2019年分值为7分。这部分涉及的规范主要有《石油化工企业设计防火标准》（2018年版）（GB 50160—2008），《石油天然气工程设计防火规范》（GB 50183—2015）和《石油库设计规范》（GB 50074—2014）。

四、高频真题

1. （2018年技术实务第52题）（知识点1）根据现行国家标准《石油化工企业设计防火规范》（GB 50160），下列石油化工企业总平面布置方案中，正确的是（   ）。
   A. 对穿越生产区的地区架空电力线路采取加大防火间距的安全措施
   B. 厂外国家铁路线中心线与甲类工艺装置最外侧设备边缘的距离为40m
   C. 穿越厂区的地区输油管道埋地敷设
   D. 空分站布置在散发粉尘场所的全年最小频率风向的上风侧

【答案】B

【解析】公路和地区架空电力线路严禁穿越生产区。A项错误。地区输油（输气）管道不应穿越厂区。C项错误。厂外国家铁路中心线与甲类工艺装置的防火间距不应小于35m。B项正确。空分站应布置在空气清洁地段，并宜位于散发乙炔及其他可燃气体、粉尘等场所的全年最小频率风向的下风侧。D项错误。

2. （2019年技术实务第97题）（知识点2）某石油化工企业的储罐区，布置有多个液体储罐，当采用低倍数泡沫灭火系统时，储罐区的下列储罐中，应采用固定式泡沫灭火系统的有（   ）。
   A. 单罐容积为10000m³的汽油内浮顶储罐，浮盘为易熔材料
   B. 单罐容积为10000m³的润滑油固定顶储罐
   C. 单罐容积为600m³的乙醇固定顶储罐
   D. 单罐容积为1000m³的甲苯内浮顶储罐
   E. 单罐容积为600m³的甲酸固定顶储罐

【答案】ACE

【解析】本题考查的知识点是石油化工知识。
下列场所应采用固定式泡沫灭火系统：甲、乙类和闪点等于或小于90℃的丙类可燃液体的固定顶罐及浮盘为易熔材料的内浮顶罐：
(1) 单罐容积等于或大于10000m³的非水溶性可燃液体储罐。A选项正确。
(2) 单罐容积等于或大于500m³的水溶性可燃液体储罐。C、E选项正确，B选项润滑油属于丙类，闪点大于120℃，不在规范规定的范围内。B选项不正确。

五、考题预测

（一）习题

1. 在石油化工的储罐防火中，装有阻火器的地上卧式储罐的壁厚和地上固定顶钢质储罐的顶板厚度等于或大于（　　）mm 时，可不设避雷针。
   A. 2　　　　　　　B. 4　　　　　　　C. 6　　　　　　　D. 8

2. 关于石油化工物料公路装卸防火设计要求及措施，下列说法正确的是（　　）。
   A. 装卸车鹤管之间的距离，一般不大于 4m
   B. 在距装卸鹤管 10m 以外的装卸管道上，必须设置事故情况下便于操作的紧急切断阀
   C. 装卸车辆进入装卸区行车速度不得超过 10km/h
   D. 油品装车时流量不得大于 30m³/h

3. 在石油化工铁路装卸的防火设计中，油品装卸时严禁使用铁器敲击罐口，同时要控制油品流速，不应超过（　　）m/s。
   A. 3.0　　　　　　B. 4.5　　　　　　C. 5.5　　　　　　D. 6.0

4. 铁路装卸防火要求装卸栈桥，宜设置半固定消防给水系统，供水压力一般不小于 0.15MPa，消火栓间距不大于（　　）m。
   A. 30　　　　　　 B. 60　　　　　　 C. 120　　　　　　D. 100

5. 下列关于石油化工码头装卸作业说法正确的有（　　）。
   A. 装卸作业前，应先接好地线后再接输油管，静电接地要可靠，电缆规格要符合要求
   B. 装卸作业前，应先接好输油管后再接地线，静电接地要可靠，电缆规格要符合要求
   C. 装卸油品时，应在船的周围设置围油栏，以防溢出油向周围扩散
   D. 作业中，禁止使用非防爆的手电筒等能产生火花或火星的设备
   E. 装卸完毕后，应先拆地线后拆输油管，并清除软管、输油管内的残油，关闭各油舱和输油管线阀门，擦净现场油污

6. 在非正常条件下，可能超压的下列设备中，应设安全阀的有（　　）。
   A. 顶部最高操作压力大于等于 0.01MPa 的蒸馏塔
   B. 顶部最高操作压力大于等于 0.1MPa 的压力容器
   C. 可燃气体或液体受热膨胀而可能超过设计压力的设备
   D. 与鼓风机出口连接的设备不能承受其最高压力时，鼓风机的出口
   E. 往复式压缩机各段出口

（二）答案详解

1.【答案】B

【解析】装有阻火器的地上卧式储罐的壁厚和地上固定顶钢质储罐的顶板厚度等于或大于 4mm 时，可不设避雷针。

2.【答案】B

【解析】装卸车鹤管之间的距离一般不小于 4m；油品装车时流量不得小于 30m³/h；装卸车辆进入装卸区行车速度不得超过 5km/h。

3.【答案】B

【解析】油品装卸时严禁使用铁器敲击罐口。灌装时，要按列车沿途所经地区最高气温下的允许灌装速度予以灌装，鹤管内的油品流速要控制在 4.5m/s 以下。雷雨天气或附近发生火灾时，不得进行

装卸作业，并应盖严油罐车罐口，关闭有关重要阀门，断开有关设备的电源。

4.【答案】B

【解析】铁路装卸防火要求装卸栈桥，宜设置半固定消防给水系统，供水压力一般不小于0.15MPa，消火栓间距不大于60m。

5.【答案】ACD

【解析】码头装卸防火措施：

1）装卸作业前，应先接好地线后再接输油管，静电接地要可靠，电缆规格要符合要求。

2）装卸油品时，应在船的周围设置围油栏，以防溢出油向周围扩散。作业中，禁止使用非防爆的手电筒等产生火花或火星的设备。

3）装卸完毕后，应先拆输油管后拆地线，并清除软管、输油臂内的残油，关闭各油舱口和输油管线阀门，擦净现场油污。

6.【答案】BCDE

【解析】在非正常的条件下，可能过超压的下列设备应设安全阀：

1）顶部最高操作压力大于等于0.1MPa的压力容器；

2）顶部最高操作压力大于0.03MPa的蒸馏塔、蒸发塔和汽提塔（汽提塔顶蒸气通入另一蒸馏塔者除外）；

3）往复式压缩机各段出口或电动往复泵、齿轮泵、螺杆泵等容积式泵的出口（设备本身已有安全阀者除外）；

4）凡与鼓风机、离心式压缩机、离心泵或蒸汽往复泵出口连接的设备不能承受其最高压力时，鼓风机、离心式压缩机、离心泵或蒸汽往复泵的出口；

5）可燃气体或液体受热膨胀，可能超过设计压力的设备；

6）顶部最高操作压力为0.03~0.1MPa的设备应根据工艺要求设置。

第二章 地铁防火

一、知识点架构图

本章的知识点架构见图 4-2-1。

图 4-2-1 第四篇第二章知识点架构图

二、考情分析

本章的考情分析见表 4-2-1。

表 4-2-1 第四篇第二章考情分析表

年份	技术实务		综合能力		案例分析	
	分值（分）	占比（%）	分值（分）	占比（%）	分值（分）	占比（%）
2015 年	1	0.8	0	0	0	0
2016 年	1	0.8	0	0	0	0
2017 年	2	1.6	0	0	0	0
2018 年	2	1.6	0	0	0	0
2019 年	6	5	0	0	0	0
2020 年	3	2.5	0	0	0	0

三、典型知识点

知识点 1：地铁火灾危险性及特点

地铁火灾危险性及特点如下（2020 年技术实务第 77 题）。

1）火灾危险性：空间小、人员密度流量大；用电设施、设备繁多；动态火灾隐患多。

2）火灾特点：火情探测和扑救困难；氧含量急剧下降；产生有毒烟气、排烟排热效果差；人员疏散困难。

知识点 2：地铁建筑防火设计要求

建筑防火设计要求见表 4-2-2。

表 4-2-2　建筑防火设计要求

分类	内　容
地铁建筑耐火等级（2018 年技术实务第 53 题）	(1) 下列建筑的耐火等级应为一级： ①地下车站及其出入口通道、风道； ②地下区间、联络通道、区间风井及风道； ③控制中心； ④主变电所； ⑤易燃物品库、油漆库； ⑥地下停车库、列检库、停车列检库、运用库、联合检修库及其他检修用房。 (2) 下列建筑的耐火等级不应低于二级： ①地上车站及地上区间； ②地下车站出入口地面厅、风亭等地面建（构）筑物； ③运用库、检修库、综合维修中心的维修综合楼、物质总库的库房、调机库、索引降压混合变电所、洗车机库（棚）、不落轮镟库、工程车库和综合办公楼等生活辅助建筑
防火分区	(1) 地下车站站台和站厅公共区应划为一个防火分区，设备管理区每个防火分区的最大允许建筑面积不应大于 1500m²； (2) 地下换乘车站当共用一个站厅时，站厅公共区建筑面积不应大于 5000m²； (3) 地上的车站站厅公共区防火分区的最大允许建筑面积不应大于 5000m²，其他部位每个防火分区的最大允许建筑面积不应大于 2500m²
防烟分区（2019 年技术实务第 88 题）	(1) 地下车站的公共区，以及设备与管理用房，应划分防烟分区，且防烟分区不得跨越防火分区； (2) 站厅与站台的公共区每个防烟分区的建筑面积不宜超过 2000m²，设备与管理用房每个防烟分区的建筑面积不宜超过 750m²； (3) 防烟分区可采取挡烟垂壁等措施。挡烟垂壁等设施的下垂高度不应小于 500mm

安全疏散相关要求见表 4-2-3。

表 4-2-3　安全疏散相关要求（2020 年技术实务第 53 题）

项目	要　求
安全出口	(1) 车站每个站厅公共区安全出口数量应经计算确定，且应设置不少于 2 个直通地面的安全出口；（2019 年技术实务第 74 题） (2) 地下单层侧式站台车站，每侧站台安全出口数量应经计算确定，且不应少于 2 个直通地面的安全出口； (3) 地下车站的设备与管理用房区域安全出口的数量不应少于 2 个，其中有人值守的防火分区应有 1 个安全出口直通地面； (4) 安全出口应分散布置，且相邻两个安全出口之间的最小水平距离不应小于 20m； (5) 竖井、爬梯、电梯、消防专用通道，以及设在两侧式站台之间的过轨地道不应作为安全出口； (6) 地下换乘车站的换乘通道不应作为安全出口

续表

项目	要 求
疏散宽度和距离	（1）设备与管理用房区房间单面布置时，疏散通道宽度不得小于1.2m，双面布置时不得小于1.5m； （2）设备与管理用房直接通向疏散走道的疏散门至安全出口的距离，当房间疏散门位于两个安全出口之间时，疏散门与最近安全出口的距离不应大于40m；当房间位于袋形走道两侧或尽端时，其疏散门与最近安全出口的距离不应大于22m； （3）地下出入口通道的长度不宜超过100m，当超过时应采取满足人员消防疏散要求的措施
应急照明及疏散指示标志	（1）车站站厅、站台、自动扶梯、自动人行道及楼梯； （2）车站附属用房内走道等疏散通道； （3）区间隧道； （4）车辆基地内的单体建筑物及控制中心大楼的疏散楼梯间、疏散通道、消防电梯间（含前室）

消防设施安装要求见表4-2-4。

表4-2-4 消防设施安装要求

项目	要 求
灭火设施	（1）地下车站及其相连的地下区间、长度大于20m的出入口通道、长度大于500m的独立地下区间应设室内消火栓给水系统； （2）地下车站设置的商铺总面积超过500m²时应设自动喷水灭火系统
防排烟设施	（1）下列场所应设置机械排烟设施： ①同一个防火分区内的地下车站设备与管理用房的总面积超过200m²，或面积超过50m²且经常有人停留的单个房间； ②最远点到车站公共区的直线距离超过20m的内走道；连续长度大于60m的地下通道和出入口通道； ③连续长度大于60m，但不大于300m的区间隧道和全封闭车道宜采用自然排烟；当无条件采用自然排烟时，应设置机械排烟。 （2）地下车站的站厅和站台；连续长度大于300m的区间隧道和全封闭车道；防烟楼梯间和前室，应设置机械防排烟设施
火灾自动报警系统	（1）车站、地下区间、区间变电所及系统设备用房、主变电所、控制中心、车辆基地应设置火灾自动报警系统； （2）车站公共区，车站的设备管理区内的房间、电梯井道上部，地下车站设备管理区内长度大于20m的走道、长度大于60m的地下连通道和出入口通道，主变电所的设备间，车辆基地的综合楼、信号楼、变电所和其他设备间、办公室，防火卷帘两侧，茶水间，站台下的电缆通道，变电所电缆夹层的电缆桥架上，车辆基地的停车库、列检库、停车列检库、运用库、联合检修库及物资库等库房应设置火灾探测器
消防配电	消防用电设备按一级负荷供电，采用双电源双回路，并在最末一级配电箱处设置自动切换装置

分析：地铁目前在我国大量运行，其安全性应值得注意。2018年分值为2分，2019年分值为6分，2020年分值为3分。以前的考点主要是防火防烟分区、安全出口等。以后的考点可能是疏散宽度、安全距离以及消防设施的安装要求等。本章内容存在考题高分值的可能性。应掌握《地铁设计规范》（GB 50157—2013）中有关消防的内容。

四、高频真题

1.（2018年技术实务第53题）（知识点2）根据现行国家标准《地铁设计规范》（GB 50157），下列场所中，可按二级耐火等级设计的是（　　）。

　　A. 高架车站　　　　　　　　　　　B. 地下车站疏散楼梯间
　　C. 控制中心　　　　　　　　　　　D. 地下车站风道

【答案】A

【解析】地铁各建（构）筑物的耐火等级应符合下列规定：地下的车站、区间、变电站等主体工程及出入口通道、风道的耐火等级应为一级；地面出入口、风亭等附属建筑，地面车站、高架车站及高架区间的建、构筑物，耐火等级不得低于二级；控制中心建筑耐火等级应为一级。

2.（2019年技术实务第88题）（知识点2）下列防烟分区划分设计要求中，适用于地铁站厅公共区的有（　　）。

　　A. 防烟分区不应跨越防火分区
　　B. 防烟分区的最大允许面积与空间净高相关
　　C. 防烟分区的长边最大允许长度与空间净高相关
　　D. 当空间高度大于规定值时，防烟分区之间可不设挡烟设施
　　E. 采用挡烟垂壁或建筑结构划分防烟分区

【答案】AE

【解析】本题考查的知识点是地铁防烟的相关知识。

站厅公共区和设备管理区应采用挡烟垂壁或建筑结构划分防烟分区，防烟分区不应跨越防火分区。A、E选项正确。

站厅公共区内每个防烟分区的最大允许建筑面积不应大于2000m²，设备管理区内每个防烟分区的最大允许建筑面积不应大于750m²。B、C选项错误，地铁防烟分区对长边最大允许长度没有明确规定。

3.（2020年技术实务第53题）（知识点2）某地铁标准两层地下站与周边商场采用地下通道，相连车站设有无障碍电梯，站台与站厅之间设置两组楼梯自动扶梯，当站台发生火灾时，下列应急处置做法中错误的是（　　）。

　　A. 将电梯停至站厅层后，切断所有电梯和自动扶梯的电源
　　B. 消防联动控制器联动机电设备系统释放闸机门禁
　　C. 通知商场落下相连通道商场侧的卷帘
　　D. 禁止后续车辆进站，并拨打119报警

【答案】A

【解析】站台至站厅或其他安全区域的疏散楼梯、自动扶梯和疏散通道的通过能力，应保证在远期或客流控制期中超高峰小时最大客流量时，一列进站列车所载乘客及站台上的候车乘客能在4min内全部撤离站台，并应能在6min内全部疏散至站厅公共区或其他安全区域。自动扶梯为火灾发生时的疏散设施，不能切断电源。A选项不正确。

五、考题预测

（一）习题

1. 地铁建筑的下列场所中，可采用二级耐火等级的是（　　）。

A. 控制中心建筑   B. 地下车站
C. 地下变电站   D. 地下车站出入口地面厅

2. 地铁建筑中，防火分区的楼板应采用耐火极限不低于（ ）h 的楼板。
A. 1.0   B. 1.5   C. 2.0   D. 2.5

3. 下列关于地铁防排烟设施设置，说法正确的是（ ）。
A. 同一个防火分区内的地下车站设备与管理用房的总面积超过 $100m^2$，应设置机械排烟设施
B. 最远点到车站公共区的直线距离超过 60m 的内走道，应设置机械排烟设施
C. 连续长度大于 60m，但不大于 300m 的区间隧道和全封闭车道宜采用自然排烟
D. 连续长度大于 200m 的区间隧道和全封闭车道应设置机械防排烟设施

4. 对于地铁建筑，当地下车站设置商铺的总建筑面积超过（ ）m^2 时，应设置自动喷水灭火系统。
A. 500   B. 600   C. 800   D. 1000

（二）答案详解

1.【答案】D

【解析】根据知识点 2。

2.【答案】B

【解析】两个防火分区之间应采用耐火极限不低于 3.00h 的防火墙和甲级防火门分隔，当防火墙设有观察窗时，应采用甲级防火窗。防火分区的楼板应采用耐火极限不低于 1.5h 的楼板。

3.【答案】C

【解析】详见知识点 2。

4.【答案】A

【解析】地下车站设置的商铺总面积超过 $500m^2$ 时应设自动喷水灭火系统。

第三章　城市交通隧道防火

一、知识点架构图

本章的知识点架构见图 4-3-1。

图 4-3-1　第四篇第三章知识点架构图

二、考情分析表

本章的考情分析见表 4-3-1。

表 4-3-1　第四篇第三章考情分析表

年份	技术实务 分值（分）	技术实务 占比（%）	综合能力 分值（分）	综合能力 占比（%）	案例分析 分值（分）	案例分析 占比（%）
2015 年	1	0.8	0	0	0	0
2016 年	1	0.8	0	0	0	0
2017 年	1	0.8	0	0	0	0
2018 年	1	0.8	0	0	0	0
2019 年	2	1.7	0	0	0	0
2020 年	0	0	0	0	0	0

三、典型知识点

知识点1：隧道分类及火灾危险性

1) 隧道分类见表4-3-2。

表4-3-2 隧道分类

建设规模	隧道长度 L (m)	特长隧道	长隧道	中长隧道	短隧道
		3000 < L	1000 < L ≤ 3000	500 < L ≤ 1000	L ≤ 500
	断面面积 F (m²)	特大断面	大断面	中等断面	小断面
		100 < F	50 < F ≤ 100	30 < F ≤ 50	F < 30
横断面形式	圆形、矩形、连拱形、马蹄形、双圆形、双层式				
施工方式	盾构法、沉管法、明挖法、钻爆法				

2) 单孔和双孔隧道应按其封闭段长度和交通情况分为一、二、三、四类，并应符合表4-3-3的规定。

表4-3-3 单孔和双孔隧道分类

用途	一类	二类	三类	四类
	隧道封闭段长度 L (m)			
可通行危险化学品等机动车	L > 1500	500 < L ≤ 1500	L ≤ 500	—
仅限通行非危险化学品等机动车	L > 3000	1500 < L ≤ 3000	500 < L ≤ 1500	L ≤ 500
仅限人行或通行非机动车	—	—	L > 1500	L ≤ 1500

3) 火灾危险性及特点：

（1）危险性：人员伤亡多、经济损失大、次生灾害严重。

（2）火灾特点：火灾多样性、起火点移动性、燃烧形式多样性、火灾蔓延跳跃性、烟气流动性、安全疏散局限性、灭火救援艰难性。

知识点2：建筑防火设计要求

建筑防火要求见表4-3-4。

表4-3-4 建筑防火要求

项目	设置要求
建筑结构防火	（1）附属构筑物应采用耐火极限不低于2.00h的隔墙和耐火极限不低于1.50h的楼板、顶板与隧道分开。如风机房、变压器洞室、水泵房、柴油发动机房。 （2）隧道内的地下设备用房、风井和消防救援出入口的耐火等级应为一级，地面的重要设备用房、运营管理中心及其他地面附属用房的耐火等级不应低于二级
防火分隔	（1）地下设备用房每个防火分区的最大允许面积不应大于1500m²，防火分区间应采用防火墙或耐火极限不低于3.00h的耐火构件，将附属构筑物（用房），形成相互独立的防火分区。如：辅助坑道以及专用避难疏散通道、独立避难间等。 （2）用于人员安全疏散的附属构筑物与隧道连通处宜设置前室或过渡通道，其开口部位应采用甲级平开防火门，用于车辆疏散的辅助通道、横向联络道与隧道连接处应采用耐火极限不低于3.00h的防火卷帘进行分隔。 （3）当电缆沟跨越防火分区时，应在穿越处采用耐火极限不低于1.00h的不燃烧材料进行防火封堵。 （4）柴油发电机房，应设置储油间，总储量不应超过1m³

安全疏散设施要求见表4-3-5。

表4-3-5 安全疏散设施要求

项目	设置要求
安全出口	(1) 地下设备用房的每个防火分区安全出口数量不少于两个，与车道或其他防火分区相通的出口可作为第二安全出口，但必须至少设置1个直通室外的安全出口。 (2) 建筑面积不大于500m²且无人值守的设备用房可设置1个直通室外的安全出口
安全通道	(1) 矩形双孔（或多孔）加管廊的隧道，在两孔车道之间的中间管廊内设置安全通道，沿纵向每隔80~125m向安全通道内开设一对安全门。 (2) 圆形隧道的两孔隧道之间设置连接通道，连接通道的间距一般宜为400~800m，当设有其他相应的安全疏散措施时，间距可适当放大
疏散楼梯	双层隧道上下层车道之间有条件的情况下，可以设置疏散楼梯，间距一般为100m左右

消防设施设置要求见表4-3-6。

表4-3-6 消防设施设置要求

项目	设置要求
灭火设施	(1) 四类隧道和行人或通行非机动车的三类隧道，可不设置消防给水系统。 (2) 一、二类隧道的火灾延续时间不应小于3.0h；三类隧道，不应小于2.0h。 (3) 隧道出入口处应设置消防水泵接合器和室外消火栓。 (4) 隧道内消火栓的间距不应大于50m，消火栓的栓口距地面高度宜为1.1m。 (5) 隧道内应设置ABC类灭火器，灭火器设置点的间距不应大于100m
报警设施	(1) 隧道入口外100~150m处，应设置警报信号装置，隧道封闭长度超过1000m时，应设置消防控制中心。 (2) 隧道长度L小于1500m时，可设置一台火灾报警控制器；长度$L \geq 1500$m的隧道，可设置一台主火灾报警控制器和多台分火灾报警控制器。 (3) 隧道内一般每隔100~150m设置手动报警按钮
防排烟设施	(1) 长度大于3000m的隧道宜采用纵向分段排烟方式或重点排烟方式； (2) 长度不大于3000m的单洞单向交通隧道，宜采用纵向排烟方式； (3) 单洞双向交通隧道，宜采用重点排烟方式 隧道内设置的机械排烟系统应符合下列规定： (1) 采用全横向和半横向通风方式时，可通过排风管道排烟。 (2) 采用纵向排烟方式时，应能迅速组织气流、有效排烟，其排烟风速应根据隧道内的最不利火灾规模确定，且纵向气流的速度不应小于2m/s，并应大于临界风速。 (3) 排烟风机和烟气流经的风阀、消声器、软性接口等辅助设备，应能承受设计的隧道火灾烟气排放温度，并应能在250℃下连续正常运行不小于1.0h。排烟管道的耐火极限不应低于1.00h。 (4) 隧道的避难设施内应设置独立的机械加压送风系统，其送风的余压值应为30~50Pa。 (5) 机械排烟系统与隧道的通风系统宜分开设置。合用时，合用的通风系统应具备在火灾时快速转换的功能，并应符合机械排烟系统的要求
通信系统	消防紧急电话，一般每100~150m设置一台

项目	设置要求
消防供电（2019年技术实务第16题）	（1）一、二类隧道为按一级负荷供电；三类隧道为二级负荷供电。 （2）高速公路隧道应设置不间断照明供电系统。长度大于1000m的其他交通隧道应设置应急照明系统。应急照明应采用双电源双回路供电方式，中断时间不超过0.3s。 （3）隧道两侧、人行横通道和人行疏散通道上应设置疏散照明和疏散指示标志，设置高度不宜大于1.5m，一、二类隧道内疏散照明和疏散指示标志的连续供电时间不小于1.5h，其他隧道不应小于1.0h

分析：本章内容以后的出题方向应该是疏散要求和消防设施的设置要求。

四、高频真题

（2019年技术实务第16题）（知识点1、2）某单孔单向城市交通隧道，封闭段长度为1600m，仅限通行非危险化学品机动车。该隧道的下列设计方案中，正确的是（   ）。

A. 消防用电按二级负荷供电
B. 在隧道两侧均设置ABC类灭火器，每个设置点2具
C. 机械排烟系统采用纵向排烟方式，纵向气流速度小于临界风速
D. 通风机房与车行隧道之间采用耐火极限2.00h的防火隔墙和乙级防火门分隔

【答案】D

【解析】本题考查的知识点是城市交通隧道。根据表4-3-3可知，该隧道属于二类交通隧道。一、二类隧道的消防用电应按一级负荷要求供电；三类隧道的消防用电应按二级负荷要求供电。A选项不正确。

隧道内应设置ABC类灭火器，并应符合规定：通行机动车的一、二类隧道和通行机动车并设置3条及以上车道的三类隧道，在隧道两侧均应设置灭火器，每个设置点不应少于4具。B选项不正确。

隧道内设置的机械排烟系统应符合规定：采用纵向排烟方式时，应能迅速组织气流、有效排烟，其排烟风速应根据隧道内的最不利火灾规模确定，且纵向气流的速度不应小于2m/s，并应大于临界风速。C选项不正确。

隧道内的变电站、管廊、专用疏散通道、通风机房及其他辅助用房等，应采取耐火极限不低于2.00h的防火隔墙和乙级防火门等分隔措施与车行隧道分隔。D选项正确。

五、考题预测

（一）习题

1. 修建城市交通隧道时有多种施工方法，其中修建山岭隧道最通行的隧道施工方法为（   ）。
   A. 盾构法　　　　　B. 沉管法　　　　　C. 明挖法　　　　　D. 钻爆法

2. 隧道内地下设备用房的每个防火分区的最大允许面积不应大于（   ）m²。
   A. 500　　　　　　B. 1000　　　　　　C. 1500　　　　　　D. 2000

3. 根据《建筑设计防火规范》（GB 50016—2014），隧道内机械排烟设施设置描述正确的是（   ）。
   A. 采用全横向和半横向通风方式时，可通过排风管道排烟

B. 采用纵向排烟方式时,其排烟风速应根据隧道内的最不利火灾规模确定,且纵向气流的速度不应小于3m/s,并应大于临界风速

C. 排烟风机和烟气流经的风阀、消声器、软性接口等辅助设备,应能承受设计的隧道火灾烟气排放温度,并应能在280℃下连续正常运行不小于1.0h。排烟管道的耐火极限不应低于1.00h

D. 隧道的避难设施内应设置独立的机械加压送风系统,其送风的余压值应为40~50Pa

4. 某新建城市一类隧道,在隧道两侧、人行横通道和人行疏散通道上设置了疏散照明和疏散指示标志,隧道内疏散照明和疏散指示标志的连续供电时间不应小于（　　）。

A. 1h　　　　　　　B. 0.5h　　　　　　　C. 1.5h　　　　　　　D. 2h

（二）答案详解

1. 【答案】D

【解析】采用钻眼、爆破而形成结构空间的一种开挖方法,是目前修建山岭隧道的最通行的方法。

2. 【答案】C

【解析】地下设备用房每个防火分区的最大允许面积不应大于1500m²,防火分区间应采用防火墙或耐火极限不低于3.00h的耐火构件,将附属构筑物（用房）形成相互独立的防火分区。

3. 【答案】A

【解析】详见知识点2。

4. 【答案】C

【解析】隧道两侧、人行横通道和人行疏散通道上应设置疏散照明和疏散指示标志,设置高度不宜大于1.5m,一、二类隧道内疏散照明和疏散指示标志的连续供电时间不应小于1.5h,其他隧道不应小于1.0h。

第四章 加油加气站防火

一、知识点架构图

本章的知识点架构见图4-4-1。

图4-4-1 第四篇第四章知识点架构图

二、考情分析表

本章的考情分析见表4-4-1。

表4-4-1 第四篇第四章考情分析表

年份	技术实务 分值（分）	技术实务 占比（%）	综合能力 分值（分）	综合能力 占比（%）	案例分析 分值（分）	案例分析 占比（%）
2015年	4	3.3	0	0	0	0
2016年	4	3.3	0	0	0	0
2017年	1	0.8	0	0	0	0
2018年	1	0.8	1	0.8	0	0
2019年	3	2.5	0	0	0	0
2020年	1	0.8	1	0.8	0	0

三、典型知识点

知识点 1：加油加气站的分类

1）加油站等级分类见表 4-4-2。

表 4-4-2　加油站等级分类（2019 年技术实务第 11 题、2020 年综合能力第 56 题）

级　别	油罐容积（m³）	
	总容积	单罐容积
一　级	150＜V≤210	≤50
二　级	90＜V≤150	≤50
三　级	V≤90	汽油罐≤30，柴油罐≤50

注：柴油罐容积可折半计入总容积。

2）LPG 加气站等级划分见表 4-4-3。

表 4-4-3　LPG 加气站等级划分（2020 年综合能力第 56 题）

级　别	LPG 罐容积（m³）	
	总容积	单罐容积
一　级	45＜V≤60	≤30
二　级	30＜V≤45	≤30
三　级	V≤30	≤30

3）CNG 加气站储气设施的总容积应符合下列规定：

（1）CNG 加气母站储气设施的总容积不应超过 120m³。

（2）CNG 常规加气站储气设施的总容积不应超过 30m³。

（3）CNG 加气子站内设置有固定储气设施时，站内停放的车载储气瓶组拖车不应多于 1 辆。固定储气设施采用储气瓶时，其总容积不应超过 18m³；固定储气设施采用储气井时，其总容积不应超过 24m³。（2020 年技术实务第 10 题）

（4）CNG 加气子站内无固定储气设施时，站内停放的车载储气瓶组拖车不应多于 2 辆。

4）加油和 LPG 合建站分类见表 4-4-4。

表 4-4-4　加油和 LPG 加气合建站（2020 年综合能力第 56 题）

合建站等级 储罐容积（m³）	LPG 储罐总容积（m³）	LPG 储罐总容积与油品储罐总容积合计（m³）
一级	V≤45	120＜V≤180
二级	V≤30	60＜V≤120
三级	V≤20	V≤60

注：①柴油罐容积可折半计入油罐总容积。
　　②当油罐总容积大于 90m³ 时，油罐单罐容积不应大于 50m³。当油罐总容积小于或等于 90m³ 时，汽油罐单罐容积不应大于 30m³，柴油罐单罐容积不应大于 50m³。
　　③LPG 储罐单罐容积不应大于 30m³。

知识点2：加油加气站的防火设计要求

1）建筑设计防火设计要求见表4-4-5。

表4-4-5　建筑防火设计要求（2019年技术实务第11题）

项目	设计要求
站址选择	（1）在城市建成区不宜建一级加油站、一级加气站、一级加油加气合建站、CNG加气母站。在城市中心区不应建一级加油站、一级加气站、一级加油加气合建站、CNG加气母站。（2020年综合能力第56题） （2）城市建成区内的加油加气站，宜靠近城市道路，但不宜选在城市干道的交叉路口附近
平面布局（2018年综合能力第59题、2018年技术实务第39题）	（1）CNG加气母站内单车道或单车停车位宽度，不应小于4.5m，双车道或双车停车位宽度不应小于9m；其他类型加油加气站的车道或停车位，单车道或单车停车位宽度不应小于4m，双车道或双车停车位不应小于6m。 （2）站内停车位应为平坡，道路坡度不应大于8%，且宜坡向站外。 （3）加油加气站的工艺设备与站外建（构）筑物之间，宜设置高度不低于2.2m的不燃烧体实体围墙。当加油加气站的工艺设备与站外建（构）筑物之间的距离大于规定间距的1.5倍，且大于25m时，可设置非实体围墙。面向车辆入口和出口道路的一侧可设非实体围墙或不设围墙
建筑防火	（1）加油加气作业区内的站房及其他附属建筑物的耐火等级不应低于二级。当罩棚顶棚的承重构件为钢结构时，其耐火极限可为0.25h。罩棚应采用不燃烧材料建造。进站口无限高措施时，罩棚的净空高度不应小于4.5m；进站口有限高措施时，罩棚的净空高度不应小于限高高度。罩棚遮盖加油机、加气机的平面投影距离不宜小于2m。 （2）站房可与设置在辅助服务区内的餐厅、汽车服务、锅炉房、厨房、员工宿舍、司机休息室等设施合建，但站房与餐厅、汽车服务、锅炉房、厨房、员工宿舍、司机休息室等设施之间，应设置无门窗洞口且耐火极限不低于3h的实体墙。 （3）加油加气站应设置紧急切断系统，该系统应能在事故状态下迅速切断加油泵、LPG泵、LNG泵、LPG压缩机、CNG压缩机的电源和关闭重要的LPG、CNG、LNG管道阀门。紧急切断系统应具有失效保护功能。紧急切断系统的启动开关距加气站卸车点5m以内

2）消防设施设置要求见表4-4-6。

表4-4-6　消防设施设置要求

项目	设置要求
灭火器	（1）每2台加气机应配置不少于2具4kg手提式干粉灭火器，加气机不足2台应按2台配置。 （2）每2台加油机应配置不少于2具4kg手提式干粉灭火器，或1具4kg手提式干粉灭火器和1具6L泡沫灭火器。加油机不足2台应按2台配置。 （3）地上LPG储罐、地上LNG储罐、地下和半地下LNG储罐、CNG储气设施，应配置2台不小于35kg推车式干粉灭火器。当两种介质储罐之间的距离超过15m时，应分别配置。 （4）地下储罐应配置1台不小于35kg推车式干粉灭火器。当两种介质储罐之间的距离超过15m时，应分别配置。 （5）LPG泵和LNG泵、压缩机操作间（棚），应按建筑面积每50m^2配置不少于2具4kg手提式干粉灭火器。 （6）一、二级加油站应配置灭火毯5块、沙子2m^3；三级加油站应配置灭火毯不少于2块、沙子2m^3。加油加气合建站应按同级别的加油站配置灭火毯和沙子

续表

项目	设置要求
消防给水设施	（1）加油加气站的 LPG 设施应设置消防给水系统。 （2）LPG 储罐采用地上设置的加气站，消火栓消防用水量不应小于 20L/s；总容积大于 50m³ 的地上 LPG 的储罐应设置固定式消防冷却水系统，其冷却水供给强度不应小于 0.15L/（m²·s）；采用埋地 LPG 储罐的加气站，一级站消火栓消防用水量不应小于 15L/s；二级站和三级站消火栓消防用水量应小于 10L/s；LPG 储罐地上布置时，连续给水时间不应少于 3h；LPG 储罐埋地敷设时，连续给水时间不应少于 1h。 （3）LPG 设施的消防给水系统利用城市消防给水管道时，室外消火栓与 LPG 储罐的距离宜为 30~50m。三级站的 LPG 储罐距市政消火栓不大于 80m，且市政消火栓给水压力大于 0.2MPa 时，站内可不设消火栓。 （4）加油站、CNG 加气站、三级 LNG 加气站和采用埋地、地下和半地下 LNG 储罐的各级 LNG 加气站及合建站，可不设消防给水系统。合建站中地上 LNG 储罐总容积不大于 60m³ 时，可不设消防给水系统
火灾报警	（1）加气站、加油加气合建站应设置可燃气体检测报警系统。 （2）加气站、加油加气合建站内设置有 LPG 设备、LNG 设备的场所和设置 CNG 设备（包括罐、瓶、泵、压缩机等）的房间内、罩棚下，应设置可燃气体检测器。 （3）可燃气体检测器一级报警设定值应小于或等于可燃气体爆炸下限的 25%。 （4）LPG 储罐和 LNG 储罐应设置液位上限、下限报警装置和压力上限报警装置。 （5）报警器宜集中设置在控制室或值班室内。 （6）报警系统应配有不间断电源
供配电	（1）加油加气站的供电负荷等级可为三级，信息系统应设不间断供电电源。 （2）加油站、加气站及加油加气合建站的消防泵房、罩棚、营业室、LPG 泵房、压缩机间等处，均应设事故照明。 （3）当引用外电源有困难时，加油加气站可设置小型内燃发电机组。内燃机的排烟管口，应安装阻火器。排烟管口至各爆炸危险区域边界的水平距离，应符合：排烟口高出地面 4.5m 以下时，不应小于 5m；排烟口高出地面 4.5m 及以上时，不应小于 3m。 （4）加油加气站的电力线路宜采用电缆并直埋敷设。电缆穿越行车道部分，应穿钢管保护。 （5）当采用电缆沟敷设电缆时，加油加气作业区内的电缆沟内必须充沙填实。电缆不得与油品、LPG、LNG 和 CNG 管道以及热力管道敷设在同一管沟内
防雷防静电	（1）钢制油罐、LPG 储罐、LNG 储罐和 CNG 储气瓶（组）必须进行防雷接地，接地点不应少于两处。CNG 加气母站和 CNG 加气子站的车载 CNG 储气瓶组拖车停放场地，应设两处临时用固定防雷接地装置。 （2）埋地钢制油罐、埋地 LPG 储罐和埋地 LNG 储罐，以及非金属油罐顶部的金属部件和罐内的各金属部件，应与非埋地部分的工艺金属管道相互做电气连接并接地

分析：加油加气站和老百姓的生活息息相关，又比较危险，应该是出高分值的内容。但从近几年的考试来看，分值在 3 分左右。通过分析，这部分的内容很多还没有考，如平面布局、建筑防火、消防给水的具体参数要求和供配电等。

四、高频真题

1. (2018年综合能力第59题)（知识点2） 某一级加油站与LPG加气合建站，站房建筑面积为150m²，该站的平面布置不符合现行国家标准《汽车加油加气站设计与施工规范》(GB 50156)的是（　　）。

A. 站房布置在加油加气作业区内

B. 加油加气作业区外设有经营性餐饮、汽车服务等设施

C. 电动汽车充电设施布置在加油加气作业区内

D. 站区设置了高度2.2m的不燃烧实体围墙

【答案】C

【解析】电动汽车充电设施应布置在辅助服务区内。C项不符合标准。站房的一部分位于加油加气作业区内时，该站房的建筑面积不宜超过300m²，且该站房内不得有明火设备。A项符合标准。加油加气站内设置的经营性餐饮、汽车服务等非站房所属建筑物或设施，不应布置在加油加气作业区内。B项符合标准。加油加气站的工艺设备与站外建（构）筑物之间，宜设置高度不低于2.2m的不燃烧体实体围墙。D项符合标准。

2. (2019年技术实务第11题)（知识点2） 某加油站，拟设埋地汽油罐及柴油罐各3个，每个油罐容积均为30m³。该加油站的下列设计中，正确的是（　　）。

A. 罩棚设置在杆高8m的架空电线下方，埋地油罐与该电线的水平间距为13m

B. 汽油罐与柴油罐的通气管道分开设置，通气管口高出地面3.6m

C. 布置在城市中心区，靠近城市道路，并远离城市干道交叉路口

D. 站内道路转弯半径9m，站内停车场及道路路面采用沥青路面

【答案】C

【解析】本题考查的知识点是加油站。该加油站油罐总容积为：$3×30m³+3×15m³=135m³$（柴油罐容积可折半计入油罐总容积），故该加油站属于二级。

根据《汽车加油加气站设计与施工规范》(GB 50156)的相关规定：

4.0.13 架空电力线路不应跨越加油加气站的加油加气作业区。A选项错误。

6.3.8 汽油罐与柴油罐的通气管应分开设置。通气管管口高出地面的高度不应小于4m。沿建（构）筑物的墙（柱）向上敷设的通气管，其管口应高出建筑物的顶面1.5m及以上。通气管管口应设置阻火器。B选项错误。

4.0.2 在城市建成区不宜建一级加油站、一级加气站、一级加油加气合建站、CNG加气母站。在城市中心区不应建一级加油站、一级加气站、一级加油加气合建站、CNG加气母站。

4.0.3 城市建成区内的加油加气站，宜靠近城市道路，但不宜选在城市干道的交叉路口附近。C选项正确。

5.0.2-4 站区内停车位和道路应符合的规定：加油加气作业区内的停车位和道路路面不应采用沥青路面。D选项错误。

3. (2020年技术实务第10题)（知识点1、2） 某市计划修建1座一级加油与压缩天然气加气合建站，加油种类有0#柴油和92#、95#、98#汽油，压缩天然气采用储气井储气。下列防火设计方案中，错误的是（　　）。

A. 加油加气站选址在城市建成区之外

B. 加油加气站设有卸油和加油油气回收装置

C. 储气井容积为18m³，同时站内停放一辆容积为8m³的车载储气瓶组拖车

D. 站内柴油储罐总容积为100m³，汽油储罐容积为70m³

【答案】C

【解析】根据《汽车加油加气站设计与施工规范》（GB 50156—2012）（2014年版）中表3.0.14，一级加油与CNG加气合建站储气设施的总容积不应超过24m³。储气井的容积18m³，停入1辆车载储气瓶组拖车后，18m³+8m³=26m³，超出规范要求。C选项错误。

五、考题预测

（一）习题

1. 加气站、加油加气合建站内设置有LPG设备、LNG设备的场所和设置有CNG设备的房间内、罩棚下，应设置可燃气体检测器。可燃气体检测器一级报警最大设定值为可燃气体爆炸下限的（　　）。

A. 15%　　B. 20%　　C. 25%　　D. 35%

2. 在城市建成区内，CNG加气母站储气设施的总容积不应超过（　　）m³。

A. 100　　B. 120　　C. 150　　D. 200

3. 下列不符合汽车加油站、加气站站区内停车位和道路设置规定的是（　　）。

A. 某CNG加气母站内单停车位宽度为5m

B. 某一级加油站内单车道宽度为5m

C. 某三级加油站内的道路的转弯半径为7m

D. 某二级加油站内的道路坡度为7%，且坡向站外

4. 加油、加气站内的平面布置应符合相关规范的要求。下列说法中，不正确的是（　　）。

A. 加油加气站内，不得有"明火地点"或"散发火花地点"

B. 加油加气站的变配电间或室外变压器应布置在爆炸危险区域之外，且与爆炸危险区域边界线的距离不应小于3m

C. 加油加气作业区内的停车位和道路路面不应采用沥青路面

D. 加油加气站内的爆炸危险区域，不应超出站区围墙和可用地界线

5. 某LPG加气站，设有2个容积为30m³的LPG储罐。下列关于该加气站的防雷、防静电措施说法正确的有（　　）。

A. LPG储罐必须进行防雷接地，接地点不应少于两处

B. 埋地LPG储罐应与非埋地部分的工艺金属管道相互做电气连接并接地

C. LPG罐车卸车场地，应设卸车或卸气时用的防静电接地装置，并应设置能检测跨接线及监视接地装置状态的静电接地仪

D. 地上敷设的LPG管道，应设防静电和防感应雷的共用接地装置，其接地电阻不应大于30Ω

E. 防静电接地装置的接地电阻不应大于10Ω

6. 根据《汽车加油加气站设计与施工规范》规定，下列汽车加油加气站，灭火器设置描述正确的是（　　）。

A. 每2台加气机应配置不少于2具4kg手提式干粉灭火器，加气机不足2台应按2台配置

B. 每2台加油机应配置不少于2具4kg手提式干粉灭火器，或1具8kg手提式干粉灭火器和1具6L泡沫灭火器

C. 地上LPG储罐、地上LNG储罐、地下和半地下LNG储罐、CNG储气设施，应配置2台不小于35kg推车式干粉灭火器

D. 地上 LPG 储罐、地上 LNG 储罐，当两种介质储罐之间的距离超过 12m 时，应分别配置灭火器

E. 地下储罐应配置 1 台不小于 35kg 推车式干粉灭火器。当两种介质储罐之间的距离超过 15m 时，应分别配置

（二）答案详解

1.【答案】C

【解析】根据《汽车加油加气站设计与施工规范》第 11.4.3 条，可燃气体检测器一级报警设定值应小于或等于可燃气体爆炸下限的 25%。

2.【答案】B

【解析】详见知识点 1。

3.【答案】C

【解析】具体如下。

1）站内车道或停车位宽度应按车辆类型确定。CNG 加气母站内单车道或单车停车位宽度不应小于 4.5m，双车道或双停车位宽度不应小于 9m；其他类型加油加气站的车道或停车位，单车道或单车停车位宽度不应小于 4m，双车道或双车停车位不应小于 6m。

2）站内的道路转弯半径应按行驶车型确定，且不宜小于 9m。

3）站内停车位应为平坡，道路坡度不应大于 8%，且宜坡向站外。

4）加油加气作业区内的停车位和道路路面不应采用沥青路面。

4.【答案】A

【解析】具体如下。

1）加油加气作业区内，不得有"明火地点"或"散发火花地点"。

2）加油加气作业区内的停车位和道路路面不应采用沥青路面。

3）加油加气站的变配电间或室外变压器应布置在爆炸危险区域之外，且与爆炸危险区域边界线的距离不应小于 3m，变配电间的起算点应为门窗等洞口。

4）加油加气站内的爆炸危险区域，不应超出站区围墙和可用地界线。

5.【答案】ABCD

【解析】具体如下。

1）钢制油罐、LPG 储罐、LNG 储罐和 CNG 储气瓶（组）必须进行防雷接地，接地点不应少于两处。

2）埋地 LPG 罐车和埋地 LNG 储罐，以及非金属油罐顶部的金属部件和罐内的各金属部件，应与非埋地部分的工艺金属管道相互做电气连接并接地。

3）加油加气站的汽油罐车、LPG 罐车和 LNG 罐车卸车场地，应设卸车或卸气时用的防静电接地装置，并应设置能检测跨接线及监视接地装置状态的静电接地仪。

4）地上或管沟敷设的油品管道、LPG 管道、LNG 管道和 CNG 管道，应设防静电和防感应雷的共用接地装置，其接地电阻不应大于 30Ω。

5）防静电接地装置的接地电阻不应大于 100Ω。

6.【答案】ACE

【解析】详见知识点 2。

第五章 发电厂与变电站防火

一、知识点架构图

本章的知识点架构见图 4-5-1。

图 4-5-1 第四篇第五章知识点架构图

二、考情分析表

本章的考情分析见表 4-5-1。

表 4-5-1 第四篇第五章考情分析表

年份	技术实务 分值（分）	技术实务 占比（％）	综合能力 分值（分）	综合能力 占比（％）	案例分析 分值（分）	案例分析 占比（％）
2015 年	0	0	0	0	0	0
2016 年	1	0.8	0	0	0	0
2017 年	2	1.6	0	0	0	0
2018 年	3	2.5	0	0	0	0
2019 年	6	5.0	0	0	0	0
2020 年	0	0	0	0	0	0

三、典型知识点

知识点1：火力发电厂防火设计

火力发电厂的防火设计要求见表4-5-2。

表4-5-2 火力发电厂的防火设计要求

项目	设计要求
总平面布置	(1) **重点防火区域**。厂区应划分重点防火区域。重点防火区域包括主厂房区，配电装置区，点火油罐区，贮煤场区，制氢站、供氢站区，液氨区，消防水泵房区，材料库区。 (2) **消防车道**。主厂房、点火油罐区、液氨区及贮煤场周围应设置环形消防车道，其他重点防火区域周围宜设置消防车道。当山区及扩建燃煤电厂的主厂房、点火油罐区、液氨区及贮煤场周围设置环形消防车道有困难时，可沿长边设置尽端式消防车道，并应设回车道或回车场。回车场的面积应不小于12m×12m；供大型消防车使用时，不应小于18m×18m。消防车道的净宽度不应小于4.0m，坡度不宜大于8%。道路上空遇有管架、栈桥等障碍物时，其净高不宜小于5.0m，在困难地段不应小于4.5m。 (3) **消防车登高操作场地**。主厂房应至少在固定端和扩建端各布置一处消防车登高操作场地，在汽机房长边墙外侧每两台机组之间应布置一处消防车登高操作场地。建筑高度大于24m的厂内其他建筑物应至少沿一个长边，或周边长度的1/4且不小于一个长边长度的底边连续布置消防车登高操作场地。消防车登高操作场地的长度和宽度分别不应小于15m和10m。 (4) **平面布置**。油浸变压器与汽机房、屋内配电装置楼、主控楼、集中控制楼及网控楼的间距不应小于10m；制氢站、供氢站宜布置为独立建(构)筑物，四周应设置不低于2.5m高的不燃烧体实体围墙；液氨区应单独布置在通风条件良好的厂区边缘地带，避开人员集中活动场所和主要人流出入口，并宜位于厂区全年最小频率风向的上风侧。 (5) **防火间距**。甲、乙类厂房与重要公共建筑的防火间距不宜小于50m
建筑构造	(1) 主厂房及辅助厂房的**室外疏散楼梯**。室外疏散楼梯和平台均应采用不燃性材料制作，其耐火极限不应低于0.25h；除疏散门外，楼梯周围2m内的墙面上不应设置门、窗、洞口；疏散门不应正对梯段；通向室外楼梯的疏散门应采用乙级防火门，并应向室外开启。 (2) **防火分隔**。变压器室、配电装置室等室内疏散门应为甲级防火门，电子设备间、发电机出线小室、电缆夹层、电缆竖井等室内疏散门应为乙级防火门；上述房间中间隔墙上的门应采用乙级防火门。主厂房各车间隔墙上的门均应采用乙级防火门。柴油发电机房宜独立设置，柴油储罐或油箱应布置在柴油发电机房外。当柴油发电机房与其他建筑物合建时，宜布置在建筑的首层，并应设置单独安全出口；应采用耐火极限不低于2.00h的防火隔墙和1.50h的不燃性楼板与其他部位分隔，门应采用甲级防火门
主厂房的安全疏散	(1) **安全出口**。汽机房、除氧间、煤仓间、锅炉房、集中控制楼的安全出口均不应少于2个。上述安全出口可利用通向相邻车间的乙级防火门作为第二安全出口，但每个车间地面层至少必须有1个直通室外的安全出口。 (2) **疏散距离**。汽机房、除氧间、煤仓间、锅炉房最远工作地点到直通室外的安全出口或疏散楼梯的距离不应大于75m；集中控制楼最远工作地点到直通室外的安全出口或楼梯间的距离不应大于50m。 (3) **疏散设施**。主厂房至少应有1个能通至各层和屋面且能直接通向室外的封闭楼梯间，其他疏散楼梯可为敞开式楼梯；集中控制楼至少应设置1个通至各层的封闭楼梯间。主厂房室外疏散楼梯的净宽不应小于0.9m，楼梯坡度不应大于45°，楼梯栏杆高度不应低于1.1m。主厂房室内疏散楼梯净宽不宜小于1.1m，疏散走道的净宽不宜小于1.4m，疏散门的净宽不宜小于0.9m。集中控制室的房间疏散门不应少于2个，当房间位于两个安全出口之间，且建筑面积小于或等于120m² 时可设置1个

第五章　发电厂与变电站防火

续表

项目	设计要求
火灾自动报警系统	（1）单机容量为 50~150MW 的燃煤电厂，应设置集中报警系统。 （2）单机容量为 200MW 及以上的燃煤电厂，应设置控制中心报警系统。（2019 年技术实务第 23 题） （3）200MW 级机组及以上容量的燃煤电厂，宜按以下原则划分火灾报警区域： ①每台机组为 1 个火灾报警区域（包括集中控制室/单元控制室、汽机房、锅炉房、煤仓间以及主变压器、启动变压器、联络变压器、厂用变压器、机组柴油发电机、空冷控制楼、点火油罐）。 ②办公楼、网络控制楼、微波楼和通信楼火灾报警区域（包括控制室、电子计算机房及电缆夹层）。 ③运煤系统火灾报警区域［包括控制室与配电间、转运站、碎煤机室、运煤栈桥（隧道）、室内贮煤场或筒仓］。 ④脱硫系统区域。 ⑤液氨区

知识点 2：变电站的防火设计要求

变电站的防火设计要求见表 4-5-3。

表 4-5-3　变电站的防火设计要求

项目	设计要求
建筑防火	（1）**火灾危险性分类及耐火等级**。变电站建（构）筑物的火灾危险性应根据生产中使用或产生的物质性质及其数量等因素分类，为丙类、丁类或戊类。除油浸变压器室的耐火等级为一级外，其余均为二级。 （2）变电站建（构）筑物构件的**燃烧性能和耐火极限**，变电站内的建（构）筑物与变电站外的建（构）筑物之间的**防火间距**应符合现行国家标准《建筑设计防火规范》（GB 50016）的有关规定（见第二篇第四章）。相邻两座建筑两面的外墙均为不燃烧墙体且无外露的可燃性屋檐，每面外墙上的门、窗、洞口面积之和各不大于外墙面积的 5%，且门、窗、洞口不正对开设时，其防火间距可按标准规定减少 25%。 （3）**消防车道**。当变电站内建筑的火灾危险性为丙类且建筑的占地面积超过 3000m² 时，变电站内的消防车道宜布置成环形；当为尽端式车道时，应设回车道或回车场地
建筑构造及安全疏散	（1）**防火分隔**。当建筑物与油浸变压器或可燃介质电容器等电气设备间距小于 5m 时，在设备外轮廓投影范围外侧各 3m 内的建筑物外墙上不应设置门窗、洞口和通风孔，且该区域外墙应为防火墙，当设备高于建筑物时，防火墙应高于该设备的高度；当建筑物墙外 5~10m 范围内布置有变压器或可燃介质电容器等电气设备时，在上述外墙上可设置甲级防火门，设备高度以上可设防火窗，其耐火极限不应小于 0.90h。 （2）**防火分区**。地下变电站、地上变电站的地下室每个防火分区的建筑面积不应大于 1000m²。设置自动灭火系统的防火分区，其防火分区面积可增大 1 倍；当局部设置自动灭火系统时，增加面积可按局部面积的 1.0 倍计算。（2018 年技术实务第 26 题） （3）**安全出口**。主控制楼当每层建筑面积小于或等于 400m² 时，可设置 1 个安全出口；当每层建筑面积大于 400m² 时，应设置 2 个安全出口，其中 1 个安全出口可通向室外楼梯。地下变电站、地上变电站的地下室、半地下室安全出口数量不应少于 2 个。地下室与地上层不应共用楼梯间，当必须共用楼梯间时，应在地上首层采用耐火极限不低于 2h 的不燃烧体隔墙和乙级防火门将地下或半地下部分与地上部分的连通部分完全隔开，并应有明显标志。 （4）**疏散设施**。地下变电站当地下层数为 3 层及 3 层以上或地下室内地面与室外出入口地坪高差大于 10m 时，应设置防烟楼梯间，楼梯间应设乙级防火门，并向疏散方向开启

续表

项目	设计要求
电缆及电缆敷设	(1) 长度超过100m的电缆沟或电缆隧道,应采取防止电缆火灾蔓延的阻燃或分隔措施,并应根据变电站的规模及重要性采取下列一种或数种措施: ①采用耐火极限不低于2.00h的防火墙或隔板,并用电缆防火封堵材料封堵电缆通过的孔洞; ②电缆局部涂防火涂料或局部采用防火带、防火槽盒。 (2) 电缆从室外进入室内的入口处、电缆竖井的出入口处、建(构)物中电缆引至电气柜、盘或控制屏、台的开孔部位,电缆贯穿隔墙、楼板的空洞应采用电缆防火封堵材料进行封堵,其防火封堵组件的耐火极限不应低于被贯穿物的耐火极限,且不低于1.00h。 (3) 在电缆竖井中,宜每间隔不大于7m采用耐火极限不低于3.00h的不燃烧体或防火封堵材料封堵。 (4) 防火墙上的电缆孔洞应采用电缆防火封堵材料或防火封堵组件进行封堵,并应采取防止火焰延燃的措施,其防火封堵组件的耐火极限应为3.00h。 (5) 在电缆隧道和电缆沟道中,严禁有可燃气、油管路穿越。 (6) 220kV及以上变电站,当电力电缆与控制电缆或通信电缆敷设在同一电缆沟或电缆隧道内时,宜采用防火隔板进行分隔。 (7) 地下变电站电缆夹层宜采用低烟无卤阻燃电缆
火灾自动报警系统	下列场所和设备应设置火灾自动报警系统: (1) 控制室、配电装置室、可燃介质电容器室、继电器室、通信机房。 (2) 地下变电站、无人值班变电站的控制室、配电装置室、可燃介质电容器室、继电器室、通信机房。 (3) 采用固定灭火系统的油浸变压器、油浸电抗器。 (4) 地下变电站的油浸变压器、油浸电抗器。 (5) 敷设具有可延燃绝缘层和外护层电缆的电缆夹层及电缆竖井。 (6) 地下变电站、户内无人值班的变电站的电缆夹层及电缆竖井
消防供电及应急照明	(1) 消防水泵、自动灭火系统、与消防有关的电动阀门及交流控制负荷,户内变电站、地下变电站应按Ⅰ类负荷供电;户外变电站应按Ⅱ类负荷供电。 (2) 消防用电设备采用双电源或双回路供电时,应在最末一级配电箱处自动切换。 (3) 消防应急照明、疏散指示标志应采用蓄电池直流系统供电,疏散通道应急照明、疏散指示标志的连续供电时间不应少于30min,继续工作应急照明连续供电时间不应少于3h

分析:发电厂与变电站这部分内容比较偏,分值也低,1~3分。注重的方向应该是安全疏散、电气设备与电缆敷设方面的内容。

四、高频真题

1. (2018年技术实务第38题)(知识点2)根据现行国家标准《火力发电厂与变电站设计防火规范》(GB 50229),变电站内的总事故贮油池与室外油浸变压器的最小安全间距应为(   )。
   A. 10m   B. 15m   C. 18m   D. 5m

【答案】D

【解析】根据《火力发电厂与变电站设计防火规范》(GB 50229—2006),11.1.4 变电站内各建(构)筑物及设备的防火间距不应小于表11.1.4(原表号)的规定,见表4-5-4。

表4-5-4 变电站内各建（构）筑物及设备的防火间距 （单位：m）

建（构）筑物名称			丙、丁、戊类生产建筑 耐火等级		屋外配电装置 每组断路器油量（t）		可燃介质电容器（室、棚）	总事故贮油池	生活建筑 耐火等级	
			一、二级	三级	<1	≥1			一、二级	三级
丙、丁、戊类生产建筑	耐火等级	一、二级	10	12	—	10	10	5	10	12
		三级	12	14					12	14
屋外配电装置	每组断路器油量（t）	<1	—		—		10	5	10	12
		≥1	10							
油浸变压器	单台设备油量（t）	5~10	10		见第11.1.6条		10	5	15	20
		>10~50							20	25
		>50							25	30

2.（2019年技术实务第23题）（知识点1）某燃煤火力发电厂，单机容量200MW，该发电厂火灾自动报警系统的下列设计方案中，正确的是（　　）。

A. 运煤系统内的火灾探测器防护等级为IP65
B. 厂区设置集中报警系统
C. 消防控制室与集中控制室分别独立设置
D. 灭火过程中，消防水泵根据管网压力变化自动启停

【答案】A

【解析】本题考查的知识点是火力发电厂知识。根据《火力发电厂与变电站设计防火标准》（GB 50229）的相关规定：

7.13.8 运煤系统内的火灾探测器及相关连接件的IP防护等级不应低于IP55。A选项正确。

7.13.2 单机容量为200MW及以上的燃煤电厂，应设置控制中心报警系统。B选项不正确。

7.13.4 消防控制室应与集中控制室合并设置。C选项不正确。

7.13.13 消防设施的就地启动、停止控制设备应具有明显标志，并应有防误操作保护措施。消防水泵的停运应为手动控制。消防水泵可按定期人工巡检方式设计。D选项不正确。

五、考题预测

（一）习题

1. 根据《火力发电厂与变电站设计防火标准》（GB 50229—2019）中主厂房的安全疏散要求，汽机房、除氧间、煤仓间、锅炉房最远工作地点到直通室外的安全出口或疏散楼梯的距离不应大于（　　）m；集中控制楼最远工作地点到直通室外的安全出口或楼梯间的距离不应大于（　　）m。

A. 60　50　　　　　　　　　　B. 75　50
C. 50　60　　　　　　　　　　D. 50　75

2. 火力发电厂主厂房及辅助厂房的室外疏散楼梯防火设计要求中表述错误的是（　　）。

A. 室外疏散楼梯和平台均应采用不燃性材料制作，其耐火极限不应低于0.25h
B. 除疏散门外，楼梯周围1m内的墙面上不应设置门、窗、洞口

C. 疏散门不应正对梯段，疏散楼梯的净宽不应小于0.9m，楼梯坡度不应大于45°

D. 通向室外楼梯的疏散门应采用乙级防火门，并应向室外开启

3. 根据《火力发电厂与变电站设计防火标准》（GB 50229—2019）中变电站火灾自动报警系统设置要求，下列场所应设置火灾自动报警系统的是（　　）。

  A. 控制室

  B. 配电装置室

  C. 办公室

  D. 可燃介质电容器室

  E. 变电站

（二）答案详解

1.【答案】B

【解析】详见知识点1。

2.【答案】B

【解析】详见知识点1。

3.【答案】ABD

【解析】详见知识点2。

第六章　飞机库防火

一、知识点架构图

本章的知识点架构见图 4-6-1。

图 4-6-1　第四篇第六章知识点架构图

二、考情分析表

本章的考情分析见表 4-6-1。

表 4-6-1　第四篇第六章考情分析表

年份	技术实务		综合能力		案例分析	
	分值（分）	占比（%）	分值（分）	占比（%）	分值（分）	占比（%）
2015 年	0	0	0	0	0	0
2016 年	0	0	0	0	0	0
2017 年	0	0	0	0	0	0
2018 年	0	0	0	0	0	0
2019 年	0	0	0	0	0	0
2020 年	0	0	0	0	0	0

三、典型知识点

知识点 1：飞机库分类

1）Ⅰ类：飞机停放和维修区内一个防火分区的建筑面积 5001~50000m²。

2) Ⅱ类：一个防火分区建筑面积为3001~5000m²。该类飞机库仅能停放和维修1~2架中型飞机。

3) Ⅲ类：一个防火分区建筑面积≤3000m²。只能停放和维修小型飞机。

知识点2：防火设计

1) 飞机库内不宜设置办公室、资料室、休息室等用房，若确需设置少量这些用房时，宜靠外墙设置，并应有直通安全出口或疏散走道的措施，与飞机停放和维修区之间应采用耐火极限不低于2.00h的不燃烧体墙和耐火极限不低于1.50h的顶板隔开，墙体上的门窗应为甲级防火门窗。

2) 飞机库内的防火分区之间应采用防火墙分隔。确有困难的局部开口可采用耐火极限不低于3.00h的防火卷帘。防火墙上的门应采用在火灾时能自行关闭的甲级防火门。门或卷帘应与其两侧的火灾探测系统联锁关闭，但应同时具有手动和机械操作的功能。

3) 飞机库与其他建筑物之间的防火间距不应小于表4-6-2的规定。

表4-6-2 飞机库与其他建筑物之间的防火间距 （单位：m）

建筑物名称	喷漆机库	高层航材库	一、二级耐火等级的丙、丁、戊类厂房	甲类物品库房	乙、丙类物品库房	机场油库	其他民用建筑	重要的公共建筑
飞机库	15.0	13.0	10.0	20.0	14.0	100	25	50

4) 飞机库周围应设环形消防车道，Ⅲ类飞机库可沿飞机库的两个长边设置消防车道。当设置尽头式消防车道时，尚应设置回车场。

5) 灭火设备的选择：

(1) Ⅰ类飞机库飞机停放和维修区内灭火系统的设置应符合下列规定之一：

①应设置泡沫—水雨淋灭火系统和泡沫枪；当飞机机翼面积大于280m²时，尚应设翼下泡沫灭火系统。

②应设置屋架内自动喷水灭火系统，远控消防泡沫炮灭火系统或其他低倍数泡沫自动灭火系统，泡沫枪；当飞机库飞机停放和维修区屋顶金属承重构件应采取外包敷防火隔热板或喷涂防火隔热涂料等措施进行防火保护，可不设屋架内自动喷水灭火系统。

(2) Ⅱ类飞机库飞机停放和维修区内灭火系统的设置应符合下列规定之一：

①应设置远控消防泡沫炮灭火系统或其他低倍数泡沫自动灭火系统、泡沫枪。

②应设置高倍数泡沫灭火系统和泡沫枪。

(3) Ⅲ类飞机库飞机停放和维修区内应设置泡沫枪灭火系统。

分析： 飞机库防火属于非常偏的内容，这几年考试一直没有出题。2020年出1~2分的可能性是有的。出题的方向应在防火分隔和防火间距等方面。

四、考题预测

(一) 习题

1. 飞机库内飞机停放和维修区内一个防火分区的最大允许建筑面积为5000m²的飞机库为（　　）类飞机库。

A. Ⅰ　　　　　　　B. Ⅱ　　　　　　　C. Ⅲ　　　　　　　D. Ⅳ

2. 下列关于飞机库总平面布局和平面布置的说法错误的是（　　）。

A. 危险品库房、装有油浸电力变压器的变电所不应设置在飞机库内或与飞机库贴邻建造

B. 在飞机库内严禁设置办公室、资料室、休息室等用房

C. 甲、乙类火灾危险性的使用场所和库房不得设在地下或半地下室

D. 飞机库内的防火分区之间应采用防火墙分隔，确有困难的局部开口可采用耐火极限不低于 3.00h 的防火卷帘，防火墙上的门应采用在火灾时能自行关闭的甲级防火门

3. 飞机库维修区内最远工作点至安全出口的距离不应大于（　　）m。
A. 50　　　　　　　　B. 65　　　　　　　　C. 75　　　　　　　　D. 80

4. 下列关于飞机库防火设计中电气设计的说法错误的是（　　）。
A. 飞机停放和维修区内电源插座距地面安装高度不应小于1.0m
B. 飞机停放和维修区内疏散用应急照明的地面照度不应低于1.0lx
C. 当应急照明采用蓄电池作为电源时，其连续供电时间不应少于1h
D. 消防用电设备的两回电源线路应分开敷设

（二）答案详解

1. 【答案】B
【解析】详见知识点1。

2. 【答案】B
【解析】飞机库内不宜设置办公室、资料室、休息室等用房。

3. 【答案】C
【解析】飞机停放和维修区的每个防火分区至少有2个直通室外的安全出口，其最远工作地点到安全出口的距离不应大于75.0m。

4. 【答案】C
【解析】当应急照明采用蓄电池作电源时，其连续供电时间不应少于30min。

第七章 汽车库、修车库防火

一、知识点架构图

本章的知识点架构见图4-7-1。

图4-7-1 第四篇第七章知识点架构图

二、考情分析

本章的考情分析见表4-7-1。

表4-7-1 第四篇第七章考情分析表

年份	技术实务 分值（分）	技术实务 占比（%）	综合能力 分值（分）	综合能力 占比（%）	案例分析 分值（分）	案例分析 占比（%）
2015年	4	3.3	0	0	0	0
2016年	4	3.3	0	0	0	0
2017年	3	2.5	0	0	0	0
2018年	6	5	0	0	0	0
2019年	5	4.2	0	0	0	0
2020年	3	2.5	0	0	0	0

三、典型知识点

知识点1：汽车库、修车库的分类

汽车库、修车库的分类见表4-7-2。

表4-7-2 汽车库、修车库的分类

（2018年技术实务第36题、2019年技术实务第20题、2020年技术实务第26题、2020年技术实务第84题）

名称		Ⅰ	Ⅱ	Ⅲ	Ⅳ
汽车库	停车数量（辆）	>300	151~300	51~150	≤50
	总建筑面积 S（m²）	$S>10000$	$5000<S≤10000$	$2000<S≤5000$	$S≤2000$
修车库	车位数（个）	>15	6~15	3~5	≤2
	总建筑面积 S（m²）	$S>3000$	$1000<S≤3000$	$500<S≤1000$	$S≤500$
停车场	停车数量（辆）	>400	251~400	101~250	≤100

知识点 2：汽车库、修车库建筑防火设计

汽车库、修车库建筑防火设计要求见表 4-7-3。

表 4-7-3 汽车库、修车库建筑防火设计要求

项目	设计要求
总平面布置 （2018 年技术实务第 37 题、第 58 题、第 61 题）	（1）汽车库、修车库、停车场不应布置在易燃、可燃液体或可燃气体的生产装置区和储存区内。 （2）汽车库不应与火灾危险性为甲、乙类的厂房、仓库贴邻或组合建造。 （3）Ⅰ类修车库应单独建造；Ⅱ、Ⅲ、Ⅳ类修车库可设置在一、二级耐火等级建筑的首层或与其贴邻，但不得与甲、乙类厂房、仓库、明火作业的车间或托儿所、幼儿园、中小学校的教学楼、老年人建筑、病房楼及人员密集场所组合建造或贴邻。 （4）地下、半地下汽车库内不应设置修理车位、喷漆间、充电间、乙炔间和甲、乙类物品库房。 （5）汽车库和修车库内不应设置汽油罐、加油机、液化石油气或液化天然气储罐、加气机。 （6）甲、乙类物品运输车的汽车库、修车库应为单层建筑，且应独立建造。当停车数量不大于 3 辆时，可与一、二级耐火等级的Ⅳ类汽车库贴邻，但应采用防火墙隔开
防火间距	甲、乙类物品运输车的汽车库、修车库、停车场与民用建筑的防火间距不应小于 25m，与重要公共建筑的防火间距不应小于 50m。甲类物品运输车的汽车库、修车库、停车场与明火或散发火花地点的防火间距不应小于 30m
防火分区	（1）汽车库防火分区的最大允许建筑面积应符合下表的规定。其中，敞开式、错层式、斜楼板式汽车库的上下连通层面积应叠加计算，每个防火分区的最大允许建筑面积不应大于下表规定的 2.0 倍；室内有车道且有人员停留的机械式汽车库，其防火分区最大允许建筑面积应按下表的规定减少 35%。 汽车库防火分区最大允许建筑面积　　　　　　　　　　（单位：m²） | 耐火等级	单层汽车库	多层汽车库、半地下汽车库	地下汽车库、高层汽车库
---	---	---	---
一、二级	3000	2500	2000
三级	1000	不允许	不允许	 （2）室内无车道且无人员停留的机械式汽车库，应符合下列规定： ①当停车数量超过 100 辆时，应采用无门、窗、洞口的防火墙分隔为多个停车数量不大于 100 辆的区域，但当采用防火隔墙和耐火极限不低于 1.00h 的不燃性楼板分隔成多个停车单元，且停车单元内的停车数量不大于 3 辆时，应分隔为停车数量不大于 300 辆的区域； ②汽车库内应设置火灾自动报警系统和自动喷水灭火系统，自动喷水灭火系统应选用快速响应喷头； ③楼梯间及停车区的检修通道上应设置室内消火栓； ④汽车库内应设置排烟设施，排烟口应设置在运输车辆的通道顶部。 （3）甲、乙类物品运输车的汽车库、修车库，每个防火分区的最大允许建筑面积不应大于 500m²。 （4）修车库每个防火分区的最大允许建筑面积不应大于 2000m²，当修车部位与相邻使用有机溶剂的清洗和喷漆工段采用防火墙分隔时，每个防火分区的最大允许建筑面积不应大于 4000m²。 （5）分散充电设施应符合下列规定： ①新建汽车库内配建的分散充电设施在同一防火分区内应集中布置，且应布置在一、二级耐火等级的汽车库的首层、二层或三层。当设置在地下或半地下时，宜布置在地下车库的首层，不应布置在地下建筑四层及以下。 ②集中布置的充电设施区应设置独立的防火单元，每个防火单元的最大允许建筑面积应符合下表的规定。（2019 年技术实务第 4 题）

399

续表

项目	设计要求
防火分区	集中布置的充电设施区防火单元最大允许建筑面积（单位：m²） | 耐火等级	单层汽车库	多层汽车库	地下汽车库或高层汽车库
---	---	---	---
一、二级	1500	1250	1000	 ③既有建筑未设置火灾自动报警系统、排烟设施、自动喷水灭火系统、消防应急照明以及疏散指示标志的地下、半地下和高层汽车库内，不得配建分散充电设施。集中布置的充电设施区域宜选用干粉灭火器
安全疏散 （2019年技术实务第48题）	(1) 汽车库、修车库的人员安全出口和汽车疏散出口应分开设置。设置在工业与民用建筑内的汽车库，其车辆疏散出口应与其他场所的人员安全出口分开设置。 (2) 汽车库、修车库的疏散楼梯应符合下列规定： ①建筑高度大于32m的高层汽车库、室内地面与室外出入口地坪的高差大于10m的地下汽车库应采用防烟楼梯间，其他汽车库、修车库应采用封闭楼梯间； ②楼梯间和前室的门应采用乙级防火门，并应向疏散方向开启； ③疏散楼梯的宽度不应小于1.1m。 (3) 汽车库室内任一点至最近人员安全出口的疏散距离不应大于45m，当设置自动灭火系统时，其距离不应大于60m，对于单层或设置在建筑首层的汽车库，室内任一点至室外最近出口的疏散距离不应大于60m。（2020年技术实务第84题） (4) 当符合下列条件之一时，汽车库、修车库的汽车疏散出口可设置1个（2018年技术实务第64题）： ①Ⅳ类汽车库； ②设置双车道汽车疏散出口的Ⅲ类地上汽车库； ③设置双车道汽车疏散出口、停车数量小于或等于100辆且建筑面积小于4000m²的地下或半地下汽车库； ④Ⅱ、Ⅲ、Ⅳ类修车库

知识点3：汽车库、修车库消防设施设置要求

汽车库、修车库消防设施设置要求见表4-7-4。

表4-7-4 汽车库、修车库消防设施设置要求

项目	设置要求
消防给水	符合下列条件之一的汽车库、修车库、停车场，可不设置消防给水系统： ①耐火等级为一、二级且停车数量不大于5辆的汽车库； ②耐火等级为一、二级的Ⅳ类修车库； ③停车数量不大于5辆的停车场
室内外消火栓	(1) 汽车库、修车库、停车场应设置室外消火栓系统，其室外消防用水量应按消防用水量最大的一座计算，并应符合下列规定（2020年技术实务第84题）： ①Ⅰ、Ⅱ类汽车库、修车库、停车场，不应小于20L/s； ②Ⅲ类汽车库、修车库、停车场，不应小于15L/s； ③Ⅳ类汽车库、修车库、停车场，不应小于10L/s。 (2) 汽车库、修车库应设置室内消火栓系统，其消防用水量应符合下列规定： ①Ⅰ、Ⅱ、Ⅲ类汽车库及Ⅰ、Ⅱ类修车库的用水量不应小于10L/s，系统管道内的压力应保证相邻两个消火栓的水枪充实水柱同时到达室内任何部位； ②Ⅳ类汽车库及Ⅲ、Ⅳ类修车库的用水量不应小于5L/s，系统管道内的压力应保证一个消火栓的水枪充实水柱到达室内任何部位。 (3) 室内消火栓水枪的充实水柱不应小于10m。同层相邻室内消火栓的间距不应大于50m，高层汽车库和地下汽车库、半地下汽车库室内消火栓的间距不应大于30m

续表

项目	设置要求
自动喷水灭火系统	除敞开式汽车库、屋面停车场外，下列汽车库、修车库应设置自动喷水灭火系统（2019年技术实务第44题）： ①Ⅰ、Ⅱ、Ⅲ类地上汽车库； ②停车数大于10辆的地下、半地下汽车库； ③机械式汽车库； ④采用汽车专用升降机作汽车疏散出口的汽车库； ⑤Ⅰ类修车库
火灾自动报警系统	除敞开式汽车库、屋面停车场外，下列汽车库、修车库应设置火灾自动报警系统： ①Ⅰ类汽车库、修车库； ②Ⅱ类地下、半地下汽车库、修车库； ③Ⅱ类高层汽车库、修车库； ④机械式汽车库； ⑤采用汽车专用升降机作汽车疏散出口的汽车库
防排烟（2018年技术实务第75题）	(1) 除敞开式汽车库、建筑面积小于1000m²的地下一层汽车库和修车库外，汽车库、修车库应设置排烟系统，并应划分防烟分区。 (2) 防烟分区的建筑面积不宜大于2000m²，且防烟分区不应跨越防火分区。防烟分区可采用挡烟垂壁、隔墙或从顶棚下突出不小于0.5m的梁划分。 (3) 每个防烟分区应设置排烟口，排烟口宜设在顶棚或靠近顶棚的墙面上。排烟口距该防烟分区内最远点的水平距离不应大于30m。（2019年综合能力第80题） (4) 排烟风机可采用离心风机或排烟轴流风机，并应保证280℃时能连续工作30min。 (5) 在穿过不同防烟分区的排烟支管上应设置烟气温度大于280℃时能自动关闭的排烟防火阀，排烟防火阀应连锁关闭相应的排烟风机

分析：汽车库、修车库与人们的日常生活关系密切，应是考试的重点。近几年的考试每年的分值大约为5分。已经考了分类、平面布置、室外消防用水、自喷和报警。以后出题的方向应该是安全疏散、室内消防给水和防排烟。仔细学习一下《汽车库、修车库、停车场设计防火规范》（GB 50067—2014）。

四、高频真题

1. （2018年技术实务第36题）（知识点1）某公共建筑的地下一层至地下三层为汽车库，每层建筑面积为2000m²，每层设有50个车位。根据现行国家标准《汽车库、修车库、停车场设计防火规范》（GB 50067），该汽车库属于（　　）车库。

　　A. Ⅰ类　　　　　　B. Ⅲ类　　　　　　C. Ⅳ类　　　　　　D. Ⅱ类

【答案】D

【解析】根据表4-7-2，该汽车库属于Ⅱ类汽车库，D项正确。

2. （2018年技术实务第64题）（知识点2）下列汽车库、修车库中，应设置2个汽车疏散出口的是（　　）。

　　A. 总建筑面积1500m²、停车位45个的汽车库

　　B. 设有双车道汽车疏散出口、总建筑面积3000m²、停车位90个的地上汽车库

C. 总建筑面积 3500m²、设 14 个修车位的修车库

D. 设有双车道汽车疏散出口、总建筑面积 3000m²、停车位 90 个的地下汽车库

【答案】C

【解析】根据表 4-7-2 和表 4-7-3，可知 C 选项符合题意。

3. (2019 年技术实务第 20 题)（知识点 1）某地下 3 层汽车库，每层建筑面积均为 1650m²，室外坡道建筑面积为 80m²，各层均设有 48 个车位。该汽车库属于（　　）车库。

A. Ⅰ类　　　　B. Ⅲ类　　　　C. Ⅱ类　　　　D. Ⅳ类

【答案】B

【解析】本题考查的知识点是汽车库分类。根据《汽车库、修车库、停车场设计防火规范》(GB 50067) 3.0.1 注 2：室外坡道、屋面露天停车场的建筑面积可不计入汽车库的建筑面积之内。

故该汽车库共 3×48＝144 个车位，总面积为 3×1650＝4950（m²）。即为 Ⅲ 类汽车库。B 选项正确。

4. (2019 年技术实务第 4 题)（知识点 2）集中电动汽车充电设施区设置在单层、多层、地下汽车库内时，根据现行国家标准《电动汽车分散充电设施工程技术标准》（GB/T 51313），每个防火单元最大允许建筑面积分别不应大于（　　）。

A. 3000m²、2500m²、2000m²　　　　B. 3000m²、2000m²、1000m²

C. 1500m²、1250m²、1000m²　　　　D. 2500m²、1200m²、600m²

【答案】C

【解析】本题考查的知识点是电动汽车防火。新建汽车库内配建的分散充电设施在同一防火分区内应集中布置，设置独立的防火单元，每个防火单元的最大允许建筑面积应符合表 4-7-3 的规定。

5. (2020 年技术实务第 26 题)（知识点 1）某大型修车厂设有 4 个修车库，各修车库的车位数和总建筑面积如下表所示，修车库分类错误的是（　　）。

编号	修车库 1	修车库 2	修车库 3	修车库 4
车位数	20	15	15	8
总建筑面积（m²）	4000	3000	1500	1500
分类	Ⅰ	Ⅰ	Ⅱ	Ⅱ

A. 修车库 1　　　B. 修车库 2　　　C. 修车库 3　　　D. 修车库 4

【答案】B

【解析】根据表 4-7-2，修车库 1 属于 Ⅰ 类修车库。修车库 2、修车库 3、修车库 4 都属于 Ⅱ 类修车库。故 B 选项错误。

6. (2020 年综合能力第 84 题)（知识点 2）某公共建筑，建筑高度为 34m，总建筑面积为 83000m²。地上 7 层，使用功能为商场；地下 2 层，使用功能为机械式汽车库。建筑商业营业厅采用不燃材料装修，一至三层设有中庭，建筑内设有火灾自动报警系统和自动灭火系统。对该建筑进行防火检查，下列检查结果中，符合现行国家标准要求的有（　　）。

A. 汽车库最大防火分区建筑面积为 3650m²

B. 与中庭相连通的门为乙级防火门

C. 商场最大防火分区建筑面积为 3850m²

D. 汽车库采用防火墙和耐火极限为 1.50h 的不燃性楼板与其他部位分隔

E. 中庭与周围连通空间采用耐火极限为 1.00h 的防火隔墙分隔

【答案】CE

【解析】室内有车道且有人员停留的机械式汽车库，其防火分区最大允许建筑面积应按规定减少35%。设置自动灭火系统的汽车库，其每个防火分区的最大允许建筑面积不应大于规定的2.0倍。根据表4-7-3，汽车库防火分区最大允许建筑面积为2000×(1-35%)×2=2600（m²）。A选项错误。

五、考题预测

（一）习题

1. 某汽车库设置在建筑高度为25m的办公楼地上一层，该汽车库的耐火等级不应低于（　　）级。
  A. 一　　　　　　B. 二　　　　　　C. 三　　　　　　D. 四
2. 某地下汽车库总建筑面积为15000m²，汽车库内全部设有自动灭火系统，该汽车库应至少划分为（　　）个防火分区。
  A. 4　　　　　　B. 5　　　　　　C. 6　　　　　　D. 7
3. 下列汽车库中，应划分为Ⅱ类汽车库的是（　　）。
  A. 停车数量为300辆，总建筑面积为8000m²的汽车库
  B. 停车数量为200辆，总建筑面积为5000m²的汽车库
  C. 停车数量为100辆，总建筑面积为3000m²的汽车库
  D. 停车数量为40辆，总建筑面积为1000m²的汽车库
4. 某汽车库，主要停放车辆为甲醇、乙醇、丙酮等物品的运输车，则该汽车库每个防火分区的最大允许建筑面积不应大于（　　）m²。
  A. 500　　　　　B. 1000　　　　C. 2000　　　　D. 2500
5. 室内无车道且无人员停留的机械式汽车库，应符合的规定，下列情况描述正确的是（　　）。
  A. 当停车数量超过100辆时，应采用防火隔墙分隔为多个停车数量不大于100辆的区域
  B. 当采用防火隔墙和耐火极限不低于1.00h的不燃性楼板分隔成多个停车单元，且停车单元内的停车数量不大于2辆时，应分隔为停车数量不大于300辆的区域
  C. 汽车库内应设置火灾自动报警系统和自动喷水灭火系统，自动喷水灭火系统应选用快速响应喷头
  D. 楼梯间及停车区的检修通道上应设置室内消火栓
  E. 汽车库内应设置排烟设施，排烟口应设置在运输车辆的通道顶部
6. 下列汽车库、修车库的汽车疏散出口可设置1个的是（　　）。
  A. Ⅲ、Ⅳ类汽车库
  B. 设置双车道汽车疏散出口的Ⅲ类地上汽车库
  C. 设置双车道汽车疏散出口、停车数量小于或等于100辆且建筑面积小于4000m²的地下或半地下汽车库
  D. 设置双车道汽车疏散出口、停车数量小于或等于100辆且建筑面积小于5000m²的地下或半地下汽车库
  E. Ⅱ、Ⅲ类修车库

（二）答案详解

1.【答案】A

【解析】根据《汽车库、修车库、停车场设计防火规范》（GB 50067—2014）规定，地下、半地下和高层汽车库的耐火等级应为一级。

2.【答案】A

【解析】根据《汽车库、修车库、停车场设计防火规范》(GB 50067—2014) 第5.1.1条规定,地下汽车库防火分区的最大允许建筑面积为2000m²;根据5.1.2设置自动灭火系统的汽车库,其每个防火分区的最大允许建筑面积不应大于本规范5.1.1条规定的2.0倍。本题应至少划分为4个防火分区。

3. 【答案】A

【解析】详见知识点1。

4. 【答案】A

【解析】甲乙类物品运输车的汽车库、修车库,每个防火分区的最大允许建筑面积不应大于500m²。

5. 【答案】CDE

【解析】详见知识点2。

6. 【答案】BCE

【解析】详见知识点2。

第八章 洁净厂房防火

一、知识点架构图

本章的知识点架构见图 4-8-1。

图 4-8-1 第四篇第八章知识点架构图

二、考情分析

本章的考情分析见表 4-8-1。

表 4-8-1 第四篇第八章考情分析表

年份	技术实务 分值（分）	技术实务 占比（%）	综合能力 分值（分）	综合能力 占比（%）	案例分析 分值（分）	案例分析 占比（%）
2015 年	0	0	0	0	0	0
2016 年	1	0.8	0	0	0	0
2017 年	0	0	0	0	0	0
2018 年	1	0.8	0	0	0	0
2019 年	1	0.8	0	0	0	0
2020 年	0	0	0	0	0	0

三、典型知识点

知识点1：洁净厂房的建筑防火设计要求

洁净厂房的防火设计要求见表4-8-2。

表4-8-2 洁净厂房的防火设计要求

项目	设计要求
建筑材料及其燃烧性能	（1）洁净厂房的耐火等级不应低于二级。 （2）洁净室的顶棚和壁板（包括夹芯材料）应为不燃烧体，且不得采用有机复合材料。顶棚和壁板的耐火极限不应低于0.4h，疏散走道顶棚的耐火极限不应低于1.0h。 （3）在一个防火区内的综合性厂房，其洁净生产与一般生产区域之间应设置非燃烧体隔墙封闭到顶。隔墙及其相应顶板的耐火极限不应低于1.0h，隔墙上的门窗耐火极限不应低于0.6h。穿过隔墙或顶板的管线周围空隙应采用非燃烧材料紧密填塞。 （4）技术竖井井壁应为非燃烧体，其耐火极限不应低于1h。井壁上检查门的耐火极限不应低于0.6h；竖井内在各层或间隔一层楼板处，应采用相当于楼板耐火极限的非燃烧体作水平防火分隔；穿过水平防火分隔的管线周围空隙，应采用非燃烧材料紧密填塞
防火分区	（1）甲、乙类生产的洁净厂房，宜采用单层厂房。其防火分区最大允许建筑面积，单层厂房为3000m²，多层应为2000m²。 （2）在一个防火分区内，其洁净生产与非洁净生产区域之间应设置非燃烧体隔墙完整分隔。隔墙及其顶棚应为耐火极限不低于1.00h的不燃烧材料。当隔墙上设置观察窗时，窗的耐火极限不应低于0.6h。穿过隔墙或楼板的管线周围空隙应采用非燃烧材料紧密填塞
安全疏散	（1）洁净厂房每一生产层，每一防火分区或每一洁净区的安全出口数量不应少于2个。当符合下列要求时可设1个： ①对甲、乙类生产厂房每层的洁净生产区总建筑面积不超过100m²，且同一时间内的生产人员总数不超过5人。 ②对丙、丁、戊类生产厂房，应按现行国家标准《建筑设计防火规范》（GB 50016）的有关规定设置。 （2）洁净区与非洁净区和洁净区与室外相通的安全疏散门应向疏散方向开启。安全疏散门不得采用吊门、转门、侧拉门、卷帘门以及电控自动门。 （3）专用消防口：洁净厂房与洁净区同层外墙应设可供消防人员通往厂房洁净区的门窗，其洞口间距大于80m时，在该段外墙的适当部位设置专用消防口。专用消防口的宽度不小于750mm，高度不小于1800mm，并应有明显标志。楼层专用消防口应设置阳台，并从二层开始向上层架设钢梯。 （4）洁净厂房外墙上的吊门、电控自动门以及宽度小于750mm、高度小于1800mm或装有栅栏的窗，均不应作为火灾发生时提供消防人员进入厂房的入口

知识点2：洁净厂房的消防设施设置要求

洁净厂房的消防设施设置要求见表4-8-3。

表4-8-3 洁净厂房的消防设施设置要求

项目	设计要求
室内外消火栓系统	洁净室（区）的生产层及上下技术夹层（不含不通行的技术夹层），应设置室内消火栓；室内消火栓的用水量不应小于10L/s，同时使用水枪数不应少于2支，水枪充实水柱不应小于10m，每只水枪的出水量不应小于5L/s。（2018年技术实务第27题）

续表

项目	设计要求
防烟设施	当疏散楼梯间布置在建筑的外墙侧，可以采用可开启外窗进行自然排烟。当疏散楼梯布置在建筑内部或楼梯间有洁净要求不具备自然排烟条件时，应设置机械加压送风系统
排烟设施（2019年技术实务第63题）	洁净厂房疏散走道应设置机械防排烟设施。洁净厂房每个防烟分区的排烟支管上均应设置排烟防火阀，排烟口采用常开型风口。排烟风机入口处设置280℃关闭的排烟防火阀，并与排烟风机连锁

分析：洁净厂房防火每年的分值非常少，最多只有1分。未来出题，防火分区和安全疏散应是重点方向。

四、高频真题

1.（2018年技术实务第27题）（知识点2）根据现行国家标准《洁净厂房设计规范》（GB 50073），关于洁净厂房室内消火栓设计的说法，错误的是（　　）。

A. 消火栓的用水量不应小于10L/s
B. 可通行的技术夹层应设置室内消火栓
C. 消火栓同时使用水枪数不应小于2只
D. 消火栓水枪充实水柱长度不应小于7m

【答案】D

【解析】《洁净厂房设计规范》（GB 50073—2013）中第7.4.3条洁净室的生产层及可通行的上、下技术夹层应设置室内消火栓。消火栓的用水量不应小于10L/s，同时使用水枪数不应少于2只，水枪充实水柱长度不应小于10m，每只水枪的出水量应按不小于5L/s计算。

2.（2019年技术实务第63题）（知识点2）某2层钢结构戊类洁净厂房，建筑高8m，长30m，宽20m，洁净区疏散走道靠外墙设置，关于该厂房防火设计的说法，正确的是（　　）。

A. 该厂房可不设置消防给水设施
B. 该厂房生产层、机房、站房均应设置火灾报警探测器
C. 该厂房洁净区疏散走道自然排烟设施的有效排烟面积，不应小于走道建筑面积的20%
D. 该厂房柱、梁的耐火极限可分别为2.00h，1.50h

【答案】B

【解析】本题考查的知识点是洁净厂房。根据《洁净厂房设计规范》（GB 50073—2013）的相关规定：

7.4.1 洁净厂房必须设置消防给水设施，消防给水设施设置设计应根据生产的火灾危险性、建筑物耐火等级以及建筑物的体积等因素确定。A选项错误。

6.5.7 洁净厂房排烟设施的设置应符合下列规定：
1 洁净厂房中的疏散走廊应设置机械排烟设施。C选项错误。

5.2.1 洁净厂房的耐火等级不应低于二级。二级耐火等级的厂房柱、梁的耐火极限分别不应低于2.5h、1.5h。D选项错误。

洁净厂房的生产层、技术夹层、机房、站房等均应设置火灾报警探测器。B选项正确。

五、考题预测

（一）习题

洁净厂房内洁净室的壁板和疏散走道顶棚的耐火极限分别不应低于（　　）。

A. 0.4, 0.6　　　　B. 0.4, 1.0　　　　C. 0.6, 1.0　　　　D. 1.0, 1.0

(二) 答案详解

【答案】B

【解析】根据《洁净厂房设计规范》(GB 50073—2013),洁净室的顶棚和壁板(包括夹芯材料)应为不燃烧体,且不得采用有机复合材料。顶棚的耐火极限不应低于0.4h,疏散走道顶棚的耐火极限不应低于1.0h。

第九章 信息机房防火

一、知识点架构图

本章的知识点架构见图 4-9-1。

图 4-9-1 第四篇第九章知识点架构图

二、考情分析

本章的考情分析见表 4-9-1。

表 4-9-1 第四篇第九章考情分析表

年份	技术实务 分值（分）	技术实务 占比（%）	综合能力 分值（分）	综合能力 占比（%）	案例分析 分值（分）	案例分析 占比（%）
2015 年	0	0	0	0	0	0
2016 年	2	1.6	0	0	0	0
2017 年	0	0	0	0	0	0
2018 年	0	0	0	0	0	0
2019 年	0	0	0	0	0	0
2020 年	0	0	0	0	0	0

三、典型知识点

知识点 1：信息机房的建筑防火设计要求

信息机房的防火设计要求见表 4-9-2。

表4-9-2 信息机房的防火设计要求

项目	设置要求
选址	(1) 不宜布置在火灾危险性高的场所，应远离散发有害气体、腐蚀气体和尘埃的地区，避免设置在落雷区和地震断裂带附近。要尽量选择在自然环境清洁、附近震源少以及水源、电源充足，交通方便的地点。 (2) 当信息机房与其他性质的用房设置在同一幢建筑内时，宜设在多层或高层建筑内的第二、三层，并应尽量避免与商场、宾馆、餐饮娱乐等影响机房安全的场所设在同一幢建筑物内。 (3) 数据中心内放置设备计算机的机房不宜超过5层
建筑防火构造及分隔	(1) 耐火等级不应低于二级。当A级或B级电子信息系统机房位于其他建筑物内时，在主机房与其他部位之间应设置耐火极限不低于2.00h的隔墙，隔墙上的门应采用甲级防火门。（2016年技术实务第86题） (2) 附设在其他建筑内的A、B级信息机房应避免设置于建筑物地下室，以及用水设备的下层或隔壁，不应布置在燃油、燃气锅炉房、油浸电力变压器室、充有可燃油的高压电容器和多油开关室等易燃、易爆房间的上下层或贴邻。 (3) 各级机房主体结构应具有耐久、抗震、防火、防止不均匀沉陷等性能，变形缝和伸缩缝不应穿过主机房，机房围护结构的构造应满足保温、隔热、防火等要求。 (4) 管线敷设：主机房中各类管线宜暗敷，当管线需穿楼层时，宜设计技术竖井，并采取相应的防火分隔、封堵措施。 (5) 主机房、基本工作间及辅助房间与其他建筑物合建时，应单独设置防火分区。主机房、终端室、网络设备室与磁介质、纸介质的存放间、备件库等仓储用房，以及维修室、电源室、蓄电池室、发电机室、空调系统用房、灭火钢瓶间等设备房间之间应进行防火分隔，并独立设置防火分区。 (6) 电子计算机产生的记录应当按其重要性和补充难度的不同加以保护，信息储存设备要安装在单独的房间，室内应配有金属柜或其他采用非燃材料制成能防火的资料架和资料柜存放记录介质，如果有备份记录，备份记录应当放置在具有同样防火要求的另一间房间。 (7) 建筑面积大于120m²的主机房，疏散门不应少于两个，并应分散布置。建筑面积不大于120m²的主机房，或位于袋形走道尽端、建筑面积不大于200m²的主机房，且机房内任一点至疏散门的直线距离不大于15m，可设置一个疏散门，疏散门的净宽度不应小于1.4m。主机房的疏散门应向疏散方向开启，应自动关闭，并应保证在任何情况下均能从机房内开启。走廊、楼梯间应畅通，并应有明显的疏散指示标志。 (8) 在主机房出入口处或值班室，应设置应急电话和应急断电装置，机房应设置应急照明和安全出口指示灯

知识点2：灭火系统

灭火系统的设置要求见表4-9-3。

表4-9-3 灭火系统的设置要求

项目	设置要求
一般规定	(1) A级电子信息系统机房的主机房应设置气体灭火系统。 (2) B级电子信息系统机房的主机房，以及A级和B级机房中的变配电、不间断电源系统和电池室，宜设置洁净气体灭火系统，也可设置高压细水雾灭火系统（2016年技术实务第86题）。 (3) C级电子信息系统机房及其他区域，可设置高压细水雾灭火系统或自动喷水灭火系统。自动喷水灭火系统宜采用预作用系统。 凡设置固定灭火系统及火灾探测器的计算机房，其吊顶的上、下及活动地板下，均应设置探测器和喷嘴
室内消火栓	数据中心应设置室内消火栓系统，室内消火栓系统宜配置消防软管卷盘
气体灭火系统	(1) 卡片穿孔室、纸带穿孔室、已记录的磁介质库和已记录的纸介质库、高低压配电室、变压器室、变频机室、稳压稳频室、发电机房等不能用水扑救的房间，应设置除二氧化碳以外的气体灭火系统。 (2) 当单个防护区面积小于800m²、体积小于3600m³时，可考虑采用气体灭火系统
火灾自动报警系统	大型数据中心、主机房、基本工作间及其他A级计算机房不宜设置传统的火灾探测器。面积小于140m²的计算机房及数据中心、计算机中心内的第一、二、三类辅助用房可设置普通的感烟探测器

分析：从近几年考试来看，信息机房防火只有2016年考了2分，内容是防火分隔和灭火系统。2021年的出题方向可能是选址、安全疏散、气体灭火和火灾报警。

四、高频真题

（2016年技术实务第86题）（知识点1、2）某地市级电力调度中心大楼内设置了电子信息系统机房，下列关于该机房的防火措施中，正确的是（　　）。

A. 主机房与其他部位之间采用200mm厚加气混凝土砌块墙分隔，隔墙上的门采用甲级防火门
B. 主机房，辅助区和支持区采用200mm厚加气混凝土砌块墙与其他区域分隔成独立的防火分区
C. 建筑面积为500m²的主机房设置2个净宽度均为1.6m，感应式自动启闭的推拉门通向疏散走道
D. 主机房设置高压细水雾灭火系统
E. 主机房设置点式光电感烟火灾探测器，并由其中的2只火灾探测器的报警信号作为自动灭火系统的联动信号

【答案】ABD

【解析】选项A，当A级或B级信息机房位于其他建筑物内时，主机房与其他部位之间应设置耐火极限不低于2h的隔墙，隔墙上的门应采用甲级防火门，A项正确；选项B，主机房、基本工作间及辅助房间与其他建筑物合建时，应单独设置防火分区，B项正确；选项C，不应设置推拉门，C项错误；选项D，B级主机房可设置高压细水雾灭火系统，D项正确；选项E，《电子信息系统机房设计规范》第13.2.1条应同时设置两种火灾探测器，当有两种火灾探测器同时发出报警后，才能确认为真正的灭火信号。主机房宜采用吸气式烟雾探测火灾报警系统，E项错误。

五、考题预测

（一）习题

1. 信息机房的数据存储介质光盘对温度要求较高，当温度超过（　　）℃时，光盘内数据不仅丢失，而且无法重新使用。
   A. 45　　　　　　B. 60　　　　　　C. 90　　　　　　D. 100

2. 下列（　　）的电子信息系统机房和重要的控制室属于A级电子信息机房。
   A. 科研院所　　　B. 国际会议中心　　C. 国家气象台　　D. 三级医院

3. 面积大于140m²的信息机房的火灾自动报警系统应按（　　）的要求进行设置。
   A. 特级保护对象　B. 一级保护对象　　C. 二级保护对象　D. 三级保护对象

（二）答案详解

1.【答案】A

【解析】信息机房内平均每平方米的设备费用高达数万元至数十万元，而且数据中心内某些存储介质对温度的要求较高，如当温度超过45℃时，光盘内的数据不仅丢失，而且光盘损坏无法重新使用。

2.【答案】C

【解析】电子信息系统运行中断将造成重大的经济损失及公共场所秩序严重混乱的机房为A级。如：国家气象台、国家级信息中心、计算中心、重要的军事指挥部门、大中城市的机场、广播电台、电视台、应急指挥中心、银行总行等的电子信息系统机房和重要的控制室。

3.【答案】B

第十章 古建筑防火

一、知识点架构图

本章的知识点架构见图 4-10-1。

```
                              ┌─ 按用途分类
              我国古建筑分类 ──┤
                              └─ 按结构分类

                              ┌─ 耐火等级低,火灾危险性大
                              ├─ 组群布局,火势蔓延迅速
              古建筑的火灾危险性┤─ 形体高大,有效控制火势难
  古建筑防火 ──┤               ├─ 远离城镇,灭火救援困难
      ★      │               └─ 用火用电多,管理难度大
              │
              │               ┌─ 做好消防专项规划,改善消防安全环境
              │               ├─ 改善耐火性能,提高耐火等级
              │               ├─ 开辟防火隔离带,打通消防通道
              古建筑防火安全措施┤─ 拆除违章搭建房屋,消除火灾隐患
                              ├─ 安装防雷设置
                              ├─ 配置消防设施
                              └─ 严格控制火源和各种易燃易爆物品的管理
```

图 4-10-1 第四篇第十章知识点架构图

二、考情分析

本章的考情分析见表 4-10-1。

表 4-10-1 第四篇第十章考情分析表

年份	技术实务		综合能力		案例分析	
	分值(分)	占比(%)	分值(分)	占比(%)	分值(分)	占比(%)
2015 年	2	1.6	0	0	0	0
2016 年	0	0	0	0	0	0
2017 年	2	1.6	0	0	0	0
2018 年	0	0	0	0	0	0
2019 年	0	0	0	0	0	0
2020 年	0	0	0	0	0	0

三、典型知识点

知识点 1：古建筑防火安全措施

古建筑防火安全措施见表 4-10-2。

表 4-10-2　古建筑防火安全措施

项目	内　容
做好消防专项规划，改善消防安全环境	（1）建立多种形式的消防站； （2）配备实用有效的消防器材； （3）因地制宜地设置消防供水设施； （4）科学合理地进行消防安全布局
改善耐火性能，提高耐火等级	（1）阻燃处理； （2）替换可燃构件
开辟防火隔离带，打通消防通道	—
拆除违章搭建房屋，消除火灾隐患	—
安装防雷设施	—
配置消防设施	（1）重要的砖木结构和木结构的古建筑内，宜设置湿式自动喷水灭火系统。 （2）寒冷地区需防冻或需防误喷的古建筑宜采用预作用自动喷水灭火系统。 （3）缺水地区和珍宝库、藏经楼等重要场所宜采用水喷雾灭火系统、细水雾灭火系统。 （4）对性质重要，不宜用水扑救的古建筑，如收藏珍贵文物的古建筑，可结合实际情况设置固定、半固定干粉、气体灭火系统或悬挂式自动干粉灭火装置、二氧化碳自动灭火装置、七氟丙烷自动灭火装置（2017年技术实务第92题）。 （5）古建筑内大殿，可以选用红外线光束感烟探测器、缆式线型感温探测器及火焰探测器；佛像体上和壁挂、经书、文物较密集的部位可采用缆式线型感温探测器；对于人员住房、库房等其他建筑，可采用感烟探测器和火焰探测器的组合；收藏陈列珍贵文物的古建筑，宜选择吸气式早期火灾探测器或线型光纤感温探测器。火焰图像探测器宜与图像监控系统相结合
严格控制火源和各种易燃易爆物品的管理	（1）古建筑内严禁使用卤钨灯等高温照明灯具和电炉等电加热器具，不准使用荧光灯和大于60W的白炽灯。如确需安装照明灯具和电气设备，应严格执行有关电气安装使用的技术规范和规程。 （2）灯饰材料的燃烧性能不应低于B_1级，且不得靠近可燃物。 （3）古建筑内的电气线路，一律采用铜芯绝缘导线，并采用阻燃聚氯乙烯穿管保护或穿金属管敷设，不得直接敷设在梁、柱、枋等可燃构件上。严禁乱拉乱接电线。 （4）配线方式应以一座殿堂为一个单独的分支回路，控制开关、熔断器均应安装在专用的配电箱内，配电箱设在室外，严禁使用铜丝、铁丝、铝丝等代替熔丝

分析：古建筑防火每年最多的分值是2分，2021年如果出题，应该是探测器的设置或灭火系统的设置。

四、高频真题

(2017 年技术实务第 92 题)（知识点 1） 室外消火栓射流不能抵达室内且室内无传统彩画、壁画、泥塑的文物建筑，宜考虑设置室内消火栓系统或（　　）。

A. 加大室外消火栓设计流量
B. 设置消防水箱
C. 配置移动高压水喷雾灭火设备
D. 加大火灾持续时间
E. 设置预作用自动喷水灭火系统

【答案】DE

【解析】室外消火栓射流不能抵达室内且室内无传统彩画、壁画、泥塑的文物建筑，可以考虑设置室内消火栓系统或加大火灾延续时间，设置预作用自动喷水灭火系统。

五、考题预测

（一）习题

1. 古建筑内严禁使用卤钨灯等高温照明灯具和电炉等电加热器具，不准使用荧光灯和大于（　　）的白炽灯。

A. 40W　　　　　B. 60W　　　　　C. 80W　　　　　D. 100W

2. 古建筑防火安全措施中严格控制火源和各种易燃易爆物品的管理表述正确的是（　　）。

A. 禁止在古建筑保护范围内堆存柴草、木料等的易燃可燃物品
B. 严禁将煤气、液化石油气等引入古建筑内
C. 禁止在古建筑的主要殿屋进行生产、生活用火。在厢房、走廊、庭院等处需要设置生活用火时，必须有防火安全措施
D. 古建筑内严禁使用卤钨灯等高温照明灯具和电炉等电加热器具，不准使用荧光灯和大于 50W 的白炽灯。如确需安装照明灯具和电气设备，应严格执行有关电气安装使用的技术规范和规程。灯饰材料的燃烧性能不应低于 A 级，且不得靠近可燃物
E. 古建筑内燃灯、点烛、烧香、焚纸等宗教活动用火，应在室外固定位置，并由专人负责看管。神佛像前的长明灯，应设固定的灯座，灯座应为不燃材料

（二）答案详解

1. 【答案】B

【解析】古建筑内严禁使用卤钨灯等高温照明灯具和电炉等电加热器具，不准使用日光灯和大于 60W 的白炽灯。

2. 【答案】ABCE

【解析】古建筑内严禁使用卤钨灯等高温照明灯具和电炉等电加热器具，不准使用日光灯和大于 60W 的白炽灯。如确需安装照明灯具和电气设备，应严格执行有关电气安装使用的技术规范和规程；灯饰材料的燃烧性能不应低于 B_1 级，且不得靠近可燃物；古建筑内的电气线路，一律采用铜芯绝缘导线，并采用阻燃聚氯乙烯穿管保护或穿金属管敷设，不得直接敷设在梁、柱、枋等可燃构件上。严禁乱拉乱接电线；配线方式应以一座殿堂为一个单独的分支回路，控制开关、熔断器均应安装在专用的配电箱内，配电箱设在室外，严禁使用铜丝、铁丝、铝丝等代替熔丝。

第十一章 人民防空工程防火

一、知识点架构图

本章的知识点架构见图 4-11-1。

图 4-11-1 第四篇第十一章知识点架构图

二、考情分析

本章的考情分析见表 4-11-1。

表 4-11-1 第四篇第十一章考情分析表

年份	技术实务 分值（分）	技术实务 占比（%）	综合能力 分值（分）	综合能力 占比（%）	案例分析 分值（分）	案例分析 占比（%）
2015 年	3	2.5	0	0	0	0
2016 年	3	2.5	3	2.5	0	0
2017 年	3	2.5	0	0	4	3.3
2018 年	2	1.7	0	0	0	0
2019 年	2	1.7	0	0	0	0
2020 年	1	0.8	0	0	0	0

三、典型知识点介绍

知识点 1：人民防空工程分类

人民防空工程分类见表 4-11-2。

表 4-11-2 人民防空工程分类

分类	名称
按构筑形式分类	坑道工程、地道工程、人民防空地下工程、单建掘开式工程
按使用功能分类	指挥工程、医疗救护工程、防空专业队工程、人员掩蔽工程、配套工程

知识点2：人民防空工程平面布局

人民防空工程平面布局见表4-11-3。

表4-11-3 人民防空工程平面布局

项目	内 容
平面布局	(1) 人防工程内不得使用和储存液化石油气、相对密度（与空气密度比值）大于或等于0.75的可燃气体和闪点小于60℃的液体燃料。人防工程内不得设置油浸电力变压器和其他油浸电气设备。 (2) 人防工程内不应设置哺乳室、托儿所、幼儿园、游乐厅等儿童活动场所和残疾人员活动场所。 (3) 医院病房不应设置在地下二层及以下层，当设置在地下一层时，室内地面与室外出入口地坪高差不应大于10m。 (4) 歌舞厅、卡拉OK厅（含具有卡拉OK功能的餐厅）、夜总会、录像厅、放映厅、桑拿浴室（除洗浴部分外）、游艺厅（含电子游艺厅）、网吧等歌舞娱乐放映游艺场所（以下简称歌舞娱乐放映游艺场所），不应设置在地下二层及以下层；当设置在地下一层时，室内地面与室外出入口地坪高差不应大于10m。 (5) 当总建筑面积大于20000m²时，应采用防火墙进行分隔，且防火墙上不得开设门窗洞口，相邻区域确需局部连通时，应采取可靠的防火分隔措施（2018年技术实务第28题）

知识点3：人民防空工程防火分隔措施

防火分隔措施见表4-11-4。

表4-11-4 防火分隔措施

项目	内 容
防火分区	(1) 人防工程内应采用防火墙划分防火分区，当采用防火墙确有困难时，可采用防火卷帘等防火分隔设施分隔，防火分区划分应符合下列要求： ①防火分区应在各安全出口处的防火门范围内划分； ② 水泵房、污水泵房、水池、厕所、盥洗间等无可燃物的房间，其面积可不计入防火分区的面积之内； ③ 与柴油发电机房或锅炉房配套的水泵间、风机房、储油间等，应与柴油发电机房或锅炉房一起划分为一个防火分区； ④ 防火分区的划分宜与防护单元相结合。 (2) 每个防火分区的允许最大建筑面积，除另有规定者外，不应大于500m²。当设置有自动灭火系统时，允许最大建筑面积可增加1倍；局部设置时，增加的面积可按该局部面积的1倍计算。（2020年技术实务第13题） (3) 商业营业厅、展览厅、电影院和礼堂的观众厅、溜冰馆、游泳馆、射击馆、保龄球馆等防火分区建筑面积： ①设置有火灾自动报警系统和自动灭火系统的商业营业厅、展览厅等，当采用A级装修材料装修时，防火分区允许最大建筑面积不应大于2000m²。 ②电影院、礼堂的观众厅，防火分区允许最大建筑面积不应大于1000m²。当设置有火灾自动报警系统和自动灭火系统时，其允许最大建筑面积也不得增加； ③溜冰馆的冰场、游泳馆的游泳池、射击馆的靶道区、保龄球馆的球道区等，其面积可不计入溜冰馆、游泳馆、射击馆、保龄球馆的防火分区面积内。溜冰馆的冰场、游泳馆的游泳池、射击馆的靶道区等，其装修材料应采用A级。 (4) 丙、丁、戊类物品库房防火分区建筑面积。人防工程内丙、丁、戊类物品库房的防火分区允许最大建筑面积应符合表4-11-5的规定。当设置有火灾自动报警系统和自动灭火系统时，允许最大建筑面积可增加1倍；局部设置时，增加的面积可按该局部面积的1倍计算

续表

项目	内 容
防火分隔	（1）人防工程位于防火分区分隔处安全出口的门应为甲级防火门；当使用功能上确实需要采用防火卷帘分隔时，应在其旁设置与相邻防火分区的疏散走道相通的甲级防火门。 （2）人员频繁出入的防火门，应采用能在火灾时自动关闭的常开式防火门；平时需要控制人员随意出入的防火门，应设置火灾时不需使用钥匙等任何工具即能从内部易于打开的常闭防火门，并应在明显位置设置标识和使用提示。 （3）其他部位的防火门，宜选用常闭的防火门。 （4）防护门、防护密闭门、密闭门代替甲级防火门时，其耐火性能应符合甲级防火门的要求，且不得用于平战结合公共场所的安全出口处

丙、丁、戊类物品库房防火分区允许最大建筑面积见表4-11-5。

表4-11-5 丙、丁、戊类物品库房防火分区允许最大建筑面积 （单位：m²）

储存物品类别		防火分区最大允许建筑面积
丙	闪点≥60℃的可燃液体	150
	可燃固体	300
丁		500
戊		1000

知识点4：安全疏散设施

1）设有下列公共活动场所的人防工程，当底层室内地面与室外出入口地坪高差大于10m时，应设置防烟楼梯间；当地下为两层，且地下第二层的室内地面与室外出入口地坪高差不大于10m时，应设置封闭楼梯间。

（1）电影院、礼堂；

（2）建筑面积大于500m²的医院、旅馆；

（3）建筑面积大于1000m²的商场、餐厅、展览厅、公共娱乐场所（礼堂、多功能厅、歌舞娱乐放映游艺场所等）、健身体育场所（溜冰馆、游泳馆、体育馆、保龄球馆、射击馆等）等。

2）人防工程中的避难走道的设置要求：

（1）避难走道直通地面的出口不应少于2个，并应设置在不同方向；当避难走道只与一个防火分区相通时，其直通地面的出口可设置1个，但该防火分区至少应有1个不通向该避难走道的安全出口；

（2）通向避难走道的各防火分区人数不等时，避难走道的净宽不应小于设计容纳人数最多一个防火分区通向避难走道各安全出口最小净宽之和；

（3）避难走道的装修材料燃烧性能等级应为A级；

（4）防火分区至避难走道入口处应设置前室，前室面积不应小于6m²，前室的门应为甲级防火门（2018年技术实务第28题）；

（5）避难走道应设置消火栓、火灾应急照明、应急广播和消防专线电话。

3）防火分区安全出口应符合下列规定：

（1）防火分区建筑面积大于1000m²的商业营业厅、展览厅等场所，设置通向室外、直通室外的疏散楼梯间或避难走道的安全出口个数不得少于2个；

（2）防火分区建筑面积不大于1000m²的商业营业厅、展览厅等场所，设置通向室外、直通室外的疏散楼梯间或避难走道的安全出口个数不得少于1个；

（3）在一个防火分区内，设置通向室外、直通室外的疏散楼梯间或避难走道的安全出口宽度之和，不宜小于规范规定的安全出口总宽度的 70%。

建筑面积不大于 500m²，且室内地面与室外出入口地坪高差不大于 10m，容纳人数不大于 30 人的防火分区，当设置有仅用于采光或进风用的竖井，且竖井内有金属梯直通地面、防火分区通向竖井处设置有不低于乙级的常闭防火门时，可只设置一个通向室外、直通室外的疏散楼梯间或避难走道的安全出口；也可设置一个与相邻防火分区相通的防火门。

建筑面积不大于 200m²，且经常停留人数不超过 3 人的防火分区，可只设置一个通向相邻防火分区的防火门。房间建筑面积不大于 50m²，且经常停留人数不超过 15 人时，可设置一个疏散出口。

4）人民防空工程安全疏散距离要求：

（1）房间内最远点至该房间门的距离不应大于 15m（2020 年技术实务第 13 题）；

（2）房间门至最近安全出口的最大距离：医院应为 24m；旅馆应为 30m；其他工程应为 40m。位于袋形走道两侧或尽端的房间，其最大距离应为上述相应距离的一半；

（3）观众厅、展览厅、多功能厅、餐厅、营业厅和阅览室等，其室内任意一点到最近安全出口的直线距离不宜大于 30m；当该防火分区设置有自动喷水灭火系统时，疏散距离可增加 25%。

5）人防工程安全出口、疏散楼梯和疏散走道的最小净宽应符合表 4-11-6 的规定。

表 4-11-6　安全出口、疏散楼梯和疏散走道的最小净宽　　（单位：m）

工程名称	安全出口和疏散楼梯净宽	疏散走道净宽 单面布置房间	疏散走道净宽 双面布置房间
商场、公共娱乐场所、健身体育场所	1.4	1.5	1.6
医院	1.3	1.4	1.5
旅馆、餐厅	1.1	1.2	1.3
车间	1.1	1.2	1.5
其他民用工程	1.1	1.2	—

知识点 5：消防设施设置

消防设施的设置要求见表 4-11-7。

表 4-11-7　消防设施的设置要求

分类	设置范围
室外消火栓	当人防工程内消防用水总量大于 10L/s 时，应设置室外消火栓和水泵接合器。室外消火栓和水泵接合器应设置在便于消防车使用的地点，且距人防工程出入口的距离不宜小于 5m，水泵接合器和室外消火栓的距离不应大于 40m，而且应有明显标志
室内消火栓	（1）建筑面积大于 300m² 的人防工程。（2020 年技术实务第 13 题） （2）电影院、礼堂、消防电梯间前室和避难走道
自动喷水灭火系统	（1）除丁、戊类物品库房和自行车库外，建筑面积大于 500m² 丙类库房和其他建筑面积大于 1000m² 的人防工程。 （2）大于 800 个座位的电影院和礼堂的观众厅，且吊顶下表面至观众席室内地面高度不大于 8m 时；舞台使用面积大于 200m² 时；观众厅与舞台之间的台口宜设置防火幕或水幕分隔。 （3）歌舞娱乐放映游艺场所。 （4）建筑面积大于 500m² 的地下商店和展览厅。 （5）燃油或燃气锅炉房和装机总容量大于 300kW 柴油发电机房
火灾自动报警系统（2019 年技术实务第 73 题）	（1）人防工程中建筑面积大于 500m² 的地下商店、展览厅和健身体育场所。 （2）建筑面积大于 1000m² 的丙、丁类生产车间和丙、丁类物品库房。 （3）重要的通信机房和电子计算机机房，柴油发电机房和变配电室，重要的实验室和图书、资料、档案库房等。 （4）歌舞娱乐放映游艺场所应设置火灾自动报警系统

续表

分类	设置范围
消防疏散照明和消防备用照明 (2018年技术实务第29题)	（1）消防疏散照明和消防备用照明可用蓄电池作备用电源，其连续供电时间不应少于30min。 （2）人防工程避难走道、消防控制室、消防水泵房、柴油发电机室、配电室、通风空调室、排烟机房、电话总机房以及发生火灾时仍需坚持工作的其他房间应设置消防备用照明。 （3）建筑面积大于5000m²的人防工程，其消防备用照明照度值宜保持正常照明的照度值；建筑面积不大于5000m²的人防工程，其消防备用照明的照度值不宜低于正常照明照度值的50%。 （4）歌舞娱乐放映游艺场所、总建筑面积大于500m²的商业营业厅等公众活动场所的疏散走道的地面上，应设置能保持视觉连续发光的疏散指示标志，并宜设置灯光型疏散指示标志。当地面照度较大时，可设置蓄光型疏散指示标志。沿地面设置的灯光型疏散指示标志的间距不宜大于3m，蓄光型发光标志的间距不宜大于2m。
防排烟设置	（1）应设置机械加压送风的场所： ①人防工程的防烟楼梯间及其前室或合用前室； ②避难走道的前室。 （2）应设置机械排烟的场所： ①人防工程中总建筑面积大于200m²的人防工程； ②建筑面积大于50m²，且经常有人停留或可燃物较多的房间；丙、丁类生产车间； ③长度大于20m的疏散走道；歌舞娱乐放映游艺场所；中庭应设置排烟设施。 （3）每个防烟分区内必须设置排烟口，排烟口应设置在顶棚或墙面的上部。单独设置的排烟口，平时应处于关闭状态，其控制方式可采用自动或手动开启方式，手动开启装置的位置应便于操作。排风口和排烟口合并设置时，应在排风口或排烟口所在支管设置自动阀门，该阀门必须具有防火功能，并应与火灾自动报警系统联动。火灾时，着火防烟分区内的阀门应处于开启状态，其他防烟分区内的阀门应全部关闭。 （4）设置自然排烟设施的场所，自然排烟口底部距室内地面不应小于2m，应常开或发生火灾时能自动开启，中庭的自然排烟口净面积不应小于中庭地面面积的5%；其他场所的自然排烟口净面积不应小于该防烟分区面积的2%。 （5）排烟风机。排烟风机应与排烟口联动，当任何一个排烟口、排烟阀开启或排风口转为排烟口时，系统应转为排烟工作状态，排烟风机应自动转换为排烟工况；当烟气温度大于280℃时，排烟风机应连锁风机入口处防火阀的关闭而自动关闭

分析：近几年此部分每年都有5分左右的分值。以后出题的方向应该是消防设施的设置、疏散距离或防火分区等方面。

四、高频真题

1. （2019年技术实务第73题）（知识点5）某人防工程，地下2层，每层层高5.1m，室外出入口地坪标高-0.30m。地下一层为旅馆、商店、网吧，建筑面积分别为600m²、500m²、200m²，地下二层为健身体育场所、餐厅，建筑面积分别为500m²、800m²。关于该人防工程防火设计的说法，正确的是（　　）。

   A. 该人防工程应设置防烟楼梯间
   B. 该人防工程消防用电可按二级负荷供电
   C. 该人防工程餐厅厨房燃料可使用相对密度为0.76的可燃气体
   D. 该人防工程健身体育场所、网吧应设置火灾自动报警系统

   【答案】B

【解析】本题考查的知识点是人防工程。根据《人民防空工程设计防火规范》（GB 50098—2009）的相关规定：

5.2.1-2 人防工程中设有建筑面积大于500m²的旅馆，当底层室内地面与室外出入口地坪高差大于10m时，应设置防烟楼梯间；当地下为两层，且地下第二层的室内地面与室外出入口地坪高差不大于10m时，应设置封闭楼梯间。本题底层室内地面与室外出入口地坪高差为9.9m，故应设封闭楼梯间。A选项错误。

8.1.1 建筑面积大于5000m²的人防工程，其消防用电应按一级负荷要求供电；建筑面积小于或等于5000m²的人防工程可按二级负荷要求供电。B选项正确。

3.1.2 人防工程内不得使用和储存液化石油气、相对密度（与空气密度比值）大于或等于0.75的可燃气体和闪点小于60℃的液体燃料。C选项错误。

8.4.1-1 下列人防工程或部位应设置火灾自动报警系统：建筑面积大于500m²的地下商店、展览厅和健身体育场所。D选项错误。

2.（2020年技术实务第13题）（知识点3、4、5）某人防工程设在地下一层，总建筑面积为3000m²。设有火灾自动报警系统和自动喷水灭火系统。平时作为商业和管理用房使用。下列防火方案中，错误的是（　　）。

A. 商业区的1个防火分区的建筑面积为1000m²
B. 地下一层装修材料的燃烧性能等级为A级
C. 人防工程设置了室内消火栓系统
D. 管理用房内任一点至该房间最近的门的距离为20m

【答案】D

【解析】人防工程每个防火分区的允许最大建筑面积，除本规范另有规定外，不应大于500m²。当设置有自动灭火系统时，允许最大建筑面积可增加1倍。A选项正确。

房间内最远点至该房间门的安全疏散距离不应大于15m。D选项错误。

建筑面积大于300m²的人防工程应设置室内消火栓。C选项正确。

五、考题预测

（一）习题

1. 人防工程的消防疏散照明和消防备用照明可用蓄电池作备用电源，其连续供电时间不应少于（　　）min。

   A. 20　　　　　　　B. 30　　　　　　　C. 60　　　　　　　D. 90

2. 下列对人民防空工程中应设置火灾自动报警系统，说法错误的是（　　）。

   A. 人防工程中建筑面积大于500m²的地下商店
   B. 建筑面积大于1000m²的丙、丁类生产车间
   C. 重要的通信机房和电子计算机机房，柴油发电机房和变配电室
   D. 人防工程中小于200m²的歌舞娱乐放映游艺场所可不用设置火灾自动报警系统

3. 下列关于人防工程平面布置的措施中，说法错误的是（　　）。

   A. 医院病房设置在地下一层时，室内地面与室外出入口地坪高差不应大于10m
   B. 人防工程内不得使用和储存液化石油气
   C. 歌舞娱乐放映游艺场所不应设置在地下二层及以下层
   D. 人防工程内不应设置旅店、员工宿舍

4. 某设置在人防工程中的展览厅，建筑面积为5000m²，设有火灾自动报警系统和自动灭火系统，且采用不燃材料进行装修，该展览厅至少应划分（　　）个防火分区。
A. 2　　　　　　　　B. 3　　　　　　　　C. 4　　　　　　　　D. 5

5. 人防工程内不应或不得设置（　　）。
A. 柴油发电机房　　　　　　　　B. 油浸电力变压器室
C. 医院病房　　　　　　　　　　D. 哺乳室
E. 乙类物品库房

6. 下列人防工程或部位应设置火灾自动报警系统的有（　　）。
A. 建筑面积为1500m²的羽毛球馆　　　B. 建筑面积为2000m²的丙类生产车间
C. 柴油发电机房　　　　　　　　　　D. 建筑面积为100m²的网吧
E. 建筑面积为200m²的地下商场

7. 某人民防空工程，其内部建有大型商场，负一层室内地面与室外出入口地坪高差为6m，下列关于该人防工程的总平面设计中有错误的有（　　）。
A. 负一层设有一个油浸电力变压器　　B. 不应设置哺乳室、托儿所和幼儿园
C. 一夜总会设在负二层　　　　　　　D. 负一层设有一网吧
E. 负三层设有一服装卖场

（二）答案详解

1.【答案】B

【解析】消防疏散照明和消防备用照明可用蓄电池作备用电源，其连续供电时间不应少于30min。

2.【答案】D

【解析】详见知识点5。

3.【答案】D

【解析】详见知识点2。

4.【答案】B

【解析】商业营业厅、展览厅、电影院和礼堂的观众厅、溜冰馆、游泳馆、射击馆、保龄球馆等防火分区建筑面积：设置有火灾自动报警系统和自动灭火系统的商业营业厅、展览厅等，当采用A级装修材料装修时，防火分区允许最大建筑面积不应大于2000m²。

5.【答案】BDE

【解析】《人民防空工程设计防火规范》（GB 50098—2009）第3.1.12条人防工程内不得设置油浸电力变压器和其他油浸电气设备；第3.1.3条人防工程内不应设置哺乳室、托儿所、幼儿园、游乐园等儿童活动场所和残疾人员活动场所。

6.【答案】ABCD

【解析】《人民防空工程设计防火规范》（GB 50098—2009）第8.4.1条下列人防工程或部位设置火灾自动报警系统：

1）建筑面积大于500m²的地下商店、展览厅和健身体育场所；
2）建筑面积大于1000m²的丙、丁类生产车间和丙、丁类物品库房；
3）重要的通信机房和电子计算机机房，柴油发电机房和变配电室，重要的实验室和图书、资料档案库房等；
4）歌舞娱乐放映游艺场所。

7.【答案】ACE

【解析】详见知识点2。

第五篇　消防安全评估

第一章　火灾风险评估概述

一、知识点架构图

本章的知识点架构见图 5-1-1。

图 5-1-1　第五篇第一章知识点架构图

二、考情分析

本章的考情分析见表 5-1-1。

表 5-1-1　第五篇第一章考情分析表

年份	技术实务 分值（分）	技术实务 占比（%）	综合能力 分值（分）	综合能力 占比（%）	案例分析 分值（分）	案例分析 占比（%）
2015 年	0	0	1	0.8	0	0
2016 年	0	0	0	0	0	0
2017 年	0	0	0	0	0	0
2018 年	0	0	1	0.8	0	0
2019 年	0	0	0	0	0	0
2020 年	0	0	0	0	0	0

三、典型知识点

知识点 1：风险的概念及特征

风险是指不确定性对目标的影响，是对伤害的一种综合衡量，包括伤害的发生概率和伤害的严重程度。

风险的特征：客观性、普遍性、损害性、突发性等特征。

知识点 2：风险管理的定义、原则、过程

风险管理的定义、原则、过程见表 5-1-2。

表 5-1-2　风险管理的定义、原则、过程

类别	内　　容
定义	通过分析不确定性及其对目标的影响，采取有效的措施，为组织的运行和决策及有效应对各类突发事件提供支持
原则	（1）控制损失，创造价值。 （2）融入组织管理过程。 （3）支持决策过程。 （4）应用系统的、结构化的方法。 （5）以有效的信息为基础。 （6）环境依赖。 （7）广泛参与、充分沟通。 （8）持续改进
过程	（1）明确环境信息。 （2）风险评估：风险评估包括风险识别、风险分析和风险评价三个步骤。 （3）风险应对：改变风险事件发生的可能性或后果的措施。 （4）监督和检查：常规检查、监控已知的风险、定期或不定期检查。 （5）沟通和记录：记录是实施和改进整个风险管理过程的基础，沟通和记录应贯穿于风险管理全过程

知识点 3：火灾风险评估的分类、作用、流程

火灾风险评估的分类、作用、流程见表 5-1-3。

表 5-1-3　火灾风险评估的分类、作用、流程

类别	内　　容
分类	（1）根据建筑所处状态：预先评估（建设工程的设计开发阶段）、现状评估（已竣工即将投入运行或已投入运行）。 （2）根据指标处理方式：定性评估（常用的方法有安全检查表法）、半定量评估、定量评估
作用	（1）社会化消防工作的基础。 （2）公共消防设施建设的基础。 （3）重大活动消防安全工作的基础。 （4）确定火灾保险费率的基础
流程	（1）前期准备：明确评估范围，资料收集。 （2）火灾危险源的识别：客观因素；人为因素。 （3）定性、定量评估。 （4）消防安全管理水平的评估，重点从以下三方面考虑： ①消防管理制度评估； ②火灾应急救援预案评估； ③消防演练计划评估。 （5）确定对策、措施及建议。 （6）确定评估结论。 （7）编制火灾风险评估报告

第五篇 消防安全评估

四、考题预测

（一）习题

1. 火灾风险评估的基本流程有：①消防管理现状评估；②前期准备；③编制火灾风险评估报告；④火灾危险源的识别；⑤确定对策、措施及建议；⑥定性、定量评估；⑦确定评估结论。排序正确的是（　　）。

 A. ②④⑥①⑤⑦③　　B. ②④⑥①⑤③⑦　　C. ④②⑥①⑤⑦③　　D. ②④①⑥⑤⑦③

2. 风险管理过程是组织管理的有机组成部分，贯穿于组织的整个经营过程，下列不属于风险管理过程的是（　　）。

 A. 风险评估　　　　B. 风险应对　　　　C. 监督和检查　　　　D. 风险总结

3. 消防安全管理水平评估不包括（　　）。

 A. 消防器材评估　　　　　　　　　　B. 消防管理制度评估
 C. 火灾应急救援预案评估　　　　　　D. 消防演练计划评估

4. 风险评估包括（　　）。

 A. 风险识别　　　　B. 风险管理　　　　C. 风险应对　　　　D. 风险评价
 E. 风险转移

5. 根据建筑风险评估指标的处理方式，风险评估可以分为（　　）。

 A. 定性评估　　　　B. 定量评估　　　　C. 预先评估　　　　D. 半定量评估
 E. 现状评估

（二）答案详解

1.【答案】A

【解析】详见知识点3，火灾风险评估的流程。

2.【答案】D

【解析】风险管理的过程包括风险评估、风险应对、监督检查、沟通和记录。

3.【答案】A

【解析】消防安全管理水平的评估，重点从以下三方面考虑：
①消防管理制度评估。
②火灾应急救援预案评估。
③消防演练计划评估。

4.【答案】AD

【解析】风险评估包括风险识别、风险分析、风险评价。

5.【答案】ABD

【解析】根据建筑风险指标的处理方式，风险评估可分为定性评估、定量评估、半定量评估。

第二章 火灾风险识别

一、知识点架构图

本章的知识点架构见图 5-2-1。

图 5-2-1 第五篇第二章知识点架构图

二、考情分析

本章的考情分析见表 5-2-1。

表 5-2-1 第五篇第二章考情分析表

年份	技术实务 分值（分）	技术实务 占比（%）	综合能力 分值（分）	综合能力 占比（%）	案例分析 分值（分）	案例分析 占比（%）
2015 年	1	0.8	0	0	0	0
2016 年	1	0.8	0	0	0	0
2017 年	0	0	0	0	0	0
2018 年	0	0	0	0	0	0
2019 年	0	0	0	0	0	0
2020 年	1	0.8	0	0	0	0

三、典型知识点

知识点 1：火灾危险源分类

火灾危险源分类见表 5-2-2。

表 5-2-2 火灾危险源分类

分类	定义	特征
第一类危险源	指产生能量的能量源或拥有能量的载体。它的存在是事故发生的前提	第一类危险源在事故时释放的能量是导致人员伤害或财物损坏的能量主体，决定着事故后果的严重程度。如可燃物、火灾烟气及燃烧产生的有毒、有害气体成分

续表

分类	定义	特征
第二类危险源	指导致约束、限制能量屏蔽措施失效或破坏的各种不安全因素。它是第一类危险源导致事故的必要条件	第二类危险源出现的难易决定事故发生可能性的大小

注：今年备考重点注意第二类危险源的举例。

知识点2：火灾风险来源

火灾发展过程与火灾风险评估见表5-2-3。

表5-2-3 火灾发展过程及火灾风险评估

阶段	发展过程	评估内容	评估方法
火灾发生前	雷电、地震、电气或设备故障以及人为纵火，引起火灾发生	评估对象是否存在着火的可能性，重点评估着火因素。本阶段评估称为火灾危险源评估	采用定量化及以往的经验和历史统计数据进行分析和判断
火灾发生的初期	物质的燃烧主要受其物理性质和周边环境等自然状态下的条件影响来衡量火灾可能造成的后果损失	考虑的是物质着火后，排除各种外在因素的影响，在纯自然状态下评估火灾可能引起的后果损失，本阶段称为火灾危险性评估	可采用量化的方法（包括现场试验、相似模拟实验和计算机模拟方法）进行
火灾发展中期	受建（构）筑物内自动灭火系统、防排烟系统、人员参与灭火等消防措施和内部消防力量的影响，由这些因素的共同作用后，来衡量火灾产生的后果损失	后果损失的严重程度与这些因素的作用效率密切相关，本阶段的评估称为狭义火灾风险评估	—
火灾发展中后期	火灾扑救失败之后，外部的消防力量进行干预，投入灭火救援工作，由这些因素共同作用的效率，来衡量火灾产生的后果损失	需要出动消防部队以及调动专职消防队、义务消防队，本阶段的评估称之为广义火灾风险评估	可以根据评估的目标对象所处的不同阶段来选择适用的方法

建筑防火灭火工作大体上可划分为四个主要环节：火灾预防、火灾报警、人员疏散和灭火救援，其中防止火灾发生是消防工作的首要任务。

可燃物、助燃剂、引火源、时间和空间是火灾的五个要素。

知识点3：火灾风险源分析

火灾风险源分析见表5-2-4。

表5-2-4 火灾风险源分析

风险源分类	内容
火灾危险源	（1）客观因素：电气引起火灾；易燃易爆物品火灾；气象因素引起火灾。 （2）主观因素：用火不慎引起火灾；不安全吸烟引起火灾；人为纵火
建筑防火	（1）被动防火：防火间距（影响防火间距的主要因素：热辐射、热对流、建筑物外墙开口面积、建筑物内可燃物的性质、数量和种类、风速、相邻建筑物的高度、建筑物内消防设施的水平、灭火时间）；耐火等级；防火分区；消防扑救条件；防火分隔设施。（2020年技术实务第33题） （2）主动防火：灭火器材；消防给水；火灾自动报警系统；防排烟系统；自动灭火系统；疏散设施

续表

风险源分类	内　　容
人员状况	（1）人员荷载：决定疏散分析结论的基础，是评估建筑疏散安全性的前提条件。 （2）人员素质：包括人的心理承受能力、应急反应能力和遵守纪律能力。 （3）人员熟知度。 （4）人员体质
消防安全管理	（1）单位内部管理：消防安全责任制；消防设施维护管理；管理人员及员工消防安全培训；隐患检查整改机制。 （2）消防监督管理：消防宣传；消防培训；监督检查
消防力量	（1）消防站。 （2）消防队员。 （3）消防装备：消防装备包括消防车辆、灭火救援装备和防护装备。 （4）到场时间：取决于以下两个因素——出警距离和道路交通状况。 （5）预案完善：预案制定；预案演练。 （6）后勤保障：心理保障；食宿保障；医疗保障

分析：火灾风险识别近两年都没出题。稍微注意一下两类不同火灾危险源的区别。

四、高频真题

（2020年技术实务第33题）（知识点3）根据火灾风险源分析原理，下列设备、设施中，属于被动防火系统的是（　　）。

A. 疏散走道　　　　B. 灭火器　　　　C. 火灾探测器　　　　D. 消防电梯

【答案】D

【解析】被动防火包括：防火间距、耐火等级、防火分区、消防扑救条件（包括有无穿越建筑的消防通道、环形消防车道以及消防电梯等）、防火分隔设施。D选项符合题意。

五、考题预测

（一）习题

1. 下列属于第二类危险源的是（　　）。
   A. 毒气　　　　B. 防排烟系统隐患　　　　C. 可燃物　　　　D. 烟气

2. 下列不属于主动防火的是（　　）。
   A. 防火分隔设施　　　　　　　　B. 防排烟系统
   C. 自动灭火系统　　　　　　　　D. 火灾自动报警系统

3. 危险性控制是预先危险性分析法的内容之一，包括限制能量、防止能量散逸、减低损害和程度的措施、防止人为失误等。下列不属于防止能量散逸的是（　　）。
   A. 把放射物质放在铅容器内
   B. 火药和爆炸物的生产应远离居民区
   C. 登高作业使用安全带防止由位能造成的摔伤
   D. 电器设备和线路采用良好的绝缘材料防止触电

427

（二）答案详解

1. 【答案】B

【解析】第一类危险源是指产生能量的能量源或拥有能量的载体。它的存在是事故发生的前提，火灾中的第一类危险源包括可燃物、火灾烟气及燃烧产生的有毒、有害气体成分。

2. 【答案】A

【解析】建筑防火中主动防火措施包括灭火器材、消防给水、火灾自动报警系统、防排烟系统、自动灭火系统、疏散设施。

3. 【答案】B

【解析】本题可采用排除法。A、C、D均为通过一定措施限制能量散逸，防止人为失误。

第三章 火灾风险评估方法概述

一、知识点架构图

本章的知识点架构见图 5-3-1。

```
火灾风险评估方法概述 ★
├── 安全检查表法
│   ├── 安全检查表的基本概念
│   ├── 安全检查表的形式
│   ├── 安全检查表的内容和要求
│   ├── 安全检查表的作用
│   ├── 安全检查表的编制依据
│   ├── 安全检查表的编制方法
│   ├── 安全检查表的编制与实施
│   ├── 安全检查表的优点及使用注意事项
│   └── 案例分析
├── 预先危险性分析法
│   ├── 预先危险性分析法的基本概念
│   ├── 分析步骤和分级
│   ├── 辨识危险性
│   ├── 预先危险性分析格式
│   └── 危险性控制
├── 事件树分析法
│   ├── 事件树分析法的基本概念
│   ├── 事件树分析法的作用
│   ├── 事件树的编制程序
│   ├── 事件树的定性分析
│   ├── 事件树的定量分析
│   └── 事件树的应用实例
├── 事故树分析法
│   ├── 事故树分析法的基本概念
│   ├── 事故树的符号及其意义
│   ├── 事故树的定性分析
│   └── 事故树的定量分析
└── 其他火灾风险评估方法
    ├── 火灾安全评估系统
    ├── SIA81法
    ├── Entec消防风险评估法
    ├── 火灾风险指数法
    ├── 基于抵御和破坏能力的建筑火灾风险评价
    ├── 火灾风险评估和性能化防火设计
    └── 火灾风险评估的试验方法
```

图 5-3-1 第五篇第三章知识点架构图

二、考情分析

本章的考情分析见表 5-3-1。

表 5-3-1 第五篇第三章考情分析表

年份	技术实务 分值（分）	技术实务 占比（%）	综合能力 分值（分）	综合能力 占比（%）	案例分析 分值（分）	案例分析 占比（%）
2015 年	2	1.7	0	0	0	0
2016 年	2	1.7	0	0	0	0
2017 年	0	0	0	0	0	0
2018 年	1	0.8	0	0	0	0
2019 年	0	0	0	0	0	0
2020 年	0	0	0	0	0	0

三、典型知识点

知识点 1：安全检查表法

安全检查表是最基础、最简单的一种系统安全分析方法，安全检查表法的内容见表 5-3-2。

表 5-3-2 安全检查表法

类别	内容
形式	提问式和对照式
编制方法	经验法和系统安全分析法
实施步骤（2018 年技术实务第 13 题）	(1) 确定系统。 (2) 找出危险点（制作安全检查表的关键）。 (3) 确定项目与内容，编制成表。 (4) 检查应用。 (5) 整改。 (6) 反馈
优点	(1) 具有全面性与系统性。 (2) 有明确的检查目标。 (3) 简单易懂、容易掌握、易进行群体管理。 (4) 有利明确责任，避免在发生事故时的责任纠缠不清。 (5) 有利安全教育。 (6) 可以事先编制，集思广益。 (7) 可以随科学发展和标准规范的变化，不断完善

知识点 2：预先危险性分析法

预先危险性分析法见表 5-3-3。

表 5-3-3 预先危险性分析法

类别	内容
分析步骤	(1) 调查、了解和收集过去的经验和相似区域火灾事故发生情况； (2) 辨识、确定危险源，并分类制成表格。可采用经验判断、技术判断和实况调查、安全检查表； (3) 分析危险源转化为火灾事故的触发条件； (4) 进行危险分级。目的是确定危险程度，找出应重点控制的危险源

续表

类别	内 容
危险等级分级	Ⅰ级：安全的或可忽视的。它不会造成人员伤亡和财产损失以及环境危害、社会影响等。 Ⅱ级：临界的。可能降低整体安全等级，但不会造成人员伤亡，能通过采取有效消防措施消除和控制火灾危险的发生。 Ⅲ级：危险的。很容易造成人员伤亡和财产损失以及环境危害、社会影响等。 Ⅳ级：破坏性的（灾难性的）。造成严重的人员伤亡和财产损失以及环境危害、社会影响等
辨识危险性	直接火灾；间接火灾；自动反应；人为因素
预先危险性分析格式	预先危险性分析结果可列为一种表格。火灾风险定性评估的最终结果是以风险等级表征（N—风险极大，需要立刻采取行动；H—高风险性，需要引起上级的高度重视；M—中等风险性，需要指定人员负责处理；L—低风险性，需要日常定期维护管理）
危险性控制	（1）限制能量。 （2）防止能量散逸。 （3）减低损害和程度的措施。 （4）防止人为失误

知识点3：事件树分析法

事件树分析法见表5-3-4，是一种按事故发展的时间顺序由初始事件开始推论可能的后果、进行危险源辨识的方法。

表5-3-4　事件树分析法

类别	内 容
事件树分析法的作用	（1）可事前预测事故及不安全因素，估计事故的可能后果，寻求最经济的预防手段和方法。 （2）事后用事件树分析事故原因，十分方便明确。 （3）事件树的分析资料既可作为直观的安全教育资料，也有助于推测类似事故的预防对策。 （4）当积累了大量事故资料时，可采用计算机模拟，使ETA对事故的预测更为有效。 （5）在安全管理上用事件树对重大问题进行决策，具有其他方法所不具备的优势
编制程序	（1）确定初始事件。 （2）判定安全功能。 （3）绘制事件树。 （4）简化事件树
定性分析	（1）找出事故连锁。 （2）找出预防事故的途径
定量分析	（1）各发展途径的概率。 （2）事故发生概率。 （3）事故预防

知识点4：事故树分析法

事故树分析法见表5-3-5，是把系统可能发生的某种事故与导致事故发生的各种原因之间的逻辑关系用一种称为事故树的树形图表示，是一种演绎推理法。通过对事故树的定性与定量分析，找出事故发生的主要原因，为确定安全对策提供可靠依据。

表 5-3-5 事故树分析法

类别	内　容
常见符号	（1）事件及事件符号。 ①结果事件，用矩形符号表示。 ②底事件，用圆形符号表示。 ③特殊事件，用菱形符号表示。 （2）逻辑门。 ①与门，仅当所有输入事件都发生时，输出事件 E 才发生的逻辑关系。 ②或门，至少一个输入事件发生时，输出事件 E 就发生。 ③非门，输出事件是输入事件的对立事件。 （3）转移符号。 转出符号：表示向其他部分转出。 转入符号：表示从其他部分转入
定性分析	（1）割集和最小割集。 引起顶事件发生的基本事件的集合称为割集，也称截集或截止集。最小割集是引起顶事件发生的充分必要条件。 （2）径集与最小径集。 不发生的基本事件的集合称为径集，也称通集或路集。最小径集是保证顶事件不发生的充分必要条件
定量分析	（1）系统的单元故障概率。 （2）人为失误概率。 （3）顶事件的发生概率

知识点 5：火灾风险评估试验方法

试验方法可以作为火灾风险评估的重要手段，一般可以考虑对评价目标的相关子系统的运行效果进行测试。火灾试验方法可归纳为实体试验、热烟试验和相似试验等。

分析： 火灾风险评估方法只是概述，只包括分析步骤和作用等。2021 年若出题，应是火灾试验防火或事故树的定性分析。

四、高频真题

1．（2015 年技术实务第 87 题）（知识点 1）某化工企业拟采用安全检查表法对甲醇合成车间进行火灾风险评估。编制安全检查表的主要步骤应包括（　　）。
A．确定检查对象　　　　　　　　B．找出危险点
C．预案演练　　　　　　　　　　D．确定检查内容
E．编制检查表
【答案】ABDE
【解析】安全检查表的编制与实施的主要步骤包括：确定系统、找出危险点、确定项目与内容，编制成表、检查应用、整改和反馈。

2．（2016 年技术实务第 100 题）（知识点 3）在进行火灾风险评估中采用事件树分析法进行分析时，确定初始时间的方法有（　　）。

A. 根据系统设计确定
B. 根据系统危险性评价确定
C. 根据系统运行经验或事故经验确定
D. 根据系统事故树分析，从其中间事件或初始事件中选择
E. 根据结果事件确定

【答案】ABCD

【解析】事件树分析是一种系统地研究作为危险源的初始事件如何与后续事件形成时序逻辑关系而最终导致事故的方法。初始事件是事故在未发生时，其发展过程中的危害事件或危险事件，可以用两种方法确定初始事件：根据系统设计、系统危险性评价、系统运行经验或事故经验等确定；根据系统重大故障或事故树分析，从其中间事件或初始事件中选择。

五、考题预测

（一）习题

1. 按事故发展的时间顺序，由初始事件开始推论可能的后果，从而进行危险源辨识的方法称为（　　）。

A. 事故树　　　　B. 事件树　　　　C. 安全检查表法　　　　D. 预先危险性分析法

2. 事故树中的每一个节点都表示一个事件，其中结果事件用（　　）符号表示。

A. 圆形　　　　B. 菱形　　　　C. 矩形　　　　D. 正方形

3. 预先危险性分析法中，采用防护材料，使有害的能量保持在有限的空间之内防止能量散逸的危险性控制方法指的是（　　）。

A. 规定合理的储存和周转量
B. 电器设备和线路采用良好的绝缘材料防止触电
C. 严格规章制度的监督检查，加强安全教育，用人机工程学的原理改善人为失误状况
D. 一旦事故发生，要立即采取措施，抑制事态发展以降低后果的严重程度

4. 火灾风险评估常用的试验方法为（　　）。

A. 实体试验　　　　B. 热烟试验　　　　C. 相似试验　　　　D. 抵御试验
E. 抗风险试验

5. 事故树分析方法是从事故开始，逐层次向下演绎，将全部出现的事件，用逻辑关系联结起来，其采用的符号主要包括（　　）。

A. 事件符号　　　　B. 判断符号　　　　C. 转移符号　　　　D. 逻辑门符号
E. 简化符号

6. 安全检查表是一种预先以表格的形式拟定好的用于查明其安全状况的"问题清单"，其形式主要有（　　）。

A. 规范式　　　　B. 打分式　　　　C. 提问式　　　　D. 对照式
E. 标准式

（二）答案详解

1.【答案】B

【解析】事件树分析法是一种按事故发展的时间顺序，由初始事件开始推论可能的后果，进行危险源辨识的方法。

2.【答案】C

【解析】结果事件，位于某个逻辑门的输出端，用矩形符号表示。

3. 【答案】B

【解析】本题目可采用排除法。A项为限制能量；C项为防止人为失误；D项为降低损害和程度的措施。

4. 【答案】ABC

【解析】试验方法可以作为火灾风险评估的重要手段，一般可以考虑对评价目标的相关子系统的运行效果进行测试。火灾试验方法可归纳为实体试验、热烟试验和相似试验等。

5. 【答案】ACD

【解析】事故树采用的符号包括事件符号、逻辑门符号、转移符号。

6. 【答案】CD

【解析】安全检查表的形式有提问式、对照式。

第四章 消防安全评估方法与技术

一、知识点架构图

本章的知识点架构见图 5-4-1。

图 5-4-1 第五篇第四章知识点架构图

二、考情分析

本章的考情分析见表 5-4-1。

表 5-4-1 第五篇第四章考情分析表

年份	技术实务		综合能力		案例分析	
	分值（分）	占比（%）	分值（分）	占比（%）	分值（分）	占比（%）
2015 年	0	0	0	0	0	0
2016 年	0	0	1	0.8	0	0
2017 年	0	0	2	1.6	0	0
2018 年	0	0	3	2.5	0	0
2019 年	0	0	2	1.6	0	0
2020 年	0	0	1	0.8	0	0

三、典型知识点

知识点1：火灾风险评估分类

根据评估对象的不同，火灾风险评估可分为以下四类：
1）以某个区域为研究对象的火灾风险评估；

2）以单体建筑物为研究对象的火灾风险评估；
3）以企业为研究对象的火灾风险评估；
4）以大型公共活动为对象的火灾风险评估。

知识点2：区域火灾风险评估原则、内容、范围

区域火灾风险评估原则、内容、范围见表5-4-2。

表5-4-2 区域火灾风险评估原则、内容、范围

类别	内　　容
评估原则	系统性原则；实用性原则；可操作性原则
评估内容	（1）分析区域范围内可能存在的火灾危险源，合理划分评估单元，建立全面的评估指标体系； （2）对评估单元进行定性及定量分级，并结合专家意见建立权重系统； （3）对区域的火灾风险做出客观公正的评估结论； （4）提出合理可行的消防安全对策及规划建议
评估范围	整个区域范围内存在火灾危险的社会面、建筑群和交通路网

知识点3：区域火灾风险评估流程

区域火灾风险评估的步骤见表5-4-3。

表5-4-3 区域火灾风险评估的步骤

步骤	具体内容
信息采集	重点收集与区域安全相关的信息：评估区域内人口、经济、交通等概况、区域内消防重点单位情况、周边环境情况、市政消防设施相关资料、火灾事故应急救援预案、消防安全规章制度等
风险识别	（1）客观因素。 ①气象因素引起火灾，影响火灾的气象因素主要有大风、降水、高温以及雷击。 ②易燃易爆物品引起火灾。 （2）人为因素。 ①电气引起火灾。 ②用火不慎引起火灾。 ③不安全吸烟引起火灾。 ④人为纵火
评估指标体系建立	（1）一级指标。 一般包括火灾危险源、区域基础信息、消防救援力量、火灾预警防控和社会面防控能力等（2018年综合能力第69题）。 （2）二级指标。 包括重大危险因素、人为因素、区域公共消防基础设施、灭火救援能力、火灾防控水平、火灾预警能力、公众消防安全满意度、消防管理、消防宣传教育、保障协作等。 （3）三级指标。 包括易燃易爆危险品、燃气管网密度、加油加气站密度、电气火灾、用火不慎、放火致灾、吸烟不慎、温度、湿度、风力、雷电、建筑密度、人口密度、经济密度、路网密度等内容
风险分析与计算	根据各风险因素对评估目标的影响程度，进行定量或定性的分析和计算，确定各风险因素的风险等级。常用评估指标权重的方法：专家打分法、集值统计迭代法、层次分析法等、模糊集值统计法
确定评估结论	根据评估结果，明确指出建筑设计或建筑本身的消防安全状态，提出合理的消防安全意见
风险控制	风险规避、风险降低、风险转移三种风险控制措施

知识点 4：风险分级量化

风险分级量化见表 5-4-4。

表 5-4-4　风险分级量化表

风险等级	名称	量化范围	风险等级特征描述
Ⅰ级	低风险	(85, 100]	几乎不可能发生火灾，火灾风险性低，火灾风险处于可接受的水平，风险控制重在维护和管理
Ⅱ级	中风险	(65, 85]	可能发生一般火灾，火灾风险性中等，火灾风险处于可控制的水平，在适当采取措施后可达到接受水平，风险控制重在局部整改和加强管理
Ⅲ级	高风险	(25, 65]	可能发生较大火灾，火灾风险性较高，火灾风险处于较难控制的水平，应采取措施加强消防基础设施建设和完善消防管理水平
Ⅳ级	极高风险	(0, 25]	可能发生重大或特大火灾，火灾风险性极高，火灾风险处于很难控制的水平，应当采取全面的措施对建筑的设计、主动防火设施进行完善，加强对危险源的管控、增强消防管理和救援力量

知识点 5：城市区域火灾评估指标体系

城市区域火灾评估指标体系见表 5-4-5。

表 5-4-5　城市区域火灾评估指标体系

类别	内　　容
火灾危险源评估系统	(1) 重大危险因素：易燃易爆危险品生产、销售、储存场所密度，加油加气站密度，高层建筑，地下铁路，城乡接合部外来人口聚集区，地下空间等影响因素。 (2) 人为因素：电气火灾、用火不慎、放火致灾、吸烟不慎等
区域基础信息评估系统	主要包括建筑密度、人口密度、经济密度、路网密度、轨道交通密度、重点保护单位密度六个方面
消防救援力量评估系统	(1) 区域公共消防基础设施：消防车道、消防供水能力。 (2) 灭火救援能力：消防装备配置水平、万人拥有消防站、消防通信指挥调度能力（2018 年综合能力第 100 题）
火灾预警防控评估系统	(1) 火灾防控水平。 ①万人火灾发生率，反映火灾防控水平与人口数量的关系。 ②十万人火灾死亡率，反映火灾防控水平与人口规模的关系。 ③亿元 GDP 火灾损失率，反映火灾防控水平与经济发展水平的关系。 (2) 火灾预警能力。 (3) 公众消防安全满意度
社会面防控能力评估系统	(1) 消防管理。 (2) 消防宣传教育。 (3) 保障协作

知识点 6：建筑火灾风险评估原则、内容

建筑火灾风险评估原则、内容见表 5-4-6。

表 5-4-6　建筑火灾风险评估原则、内容

类别	内　容
评估原则	风险评估的核心问题是建立评估指标体系问题，建筑火灾风险评估原则：科学性；系统性；综合性；适用性
评估内容	(1) 分析建筑内可能存在的火灾危险源，合理划分评估单元，建立全面的评估指标体系； (2) 对评估单元进行定性及定量分级，并结合专家意见建立权重系统； (3) 对建筑的火灾风险做出客观公正的评估结论； (4) 提出合理可行的消防安全对策及规划建议

知识点 7：建筑火灾风险评估流程

建筑火灾风险评估的步骤见表 5-4-7。

表 5-4-7　建筑火灾风险评估的步骤

步骤	内　容
信息采集	建筑地理位置、使用功能、消防设施、灭火与应急救援预案、消防安全规章制度等
风险识别	将查找风险来源的过程称之为火灾风险识别，其是开展火灾风险评估工作所必需的基础环节，通常认为，火灾风险是火灾概率与火灾后果的综合度量。因此，衡量火灾风险的高低，既要考虑起火的概率，又要考虑火灾所导致的后果严重程度
评估指标体系建立	形成不同层次的评估指标体系
风险分析与计算	选择合理的评估方法，确定风险等级
风险等级判断	确定建筑的安全性等级
风险控制措施	(1) 风险消除，消除火源或可燃物； (2) 风险减少，采取降低可燃物的存放数量或者安排适当的人员看管等措施； (3) 风险转移，通过建筑保险来实现

分析：消防安全评估方法与技术主要包括评估的内容和流程，相对简单。2018 年分值较高，有 3 分。2019 年分值为 2 分，2020 年分值为 1 分。以后出题的重点还在流程方面。

四、高频真题

（2018 年综合能力第 69 题）（知识点 3）对某区域进行区域火灾风险评估时，应遵照系统性、实用性、可操作性原则进行评估。下列区域火灾风险评估的做法中，错误的是（　　）。
  A. 把评估范围确定为整个区域范围内的社会因素，建筑群和交通路网等
  B. 在信息采集时采集评估区域内的人口情况、经济情况和交通情况等
  C. 建立评估指标体系时将区域基础信息、火灾危险源作为二级指标
  D. 在进行风险识别时把火灾风险分为客观因素和人为因素两类
【答案】C
【解析】建立评估指标体系时将区域基础信息、火灾危险源作为一级指标。

五、考题预测

（一）习题

1. 进行区域火灾风险评估的内容不包括（　　）。
   A. 分析区域范围内存在的火灾危险源
   B. 对评估单元进行定性及定量分级
   C. 对区域的火灾风险做出客观公正的评估结论
   D. 提出合理可行的消防安全对策及规划建议

2. 区域火灾风险评估的流程正确的是（　　）。
   A. 信息采集、评估指标体系建立、风险识别、风险控制、风险分析与计算、确定评估结论
   B. 评估指标体系建立、信息采集、风险识别、风险分析与计算、确定评估结论、风险控制
   C. 风险识别、风险控制、评估指标体系建立、信息采集、风险分析与计算、确定评估结论
   D. 信息采集、风险识别、评估指标体系建立、风险分析与计算、确定评估结论、风险控制

3. 区域火灾风险评估时，选用火灾危险源、区域基础信息、消防救援力量、火灾预警防控和社会面防控能力等进行，此类指标属于（　　）。
   A. 四级指标　　　　B. 三级指标　　　　C. 二级指标　　　　D. 一级指标

4. 根据区域火灾防控实际，在设定量化范围的基础上结合公安部《关于调整火灾等级标准的通知》中火灾事故等级分级标准，将火灾风险分为四级，其中，高风险火灾对应的是（　　）。
   A. Ⅰ级　　　　　　B. Ⅱ级　　　　　　C. Ⅲ级　　　　　　D. Ⅳ级

5. 下列选项中不属于常用的风险控制措施的是（　　）。
   A. 风险确认　　　　B. 风险消除　　　　C. 风险减少　　　　D. 风险转移

6. 通过给建筑物购买保险的风险控制措施是（　　）。
   A. 风险消除　　　　B. 风险减少　　　　C. 风险转移　　　　D. 风险评估

（二）答案详解

1.【答案】A

【解析】详见知识点2。

2.【答案】D

【解析】区域火灾风险评估的步骤：信息采集、风险识别、评估指标体系的建立、风险分析与计算、确定评估结论、风险控制。

3.【答案】D

【解析】区域火灾风险评估一级指标评价体系包括火灾危险源、区域基础信息、消防救援力量、火灾预警防控和社会面防控能力等。

4.【答案】C

【解析】详见知识点4。

5.【答案】A

【解析】建筑火灾风险评估中常用的风险控制措施：1）风险消除，消除火源或可燃物；2）风险减少，采取降低可燃物的存放数量或者安排适当的人员看管等措施；3）风险转移，通过建筑保险来实现。

6.【答案】C

【解析】同上。

第五章 建筑性能化防火设计

一、知识点架构图

本章的知识点架构见图 5-5-1。

```
                                    ┌─ 性能化防火设计产生的背景
                                    ├─ 我国性能化防火设计发展
                          ┌─ 概述 ──┼─ 性能化防火设计与传统的防火规范做法对比
                          │         ├─ 性能化防火设计核心内容
                          │         ├─ 性能化防火设计主要内容
                          │         └─ 性能化防火设计问题
                          │
                          │              ┌─ 火灾场景
                          ├─ 火灾场景设计 ┼─ 设定火灾
                          │              ├─ 火灾增长分析
                          │              └─ 热释放速率
                          │
                          │                  ┌─ 烟气流动的驱动作用
                          ├─ 烟气的流动与控制 ┼─ 烟气流动分析
                          │                  ├─ 烟气层有关参数计算
                          │                  └─ 烟气流动的计算方法及模型选用原则
                          │
                          │               ┌─ 影响人员安全疏散的因素
                          │               ├─ 人员安全疏散分析的目的及性能判定标准
                          │               ├─ 人员疏散时间计算方法与分析参数
                          │               ├─ 人员疏散分析模型
                          ├─ 人员疏散分析 ─┼─ 人员疏散安全性评估
建筑性能化防火设计评估 ───┤               ├─ 火灾场景确定原则
         ★               │               ├─ 火灾场景设计
                          │               └─ 疏散场景确定
                          │
                          │                    ┌─ 影响建筑结构耐火性能的因素
                          ├─ 建筑结构耐火性能分析 ┼─ 结构耐火性能分析的目的及判定标准
                          │                    ├─ 计算分析模型
                          │                    └─ 建筑结构耐火性能的分析的内容和步骤
                          │
                          ├─ 消防性能化设计的适应范围
                          │
                          │                              ┌─ 基本程序
                          ├─ 建筑消防性能化设计的基本程序与设计步骤 ┤
                          │                              └─ 设计步骤
                          │
                          │                      ┌─ 资料收集
                          ├─ 资料收集与安全目标设定 ┤
                          │                      └─ 设定安全目标
                          │
                          │            ┌─ 火灾模拟
                          ├─ 软件选取 ─┼─ 疏散模拟
                          │            └─ 模型评价
                          │
                          ├─ 计算分析及结果运用
                          │
                          └─ 性能化防火设计文件编制
```

图 5-5-1 第五篇第五章知识点架构图

二、考情分析

本章的考情分析见表 5-5-1。

表 5-5-1　第五篇第五章考情分析表

年份	技术实务 分值（分）	技术实务 占比（%）	综合能力 分值（分）	综合能力 占比（%）	案例分析 分值（分）	案例分析 占比（%）
2015 年	3	2.5	4	3.3	0	0
2016 年	2	1.7	1	0.8	0	0
2017 年	4	3.3	2	0	0	0
2018 年	0	0	0	0	0	0
2019 年	1	0.8	0	0	0	0
2020 年	0	0	0	0	0	0

三、典型知识点介绍

知识点 1：建筑性能化设计适用范围

建筑性能化设计适用范围见表 5-5-2。

表 5-5-2　建筑性能化设计适用范围

类别	内　　容
适用范围	（1）超出现行国家工程建设消防技术标准适用范围的； （2）按照现行国家工程建设消防技术标准进行防火分隔、防烟排烟、安全疏散、建筑构件耐火性能等设计时，难以满足工程项目特殊使用功能的
不适用范围	（1）国家法律法规和现行国家工程建设消防技术标准强制性条文规定的； （2）现行国家工程建设消防技术标准已有明确规定，且无特殊使用功能的建筑； （3）住宅； （4）医疗建筑、教学建筑、幼儿园、托儿所、老年人照料设施、歌舞娱乐游艺场所； （5）甲、乙类厂房，甲、乙类仓库，可燃液体、气体储存设施及其他易燃、易爆工程或场所

知识点 2：建筑性能化设计基本程序及步骤

建筑性能化设计程序、步骤及内容见表 5-5-3。

表 5-5-3　建筑性能化设计程序、步骤及内容

项目	内　　容
建筑消防性能化设计程序	（1）确定建筑物的使用功能和用途、建筑设计的适用标准。 （2）确定需要采用性能化设计方法进行设计的问题。 （3）确定建筑物的消防安全总体目标。 （4）进行性能化防火试设计和评估验证。 （5）修改、完善设计并进一步评估验证确定是否满足所确定的消防安全目标。 （6）编制设计说明与分析报告，提交审查与批准

续表

项目	内 容
建筑物的消防安全总目标	(1) 减小火灾发生的可能性。 (2) 在火灾条件下，保证建筑物内使用人员以及救援人员的人身安全。 (3) 建筑物的结构不会因火灾作用而受到严重破坏或发生垮塌，或虽有局部垮塌，但不会发生连续垮塌而影响建筑物结构的整体稳定性。 (4) 减少由于火灾而造成商业运营、生产过程的中断。 (5) 保证建筑物内财产的安全。 (6) 建筑物发生火灾后，不会引燃其相邻建筑物。 (7) 尽可能减少火灾对周围环境的污染
性能判定标准	(1) 生命安全标准：热效应、毒性、能见度。 (2) 非生命安全标准：热效应、火灾蔓延、烟气损害、防火分隔物受损、结构的完整性、财产损失
建筑性能化设计步骤	(1) 确定性能化设计的内容和范围。 (2) 确定总体目标、功能要求和性能判据。 (3) 开展火灾危险源识别。 (4) 制定试设计方案。 (5) 设定火灾场景和疏散场景。 (6) 选择工程方法。 (7) 评估试设计方案。 (8) 确定最终设计方案。 (9) 完成报告，编写性能化设计评估报告
性能化防火设计的主要内容	(1) 确定设计火灾场景与设定火灾。 (2) 不同类型建筑的火灾荷载密度确定。 (3) 烟气运动的分析方法。 (4) 人员安全疏散分析。 (5) 主动消防设施的对火反应特性分析。 (6) 火灾危害和火灾风险的分析与评估。 (7) 性能化设计与评估中所用方法的有效性分析

知识点3：烟气流动和控制

1）烟气流动的驱动作用：气体热膨胀作用；烟囱效应；外部风向作用；浮力作用；供暖、通风和空调系统。

2）烟气流动分析：

（1）火羽流：在火灾中，火源上方的火焰及燃烧生成的烟气通常称为火羽流。

（2）顶棚射流：是一种半无限的重力分层流，当烟气在水平顶棚下积累到一定厚度时，它便发生水平流动。

（3）大空间窗口羽流：从墙壁上的开口（如门、窗）流出而进入其他开放空间中的烟羽通常被称为"窗口羽流"。

3）一般情况下顶棚射流的厚度为顶棚高度的5%~12%，而在顶棚射流内最大温度和速度出现在顶棚以下顶棚高度的1%处。

知识点 4：火灾场景的设定

1）火灾场景确定的原则：

火灾场景应根据最不利的原则确定，选择火灾风险较大的火灾场景作为设定火灾场景。火灾风险较大的火灾场景一般为最有可能发生、但火灾危害不一定最大，或者火灾危害大、但发生的可能性较小的火灾场景。对于建筑物内的初期火灾增长，可根据建筑物内的空间特征和可燃物特性采用以下方法确定：

（1）t^2 火灾模型。

（2）MRFC 火灾模型。

（3）试验火灾模型。

（4）按叠加原理确定火灾增长的模型。

2）在设计火灾时，应分析和确定建筑物的以下基本情况：

（1）建筑物内的可燃物，重点分析以下因素：潜在的引火源；可燃物的种类及其燃烧性能；可燃物的分布情况；可燃物的火灾荷载密度。

（2）建筑的结构、布局。

（3）建筑物的自救能力与外部救援力量。

3）火灾增长模型 t^2 火灾模型的增长规律可用下面的方程描述：

$$Q = \alpha t^2$$

式中：Q——热释放速率（kW）；

α——火灾增长系数（kW/s^2）；

t——时间（s）；

t^2 的增长速度一般分为慢速、中速、快速、超快速四种类型，对比情况见表 5-4-4。

表 5-5-4 "t^2 火"的对比情况

增长类型	火灾增长系数（kW/s^2）	达到1MW的时间（s）	典型可燃材料
超快速	0.1876	75	油池火、易燃的装饰家具、轻的窗帘
快速	0.0469	150	装满东西的邮袋、塑料泡沫、叠放的木架
中速	0.01172	300	棉与聚酯纤维弹簧床垫、木制办公桌（2019年技术实务第7题）
慢速	0.00293	600	厚重的木制品

知识点 5：人员疏散分析

1）影响人员安全疏散的因素。

（1）人员内在影响因素：人员心理上的因素、生理上的因素、人员现场状态因素、人员社会关系因素。

（2）外在环境影响因素。

（3）环境变化影响因素。

（4）救援和应急组织影响因素。

2）人员安全疏散分析的性能判定标准为：可用疏散时间（ASET）必须大于必需疏散时间（RSET）。

3）人员疏散时间分析参数：

（1）疏散时间：包括疏散开始时间、疏散行动时间（包括行走时间和通过时间）。

（2）疏散开始时间：指从起火到开始疏散的这段时间，可分为探测时间、报警时间和疏散预动时间。

（3）报警时间：指从探测器动作或报警开始至警报系统启动的时间。

（4）疏散预动时间：指人员从接到火灾警报之后到疏散行动开始之前的这段时间，包括识别时间和反应时间。

（5）识别时间：指从火灾报警信号发出后到人员还未开始反应的时间。当人员收到火灾信息并开始做出反应时，识别阶段即结束。

（6）反应时间：指从人员识别报警信号并开始做出反应至开始直接朝出口方向疏散的时间。

（7）疏散行动时间：指从疏散开始至疏散到安全地点的时间，它由疏散动态模型模拟得到。

（8）疏散准备时间：发生火灾时，通知人们疏散的方式不同，建筑物的功能和室内环境不同，人们得到发生火灾的消息并准备疏散的时间也不同。

4）人员疏散分析模型：

（1）离散化模型：需要疏散计算的建筑平面空间离散为许多相邻的小区域，并把疏散过程中的时间离散化以适应空间离散化。可分为粗网格模型和精细网格模型。

（2）连续性模型：又称社会力模型，基于多粒子自驱动系统的模型，使用经典牛顿力学原理模拟步行者恐慌时拥挤状态的动力学模型。可模拟个体行为特征。

知识点 6：软件的选用

1）火灾模拟内容如下。

（1）火灾数值模型主要有专家系统（Expert System）、区域模型（Zone Model）、场模型（Field Model）、网络模型（Network Model）和混合模型（Hybrid Model）。场模型也即 CFD 模型，主要是利用计算流体动力学（CFD）技术对火灾进行模拟的模型。目前用于火灾模拟的 CFD 模型主要有：FDS、PHOENICS、FLUENT 等。FDS 是专门针对火灾模拟而开发的 CFD 软件，简单易用。

（2）火灾模拟软件的选取见表 5-5-5。

表 5-5-5 火灾模拟软件的选取

选用标准	内　容	注意事项
软件易用性	火灾专用模拟软件相对简单，通用 CFD 软件对使用者要求较高，一般火灾模拟选择专用软件	使用火灾专用软件时，应着重考虑网格独立性、边界条件设置对模拟结果的影响；使用通用软件时，还应考虑湍流模型、燃烧模型、辐射模型的选择
模拟结果的准确性	火灾专用模拟软件是专门针对火灾开发的，一般情况下选择专用软件，除非在专用软件无法模拟的条件下才选择通用软件	

2）疏散模拟内容如下。

（1）人员疏散计算方法主要有两种：水力模型和人员行为模型。

①人员行为模型：模拟人在火灾中的行为，综合考虑了人与人、人与建筑物以及人与环境之间的相互作用；

②水力疏散模型：将人在疏散通道内的走动模拟为水在管道内的流动来计算。缺点是完全忽略掉了人的个体特性，将人群的疏散看作一种整体运动。

当建筑的结构简单、布局规则、疏散路径容易判断、建筑的功能较为单一且人员密度较大时，宜采用水力疏散模型计算，其他情况适用人员行为模型。

(2) 软件介绍：
① STEPS，模拟在正常或紧急情况下，人员在不同类型建筑物中的疏散情况
② Simulex，能够模拟人群在复杂建筑物中疏散的模型。
③ SGEM，利用 CAD 平面图，生成复杂建筑的疏散图案，比较得出最佳疏散设计路线，主要用于一些咨询项目。
④ Building EXODUS，模拟疏散被较多障碍围困的人。

知识点 7：建筑结构耐火性能分析

1) 影响建筑结构耐火性能的因素。
(1) 结构类型。
(2) 荷载比：荷载比为结构所承担的荷载与其极限荷载的比值。荷载比越大，构件的耐火极限越小。
(3) 火灾规模：包括火灾温度和火灾持续时间。
(4) 结构及构件温度场。
2) 构件的承载力极限状态：
(1) 轴心受力构件截面屈服；
(2) 受弯构件产生足够的塑性铰而成为可变机构；
(3) 构件整体丧失稳定；
(4) 构件变形不适于继续承载。

分析： 建筑性能化防火设计作为处方式规范的必要和有益的补充，具有重要的作用。近三年的分值分别是 0 分、1 分和 0 分。但这部分的重要内容还没有考核，如设计适用范围、基本步骤、人员疏散分析和结构耐火分析等。

四、高频真题

（2019 年技术实务第 7 题）（知识点 4）某仓库储存一定量的可燃材料，火源热释放速率达 1MW 时，火灾发展所需时间为 292s。仓库内未设置自动喷水灭火系统，若不考虑其在初期的点燃过程，则仓库储存的材料可能是（　　）。

A. 塑料泡沫　　　　　　　　　　B. 堆放的木架
C. 聚酯床垫　　　　　　　　　　D. 易燃的装饰家具

【答案】C

【解析】本题考查的知识点是热释放速率。根据教材《消防安全技术实务》（2019 年版）表 5-4-1（原表号，见表 5-5-6）火灾发展所需时间 292s 为中速，包括无棉制品、聚酯床垫。C 选项正确。

表 5-5-6　火焰水平蔓延速度参数值

可燃材料	火焰蔓延分级	a（kW/s²）	$Q=1$MW 时所需的时间（s）
没有注明	慢速	0.0029	584
无棉制品、聚酯床垫	中速	0.0117	292
塑料泡沫、堆积的木板、装满邮件的邮袋	快速	0.0469	146
甲醇、快速燃烧的软垫座椅	极快	0.1876	73

五、考题预测

（一）习题

1. 对于 t^2 火灾的类型，根据火灾增长系数 α 的值，定义了4种标准 t^2 火灾：慢速火、中速火、快速火和极速火，它们分别在一定时间内可达到1MW的火灾规模，其中快速火达到1MW的火灾规模所需要时间为（ ）。

  A. 600s   B. 300s   C. 150s   D. 75s

2. 在人员安全疏散分析的性能判定标准中，可用疏散时间（ASET）与疏散时间（RSET）的关系必须是（ ），才能保证人员在建筑内的疏散过程的安全。

  A. ASET ≥ RSET   B. ASET > RSET   C. ASET < RSET   D. ASET ≤ RSET

3. 下列（ ）不属于建筑结构构件的承载能力极限状态。

  A. 轴心受力构件截面屈服
  B. 构件达到不适于继续承载的变形
  C. 构件局部丧失稳定
  D. 受弯构件产生足够的塑性铰而成为可变机构

4. 基于多粒子自驱动系统的框架，使用经典牛顿力学原理模拟步行者恐慌时的拥挤状态的动力学模型称为（ ）。

  A. 粗网格模型   B. 离散化模型
  C. 精细网格模型   D. 连续性模型

5. 设计目标的常见的性能判定标准包括生命安全标准和非生命安全标准，下列属于非生命安全标准的是（ ）。

  A. 热效应   B. 毒性   C. 能见度   D. 烟气损害

6. 基于疏散模型对建筑空间的表示方法，人员疏散分析常用的模型分为（ ）。

  A. 离散化模型   B. 连续性模型   C. 网络优化模型   D. 量化行为分析模型
  E. 整体计算模型

7. 影响建筑结构耐火性能的因素有（ ）。

  A. 结构类型   B. 荷载比   C. 可燃物数量   D. 火灾规模
  E. 结构及构件温度场

8. 下列选项中，属于疏散模型在处理疏散的一般问题采用的基本方法的是（ ）。

  A. 优化法   B. 精细网络法   C. 模拟法   D. 风险评估法
  E. 群体分析法

（二）答案详解

1. 【答案】C

【解析】详见知识点4，"t^2 火"的对比表。

2. 【答案】B

【解析】人员安全疏散分析的性能判定标准为：可用疏散时间必须大于必须疏散时间。

3. 【答案】C

【解析】详见知识点7。

4. 【答案】D

【解析】连续性模型：又称社会力模型，基于多粒子自驱动系统的模型，使用经典牛顿力学原理模拟步行者恐慌时拥挤状态的动力学模型。可模拟个体行为特征。

5. 【答案】AD

【解析】非生命安全标准：热效应、火灾蔓延、烟气损害、防火分隔物受损、结构的完整性、财产损失。

6. 【答案】AB

【解析】人员疏散模型可以有多种分类方法，其中基于疏散模型对建筑空间的表示方法，可以把模型分为离散化模型和连续性模型两类。

7. 【答案】ABDE

【解析】影响因素包括：结构类型、荷载比、火灾规模、结构及构件温度场。

8. 【答案】ACD

【解析】疏散模型在处理疏散的一般问题时，均采用了三种基本方法：优化法、模拟法和风险评估法。精细网络法与粗糙网络法属于对模型中的空间划分的方法，个体分析法与群体分析法属于各种疏散模型在对人员进行分析时采用的方法。

第六篇 消防安全管理

第一章 社会单位消防安全管理

一、知识点架构图

本章的知识点架构见图 6-1-1。

```
社会单位消防安全管理 ★★★★
├── 消防安全管理概述
│   ├── 消防安全管理的发展
│   ├── 消防安全管理的性质和特性
│   └── 消防安全管理的要素
├── 消防安全重点单位
│   ├── 消防安全重点单位的界定标准
│   └── 消防安全重点单位的界定程序
├── 消防安全组织和职责
│   ├── 消防安全组织
│   └── 消防安全职责
├── 消防安全制度和落实
│   ├── 消防安全制度的种类和主要内容
│   └── 单位消防制度的落实
├── 消防安全重点部位的确定和管理
│   ├── 消防安全重点部位的定义
│   ├── 消防安全重点部位的确定
│   └── 消防安全重点部位的管理
├── 火灾隐患及重大火灾隐患的判定
│   ├── 火灾隐患
│   ├── 重大火灾隐患及其判定
│   └── 火灾隐患的整改
├── 消防档案
│   ├── 消防档案的作用
│   ├── 消防档案的内容
│   └── 消防档案的管理
├── 消防宣传与教育培训概述
│   ├── 消防宣传与教育培训的概念
│   ├── 消防宣传与教育培训工作的意义
│   └── 消防宣传与教育培训的原则和目标
├── 消防宣传与教育培训的主要内容和形式
│   ├── 消防宣传的主要内容和形式
│   └── 消防教育培训的主要内容和形式
└── 典型社会单位的消防宣传与教育培训
    ├── 宾馆、饭店
    ├── 仓储物流单位
    ├── 公共娱乐场所
    ├── 商场、市场
    ├── 医院、养老院、福利院、幼儿园
    └── 易燃易爆场所
```

图 6-1-1 第六篇第一章知识点架构图

二、考情分析

本章的考情分析见表6-1-1。

社会单位的消防安全管理近几年来一直是消防工程师考试的重点内容之一，本章复习应结合新标准《重大火灾隐患判定方法》，着重对新标准重点掌握；同时也应加强记忆《机关、团体、企业、事业单位消防安全管理规定》。

表6-1-1 第六篇第一章考情分析表

年份	技术实务		综合能力		案例分析	
	分值（分）	占比（%）	分值（分）	占比（%）	分值（分）	占比（%）
2015年	0	0	3	2.5	16	13.3
2016年	0	0	3	2.5	12	10
2017年	0	0	5	4.2	16	13.3
2018年	0	0	5	4.2	2	1.7
2019年	0	0	5	4.2	10	8.33
2020年	0	0	8	6.7	6	5.0

三、典型知识点

知识点1：消防安全管理的性质和特性

1. 消防安全管理的性质。

自然属性：消防安全管理活动是人类同火灾这种自然灾害做斗争的活动。这是消防安全管理的自然属性。

社会属性：消防安全管理活动是一种管理社会的活动，这是消防安全管理的社会属性。

2. 消防安全管理的特征。

1）全方位性：从消防安全管理的空间范围上看，消防安全管理活动具有全方位的特征。

2）全天候性：从消防安全管理的时间范围上看，消防安全管理活动具有全天候性的特征。

3）全过程性：从某一个系统的诞生、运转、维护、消亡的生存发展进程上看，消防安全管理活动具有全过程性的特征。

4）全员性：从消防安全管理的人员对象上看，消防安全管理的人员对象不分男女老幼，具有全员性的特征。

5）强制性：从消防安全管理的手段上看，消防安全管理活动具有强制性的特征。

知识点2：消防安全管理的要素

消防安全管理的要素大致包括消防安全管理的主体、消防安全管理的对象、消防安全管理的依据、消防安全管理的原则、消防安全管理的方法、消防安全管理的目标等六大方面。具体内容见表6-1-2。

表6-1-2 消防安全管理要素内容

要素	具体内容
主体	消防工作原则"政府统一领导、部门依法监督、单位全面负责、公民积极参与"可以看出，政府、部门、单位、个人四者都是消防工作的主体，是消防安全管理活动的主体

续表

要素	具体内容
对象	消防安全管理的对象，即消防安全管理资源，主要包括人、财、物、信息、时间、事务等六个方面
依据	法律政策依据：法律；行政法规；地方性法规；部门规章；政府规章；消防技术规范。 规章制度依据：单位内部的消防安全管理规定
原则	谁主管谁负责原则； 依靠群众的原则； 依法管理的原则； 科学管理的原则； 综合治理的原则
方法	（1）基本方法： 基本方法主要包括行政方法、法律方法、行为激励方法、咨询顾问方法、经济奖励方法、宣传教育方法、舆论监督方法等。 （2）技术方法： 技术方法主要包括安全检查表分析方法、因果分析方法、事故树分析方法、消防安全状况评估方法等
目标	消防安全管理的过程就是从选择最佳消防安全目标开始到实现最佳消防安全目标的过程。其最佳目标就是要在一定的条件下，通过消防安全管理活动将火灾发生的危险性和火灾造成的危害性降为最低限度

知识点 3：消防安全重点单位的界定标准

为了正确实施公安部第 61 号令，科学、准确地界定消防安全重点单位，公安部《关于实施〈机关、团体、企业、事业单位消防安全管理规定〉有关问题的通知》（公通字〔2001〕第 97 号）进一步提出了消防安全重点单位的界定标准，见表 6-1-3。

表 6-1-3　消防安全重点单位的界定标准★（2019 年综合能力第 63 题、2020 年综合能力第 12 题）

单位类别	界定标准
商场（市场）、宾馆（饭店）、体育场（馆）、会堂、公共娱乐场所等公众聚集场所	建筑面积在 1000m² （含本数，下同）以上且经营可燃商品的商场（商店、市场）； 客房数在 50 间以上的（旅馆、饭店）； 公共的体育场（馆）、会堂； 建筑面积在 200m² 以上的公共娱乐场所
医院、养老院和寄宿制的学校、托儿所、幼儿园	住院床位在 50 张以上的医院； 老人住宿床位在 50 张以上的养老院； 学生住宿床位在 100 张以上的学校； 幼儿住宿床位在 50 张以上的托儿所、幼儿园
国家机关	县级以上的党委、人大、政府、政协； 人民检察院、人民法院； 中央和国务院各部委； 共青团中央、全国总工会、全国妇联的办事机关
广播、电视和邮政、通信枢纽	广播电台、电视台； 城镇的邮政和通信枢纽单位

续表

单位类别	界定标准
客运车站、码头、民用机场	候车厅、候船厅的建筑面积在 500m² 以上的客运车站和客运码头； 民用机场
公共图书馆、展览馆、博物馆、档案馆以及具有火灾危险性的文物保护单位	建筑面积在 2000m² 以上的公共图书馆、展览馆； 博物馆、档案馆； 具有火灾危险性的县级以上文物保护单位
发电厂（站）和电网经营企业	
易燃易爆化学物品的生产、充装、储存、供应、销售单位	生产易燃易爆化学物品的工厂； 易燃易爆气体和液体的灌装站、调压站； 储存易燃易爆化学物品的专用仓库（堆场、储罐场所）； 易燃易爆化学物品的专业运输单位； 营业性汽车加油站、加气站，液化石油气供应站（换瓶站）； 经营易燃易爆化学物品的化工商店（其界定标准，以及其他需要界定的易燃易爆化学物品性质的单位及其标准，由省级消防救援机构根据实际情况确定）
劳动密集型生产、加工企业	生产车间员工在 100 人以上的服装、鞋帽、玩具等劳动密集型企业
重要的科研单位	界定标准由省级消防救援机构根据实际情况确定
高层公共建筑、地下铁道、地下观光隧道，粮、棉、木材、百货等物资仓库和堆场，重点工程的施工现场	高层公共建筑的办公楼（写字楼）、公寓楼等； 城市地下铁道、地下观光隧道等地下公共建筑和城市重要的交通隧道； 国家储备粮库、总储备量在 10000 吨以上的其他粮库； 总储量在 500 吨以上的棉库； 总储量在 10000m³ 以上的木材堆场； 总储存价值在 1000 万元以上的可燃物品仓库、堆场； 国家和省级等重点工程的施工现场
其他发生火灾可能性较大以及一旦发生火灾可能造成人身重大伤亡或者财产重大损失的单位	界定标准由省级消防救援机构根据实际情况确定

知识点 4：消防安全重点单位的界定程序

确定消防安全重点单位，是加强对消防安全重点单位管理的前提。消防安全重点单位的界定程序包括申报、核定、告知、公告等步骤。

1）申报。单位申报时应注意以下几点：

（1）个体工商户如符合企业登记标准且经营规模符合消防安全重点单位界定标准，应当向当地消防救援机构备案。

（2）重点工程的施工现场符合消防安全重点单位界定标准的，由施工单位负责申报备案。

（3）同一栋建筑物中各自独立的产权单位或者使用单位，符合重点单位界定标准的，由各个单位分别独立申报备案；建筑物本身符合消防安全重点单位界定标准的，该建筑物产权单位也要独立申报备案。（2018 年综合能力第 52 题）

（4）符合消防安全重点单位界定标准，不在同一县级行政区域且有隶属关系的单位，不论是否具备独立法人资格，都要单独向所在地消防救援机构申报备案；在同一地点有隶属关系，下属单位如具备法人资格，应当独立申报备案。

2）核定。消防救援机构接到申报后，对申报备案单位的情况进行核实确定，按照分级管理的原则，对确定的消防安全重点单位进行登记造册。

3）告知。对已确定的消防安全重点单位，消防救援机构将采用《消防安全重点单位告知书》的形式，告知消防安全重点单位。

4）公告。消防救援机构于每年的第一季度对本辖区消防安全重点单位进行核查调整，由应急管理部门上报本级人民政府，并通过报刊、电视、互联网网站等媒体将本地区的消防安全重点单位向全社会公告。

知识点5：单位消防安全职责

1. 管理职责。（2019年案例分析第一题、2020年综合能力第49题）

1）落实消防安全责任制，制定本单位的消防安全制度、消防安全操作规程，制定灭火和应急疏散预案；

2）按照国家标准、行业标准配置消防设施、器材，设置消防安全标志，并定期组织检验、维修，确保完好有效；

3）对建筑消防设施每年应至少进行一次全面检测，确保完好有效，检测记录应当完整准确，存档备查；

4）保障疏散通道、安全出口、消防车通道畅通，保证防火防烟分区、防火间距符合消防技术标准；

5）组织防火检查，及时消除火灾隐患；单位对检查中发现的火灾隐患，要及时消除，在火灾隐患未消除之前，单位应当落实防范措施，确保消防安全；

6）组织进行有针对性的消防演练；单位应当按照预案进行实际的操作演练，增强单位有关人员的消防安全意识，熟悉消防设施、器材的位置和使用方法，同时也有利于及时发现问题，完善预案；

7）法律、法规规定的其他消防安全职责。

2. 组织火灾扑救和配合火灾调查的职责。

1）发生火灾时单位应当立即实施灭火和应急疏散预案，务必做到及时报警，及时疏散人员；

2）任何单位都应当无偿为报火警提供便利，不得阻拦报警。单位应当为消防救援机构抢救人员、扑救火灾提供便利条件；

3）火灾扑灭后，发生火灾的单位和相关人员应当按照消防救援机构的要求保护现场，接受事故调查，如实提供火灾有关的情况，协助消防救援机构调查火灾原因，核定火灾损失，查明火灾责任；

4）未经消防救援机构同意，不得擅自清理火灾现场。

3. 按照国家法律法规规定完善消防行政许可或者备案的职责。

4. 消防安全重点单位职责。（2020年案例分析第一题）

消防安全重点单位除了消防安全责任人对本单位的消防安全工作全面负责之外，还应当明确消防安全管理人，并将单位信息上报当地消防救援机构备案。同时，履行下列消防安全职责：

1）确定消防安全管理人，组织实施本单位的消防安全管理工作；

2）建立消防档案，确定消防安全重点部位，设置防火标志，实行严格管理；

3）实行每日防火巡查，并建立巡查记录；

4）对职工进行岗前消防安全培训，定期组织消防安全培训和消防演练；每半年进行一次演练，并不断完善预案。（2019年综合能力第92题）

知识点 6：各类人员职责

消防管理人员职责见表 6-1-4。

表 6-1-4　消防管理人员职责

人员类别	主要职责
消防安全责任人 （2019 年案例分析第一题、2020 年案例分析第一题）	法人单位的法定代表人或非法人单位的主要负责人是社会单位的"第一责任人"，主要是指消防安全工作上的第一责任和事故追究顺序上的第一责任。消防安全责任人应履行下列职责（2020 年综合能力第 86 题）： (1) 贯彻执行消防法规，保障单位消防安全符合规定，掌握本单位的消防安全情况； (2) 将消防工作与本单位的生产、科研、经营、管理等活动统筹安排，批准实施年度消防工作计划； (3) 为本单位的消防安全提供必要的经费和组织保障； (4) 确定逐级消防安全责任，批准实施消防安全制度和保障消防安全的操作规程； (5) 组织防火检查，督促落实火灾隐患整改，及时处理涉及消防安全的重大问题； (6) 根据消防法规的规定建立专职消防队、志愿消防队； (7) 组织制定符合本单位实际的灭火和应急疏散预案，并实施演练
消防安全管理人 （2018 年案例分析第五题、2019 年综合能力第 48 题）	消防安全管理人是指单位中负有一定领导职务和权限的人员，受消防安全责任人委托，具体负责管理单位的消防安全工作，对消防安全责任人负责。消防安全管理人应当履行下列消防安全责任： (1) 拟定年度消防工作计划，组织实施日常消防安全管理工作； (2) 组织制订消防安全制度和保障消防安全的操作规程，并检查督促其落实； (3) 拟订消防安全工作的资金投入和组织保障方案； (4) 组织实施防火检查和火灾隐患整改工作； (5) 组织实施对本单位消防设施、灭火器材和消防安全标志的维护保养，确保其完好有效，确保疏散通道和安全出口畅通； (6) 组织管理专职消防队和志愿消防队； (7) 在员工中组织开展消防知识、技能的宣传教育和培训，组织灭火和应急疏散预案的实施和演练； (8) 完成单位消防安全责任人委托的其他消防安全管理工作。 消防安全管理人应当定期向消防安全责任人报告消防安全情况，及时报告涉及消防安全的重大问题。未确定消防安全管理人的单位，规定的消防安全管理工作由单位消防安全责任人负责实施
专（兼）职消防管理人员	(1) 掌握消防法律法规，了解本单位消防安全状况，及时向上级报告； (2) 提请确定消防安全重点单位，提出落实消防安全管理措施的建议； (3) 实施日常防火检查、巡查，及时发现火灾隐患，落实火灾隐患整改措施； (4) 管理、维护消防设施、灭火器材和消防安全标志； (5) 组织开展消防宣传，对全体员工进行教育培训； (6) 编制灭火和应急疏散预案，组织演练； (7) 记录有关消防工作开展情况，完善消防档案； (8) 完成其他消防安全管理工作
自动消防系统的操作人员	(1) 自动消防系统的操作人员必须持证上岗，掌握自动消防系统的功能及操作规程； (2) 每日测试主要消防设施功能，发现故障应在 24 小时内排除，不能排除的应逐级上报； (3) 核实、确认报警信息，及时排除误报和一般故障； (4) 发生火灾时，按照灭火和应急疏散预案，及时报警和启动相关消防设施
部门消防安全责任人	(1) 组织实施本部门的消防安全管理工作计划； (2) 根据本部门的实际情况开展消防安全教育与培训，制定消防安全管理制度，落实消防安全措施； (3) 按照规定实施消防安全巡查和定期检查，管理消防安全重点部位，维护管辖范围的消防设施； (4) 及时发现和消除火灾隐患，不能消除的，应采取相应措施并及时向消防安全管理人报告； (5) 发现火灾，及时报警，并组织人员疏散和扑救初起火灾

续表

人员类别	主要职责
志愿消防队员	（1）熟悉本单位灭火与应急疏散预案和本人在志愿消防队中的职责分工； （2）参加消防业务培训及灭火和应急疏散演练，了解消防知识，掌握灭火与疏散技能，会使用灭火器材及消防设施； （3）做好本部门、本岗位日常防火安全工作，宣传消防安全常识，督促他人共同遵守，开展群众性自防自救工作； （4）发生火灾时须立即赶赴现场，服从现场指挥，积极参加扑救火灾、人员疏散、救助伤员、保护现场等工作
一般员工	（1）明确各自消防安全责任，认真执行本单位的消防安全制度和消防安全操作规程。维护消防安全、预防火灾； （2）保护消防设施和器材，保障消防通道畅通； （3）发现火灾、及时报警； （4）参加有组织的灭火工作； （5）公共场所的现场工作人员，在发生火灾后应当立即组织、引导在场群众安全疏散； （6）接受单位组织的消防安全培训，做到懂火灾的危险性和预防火灾措施、懂火灾扑救方法、懂火灾现场逃生方法；会报火警、会使用灭火器材和扑救初起火灾、会逃生自救

知识点7：消防安全制度种类和内容

各类消防安全制度内容见表6-1-5。

表6-1-5 各类消防安全制度内容（2019年案例分析第一题）

种类	内 容
消防安全责任制	（1）规定消防安全委员会（或消防安全领导小组）领导机构及其责任人的消防安全职责； （2）规定消防安全归口管理部门和消防安全管理人的消防安全职责； （3）规定单位下属部门和岗位消防安全责任人以及安全员的职责； （4）规定单位义务消防队和专职消防队的领导和成员的职责； （5）规定全体职工在各自工作岗位上的消防安全职责
消防安全教育、培训制度	确定消防安全教育、培训责任部门、责任人，消防安全教育的对象（包括特殊工种及新员工）、培训形式、培训内容、培训要求、培训组织程序，确定消防安全教育的频次、考核办法、情况记录等要点
防火检查、巡查制度	确定防火检查、巡查责任部门和责任人，防火检查的时间、频次和方法；确定防火检查和防火巡查的内容；检查部位、内容和方法；处理火灾隐患和报告程序、防范措施，防火检查记录管理等要点
消防安全疏散设施管理制度	确定消防安全疏散设施管理责任部门、责任人和日常管理方法，隐患整改程序及惩戒措施，安全疏散部位、设施检测和管理要求，情况记录等要点
消防设施器材维护管理制度	确定消防设施器材维护保养的责任部门、责任人和管理方法，制定消防设施维护保养和维修检查的要求，制定每日检查、月（季）度试验检查和年度检查内容和方法，检查记录管理，定期建筑消防设施维护保养报告备案等要点

续表

种类	内容
消防（控制室）值班制度	确定消防控制室责任部门、责任人以及操作人员的职责，执行值班操作人员岗位资格、消防控制设备操作规程、值班制度、突发事件处置程序、报告程序、工作交接等要点
火灾隐患整改制度	确定火灾隐患整改的责任部门、责任人，火灾隐患的确定，火灾隐患整改期间安全防范措施，火灾整改的期限、程序，整改合格的标准，所需经费保障等要点
用火、用电安全管理制度	确定安全用电管理责任部门、责任人，定期检查制度，用火、用电审批范围、程序和要求，操作人员的岗位资格及其职责要求，违规惩处措施等要点
灭火和应急疏散预案演练制度	确定单位灭火和应急疏散预案的编制和演练的责任部门和责任人，确定预案制定、修改、审批程序，演练范围、演练频次、演练程序、注意事项、演练情况记录、演练后的总结和自评、预案修订等要点
易燃易爆危险物品和场所防火防爆管理制度	确定易燃易爆危险物品和场所防火防爆管理责任部门和责任人，明确危险物品的储存方法，储存的数量，防火措施和灭火方法，危险物品的入口登记、使用与出库审批登记、特殊环境安全防范等要点
专职（志愿）消防队的组织管理制度	确定专职（志愿）消防队的人员组成，明确专职（志愿）消防队员调整、补充归口管理，明确培训内容、频次、实施方法和要求，组织演练考核方法、明确奖惩措施等要点
燃气和电气设备的检查和管理（包括防雷、防静电）制度	确定燃气和电气设备检查和管理的责任部门和责任人，消防安全工作考评和奖惩内容及频次，确定电气设备检查、燃气管理检查的内容、方法、频次，记录检查中发现的隐患，落实整改措施等要点
消防安全工作考评和奖惩制度	确定消防安全工作考评和奖惩实施的责任部门和责任人，确定考评目标、频次、考评内容（执行规章制度和操作规程的情况、履行岗位职责的情况等），考评方法、奖励和惩戒的具体行为等要点

知识点 8：单位消防安全制度的落实

1. 确定消防安全责任。
2. 定期进行消防安全检查、巡查，消除火灾隐患。

1）单位实行逐级防火检查制度和火灾隐患整改责任制。单位定期组织开展防火检查、防火巡查，及时发现并消除火灾隐患；消防安全责任人对火灾隐患整改负总责，消防安全管理人和消防工作归口管理职能部门具体负责组织火灾隐患整改工作，消防安全管理人、有关部门、员工应当认真履行火灾隐患整改责任。

2）单位消防安全责任人、消防安全管理人应对本单位落实消防安全制度和消防安全管理措施、执行消防安全操作规程等情况，每月至少组织一次防火检查；社会单位内设部门负责人应对本部门落实消防安全制度和消防安全管理措施、执行消防安全操作规程等情况每周至少开展一次防火检查；员工每天班前、班后进行本岗位防火检查，及时发现火灾隐患。（2019 年综合能力第 92 题）

3）单位及其内设部门组织开展防火检查，应包括下列内容：灭火器材配置及完好情况，室内外消火栓、水泵接合器有无损坏、埋压、遮挡、圈占等影响使用情况；消防设施运行、记录情况；消防车通道、消防水源情况；安全出口、疏散通道是否畅通，有无堵塞、锁闭情况；安全疏散指示标志、应急照明设置及完好情况；有无违章使用易燃可燃材料装修情况；电气线路是否破损、老化、连接松动，有无私拉乱接电线、违章使用电器等违章用电情况；有无违章用火情况；消防控制室、消防值班室、消防安全重点部位的人员在岗在位情况；易燃易爆危险品生产、储存、销售单位、场所的工艺装置、紧急事故处理设施是否完好有效，防火、防爆、防雷、防静电措施落实情况。

4）单位应对消防安全重点部位每日至少进行一次防火巡查；公众聚集场所在营业期间的防火巡查至少每2小时一次，营业结束时应当对营业现场进行检查，消除遗留火种；公众聚集场所、医院、养老院、寄宿制的学校、托儿所、幼儿园夜间防火巡查应不少于两次。（2018年综合能力第28题）

5）单位组织开展防火巡查应包括下列内容：用火、用电有无违章情况；安全出口、疏散通道是否畅通，有无堵塞、锁闭情况；消防器材、消防安全标志完好情况；重点部位人员在岗在位情况；常闭式防火门是否处于关闭状态、防火卷帘下是否堆放物品等情况。（2019年综合能力第44题、2019年案例分析第一题）

6）员工应履行本岗位消防安全职责，遵守消防安全制度和消防安全操作规程，熟悉本岗位火灾危险性，掌握火灾防范措施，进行防火检查，及时发现本岗位的火灾隐患。员工班前、班后防火检查应包括下列内容：用火、用电有无违章情况；安全出口、疏散通道是否畅通，有无堵塞、锁闭情况；消防器材、消防安全标志完好情况；场所有无遗留火种。

7）发现的火灾隐患应当立即改正；对不能立即改正的，发现人应当向消防工作归口管理职能部门或消防安全管理人报告，按程序整改并做好记录。消防工作归口管理职能部门或消防安全管理人接到火灾隐患报告后，应当立即组织核查。研究制定整改方案，确定整改措施、整改期限、整改责任人和部门，报单位消防安全责任人审批。社会单位的消防安全责任人应当督促落实火灾隐患整改措施，为整改火灾隐患提供经费和组织保障。

8）火灾隐患整改责任人和部门应当按照整改方案要求，落实整改措施，并加强整改期间的安全防范，确保消防安全。火灾隐患整改完毕后，消防安全管理人应当组织验收，并将验收结果报告消防安全责任人。对相关部门或机构责令改正的火灾隐患，应当立即着手整改，并将整改情况报告相关部门和机构。

3. 组织消防安全知识宣传教育培训。

4. 开展灭火和疏散逃生演练。

1）消防安全责任人、管理人应当熟悉本单位灭火力量和扑救初期火灾的组织指挥程序。社会单位员工应当熟悉或掌握本单位的消防设施、器材；灭火器、消火栓等消防器材、设施的使用方法；初期火灾的处置程序和扑救初期火灾基本方法；灭火和应急疏散预案。

2）员工发现火灾应当立即呼救，起火部位现场员工应当于1分钟内形成灭火第一战斗力量，在第一时间内采取如下措施：灭火器材、设施附近的员工利用现场灭火器、消火栓等器材、设施灭火；电话或火灾报警按钮附近的员工打"119"电话报警、报告消防控制室或单位值班人员；安全出口或通道附近的员工负责引导人员疏散。

3）火灾确认后，单位应当于3分钟内形成灭火第二战斗力量，及时采取如下措施：通信联络组按照灭火和应急预案要求通知预案涉及的员工赶赴火场，向消防救援机构报警，向火场指挥员报告火灾情况，将火场指挥员的指令下达有关员工；灭火行动组根据火灾情况利用本单位的消防器材、设施扑救火灾；疏散引导组按分工组织引导现场人员疏散；安全救护组负责协助抢救、护送受伤人员；现场警戒组阻止无关人员进入火场，维持火场秩序。

4）单位消防安全责任人、消防安全管理人和员工应当熟悉本单位疏散逃生路线以及引导人员疏散程序，掌握避难逃生设施使用方法，具备火场自救逃生的基本技能。

5）火灾发生后，员工应当迅速判明危险地点和安全地点，立即按照疏散逃生的基本要领和方法组织引导疏散逃生。

6）火灾确认后，应立即启动建筑内的所有火灾声光警报器，同时向整栋建筑进行应急广播，发出疏散通知。

7）人员密集场所员工在火灾发生时应当通过喊话、广播等方式稳定火场人员情绪，消除恐慌心理，积极引导群众采取正确的逃生方法，向安全出口、疏散楼梯、避难层（间）、楼顶等安全地点疏散逃生，并防止拥堵踩踏。

8）人员密集场所应在主要出入口设置"消防安全责任告知书"和"消防安全承诺书"，在显著位置和每个楼层提示场所的火灾危险性，安全出口、疏散通道位置及逃生路线，消防器材的位置和使用方法。

5. 建立健全消防档案。

6. 消防安全重点单位"三项"报告备案制度。

1）消防安全管理人员报告备案。消防安全重点单位依法确定的消防安全责任人、消防安全管理人、专（兼）职消防管理员、消防控制室值班操作人员等，自确定或变更之日起5个工作日内，向当地消防救援机构报告备案。

2）消防设施维护保养报告备案。提供消防设施维护保养和检测的技术服务机构，必须具有相应等级的资质，依照签订的维护保养合同认真履行义务，承担相应责任，确保建筑消防设施正常运行，并自签订维护保养合同之日起5个工作日内向当地消防救援机构报告备案。

3）消防安全重点单位消防安全管理情况，每月组织一次自我评估。评估情况应自评估完成之日起5个工作日内向当地消防救援机构报告备案，并向社会公开。

知识点9：消防安全重点部位的确定和管理

消防安全重点部位是指容易发生火灾，一旦发生火灾可能严重危及人身和财产安全，以及对消防安全有重大影响的部位。单位应当确定消防安全重点部位，设置明确的防火标志，实行严格管理。消防安全重点部位确定与管理的内容见表6-1-6。（2019年综合能力第92题）

表6-1-6 消防安全重点部位确定与管理

类别	内 容
重点部位的确定（2018年综合能力第77题、2020年案例分析第一题、2020年综合能力第87题）	确定消防安全重点部位不仅要根据火灾危险源的辨识来确定，还应根据本单位的实际，即物品储存的多少、价值的大小、人员的集中量以及隐患的存在和火灾的危险程度等情况而定，通常可从以下几个方面来考虑： （1）容易发生火灾的部位。如化工生产车间、油漆、烘烤、熬炼、木工、电焊气割操作间；化验室、汽车库、化学危险品仓库；易燃、可燃液体储罐，可燃、助燃气体钢瓶仓库和储罐，液化石油气瓶或储罐；氧气站，乙炔站，氢气站；易燃的建筑群等。 （2）发生火灾后对消防安全有重大影响的部位，如与火灾扑救密切相关的变配电站（室）、消防控制室、消防水泵房等。 （3）性质重要、发生事故影响全局的部位，如发电站、变配电站（室），通信设备机房，生产总控制室，电子计算机房，锅炉房，档案室，资料、贵重物品和重要历史文献收藏室等。 （4）财产集中的部位，如储存大量原料、成品的仓库、货场，使用或存放先进技术设备的实验室、车间、仓库等。 （5）人员集中的部位，如单位内部的礼堂（俱乐部）、托儿所、集体宿舍、医院病房等

续表

类别	内 容
重点部位的管理	（1）制度管理。 （2）标识化管理。 每个消防重点部位都必须设立"消防重点部位"指示牌、禁止烟火警告牌和消防安全管理牌，做到"消防重点部位明确、禁止烟火明确"（即二明确）和"防火负责人落实、志愿消防员落实、防火安全制度落实、消防器材落实、灭火预案落实"（即五落实），实行消防安全管理规范化。 （3）教育管理。 （4）档案管理。 消防重点部位的档案管理做到"四个一"，即一制度：（消防安全重点部位防火安全制度），一表：（消防安全重点部位工作人员登记表），一图：（消防安全重点部位基本情况照片成册图），一计划：（消防安全重点部位灭火施救计划）。 （5）日常管理。 开展防火检查是重点部位日常管理的一个重要环节，防火检查可采取"六查、六结合"的方法，可收到较好的效果。"六查"，即单位组织每月查；所属部门每周查；班组每天查；专职消防员巡回查；部门之间互抽查；节日期间重点查。"六结合"，即检查与宣传相结合；检查与整改相结合；检查与复查相结合；检查与记录相结合；检查与考核相结合；检查与奖惩相结合。 （6）应急管理。 应急管理是贯彻"防消结合"方针的一个具体内容，各重点部位应制订灭火预案，组织管理人员及志愿消防员结合实际开展灭火演练，做到"四熟练"，即会熟练使用灭火器材；会熟练报告火警；会熟练疏散群众；会熟练扑灭初起火灾

知识点 10：火灾隐患判定

1. 火灾隐患。（2020 年案例分析第六题）

火灾隐患是指潜在的有直接引起火灾事故可能，或者火灾发生时能增加对人员、财产的危害，或是影响人员疏散以及灭火救援的一切不安全因素。一般分为一般火灾隐患和重大火灾隐患。

《消防监督检查规定》（公安部第 120 号令）规定具有下列情形之一的，确定为火灾隐患：

1）影响人员安全疏散或者灭火救援行动，不能立即改正的；

2）消防设施未保持完好有效，影响防火灭火功能的；

3）擅自改变防火分区，容易导致火势蔓延、扩大的；

4）在人员密集场所违反消防安全规定，使用、储存易燃易爆危险品，不能立即改正的；

5）不符合城市消防安全布局要求，影响公共安全的；

6）其他可能增加火灾实质危险性或者危害性的情形。

2. 重大火灾隐患。

重大火灾隐患是指违反消防法律法规，可能导致火灾发生或火灾危害增大，并由此可能造成特大火灾事故后果和严重社会影响的各类潜在不安全因素。

1）下列任一种情况可不判定为重大火灾隐患：

（1）依法进行了消防设计专家评审，并已采取相应技术措施的；

（2）单位、场所已停产停业或停止使用的；

（3）不足以导致重大、特别重大火灾事故或严重社会影响的。

2）重大火灾隐患直接判定。

符合下列情况之一的，可以直接判定为重大火灾隐患。（2018年案例分析第二题、2019年综合能力第22题）

（1）生产、储存和装卸易燃易爆危险品的工厂、仓库和专用车站、码头、储罐区，未设置在城市的边缘或相对独立的安全地带。

（2）生产、储存、经营易燃易爆危险品的场所与人员密集场所、居住场所设置在同一建筑物内，或与人员密集场所、居住场所的防火间距小于国家工程建设消防技术标准规定值的75%。

（3）城市建成区内的加油站、天然气或液化石油气加气站、加油加气合建站的储量达到或超过GB 50156对一级站的规定。

（4）甲、乙类生产场所和仓库设置在建筑的地下室或半地下室。

（5）公共娱乐场所、商店、地下人员密集场所的安全出口数量不足或其总净宽度小于国家工程建设消防技术标准规定值的80%。

（6）旅馆、公共娱乐场所、商店、地下人员密集场所未按国家工程建设消防技术标准的规定设置自动喷水灭火系统或火灾自动报警系统。（2020年综合能力第99题）

（7）易燃可燃液体、可燃气体储罐（区）未按国家工程建设消防技术标准的规定设置固定灭火、冷却、可燃气体浓度报警、火灾报警设施。（2018年综合能力第96题）

（8）在人员密集场所违反消防安全规定，使用、储存或销售易燃易爆危险品。

（9）托儿所、幼儿园的儿童用房以及老年人活动场所，所在楼层位置不符合国家工程建设消防技术标准的规定。（2018年综合能力第38题）

（10）人员密集场所的居住场所采用彩钢夹芯板搭建，且彩钢夹芯板芯材的燃烧性能等级低于GB 8624规定的A级。

知识点11：重大火灾隐患综合判定

1）重大火灾隐患综合判定要素内容见表6-1-7。

表6-1-7 重大火灾隐患综合判定要素内容

判定要素	具体内容
总平面布置	（1）未按国家工程建设消防技术标准规定或城市消防规划的要求设置消防车道或消防车道被堵塞、占用。（2018年综合能力第96题） （2）建筑之间的既有防火间距被占用或小于国家工程建设消防技术标准的规定值的80%，明火和散发火花地点与易燃易爆生产厂房、装置设备之间的防火间距小于国家工程建设消防技术标准的规定值。 （3）在厂房、库房、商场中设置员工宿舍，或是在居住等民用建筑中从事生产、储存、经营等活动，且不符合《住宿与生产储存经营合用场所消防安全技术要求》（GA 703—2007）的规定。 （4）地下车站的站厅乘客疏散区、站台及疏散通道内设置商业经营活动场所
防火分隔 （2019年综合能力第100题）	（1）原有防火分区被改变并导致实际防火分区的建筑面积大于国家工程建设消防技术标准规定值的50%。 （2）防火门、防火卷帘等防火分隔设施损坏的数量大于该防火分区相应防火分隔设施总数的50%。 （3）丙、丁、戊类厂房内有火灾或爆炸危险的部位未采取防火分隔等防火防爆技术措施

续表

判定要素	具体内容
安全疏散及灭火救援	（1）建筑内的避难走道、避难间、避难层的设置不符合国家工程建设消防技术标准的规定，或避难走道、避难间、避难层被占用。 （2）人员密集场所内疏散楼梯间的设置形式不符合国家工程建设消防技术标准的规定。 （3）除公共娱乐场所、商店、地下人员密集场所外的其他场所或建筑物的安全出口数量或宽度不符合国家工程建设消防技术标准的规定，或既有安全出口被封堵。 （4）按国家工程建设消防技术标准的规定，建筑物应设置独立的安全出口或疏散楼梯而未设置。 （5）商店营业厅内的疏散距离大于国家工程建设消防技术标准规定值的125%。 （6）高层建筑和地下建筑未按国家工程建设消防技术标准的规定设置安全疏散指示标志、应急照明，或所设置设施的损坏率大于标准规定要求设置数量的30%；其他建筑未按国家工程建设消防技术标准的规定设置安全疏散指示标志、应急照明，或所设置设施的损坏率大于标准规定要求设置数量的50%。 （7）设有人员密集场所的高层建筑的封闭楼梯间或防烟楼梯间的门的损坏率超过其设置总数的20%，其他建筑的封闭楼梯间或防烟楼梯间的门的损坏率大于其设置总数的50%。 （8）人员密集场所内疏散走道、疏散楼梯间、前室的室内装修材料的燃烧性能不符合《建筑内部装修设计防火规范》（GB 50222—2017）的规定。 （9）人员密集场所的疏散走道、楼梯间、疏散门或安全出口设置栅栏、卷帘门。 （10）人员密集场所的外窗被封堵或被广告牌等遮挡。 （11）高层建筑的消防车道、救援场地设置不符合要求或被占用，影响火灾扑救。 （12）消防电梯无法正常运行
消防给水及灭火设施	（1）未按国家工程建设消防技术标准的规定设置消防水源、储存泡沫液等灭火剂。 （2）未按国家工程建设消防技术标准的规定设置室外消防给水系统，或已设置但不符合标准的规定或不能正常使用。（2018年综合能力第96题） （3）未按国家工程建设消防技术标准的规定设置室内消火栓系统，或已设置但不符合标准的规定或不能正常使用。 （4）除旅馆、公共娱乐场所、商店、地下人员密集场所外，其他场所未按国家工程建设消防技术标准的规定设置自动喷水灭火系统。 （5）未按国家工程建设消防技术标准的规定设置除自动喷水灭火系统外的其他固定灭火设施。 （6）已设置的自动喷水灭火系统或其他固定灭火设施不能正常使用或运行（2018年综合能力第96题）
防烟、排烟设施 （2019年综合能力第100题）	人员密集场所、高层建筑和地下建筑未按国家工程建设消防技术标准的规定设置防烟、排烟设施，或已设置但不能正常使用或运行
消防供电	（1）消防用电设备的供电负荷级别不符合国家工程建设消防技术标准的规定。 （2）消防用电设备未按国家工程建设消防技术标准的规定采用专用的供电回路。 （3）未按国家工程建设消防技术标准的规定设置消防用电设备末端自动切换装置，或已设置但不符合标准的规定或不能正常自动切换
火灾自动报警系统	（1）除旅馆、公共娱乐场所、商店、其他地下人员密集场所以外的其他场所未按国家工程建设消防技术标准的规定设置火灾自动报警系统。 （2）火灾自动报警系统不能正常运行。 （3）防烟排烟系统、消防水泵以及其他自动消防设施不能正常联动控制

续表

判定要素	具体内容
消防安全管理（2019年综合能力第100题）	（1）社会单位未按消防法律法规要求设置专职消防队。 （2）消防控制室操作人员未按 GB 25506 的规定持证上岗
其他	（1）生产、储存场所的建筑耐火等级与其生产、储存物品的火灾危险性类别不相匹配，违反国家工程建设消防技术标准的规定。 （2）生产、储存、装卸和经营易燃易爆危险品的场所或有粉尘爆炸危险的场所未按规定设置防爆电气设备和泄压设施，或防爆电气设备和泄压设施失效。 （3）违反国家工程建设消防技术标准的规定使用燃油、燃气设备，或燃油、燃气管道敷设和紧急切断装置不符合标准规定。 （4）违反国家工程建设消防技术标准的规定在可燃材料或可燃构件上直接敷设电气线路或安装电气设备，或采用不符合标准规定的消防配电线缆和其他供配电线缆。 （5）违反国家工程建设消防技术标准的规定在人员密集场所使用易燃、可燃材料装修、装饰

2）重大火灾隐患综合判定规则如下。

（1）人员密集场所存在重大火灾隐患的判定要素中安全疏散及灭火救援1~9项；未按规定设置防烟排烟设施，或已设置但不能正常使用或运行；违反国家工程建设消防技术标准的规定使用燃油、燃气设备，或燃油、燃气管道敷设和紧急切断装置不符合标准规定。存在上述要素3条（含本数，下同）以上，判定为重大火灾隐患。

（2）易燃易爆化学物品场所存在重大火灾隐患的判定要素中总平面布置1~3项；消防给水及灭火设施5、6项规定，存在上述要素3条以上，判定为重大火灾隐患。

（3）人员密集场所、易燃易爆化学物品场所、重要场所存在重大火灾隐患判定要素中任意4条以上，判定为重大火灾隐患。

（4）其他场所存在重大火灾隐患的判定要素中任意6条以上，判定为重大火灾隐患。

知识点12：消防档案

《中华人民共和国消防法》第十七条规定"消防安全重点单位应当建立消防档案"，非消防安全重点单位可以不建立消防档案，但也应将本单位的基本情况、消防救援机构填写的各种法律文书、与消防工作有关的材料和记录等统一保管、备查。消防档案管理的内容见表6-1-8。

表6-1-8 消防档案管理

类别	内　　容
作用	（1）消防档案是消防安全重点单位的"户口簿"。 （2）消防档案是单位检查相关岗位人员履行消防安全职责的实施情况，评判专（兼）职消防（防火）管理人员业务水平、工作能力的一种凭据，有利于强化单位消防安全管理工作的责任意识，推动单位的消防安全管理工作朝着规范化、制度化的方向发展
内容（2020年综合能力第79题）	（1）消防安全基本情况： ①单位基本概况和消防安全重点部位情况； ②建筑物或者场所施工、使用或者开业前的消防设计审核、消防验收以及消防安全检查的文件、资料； ③消防管理组织机构和各级消防安全责任人；

续表

类别	内 容
内容 （2020 年综合 能力第 79 题）	④消防安全制度； ⑤消防设施、灭火器材情况； ⑥专职消防队、义务消防队人员及其消防装备配备情况； ⑦与消防安全有关的重点工种人员情况； ⑧新增消防产品、防火材料的合格证明材料； ⑨灭火和应急疏散预案。 (2) 消防安全管理情况。消防安全管理情况主要有 2 项内容：一是消防救援机构依法填写制作的各类法律文书。主要有《消防监督检查记录表》《责令改正通知书》以及涉及消防行政处罚的有关法律文书。二是有关工作记录。主要有消防设施定期检查记录、自动消防设施检查检测报告以及维修保养的记录；火灾隐患及其整改情况记录；防火检测、巡查记录；有关燃气、电气设备检测（包括防雷、防静电）等记录资料；消防安全培训记录；灭火和应急疏散预案的演练记录；火灾情况记录；消防奖惩情况记录
管理	(1) 消防档案由消防安全重点单位统一保管、备查。 (2) 消防档案要完整和安全。维护消防档案的完整有两个方面的含义：一方面，从数量上要保证档案的齐全，使应该集中和实际保存的档案不能残缺不全；另一方面，从质量上要维护档案的有机联系和历史真迹，不能人为地割裂分散，或者零乱堆放，更不能涂改勾划，使档案失真。 (3) 消防档案分类。 (4) 消防档案检索。目录是档案检索常用的重要工具。为了提高消防档案检索效率，必须编制档案目录，建立一个完整的目录体系。 (5) 消防档案销毁

知识点 13：消防教育培训主要内容和形式

针对不同的群体，消防教育培训的内容和形式也有所不同。消防教育培训内容和形式见表 6-1-9。

表 6-1-9 消防教育培训内容和形式

对象	主要内容和形式
单位 （2020 年案例 分析第一题）	单位应当根据本单位的特点，建立健全消防安全教育培训制度，明确机构和人员，保障教育培训工作经费，按照下列规定对职工进行消防安全教育培训： (1) 对新上岗和进入新岗位的职工进行上岗前消防教育培训。 (2) 对在岗的职工每年至少进行一次消防教育培训。 (3) 消防安全重点单位每半年至少组织一次、其他单位每年至少组织一次灭火和应急疏散演练。（2020 年综合能力第 35 题） (4) 单位应定期开展全员消防教育培训，落实从业人员上岗前消防安全培训制度；组织全体从业人员参加灭火、疏散、逃生演练，到消防教育场馆参观体验，确保人人具备检查消除火灾隐患能力、扑救初起火灾能力、组织人员疏散逃生能力。（2019 年综合能力第 16 题） 对职工的消防教育培训应当将本单位的火灾危险性、防火灭火措施、消防设施及灭火器材的操作使用方法、人员疏散逃生知识等作为培训的重点

对象	主要内容和形式
学校 （2020年综合能力第18题）	各级各类学校应当开展下列消防教育培训工作： （1）将消防安全知识纳入教学培训内容； （2）在开学初、放寒（暑）假前、学生军训期间，对学生普遍开展专题消防教育培训； （3）结合不同课程实验课的特点和要求，对学生进行有针对性的消防教育培训； （4）组织学生到当地消防站参观体验； （5）每学年至少组织学生开展一次应急疏散演练； （6）对寄宿学生开展经常性的安全用火用电教育培训和应急疏散演练
社区居民委员会、村民委员会	（1）利用文化活动站、学习室等场所，对居民、村民开展经常性防火和灭火技能的消防安全宣传教育。 （2）组织志愿消防队、治安联防队和灾害信息员、保安人员等开展防火和灭火技能的消防教育培训。 （3）在火灾多发季节、农业收获季节、重大节日和乡村民俗活动期间，有针对性地开展防火和灭火技能的消防教育培训。 社区居民委员会、村民委员会应当确定至少一名专（兼）职消防安全员，具体负责消防安全宣传教育工作

分析： 社会单位消防安全管理内容比较多，每年都有一定的分值，2018年分值为7分，2019年分值为15分，2020年分值为14分，以后考题出高分值的可能性很大。比较重要的考点是消防安全重点单位的界定标准、各类消防人员职责、单位消防安全制度的落实和重大火灾隐患的判定等。应掌握《重大火灾隐患判定方法》（GB 35181—2017）中的主要内容。

四、高频真题

1．（2018年综合能力第28题）（知识点8）某5层购物中心，建筑面积8000m²，根据《机关、团体、企业、事业单位消防安全管理规定》（公安部第61号令），该购物中心在营业期间的防火巡查应当至少（　　）。

　　A．每日一次　　　　　　　　B．每八小时一次
　　C．每四小时一次　　　　　　D．每两小时一次

【答案】D

【解析】公共聚集场所营业期间防火巡查应当至少每两小时一次。

2．（2018年综合能力第52题）（知识点4）某28层大厦，建筑面积5000m²，分别由百货公司、宴会酒楼、温泉酒店使用，三家单位均符合消防安全重点单位界定标准，应当由（　　）向当地消防部门申报消防安全重点单位备案。

　　A．各单位分别　　　　　　　B．大厦物业管理单位
　　C．三家单位联合　　　　　　D．大厦消防设施维保单位

【答案】A

【解析】根据教材《消防安全技术综合能力》（2018年版）P447，同一栋建筑物中各自独立的产权单位或者使用单位，符合重点单位界定标准的，由各个单位分别独立申报备案。

3．（2018年综合能力第96题）（知识点10、11）某城市天然气调配站建有4个储气罐，消防检查发现存在火灾隐患。根据现行国家标准《重大火灾隐患判定方法》（GB 35181），下列检查结果中，可以综合判定为重大火灾隐患的综合判定要素有（　　）。

A. 推车式干粉灭火器压力表指针位于黄区
B. 有一个天然气储罐未设置固定喷水冷却装置
C. 室外消火栓阀门关闭不严漏水
D. 消防车道被堵塞
E. 有一个天然气储罐已设置的固定喷水冷却装置不能正常使用

【答案】DE

【解析】根据《重大火灾隐患判定方法》（GB 35181—2017）的相关规定：
6 直接判定要素
6.7 易燃可燃液体、可燃气体储罐（区）未按国家工程建设消防技术标准的规定设置固定灭火、冷却、可燃气体浓度报警、火灾报警设施。选项B为直接判定要素，不符合题意。
7 综合判定要素
7.1.1 未按国家工程建设消防技术标准的规定或城市消防规划的要求设置消防车道或消防车道被堵塞、占用。选项D属于综合判定要素。
7.4.2 未按国家工程建设消防技术标准的规定设置室外消防给水系统，或已设置但不符合标准的规定或不能正常使用。
7.4.6 已设置的自动喷水灭火系统或其他固定灭火设施不能正常使用或运行。选项E属于综合判定要素；该标准没有对灭火器进行规定，因此选项A不选。

4. （2019年综合能力第63题）（知识点3）根据《消防法》《公安部关于实施〈机关、团体、企业、事业单位消防安全管理规定〉有关问题的通知》（公通字〔2001〕97号），下列单位中，应当界定为消防安全重点单位的是（　　）。
A. 建筑面积为190m² 的卡拉OK厅
B. 住宿床位为40张的养老院
C. 生产车间员工为150人的建筑钢模具机加工企业
D. 高层公共建筑的公寓楼

【答案】D

【解析】本题考查的知识点是消防安全重点单位的界定标准。根据《公安部关于实施〈机关、团体、企业、事业单位消防安全管理规定〉有关问题的通知》：为了正确实施《机关、团体、企业、事业单位消防安全管理规定》（公安部令第61号），科学、准确地界定消防安全重点单位，现对该规定第十三条所列消防安全重点单位提出以下界定标准：建筑面积在200m² 以上的公共娱乐场所（A选项错误）；老人住宿床位在50张以上的养老院（B选项错误）；劳动密集型生产、加工企业（C选项错误）；高层公共建筑的办公楼（写字楼）、公寓楼等（D选项正确）。

5. （2019年综合能力第48题）（知识点6）刘某具有国家一级注册消防工程师资格，担任某消防安全重点单位的消防安全管理人，根据《机关、团体、企业、事业单位消防安全管理规定》（公安部令第61号），不属于刘某应当履行的消防安全管理职责的是（　　）。
A. 拟订年度消防安全工作计划
B. 组织实施日常消防安全管理工作
C. 批准实施消防安全制度
D. 组织火灾隐患整改工作

【答案】C

【解析】本题考查的知识点是消防安全管理人的管理职责。根据《机关、团体、企业、事业单位消防安全管理规定》（公安部令第61号）第七条 单位可以根据需要确定本单位的消防安全管理人。消防安全管理人对单位的消防安全责任人负责，实施和组织落实下列消防安全管理工作：（一）拟订年度消防工作计划，组织实施日常消防安全管理工作；（二）组织制订消防安全制度和保障消防安全的操作规程并检查督促其落实；（三）拟订消防安全工作的资金投入和组织保障方案；（四）组织实施防火检查和火灾隐患整改工作;(五)组织实施对本单位消防设施、灭火器材和消防安全标志的维护保养,确保其完好有效,确保疏散通道和安全出口畅通;(六)组织管理专职消防队和义务消防队;(七)在员工中组织开展消防知识、技能的宣传教育和培训,组织灭火和应急疏散预案的实施和演练;(八)单位消防安全责任人委托的其他消防安全管理工作。

选项C不符合要求,属于单位的消防安全责任人工作内容。

6.(2019年综合能力第100题)(知识点11)对人员密集场所进行防火检查,根据现行国家标准《重大火灾隐患判定方法》(GB 35181),下列检查时发现的隐患中,可以作为重大火灾隐患综合判定要素的有( )。

　　A. 消防控制室值班操作人员未取得相应资格证书
　　B. 防烟、排烟设施不能正常运行
　　C. 歌舞厅墙面采用聚氨酯材料装修
　　D. 防烟楼梯间的防火门损坏率为设置总数的15%
　　E. 楼梯间设置栅栏

【答案】ABCE

【解析】本题考查的知识点是重大火灾隐患的综合判定方法。根据《重大火灾隐患判定方法》(GB 35181—2017)的相关规定:

7.5 人员密集场所、高层建筑和地下建筑未按国家工程建设消防技术标准的规定设置防烟、排烟设施,或已设置但不能正常使用或运行。B选项可以作为重大火灾隐患综合判定要素。

7.8.2 消防控制室操作人员未按GB 25506的规定持证上岗。A选项可以作为重大火灾隐患综合判定要素。

7.9.5 违反国家工程建设消防技术标准的规定在人员密集场所使用易燃、可燃材料装修、装饰。C选项可作为综合判定要素。

7.3.7 设有人员密集场所的高层建筑的封闭楼梯间或防烟楼梯间的门的损坏率超过其设置总数的20%,其他建筑的封闭楼梯间或防烟楼梯间的门的损坏率大于其设置总数的50%。D选项中15%未超过20%,故不可作为综合判定要素。

7.3.9 人员密集场所的疏散走道、楼梯间、疏散门或安全出口设置栅栏、卷帘门。E选项可作为综合判定要素。

7.(2020年综合能力第12题)(知识点3)某建筑有4家使用单位:地上一层设有1个超市,建筑面积为800m²;地上二层设有1个游艺场和1个KTV,其中游艺场建筑面积为680m²,KTV建筑面积525m²;地上三至六层为宾馆,客房总数100间。上述4家单位中,不需要向当地消防救援机构申报消防安全重点单位备案的是( )。

　　A. 超市　　　　　　B. KTV　　　　　　C. 宾馆　　　　　　D. 游艺场

【答案】A

【解析】消防安全重点单位的界定标准:建筑面积在1000m²(含本数,下同)以上且经营可燃商品的商场(商店、市场)。A选项错误。客房数在50间以上的宾馆(旅馆、饭店)。C选项正确。公共的体育场(馆)、会堂。建筑面积在200m²以上的公共娱乐场所。B、D选项正确。

8.(2020年综合能力第49题)(知识点5)某大厦属于高危单位,由物业服务单位对公用的疏散走道建筑消防设施和消防车道实施统一管理。根据《国务院办公厅关于印发消防安全责任制实施办法的通知》(国办发〔2017〕87号),该物业服务单位除履行消防安全重点单位的职责外,还需要履行的消防安全职责是( )。

　　A. 定期组织消防安全评估　　　　　B. 确定消防安全重点部位
　　C. 确定消防安全管理人　　　　　　D. 建立消防档案

465

【答案】A

【解析】高危单位，除履行单位一般职责和消防安全重点单位职责外，还应当履行的消防安全职责是：火灾高危单位消防安全评估。A选项正确。

9. （2020年综合能力第87题）（知识点9）某历史博物馆有1幢博物馆楼和1幢木结构历史保护建筑。根据《机关、团体、企业、事业单位消防安全管理规定》（公安部令第61号），该博物馆的下列部位中，应确定为消防安全重点部位的有（   ）。

　　A. 消防水泵房　　　　　　　　　B. 文物藏品库
　　C. 消防控制室　　　　　　　　　D. 馆长办公室
　　E. 总配电室

【答案】ABCE

【解析】确定消防安全重点部位不仅要根据火灾危险源的辨识来确定，还应根据本单位的实际，即物品储存的多少、价值的大小、人员的集中量以及隐患的存在和火灾的危险程度等情况而定，通常从以下几个方面来考虑：发生火灾后对消防安全有重大影响的部位，如与火灾扑救密切相关的变配电室，消防控制室，消防水泵房等。A、C选项正确。性质重要、发生事故影响全局的部位，如发电站、变配电站，通信设备机房、生产总控制室，电子计算机房、锅炉房，档案室、资料、贵重物品和重要历史文献收藏室等。选项D错误。B、E选项正确。

10. （2020年案例分析第一题）节选

某大型商业综合体建筑于2015年6月建成投入使用，建筑面积为150000m²，地上6层，地下2层，建筑高度为34m。建筑内设置商场营业厅、儿童游乐场所、KTV、餐饮场所、电影放映院、汽车库和设备用房，并按规范设置了建筑消防设施。商业综合体建设管理单位（以下简称该单位）每日开展防火巡查，每月开展一次防火检查，每半年组织一次消防演练，设立了微型消防站。

2019年1月，消防技术服务机构接受该单位委托实施了消防安全检查。检查中发现并向单位消防安全责任人报告了以下问题：该单位消防组织不健全，未确定消防安全管理人，未设置消防工作的归口管理职能部门，未落实逐级消防安全责任制，没有建立健全消防安全制度，未开展消防安全培训工作。建筑首层部分疏散走道改为商铺，地下一层局部区域改建为冷库，冷库墙面和顶棚贴聚苯板保温材料等。该单位消防安全责任人未组织整改上述问题。

2020年某日17时许，租户朱××打开其租用的冷库门时，发现冷库内装香蕉的纸箱着火，随即找水桶从附近消火栓处接水灭火，但未扑灭；火势越来越大，朱××逃离现场。消防控制室值班员李××无证上岗，发现火灾报警控制器报警后，值班员李××仅做了消音处理，火灾报警联动控制开关一直处于手动状态。地上2层KTV服务员张××在火灾发生时只顾逃生，未组织顾客疏散。这起火灾过火面积3000m²，造成8人死亡，直接经济损失约2100万元。起火原因是租户朱××在地下一层冷库内私接照明电源线，线路短路引燃可燃物，并蔓延成灾。

根据以上材料，回答下列问题。

（1）（知识点6）根据《机关、团体、企业、事业单位消防安全管理规定》（公安部令第61号），该单位法定代表人的失职行为有（   ）。

　　A. 未聘用取得注册消防工程师执业资格人员从事消防控制室值班工作
　　B. 未及时组织拆除冷库内的可燃保温材料
　　C. 未确定消防安全管理人
　　D. 未设置消防工作的归口管理职能部门
　　E. 未及时组织拆除占用疏散通道的商铺

【答案】CD

【解析】本题考查的是消防安全责任人的职责。

根据《机关、团体、企业、事业单位消防安全管理规定》(公安部令第61号)的相关规定:

第六条 单位的消防安全责任人应当履行下列消防安全职责:

(1) 贯彻执行消防法规,保障单位消防安全符合规定,掌握本单位的消防安全情况。

(2) 将消防工作与本单位的生产、科研、经营、管理等活动统筹安排,批准实施年度消防工作计划。

(三) 为本单位的消防安全提供必要的经费和组织保障。

(四) 确定逐级消防安全责任,批准实施消防安全制度和保障消防安全的操作规程。C、D选项正确。

(五) 组织防火检查,督促落实火灾隐患整改,及时处理涉及消防安全的重大问题。

(六) 根据消防法规的规定建立专职消防队、义务消防队。

(七) 组织制定符合本单位实际的灭火和应急疏散预案,并实施演练。

(2)(知识点5) 根据《机关、团体、企业、事业单位消防安全管理规定》(公安部令第61号),该单位应履行的消防安全职责有( )。

A. 组织开展有针对性的消防演练

B. 每日开展一次防火巡查

C. 每年对建筑消防设施至少进行一次全面检查

D. 每年对员工进行一次消防安全培训

E. 建立消防档案

【答案】ACE

【解析】本题考查的是消防安全重点单位应履行的消防安全职责。根据《机关、团体、企业、事业单位消防安全管理规定》(公安部令第61号)的相关规定:

第四十条 消防安全重点单位应当按照灭火和应急疏散预案,至少每半年进行一次演练,并结合实际,不断完善预案。其他单位应当结合本单位实际,参照制定相应的应急方案,至少每年组织一次演练。A选项正确。

第三十六条 单位应当通过多种形式开展经常性的消防安全宣传教育。消防安全重点单位对每名员工应当至少每年进行一次消防安全培训。公众聚集场所对员工的消防安全培训应当至少每半年进行一次,培训的内容还应当包括组织、引导在场群众疏散的知识和技能。D选项错误。

第二十五条 消防安全重点单位应当进行每日防火巡查,并确定巡查的人员、内容、部位和频次。其他单位可以根据需要组织防火巡查。公众聚集场所在营业期间的防火巡查应当至少每二小时一次。B选项错误。

第二十八条 设有自动消防设施的单位,应当按照有关规定定期对其自动消防设施进行全面检查测试,并出具检测报告,存档备查。C选项正确。

第四十一条 消防安全重点单位应当建立健全消防档案。E选项正确。

(3)(知识点9) 根据《机关、团体、企业、事业单位消防安全管理规定》(公安部令第61号),该单位的下列文件资料中,属于消防安全管理情况档案的有( )。

A. 火灾情况记录 B. 消防安全制度

C. 消防安全例会记录和决定 D. 消防安全培训记录

E. 灭火和应急疏散预案

【答案】AD

【解析】根据《机关、团体、企业、事业单位消防安全管理规定》(公安部令第61号)的相关规定:

第四十三条 消防安全管理情况应当包括以下内容:

（一）公安消防机构填发的各种法律文书。
（二）消防设施定期检查记录、自动消防设施全面检查测试的报告以及维修保养的记录。
（三）火灾隐患及其整改情况记录。
（四）防火检查、巡查记录。
（五）有关燃气、电气设备检测（包括防雷、防静电）等记录资料。
（六）消防安全培训记录。D 选项正确。
（七）灭火和应急疏散预案的演练记录。
（八）火灾情况记录。A 选项正确。
（九）消防奖惩情况记录。

五、考题预测

（一）习题

1. 下列关于符合消防安全重点单位界定标准的单位进行消防安全重点单位申报的说法，不正确的是（　　）。

A. 个体工商户如果符合企业登记标准且经营规模符合消防安全重点单位界定标准，可免向当地消防机构备案

B. 重点工程的施工现场符合消防安全重点单位界定标准的，由施工单位负责申报备案

C. 同一栋建筑物中各自独立的产权单位或者使用单位，符合重点单位界定标准的，由各个单位分别独立申报备案

D. 符合消防安全重点单位界定标准，不在同一地点有隶属关系的单位，不论是否具备独立法人资格，都要单独向所在地消防机构申报备案

2. 下列关于单位消防安全职责中对组织火灾扑救和配合火灾调查的职责说法中，不正确的是（　　）。

A. 发生火灾时，单位应当立即实施灭火和应急疏散预案，务必做到及时报警，及时疏散人员

B. 任何单位都应当无条件地为报火警提供便利，不得阻拦报警

C. 火灾扑灭后，发生火灾的单位和相关人员应当按照消防机构的要求保护现场，接受事故调查，如实提供火灾有关的情况，协助消防机构调查火灾原因，核定火灾损失，查明火灾责任

D. 火灾扑灭后，为恢复生产需要尽快清理火灾现场

3. 消防安全组织人员基本分为消防安全责任人、消防安全管理人、专（兼）职消防管理人员、自动消防系统操作人员、部门消防安全负责人等。下列有关消防安全组织人员说法中，不正确的是（　　）。

A. 法人单位的法人是消防安全责任人

B. 非法人单位的主要负责人是消防安全责任人

C. 消防安全管理人员具体负责管理单位的消防安全工作

D. 未确定消防安全管理人的单位，要由单位负责生产的副职负责实施消防安全管理工作

4. 单位消防安全制度的落实中要求定期进行消防安全检查、巡查，消除火灾隐患。下列有关消除火灾隐患的说法中不正确的（　　）。

A. 发现的火灾隐患应当立即改正

B. 对不能立即改正的，发现人应当向消防工作归口管理职能部门或消防安全管理人报告，按程序整改并做好记录

C. 消防工作归口管理职能部门或消防安全管理人接到火灾隐患报告后，应当立即组织核查。研究

制订整改方案,确定整改措施、整改期限、整改责任人和部门,报单位消防安全责任人审批

D. 社会单位的消防安全管理人应当督促落实火灾隐患整改措施,为整改火灾隐患提供经费和组织保障

5. 消防安全重点单位消防安全管理情况,每月组织一次自我评估,评估发现的问题和工作薄弱环节,要采取切实可行的措施及时整改。评估情况应自评估完成之日起(　　)个工作日内向当地消防机构报告备案,并向社会公开。

A. 3　　　　　　　　B. 5　　　　　　　　C. 7　　　　　　　　D. 9

6. 消防档案包括消防安全基本情况和消防安全管理情况。下列不属于消防档案中消防安全基本情况的是(　　)。

A. 单位基本概况和消防安全重点部位情况

B. 建筑物或者场所施工、使用或者开业前的消防设计审查、消防验收以及消防安全检查的文件、资料

C. 消防管理组织机构和各级消防安全责任人

D. 消防设施定期检查记录

7. 公安部《关于实施〈机关、团体、企业、事业单位消防安全管理规定〉有关问题的通知》(公通字〔2001〕第97号)进一步提出了消防安全重点单位的界定标准。下列属于消防安全重点单位界定标准的是(　　)。

A. 某养老院老人住宿床位40张　　　　B. 寄宿制学校学生住宿床位120张
C. 客运车站候车厅建筑面积750m^2　　D. 服装生产车间员工120人
E. 民用机场

8. 下列属于消防安全责任人应履行消防安全职责的是(　　)。

A. 贯彻执行消防法规,保障单位消防安全符合规定,掌握本单位的消防安全情况

B. 将消防工作与本单位的生产、科研、经营、管理等活动统筹安排,批准实施年度消防工作计划

C. 为本单位的消防安全提供必要的经费和组织保障

D. 确定逐级消防安全责任,批准实施消防安全制度和保障消防安全的操作规程

E. 拟定年度消防工作计划,组织实施日常消防安全管理工作

9. 消防安全重点部位确定后,应从管理的民主性、系统性和科学性着手,做好(　　),以保障单位的消防安全。

A. 制度管理　　　B. 方法管理　　　C. 日常管理　　　D. 教育管理
E. 档案管理

10. 下列不属于消防安全重点单位职责的是(　　)。

A. 确定消防安全管理人,组织实施本单位的消防安全管理工作

B. 进行经常性的消防教育,普及消防常识,组织和训练专职(志愿)消防队

C. 建立消防档案,确定消防安全重点部位,设置防火标志,实行严格管理

D. 建立健全消防档案

E. 实行每日防火巡查,并建立巡查记录

(二)答案详解

1.【答案】A

【解析】具体如下。

1)个体工商户如符合企业登记标准且经营规模符合消防安全重点单位界定标准,应当向当地消防机构备案,选项A错误。

2) 重点工程的施工现场符合消防安全重点单位界定标准的,由施工单位负责申报备案,选项 B 正确。

3) 同一栋建筑物中各自独立的产权单位或者使用单位,符合重点单位界定标准的,由各个单位分别独立申报备案;建筑物本身符合消防安全重点单位界定标准的,该建筑物产权单位也要独立申报备案,选项 C 正确。

4) 符合消防安全重点单位界定标准,不在同一地点有隶属关系的单位,不论是否具备独立法人资格,都要单独向所在地消防机构申报备案;在同一地点有隶属关系,下属单位如具备法人资格,应当独立申报备案,选项 D 正确。

2. 【答案】D
3. 【答案】D
4. 【答案】D
5. 【答案】B
6. 【答案】D
7. 【答案】BCDE
8. 【答案】ABCD
9. 【答案】ACDE
10. 【答案】BD

第二章　灭火和应急疏散预案编制与实施

一、知识点架构图

本章的知识点架构见图 6-2-1。

图 6-2-1　第六篇第二章知识点架构图

二、考情分析

本章的考情分析见表 6-2-1。

灭火和应急疏散预案编制与演练在历年考试中均有涉及，但分值占比不是很大，应重点掌握灭火和应急疏散预案编制内容及灭火和应急疏散预案演练的开展步骤与程序。

表 6-2-1　第六篇第二章考情分析表

年份	技术实务 分值（分）	技术实务 占比（%）	综合能力 分值（分）	综合能力 占比（%）	案例分析 分值（分）	案例分析 占比（%）
2015 年	0	0	1	0.8	0	0
2016 年	0	0	4	3.3	2	1.7
2017 年	0	0	3	2.5	0	0
2018 年	0	0	3	2.5	0	0
2019 年	0	0	1	0.8	2	1.7
2020 年	0	0	4	3.3	2	1.7

三、典型知识点

知识点 1：灭火和应急疏散预案编制

灭火和应急疏散预案的编制应遵循以人为本、依法依规、符合实际、注重实效的原则，明确应急职责、规范应急程序、细化保障措施。灭火和应急疏散预案的编制见表 6-2-2。

表6-2-2 灭火和应急疏散预案的编制（2020年综合能力第31题）

类别	内 容
编制依据	灭火和应急疏散预案的编制依据主要包括三类： （1）法规制度依据，包括消防法律法规规章、涉及消防安全的相关法律规定和本单位消防安全制度。 （2）客观依据，包括单位的基本情况、消防安全重点部位情况等。 （3）主观依据，包括员工的文化程度、消防安全素质和防火灭火技能等
编制范围	灭火和应急疏散预案的编制范围主要包括消防安全重点单位、在建重点工程、其他需要制定应急预案的单位或场所
分级	预案根据设定灾情的严重程度和场所的危险性，从低到高依次分为以下五级： （1）一级预案是针对可能发生无人员伤亡或被困，燃烧面积小的普通建筑火灾的预案； （2）二级预案是针对可能发生3人以下伤亡或被困，燃烧面积大的普通建筑火灾，燃烧面积较小的高层建筑、地下建筑、人员密集场所、易燃易爆危险品场所、重要场所等特殊场所火灾的预案； （3）三级预案是针对可能发生3人以上10人以下伤亡或被困，燃烧面积小的高层建筑、地下建筑、人员密集场所、易燃易爆危险品场所、重要场所等特殊场所火灾的预案； （4）四级预案是针对可能发生10人以上30人以下伤亡或被困，燃烧面积较大的高层建筑、地下建筑、人员密集场所、易燃易爆危险品场所、重要场所等特殊场所火灾的预案； （5）五级预案是针对可能发生30人以上伤亡或被困，燃烧面积大的高层建筑、地下建筑、人员密集场所、易燃易爆危险品场所、重要场所等特殊场所火灾的预案
分类	（1）灭火和应急疏散预案按照单位规模大小、功能及业态划分、管理层次等要素，可分为总预案、分预案和专项预案三类。 （2）根据建筑类别和企业类别，灭火和应急疏散预案大致划分以下六类：多层建筑类；高层建筑类；地下建筑类；一般的工矿企业类；化工类；其他类
编制的程序 （2020年综合能力第26题）	编制灭火和应急疏散预案的程序是指编制灭火和应急疏散预案的方法和步骤。一般来说，应按照以下程序进行： （1）成立预案编制工作组。 （2）资料收集与评估。 （3）编写预案。 （4）评审与发布。 （5）适时修订预案

知识点2：灭火和应急疏散预案的主要内容

灭火和应急疏散预案的主要内容应包括单位基本情况、组织机构及其职责、火灾情况设定、响应措施、报警和接警、灭火行动、疏散引导、防护救护和通信联络、绘制灭火和应急疏散计划图、典型场所预案、注意事项等（2019年案例分析第一题、2020年案例分析第一题）。具体内容见表6-2-3。

表6-2-3 灭火和应急疏散预案的主要内容

类别	具体内容
单位基本情况	包括单位基本概况和消防安全重点部位情况，消防设施、灭火器材情况，消防组织、志愿消防队员及装备配备情况

续表

类别	具体内容
组织机构及其职责	（1）组织机构的设置应结合本单位的实际情况，遵循归口管理，统一指挥，讲究效率，权责对等和灵活机动的原则。 （2）组织机构包括：指挥机构、灭火行动组、疏散引导组、通信联络组、安全保卫组、防护救护组、后勤保障组
火灾情况设定	（1）预案应设定和分析可能发生的火灾事故情况，包括常见引火源、可燃物的性质、危及范围、爆炸可能性、泄漏可能性以及蔓延可能性等内容，可能影响预案组织实施的因素、客观条件等均应考虑到位。 （2）预案应明确最有可能发生火灾事故的情况列表，表中含有着火地点、火灾事故性质以及火灾事故影响人员的状况等。 （3）预案应考虑天气因素，分析在大风、雷电、暴雨、高温、寒冬等恶劣气候下对生产工艺、生产设施设备、消防设施设备、人员疏散造成的影响，并制定针对性措施。 （4）对外服务的场所设定火灾事故情况，应将外来人员不熟悉本单位疏散路径的最不利情形考虑在内。 （5）中小学校、幼儿园、托儿所、早教中心、医院、养老院、福利院设定火灾事故情况，应将服务对象人群行动不便的最不利情形考虑在内
响应措施	（1）一级预案应明确由单位值班带班负责人到场指挥，拨打"119"报告一级火警，组织单位志愿消防队和微型消防站值班人员到场处置，采取有效措施控制火灾扩大； （2）二级预案应明确由消防安全管理人到场指挥，拨打"119"报告二级火警，调集单位志愿消防队、微型消防站和专业消防力量到场处置，组织疏散人员、扑救初起火灾、抢救伤员、保护财产，控制火势扩大蔓延； （3）三级以上预案应明确由消防安全责任人到场指挥，拨打"119"报告相应等级火警，同时调集单位所有消防力量到场处置，组织疏散人员、扑救初起火灾、抢救伤员、保护财产，有效控制火灾蔓延扩大，请求周边区域联防单位到场支援
报警和接警	（1）报警。 以快捷方便为原则确定发现火灾后的报警方式。如口头报警、有线报警、无线报警等，报警的对象为"119"火警台、单位值班领导、消防控制中心等。报警时应说明以下情况：着火单位名称和详细地址、着火部位、着火物质及有无人员被困、有无储存易燃易爆危险品、报警电话号码、报警人姓名等。 （2）接警。 单位领导接警后，启动灭火应急疏散预案，按预案确定内部报警的方式和疏散的范围，组织指挥初期火灾的扑救和人员疏散工作，安排力量做好警戒工作。有消防控制室的场所，值班员接到火情消息后，立即通知有关人员前往核实火情，火情核实确认后，立即报告公安消防队和值班负责人，通知灭火行动组人员前往着火地点
灭火行动	灭火和应急疏散预案需要明确火灾发生后的初起火灾扑救程序和要求。 （1）设有自动消防设施的单位，预案应要求自动消防设施设置在自动状态，保证一旦发生火灾立即动作；确有特殊原因需要设置在手动状态的，消防控制室值班人员应在火灾确认后立即将其调整到自动状态，并确认设备启动。 （2）预案应规定各类自动消防设施启动的基本原则，明确不同区域启动自动消防设施的先后顺序、启动时机、方法、步骤，提高应急行动的有效性。

续表

类别	具体内容
灭火行动	(3) 预案应明确保障一线灭火行动人员安全的原则,在本单位火灾类别范围下,规定灭火行动组一线人员进入现场扑救火灾的范围、撤离火灾现场的条件、撤离信号和安全防护措施。 (4) 预案应根据承担灭火行动任务人员岗位经常位置,规定灭火行动组在接到通知或指令后立即到达现场的时间要求。 (5) 预案应规定不同性质的场所火灾所使用的灭火方法,并明确一线灭火行动可使用的灭火器、消火栓等消防设施、器材,指出迅速找到消防设施、器材的途径和方法。 (6) 预案应明确易燃易爆危险品场所的人员救护、工艺操作、事故控制、灭火等方面的应急处置措施。 (7) 对完成灭火任务的,预案应要求一线灭火行动人员检查确认后通过通信器材向指挥机构报告
疏散引导	(1) 疏散引导行动应与灭火行动同时进行。 (2) 预案应明确事故现场人员清点、撤离的方式、方法,非事故现场人员紧急疏散的方式、方法,周边区域的单位、社区人员疏散的方式、方法,疏散引导组完成任务后的报告。对外服务的场所的预案应预见疏散的顾客自行离开的情形,规定有效的清点措施和记录方法。 (3) 预案应对同时启用应急广播疏散、智能疏散系统引导疏散、人力引导疏散等多种疏散引导方法提出要求。 (4) 有应急广播系统的单位,预案应对启动应急广播的时机、播音内容、语调语速、选用语种等做出规定。 (5) 设置有智能应急照明和疏散逃生引导系统的,预案应明确根据火灾现场所处方位调整疏散指示标志的引导方向。 (6) 预案应根据疏散引导组人员岗位经常位置,规定疏散引导组在接到通知或指令后立即到达现场的时间要求。 (7) 预案应对疏散引导组人员的站位原则做出规定,对现场指挥疏散的用语分情况进行规范列举,明确需要佩戴、携带的防毒面具、湿毛巾等防护用品,保证疏散引导秩序井然。 (8) 预案应对疏散人员导入的安全区域和每个小组完成疏散任务后的站位做出规定
防护救护和通信联络	(1) 建筑外围安全防护。清除路障,疏导车辆和围观群众,确保消防通道畅通;维护现场秩序,严防趁火打劫;安排专人在主要路口接应消防车,协助消防车取水、灭火。 (2) 建筑首层出入口安全防护。禁止无关人员进入起火建筑;对火场中疏散的物品进行规整并严加看管;指引消防人员进入起火部位。 (3) 起火部位的安全防护。引导疏散人流,维护疏散秩序;阻止无关人员进入起火部位;防护好现场的消防设施、器材。 (4) 在安全区及时对受伤人员进行救治,及时拨打急救电话"120",联络医务人员赶赴现场进行救护。 (5) 利用电话、对讲机等建立有线、无线通讯网络,确保火场信息传递畅通。 (6) 火场指挥机构、各行动组、各消防安全重点部位必须确定专人负责信息传递,保证火场指令得到及时传递、落实
绘制灭火和应急疏散计划图	(1) 计划图有助于火场指挥机构在救援过程中对各小组的指挥和对事故的控制,应当力求详细准确,图文并茂,标注明确,直观明了。 (2) 应针对假设部位制定灭火进攻和疏散路线平面图

续表

类别	具体内容
典型场所预案	（1）学校的预案应明确防止疏散中发生踩踏事故的措施，根据学生年龄阶段确定适当数量的疏散引导人员，小学和特殊教育学校应根据需要适当增加引导人员的数量。不提倡将未成年学生作为组织预案实施的人员，不应组织未成年人参与灭火救援行动。 （2）医院、幼儿园、养老院及其他类似场所的预案，应明确危重病人、传染病人、产妇、婴幼儿、无自主能力人员、老人等人员的疏散和安置措施，医院应明确涉及危险化学品的相关处置要求。 （3）大型公共场所的预案，应明确疏散指示标识图和逃生线路示意图，明确防止踩踏事故的措施。 （4）危险化学品生产、储存和经营企业的预案，应符合《危险化学品事故应急救援预案编制导则（单位版）》（安监管危化字〔2004〕43号）的相关规定，安全区域的位置应充分考虑危险化学品的爆炸极限等要素。
注意事项	（1）参加演练的人员应当采取必要的个人防护措施。 （2）灭火疏散阵地设置要安全，应能进能退、攻防兼备。 （3）指挥员要密切注意火场上各种复杂情况和险情的变化，适时采取果断措施，避免伤亡。 （4）灭火救援应急行动结束后，要做好现场的清理工作。 （5）其他需要特别警示的事项

知识点 3：灭火和应急疏散预案演练原则

灭火和应急疏散预案演练原则包括以下四个方面：
（1）结合实际，合理定位；
（2）着眼实战，讲求实效；
（3）精心组织，确保安全；
（4）统筹规划，厉行节约。

知识点 4：灭火和应急疏散预案演练分类

根据组织形式、演练内容、演练目的与作用等不同分类方法划分，灭火和应急疏散预案演练分为不同种类，见表6-2-4。

表 6-2-4 灭火和应急疏散预案演练分类（2020年综合能力第62题）

分类标准	内　容
组织形式	（1）桌面演练； （2）实战演练
演练内容	（1）单项演练； （2）综合演练
演练目的与作用	（1）检验性演练； （2）示范性演练； （3）研究性演练

知识点 5：灭火和应急疏散预案演练开展步骤

灭火和应急疏散预案演练开展步骤见表6-2-5。

表 6-2-5 灭火和应急疏散预案演练开展步骤

步骤	内　　容
演练准备	单位在开展应急预案演练之前，应当做好下列四项准备工作： （1）制定演练计划； （2）设计演练方案； （3）演练动员与培训； （4）灭火和应急疏散预案演练保障，具体包含六个方面：人员保障；经费保障；场地保障；演练材料、物资和器材保障；通信保障；安全保障
演练实施	（1）演练应设定现场发现火情和系统发现火情分别实施，并按照下列要求及时处置： ①由人员现场发现的火情，发现火情的人应立即通过火灾报警按钮或通信器材向消防控制室或值班室报告火警，使用现场灭火器材进行扑救； ②消防控制室值班人员通过火灾自动报警系统或视频监控系统发现火情的，应立即通过通信器材通知一线岗位人员到现场，值班人员应立即拨打"119"报警，并向单位应急指挥部报告，同时启动应急程序。 （2）应急指挥部负责人接到报警后，应按照下列要求及时处置： ①准确做出判断，根据火情，启动相应级别应急预案； ②通知各行动机构按照职责分工实施灭火和应急疏散行动； ③将发生火灾情况通知在场所有人员； ④派相关人员切断发生火灾部位的非消防电源、燃气阀门，停止通风空调，启动消防应急照明和疏散指示系统、消防水泵和防烟排烟风机等一切有利于火灾扑救及人员疏散的设施设备。 （3）从假想火点起火开始至演练结束，均应按预案规定的分工、程序和要求进行。 （4）指挥机构、行动机构及其承担任务人员按照灭火和疏散任务需要开展工作，对现场实际发展超出预案预期的部分，随时做出调整。 （5）模拟火灾演练中应落实火源及烟气控制措施，加强人员安全防护，防止造成人身伤害。对演练情况下发生的意外事件，应予妥善处置。 （6）对演练过程进行拍照、摄录，妥善保存演练相关文字、图片、录像等资料
评估与总结	（1）演练总结讲评的类别。（2020年综合能力第28题） 演练总结讲评的类别可分为现场总结讲评和会议总结讲评。总结报告应包括：①通过演练发现的主要问题；②对演练准备情况的评价；③对预案有关程序、内容的建议和改进意见；④对训练、器材设备方面的改进意见；⑤演练的最佳顺序和时间建议；⑥对演练情况设置的意见；⑦对演练指挥机构的意见等。 （2）成果运用。 （3）文件归档与备案。 （4）考核与奖惩

分析： 灭火和应急疏散预案的编制与演练，2021年的出题重点应是灭火和应急疏散预案编制的程序、不同灭火和应急疏散预案的主要内容，重点掌握组织机构及其职责、报警和接警、响应措施、疏散引导等内容。

四、高频真题

1.（2018年综合能力第66题）（知识点1）某3层大酒楼，营业面积8000m²，可容纳2000人同时用餐，厨房用管道天然气作为热源。大酒楼制定了灭火和应急疏散预案，预案中关于处置燃气泄漏的程序和措施，第一步应是（　　）。

A. 打燃气公司电话报警　　　　　　　　B. 打 119 电话报警
C. 立即关闭电源　　　　　　　　　　　D. 立即关阀断气

【答案】D

【解析】灭火和应急疏散预案的编制内容包括报警和接警处置程序、初起火灾处置程序和措施、应急疏散的组织程序和措施、安全防护救护和通信联络的程序和措施等。首先明确题意，选择关于处置燃气泄漏的措施，选项 D 符合题意，选项 B 做法错误；选项 A、C 为报警和接警处置程序。

2.（2020 年综合能力第 31 题）（知识点 1）某建筑面积为 260000m² 的综合楼，其产权单位委托单位 A 进行物业管理。该综合楼灭火和应急疏散预案编制的下列说法中，不符合现行国家标准《社会单位灭火和应急疏散预案编制及实施导则》（GB/T 38315）的是（　　）。

A. 对综合楼的消防安全重点部位编写分预案
B. 综合楼的灭火和应急疏散预案从低到高分为五级
C. 灭火和应急疏散预案分为总预案、分预案、专项预案三类
D. 单位 A 编制该综合楼的总预案，其他单位根据自身实际制定分预案

【答案】A

【解析】根据设定灾情的严重程度和场所的危险性，将灭火和应急疏散预案从低到高依次分为五级。B 选项正确。

重点安全部位应编写专项预案。A 选项错误。

灭火和应急疏散预案按照单位规模大小、功能及业态划分、管理层次等要素，可分为总预案、分预案和专项预案三类。C 选项正确。

多产权、多家使用单位应委托统一消防安全管理的部门编制总预案，各单位、业主应根据自身实际制定分预案。D 选项正确。

五、考题预测

（一）习题

1. 灭火和应急疏散预案演练的原则包括结合实际、合理定位，着眼实战、讲求实效，精心组织、确保安全，统筹规划、厉行节约四个方面。（　　）是以提高消防救援人员的指挥协调能力，队伍的实战能力为着眼点，重视对演练效果及组织工作的评估、考核、总结、推广好的经验，及时整改存在的问题。

A. 结合实际，合理定位　　　　　　　　B. 着眼实战，讲求实效
C. 精心组织，确保安全　　　　　　　　D. 统筹规划，厉行节约

2. 灭火和应急疏散预案演练准备工作主要有制订演练计划，设计演练方案，演练动员与培训，灭火和应急疏散预案演练保障。下列不属于制订演练计划的是（　　）。

A. 确定演练目的　　　　　　　　　　　B. 分析演练需求
C. 确定演练范围　　　　　　　　　　　D. 演练方案评审

3. 灭火和应急疏散预案编制的主观依据不包括（　　）。

A. 员工的变化程度　　　　　　　　　　B. 单位的基本情况
C. 防火灭火技能　　　　　　　　　　　D. 消防安全素质

4. 灭火和应急疏散预案演练，根据组织形式、演练内容、演练目的与作用等不同分类方法进行划分，其中按照演练内容划分为（　　）。

A. 单项演练、综合演练　　　　　　　　B. 桌面演练、实战演练
C. 检验性演练、实战演练　　　　　　　D. 桌面演练、综合演练

5. 参演人员利用地图、沙盘、流程图、计算机模拟、视频会议等辅助手段，针对事先假定的演练情景，讨论和推演应急决策及现场处置的过程，从而促进相关人员掌握应急预案中所规定的职责和程序，提高指挥决策和协同配合能力的演练是（　　）。

A. 单项演练　　　　　　　　　　　　　B. 实战演练
C. 桌面演练　　　　　　　　　　　　　D. 综合演练

6. 根据设定灾情的严重程度和场所的危险性，将灭火和应急疏散预案从低到高依次分为五级。下列说法符合预案分级要求的是（　　）。

A. 一级预案是针对可能发生无人员伤亡或被困，燃烧面积小的普通建筑火灾预案
B. 二级预案是针对可能发生3人以下伤亡或被困，燃烧面积大的普通建筑火灾，燃烧面积较大的高层建筑、地下建筑、人员密集场所、易燃易爆危险品场所、重要场所等特殊场所火灾的预案
C. 三级预案是针对可能发生3人以上10人以下伤亡或被困，燃烧面积小的高层建筑、地下建筑、人员密集场所、易燃易爆危险品场所、重要场所等特殊场所火灾的预案
D. 四级预案是针对可能发生10人以上30人以下伤亡或被困，燃烧面积较大的高层建筑、地下建筑、人员密集场所、易燃易爆危险品场所、重要场所等特殊场所火灾的预案
E. 五级预案是针对可能发生30人以上伤亡或被困，燃烧面积较大的高层建筑、地下建筑、人员密集场所、易燃易爆危险品场所、重要场所等特殊场所火灾的预案

7. 灭火和应急疏散预案的分类不包括（　　）。

A. 多层建筑　　　　　　　　　　　　　B. 单层建筑
C. 高层建筑　　　　　　　　　　　　　D. 地下建筑
E. 重点文物保护类

（二）答案详解

1. 【答案】B
2. 【答案】D
3. 【答案】B
4. 【答案】A
5. 【答案】C
6. 【答案】ACDE

【解析】二级预案是针对可能发生3人以下伤亡或被困，燃烧面积大的普通建筑火灾，燃烧面积较小的高层建筑、地下建筑、人员密集场所、易燃易爆危险品场所、重要场所等特殊场所火灾的预案。

7. 【答案】BE

【解析】根据建筑类别和企业类型，灭火和应急预案大致划分以下六类：多层建筑类；高层建筑类；地下建筑类；一般的工矿企业类；化工类；其他类。

第三章 施工消防安全管理

一、知识点架构图

本章的知识点架构见图6-3-1。

施工消防安全管理 ★★
- 施工现场的火灾风险及管理职责
  - 施工现场的火灾危险性
  - 施工现场常见的火灾成因
  - 施工现场管理职责
- 施工现场总平面布局
  - 总平面布置的原则
  - 防火间距
  - 临时消防车通道
- 施工现场内建筑的防火要求
  - 施工现场内建筑的设置原则
  - 临时用房防火要求
  - 在建工程防火要求
- 施工现场临时消防设施设置
  - 临时消防设施设置原则
  - 灭火器设置
  - 临时消防给水系统设置
  - 临时应急照明设置
- 施工现场的消防安全管理要求
  - 施工现场消防安全管理基本要求
  - 可燃物及易燃易爆危险品管理
  - 用火、用电、用气管理
  - 其他施工管理

图6-3-1 第六篇第三章知识点架构图

二、考情分析

本章的考情分析见表6-3-1。

施工现场安全管理不仅包含新建工程，还包括改扩建工程。本章应对与施工现场消防安全管理的要求、消防设施的设置及用火、用电、用气的管理重点掌握。

表6-3-1 第六篇第三章考情分析表

年份	技术实务 分值（分）	技术实务 占比（%）	综合能力 分值（分）	综合能力 占比（%）	案例分析 分值（分）	案例分析 占比（%）
2015年	0	0	2	1.7	0	0
2016年	0	0	2	1.7	0	0
2017年	0	0	2	1.7	0	0
2018年	0	0	2	1.7	0	0
2019年	0	0	3	2.5	0	0
2020年	0	0	0	0	0	0

三、典型知识点

知识点1：施工现场的火灾危险性

施工现场的火灾危险性有：
1）易燃、可燃材料多；
2）临建设施多，防火标准低；
3）动火作业多；
4）临时用电安全隐患大；
5）施工临时员工多，流动性强，素质参差不齐；
6）既有建筑进行扩建、改建火灾危险性大；
7）易燃、可燃的隔音、保温材料用量大；
8）现场施工消防安全管理不善。

知识点2：施工现场常见的火灾成因

1. 焊接、切割。

电焊引发火灾，主要有以下几点原因：
1）金属火花飞溅引燃周围可燃物。
2）产生的高温因热传导引燃其他房间或部位的可燃物。
3）焊接导线与电焊机、焊钳连接接头处理不当，松动打火。
4）焊接导线（焊把线）选择不当，截面过小，使用过程中超负荷使绝缘损坏造成短路打火。
5）焊接导线受压、磨损造成短路或铺设不当、接触高温物体或打卷使用造成涡流，过热失去绝缘短路打火。
6）电焊回路线（搭铁线或接零线）使用、铺设不当或乱搭乱接，在焊接作业时产生电火花或接头过热引燃易燃物、可燃物。
7）电焊回路线与电器设备或电网零线相连，电焊时大电流通过，将保护零线或电网零线烧断。

2. 电气故障引发的火灾。
3. 用火不慎、遗留火种。

知识点3：总平面布置的原则

总平面布置包括总平面布局、临时用房及临时设施的设置，此外还要划定重点区域等内容。

1. 明确总平面布局内容。

施工现场总平面布局应明确与现场防火、灭火及人员疏散密切相关的临建设施的具体位置，以满足现场防火、灭火及人员疏散的要求。下列临时用房和临时设施应纳入施工现场总平面布局：
1）施工现场的出入口、围墙、围挡。
2）施工现场内的临时道路。
3）给水管网或管路，以及配电线路敷设或架设的走向、高度。
4）施工现场办公用房、宿舍、发电机房、配电房、可燃材料库房、易燃易爆危险品库房、可燃材料堆场及其加工场、固定动火作业场等。
5）临时消防车通道、消防救援场地和消防水源。

2. 合理布置临时用房和临时设施位置。
3. 重点区域的布置原则。

1）施工现场设置出入口的基本原则。

施工现场出入口的设置应满足消防车通行的要求，并宜布置在不同方向，其数量不宜少于 2 个。当确有困难只能设置 1 个出入口时，应在施工现场内设置满足消防车通行的环形道路。

2）固定动火作业场的布置原则。

固定动火作业场应布置在可燃材料堆场及其加工场、易燃易爆危险品库房等全年最小频率风向的上风侧；宜布置在临时办公用房、宿舍、可燃材料库房、在建工程等全年最小频率风向的上风侧。

3）危险品库房的布置原则。

易燃易爆危险品库房应远离明火作业区、人员密集区和建筑物相对集中区。可燃材料堆场及其加工场、易燃易爆危险品库房不应布置在架空电力线下。

知识点 4：施工现场防火间距要求

保持临时用房、临时设施与在建工程的防火间距是防止施工现场火灾相互蔓延的关键。

1. 临建用房与在建工程的防火间距。

1）人员住宿、可燃材料及易燃易爆危险品储存等场所严禁设置于在建工程内。

2）易燃易爆危险品库房与在建工程应保持足够的防火间距。

3）可燃材料堆场及其加工场、固定动火作业场与在建工程的防火间距不应小于 10m。

4）其他临时用房、临时设施与在建工程的防火间距不应小于 6m。

2. 临建用房间的防火间距。

1）施工现场主要临时用房、临时设施的防火间距不应小于表 6-3-2 的规定。

表 6-3-2 临建用房间的防火间距　　　　　　　　　　（单位：m）

名称	办公用房宿舍	发电机房变配电房	可燃材料库房	厨房操作间锅炉房	可燃材料堆场及其加工场	固定动火作业场	易燃易爆危险品库房
办公用房、宿舍	4	4	5	5	7	7	10
发电机房、变配电房	4	4	5	5	7	7	10
可燃材料库房	5	5	5	5	7	7	10
厨房操作间、锅炉房	5	5	5	5	7	7	10
可燃材料堆场及其加工场	7	7	7	7	7	10	10
固定动火作业场	7	7	7	7	10	10	12
易燃易爆危险品库房	10	10	10	10	10	12	12

2）当办公用房、宿舍成组布置时，其防火间距可适当减小，但应符合以下要求：

（1）每组临时用房的栋数不应超过 10 栋，组与组之间的防火间距不应小于 8m。

（2）组内临时用房之间的防火间距不应小于 3.5m；当建筑构件燃烧性能等级为 A 级时，其防火间距可减少到 3m。

知识点 5：消防车道及灭火救援场地设置

施工现场需要设置消防车道，同时布置相应的消防救援场地。

1. 临时消防车道设置要求。（2019 年综合能力第 12 题）

1）施工现场内应设置临时消防车道，同时，考虑灭火救援的安全以及供水的可靠，临时消防车道与在建工程、临时用房、可燃材料堆场及其加工场的距离，不宜小于 5m，且不宜大于 40m。

2）施工现场周边道路满足消防车通行及灭火救援要求时，施工现场内可不设置临时消防车道。

3）临时消防车道宜为环形，如设置环形车道确有困难，应在消防车道尽端设置尺寸不小于 12m×12m 的回车场。

4）临时消防车道的净宽度和净空高度均不应小于4m。

5）临时消防车道的右侧应设置消防车行进路线指示标识。

6）临时消防车道路基、路面及其下部设施应能承受消防车通行压力及工作荷载。

2. 临时消防救援场地的设置。

1）需设临时消防救援场地的施工现场。

（1）建筑高度大于24m的在建工程。

（2）建筑工程单体占地面积大于3000m² 的在建工程。

（3）超过10栋，且为成组布置的临时用房。

2）临时消防救援场地的设置要求。

（1）临时消防救援场地应在在建工程装饰装修阶段设置；

（2）临时消防救援场地应设置在成组布置的临时用房场地的长边一侧及在建工程的长边一侧；

（3）场地宽度应满足消防车正常操作要求且不应小于6m，与在建工程外脚手架的净距不宜小于2m，且不宜超过6m。

知识点6：施工现场建筑防火要求

施工现场建筑防火要求见表6-3-3。

表6-3-3 施工现场建筑防火要求

建筑类别	防火要求
宿舍、办公用房	（1）建筑构件的燃烧性能等级应为A级。当临时用房是金属夹芯板（俗称彩钢板）时，其芯材的燃烧性能等级应为A级。 （2）建筑层数不应超过3层，每层建筑面积不应大于300m²。 （3）建筑层数为3层或每层建筑面积大于200m² 时，应设置不少于2部疏散楼梯，房间疏散门至疏散楼梯的最大距离不应大于25m。 （4）单面布置用房时，疏散走道的净宽度不应小于1.0m；双面布置用房时，疏散走道的净宽度不应小于1.5m。 （5）疏散楼梯的净宽度不应小于疏散走道的净宽度。 （6）宿舍房间的建筑面积不应大于30m²，其他房间的建筑面积不宜大于100m²。 （7）房间内任一点至最近疏散门的距离不应大于15m，房门的净宽度不应小于0.8m，房间建筑面积超过50m² 时，房门的净宽度不应小于1.2m。 （8）隔墙应从楼地面基层隔断至顶板基层底面
特殊用房	（1）建筑构件的燃烧性能等级应为A级。 （2）建筑层数应为1层，建筑面积不应大于200m²；可燃材料、易燃易爆物品存放库房应分别布置在不同的临时用房内，每栋临时用房的面积均不应超过200m²。 （3）可燃材料库房应采用不燃材料将其分隔成若干间库房，如施工过程中某种易燃易爆物品需用量大，可分别存放于多间库房内。单个房间的建筑面积不应超过30m²，易燃易爆危险品库房单个房间的建筑面积不应超过20m²。 （4）房间内任一点至最近疏散门的距离不应大于10m，房门的净宽度不应小于0.8m
组合建造功能用房	（1）宿舍、办公用房不应与厨房操作间、锅炉房、变配电房等组合建造。 （2）现场办公用房、宿舍不宜组合建造。如现场办公用房与宿舍的规模不大，两者的建筑面积之和不超过300m²，可组合建造。 （3）发电机房、变配电房可组合建造；厨房操作间、锅炉房可组合建造；餐厅与厨房操作间可组合建造。 （4）会议室宜与办公用房可组合建造；文化娱乐室、培训室与办公用房或宿舍可组合建造；餐厅与办公用房或宿舍可组合建造。 （5）施工现场人员较为密集的如会议室、文化娱乐室、培训室、餐厅等房间应设置在临时用房的第一层，其疏散门应向疏散方向开启

续表

建筑类别	防 火 要 求
临时疏散通道 （2019年综合能力第73题）	（1）在建工程作业场所的临时疏散通道应采用不燃、难燃材料建造并与在建工程结构施工同步设置，临时疏散通道应具备与疏散要求相匹配的耐火性能，其耐火极限不应低于0.50h。 （2）临时疏散通道应具备与疏散要求相匹配的通行能力。设置在地面上的临时疏散通道，其净宽度不应小于1.5m；利用在建工程施工完毕的水平结构、楼梯作临时疏散通道，其净宽度不应小于1.0m；用于疏散的爬梯及设置在脚手架上的临时疏散通道，其净宽度不应小于0.6m。 （3）临时疏散通道为坡道时，且坡度大于25°时，应修建楼梯或台阶踏步或设置防滑条。 （4）临时疏散通道应具备与疏散要求相匹配的承载能力。临时疏散通道不宜采用爬梯，确需采用爬梯时，应有可靠固定措施。 （5）临时疏散通道应保证疏散人员安全，侧面如为临空面，必须沿临空面设置高度不小于1.2m的防护栏杆。 （6）临时疏散通道如搭设在脚手架上，脚手架作为疏散通道的支撑结构，其承载力和耐火性能应满足相关要求。进行脚手架刚度、强度、稳定性验算时，应考虑人员疏散荷载。脚手架应采用不燃材料搭设，其耐火性能不应低于疏散通道的耐火性能。 （7）临时疏散通道应保证人员有序疏散，应设置明显的疏散指示标识及应急照明设施
既有建筑进行扩建、改建施工	（1）施工区和非施工区之间应采用不开设门、窗、洞口的耐火极限不低于3.0h的不燃烧体隔墙进行防火分隔。 （2）非施工区内的消防设施应完好和有效，疏散通道应保持畅通，并应落实日常值班及消防安全管理制度。 （3）施工区的消防安全应配有专人值守，发生火情应能立即处置。 （4）施工单位应向居住和使用者进行消防宣传教育、告知建筑消防设施、疏散通道的位置及使用方法，同时应组织进行疏散演练。 （5）外脚手架搭设不应影响安全疏散、消防车正常通行及灭火救援操作
其他防火要求	（1）外脚手架、支模架。 外脚手架、支模架的架体宜采用不燃或难燃材料搭设，其中，高层建筑和既有建筑改造工程的外脚手架、支模架的架体应采用不燃材料搭设。 （2）安全网，下列安全防护网应采用阻燃型安全防护网： ①高层建筑外脚手架的安全防护网； ②有建筑外墙改造时，其外脚手架的安全防护网； ③临时疏散通道的安全防护网。 （3）疏散指示标志。 （4）安全疏散示意图

知识点7：施工现场灭火器设置

1. 设置场所。

施工现场内的在建工程及临时用房根据其危险性，在适当位置配置灭火器，以保证初期消防扑救的需要。下列场所应配置灭火器：

1）易燃易爆危险品存放及使用场所。
2）动火作业场所。
3）可燃材料存放、加工及使用场所。
4）厨房操作间、锅炉房、发电机房、变配电房、设备用房、办公用房、宿舍等临时用房。
5）其他具有火灾危险的场所。

2. 设置要求。

施工现场灭火器配置应符合下列规定：

1）施工现场的某些场所，既可能发生固体火灾，也可能发生液体或气体或电气火灾，在选配灭火器时，应选用能扑灭多类火灾的灭火器。灭火器的类型应与配备场所可能发生的火灾类型相匹配。

2）灭火器的最低配置标准应符合表6-3-4的规定。

表6-3-4 灭火器的最低配置标准

项目	固体物质火灾		液体或可熔化固体物质火灾、气体火灾	
	单具灭火器最小灭火级别	单位灭火级别最大保护面积（m^2/A）	单具灭火器最小灭火级别	单位灭火级别最大保护面积（m^2/B）
易燃易爆危险品存放及适用场所	3A	50	89B	0.5
固定动火作业场	3A	50	89B	0.5
临时动火作业点	2A	50	55B	0.5
可燃材料存放、加工及适用场所	2A	75	55B	1.0
厨房操作间、锅炉房	2A	75	55B	1.0
自备发电机房	2A	75	55B	1.0
变、配电间	2A	75	55B	1.0
办公用房、宿舍	1A	100	—	—

3）灭火器的配置数量应按照《建筑灭火器配置设计规范》（GB 50140）经计算确定，且每个场所的灭火器数量不应少于2具。

4）灭火器的最大保护距离应符合表6-3-5的规定。

表6-3-5 灭火器的最大保护距离　　　　　　　　　　　　（单位：m）

灭火器配置场所	固体物质火灾	液体或可熔化固体物质火灾、气体火灾
易燃易爆危险品存放及适用场所	15	9
固定动火作业场	15	9
临时动火作业点	10	6
可燃材料存放、加工及适用场所	20	12
厨房操作间、锅炉房	20	12
发电机房、变配电间	20	12
办公用房、宿舍	25	—

知识点8：施工现场室外消防给水设置

1. 设置条件。

临时用房建筑面积之和大于1000m^2或在建工程单体体积大于10000m^3时，应设置临时室外消防给水系统。当施工现场处于市政消火栓150m保护范围内且市政消火栓的数量满足室外消防用水量要求时，可不设置临时室外消防给水系统。

2. 室外消防用水量。

1）临时用房的临时室外消防用水量见表6-3-6。

表 6-3-6　临时用房的临时室外消防用水量

临时用房建筑面积之和	火灾延续时间（h）	消火栓用水量（L/s）	每支消防水枪最小流量（L/s）
1000m² < 面积 ≤ 5000m²	1	10	5
面积 > 5000m²		15	5

2）在建工程的临时室外消防用水量见表 6-3-7。

表 6-3-7　在建工程的临时室外消防用水量
（2018 年综合能力第 56 题）

在建工程（单体）体积	火灾延续时间（h）	消火栓用水量（L/s）	每支消防水枪最小流量（L/s）
10000m³ < 体积 ≤ 30000m³	1	15	5
体积 > 30000m³	2	20	5

3. 设置要求。

在建工程、临时用房、可燃材料堆场及其加工场是施工现场的重点防火区域，以这些施工现场的防火区域位于其保护范围是设置室外消防给水系统的基本原则，均匀、合理地布设室外消火栓。施工现场临时室外消防给水系统的设置应符合下列要求：

1）考虑给水系统的需要与施工系统的实际情况，一般临时给水管网宜布置成环状。

2）临时室外消防给水干管的管径应依据施工现场临时消防用水量和干管内水流计算速度进行计算确定，且最小管径不应小于 DN100。

3）室外消火栓应沿在建工程、临时用房及可燃材料堆场及其加工场均匀布置，距在建工程、临时用房及可燃材料堆场及其加工场的外边线不应小于 5m。

4）室外消火栓的间距不应大于 120m。

5）室外消火栓的最大保护半径不应大于 150m。

知识点 9：施工现场室内消防给水设置

1. 设置条件。

建筑高度大于 24m 或单体体积超过 30000m² 的在建工程，应设置临时室内消防给水系统。

2. 室内消防用水量。

在建工程的临时室内消防用水量见表 6-3-8。

表 6-3-8　在建工程的临时室内消防用水量

建筑高度、在建工程体积（单体）	火灾延续时间（h）	消火栓用水量（L/s）	每支消防水枪最小流量（L/s）
24m < 建筑高度 ≤ 50m 或 30000m³ < 体积 ≤ 50000m³	1	10	5
建筑高度 > 50m 或 体积 > 50000m³	1	15	5

3. 设置要求。

1）管网设置要求。

（1）消防竖管的设置位置应便于消防人员操作，其数量不应少于 2 根，当结构封顶时，应将消防竖管设置成环状。

（2）消防竖管的管径应根据在建工程临时消防用水量、竖管内水流计算速度进行计算确定，且不应小于 DN100。

2）水泵接合器设置要求。

要求设置室内消防给水系统的在建工程，应设消防水泵接合器。消防水泵接合器应设置在室外便于消防车取水的部位，与室外消火栓或消防水池取水口的距离宜为 15~40m。

3）室内消火栓快速接口及消防软管设置的基本要求。

（1）在建工程的室内消火栓接口及软管接口应设置在位置明显且易于操作的部位。

（2）消火栓接口的前端应设置截止阀。

（3）消火栓接口或软管接口的间距，多层建筑不大于 50m，高层建筑不大于 30m。

4）消防水带、水枪及软管的配置要求。

在建工程结构施工完毕的每层楼梯处，应设置消防水枪、水带及软管，且每个设置点不应少于 2 套。

5）中转水池及加压水泵的配置要求。

对于建筑高度超过 100m 的在建工程，还需在楼层上增设楼层中转水池和加压水泵，进行分段加压，分段给水。为保证中转水池在无补水的最不利情况下，其水量可满足两支消防水枪（进水口径 50mm，喷嘴口径 19mm）同时工作不少于 15min 的要求，楼层中转水池的有效容积不应少于 10m³。上、下两个中转水池的高差不宜超过 100m。

知识点 10：施工现场应急照明设置

1. 应配备临时应急照明的施工现场。

1）自备发电机房及变、配电房。

2）水泵房。

3）无天然采光的作业场所及疏散通道。

4）高度超过 100m 的在建工程的室内疏散通道。

5）发生火灾时仍需坚持工作的其他场所。

2. 临时应急照明设置要求。

1）作业场所应急照明的照度不应低于正常工作所需照度的 90%，疏散通道的照度值不应小于 0.5lx。

2）临时消防应急照明灯具宜选用自备电源的应急照明灯具，自备电源的连续供电时间不应小于 60min。

知识点 11：施工现场安全管理

施工现场消防安全管理包括：管理制度、防火技术方案、灭火及应急疏散预案、消防安全教育与培训、消防安全技术交底、消防安全检查和消防档案管理等内容，见表 6-3-9。

表 6-3-9　施工现场消防安全管理的具体内容

类别	具体内容
消防安全管理制度	（1）消防安全教育与培训制度； （2）可燃及易燃易爆危险品管理制度； （3）用火、用电、用气管理制度； （4）消防安全检查制度； （5）应急预案演练制度

续表

类别	具体内容
防火技术方案	（1）施工现场重大火灾危险源辨识。 （2）施工现场防火技术措施，即施工人员在具有火灾危险的场所进行施工作业或实施具有火灾危险的工序时，在"人、机、料、环、法"等方面应采取的防火技术措施。 （3）临时消防设施、临时疏散设施配备，并应具体明确以下相关内容： ①明确配置灭火器的场所、选配灭火器的类型和数量及最小灭火级别； ②确定消防水源，临时消防给水管网的管径、敷设线路、给水工作压力及消防水池、水泵、消火栓等设施的位置、规格、数量等； ③明确设置应急照明的场所，应急照明灯具的类型、数量、安装位置等； ④在建工程永久性消防设施临时投入使用的安排及说明； ⑤明确安全疏散的线路（位置）、疏散设施搭设的方法及要求等。 （4）临时消防设施和消防警示标识布置图
灭火及应急疏散预案	（1）应急灭火处置机构及各级人员应急处置职责； （2）报警、接警处置的程序和通信联络的方式； （3）扑救初起火灾的程序和措施； （4）应急疏散及救援的程序和措施
消防安全教育和培训	（1）施工现场消防安全管理制度、防火技术方案、灭火及应急疏散预案的主要内容；（2018年综合能力第17题） （2）施工现场临时消防设施的性能及使用、维护方法； （3）扑灭初起火灾及自救逃生的知识和技能
消防安全技术交底	（1）施工过程中可能发生火灾的部位或环节； （2）施工过程应采取的防火措施及应配备的临时消防设施； （3）初起火灾的扑救方法及注意事项； （4）逃生方法及路线
消防安全检查	（1）可燃物及易燃易爆危险品的管理是否落实； （2）动火作业的防火措施是否落实； （3）用火、用电、用气是否存在违章操作，电、气焊及保温防水施工是否执行操作规程； （4）临时消防设施是否完好有效； （5）临时消防车道及临时疏散设施是否畅通
消防管理档案	施工单位保存施工现场消防安全管理的相关文件和记录，建立现场消防安全管理档案

知识点12：施工现场用火、用电、用气管理

施工现场用火、用电、用气管理要求如下。

1. 动火作业管理。

为保证动火作业安全，施工现场动火作业，应符合下列要求：

1）施工现场动火作业前，应由动火作业人提出动火作业申请。动火作业申请至少应包含动火作业的人员、内容、部位或场所、时间、作业环境及灭火救援措施等内容；

2）动火许可证的签发人收到动火申请后，应前往现场查验并确认动火作业的防火措施落实后，方可签发动火许可证；

3）动火操作人员应按照相关规定，具有相应资格，并持证上岗作业；

4）焊接、切割、烘烤或加热等动火作业前，应对作业现场的可燃物进行清理；作业现场及其附近

无法移走的可燃物，应采用不燃材料对其覆盖或隔离；

5）施工作业安排时，宜将动火作业安排在使用可燃建筑材料的施工作业前进行。确需在使用可燃建筑材料的施工作业之后进行动火作业，应采取可靠的防火措施；

6）严禁在裸露的可燃材料上直接进行动火作业；

7）焊接、切割、烘烤或加热等动火作业，应配备灭火器材，并设动火监护人进行现场监护，每个动火作业点均应设置一个监护人；

8）五级（含五级）以上风力时，应停止焊接、切割等室外动火作业；

9）动火作业后，应对现场进行检查，确认无火灾危险后，动火操作人员方可离开。

2. 施工现场用电要求。

1）施工现场的发电、变电、输电、配电、用电的设备、电器、线路及相应的保护装置等供用电设施的设计、施工、运行、维护应符合现行国家标准《建设工程施工现场供用电安全规范》（GB 50194）的要求。

2）电气线路应具有相应的绝缘强度和机械强度，严禁使用绝缘老化或失去绝缘性能的电气线路，严禁在电气线路上悬挂物品。破损、烧焦的插座、插头应及时更换。

3）电气设备特别是易产生高热的设备，应与可燃、易燃易爆和腐蚀性物品保持一定的安全距离。

4）有爆炸和火灾危险的场所，按危险场所等级选用相应的电气设备。

5）配电屏上每个电气回路应设置漏电保护器、过载保护器，距配电屏 2m 范围内不应堆放可燃物，5m 范围内不应设置可能产生较多易燃、易爆气体、粉尘的作业区。（2019 年综合能力第 18 题）

6）可燃材料库房不应使用高热灯具，易燃易爆危险品库房内应使用防爆灯具。

7）普通灯具与易燃物距离不宜小于 300mm；聚光灯、碘钨灯等高热灯具与易燃物距离不宜小于 500mm。（2019 年综合能力第 18 题）

8）电气设备不应超负荷运行或带故障使用。

9）禁止私自改装现场供用电设施，现场供用电设施的改装应经具有相应资质的电气工程师批准，并由具有相应资质的电工实施。

10）应定期对电气设备和线路的运行及维护情况进行检查。

3. 用气管理。

1）储装气体的罐瓶及其附件应合格、完好和有效；严禁使用减压器及其他附件缺损的氧气瓶，严禁使用乙炔专用减压器、回火防止器及其他附件缺损的乙炔瓶。

2）气瓶运输、存放、使用时，应符合下列规定：

（1）气瓶应保持直立状态，并采取防倾倒措施，乙炔瓶严禁横躺卧放。

（2）严禁碰撞、敲打、抛掷、滚动气瓶。

（3）气瓶应远离火源，距火源距离不应小于 10m，并应采取避免高温和防止暴晒的措施。

（4）燃气储装瓶罐应设置防静电装置。

3）气瓶应分类储存，库房内通风良好；空瓶和实瓶同库存放时，应分开放置，两者间距不应小于 1.5m。

4）气瓶使用时，应符合下列规定：

（1）使用前，应检查气瓶及气瓶附件的完好性，检查连接气路的气密性，并采取避免气体泄漏的措施，严禁使用已老化的橡皮气管。

（2）氧气瓶与乙炔瓶的工作间距不应小于 5m，气瓶与明火作业点的距离不应小于 10m。（2018 年综合能力第 67 题）

（3）冬季使用气瓶，如气瓶的瓶阀、减压器等发生冻结，严禁用火烘烤或用铁器敲击瓶阀，禁止猛拧减压器的调节螺丝。

(4) 氧气瓶内剩余气体的压力不应小于 0.1MPa。

(5) 气瓶用后，应及时归库。

分析：施工消防安全管理分值每年都是 2 分。下一步的出题重点应是防火间距要求、建筑防火要求和用火、用电、用气的管理。

四、高频真题

1. (2018 年综合能力第 17 题)（知识点 11）某在建工程的施工单位对施工人员开展消防安全教育培训，根据《社会消防安全教育培训规定》（公安部第 109 号令），该施工单位开展消防安全教育培训的方法和内容不包括（　　）。

   A. 工程施工队施工人员进行消防安全教育

   B. 在工地醒目位置、住宿场所设置消防安全宣传栏和警示标识

   C. 对施工人员进行消防产品经常检验方法培训

   D. 对明火作业人员进行经常性的消防安全教育

   【答案】C

   【解析】施工单位开展消防安全教育培训的方法和内容：工程施工队施工人员进行消防安全教育；在工地醒目位置、住宿场所设置消防安全宣传栏和警示标识；对明火作业人员进行经常性的消防安全教育。

2. (2018 年综合能力第 56 题)（知识点 8）某在建 30 层写字楼。建筑高度 98m，建筑面积 150000m²，周边没有城市供水设施，根据现行国家标准《建设工程施工现场消防安全技术规范》(GB 50720)。该在建工程临时室外消防用水量应按（　　）计算。

   A. 火灾延续时间 1.0h，消火栓用水量 10L/s

   B. 火灾延续时间 0.5h，消火栓用水量 15L/s

   C. 火灾延续时间 1.5h，消火栓用水量 20L/s

   D. 火灾延续时间 2.0h，消火栓用水量 20L/s

   【答案】D

   【解析】根据《建设工程施工现场消防安全技术规范》(GB 50720—2011) 5.3.6 条，在建工程的临时室外消防用水量不应小于表 5.3.6（原表号，见表 6-3-10）的规定。

   表 6-3-10　在建工程的临时室外消防用水量

在建工程（单体）体积	火灾延续时间 (h)	消火栓用水量 (L/s)	每支消防水枪最小流量 (L/s)
10000m³＜体积≤30000m³	1	15	5
体积＞30000m³	2	20	5

3. (2019 年综合能力第 12 题)（知识点 5）某多层在建工程单体占地面积为 4000m²，对该工程消防车道进行防火检查，下列检查结果中，不符合现行国家标准《建设工程施工现场消防安全技术规范》(GB 50720) 要求的是（　　）。

   A. 设置的临时消防车道与在建工程的距离为 10m

   B. 在消防车道尽端设置了 12m×12m 的回车场

   C. 在临时消防车道的左侧设置了消防车行进路线指示标识

   D. 在建筑的长边设置了宽度为 6m 的临时消防救援场地

   【答案】C

【解析】本题考查的知识点是消防救援设施。根据《建设工程施工现场消防安全技术规范》（GB 50720）的相关规定：

3.2.1 易燃易爆危险品库房与在建工程的防火间距不应小于15m，可燃材料堆场及其加工场、固定动火作业场与在建工程的防火间距不应小于10m，其他临时用房、临时设施与在建工程的防火间距不应小于6m。A选项符合要求。

3.3.2 临时消防车道的设置应符合下列规定：

1 临时消防车道宜为环形，设置环形车道确有困难时，应在消防车道尽端设置尺寸不小于12m×12m的回车场。B选项符合要求。

2 临时消防车道的净宽度和净空高度均不应小于4m。

3 临时消防车道的右侧应设置消防车行进路线指示标识。C选项不符合要求。

4 临时消防车道路基、路面及其下部设施应能承受消防车通行压力及工作荷载。

3.3.4-3 临时救援场地宽度应满足消防车正常操作要求，且不应小于6m，与在建工程外脚手架的净距不宜小于2m，且不宜超过6m。D选项符合要求。

4. （2019年综合能力第18题）（知识点12）某大型厂房施工现场，在用电防火方面的下列做法中，不符合现行国家标准要求的是（　　）。

A. 堆放的可燃物距配电屏1.5m
B. 产生粉尘的作业区距配电屏6m
C. 普通灯具与易燃物的距离为0.3m
D. 碘钨灯具与易燃物的距离为0.6m

【答案】A

【解析】本题考查的知识点是施工现场安全管理。根据《建设工程施工现场消防安全技术规范》（GB 50720）的相关规定：

6.3.2 施工现场用电应符合下列规定：

5 配电屏上每个电气回路应设置漏电保护器、过载保护器，距配电屏2m范围内不应堆放可燃物，5m范围内不应设置可能产生较多易燃、易爆气体、粉尘的作业区。A选项不符合要求，B选项符合要求。

7 普通灯具与易燃物的距离不宜小于300mm，聚光灯、碘钨灯等高热灯具与易燃物的距离不宜小于500mm。C、D选项符合要求。

五、考题预测

（一）习题

1. 保持临时用房、临时设施与在建工程的防火间距是防止施工现场火灾相互蔓延的关键。可燃材料堆场及其加工场、固定动火作业场与在建工程的防火间距不应小于（　　）m。

A. 5　　　　　　　B. 10　　　　　　　C. 15　　　　　　　D. 20

2. 下列属于需设临时消防救援场地的施工现场是（　　）。

A. 建筑高度为22m的在建工程
B. 建筑工程单体占地面积大于2000m² 的在建工程
C. 8栋，且为成组布置的临时用房
D. 建筑高度为25m的在建工程

3. 宿舍、办公用房等施工场地临时用房房间内任一点至最近疏散门的距离不应大于（　　）m，房门的净宽度不应小于0.8m，房间建筑面积超过50m²时，房门的净宽度不应小于1.2m。

A. 10　　　　　　　B. 15　　　　　　　C. 20　　　　　　　D. 25

4. 施工现场发生火情后，初期的扑救和及时疏散是避免财产损失和保证施工人员安全的有效途径，所以施工现场需设置常用且最为有效的临时消防设施。对于房屋建筑工程，新近施工的楼层，因混凝土强度等原因，可能出现模板及支模架不能及时拆除，临时消防设施的设置难以及时跟进，但临时消防设施的设置与在建工程主体结构施工进度的差距不应超过（　　）层。

A. 1　　　　　　　B. 2　　　　　　　C. 3　　　　　　　D. 4

5. 施工现场配电屏上每个电气回路应设置漏电保护器、过载保护器，距配电屏（　　）m 范围内不应堆放可燃物，5m 范围内不应设置可能产生较多易燃、易爆气体、粉尘的作业区。

A. 1　　　　　　　B. 2　　　　　　　C. 3　　　　　　　D. 4

6. 施工现场临建用房之间的防火间距需要满足一定要求，其中可燃材料堆场及其加工厂与固定动火作业场之间的防火间距不应小于（　　）m，易燃易爆危险品库房与固定动火作业场的防火间距不应小于（　　）m。

A. 7，10　　　　　B. 10，10　　　　C. 10，12　　　　D. 12，10

7. 在施工现场生活区一般会搭建大量的供人员办公、住宿的临时用房，平时会有大量的现场工作人员活动及休息，一般这些临时用房都不能按照正式的办公楼、宿舍楼等进行防火设计，给施工现场消防安全带来隐患。下列对临时搭建的宿舍、办公用房提出的防火要求中，错误的是（　　）。

A. 建筑构件的燃烧性能等级应为 A 级

B. 建筑层数不应超过 6 层，每层建筑面积不应大于 $300m^2$

C. 建筑层数为 3 层或每层建筑面积大于 $200m^2$ 时，应设置不少于 2 部疏散楼梯

D. 单面布置用房时，疏散走道的净宽度不应小于 1.0m；双面布置用房时，疏散走道的净宽度不应小于 1.5m

E. 疏散楼梯的净宽度不应大于疏散走道的净宽度

8. 施工现场消防管理内容包括（　　）。

A. 防火技术方案　　　B. 消防安全教育与培训　　　C. 消防安全技术交底

D. 可燃物及易燃易爆危险品管理　　　　　　　　E. 消防管理档案

9. 下列需设临时消防救援场地的施工现场的是（　　）。

A. 建筑高度大于 20m 的在建工程

B. 建筑高度大于 24m 的在建工程

C. 建筑工程单体占地面积大于 $3000m^2$ 的在建工程

D. 超过 5 栋，且为成组布置的临时用房

E. 超过 10 栋，且为成组布置的临时用房

（二）答案详解

1.【答案】B

2.【答案】D

3.【答案】B

4.【答案】C

5.【答案】B

6.【答案】B

7.【答案】BE

8.【答案】ABCE

9.【答案】BCE

第四章 大型群众性活动消防安全管理

一、知识点架构图

本章的知识点架构见图6-4-1。

图6-4-1 第六篇第四章知识点架构图

二、考情分析

本章的考情分析见表6-4-1。

大型群众活动的消防安全管理主要内容就是活动开展过程中防火巡查、防火检查及活动应急预案的编制等知识点，本章考试涉及内容较少，应大体了解。

表6-4-1 第六篇第四章考情分析表

年份	技术实务		综合能力		案例分析	
	分值（分）	占比（%）	分值（分）	占比（%）	分值（分）	占比（%）
2015年	0	0	1	0.8	0	0
2016年	0	0	1	0.8	0	0
2017年	0	0	1	0.8	0	0
2018年	0	0	0	0	0	0
2019年	0	0	1	0.8	0	0
2020年	0	0	0	0	0	0

三、典型知识点

知识点1：大型群众性活动的主要特点及火灾因素

1. 大型群众性活动的主要特点。

大型群众性活动具有规模大、临时性和协调难等特点。

2. 大型群众性活动的火灾因素。

大型群众性活动存在的诸多不安全状态和不安全行为，是引发火灾事故的主要原因。根据分析，除人为破坏和恐怖袭击外，大型群众性活动场所发生火灾的可能性主要有以下几方面：

1）电气引起火灾；
2）明火管理不善引起火灾；
3）吸烟不慎引起火灾；
4）燃放烟花引起火灾。

知识点 2：重大活动的活动特点及安保工作原则

1. 重大活动的活动特点。
1）活动场所复杂；
2）活动筹备期长；
3）社会影响力大；
4）参与人数众多；
5）多种活动交织。

2. 重大活动消防安保工作原则。
1）坚持预防为主的原则；
2）坚持依法管理的原则；
3）坚持群众参与的原则。

知识点 3：大型群众性活动消防安全管理工作原则

1. 以人为本，减少火灾。
2. 居安思危，预防为主。
3. 统一领导，分级负责。
4. 依法申报，加强监管。
5. 快速反应，协同应对。

知识点 4：大型群众性活动消防管理组织体系

为保障重大节庆活动安全有效进行，必须建立统一指挥、反应迅速、协调有序、运转高效的消防安全保卫组织体系。举办大型群众性活动的单位，应结合本单位实际和活动需要，成立由单位消防安全责任人（法定代表人或主要领导）任组长、消防安全管理人及单位副职领导（专、兼职）为副组长、各部门领导为成员的消防安全保卫工作领导小组，统一指挥协调大型群众性活动的消防安全保卫工作。领导小组应设灭火行动组、通信保障组、疏散引导组、安全防护救护组和防火巡查组。（2019 年综合能力第 45 题）

知识点 5：大型群众性活动管理工作职责

大型群众性活动管理工作职责见表 6-4-2。

表 6-4-2 大型群众性活动管理工作职责

人员或部门类别	工作职责
活动承办人（2019 年综合能力第 45 题）	应当依法向公安机关申请安全许可，制定灭火和应急疏散预案并组织演练，明确消防安全责任分工，确定消防安全管理人员，保持消防设施和消防器材配置齐全、完好有效，保证疏散通道、安全出口、疏散指示标志、应急照明和消防车通道符合消防技术标准和管理规定

续表

人员或部门类别	工作职责
消防安全责任人	（1）贯彻执行消防法规，保障承办活动消防安全符合规定，掌握活动的消防安全情况； （2）将消防工作与承办的大型群众性活动统筹安排，批准实施大型群众性活动消防安全工作方案； （3）为大型群众性活动的消防安全提供必要的经费和组织保障； （4）确定逐级消防安全责任，批准实施消防安全制度和保障消防安全的操作规程； （5）组织防火巡查、防火检查，督促落实火灾隐患整改，及时处理涉及消防安全的重大问题； （6）根据消防法规的规定建立义务消防队； （7）组织制定符合大型群众性活动实际的灭火和应急疏散预案，并实施演练； （8）依法申报重大节庆活动举办的消防安全检查手续，在取得合格手续的前提下方可举办
消防安全管理人	（1）拟订大型群众性活动消防安全工作方案，组织实施大型群众性活动的消防安全管理工作； （2）组织制订消防安全制度和保障消防安全的操作规程并检查督促其落实； （3）拟订消防安全工作的资金投入和组织保障方案； （4）组织实施防火巡查、防火检查和火灾隐患整改工作； （5）组织实施对承办活动所需的消防设施、灭火器材和消防安全标志进行检查，确保其完好有效，确保疏散通道和安全出口畅通； （6）组织管理义务消防队； （7）对参加活动的演职、服务、保障等人员进行消防知识、技能的宣传教育和培训，组织灭火和应急疏散预案的实施和演练； （8）单位消防安全责任人委托的其他消防安全管理工作； （9）协调活动场地所属单位做好相关消防安全工作
场地产权单位	活动场地的产权单位应当向大型群众性活动的承办单位提供符合消防安全要求的建筑物、场所和场地。对于承包、租赁或者委托经营、管理时，当事人在订立的合同中依照有关规定明确各方的消防安全责任；消防车通道、涉及公共消防安全的疏散设施和其他建筑消防设施应当由产权单位或者委托管理的单位统一管理
灭火行动组	（1）结合活动举办实际，制定灭火和应急疏散预案，并报请领导小组审批后实施； （2）实施灭火和应急疏散预案的演练，对预案存在的不合理的地方进行调整，确保预案贴近实战； （3）对举办活动场地及相关设施组织消防安全检查，督促相关职能部门整改火灾隐患，确保活动举办安全； （4）组织力量在活动举办现场利用现有消防装备实施消防安全保卫，确保第一时间处置火灾事故或突发性事件； （5）发生火灾事故时，组织人员对现场进行保护，协助当地公安机关进行事故调查； （6）对发生的火灾事故进行分析，汲取教训，积累经验，为今后的活动举办提供强有力的安全保障
通信保障组	（1）建立通信平台，有条件的单位可利用无线通信平台，无条件的单位将领导小组各级领导及成员的联系方式汇编成册，建立通信联络平台； （2）保证第一时间内将领导小组长的各项指令第一时间内传达到每一个参战单位和人员，实现上下通信畅通无阻； （3）与当地消防救援机构保持紧密联系，确保第一时间向消防救援机构报警，争取灭火救援时间，最大限度地减少人员伤亡和财产损失

续表

人员或部门类别	工作职责
疏散引导组	（1）掌握活动举办场所各安全通道、出口位置，了解安全通道、出口畅通情况； （2）在关键部位，设置工作人员，确保通道、出口畅通； （3）在发生火灾或突发事件的第一时间，引导参加活动的人员从最近的安全通道、安全出口疏散，确保参加活动人员生命安全
安全防护救护组	（1）做好可能发生的事件的前期预防，做到心中有数； （2）聘请医疗机构的专业人员备齐相应的医疗设备和急救药品到活动现场，做好应对突发事件的准备工作； （3）一旦发生突发事件，确保第一时间到场处置，确保人身安全
防火巡查组	（1）巡查活动现场消防设施是否完好有效；（2018年综合能力第60题） （2）巡视活动现场安全出口、疏散通道是否畅通； （3）巡查活动消防重点部位的运行状况、工作人员在岗情况； （4）巡查活动过程用火、用电情况； （5）巡查活动过程中的其他消防不安全因素； （6）纠正巡查过程中的消防违章行为； （7）及时向活动的消防安全管理人报告巡查情况

知识点6：大型群众性活动防火巡查

大型群众性活动应当组织具有专业消防知识和技能的巡查人员在活动举办前2小时进行一次防火巡查；在活动举办过程中全程开展防火巡查；活动结束时应当对活动现场进行检查，消除遗留火种。防火巡查的内容应该包括：

1）及时纠正违章行为。
2）妥善处置火灾危险，无法当场处置的，应当立即报告。
3）发现初起火灾应当立即报警并及时扑救。

防火巡查应当填写巡查记录，巡查人员及其主管人员应当在巡查记录上签名。

知识点7：大型群众性活动防火检查

大型群众性活动应当在活动前12小时内进行防火检查。检查的内容应当包括：

1）消防救援机构所提意见的整改情况以及防范措施的落实情况；
2）安全疏散通道、疏散指示标志、应急照明和安全出口情况；
3）消防车通道、消防水源情况；
4）灭火器材配置及有效情况；
5）用火、用电有无违章情况；
6）重点操作人员以及其他人员消防知识的掌握情况；
7）消防安全重点部位的管理情况；
8）易燃易爆危险物品和场所防火防爆措施的落实情况以及其他重要物资的防火安全情况；
9）防火巡查情况；
10）消防安全标志的设置情况和完好、有效情况；
11）其他需要检查的内容。

防火检查应当填写检查记录。检查人员和被检查部门负责人应当在检查记录上签名。

知识点8：大型群众性活动灭火和应急疏散预案

大型群众性活动的承办单位制定的灭火和应急疏散预案应当包括下列内容：
1）组织机构，包括：灭火行动组、通信联络组、疏散引导组、安全防护救护组；
2）报警和接警处置程序；
3）应急疏散的组织程序和措施；
4）扑救初起火灾的程序和措施；
5）通信联络、安全防护救护的程序和措施。

承办单位应当按照灭火和应急疏散预案，在活动举办前至少进行一次演练，并结合实际，不断完善预案。消防演练时，应当设置明显标识并事先告知演练范围内的人员。

分析：大型群众性活动消防安全管理每年1分。对此部分内容作一般掌握即可。

四、高频真题

1.（2018年综合能力第60题）（知识点5）某市在会展中心举办农产品交易会，有2000个厂商参展，根据《中华人民共和国消防法》，该场所不符合举办大型群众性活动消防安全的规定的做法是（　　）。
   A. 由举办单位负责人担任交易会的消防安全责任人
   B. 会展中心的消防水泵有故障，由政府专职消防队现场守护
   C. 制定灭火和应急疏散预案并组织演练
   D. 疏散通道、安全出口保持畅通

【答案】B

【解析】根据《中华人民共和国消防法》第二十条，举办大型群众性活动，承办人应当依法向公安机关申请安全许可，制定灭火和应急疏散预案并组织演练，明确消防安全责任分工，确定消防安全管理人员，保持消防设施和消防器材配置齐全、完好有效，保证疏散通道、安全出口、疏散指示标志、应急照明和消防车通道符合消防技术标准和管理规定。选项B做法错误，应保证消防水泵完好有效。

2.（2019年综合能力第45题）（知识点4、5）某美食广场建筑面积3000m²，广场业主举办五周年庆典活动，开展文艺演出，美食比赛烹饪竞技等系列活动，预计参加庆典活动的宾客人数达5000人，该广场业主的下列做法中错误的是（　　）。
   A. 向公安机关申请安全许可
   B. 制定防止人员拥挤踩踏事件预案并组织一次演练
   C. 确定安全办主任为活动的消防安全责任人
   D. 保持疏散通道，安全出口畅通

【答案】C

【解析】本题考查的知识点是大型群众性活动消防安全责任。《中华人民共和国消防法》第二十条规定，举办大型群众性活动，承办人应当依法向公安机关申请安全许可，制定灭火和应急疏散预案并组织演练，明确消防安全责任分工，确定消防安全管理人员，保持消防设施和消防器材配置齐全、完好有效，保证疏散通道、安全出口、疏散指示标志、应急照明和消防车通道符合消防技术标准和管理规定。A、B、D项正确。根据《机关、团体、企业、事业单位消防安全管理规定》（公安部令第61号）第四条的规定，法人单位的法定代表人或非法人单位的主要负责人为单位的消防安全责任人。C选项错误。

五、考题预测

（一）习题

1. 《大型群众性活动安全管理条例》规定：大型群众性活动即法人或者其他组织面向社会公众举办的每场次预计参加人数达到（　　）人以上的活动，包括体育比赛、演唱会、音乐会、展览、展销、游园、灯会、庙会、花会、焰火晚会以及人才招聘会、现场开奖的彩票销售等活动。

　　A. 1000　　　　　　　B. 1500　　　　　　　C. 2000　　　　　　　D. 2500

2. 《中华人民共和国消防法》《大型群众性活动安全管理条例》等对大型群众活动消防安全责任进行了规定。下列有关大型群众性活动消防安全责任说法中，不正确的是（　　）。

　　A. 大型群众性活动的承办者对其承办活动的消防安全负责，承办者的主要负责人为大型群众性活动的消防安全责任人

　　B. 举办大型群众性活动，承办人应当依法向公安机关申请安全许可

　　C. 举办大型群众性活动，承办人应制订灭火和应急疏散预案并组织演练

　　D. 活动场地的产权单位无须承担任何消防安全责任

3. 大型群众性活动应当组织具有专业消防知识和技能的巡查人员在活动举办前（　　）进行一次防火巡查。

　　A. 1h　　　　　　　B. 2h　　　　　　　C. 5h　　　　　　　D. 12h

4. 大型群众性活动具有火灾危险性，且人员高度聚集，活动的消防安全工作极为重要，稍有疏忽就会引起火灾事故等特点。下列属于大型群众性活动承办人消防安全责任的是（　　）。

　　A. 制订灭火和应急疏散预案并组织演练　　　　B. 明确消防安全责任分工

　　C. 保障活动资金　　　　　　　　　　　　　　D. 保持消防设施和消防器材配置齐全、完好有效

　　E. 保证疏散通道、安全出口、疏散指示标志、应急照明和消防车通道符合消防技术标准和管理规定

（二）答案详解

1. 【答案】A
2. 【答案】D
3. 【答案】B
4. 【答案】ABDE

第五章　大型商业综合体消防安全管理

一、知识点架构图

本章的知识点架构图见图6-5-1。

图6-5-1　第六篇第五章知识点架构图

二、考情分析

本章内容为新增知识点。为了进一步推动大型商业综合体落实消防安全主体责任，提升大型商业综合体消防安全管理水平，2019年12月3日，应急管理部消防救援局印发《大型商业综合体消防安全管理规则（试行）》的通知。本章内容很有可能通过"消防安全案例分析"大题考查。要求对"三、典型知识点"中的红色字部分重点掌握。

表6-5-1　第六篇第五章考情分析表

年份	技术实务		综合能力		案例分析	
	分值（分）	占比（%）	分值（分）	占比（%）	分值（分）	占比（%）
2020年	0	0	4	3.3	2	1.67

三、典型知识点

知识点1：大型商业综合体概述

1. 大型商业综合体是指集购物、住宿、餐饮、娱乐、展览、交通枢纽等两种或两种以上功能于一体的单体建筑和通过地下连片车库、地下连片商业空间、下沉式广场、连廊等方式连接的多栋商业建筑组合体，已建成并投入使用且建筑面积不小于5万平方米的商业综合体。

2. 大型商业综合体的实际使用功能应当与设计功能一致。经过特殊消防设计的大型商业综合体，应当将特殊消防设计规定的相关技术措施的落实情况，作为消防安全管理的重点内容进行巡查、检查并存档备查。

知识点2：大型商业综合体消防安全责任与消防安全组织

1. 消防安全责任。

大型商业综合体消防安全责任要求见表6-5-2。

表6-5-2 大型商业综合体消防安全责任

项目	具体要求
消防安全责任主体	（1）大型商业综合体的产权单位、使用单位是大型商业综合体消防安全责任主体，对大型商业综合体的消防安全工作负责。 （2）大型商业综合体的产权单位、使用单位可以委托物业服务企业等单位（以下简称"委托管理单位"）提供消防安全管理服务，并应当在委托合同中约定具体服务内容
承包、租赁或委托经营管理	（1）大型商业综合体以承包、租赁或者委托经营等形式交由承包人、承租人、经营管理人使用的，当事人在订立承包、租赁、委托管理等合同时，应当明确各方消防安全责任。 （2）实行承包、租赁或委托经营管理时，产权单位应当提供符合消防安全要求的建筑物，并督促使用单位加强消防安全管理。 （3）承包人、承租人或者受委托经营管理者，在其使用、经营和管理范围内应当履行消防安全职责
两个以上产权单位、使用单位的建筑物	（1）大型商业综合体有两个以上产权单位、使用单位的，各单位对其专有部分的消防安全负责，对共有部分的消防安全共同负责。 （2）大型商业综合体有两个以上产权单位、使用单位的，应当明确一个产权单位、使用单位，或者共同委托一个委托管理单位作为统一管理单位，并明确统一消防安全管理人，对共用的疏散通道、安全出口、建筑消防设施和消防车通道等实施统一管理，同时协调、指导各单位共同做好大型商业综合体的消防安全管理工作

2. 消防安全职责。

大型商业综合体消防安全职责要求见表6-5-3。

表6-5-3 大型商业综合体消防安全职责

项目	具体要求
消防安全职责概况	（1）大型商业综合体的产权单位、使用单位应当明确消防安全责任人、消防安全管理人，设立消防安全工作归口管理部门，建立健全消防安全管理制度，逐级细化明确消防安全管理职责和岗位职责。 （2）消防安全责任人应当由产权单位、使用单位的法定代表人或主要负责人担任。 （3）消防安全管理人应当由消防安全责任人指定，负责组织实施本单位的消防安全管理工作
消防安全责任人	消防安全责任人应当掌握本单位的消防安全情况，全面负责本单位的消防安全工作，并履行下列消防安全职责： （1）制定和批准本单位的消防安全管理制度、消防安全操作规程、灭火和应急疏散预案，进行消防工作检查考核，保证各项规章制度落实。 （2）统筹安排本单位经营、维修、改建、扩建等活动中的消防安全管理工作，批准年度消防工作计划。 （3）为消防安全管理提供必要的经费和组织保障； （4）建立消防安全工作例会制度，定期召开消防安全工作例会，研究本单位消防工作，处理涉及消防经费投入、消防设施和器材购置、火灾隐患整改等重大问题，研究、部署、落实本单位消防安全工作计划和措施。 （5）定期组织防火检查，督促整改火灾隐患。 （6）依法建立专职消防队或志愿消防队，并配备相应的消防设施和器材。 （7）组织制定灭火和应急疏散预案，并定期组织实施演练

续表

项目	具体要求
消防安全管理人（2020年综合能力第14题）	消防安全管理人对消防安全责任人负责，应当具备与其职责相适应的消防安全知识和管理能力，取得注册消防工程师执业资格或者工程类中级以上专业技术职称，并应当履行下列消防安全职责： （1）拟订年度消防安全工作计划，组织实施日常消防安全管理工作。 （2）组织制订消防安全管理制度和消防安全操作规程，并检查督促落实。 （3）拟订消防安全工作的资金投入和组织保障方案。 （4）建立消防档案，确定本单位的消防安全重点部位，设置消防安全标识。 （5）组织实施防火巡查、检查和火灾隐患排查整改工作。 （6）组织实施对本单位消防设施和器材、消防安全标识的维护保养，确保其完好有效和处于正常运行状态，确保疏散通道、安全出口、消防车道畅通。 （7）组织本单位员工开展消防知识、技能的教育和培训，拟定灭火和应急疏散预案，组织灭火和应急疏散预案的实施和演练。 （8）管理专职消防队或志愿消防队，组织开展日常业务训练和初起火灾扑救。 （9）定期向消防安全责任人报告消防安全状况，及时报告涉及消防安全的重大问题。 （10）完成消防安全责任人委托的其他消防安全管理工作
经营、服务人员	（1）确保自身的经营活动不更改或占用经营场所的平面布置、疏散通道和疏散路线，不妨碍疏散设施及其他消防设施的使用。 （2）主动接受消防安全宣传教育培训，遵守消防安全管理制度和操作规程；熟悉本工作场所消防设施、器材及安全出口的位置，参加单位灭火和应急疏散预案演练。 （3）清楚了解本单位火灾危险性，会报火警、会扑救初起火灾，会组织疏散逃生和自救。 （4）每日到岗后及下班前应当检查本岗位工作设施、设备、场地、电源插座、电气设备的使用状态等，发现隐患及时排除并向消防安全工作归口管理部门报告。 （5）监督顾客遵守消防安全管理制度，制止吸烟、使用大功率电器等不利于消防安全的行为
保安人员	（1）按照本单位的消防安全管理制度进行防火巡查，并做好记录，发现问题应当及时报告。 （2）发现火灾及时报火警并报告消防安全责任人和消防安全管理人，扑救初起火灾，组织人员疏散，协助开展灭火救援。 （3）劝阻和制止违反消防法规和消防安全管理制度的行为

3. 专兼职消防队伍建设和管理。

建筑面积大于50万平方米的大型商业综合体应当设置单位专职消防队，单位专职消防队的建设要求应当符合现行国家标准的规定；未建立单位专职消防队的大型商业综合体应当组建志愿消防队，并以"3分钟到场"扑救初起火灾为目标，依托志愿消防队建立微型消防站。

大型商业综合体微型消防站相关要求见表6-5-4。

表6-5-4 大型商业综合体微型消防站相关要求（2020年综合能力第42题）

项目	具体要求
（专职消防队）微型消防站队员的主要职责	（1）应当熟悉建筑基本情况、建筑消防设施设置情况、灭火和应急疏散预案，熟练掌握建筑消防设施、消防器材装备的性能和操作使用方法，落实器材装备维护保养，参加日常防火巡查和消防宣传教育。 （2）接到火警信息后，队员应当按照"3分钟到场"要求赶赴现场扑救初起火灾，组织人员疏散，同时负责联络当地消防救援队，通报火灾和处置情况，做好到场接应，并协助开展灭火救援

续表

项目	具体要求
微型消防站的建设	（1）设置部位：宜设置在建筑内便于操作消防车和便于队员出入部位的专用房间内，可与消防控制室合用。为大型商业综合体建筑整体服务的微型消防站用房应当设置在建筑的首层或地下一层，为特定功能场所服务的微型消防站可根据其服务场所位置进行设置。 （2）设置数量：大型商业综合体的建筑面积大于或等于20万平方米时，应当至少设置2个微型消防站。设置多个微型消防站时，应当根据大型商业综合体的建筑特点和便于快速灭火救援的原则分散布置；且从各微型消防站站长中确定一名总站长，负责总体协调指挥。 （3）人员配备：每班（组）灭火处置人员不应少于6人，且不得由消防控制室值班人员兼任
微型消防站的管理	（1）由大型商业综合体产权单位、使用单位和委托管理单位负责日常管理，并宜与周边其他单位微型消防站建立联动联防机制。 （2）应当制定并落实岗位培训、队伍管理、防火巡查、值守联动、考核评价等管理制度，确保值守人员24小时在岗在位，做好应急出动准备。 （3）应当组织开展日常业务训练，不断提高扑救初起火灾的能力；训练内容包括体能训练、灭火器材和个人防护器材的使用等。 （4）微型消防站队员每月技能训练不少于半天，每年轮训不少于4天，岗位练兵累计不少于7天

知识点3：大型商业综合体消防安全管理工作

1. 用火用电安全管理与装修施工管理。

大型商业综合体用火用电安全管理与装修施工管理要求见表6-5-5。

表6-5-5 大型商业综合体用火用电安全管理与装修施工管理

项目	具体要求
用火、动火安全管理制度与人员要求	（1）大型商业综合体应当建立用火、动火安全管理制度，并应明确用火、动火管理的责任部门和责任人以及用火、动火的审批范围、程序和要求等内容。 （2）电气焊工、电工、易燃易爆危险物品管理人员（操作人员）应当持证上岗，执行有关消防安全管理制度和操作规程，落实作业现场的消防安全措施。 （3）电工应当熟练掌握确保消防电源正常工作的操作和切断非消防电源的技能
用火、动火安全管理	（1）严禁在营业时间进行动火作业。 （2）电气焊等明火作业前，实施动火的部门和人员应当按照消防安全管理制度办理动火审批手续，并在建筑主要出入口和作业现场醒目位置张贴公示。 （3）动火作业现场应当清除可燃、易燃物品，配置灭火器材，落实现场监护人和安全措施，在确认无火灾、爆炸危险后方可动火作业，作业后应当到现场复查，确保无遗留火种。 （4）需要动火作业的区域，应当采用不燃材料与使用、营业区域进行分隔。 （5）建筑内严禁吸烟、烧香、使用明火照明，演出、放映场所不得使用明火进行表演或燃放焰火

501

续表

项目	具体要求
用电防火安全管理	（1）采购电气、电热设备，应当符合国家有关产品标准和安全标准的要求。 （2）电气线路敷设、电气设备安装和维修应当由具备相应职业资格的人员按国家现行标准要求和操作规程进行。 （3）电热汀取暖器、暖风机、对流式电暖气、电热膜取暖器等电气取暖设备的配电回路应当设置与电气取暖设备匹配的短路、过载保护装置。 （4）电源插座、照明开关不应直接安装在可燃材料上。 （5）靠近可燃物的电器，应当采取隔热、散热等防火保护措施。 （6）各种灯具距离窗帘、幕布、布景等可燃物不应小于0.5m。 （7）应当定期检查、检测电气线路、设备，严禁超负荷运行。 （8）电气线路故障，应当及时停用检查维修，排除故障后方可继续使用。 （9）每日营业结束时，应当切断营业场所内的非必要电源
装修施工管理 （2020年综合能力第67题）	单位职责：装修施工现场的消防安全管理应当由施工单位负责，建设单位应当履行监督责任
	装修施工应符合下列要求： （1）不得擅自改变防火分隔和消防设施。 （2）不得降低建筑装修材料的燃烧性能等级。 （3）不得改变疏散门的开启方向。 （4）不得减少疏散出口的数量和宽度
	施工单位进行施工前，应当依法取得相关施工许可，预先向大型商业综合体消防安全管理人办理相关审批施工手续，并落实下列消防安全措施： （1）建立施工现场用火、用电、用气等消防安全管理制度和操作规程。 （2）明确施工现场消防安全责任人，落实相关人员的消防安全管理责任。 （3）施工人员应当接受岗前消防安全教育培训，制定灭火应急疏散演练预案并开展演练。 （4）在施工现场的重点防火部位或区域，应当设置消防安全警示标志，配备消防器材并在醒目位置标明配置情况，施工部位与其他部位之间应当采取防火分隔措施，保证施工部位消防设施完好有效；施工过程中应当及时清理施工垃圾，消除各类火灾隐患。 （5）局部施工部位确需暂停或者屏蔽使用局部消防设施的，不得影响整体消防设施的使用，同时采取人员监护或视频监控等防护措施加强防范，消防控制室或安防监控室内应当能够显示视频监控画面

2. 消防控制室和消防安全重点部位管理。

大型商业综合体消防控制室和消防安全重点部位管理要求见表6-5-6。

表6-5-6 大型商业综合体消防控制室和消防安全重点部位管理

项目/重点部位	具体要求
消防控制室	（1）值班人员管理。 消防控制室值班人员应当实行每日24小时不间断值班制度，每班不应少于2人。消防控制室值班人员应当持有相应的消防职业资格证书，熟练掌握以下知识和技能： ①建筑基本情况（包括建筑类别、建筑层数、建筑面积、建筑平面布局和功能分布、建筑内单位数量）。 ②消防设施设置情况（包括设施种类、分布位置、消防水泵房和柴油发电机房等重要功能用房设置位置、室外消火栓和水泵接合器安装位置等）。

续表

项目/重点部位		具体要求
消防控制室		③消防控制室设施设备操作规程（包括火灾报警控制器、消防联动控制器、消防应急广播、可燃气体报警控制器、消防电话等设施设备的操作规程）。 ④火警、故障应急处置程序和要求。 ⑤消防控制室值班记录表填写要求。 （2）值班人员值班期间的职责。 ①消防控制室值班人员值班期间，对接收到的火灾报警信号应当立即以最快方式确认，如果确认发生火灾，应当立即检查消防联动控制设备是否处于自动控制状态，同时拨打"119"火警电话报警，启动灭火和应急疏散预案。 ②消防控制室值班人员值班期间，应当随时检查消防控制室设施设备运行情况，做好消防控制室火警、故障和值班记录，对不能及时排除的故障应当及时向消防安全工作归口管理部门报告。 （3）其他管理。 ①禁止对消防控制室报警控制设备的喇叭、蜂鸣器等声光报警器件进行遮蔽、堵塞、断线、旁路等操作，确保警示器件处于正常工作状态。 ②禁止将消防控制室的消防电话、消防应急广播、消防记录打印机等设备挪作他用。消防图形显示装置中专用于报警显示的计算机，严禁安装其他无关软件。 ③消防控制室应当存放建筑总平面布局图、建筑消防设施平面布置图、建筑消防设施系统图，同时存放一套完整消防档案。 ④消防控制室内应当配备有关消防设备用房、通往屋顶和地下室等消防设施的通道门锁钥匙，防火卷帘按钮钥匙，消防电源、控制箱（柜）、开关专用钥匙，并分类标志悬挂；置备手提插孔消防电话、安全工作帽、手持扩音器、充电手电筒、对讲机等消防专用工具、器材。消防控制室内不得存放与消防控制室值班无关的物品，应当保证其环境满足设备正常运行的要求。 ⑤消防控制室与商户之间应当建立双向的信息联络沟通机制，确保紧急情况下信息畅通、及时响应。设有多个消防控制室的商业综合体，各消防控制室之间应当建立可靠、快捷的信息传达联络机制
消防安全重点部位管理	餐饮场所管理 （2020年综合能力第66题）	（1）餐饮场所宜集中布置在同一楼层或同一楼层的集中区域。 （2）餐饮场所严禁使用液化石油气及甲、乙类液体燃料。 （3）餐饮场所使用天然气作燃料时，应当采用管道供气。设置在地下且建筑面积大于150m² 或座位数大于75座的餐饮场所不得使用燃气。 （4）不得在餐饮场所的用餐区域使用明火加工食品，开放式食品加工区应当采用电加热设施； （5）厨房区域应当靠外墙布置，并应采用耐火极限不低于2.00h的隔墙与其他部位分隔。 （6）厨房内应当设置可燃气体探测报警装置，排油烟罩及烹饪部位应当设置能够联动切断燃气输送管道的自动灭火装置，并能够将报警信号反馈至消防控制室。 （7）炉灶、烟道等设施与可燃物之间应当采取隔热或散热等防火措施。 （8）厨房燃气用具的安装使用及其管路敷设、维护保养和检测应当符合消防技术标准及管理规定；厨房的油烟管道应当至少每季度清洗一次。 （9）餐饮场所营业结束时，应当关闭燃气设备的供气阀门

续表

项目/重点部位		具体要求
消防安全重点部位管理	其他场所重点部位管理	（1）儿童活动场所，包括儿童培训机构和设有儿童活动功能的餐饮场所，不应设置在地下、半地下建筑内或建筑的四层及四层以上楼层。 （2）电影院在电影放映前，应当播放消防宣传片，告知观众防火注意事项、火灾逃生知识和路线。 （3）宾馆的客房内应当配备应急手电筒、防烟面具等逃生器材及使用说明，客房内应当设置醒目、耐久的"请勿卧床吸烟"提示牌，客房内的窗帘和地毯应当采用阻燃制品。 （4）仓储场所不得采用金属夹芯板搭建，内部不得设置员工宿舍，物品入库前应当有专人负责检查，核对物品种类和性质，物品应分类分垛储存，并符合顶距、灯距、墙距、柱距、堆距的"五距"要求。 （5）展厅内布展时用于搭建和装修展台的材料均应采用不燃和难燃材料，确需使用的少量可燃材料，应当进行阻燃处理。 （6）汽车库不得擅自改变使用性质和增加停车数，汽车坡道上不得停车，汽车出入口设置的电动起降杆，应当具有断电自动开启功能；电动汽车充电桩的设置应当符合《电动汽车分散充电设施工程技术标准》（GB/T51313）的相关规定。 （7）配电室内建筑消防设施设备的配电柜、配电箱应当有区别于其他配电装置的明显标识，配电室工作人员应当能正确区分消防配电和其他民用配电线路，确保火灾情况下消防配电线路正常供电。 （8）锅炉房、柴油发电机房、制冷机房、空调机房、油浸变压器室的防火分隔不得被破坏，其内部设置的防爆型灯具、火灾报警装置、事故排风机、通风系统、自动灭火系统等应当保持完好有效。 （9）燃油锅炉房、柴油发电机房内设置的储油间总储存量不应大于 $1m^3$；燃气锅炉房应当设置可燃气体探测报警装置，并能够联动控制锅炉房燃烧器上的燃气速断阀、供气管道的紧急切断阀和通风换气装置。 （10）柴油发电机房内的柴油发电机应当定期维护保养，每月至少启动试验一次，确保应急情况下正常使用

3. 建筑消防设施与安全疏散管理。

大型商业综合体建筑消防设施与安全疏散管理要求见表 6-5-7。

表 6-5-7　大型商业综合体建筑消防设施与安全疏散管理

项目	具体要求
建筑消防设施管理	（1）大型商业综合体产权单位、使用单位可以委托具备相应从业条件的消防技术服务机构定期对建筑消防设施进行维护保养和检测，确保消防设施器材完好有效，处于正常运行状态。检测记录应当完整准确，存档备查。 （2）建筑消防设施存在故障、缺损的，应当立即维修、更换，不得擅自断电停运或长期带故障运行；因维修等原因需要停用建筑消防设施的，应当严格按照消防安全管理制度履行内部审批手续，制定应急方案，落实防范措施，并在建筑主要出入口醒目位置公告。维修完成后，应当立即恢复到正常运行状态。 （3）大型商业综合体的产权单位、使用单位和委托管理单位应当建立消防设施和器材的档案管理制度，记录配置类型、数量、设置部位、检查及维修单位（人员）、更换药剂时间，故障报告、修理和消除等有关情况。 （4）室内消火栓、机械排烟口、防火卷帘、常闭式防火门等建筑消防设施应当设置明显的提示性、警示性标识；消火栓箱、灭火器箱上应当张贴使用方法标识。

续表

项目	具体要求
建筑消防设施管理	（5）建筑消防给水设施的管道阀门均应处于正常运行位置，并具有开/关的状态标识；对需要保持常开或常闭状态的阀门，应当采取铅封、标识等限位措施。消防水池、气压水罐或高位消防水箱等消防储水设施的水量或水位应当符合设计要求；消防水泵、防排烟风机、防火卷帘等消防用电设备的配电柜控制开关应当处于自动（接通）位置。 （6）防火门、防火卷帘、防火封堵等防火分隔设施应当保持完整有效。防火卷帘、防火门应可正常关闭，且下方及两侧各 0.5m 范围内不得放置物品，并应用黄色标识线划定范围。室内消火栓箱不得上锁，箱内设备应当齐全、完好，禁止圈占、遮挡消火栓，禁止在消火栓箱内堆放杂物。 （7）商品、展品、货柜、广告箱牌、生产设备等不得影响防火门、防火卷帘、室内消火栓、灭火剂喷头、机械排烟口和送风口、自然排烟窗、火灾探测器、手动火灾报警按钮、声光报警装置等消防设施的正常使用。 （8）电缆井、管道井等竖向管井和电缆桥架应当在穿越每层楼板处采取可靠措施进行防火封堵，管井检查门应当采用防火门。电缆井、管道井等竖向管井禁止被占用或堆放杂物
安全疏散管理	疏散通道、安全出口管理应当符合下列要求： （1）疏散通道、安全出口应当保持畅通，禁止堆放物品、锁闭出口、设置障碍物。 （2）常用疏散通道、货物运送通道、安全出口处的疏散门采用常开式防火门时，应当确保在发生火灾时自动关闭并反馈信号。 （3）常闭式防火门应当保持常闭，门上应当有正确启闭状态的标识，闭门器、顺序器应当完好有效。 （4）商业营业厅、观众厅、礼堂等安全出口、疏散门不得设置门槛和其他影响疏散的障碍物，且在门口内外 1.4m 范围内不得设置台阶。 （5）疏散门、疏散通道及其尽端墙面上不得有镜面反光类材料遮挡、误导人员视线等影响人员安全疏散行动的装饰物，疏散通道上空不得悬挂可能遮挡人员视线的物体及其他可燃物，疏散通道侧墙和顶部不得设置影响疏散的凸出装饰物 消防应急照明和疏散指示标志的管理应当符合下列要求： （1）消防应急照明灯具、疏散指示标志应当保持完好、有效，各类场所疏散照明照度应当符合消防技术标准要求。 （2）营业厅、展览厅等面积较大场所内的疏散指示标志，应当保证其指向最近的疏散出口，并使人员在走道上任何位置均能看见、了解所处楼层。 （3）疏散楼梯通至屋面时，应当在每层楼梯间内设有"可通至屋面"的明显标识，宜在屋面设置辅助疏散设施。 （4）建筑内应当采用灯光疏散指示标志，不得采用蓄光型指示标志替代灯光疏散指示标志，不得采用可变换方向的疏散指示标志。 避难逃生与其他管理应当符合下列要求： （1）楼层的窗口、阳台等部位不得有影响逃生和灭火救援的栅栏。 （2）安全出口、疏散通道、疏散楼梯间不得安装栅栏，人员导流分隔区应当有在火灾时自动开启的门或可易于打开的栏杆。 （3）各楼层疏散楼梯入口处、电影院售票厅、宾馆客房的明显位置应当设置本层的楼层显示、安全疏散指示图，电影院放映厅和展厅门口应当设置厅平面疏散指示图，疏散指示图上应当标明疏散路线、安全出口和疏散门、人员所在位置和必要的文字说明。 （4）除休息座椅外，有顶棚的步行街上、中庭内、自动扶梯下方严禁设置店铺、摊位、游乐设施，严禁堆放可燃物。 （5）举办展览、展销、演出等活动时，应当事先根据场所的疏散能力核定容纳人数，活动期间应当对人数进行控制，采取防止超员的措施。

项目	具体要求
安全疏散管理	(6) 主要出入口、人员易聚集的部位应当安装客流监控设备，除公共娱乐场所、营业厅和展览厅外，各使用场所应当设置允许容纳使用人数的标识。 (7) 建筑内各经营主体营业时间不一致时，应当采取确保各场所人员安全疏散的措施。 (8) 平时需要控制人员随意出入的安全出口、疏散门或设置门禁系统的疏散门，应当保证火灾时能从内部直接向外推开，并应当在门上设置"紧急出口"标识和使用提示。可根据实际需要选用以下方法之一或其他等效的方法： ①设置安全控制与报警逃生门锁系统，其报警延迟时间不应超过15秒； ②设置能远程控制和现场手动开启的电磁门锁装置，且与火灾自动报警系统联动； ③设置推闩式外开门。 (9) 营业厅内的柜台和货架应当合理布置，疏散通道设置应当符合下列要求： ①营业厅内主要疏散通道应当直通安全出口； ②柜台和货架不得占用疏散通道的设计疏散宽度或阻挡疏散路线； ③疏散通道的地面上应当设置明显的疏散指示标识； ④营业厅内任一点至最近安全出口或疏散门的直线距离不得超过37.5m，且行走距离不得超过45m； ⑤营业厅的安全疏散路线不得穿越仓储、办公等功能用房。 (10) 各防火分区或楼层应当设置疏散引导箱，配备过滤式消防自救呼吸器、瓶装水、毛巾、哨子、发光指挥棒、疏散用手电筒等疏散引导用品，明确各防火分区或楼层区域的疏散引导员
灭火和应急救援设施管理	(1) 大型商业综合体建筑四周不得违章搭建建筑，不得占用防火间距、消防车道、消防车登高操作场地，禁止在消防车道、消防车登高操作场地设置停车泊位、构筑物、固定隔离桩等障碍物，禁止在消防车道上方、登高操作面设置妨碍消防车作业的架空管线、广告牌、装饰物、树木等障碍物。 (2) 户外广告牌、外装饰不得采用易燃可燃材料制作，不得妨碍人员逃生、排烟和灭火救援，不得改变或破坏建筑立面防火构造。建筑外墙上的灭火救援窗、灭火救援破拆口不得被遮挡，室内外的相应位置应当有明显标识。 (3) 室外消火栓不得被埋压、圈占，室外消火栓、消防水泵接合器两侧沿道路方向各3m范围内不得有影响其正常使用的障碍物或停放机动车辆。 (4) 消防车道、消防车登高操作场地、消防车取水口、消防水泵接合器、室外消火栓等消防设施应当设置明显的提示性、警示性标识

4. 灭火和应急疏散预案编制和演练。

大型商业综合体灭火和应急疏散预案编制和演练要求见表6-5-8。

表6-5-8 大型商业综合体灭火和应急疏散预案编制和演练

项目	具体要求
灭火和应急疏散预案的编制	(1) 大型商业综合体的产权单位、使用单位和委托管理单位应当根据人员集中、火灾危险性较大和重点部位的实际情况，制定有针对性的灭火和应急疏散预案，承租承包单位、委托经营单位等使用单位的应急预案应当与大型商业综合体整体应急预案相协调。 (2) 总建筑面积大于10万平方米的大型商业综合体，应当根据需要邀请专家团队对灭火和应急疏散预案进行评估、论证。 (3) 灭火和应急疏散预案应当至少包括：单位或建筑的基本情况、重点部位及火灾危险分析；明确火灾现场通信联络、灭火、疏散、救护、保卫等任务的负责人；火警处置程序；应急疏散的组织程序和措施；扑救初起火灾的程序和措施；通信联络、安全防护和人员救护的组织与调度程序和保障措施；灭火应急救援的准备

项目	具体要求
灭火和应急疏散预案的演练	（1）大型商业综合体消防演练目的：检验各级消防安全责任人、各职能组和有关人员对灭火和应急疏散预案内容、职责的熟悉程度；检验人员安全疏散、初起火灾扑救、消防设施使用等情况；检验本单位在紧急情况下的组织、指挥、通讯、救护等方面的能力；检验灭火应急疏散预案的实用性和可操作性，并及时对预案进行修订和完善。 （2）演练前，应当事先公告演练的内容、时间并通知场所内的从业员工和顾客积极参与；演练时，应当在建筑主要出入口醒目位置设置"正在消防演练"的标志牌，并采取必要的管控与安全措施；演练结束后，应当将消防设施恢复到正常运行状态，并进行总结讲评。 （3）消防演练中应当落实对于模拟火源及烟气的安全防护措施，防止造成人员伤害。 （4）大型商业综合体的产权单位、使用单位和委托管理单位应当根据灭火和应急疏散预案，至少每半年组织开展一次消防演练。 （5）人员集中、火灾危险性较大和重点部位应当作为消防演练的重点，与周边的其他大型场所或建筑，宜组织协同演练。 （6）消防演练方案宜报告当地消防救援机构，接受相应的业务指导。总建筑面积大于10万平方米的大型商业综合体，应当每年与当地消防救援机构联合开展消防演练

5. 消防安全宣传教育和培训。

大型商业综合体消防安全宣传教育和培训要求见表6-5-9。

表6-5-9　大型商业综合体消防安全宣传教育和培训

项目	具体要求
消防安全宣传	（1）通过在主要出入口醒目位置设置消防宣传栏、悬挂电子屏、张贴消防宣传挂图，以及举办各类消防宣传活动等多种形式对公众宣传防火、灭火、应急逃生等常识，重点提示该场所火灾危险性、安全疏散路线、灭火器材位置和使用方法，消防设施和器材应当设置醒目的图文提示标识。 （2）在公共部位的醒目位置设置警示标识，提示公众对该场所存在的下列违法行为有投诉、举报的义务： ①营业期间锁闭疏散门。 ②封堵或占用疏散通道或消防车道。 ③营业期间违规进行电焊、气焊等动火作业或施工。 ④营业期间违规进行建筑外墙保温工程施工。 ⑤疏散指示标志错误或不清晰。 ⑥其他消防安全违法行为
消防安全教育培训	（1）产权单位、使用单位和委托管理单位的消防安全责任人、消防安全管理人以及消防安全工作归口管理部门的负责人应当至少每半年接受一次消防安全教育培训，培训内容应当至少包括建筑整体情况，单位人员组织架构、灭火和应急疏散指挥架构，单位消防安全管理制度、灭火和应急疏散预案等。 （2）从业员工应当进行上岗前消防培训，在职期间应当至少每半年接受一次消防培训。从业员工的消防培训应当至少包括：本岗位的火灾危险性和防火措施；有关消防法规、消防安全管理制度、消防安全操作规程等；建筑消防设施和器材的性能、使用方法和操作规程；报火警、扑救初起火灾、应急疏散和自救逃生的知识、技能；本场所的安全疏散路线，引导人员疏散的程序和方法等；灭火和应急疏散预案的内容、操作程序。 （3）专职消防队员、志愿消防队员、保安人员应当掌握基本的消防安全知识和灭火基本技能，且至少每半年接受一次消防安全教育培训，培训至少应当包括：建筑基本情况，建筑消防设施、安全疏散设施、灭火和应急救援设施设置位置及基本常识；单位消防安全管理制度，尤其是火灾应急处置预案分工；发现、排除火灾隐患的技能，防火巡查、检查要点，消防安全重点部位、场所的防护要求；灭火救援、疏散引导和简单医疗救护技能；防火巡查、检查记录表填写要求

6. 防火巡查、检查和火灾隐患整改。

大型商业综合体防火巡查、检查和火灾隐患整改要求见表 6-5-10。

表 6-5-10　大型商业综合体防火巡查、检查和火灾隐患整改

项目	具体要求
防火巡查、检查	（1）应当建立防火巡查、防火检查制度，确定巡查和检查的人员、部位、内容和频次。 （2）产权单位、使用单位和委托管理单位应当定期组织开展消防联合检查，每月应至少进行一次建筑消防设施单项检查，每半年应至少进行一次建筑消防设施联动检查。 （3）应当明确建筑消防设施和器材巡查部位和内容，每日进行防火巡查，其中旅馆、商店、餐饮店、公共娱乐场所、儿童活动场所等公众聚集场所在营业时间，应至少每 2 小时巡查一次，并结合实际组织夜间防火巡查。防火巡查应当采用电子巡更设备。 （4）防火巡查和检查应当如实填写巡查和检查记录，及时纠正消防违法违章行为，对不能当场整改的火灾隐患应当逐级报告，整改后应当进行复查，巡查检查人员、复查人员及其主管人员应当在记录上签名
火灾隐患整改	（1）应当建立火灾隐患整改制度，明确火灾隐患整改责任部门和责任人、整改的程序和所需经费来源、保障措施。 （2）发现火灾隐患，应当立即改正；不能立即改正的，应当报告大型商业综合体的消防安全工作归口管理部门。 （3）消防安全管理人或消防安全工作归口管理部门负责人应当组织对报告的火灾隐患进行认定，并对整改完毕的火灾隐患进行确认。 （4）在火灾隐患整改期间，应当采取保障消防安全的措施。 （5）对重大火灾隐患和消防救援机构责令限期改正的火灾隐患，应当在规定的期限内改正，并由消防安全责任人按程序向消防救援机构提出复查或销案申请。 （6）不能立即整改的重大火灾隐患，应当由消防安全责任人自行对存在隐患的部位实施停业或停止使用

四、高频真题

1. （2020 年综合能力第 14 题）（知识点 2）王某为大型商业综合体内一餐饮场所的餐厅领班，李某为该餐饮场所消防安全管理人。根据《大型商业综合体消防安全管理规则（试行）》（应急消〔2019〕314 号），下列工作中，不属于王某应当履行的消防安全职责是（　　）。

A. 主动接受消防安全宣传教育培训　　　　B. 及时制止顾客的吸烟行为
C. 每 2h 组织开展一次消防巡查　　　　　D. 监督顾客遵守消防安全管理制度

【答案】C

【解析】根据表 6-5-3，大型商业综合体内的经营、服务人员应当履行下列消防安全职责：主动接受消防安全宣传教育培训，遵守消防安全管理制度和操作规程；熟悉本工作场所消防设施、器材及安全出口的位置，参加单位灭火和应急疏散预案演练。A 选项正确。监督顾客遵守消防安全管理制度，制止吸烟、使用大功率电器等不利于消防安全的行为。B、D 选项正确。

大型商业综合体应当明确建筑消防设施和器材巡查部位和内容，每日进行防火巡查，其中旅馆、商店、餐饮店、公共娱乐场所、儿童活动场所等公众聚集场所在营业时间，应至少每 2 小时巡查一次，并结合实际组织夜间防火巡查。每 2 小时组织开展一次消防巡查，属于李某的职责。C 选项错误。

2. （2020 年综合能力第 42 题）（知识点 2）某建筑面积为 300000m² 的大型商业综合体组建了 2 个微型消防站，该商业综合体对微型消防站设置和管理的下列做法中，不符合《大型商业综合体消防安全管理规则（试行）》（应急消〔2019〕314 号）的是（　　）。

A. 微型消防站分别位于建筑首层和地下一层

B. 位于建筑首层的微型消防站与消防控制室合用

C. 位于建筑首层的微型消防站站长为总站长负责总体协调指挥

D. 微型消防站队员每年参加轮训的时间为 3 天

【答案】 D

【解析】 微型消防站宜设置在建筑内便于操作消防车和便于队员出入部位的专用房间内，可与消防控制室合用。为大型商业综合体建筑整体服务的微型消防站用房应当设置在建筑的首层或地下一层，为特定功能场所服务的微型消防站可根据其服务场所位置进行设置。A、B 选项正确。

专职消防队和微型消防站应当制定并落实岗位培训、队伍管理、防火巡查、值守联动、考核评价等管理制度，确保值守人员 24 小时在岗在位，做好应急出动准备。

专职消防队和微型消防站应当组织开展日常业务训练，不断提高扑救初起火灾的能力。训练内容包括体能训练、灭火器材和个人防护器材的使用等。微型消防站队员每月技能训练不少于半天，每年轮训不少于 4 天，岗位练兵累计不少于 7 天。D 选项错误。

大型商业综合体的建筑面积大于或等于 20 万平方米时，应当至少设置 2 个微型消防站。设置多个微型消防站时，应当满足以下要求：

(1) 微型消防站应当根据大型商业综合体的建筑特点和便于快速灭火救援的原则分散布置。

(2) 从各微型消防站站长中确定一名总站长，负责总体协调指挥。C 选项正确。

3.（2020 年综合能力第 66 题）（知识点 3）某大型商业综合体，地下一层各餐饮场所的建筑面积均小于 150m²，每家可容纳人数均小于 70 人。下列检查结果中，不符合《大型商业综合体消防管理规则（试行）》（应急消〔2019〕314 号）的是（　　）。

A. 厨房区域采用 60mm 厚的增强石膏轻质板墙与其他部分分隔

B. 餐饮场所集中设置在西北侧

C. 开放式食品加工区使用电磁炉进行食品加工

D. 餐饮场所采用管道天然气供气进行食品加工

【答案】 A

【解析】 大型商业综合体内餐饮场所的管理应当符合下列要求：

(1) 餐饮场所宜集中布置在同一楼层或同一楼层的集中区域。

(2) 餐饮场所严禁使用液化石油气及甲、乙类液体燃料。

(3) 餐饮场所使用天然气作燃料时，应当采用管道供气。设置在地下且建筑面积大于 150m² 或座位数大于 75 座的餐饮场所不得使用燃气。

(4) 不得在餐饮场所的用餐区域使用明火加工食品，开放式食品加工区应当采用电加热设施。

(5) 厨房区域应当靠外墙布置，并应采用耐火极限不低于 2.00h 的隔墙与其他部位分隔。A 选项中，厨房区域采用 60mm 厚的增强石膏轻质板墙，其耐火极限为 1.28h。A 选项错误。

4.（2020 年综合能力第 67 题）（知识点 3）某大型商业综合体内四层局部的健身场所拟进行内部装修施工，建设单位已领取施工许可证。下列施工单位在施工前的准备工作中，不符合《大型商业综合体消防安全管理规则（试行）》（应急消〔2019〕314 号）的是（　　）。

A. 向大型商业综合体消防安全管理人申请办理施工审批手续

B. 指派施工队长作为施工现场消防安全责任人

C. 将施工区域采用矿棉板与其他部位进行分隔

D. 暂停施工楼层的火灾报警设施，以防误报，并在施工现场配备消防器材

【答案】 C

【解析】 用火、动火安全管理应当符合下列要求：需要动火作业的区域，应当采用不燃材料与使

用、营业区域进行分隔。矿棉板属于 B_1 级材料。C 选项错误。

施工单位进行施工前,应当依法取得相关施工许可,预先向大型商业综合体消防安全管理人办理相关审批施工手续（A 选项正确）,并落实下列消防安全措施:

(1) 建立施工现场用火、用电、用气等消防安全管理制度和操作规程。

(2) 明确施工现场消防安全责任人,落实相关人员的消防安全管理责任。B 选项正确。

(3) 施工人员应当接受岗前消防安全教育培训,制定灭火应急疏散演练预案并开展演练。

(4) 在施工现场的重点防火部位或区域,应当设置消防安全警示标志,配备消防器材并在醒目位置标明配置情况,施工部位与其他部位之间应当采取防火分隔措施,保证施工部位消防设施完好有效;施工过程中应当及时清理施工垃圾,消除各类火灾隐患。

(5) 局部施工部位确需暂停或者屏蔽使用局部消防设施的,不得影响整体消防设施的使用,同时采取人员监护或视频监控等防护措施加强防范,消防控制室或安防监控室内应当能够显示视频监控画面。D 选项正确。

五、考题预测

（一）习题

1. 下列属于消防安全责任人应当履行的消防安全职责的有（　　）。

A. 制定和批准本单位的消防安全管理制度、消防安全操作规程、灭火和应急疏散预案,进行消防工作检查考核,保证各项规章制度落实

B. 为消防安全管理提供必要的经费和组织保障

C. 定期组织防火检查,督促整改火灾隐患

D. 依法建立专职消防队或志愿消防队,并配备相应的消防设施和器材

E. 组织实施防火巡查、检查和火灾隐患排查整改工作

2. 下列属于消防安全管理人应当履行的消防安全职责的有（　　）。

A. 拟订年度消防安全工作计划,组织实施日常消防安全管理工作

B. 统筹安排本单位经营、维修、改建、扩建等活动中的消防安全管理工作,批准年度消防工作计划

C. 建立消防安全工作例会制度,定期召开消防安全工作例会

D. 组织实施对本单位消防设施和器材、消防安全标识的维护保养,确保其完好有效和处于正常运行状态,确保疏散通道、安全出口、消防车道畅通

E. 组织本单位员工开展消防知识、技能的教育和培训,拟定灭火和应急疏散预案,组织灭火和应急疏散预案的实施和演练

3. 大型商业综合体的疏散通道、安全出口管理应当符合下列要求（　　）。

A. 疏散通道、安全出口应当保持畅通,禁止堆放物品、锁闭出口、设置障碍物

B. 常用疏散通道、货物运送通道、安全出口处的疏散门采用常开式防火门时,应当确保在发生火灾时自动关闭并反馈信号

C. 常闭式防火门应当保持常闭,门上应当有正确启闭状态的标识,闭门器、顺序器应当完好有效

D. 商业营业厅、观众厅、礼堂等安全出口、疏散门不得设置门槛和其他影响疏散的障碍物,且在门口内外 1.5 米范围内不得设置台阶

E. 疏散门、疏散通道及其尽端墙面上不得有镜面反光类材料遮挡、误导人员视线等影响人员安全疏散行动的装饰物,疏散通道上空不得悬挂可能遮挡人员视线的物体及其他可燃物,疏散通道侧墙和

顶部不得设置影响疏散的凸出装饰物

(二) 答案详解

1. 【答案】ABCD

【解析】E 选项属于消防安全管理人应当履行的消防安全职责。

2. 【答案】ADE

【解析】B、C 选项属于消防安全责任人应当履行的消防安全职责。

3. 【答案】ABCE

【解析】商业营业厅、观众厅、礼堂等安全出口、疏散门不得设置门槛和其他影响疏散的障碍物，且在门口内外1.4米范围内不得设置台阶。

第七篇 法律法规与职业道德

第一章 消防法及相关法律法规

一、知识点架构图

本章的知识点架构见图 7-1-1。

```
                                    ┌─ 消防工作的方针、原则、责任制
                                    ├─ 单位消防安全责任
                                    ├─ 公民在消防工作中的权利和义务
                                    ├─ 建设工程消防设计审核、消防验收和备案抽查制度
                         ┌─ 消防法 ─┼─ 公众场所使用、营业前消防安全检查
                         │          ├─ 举办大型群众性活动的消防安全要求
                         │          ├─ 消防产品监督管理
                         │          ├─ 消防技术服务机构和职业人员
                         │          └─ 法律责任的规定
                         │
                         │          ┌─ 《中华人民共和国城乡规划法》
                         │          ├─ 《中华人民共和国建筑法》
                         │          ├─ 《中华人民共和国质量法》
消防法和相关法律法规 ────┼─ 相关法律 ┼─ 《中华人民共和国安全生产法》
         ★★★           │          ├─ 《中华人民共和国行政处罚法》
                         │          ├─ 《中华人民共和国行政许可法》
                         │          └─ 《中华人民共和国刑法》
                         │
                         │          ┌─ 《机关、团体、企业、事业单位消防安全管理规定》
                         │          ├─ 《公共娱乐场所消防安全管理规定》
                         ├─ 部门规章 ┼─ 《建设工程消防设计审查验收管理暂行规定》
                         │          ├─ 《消防监督检查规定》
                         │          ├─ 《火灾事故调查规定》
                         │          └─ 《消防产品监督管理规定》
                         │
                         └─ 规范性文件 ── 《注册消防工程师资格考试实施办法》
```

图 7-1-1 第七篇第一章知识点架构图

二、考情分析

本章的考情分析见表 7-1-1。

表7-1-1 第七篇第一章考情分析表

年份	技术实务		综合能力		案例分析	
	分值（分）	占比（%）	分值（分）	占比（%）	分值（分）	占比（%）
2015年	0	0	7	5.8	0	0
2016年	0	0	5	4.2	0	0
2017年	0	0	8	6.6	0	0
2018年	0	0	6	5.0	16	13.3
2019年	0	0	9	7.5	6	5.0
2020年	1	0.83	8	6.7	10	8.3

三、典型知识点

知识点1：中华人民共和国消防法

根据2019年4月23日第十三届全国人民代表大会常务委员会第十次会议《全国人民代表大会常务委员会关于修改〈中华人民共和国建筑法〉等八部法律的决定》修正。

1）消防工作的方针、原则、责任制以及监督管理职责。

方针：预防为主，防消结合。

原则：政府统一领导、部门依法监督、单位全面负责、公民积极参与。

责任制：实行消防安全责任制，建立健全社会化的消防工作网络。

监督管理职责：国务院应急管理部门对全国的消防工作实施监督管理。县级以上地方人民政府应急管理部门对本行政区域内的消防工作实施监督管理，并由本级人民政府消防救援机构负责实施。军事设施的消防工作，由其主管单位监督管理，消防救援机构协助；矿井地下部分、核电厂、海上石油天然气设施的消防工作，由其主管单位监督管理。

2）单位消防安全责任制见表7-1-2。

表7-1-2 单位消防安全责任制（2018年案例分析第二题）

单位分类	消防安全职责
单位消防安全职责	（1）落实消防安全责任制，制定本单位的消防安全制度、消防安全操作规程，制定灭火和应急疏散预案； （2）按照国家标准、行业标准配置消防设施、器材，设置消防安全标志，并定期组织检验、维修，确保完好有效； （3）每年至少对建筑消防设施进行一次全面检测，确保完好有效，检测记录应当完整准确，存档备查； （4）保障疏散通道、安全出口、消防车通道畅通，保证防火防烟分区、防火间距符合消防技术标准； （5）组织防火检查，及时消除火灾隐患； （6）组织进行有针对性的消防演练； （7）法律、法规规定的其他消防安全职责
消防安全重点单位消防安全职责	消防安全重点单位除履行单位消防安全职责外，还应当履行下列特殊的消防安全职责： （1）确定消防安全管理人，组织实施本单位的消防安全管理工作； （2）建立消防档案，确定消防安全重点部位，设置防火标志，实行严格管理； （3）实行每日防火巡查，并建立巡查记录； （4）对职工进行岗前消防安全培训，定期组织消防安全培训和消防演练

续表

单位分类	消防安全职责
其他规定	(1) 同一建筑物由两个以上单位管理或者使用的，应当明确各方的消防安全责任，并确定责任人对共用的疏散通道、安全出口、建筑消防设施和消防车通道进行统一管理。 (2) 任何单位不得损坏、挪用或者擅自拆除、停用消防设施、器材，不得埋压、圈占、遮挡消火栓或者占用防火间距，不得占用、堵塞、封闭疏散通道、安全出口、消防车通道。 (3) 任何单位都应当无偿为报警提供便利，不得阻拦报警，严禁谎报火警；发生火灾，必须立即组织力量扑救，邻近单位应当给予支援；火灾扑灭后，发生火灾的单位和相关人员应当按照消防救援机构的要求保护现场，接受事故调查，如实提供与火灾有关的情况。 (4) 被责令停止施工、停止使用、停产停业的单位，应当在整改后向作出决定的部门或者机构报告，经检查合格，方可恢复施工、使用、生产、经营。 (5) 任何单位都有权对住房和城乡建设主管部门、消防救援机构及其工作人员在执法中的违法行为进行检举、控告。 (6) 任何单位都有维护消防安全、保护消防设施、预防火灾、报告火警的义务；任何单位都有参加有组织的灭火工作的义务

3) 公民在消防工作中的权利和义务。

(1) 任何单位和个人都有维护消防安全、保护消防设施、预防火灾、报告火警的义务；任何成年人都有参加有组织的灭火工作的义务。

(2) 任何单位、个人不得损坏、挪用或者擅自拆除、停用消防设施、器材，不得埋压、圈占、遮挡消火栓或者占用防火间距，不得占用、堵塞、封闭疏散通道、安全出口、消防车通道。

(3) 任何人发现火灾都应当立即报警；任何单位或个人都应当无偿为报警提供便利，不得阻拦报警；严禁谎报火警。

(4) 火灾扑灭后，发生火灾的单位和相关人员应当按照消防救援机构的要求保护现场，接受事故调查，如实提供与火灾有关的情况。

(5) 任何人都有权对住房和城乡建设主管部门、消防救援机构及其工作人员在执法中的违法行为进行检举、控告。

4) 建设工程消防设计审查、消防验收和备案抽查制度。

(1) 对按照国家工程建设消防技术标准需要进行消防设计的建设工程，实行建设工程消防设计审查验收制度。

(2) 国务院住房和城乡建设主管部门规定的特殊建设工程，建设单位应当将消防设计文件报送住房和城乡建设主管部门审查，住房和城乡建设主管部门依法对审查的结果负责。

前款规定以外的其他建设工程，建设单位申请领取施工许可证或者申请批准开工报告时应当提供满足施工需要的消防设计图纸及技术资料。

(3) 特殊建设工程未经消防设计审查或者审查不合格的，建设单位、施工单位不得施工；其他建设工程，建设单位未提供满足施工需要的消防设计图纸及技术资料的，有关部门不得发放施工许可证或者批准开工报告。

(4) 国务院住房和城乡建设主管部门规定应当申请消防验收的建设工程竣工，建设单位应当向住房和城乡建设主管部门申请消防验收。

前款规定以外的其他建设工程，建设单位在验收后应当报住房和城乡建设主管部门备案，住房和城乡建设主管部门应当进行抽查。

依法应当进行消防验收的建设工程，未经消防验收或者消防验收不合格的，禁止投入使用；其他建设工程经依法抽查不合格的，应当停止使用。

（5）建设工程消防设计审查、消防验收、备案和抽查的具体办法，由国务院住房和城乡建设主管部门规定。

5）公众聚集场所使用、营业前的消防安全检查。

（1）公众聚集场所在投入使用、营业前，建设单位或者使用单位应当向场所所在地的县级以上地方人民政府消防救援机构申请消防安全检查。

（2）消防救援机构应当自受理申请之日起十个工作日内，根据消防技术标准和管理规定，对该场所进行消防安全检查。未经消防安全检查或者经检查不符合消防安全要求的，不得投入使用、营业。

（3）公众聚集场所未经消防安全检查或者经检查不符合消防安全要求，擅自投入使用、营业的消防安全违法行为，由住房和城乡建设主管部门、消防救援机构按照各自职权责令停止施工、停止使用或者停产停业并处三万元以上三十万元以下罚款。

6）大型群众性活动的消防安全要求。（2020年综合能力第1题）

举办大型群众性活动，承办人应当依法向公安机关申请安全许可，制定灭火和应急疏散预案并组织演练，明确消防安全责任分工，确定消防安全管理人员，保持消防设施和消防器材配置齐全、完好有效，保证疏散通道、安全出口、疏散指示标志、应急照明和消防车通道符合消防技术标准和管理规定。

7）消防产品监督管理。

（1）消防产品必须符合国家标准；没有国家标准的，必须符合行业标准。禁止生产、销售或者使用不合格的消防产品以及国家明令淘汰的消防产品。

（2）依法实行强制性产品认证的消防产品，由具有法定资质的认证机构按照国家标准、行业标准的强制性要求认证合格后，方可生产、销售、使用。新研制的尚未制定国家标准、行业标准的消防产品，应当按照国务院产品质量监督部门会同国务院应急管理部门规定的办法，经技术鉴定符合消防安全要求的，方可生产、销售和使用。

（3）产品质量监督部门、工商行政管理部门、消防救援机构应当按照各自职责加强对消防产品质量的监督检查。

8）消防技术服务机构和执业人员。

消防产品质量认证、消防设施检测、消防安全监测等消防技术服务机构和执业人员，应当依法获得相应的资质、资格；依照法律、行政法规、国家标准、行业标准和执业准则，接受委托提供消防技术服务，并对服务质量负责。

9）法律责任规定。

共设有警告、罚款、拘留、责令停产停业（停止施工、停止使用）、没收违法所得、责令停止执业（吊销相应资质、资格）6类行政处罚，重点记忆以下几项：

（1）有下列行为之一的，由住房和城乡建设主管部门、消防救援机构按照各自职权责令停止施工、停止使用或者停产停业，并处三万元以上三十万元以下罚款：（2019年综合能力第1题）

①依法应当进行消防设计审查的建设工程，未经依法审查或者审查不合格，擅自施工的；
②依法应当进行消防验收的建设工程，未经消防验收或者消防验收不合格，擅自投入使用的；
③本法规定的其他建设工程验收后依法抽查不合格，不停止使用的；
④公众聚集场所未经消防安全检查或者经检查不符合消防安全要求，擅自投入使用、营业的。

（2）有下列行为之一的，由住房和城乡建设主管部门责令改正或者停止施工，并处一万元以上十万元以下罚款：

①建设单位要求建筑设计单位或者建筑施工企业降低消防技术标准设计、施工的；
②建筑设计单位不按照消防技术标准强制性要求进行消防设计的；
③建筑施工企业不按照消防设计文件和消防技术标准施工，降低消防施工质量的；

④工程监理单位与建设单位或者建筑施工企业串通，弄虚作假，降低消防施工质量的。

(3) 单位有下列行为之一的，责令改正，处五千元以上五万元以下罚款：(2019年综合能力第1题)

①消防设施、器材或者消防安全标志的配置、设置不符合国家标准、行业标准，或者未保持完好有效的；

②损坏、挪用或者擅自拆除、停用消防设施、器材的；

③占用、堵塞、封闭疏散通道、安全出口或者有其他妨碍安全疏散行为的；(2018年综合能力第2题)

④埋压、圈占、遮挡消火栓或者占用防火间距的；

⑤占用、堵塞、封闭消防车通道，妨碍消防车通行的；

⑥人员密集场所在门窗上设置影响逃生和灭火救援的障碍物的；

⑦对火灾隐患经消防救援机构通知后不及时采取措施消除的。

个人有前款第二项、第三项、第四项、第五项行为之一的，处警告或者五百元以下罚款。

(4) 生产、储存、经营易燃易爆危险品的场所与居住场所设置在同一建筑物内，或者未与居住场所保持安全距离的，责令停产停业，并处五千元以上五万元以下罚款。(2018年综合能力第1题)

生产、储存、经营其他物品的场所与居住场所设置在同一建筑物内，不符合消防技术标准的，依照前款规定处罚。

(5) 有下列行为之一的，处警告或者五百元以下罚款；情节严重的，处五日以下拘留：

①违反消防安全规定进入生产、储存易燃易爆危险品场所的；

②违反规定使用明火作业或者在具有火灾、爆炸危险的场所吸烟、使用明火的。

(6) 有下列行为之一，尚不构成犯罪的，处十日以上十五日以下拘留，可以并处五百元以下罚款；情节较轻的，处警告或者五百元以下罚款：

①指使或者强令他人违反消防安全规定，冒险作业的；

②过失引起火灾的；

③在火灾发生后阻拦报警，或者负有报告职责的人员不及时报警的；

④扰乱火灾现场秩序，或者拒不执行火灾现场指挥员指挥，影响灭火救援的；

⑤故意破坏或者伪造火灾现场的；

⑥擅自拆封或者使用被消防救援机构查封的场所、部位的。

(7) 人员密集场所使用不合格的消防产品或者国家明令淘汰的消防产品的，责令限期改正；逾期不改正的，处五千元以上五万元以下罚款，并对其直接负责的主管人员和其他直接责任人员处五百元以上二千元以下罚款；情节严重的，责令停产停业。

(8) 电器产品、燃气用具的安装、使用及其线路、管路的设计、敷设、维护保养、检测不符合消防技术标准和管理规定的，责令限期改正；逾期不改正的，责令停止使用，可以并处一千元以上五千元以下罚款。

(9) 人员密集场所发生火灾，该场所的现场工作人员不履行组织、引导在场人员疏散的义务，情节严重，尚不构成犯罪的，处五日以上十日以下拘留。

(10) 消防产品质量认证、消防设施检测等消防技术服务机构出具虚假文件的，责令改正，处五万元以上十万元以下罚款，并对直接负责的主管人员和其他直接责任人员处一万元以上五万元以下罚款(2019年案例分析第一题)；有违法所得的，并处没收违法所得；给他人造成损失的，依法承担赔偿责任；情节严重的，由原许可机关依法责令停止执业或者吊销相应资质、资格。

第一章 消防法及相关法律法规

知识点 2：相关法律

1）刑法相关规定见表 7-1-3。（2018 年案例分析第二题、2020 年案例分析第一题）

表 7-1-3 刑法相关规定

罪名	立案标准 相同点	立案标准 不同点	刑罚
消防责任事故罪	（1）导致死亡 1 人以上，或者重伤 3 人以上的。 （2）造成直接经济损失 100 万元以上的。 （3）其他造成严重后果或重大安全事故的情形	—	对直接责任人员，处三年以下有期徒刑或者拘役；后果特别严重的，处三年以上七年以下有期徒刑（2018 年综合能力第 3 题）
重大责任事故罪		—	处三年以下有期徒刑或者拘役；后果特别严重的，处三年以上七年以下有期徒刑
强令违章冒险作业罪（2019 年综合能力第 2 题）		—	处五年以下有期徒刑或者拘役；情节特别恶劣的，处五年以上有期徒刑
重大劳动安全事故罪		—	对直接负责的主管人员和其他直接责任人员，处三年以下有期徒刑或者拘役；情节特别恶劣的，处三年以上七年以下有期徒刑
大型群众性活动重大安全事故罪		—	
工程重大安全事故罪		—	对直接责任人员，处五年以下有期徒刑或者拘役，并处罚金；后果特别严重的，处五年以上十年以下有期徒刑，并处罚金
失火罪（2020 年综合能力第 2 题）	（1）导致死亡 1 人以上，或者重伤 3 人以上的。 （2）造成公共财产或者他人财产直接经济损失 50 万元以上的。 （3）其他造成严重后果的情形	（1）造成 10 户以上家庭的房屋以及其他基本生活资料烧毁的。 （2）造成森林火灾，过火有林地面积 2 公顷以上，或者过火疏林地、灌木林地、未成林地、苗圃地面积 4 公顷以上的	处三年以上七年以下有期徒刑；情节较轻的，处三年以下有期徒刑或拘役

2）其他相关法律

其他相关法规的内容见表 7-1-4。

表 7-1-4 其他相关法规的内容

法律	内容
城乡规划法	（1）调整的是城市、镇、村庄等居民点以及居民点之间的相互关系，未覆盖全部国土面积的规划。 （2）土地的划拨与出让必须取得规划许可证。同时，以划拨方式提供国有土地使用权的，建设单位在报送有关部门批准或者核准前，应当向城乡规划主管部门申请核发选址意见书

续表

法律	内容
建筑法	（1）建筑工程开工前，建设单位应当按照国家有关规定向工程所在地县级以上人民政府建设行政主管部门申请领取施工许可证。但是，国务院建设行政主管部门确定限额以下的小型工程除外。按照国务院规定的权限和程序批准开工报告的建筑工程，不再领取施工许可证。 （2）建筑工程发包与承包的招投标活动，应当遵循公开、公正、平等竞争的原则，择优选择承包单位
产品质量法	（1）涉及保障人体健康和人身、财产安全的产品实行严格的强制监督管理的制度。 （2）市场监督管理部门依法对产品质量实行监督抽查并对抽查结果进行公告的制度。 （3）推行企业质量体系认证和产品质量认证的制度。 （4）市场监督管理部门对涉嫌在产品生产、销售活动中从事违反本法的行为可以依法实行强制检查和采取必要的查封、扣押等强制措施的制度等
安全生产法	（1）从业人员权利主要包括： ①从业人员与生产经营单位订立的劳动合同应当载明与从业人员劳动安全有关的事项，以及生产经营单位不得以协议免除或者减轻安全事故伤亡责任。 ②从业人员有权了解其作业场所和工作岗位存在的危险因素、防范措施及事故应急措施，有权对本单位的安全生产工作提出建议。 ③从业人员有权对本单位存在的安全问题提出批评、检举、控告，有权拒绝违章指挥和强令冒险作业。 ④从业人员有权在发现直接危及人身安全的紧急情况时停止作业或者在采取可能的应急措施后撤离作业场所，生产经营单位不得因从业人员采取上述措施而降低其工资、福利等待遇或者解除与其订立的劳动合同。 ⑤因生产安全事故受到损害的从业人员享有有关赔偿的权利。 （2）生产经营单位的主要负责人依照前款规定受刑事处罚或者撤职处分的，自刑罚执行完毕或者受处分之日起，五年内不得担任任何生产经营单位的主要负责人；对重大、特别重大生产安全事故负有责任的，终身不得担任本行业生产经营单位的主要负责人
行政处罚法	（1）行政处罚种类有：警告；罚款；没收违法所得，没收非法财物；责令停产停业；暂扣或吊销许可证，暂扣或吊销执照；行政拘留。当事人逾期不履行行政处罚决定的，作出行政处罚决定的行政机关可以采取下列措施： ①到期不缴纳罚款的，每日按罚款数额的百分之三加处罚款； ②根据法律规定，将查封、扣押的财物拍卖或者将冻结的存款划拨抵缴罚款； ③申请人民法院强制执行（2018年综合能力第4题）。 （2）行政处罚的原则：处罚法定原则、处罚公正、公开原则、处罚与教育相结合原则、权利保障原则、一事不再罚的原则。 （3）程序分为一般程序和简易程序。一般程序由受案、调查取证、告知、听取申辩和质证、决定等阶段构成；简易程序适用于违法事实确凿并有法定依据，当场作出的对公民处以警告或较少罚款的行政处罚
行政许可法	行政许可的基本原则：合法原则；公开、公平、公正原则；便民原则；救济原则；信赖保护原则；监督原则

知识点3：部门规章

1)《公共娱乐场所消防安全管理规定》（公安部令第39号）。

(1) 公共娱乐场所应当依法办理消防设计审核、竣工验收和消防安全检查，其消防安全由经营者负责。

(2) 公共娱乐场所内严禁带入和存放易燃易爆物品；严禁在公共娱乐场所营业时进行设备检修、电气焊、油漆粉刷等施工、维修作业；演出、放映场所的观众厅内禁止吸烟和明火照明；公共娱乐场所在营业时，不得超过额定人数等。

(3) 公共娱乐场所应当制定防火管理制度、全员防火安全责任制度，制定紧急疏散方案，指定专人在营业期间、营业结束后进行安全巡视检查工作。

2)《机关、团体、企业、事业单位消防安全管理规定》（公安部令第61号）见表7-1-5。

表7-1-5 机关、团体、企业、事业单位消防管理规定（2018年案例分析第二题）

分类	内容
消防安全 责任人 （2019年案例 分析第一题）	(1) 法人单位的法定代表人或者非法人单位的主要负责人是单位的消防安全责任人，对本单位的消防安全工作全面负责。 (2) 消防安全责任人的消防安全职责如下： ①贯彻执行消防法规，保障单位消防安全符合规定，掌握本单位的消防安全情况； ②将消防工作与本单位的生产、科研、经营、管理等活动统筹安排，批准实施年度消防工作计划； ③为本单位的消防安全提供必要的经费和组织保障； ④确定逐级消防安全责任，批准实施消防安全制度和保障消防安全的操作规程； ⑤组织防火检查，督促落实火灾隐患整改，及时处理涉及消防安全的重大问题； ⑥根据消防法规的规定建立专职消防队、义务消防队； ⑦组织制定符合本单位实际的灭火和应急疏散预案，并实施演练
消防安全 管理人	(1) 单位可根据需要确定本单位的消防安全管理人员。 (2) 消防安全管理人对单位的消防安全责任人负责，实施和组织落实下列消防安全管理工作： ①拟订年度消防工作计划，组织实施日常消防安全管理工作； ②组织制定消防安全制度和保障消防安全的操作规程并检查督促其落实； ③拟订消防安全工作的资金投入和组织保障方案； ④组织实施防火检查和火灾隐患整改工作； ⑤组织实施对本单位消防设施、灭火器材和消防安全标志的维护保养，确保其完好有效，确保疏散通道和安全出口畅通； ⑥组织管理专职消防队和义务消防队； ⑦在员工中组织开展消防知识、技能的宣传教育和培训，组织灭火和应急疏散预案的实施和演练； ⑧单位消防安全责任人委托的其他消防安全管理工作。另，消防安全管理人应当定期向消防安全责任人报告消防安全情况，及时报告涉及消防安全的重大问题
强化消防管理	确定消防安全重点单位，严格实行管理；明确公众聚集场所应当具备的消防安全条件；强化消防安全制度和消防安全操作规程的建立健全，明确单位动火作业要求；明确单位禁止性行为和消防安全管理义务
防火检查与 火灾隐患整改	(1) 公众聚集场所在营业期间的防火巡查应当至少每2h一次；营业结束时应当对营业现场进行检查，消除遗留火种。 (2) 医院、养老院、寄宿制的学校、托儿所、幼儿园应当加强夜间防火巡查，其他消防安全重点单位可以结合实际组织夜间防火巡查。 (3) 机关、团体、事业单位应当至少每季度进行一次防火检查，其他单位应当至少每月进行一次防火检查（2020年技术实务第22题）

续表

分类	内　容
消防宣传教育培训和疏散演练（2017年案例分析第二题）	（1）消防安全重点单位对每名员工应当至少每年进行一次消防安全培训； （2）公众聚集场所对员工的消防安全培训应当至少每半年进行一次；单位应当组织新上岗和进入新岗位的员工进行上岗前的消防安全培训。四类人员应当接受消防安全专门培训。 （3）单位应当制定灭火和应急疏散预案。其中，消防安全重点单位至少每半年按照预案进行一次演练；其他单位至少每年组织一次演练

3)《社会消防安全教育培训规定》（公安部令第109号）。

（1）单位应当根据本单位的特点，建立健全消防安全教育培训制度，明确机构和人员，保障教育培训工作经费，按照下列规定对职工进行消防安全教育培训：

①定期开展形式多样的消防安全宣传教育；

②对新上岗和进入新岗位的职工进行上岗前消防安全培训；

③对在岗的职工每年至少进行一次消防安全培训；

④消防安全重点单位每半年至少组织一次、其他单位每年至少组织一次灭火和应急疏散演练。

单位对职工的消防安全教育培训应当将本单位的火灾危险性、防火灭火措施、消防设施及灭火器材的操作使用方法、人员疏散逃生知识等作为培训的重点。

（2）物业服务企业应当在物业服务工作范围内，根据实际情况积极开展经常性消防安全宣传教育，每年至少组织一次本单位员工和居民参加的灭火和应急疏散演练。

（3）由两个以上单位管理或者使用的同一建筑物，负责公共消防安全管理的单位应当对建筑物内的单位和职工进行消防安全宣传教育，每年至少组织一次灭火和应急疏散演练。

（4）申请成立消防安全专业培训机构，依照国家有关法律法规，应当向省级教育行政部门或者人力资源和社会保障部门申请。

4)《建设工程消防设计审查验收管理暂行规定》（住房和城乡建设部令第51号）见表7-1-6。

表7-1-6　建设工程消防设计审查验收管理暂行规定

项目	内　容
范围	（1）特殊建设工程的消防设计审查、消防验收，以及其他建设工程的消防验收备案（以下简称备案）、抽查，适用本规定。 （2）具有下列情形之一的建设工程是特殊建设工程： ①总建筑面积大于二万平方米的体育场馆、会堂，公共展览馆、博物馆的展示厅； ②总建筑面积大于一万五千平方米的民用机场航站楼、客运车站候车室、客运码头候船厅； ③总建筑面积大于一万平方米的宾馆、饭店、商场、市场； ④总建筑面积大于二千五百平方米的影剧院，公共图书馆的阅览室，营业性室内健身、休闲场馆，医院的门诊楼，大学的教学楼、图书馆、食堂，劳动密集型企业的生产加工车间，寺庙、教堂； ⑤总建筑面积大于一千平方米的托儿所、幼儿园的儿童用房，儿童游乐厅等室内儿童活动场所，养老院、福利院，医院、疗养院的病房楼，中小学校的教学楼、图书馆、食堂，学校的集体宿舍，劳动密集型企业的员工集体宿舍；

续表

项目	内　容
范围	⑥总建筑面积大于五百平方米的歌舞厅、录像厅、放映厅、卡拉 OK 厅、夜总会、游艺厅、桑拿浴室、网吧、酒吧，具有娱乐功能的餐馆、茶馆、咖啡厅； ⑦国家工程建设消防技术标准规定的一类高层住宅建筑； ⑧城市轨道交通、隧道工程，大型发电、变配电工程； ⑨生产、储存、装卸易燃易爆危险物品的工厂、仓库和专用车站、码头，易燃易爆气体和液体的充装站、供应站、调压站； ⑩国家机关办公楼、电力调度楼、电信楼、邮政楼、防灾指挥调度楼、广播电视楼、档案楼； ⑪设有本条第①项至第⑥项所列情形的建设工程； ⑫本条第⑩项、第⑪项规定以外的单体建筑面积大于四万平方米或者建筑高度超过五十米的公共建筑。 （3）本规定所称其他建设工程，是指特殊建设工程以外的其他按照国家工程建设消防技术标准需要进行消防设计的建设工程
特殊建设工程的消防设计审查	（1）对特殊建设工程实行消防设计审查制度。 特殊建设工程的建设单位应当向消防设计审查验收主管部门申请消防设计审查，消防设计审查验收主管部门依法对审查的结果负责。特殊建设工程未经消防设计审查或者审查不合格的，建设单位、施工单位不得施工。 （2）建设单位申请消防设计审查，应当提交下列材料： ①消防设计审查申请表； ②消防设计文件； ③依法需要办理建设工程规划许可的，应当提交建设工程规划许可文件； ④依法需要批准的临时性建筑，应当提交批准文件。 （3）特殊建设工程具有下列情形之一的，建设单位除提交第（2）条所列材料外，还应当同时提交特殊消防设计技术资料： ①国家工程建设消防技术标准没有规定，必须采用国际标准或者境外工程建设消防技术标准的； ②消防设计文件拟采用的新技术、新工艺、新材料不符合国家工程建设消防技术标准规定的。 所称特殊消防设计技术资料，应当包括特殊消防设计文件，设计采用的国际标准、境外工程建设消防技术标准的中文文本，以及有关的应用实例、产品说明等资料。 （4）消防设计审查验收主管部门收到建设单位提交的消防设计审查申请后，对申请材料齐全的，应当出具受理凭证；申请材料不齐全的，应当一次性告知需要补正的全部内容。 （5）对具有第（3）条情形之一的建设工程，消防设计审查验收主管部门应当自受理消防设计审查申请之日起五个工作日内，将申请材料报送省、自治区、直辖市人民政府住房和城乡建设主管部门组织专家评审。 （6）省、自治区、直辖市人民政府住房和城乡建设主管部门应当建立由具有工程消防、建筑等专业高级技术职称人员组成的专家库，制定专家库管理制度。 （7）省、自治区、直辖市人民政府住房和城乡建设主管部门应当在收到申请材料之日起十个工作日内组织召开专家评审会，对建设单位提交的特殊消防设计技术资料进行评审。 （8）消防设计审查验收主管部门应当自受理消防设计审查申请之日起十五个工作日内出具书面审查意见。依照本规定需要组织专家评审的，专家评审时间不超过二十个工作日。 （9）对符合下列条件的，消防设计审查验收主管部门应当出具消防设计审查合格意见： ①申请材料齐全、符合法定形式； ②设计单位具有相应资质； ③消防设计文件符合国家工程建设消防技术标准［具有第（3）条情形之一的特殊建设工程，特殊消防设计技术资料通过专家评审］。 对不符合前款规定条件的，消防设计审查验收主管部门应当出具消防设计审查不合格意见，并说明理由。 （10）实行施工图设计文件联合审查的，应当将建设工程消防设计的技术审查并入联合审查。 （11）建设、设计、施工单位不得擅自修改经审查合格的消防设计文件。确需修改的，建设单位应当依照本规定重新申请消防设计审查

续表

项目	内　容
特殊建设工程的消防验收	（1）对特殊建设工程实行消防验收制度。 特殊建设工程竣工验收后，建设单位应当向消防设计审查验收主管部门申请消防验收；未经消防验收或者消防验收不合格的，禁止投入使用。 （2）建设单位组织竣工验收时，应当对建设工程是否符合下列要求进行查验： ①完成工程消防设计和合同约定的消防各项内容； ②有完整的工程消防技术档案和施工管理资料（含涉及消防的建筑材料、建筑构配件和设备的进场试验报告）； ③建设单位对工程涉及消防的各分部分项工程验收合格；施工、设计、工程监理、技术服务等单位确认工程消防质量符合有关标准； ④消防设施性能、系统功能联调联试等内容检测合格。 经查验不符合前款规定的建设工程，建设单位不得编制工程竣工验收报告。 （3）建设单位申请消防验收，应当提交下列材料： ①消防验收申请表； ②工程竣工验收报告； ③涉及消防的建设工程竣工图纸。 消防设计审查验收主管部门收到建设单位提交的消防验收申请后，对申请材料齐全的，应当出具受理凭证；申请材料不齐全的，应当一次性告知需要补正的全部内容。 （4）消防设计审查验收主管部门受理消防验收申请后，应当按照国家有关规定，对特殊建设工程进行现场评定。现场评定包括对建筑物防（灭）火设施的外观进行现场抽样查看；通过专业仪器设备对涉及距离、高度、宽度、长度、面积、厚度等可测量的指标进行现场抽样测量；对消防设施的功能进行抽样测试、联调联试消防设施的系统功能等内容。 （5）消防设计审查验收主管部门应当自受理消防验收申请之日起十五日内出具消防验收意见。对符合下列条件的，应当出具消防验收合格意见： ①申请材料齐全、符合法定形式； ②工程竣工验收报告内容完备； ③涉及消防的建设工程竣工图纸与经审查合格的消防设计文件相符； ④现场评定结论合格。 对不符合前款规定条件的，消防设计审查验收主管部门应当出具消防验收不合格意见，并说明理由。 （6）实行规划、土地、消防、人防、档案等事项联合验收的建设工程，消防验收意见由地方人民政府指定的部门统一出具
其他建设工程的消防设计、备案与抽查	（1）其他建设工程，建设单位申请施工许可或者申请批准开工报告时，应当提供满足施工需要的消防设计图纸及技术资料。 未提供满足施工需要的消防设计图纸及技术资料的，有关部门不得发放施工许可证或者批准开工报告。 （2）对其他建设工程实行备案抽查制度。 其他建设工程经依法抽查不合格的，应当停止使用。 （3）其他建设工程竣工验收合格之日起五个工作日内，建设单位应当报消防设计审查验收主管部门备案。建设单位办理备案，应当提交下列材料： ①消防验收备案表； ②工程竣工验收报告； ③涉及消防的建设工程竣工图纸。 "特殊建设工程的消防验收"第（2）条有关建设单位竣工验收消防查验的规定，适用于其他建设工程。 （4）消防设计审查验收主管部门收到建设单位备案材料后，对备案材料齐全的，应当出具备案凭证；备案材料不齐全的，应当一次性告知需要补正的全部内容。 （5）消防设计审查验收主管部门应当对备案的其他建设工程进行抽查。抽查工作推行"双随机、一公开"制度，随机抽取检查对象，随机选派检查人员。抽取比例由省、自治区、直辖市人民政府住房和城乡建设主管部门，结合辖区内消防设计、施工质量情况确定，并向社会公示。

续表

项目	内 容
其他建设工程的消防设计、备案与抽查	消防设计审查验收主管部门应当自其他建设工程被确定为检查对象之日起十五个工作日内,按照建设工程消防验收有关规定完成检查,制作检查记录。检查结果应当通知建设单位,并向社会公示。 (6) 建设单位收到检查不合格整改通知后,应当停止使用建设工程,并组织整改,整改完成后,向消防设计审查验收主管部门申请复查。 消防设计审查验收主管部门应当自收到书面申请之日起七个工作日内进行复查,并出具复查意见。复查合格后方可使用建设工程

5)《消防监督检查规定》(公安部令第120号)。

(1) 消防监督检查的形式有:

①公众聚集场所在投入使用、营业前的消防安全检查;

②单位履行法定消防安全职责情况的监督抽查;

③举报投诉的消防安全违法行为的核查;

④大型群众性活动举办前的消防安全检查;

⑤根据需要进行的其他消防监督检查。

(2) 具有下列情形之一的,应当确定为火灾隐患:

①影响人员安全疏散或者灭火救援行动,不能立即改正的;

②消防设施未保持完好有效,影响防火灭火功能的;

③擅自改变防火分区,容易导致火势蔓延、扩大的;

④在人员密集场所违反消防安全规定,使用、储存易燃易爆危险品,不能立即改正的;

⑤不符合城市消防安全布局要求,影响公共安全的;

⑥其他可能增加火灾实质危险性或者危害性的情形。

6)《火灾事故调查规定》(公安部令第121号)。

(1) 管辖分工:地域管辖、共同管辖、指定管辖和特殊管辖。火灾事故调查一般由火灾发生地消防救援机构按照规定分工进行。

(2) 调查程序:具有规定情形的火灾事故,可以适用简易调查程序,由一名火灾事故调查人员调查。其他情况,适用一般调查程序,火灾事故调查人员不得少于2人。

(3) 复核:当事人对火灾事故认定有异议的,可以自火灾事故认定书送达之日起15日内,向上一级消防救援机构提出书面复核申请。

知识点4:规范性文件

其他规范性文件要求见7-1-7。

表7-1-7 其他规范性文件要求

项目	内 容
《注册消防工程师资格考试实施办法》	(1) 人力资源社会保障部、国务院消防救援机构共同委托人力资源社会保障部人事考试中心承担一级注册消防工程师资格考试的具体考务工作。各省、自治区、直辖市人力资源社会保障主管部门和消防救援机构共同负责本地区的考试工作。 (2) 一级注册消防工程师资格考试分3个半天进行。《消防安全技术实务》和《消防安全技术综合能力》科目的考试时间均为2.5小时,《消防安全案例分析》科目的考试时间为3小时。 考试成绩实行3年为一个周期的滚动管理办法,在连续的3个考试年度内参加应试科目的考试并合格,方可取得一级注册消防工程师资格证书。

续表

项目	内 容
《注册消防工程师资格考试实施办法》	（3）二级注册消防工程师资格考试分2个半天进行。《消防安全技术综合能力》科目的考试时间为2.5小时，《消防安全案例分析》科目的考试时间为3小时。考试成绩实行2年为一个周期的滚动管理办法，在连续的2个考试年度内参加应试科目的考试并合格，方可取得二级注册消防工程师资格证书

分析：法律法规方面的内容很多，非常重要，2018年的分值达到了22分，2019年分值为15分，2020年分值为19分。比较重要的内容应该是消防法的相关内容和部门规章。

四、高频真题

1.（2018年综合能力第1题）（知识点1）某住宅小区物业管理公司，在10号住宅楼一层设置了瓶装液化石油气经营店。根据《中华人民共和国消防法》，应责令该经营店停业，并对其处（　　）罚款。

  A. 三千元以上三万元以下　　　　B. 五千元以上五万元以下
  C. 三万元以上十万元以下　　　　D. 警告或者五百元以下

【答案】B

【解析】根据《中华人民共和国消防法》第六十一条　生产、储存、经营易燃易爆危险品的场所与居住场所设置在同一建筑物内，或者未与居住场所保持安全距离的，责令停产停业，并处五千元以上五万元以下罚款。生产、储存、经营其他物品的场所与居住场所设置在同一建筑物内，不符合消防技术标准的，依照前款规定处罚。

2.（2018年综合能力第3题）（知识点2）某服装生产企业在厂房内设置了15人住宿的员工宿舍，总经理陈某拒绝执行消防部门责令搬迁员工宿舍的通知，某天深夜，该厂房发生火灾，造成员工宿舍内的2名员工死亡，根据《中华人民共和国刑法》，陈某犯消防责任事故罪，后果严重，应予以处（　　）。

  A. 三年以下有期徒刑或拘役　　　B. 七年以上十年以下有期徒刑
  C. 五年以上七年以下有期徒刑　　D. 三年以上五年以下有期徒刑

【答案】A

【解析】根据《中华人民共和国刑法》第一百三十九条第一款规定，消防责任事故罪，是指违反消防管理法规，经消防监督机构通知采取改正措施而拒绝执行，造成严重后果的行为。犯本罪的，处三年以下有期徒刑或者拘役；后果特别严重的，处三年以上七年以下有期徒刑。

3.（2018年综合能力第5题）（知识点4）高某取得了国家级注册消防工程师资格，受聘于某消防技术服务机构并依法注册，高某在每个注册有效期应当至少参与完成（　　）消防技术服务项目。

  A. 10个　　　　B. 7个　　　　C. 5个　　　　D. 3个

【答案】D

【解析】根据《注册消防工程师管理规定》（公安部第143号令）第二十九条规定，受聘于消防技术服务机构的注册消防工程师，每个注册有效期应当至少参与完成3个消防技术服务项目；受聘于消防安全重点单位的注册消防工程师，一个年度内应当至少签署1个消防安全技术文件。

4.（2019年综合能力第2题）（知识点2）某海鲜酒楼厨师发现厨房天然气轻微泄漏，立即报告总经理王某，王某查看现场后认为问题不大，强令厨师开火炒菜，导致天然气爆炸燃烧，造成1人死亡，1人重伤。根据《中华人民共和国刑法》，应对总经理王某处（　　）。

　　A. 五年以下有期徒刑或者拘役　　　　　B. 五年以上有期徒刑

　　C. 五年以上有期徒刑，并处罚金　　　　D. 五年以上七年以下有期徒刑，并处罚金

【答案】 A

【解析】本题考查的知识点是法律责任。强令违章冒险作业罪是指强令他人违章冒险作业，因而发生重大伤亡事故或者造成其他严重后果的行为。强令他人违章冒险作业，涉嫌下列情形之一的，应予以立案追诉：

(1) 造成死亡1人以上，或者重伤3人以上的。

(2) 造成直接经济损失50万元以上的。

(3) 发生矿山生产安全事故，造成直接经济损失100万元以上的。

(4) 其他造成严重后果的情形。

《中华人民共和国刑法》第一百三十四条第二款规定，强令他人违章冒险作业，因而发生重大伤亡事故或者造成其他严重后果的，处5年以下有期徒刑或者拘役；情节特别恶劣的，处5年以上有期徒刑。

5. （2019年案例分析第一题）节选（知识点3）

甲公司（某仓储物流园区的产权单位，法定代表人：赵某）将1#、2#、3#、4#、5#仓库出租给乙公司（法定代表人：钱某）使用。乙公司在仓库内存放桶装润滑油和溶剂油，甲公司委托丙公司（消防技术服务机构，法定代表人：孙某）对上述仓库的建筑消防设施进行维护和检测。

2019年4月8日，消防救援机构工作人员李某和王某对乙公司使用的仓库进行消防检查时发现：1. 室内消火栓的主、备用泵均损坏；2. 火灾自动报警系统联动控制器设置在手动状态，自动喷水灭火系统消防水泵控制柜启动开关也设置在手动控制状态；3. 消防控制室部分值班人员无证上岗；4. 仓储场所电气线路、电气设备无定期检查、检测记录，且存在长时间超负荷运行、线路绝缘老化现象；5. 5#仓库的东侧和北侧两处疏散出口被大量堆积的纸箱和包装物封堵；6. 两处防火卷帘损坏。

消防救援机构工作人员随即下发法律文书责令其改正，需限期改正的限期至4月28日，并依法实施了行政处罚。4月29日复查时，发现除上述第5、6项已改正外，第1、2、3、4项问题仍然存在，同时发现在限期整改期间，甲、乙公司内部防火检查、巡查记录和丙公司出具的消防设施年度检测报告、维保检查记录、巡查记录中，所有项目填报为合格。李某和王某根据上述情况下发相关法律文书，进入后续执法程序。

4月30日17时29分，乙公司消防控制室当值人员郑某和周某听到报警信号，显示5#仓库1区的感烟探测器报警，消防控制室当值人员郑某和周某听到报警后未做任何处置。职工吴某听到火灾警铃，发现仓库冒烟，立即拨打119电话报警。当地消防出警后于当日23时50分将火扑灭。

该起火灾造成3人死亡，直接经济损失约10944万元人民币。事故调查组综合分析认定：5#仓库西墙上方的电气线路发生故障，产生的高温电弧引燃线路绝缘材料，燃烧的绝缘材料掉落并引燃下方存放的润滑油纸箱和砂砾料塑料护膜包装物，随后蔓延成灾。

问题：根据《机关、团体、企业、事业单位消防安全管理规定》（公安部令第61号），乙公司法定代表人钱某应履行的消防安全职责有（　　）。

　　A. 掌握本公司的消防安全情况，保障消防安全符合规定

　　B. 将消防工作与本公司的仓储管理等活动统筹安排，批准实施年度消防工作计划

　　C. 组织制定消防安全制度和保障消防安全的操作规程，并检查督促其落实

　　D. 组织制定符合本公司实际的灭火和应急疏散预案，并实施演练

　　E. 组织实施对本公司消防设施灭火器材和消防安全标志的维护保养，确保完好有效

【答案】 ABD

【解析】本题考查的是单位的消防安全责任人应当履行的消防安全职责。

根据《机关、团体、企业、事业单位消防安全管理规定》(公安部令第61号)的相关规定:

第六条　单位的消防安全责任人应当履行下列消防安全职责:

(一)贯彻执行消防法规,保障单位消防安全符合规定,掌握本单位的消防安全情况。A选项正确。

(二)将消防工作与本单位的生产、科研、经营、管理等活动统筹安排,批准实施年度消防工作计划。B选项正确。

(三)为本单位的消防安全提供必要的经费和组织保障。

(四)确定逐级消防安全责任,批准实施消防安全制度和保障消防安全的操作规程。

(五)组织防火检查,督促落实火灾隐患整改,及时处理涉及消防安全的重大问题。

(六)根据消防法规的规定建立专职消防队、义务消防队。

(七)组织制定符合本单位实际的灭火和应急疏散预案,并实施演练。D选项正确。

第七条　单位可以根据需要确定本单位的消防安全管理人。消防安全管理人对单位的消防安全责任人负责,实施和组织落实下列消防安全管理工作:

(二)组织制订消防安全制度和保障消防安全的操作规程并检查督促其落实。C选项错误。

(五)组织实施对本单位消防设施、灭火器材和消防安全标志的维护保养,确保其完好有效,确保疏散通道和安全出口畅通;E选项错误。故A、B、D符合要求。

6. (2020年综合能力第1题)(知识点1)某公司承办一场大型书展活动,协办方为某展览中心,预计参加人数3万人,该公司的下列做法中不符合《中华人民共和国消防法》的是(　　)。

A. 制定灭火和应急疏散预案并组织演练

B. 确定消防安全管理人员,保持消防设施完好有效

C. 向公安机关申请安全许可

D. 向消防救援机构申请消防许可

【答案】D

【解析】根据《中华人民共和国消防法》第二十条规定,举办大型群众性活动,承办人应当依法向公安机关申请安全许可,制定灭火和应急疏散预案并组织演练,明确消防安全责任分工,确定消防安全管理人员,保持消防设施和消防器材配置齐全、完好有效,保证疏散通道、安全出口、疏散指示标志、应急照明和消防车通道符合消防技术标准和管理规定。D选项不符合要求。

7. (2020年综合能力第2题)(知识点2)张某不遵守小区物业安全管理规定,且不听从劝阻,将电动自行车停放在楼道内充电,某天晚上电动自行车在充电时起火导致5人重伤,根据《中华人民共和国刑法》,张某犯失火罪,情节较轻应对其处(　　)。

A. 三年以上七年以下有期徒刑　　　　B. 三年以下有期徒刑或者拘役

C. 三年以下有期徒刑并处罚金　　　　D. 三年以上七年以下有期徒刑并处罚金

【答案】B

【解析】根据《中华人民共和国刑法》第一百一十五条第二款规定,犯失火罪的,处3年以上7年以下有期徒刑;情节较轻的,处3年以下有期徒刑或者拘役。B选项符合题意。

8. (2020年案例分析第一题)节选(知识点2)

某大型商业综合体建筑于2015年6月建成投入使用,建筑面积为150000m²,地上6层,地下2层,建筑高度为34m。建筑内设置商场营业厅、儿童游乐场所、KTV、餐饮场所、电影放映院、汽车库和设备用房,并按规范设置了建筑消防设施。商业综合体建设管理单位(以下简称该单位)每日开展防火巡查,每月开展一次防火检查,每半年组织一次消防演练,设立了微型消防站。

2019年1月,消防技术服务机构接受该单位委托实施了消防安全检查。检查中发现并向单位消防

安全责任人报告了以下问题：该单位消防组织不健全，未确定消防安全管理人，未设置消防工作的归口管理职能部门，未落实逐级消防安全责任制，没有建立健全消防安全制度，未开展消防安全培训工作。建筑首层部分疏散走道改为商铺，地下一层局部区域改建为冷库，冷库墙面和顶棚贴聚苯板保温材料等。该单位消防安全责任人未组织整改上述问题。

2020年某日17时许，租户朱××打开其租用的冷库门时，发现冷库内装香蕉的纸箱着火，随即找水桶从附近消火栓处接水灭火，但未扑灭；火势越来越大，朱××逃离现场。消防控制室值班员李××无证上岗，发现火灾报警控制器报警后，值班员李××仅做了消音处理，火灾报警联动控制开关一直处于手动状态。地上2层KTV服务员张××在火灾发生时自顾逃生，未组织顾客疏散。这起火灾过火面积3000m²，造成8人死亡，直接经济损失约2100万元。起火原因是租户朱××在地下一层冷库内私接照明电源线，线路短路引燃可燃物，并蔓延成灾。

根据以上材料，回答下列问题。

此起火灾事故，应认定该单位法定代表人（　　）。

A. 负有直接领导责任　　　　　　　　　　B. 负有主要责任
C. 涉嫌重大责任事故罪　　　　　　　　　D. 涉嫌消防责任事故罪
E. 涉嫌失火罪

【答案】AD

【解析】本题考查的是刑法。消防责任事故罪，是指违反消防管理法规，经消防监督机构通知采取改正措施而拒绝执行，造成严重后果，危害公共安全的行为。D选项符合题意。重大责任事故罪，是指在生产、作业中违反有关安全管理的规定，因而发生重大伤亡事故或者造成其他严重后果的行为。单位法定代表人并不直接参与作业。C选项不符合题意。

此起火灾事故，该单位法定代表人负有直接领导责任，租户朱××负有主要责任。A选项符合题意，B选项不符合题意。

五、考题预测

（一）习题

1. 根据《中华人民共和国消防法》的规定，我国消防工作贯彻的方针是（　　）。

A. 以治为主、防消结合　　　　　　　　　B. 预防为主、防治结合
C. 以治为主、以消为辅　　　　　　　　　D. 预防为主、防消结合

2. 下列选项中，不是既属于单位应履行的消防安全职责又属于公民的权利和义务的是（　　）。

A. 维护消防设施安全，保护消防设施

B. 不得损坏、挪用或者擅自拆除、停用消防设施

C. 每日进行防火巡查

D. 无偿为报警提供便利，不得阻拦报警

3. 某市新建大型综合性购物中心，消防设计文件应由（　　）审核。

A. 大型综合性购物中心所在区的消防机构　　B. 市设计局
C. 市公安局　　　　　　　　　　　　　　　D. 市住房和城乡建设主管部门

4. 在专家评审制度中，对（　　）以上评审专家同意的特殊消防设计文件，消防机构可以作为消防设计审核的依据。

A. 1/2　　　　　　B. 2/3　　　　　　C. 1/3　　　　　　D. 3/4

5. 根据《机关、团体、企业、事业单位消防安全管理规定》（公安部第61号令），消防安全重点

单位对每名员工应当至少（　　）进行一次消防安全培训。

A. 每月　　　　　　B. 每季度　　　　　　C. 每周　　　　　　D. 每年

6. 某小区购物超市发生了一起火灾，当事人李某对火灾事故的认定有异议，那么李某可以自此次火灾事故认定书送达之日起（　　）日内，向上一级消防机构提出书面复核申请。

A. 7　　　　　　　　B. 15　　　　　　　　C. 20　　　　　　　D. 30

7. 《机关、团体、企业、事业单位消防安全管理规定》（公安部第61号令）规定，公众聚集场所在营业期间的防火巡查应当至少每（　　）一次。

A. 2h　　　　　　　B. 1h　　　　　　　　C. 6h　　　　　　　D. 4h

8. 某企业因未及时整改隐患发生10人死亡、5人受伤的生产安全事故，该公司总经理孙某因此受到刑事责任。依据《中华人民共和国安全生产法》，张某自刑罚执行完毕之日起（　　）不得担任生产经营单位的主要负责人。

A. 2年内　　　　　　B. 3年内　　　　　　C. 5年内　　　　　　D. 终身

9. 某消防设施检测单位对一建设项目进行消防检测服务，出具虚假检测报告，情节严重，依据《中华人民共和国消防法》的规定，对该检测机构及相关人员可以实施的处罚有（　　）。

A. 对该机构处五万元以上十万元以下的罚款

B. 对直接负责的主管人员和其他直接责任人处一万元以上五万元以下的罚款

C. 撤销该机构消防检测资质

D. 没收违法所得

E. 对直接责任人实施行政拘留

10. 消防责任事故罪，是指违反消防管理法规，经消防监督机构通知采取改正措施而拒绝执行，造成严重后果，危害公共安全的行为。下列违反消防管理法规，经消防监督机构通知采取改正措施而拒绝执行导致严重后果中符合立案标准的是（　　）。

A. 3人死亡

B. 8人重伤

C. 导致公共财产或者他人财产直接经济损失35万元

D. 造成灌木林地过火林地面积2公顷

E. 导致公共财产或他人财产直接经济损失101万元

11. 《中华人民共和国消防法》强化了法律责任追究，共设有6类行政处罚。下列属于该法设定的行政处罚的是（　　）。

A. 警告　　　　　　B. 拘役　　　　　　C. 拘留　　　　　　D. 责令停产停业

E. 没收违法所得

（二）答案详解

1.【答案】D

【解析】消防工作贯彻预防为主、防消结合的方针。

2.【答案】C

【解析】根据《中华人民共和国消防法》第五条，任何单位和个人都有维护消防安全、保护消防设施、预防火灾、报告火警的义务。任何单位和成年人都有参加组织的灭火工作的义务。

3.【答案】D

【解析】大型人员密集场所和其他特殊建设工程，应由当地住房和城乡建设主管部门实行建设工程消防设计审查、消防验收。

4.【答案】B

【解析】在专家评审制度中，对2/3以上评审专家同意的特殊消防设计文件，消防机构可以作为消防设计审核的依据。

5. 【答案】D

【解析】根据公安部第61号令，消防安全重点单位对每名员工应当至少每年进行一次消防安全培训。

6. 【答案】B

【解析】当事人对火灾事故认定有异议的，可以自火灾事故认定书送达之日起15日内，向上一级消防机构提出书面复核申请。

7. 【答案】A

【解析】公众聚集场所在营业期间的防火巡查应当至少每2h一次；营业结束时应当对营业现场进行检查，消除遗留火种。

8. 【答案】C

【解析】根据《中华人民共和国安全生产法》生产经营单位的主要负责人依照规定受刑事处罚或者撤职处分的，自刑罚执行完毕或者受处分之日起，五年内不得担任任何生产经营单位的主要负责人；对重大、特别重大生产安全事故负有责任的，终身不得担任本行业生产经营单位的主要负责人。

9. 【答案】ABCD

【解析】详见知识点1。

10. 【答案】ABE

【解析】详见知识点2。

11. 【答案】ACDE

【解析】共设有警告、罚款、拘留、责令停产停业（停止施工、停止使用）、没收违法所得、责令停止执业（吊销相应资质、资格）6类行政处罚。

第二章　注册消防工程师职业道德

一、知识点架构图

本章的知识点架构见图7-2-1。

图7-2-1　第七篇第二章知识点架构图

二、考情分析

本章的考情分析见表7-2-1。

表7-2-1　第七篇第二章考情分析表

年份	技术实务 分值（分）	技术实务 占比（%）	综合能力 分值（分）	综合能力 占比（%）	案例分析 分值（分）	案例分析 占比（%）
2015年	0	0	2	1.7	0	0
2016年	0	0	1	0.8	0	0
2017年	0	0	0	0	0	0
2018年	0	0	0	0	0	0
2019年	0	0	1	0.8	0	0
2020年	0	0	2	1.7	0	0

三、典型知识点

知识点1：注册消防工程师职业道德特点、原则、规范

注册消防工程师职业道德知识点见表7-2-2。

表7-2-2　注册消防工程师职业道德知识点

项目	内容
注册消防工程师职业道德的特点	（1）执行消防法规标准的原则性； （2）维护社会公共安全的责任性； （3）高度的服务性； （4）与社会经济联系的密切性
注册消防工程师职业道德原则的特点	（1）本质性：是注册消防工程师区别于其他不同类型道德最根本、最显著的标志。 （2）基准性：是注册消防工程师职业行为的基本准则，对其职业行为具有普遍的约束力和指导意义。 （3）稳定性。 （4）独特性：具有注册消防工程师行业的职业特点，有别于其他行业的职业道德
注册消防工程师职业道德原则的作用 （2020年综合能力第51题）	指导、制约作用；处理职业关系最基本的出发点和归宿
注册消防工程师职业道德的根本原则	（1）维护公共安全的原则：是衡量注册消防工程师个人职业行为和职业品质最主要的道德标准。 （2）诚实守信原则：是注册消防工程师步入行业的"通行证"，体现着道德操守和人格力量，也是具体行业立足的基础
注册消防工程师职业道德的基本规范 （2020年综合能力第21题）	（1）爱岗敬业：注册消防工程师职业道德的基础和核心，是其所倡导的首要规范。 （2）依法执业。 （3）客观公正：是注册消防工程师执业的本质要求，也涉及消防安全技术工作的本质特征。 （4）公平竞争：促进行业发展的动力。 （5）提高技能。 （6）保守秘密。 （7）奉献社会，是职业道德中最高层次的要求

知识点2：注册消防工程师职业道德修养

注册消防工程师职业道德修养知识点见表7-2-3。

表7-2-3　注册消防工程师职业道德修养知识点

项目	内容
职业道德修养的必要性	促进注册消防工程师行业兴旺发达的需要。 促进注册消防工程师进步和成才的需要。 做好本职工作，维护服务对象合法权益和消防安全的需要。 促进社会精神文明建设的重要措施
职业道德修养的内容	政治理论修养；业务知识修养；人生观的修养；职业道德品质修养

项目	内 容
职业道德修养的途径和方法	（1）自我反思。 （2）向榜样学习。 （3）坚持"慎独"：能够自觉地严格要求自己，遵守职业道德原则和规范，坚决杜绝不正之风和违法乱纪行为。 （4）提高道德选择能力

四、高频真题

1.（2020年综合能力第21题）（知识点1）李某受聘于某消防技术服务机构，取得国家一级注册消防工程师注册证书及执业印章，从事消防设施检测、消防安全评估工作。李某的下列行为中，违背注册消防工程师"依法执业"道德规范的是（ ）。

A. 对未经检测的气体灭火系统出具了检测合格的报告
B. 对某总建筑面积为50000m²的酒店开展消防安全评估
C. 在1个注册有效期内完成了3个消防技术服务项目
D. 采用围标方式获得消防设施检测项目

【答案】A

【解析】本题考查的知识点是注册消防工程师道德规范。

根据《注册消防工程师管理规定》的相关规定：

第二十九条 受聘于消防技术服务机构的注册消防工程师，每个注册有效期应当至少参与完成3个消防技术服务项目；受聘于消防安全重点单位的注册消防工程师，一个年度内应当至少签署1个消防安全技术文件。C选项不符合题意。

第二十七条 一级注册消防工程师的执业范围包括：（一）消防技术咨询与消防安全评估；（二）消防安全管理与消防技术培训；（三）消防设施维护保养检测（含灭火器维修）；（四）消防安全监测与检查；（五）火灾事故技术分析；（六）公安部或者省级公安机关规定的其他消防安全技术工作。B、D选项不符合题意。

第三十三条 注册消防工程师不得有下列行为：（六）不按照国家标准、行业标准开展执业活动，减少执业活动项目内容、数量，或者降低执业活动质量。A选项符合题意。

2.（2020年综合能力第51题）（知识点1）根据《注册消防工程师管理规定》（公安部令第143号），注册消防工程师应恪守职业道德。关于注册消防工程师职业道德原则的说法，错误的是（ ）。

A. 职业道德的原则是指引职业道德行为的发展方向
B. 职业道德的原则是树立服务意识、提升服务质量
C. 职业道德的原则是处理职业关系最基本的出发点
D. 职业道德的原则是职业道德体系的核心

【答案】B

【解析】A、C、D选项均属于注册消防工程师职业道德原则。树立服务意识、提升服务质量属于注册消防工程师职业道德的特点。故B选项错误。

五、考题预测

（一）习题

1. 注册消防工程师职业道德的基础和核心是（　　）。
   A. 依法执业　　　　B. 客观公正　　　　C. 爱岗敬业　　　　D. 奉献社会
2. 注册消防工程师职业道德最根本的原则是（　　）和诚实守信。
   A. 客观公正　　　　B. 维护公共安全　　C. 爱岗敬业　　　　D. 团结协作配合
3. 注册消防工程师应当将（　　）作为职业道德的最高目标指向，不断加强自身职业道德建设，实现更高层次、更深意义的人生价值。
   A. 遵纪守法　　　　B. 依法执业　　　　C. 爱岗敬业　　　　D. 奉献社会

（二）答案详解

1. 【答案】C

   【解析】爱岗敬业是注册消防工程师职业道德的基础和核心，是其所倡导的首要规范。

2. 【答案】B

   【解析】注册消防工程师职业道德的根本原则：维护公共安全的原则，是衡量注册消防工程师个人职业行为和职业品质最主要的道德标准；诚实守信原则，是注册消防工程师步入行业的"通行证"，体现着道德操守和人格力量，也是具体行业立足的基础。

3. 【答案】D

   【解析】注册消防工程师应当将奉献社会作为职业道德的最高目标指向，不断加强自身职业道德建设，实现更高层次、更深意义的人生价值。

相关规范

[1] 建筑设计防火规范（2018年版）（GB 50016—2014）[S].
[2] 建筑设计防火规范图示（18J811—1）[S].
[3] 民用建筑设计通则（GB 50352—2005）[S].
[4] 建筑内部装修设计防火规范（GB 50222—2017）[S].
[5] 建筑材料及制品燃烧性能分级（GB 8624—2012）[S].
[6] 消防安全标志（GB 13495—1992）[S].
[7] 民用建筑电气设计规范（JGJ 16—2008）[S].
[8] 托儿所、幼儿园建筑设计规范（JGJ 39—2016）[S].
[9] 电气装置安装工程接地装置施工及验收规范（GB 50169—2016）[S].
[10] 爆炸危险环境电力装置设计规范（GB 50058—2014）[S].
[11] 危险场所电气防爆安全规范（AQ 3009—2007）[S].
[12] 消防给水及消火栓系统技术规范（GB 50974—2014）[S].
[13] 自动喷水灭火系统设计规范（GB 50084—2017）[S].
[14] 自动喷水灭火系统施工及验收规范（GB 50261—2017）[S].
[15] 水喷雾灭火系统技术规范（GB 50219—2014）[S].
[16] 细水雾灭火系统技术规范（GB 50898—2013）[S].
[17] 气体灭火系统设计规范（GB 50370—2005）[S].
[18] 气体灭火系统施工及验收规范（GB 50263—2007）[S].
[19] 二氧化碳灭火系统设计规范（2010年版）（GB 50193—1993）[S].
[20] 泡沫灭火系统设计规范（GB 50151—2010）[S].
[21] 泡沫灭火系统施工及验收规范（GB 50281—2006）[S].
[22] 干粉灭火系统设计规范（GB 50347—2004）[S].
[23] 消防控制室通用技术要求（GB 25506—2010）[S].
[24] 火灾自动报警系统设计规范（GB 50116—2013）[S].
[25] 电气火灾监控系统（GB 14287—2014）[S].
[26] 石油化工可燃气体和有毒气体检测报警设计规范（GB 50493—2009）[S].
[27] 建筑防烟排烟系统技术标准（GB 51251—2017）[S].
[28] 建筑通风和排烟系统用防火阀门（GB 15930—2007）[S].
[29] 消防应急照明和疏散指示系统技术标准（GB 51309—2018）[S].
[30] 城市消防远程监控系统技术规范（GB 50440—2007）[S].
[31] 建筑灭火器配置设计规范（GB 50140—2005）[S].
[32] 建筑灭火器配置验收及检查规范（GB 50444—2008）[S].
[33] 低压配电设计规范（GB 50054—2011）[S].
[34] 建筑消防设施的维护管理（GB 25201—2010）[S].
[35] 石油化工企业设计防火标准（2018年版）（GB 50160—2008）[S].
[36] 地铁设计防火标准（GB 51298—2018）[S].
[37] 公路隧道设计规范（JTG D70/2—2004）[S].

[38] 汽车加油加气站设计与施工规范（2014年版）（GB 50156—2012）[S].
[39] 飞机库设计防火规范（GB 50284—2008）[S].
[40] 汽车库、修车库、停车场设计防火规范（GB 50067—2014）[S].
[41] 洁净厂房设计规范（GB 50073—2013）[S].
[42] 数据中心设计规范（GB 50174—2017）[S].
[43] 人民防空工程设计防火规范（GB 50098—2009）[S].
[44] 人民防空地下室设计规范（GB 50038—2005）[S].
[45] 建筑物防雷设计规范（2010版）（GB 50057—2010）[S].
[46] 锅炉房设计规范（GB 50041—2008）[S].
[47] 重大火灾隐患判定方法（GB 35181—2017）[S].
[48] 火灾自动报警系统设计规范图示（14X505—1）[S].
[49] 办公建筑设计规范（JGJ 67—2006）[S].
[50] 建设工程施工现场消防安全技术规范（GB 50720—2011）[S].
[51] 石油天然气工程设计防火规范（GB 50183—2015）[S].
[52] 石油库设计规范（GB 50074—2014）[S].
[53] 火灾自动报警系统施工及验收标准（GB 50166—2019）[S].
[54] 火力发电厂与变电站设计防火标准（GB 50229—2019）[S].

参考文献

[1] 应急管理部消防救援局. 注册消防工程师资格考试辅导教材——消防安全技术实务：2020年版 [M]. 北京：中国人事出版社，2020.

[2] 应急管理部消防救援局. 注册消防工程师资格考试辅导教材——消防安全技术综合能力：2020年版 [M]. 北京：中国人事出版社，2020.

[3] 应急管理部消防救援局. 注册消防工程师资格考试辅导教材——消防安全案例分析：2020年版 [M]. 北京：中国人事出版社，2020.